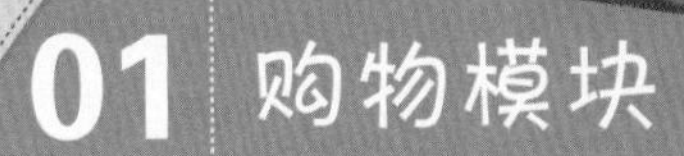

插图 1-1

插图 1-2

插图 1-3

02 餐饮模块

插图 2-1

插图 2-2

插图 2-3

03 影视模块

插图 3-1
HI，欢迎来订购！[请登录] [免费注册]
客户服务
网站导航
我收藏的影片0个
Q-Walking Fashion
漫步时尚广场 E&S
经典科幻影片《怪兽》续作，别致反战文艺片，萌感怪兽登场！
怪兽
首页
电视剧
电影
娱乐
综艺
动漫
微电影
片花
脱口秀
按地区
大陆
香港
台湾
韩国
美国
按类型
古装
武侠
警匪
军事
神话
按状态
更新中
全集
近期上映
夏至45.8℃
七夕分手指南
杀破狼2
战狼
恋爱排班表
电视剧 内地 / 韩剧 / 日剧 / 美剧 / 自制剧
更多>>
克拉恋人
最佳前男友
花千骨
刺蝶
春江英雄之秀才遇到兵
精彩推荐
影院热映 最新 / 华语 / 好莱坞 / 预告片 / 微影院
TODAY
我去上学啦 每周四晚21：30
《终结者5》震撼混剪
《小黄人大眼萌》行“顶...”

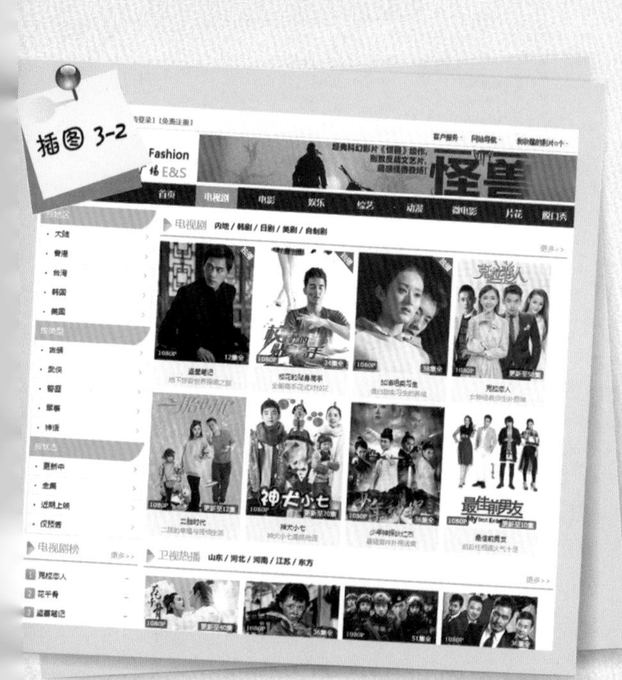
插图 3-2
Fashion
怪兽
电视剧 内地 / 韩剧 / 日剧 / 美剧 / 自制剧
克拉恋人
神犬小七
最佳前男友
电视剧榜
卫视热播

插图 3-3
Fashion
怪兽
盗墓笔记
Tomb super season broadcast drama
9.5分
剧情介绍
电视剧榜

04 后台模块

插图 4-1
漫步时尚后台管理
网站前台
后台首页
添加商品
添加影视
添加餐饮
帮助 关于 退出
admin 消息 5
功能菜单
购物后台管理
添加商品
商品列表
商品类型
影视后台管理
餐饮后台管理
订单管理
交易记录
统计报表
权限分配
修改密码
系统设置
位置：首页 › 购物后台管理 › 商品列表
今天是2015年2月10日 星期一 12：00
商品类别
请输入商品名称
查询
添加 修改 删除 统计 设置
缩略图 商品名称 商品类别 数量(件) 单价（元） 发布时间 是否审核 操作
RAX 头层牛皮户外鞋 男防滑登山鞋减震 运动 334 ¥566.00 2015-06-06 15:05 已审核 查看 删除
七匹狼休闲裤 春夏新款 男士时尚无褶休闲裤 男装 455 ¥236.00 2015-06-08 14:02 未审核 查看 删除
欧美大牌五分袖收腰显瘦睫毛蕾丝连衣裙 粉色 女装 899 ¥136.00 2015-06-07 13:16 未审核 查看 删除
锐步REEBOK热2015新款线上独家复古GL 2620运动生活休闲鞋男鞋 运动 3456 ¥346.00 2015-06-06 10:36 已审核 查看 删除
新款中大童荷叶边短袖裙子韩版儿童公主裙女童连衣裙 童装 678 ¥316.00 2015-06-05 13:25 已审核 查看 删除
共1256条记录，当前显示第 2 页
1 2 3 4 5 ... 10

插图 4-2
女装
内衣
男装
运动
童装
女装 男装 童装 运动 内衣
男装
内衣
童装
运动
女装

插图 4-3
马上发布

"在实践中成长"丛书

Web前端设计与开发

——HTML+CSS+JavaScript+HTML 5+jQuery

QST青软实训 编著

清華大學出版社
北京

内 容 简 介

本书深入介绍与Web前端设计相关的各种技术，内容涵盖HTML基本标签、表格与框架、CSS页面布局、JavaScript基本语法、JavaScript对象、BOM和DOM编程、HTML 5、jQuery框架以及自定义插件。

本书在HTML 5章节中对HTML 5的一些新特性进行全面介绍，包括HTML 5＋CSS 3页面布局、Canvas绘图、多媒体播放、Web存储、本地数据库和Web Worker等技术；在jQuery章节中的代码均适用于jQuery 1.x和2.x两个版本。书中所有代码都是基于IE 11、Chrome和FireFox浏览器调试运行。

本书由浅入深对Web前端基础内容进行系统讲解，重点突出，强调动手操作能力，以一个项目贯穿所有章节的任务实现，使读者能够快速理解并掌握各项重点知识，全面提高分析问题、解决问题以及动手编码的能力。

本书适用面广，可作为高校、培训机构的Web前端设计教材，适合作为计算机科学与技术、软件外包、计算机软件、计算机网络、计算机多媒体、电子商务等专业的程序设计课程的教材。

图书在版编目(CIP)数据

Web前端设计与开发：HTML＋CSS＋JavaScript＋HTML 5＋jQuery/QST青软实训编著.--北京：清华大学出版社，2016(2024.1重印)

("在实践中成长"丛书)

ISBN 978-7-302-44775-7

Ⅰ.①W… Ⅱ.①Q… Ⅲ.①超文本标记语言－程序设计 ②网页制作工具 ③JAVA语言－程序设计 Ⅳ.①TP312 ②TP393.092.2

中国版本图书馆CIP数据核字(2016)第189805号

责任编辑：刘 星 梅栾芳
封面设计：刘 键
责任校对：时翠兰
责任印制：刘海龙

出版发行：清华大学出版社
网 址：https://www.tup.com.cn，https://www.wqxuetang.com
地 址：北京清华大学学研大厦A座 **邮 编**：100084
社 总 机：010-83470000 **邮 购**：010-62786544
投稿与读者服务：010-62776969，c-service@tup.tsinghua.edu.cn
质量反馈：010-62772015，zhiliang@tup.tsinghua.edu.cn
课件下载：https://www.tup.com.cn，010-83470236
印 装 者：三河市天利华印刷装订有限公司
经 销：全国新华书店
开 本：185mm×260mm **印 张**：35.25 **彩 插**：2 **字 数**：867千字
版 次：2016年10月第1版 **印 次**：2024年1月第13次印刷
印 数：25501～27000
定 价：69.50元

产品编号：067479-01

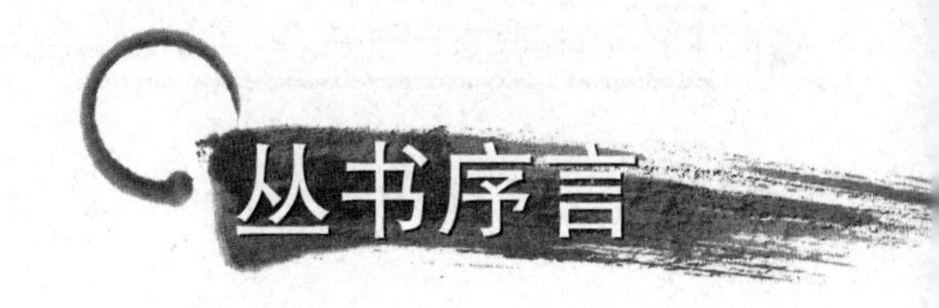

当今 IT 产业发展迅猛，各种技术日新月异，在发展变化如此之快的年代，学习者已经变得越来越被动。在这种大背景下，如何快速地学习一门技术并能够做到学以致用，是很多人关心的问题。一本书、一堂课只是学习的形式，而真正能够达到学以致用目的的则是融合在书及课堂上的学习方法，使学习者具备学习技术的能力。

QST 青软实训自 2006 年成立以来，培养了近 10 万 IT 人才，相继出版了"在实践中成长"丛书，该丛书销售量已达到 3 万册，内容涵盖 Java、.NET、嵌入式、物联网以及移动互联等多种技术方向。从 2009 年开始，QST 青软实训陆续与 30 多所本科院校共建专业，在软件工程专业、物联网工程专业、电子信息科学与技术专业、自动化专业、信息管理与信息系统专业、信息与计算科学专业、通信工程专业、日语专业中共建了软件外包方向、移动互联方向、嵌入式方向、集成电路方向以及物联网方向等。到 2016 年，QST 青软实训共建专业的在校生数量已达到 10 000 人，并成功地将与 IT 企业技术需求接轨的 QST 课程产品组件及项目驱动的教学方法融合到高校教学中，与高校共同培养理论基础扎实、实践能力强、符合 IT 企业要求的人才。

一、"在实践中成长"丛书介绍

2014 年，QST 青软实训对"在实践中成长"丛书进行全面升级，保留原系列图书的优势，并在技术上、教学和学习方法等方面进行优化升级。这次出版的"在实践中成长"丛书由 QST 青软实训联合高等教育的专家、IT 企业的行业及技术专家共同编写，既涵盖新技术及技术版本的升级，同时又融合了 QST 青软实训自 2009 年深入到高校教育中所总结的 IT 技术学习方法及教学方法。"在实践中成长"丛书包括：

- 《Java 8 基础应用与开发》
- 《Java 8 高级应用与开发》
- 《Java Web 技术及应用》
- 《Oracle 数据库应用与开发》
- 《Android 程序设计与开发》
- 《Java EE 轻量级框架应用与开发——S2SH》
- 《Web 前端设计与开发——HTML+CSS+JavaScript+HTML 5+jQuery》
- 《Linux 操作系统》
- 《Linux 应用程序开发》
- 《嵌入式图形界面开发》
- 《Altium Designer 原理图设计与 PCB 制作》
- 《ZigBee 技术开发——CC2530 单片机原理及应用》
- 《ZigBee 技术开发——Z-Stack 协议栈原理及应用》
- 《ARM 体系结构与接口技术——基于 ARM11 S3C6410》

二、“在实践中成长”丛书的创新点及优势

1. 面向学习者

以一个完整的项目贯穿技术点，以点连线、多线成面，通过项目驱动学习方法使学习者轻松地将技术学习转化为技术能力。

2. 面向高校教师

为教学提供完整的课程产品组件及服务，满足高校教学各个环节的资源支持。

三、配套资源及服务

QST 青软实训根据 IT 企业技术需求和高校人才的培养方案，设计并研发出一系列完整的教学服务产品——包括教材、PPT、教学指导手册、教学及考试大纲、试题库、实验手册、课程实训手册、企业级项目实战手册、视频以及实验设备等。这些产品服务于高校教学，通过循序渐进的方式，全方位培养学生的基础应用、综合应用、分析设计以及创新实践等各方面能力，以满足企业用人需求。

读者可以到锐聘学院教材丛书资源网(book.moocollege.cn)免费下载本书配套的相关资源，包括：

- 教学大纲
- 教学 PPT
- 示例源代码
- 考试大纲

建议读者同时订阅本书配套实验手册，实验手册中的项目与教材相辅相成，通过重复操作复习巩固学生对知识点的应用。实验手册中的每个实验提供知识点回顾、功能描述、实验分析以及详细实现步骤，学生参照实验手册学会独立分析问题、解决问题的方法，多方面提高学生技能。

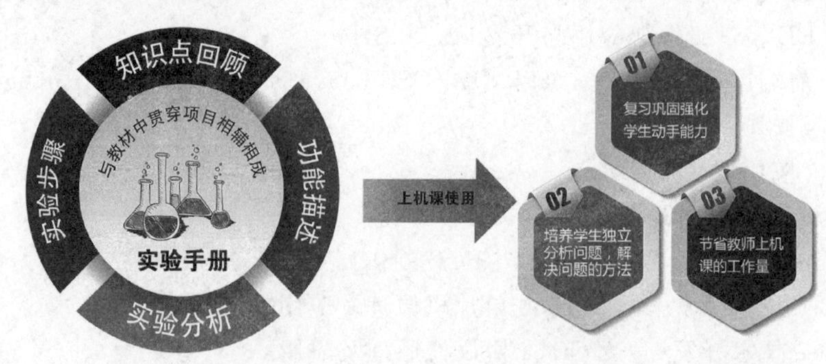

实验手册与教材配合使用，采用双项目贯穿模式，有效提高学习内容的平均存留率，强化动手实践能力。

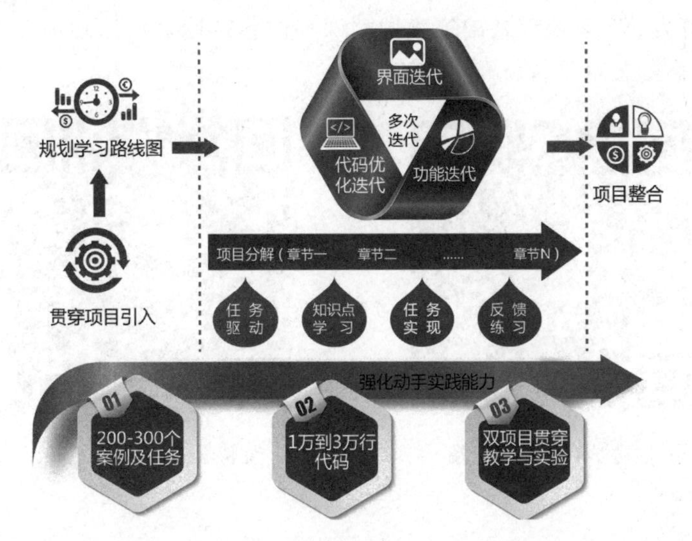

读者还可以直接联系 QST 青软实训，我们将为读者提供更多专业的教育资源和服务，包括：

➢ 教学指导手册；
➢ 实验项目源代码；
➢ 丰富的在线题库；
➢ 实验设备和微景观沙盘；
➢ 课程实训手册及实训项目源代码；
➢ 在线实验室提供全实战演练编程环境；
➢ 锐聘学院在线教育平台视频课程，线上线下互动学习体验；
➢ 基于大数据的多维度“IT 基础人才能力成熟度模型(ITBCMMI)”分析。

四、锐聘学院在线教育平台(www.moocollege.cn)

锐聘学院在线教育平台专注泛 IT 领域在线教育及企业定制人才培养，通过面向学习效果的平台功能设计，结合课堂讲解、同伴环境、教学答疑、作业批改、测试考核等教学要素进行设计，主要功能有学习管理、课程管理、学生管理、考核评价、数据分析、职业路径及企业招聘服务等。

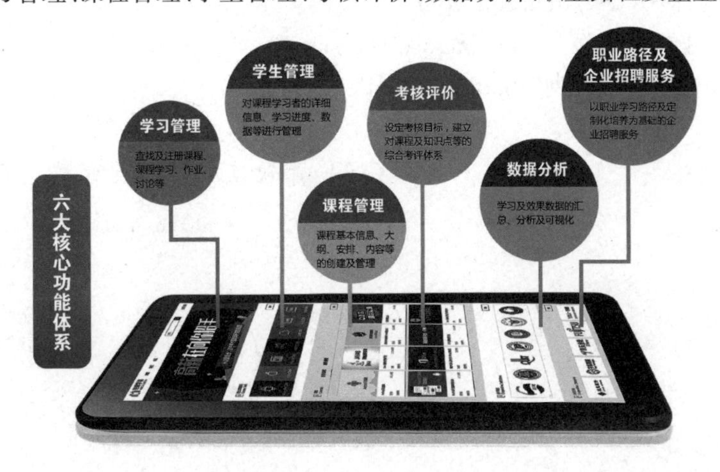

平台内容包括了高校核心课程、平台核心课程、企业定制课程三个层次的内容体系，涵盖了移动互联网、云计算、大数据、游戏开发、互联网开发技术、企业级软件开发、嵌入式、物联网、对日软件开发、IT 及编程基础等领域的课程内容。读者可以扫描以下二维码下载移动端应用或关注微信公众平台。

锐聘学院移动客户端

锐聘学院微信公众平台

五、致谢

“在实践中成长”丛书的编写和整理工作由 QST 青软实训 IT 教育技术研究中心研发完成，研究中心全体成员在这两年多的编写过程中付出了辛勤的汗水。在此丛书出版之际，特别感谢给予我们大力支持和帮助的合作伙伴，感谢共建专业院校的师生给予我们的支持和鼓励，更要感谢参与本书编写的专家和老师们付出的辛勤努力。除此之外，还有 QST 青软实训10 000 多名学员也参与了教材的试读工作，并从初学者角度对教材提供了许多宝贵意见，在此一并表示衷心感谢。

在本书写作过程中，由于时间及水平上的原因，可能存在不全面或疏漏的地方，敬请读者提出宝贵的批评与建议。我们以最真诚的心希望能与读者共同交流、共同成长，待再版时能日臻完善，是所至盼。

联系方式：

E-mail：QST_book@itshixun. com

400 电话：400-658-0166

QST 青软实训：www. itshixun. com

锐聘学院在线教育平台：www. moocollege. cn

锐聘学院教材丛书资源网：book. moocollege. cn

QST 青软实训 IT 教育技术研究中心

2016 年 1 月

随着 HTML 5 和 ECMAScript 6 的正式发布，大量的前端业务逻辑极大地增加了前端的代码量，前端代码的模块化、按需加载和依赖管理势在必行，因此 Web 前端越来越受人们重视。本书作为 Web 前端设计教材，由浅入深系统地讲解 HTML 基本标签、表格与框架、CSS 页面布局、JavaScript 基本语法、JavaScript 对象、BOM 与 DOM 编程、HTML 5 新特性、jQuery 框架以及自定义插件，并对每个知识点都进行了深入分析，针对知识点在语法、示例、代码及任务实现上进行阶梯式层层强化，让读者对知识点从入门到灵活运用，一步一步脚踏实地前行。

本书从技术的原理出发，同时以示例、实例的形式对各知识点详细讲解，并致力于将知识点融入实际项目的开发中。本书的特色是采用一个“Q-Walking Fashion E&S 漫步时尚广场”项目，将所有章节重点技术贯穿起来，每章项目代码会层层迭代，不断完善，最终形成一个完整的系统。通过贯穿项目以点连线、多线成面，使读者能够快速理解并掌握各项重点知识，全面提高分析问题、解决问题以及动手编码的能力。

1. 项目简介

“Q-Walking Fashion E&S 漫步时尚广场”项目是一个集购物、美食和娱乐为一体的综合性电子商务平台，系统由前台和后台两大部分组成。

- 前台功能：主要包括网站首页、用户注册与登录、购物模块、餐饮模块和影视模块。
- 后台功能：主要包括后台管理首页、商品管理模块、餐饮管理模块、影视管理模块和报表统计。

2. 贯穿项目模块

“Q-Walking Fashion E&S 漫步时尚广场”贯穿项目的实现穿插到本书的所有章节，每个章节的任务均是在前一章节的基础上实现的，对项目逐步进行迭代、升级，最终形成一个完整的项目，并将 Web 前端课程重点技能点加以强化应用。

其中：

- 贯穿项目实现并完成前台的购物模块、用户注册和后台的管理首页、购物管理模块；
- 课后上机中的贯穿项目对前台的餐饮模块、用户注册登录和后台的餐饮管理模块进行练习强化；
- 本教材配套的实验手册中的贯穿项目实现并完成前台的网站首页、影视模块以及后台的影视管理模块。

这 3 部分贯穿项目是并行的，并且项目的模块之间做到了对应一致，以便学生参照教材，经历“学习掌握—练习强化—复习巩固”的整个过程，最终完成一个完整的大项目，增强学生的动手实践能力。

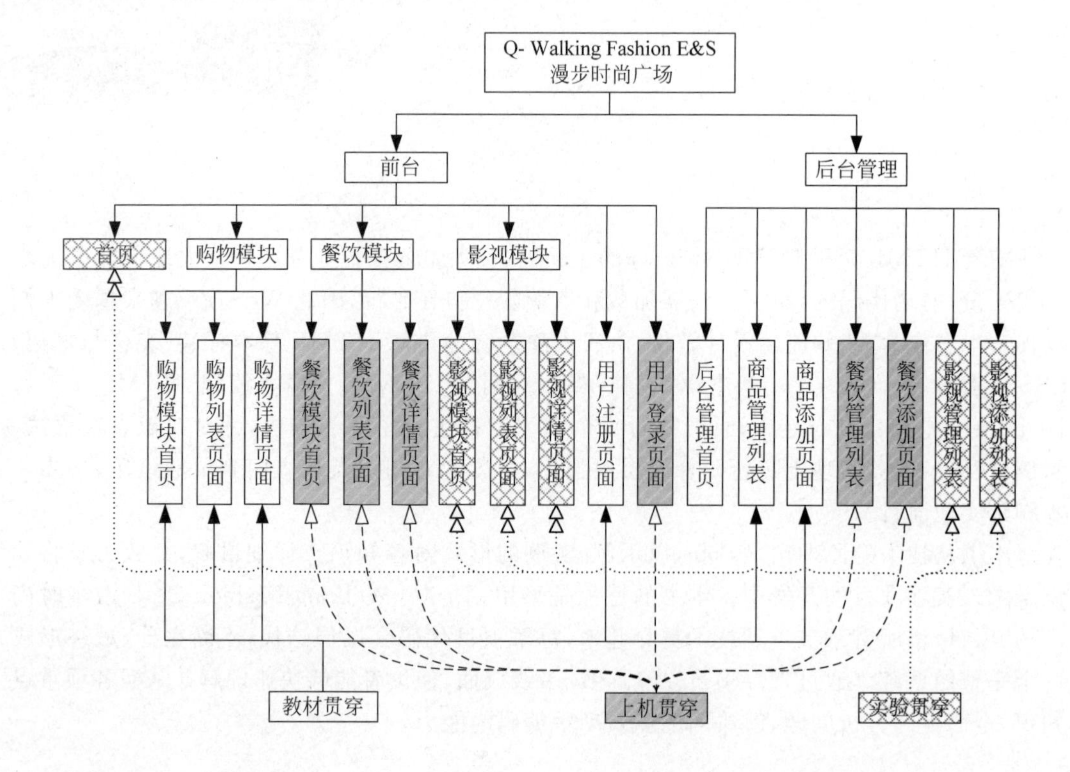

3. 基础章节任务实现

章	目　　标	贯穿任务实现
第 1 章 HTML 语言基础	购物列表页面导航栏和展示区	【任务1-1】实现购物列表页面中的菜单导航栏 【任务1-2】实现购物列表页面中的左侧导航栏 【任务1-3】实现购物列表页面中的商品展示区 【任务1-4】实现购物列表页面中的版权区域
第 2 章 表格与框架	购物模块首页和后台管理页面	【任务2-1】实现购物模块首页的设计 【任务2-2】实现后台管理页面
第 3 章 表单	用户注册和商品添加	【任务3-1】实现用户注册页面 【任务3-2】实现后台管理模块→商品添加页面
第 4 章 CSS 语言基础	CSS 美化设计购物列表页面	【任务4-1】使用 CSS 样式美化购物列表页面中的菜单导航栏 【任务4-2】使用 CSS 样式美化购物列表页面中的商品展示区
第 5 章 CSS 页面布局	购物列表的整体和局部布局	【任务5-1】使用 CSS 样式实现购物列表页面的整体布局 【任务5-2】使用 CSS 样式实现购物列表页面的左侧导航栏部分
第 6 章 JavaScript 语言基础	后台模拟登录和商品动态展示	【任务6-1】实现后台模拟登录 【任务6-2】实现购物列表页面的商品展示模块
第 7 章 JavaScript 对象	图片轮播和热门随机推荐	【任务7-1】实现购物导航页面中的图片轮播效果 【任务7-2】实现购物列表页面中的热门随机推荐
第 8 章 BOM 与 DOM 编程	三级菜单级联、表单验证	【任务8-1】实现注册页面中的省市区三级菜单级联 【任务8-2】实现注册页面中的表单验证 【任务8-3】在后台管理模块中实现商品列表中的全选和反选效果

续表

章	目 标	贯穿任务实现
第 9 章 HTML 5 基础	实现商品详情页面、重构商品添加页面	【任务9-1】实现商品详情页面的框架结构 【任务9-2】商品详情页面的整体实现 【任务9-3】使用 HTML 5 对后台中的商品添加页面进行重构
第 10 章 HTML 5 进阶	商品切换、放大及拖曳特效	【任务10-1】实现商品详情页面中的商品切换效果 【任务10-2】实现商品详情页面中的放大镜效果 【任务10-3】实现购物列表中的购物车拖曳效果
第 11 章 jQuery 基础	菜单折叠、表单验证等功能	【任务11-1】实现后台模块中的左侧树形菜单的折叠效果 【任务11-2】实现后台模块中的添加商品页面的表单验证功能 【任务11-3】实现后台模块中的商品列表页面的全选和反选效果
第 12 章 jQuery 进阶	二级级联、表格操作和报表统计	【任务12-1】通过自定义插件实现商品类型的二级级联效果 【任务12-2】在后台商品列表页面中实现表格行的添加与删除效果 【任务12-3】实现后台管理模块中的报表统计功能

本书由 QST 青软实训的刘全担任主编，李战军、金澄、郭晓丹担任副主编，郭全友老师负责本书编写工作和全书统稿，另外，赵克玲、冯娟娟参与本书的审核和修订工作。作者均已从事计算机教学和项目开发多年，拥有丰富的教学和实践经验。由于时间有限，书中难免有疏漏和不足之处，恳请广大读者及专家不吝赐教。本书的相关资源，请到锐聘学院教材丛书资源网 book.moocollege.cn 下载。

编 者

2016 年 6 月

章节学习路线图

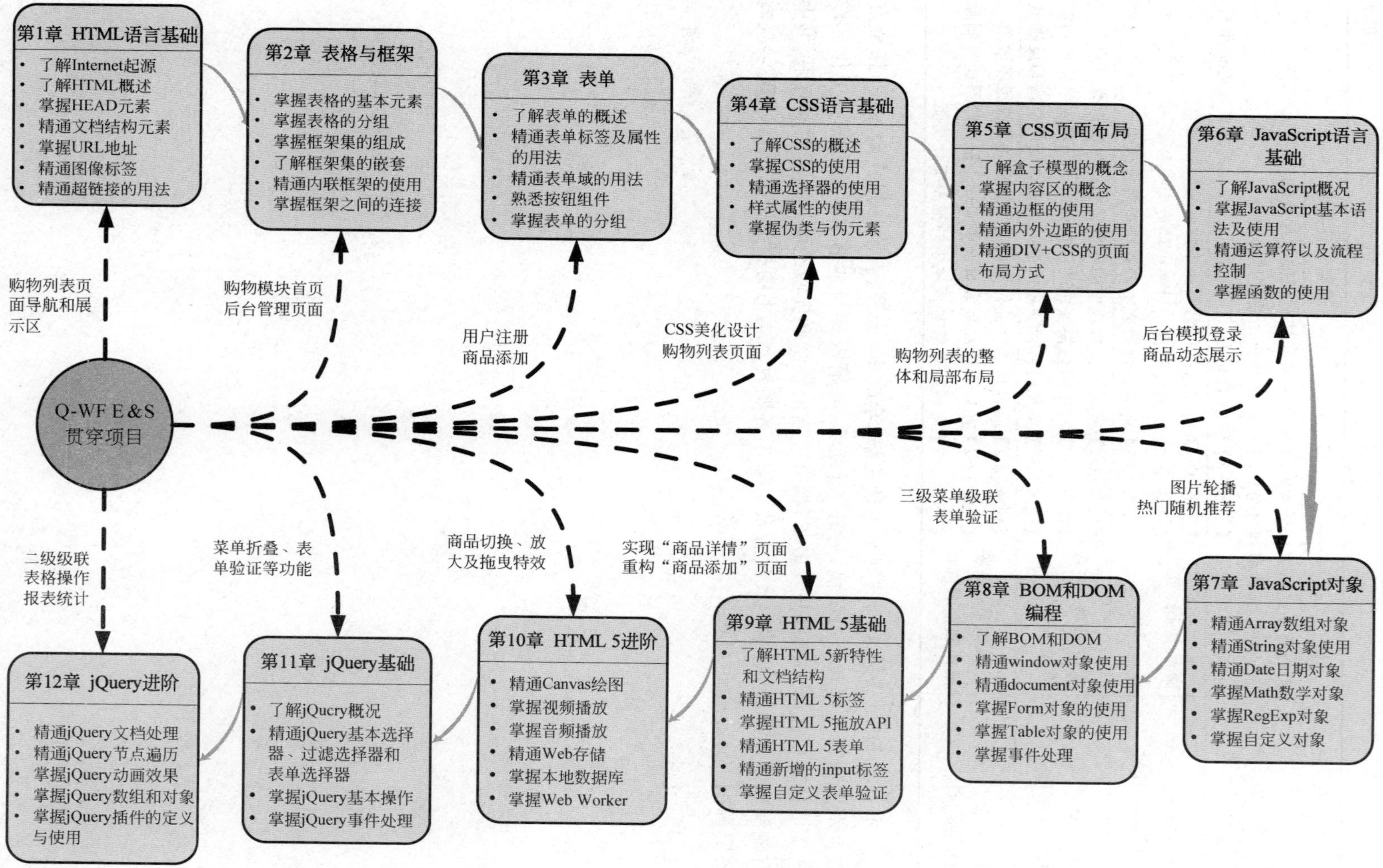

Q-WF E&S 贯穿项目

第1章 HTML语言基础（购物列表页面导航和展示区）
- 了解Internet起源
- 了解HTML概述
- 掌握HEAD元素
- 精通文档结构元素
- 掌握URL地址
- 精通图像标签
- 精通超链接的用法

第2章 表格与框架（购物模块首页 后台管理页面）
- 掌握表格的基本元素
- 掌握表格的分组
- 掌握框架集的组成
- 了解框架集的嵌套
- 精通内联框架的使用
- 掌握框架之间的连接

第3章 表单（用户注册 商品添加）
- 了解表单的概述
- 精通表单标签及属性的用法
- 精通表单域的用法
- 熟悉按钮组件
- 掌握表单的分组

第4章 CSS语言基础（CSS美化设计 购物列表页面）
- 了解CSS的概述
- 掌握CSS的使用
- 精通选择器的使用
- 样式属性的使用
- 掌握伪类与伪元素

第5章 CSS页面布局（购物列表的整体和局部布局）
- 了解盒子模型的概念
- 掌握内容区的概念
- 精通边框的使用
- 精通内外边距的使用
- 精通DIV+CSS的页面布局方式

第6章 JavaScript语言基础（后台模拟登录 商品动态展示）
- 了解JavaScript概况
- 掌握JavaScript基本语法及使用
- 精通运算符以及流程控制
- 掌握函数的使用

第7章 JavaScript对象（图片轮播 热门随机推荐）
- 精通Array数组对象
- 精通String对象使用
- 精通Date日期对象
- 掌握Math数学对象
- 掌握RegExp对象
- 掌握自定义对象

第8章 BOM和DOM编程（三级菜单级联 表单验证）
- 了解BOM和DOM
- 精通window对象使用
- 精通document对象使用
- 掌握Form对象的使用
- 掌握Table对象的使用
- 掌握事件处理

第9章 HTML 5基础（实现“商品详情”页面 重构“商品添加”页面）
- 了解HTML 5新特性和文档结构
- 精通HTML 5标签
- 掌握HTML 5拖放API
- 精通HTML 5表单
- 精通新增的input标签
- 掌握自定义表单验证

第10章 HTML 5进阶（商品切换、放大及拖曳特效）
- 精通Canvas绘图
- 掌握视频播放
- 掌握音频播放
- 精通Web存储
- 掌握本地数据库
- 掌握Web Worker

第11章 jQuery基础（菜单折叠、表单验证等功能）
- 了解jQuery概况
- 精通jQuery基本选择器、过滤选择器和表单选择器
- 掌握jQuery基本操作
- 掌握jQuery事件处理

第12章 jQuery进阶（二级级联 表格操作 报表统计）
- 精通jQuery文档处理
- 精通jQuery节点遍历
- 掌握jQuery动画效果
- 掌握jQuery数组和对象
- 掌握jQuery插件的定义与使用

目录

第1章 HTML语言基础

本章任务是完成“Q-Walking E&S 漫步时尚广场”的购物列表页面的设计：

- 【任务1-1】实现 Q-Walking E&S 漫步时尚广场“购物列表”页面中的菜单导航栏。
- 【任务1-2】实现 Q-Walking E&S 漫步时尚广场“购物列表”页面中的左侧导航栏。
- 【任务1-3】实现 Q-Walking E&S 漫步时尚广场“购物列表”页面中的商品展示区。
- 【任务1-4】实现 Q-Walking E&S 漫步时尚广场“购物列表”页面中的版权区域。

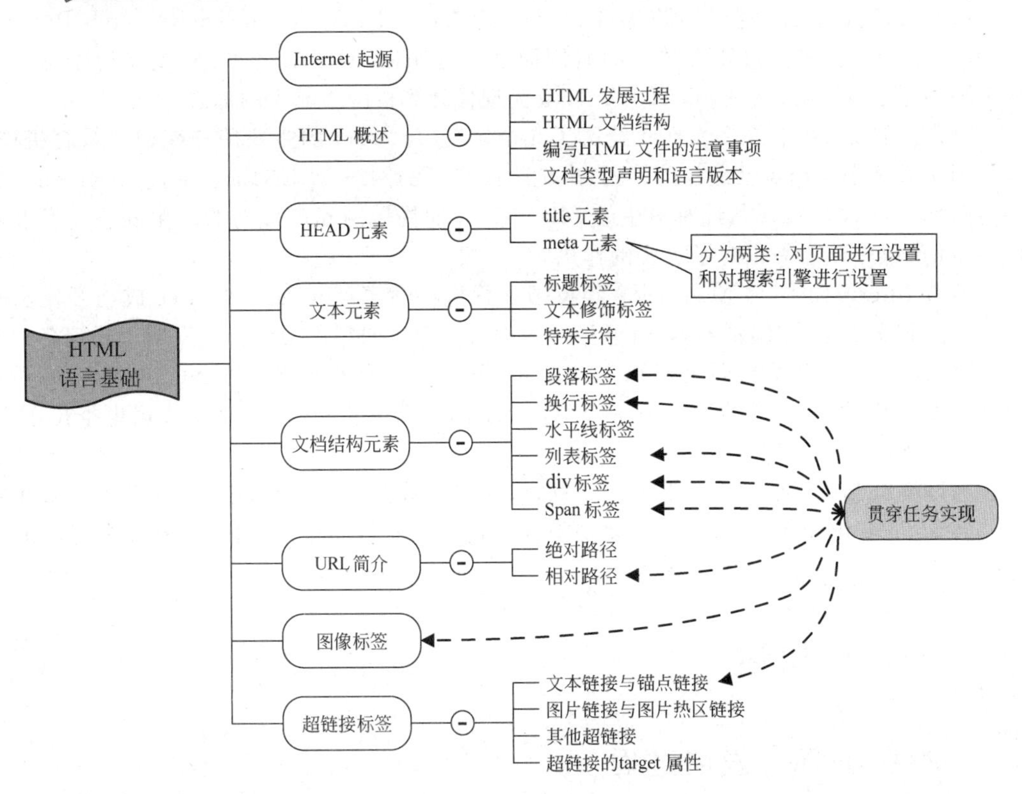

本章目标

知识点	Listen(听)	Know(懂)	Do(做)	Revise(复习)	Master(精通)
Internet 起源	★	★			
HTML 概述	★	★			
HEAD 元素	★	★	★	★	
文档结构元素	★	★	★	★	★
URL 简介	★	★	★	★	
图像标签	★	★	★	★	★
超链接标签	★	★	★	★	★

1.1 Internet 起源

Internet(互联网)已广泛融入当今人类社会生活的各个方面,每天有数以亿计的人通过使用互联网进行聊天、购物、了解资讯等。早期 Internet 不是目前这种繁荣景象,也经过一个阶段的过渡和发展。Internet 的起源及发展过程如下。

(1) 20 世纪 40 年代左右,人们就希望将计算机与计算机设备互联,实现网络资源共享。但是,当时 Web 以及 Internet 的底层基础设施比较落后,实现数据交换也经常受困。

(2) 1960 年左右,美国国防部高级研究计划局 ARPA(Advanced Research Projects Agency)联合计算机公司和大学共同研制而发展起来的 ARPAnet 网络,主要用于军事研究。该网于 1969 年投入使用,ARPAnet 成为现代计算机网络诞生的标志。

(3) 20 世纪 80 年代,Internet 经历了几个转变,Internet 的主要用户变成了教育机构,但美国军方并未忘记自己最初的计划,决定建立自己的网络 MILNET。从此,ARPAnet 分裂为两部分: ARPAnet 和纯军事用的 MILNET。而局域网和广域网的产生和蓬勃发展对 Internet 的进一步发展也起了重要的作用。

随着 Internet 的广泛使用,1989 年英国计算机科学家 Tim Berners-Lee 成功开发出一个简易的超文本浏览/编辑器,并可通过网络进行传输。同年 12 月,将其发明正式定名为万维网(World Wide Web),即 WWW。1993 年,第一个图形界面浏览器 NCSA Mosaic 开发成功; 1995 年,网景公司的 Netscape Navigator 浏览器问世; 随后,微软公司也推出了 IE (Internet Explorer)浏览器。

通过浏览器可以访问服务器上的信息,包括文本数据以及图片、声音、视频等多媒体数据。而 HTML 的出现,能有效地帮助浏览器解析服务器传递过来的信息,并以友好的形式呈现给用户。

1.2 HTML 概述

1.2.1 HTML 发展过程

超文本标记语言(Hyper Text Markup Language,HTML)是 Internet 上用来编写网页

的主要语言；到目前为止，HTML 已发展了多个版本，并在 W3C(万维网联盟)组织的关注下继续不断完善。HTML 的发展史如表 1-1 所示。

表 1-1　HTML 发展史

版　本	日　期	描　述
HTML 1.0	1993 年 6 月	互联网工程工作小组(IETF)工作草案发布
HTML 2.0	1995 年 11 月	作为 RFC 1866 发布
HTML 3.2	1996 年 1 月	W3C 推荐标准
HTML 4.0	1997 年 12 月	W3C 推荐标准
HTML 4.01	1999 年 12 月	W3C 推荐标准
HTML 5.0	2008 年 8 月	W3C 工作草案
HTML 5.1	2014 年 10 月	W3C 完成标准制定

其中，2000 年 1 月在 HTML 4.01 版中添加了一些更加严格的规则，形成了著名的可扩展超文本标记语言(Extensible Hyper Text Markup Language，XHTML)。2010 年，HTML 5.0 一经推出，立即受到全球各大浏览器的热烈欢迎与支持，并以惊人的速度被推广和使用。

注意

万维网联盟(World Wide Web Consortium，简称 W3C)，又称 W3C 理事会，于 1994 年 10 月在麻省理工学院(MIT)计算机科学实验室成立，其创建者是万维网的发明者 Tim Berners-Lee。W3C 是 Web 技术领域最具权威和影响力的国际中立性技术标准机构，该机构制定了一系列标准并督促 Web 应用开发者和内容提供者遵循这些标准。

1.2.2　HTML 文档结构

HTML 是一种描述性标记语言，用来描述页面内容的显示方式；以 HTML 语言为主编写的 HTML 文件是一种纯文本文件，以.html 或.htm 为后缀。

HTML 的基本组成单位是元素，其语法结构如下：

【语法】

```
<标签>
    内容
</标签>
```

其中：

- 标签通常都是成对出现，有开始的<标签>，有对应的结束的</标签>；
- 内容是一些纯文本文字或子标签；
- HTML 元素指的是从开始标签到结束标签的所有代码。

【示例】　title 元素

```
<title>
    一个简单页面
</title>
```

一个 HTML 文档主要由网页头部和网页主体两大部分构成，并且都要放在<html>、</html>标签内；头部<head>标签中包含网页的标题、关键字、描述、编码方式等浏览器所需的基本信息；主体<body>标签中包含页面的具体内容，如文字、表格、图片、视频等。当浏览器从服务器接收到 HTML 文件后，就会解释里面的标签，然后将标签对应的内容呈现出来。HTML 文档具体结构如图 1-1 所示。

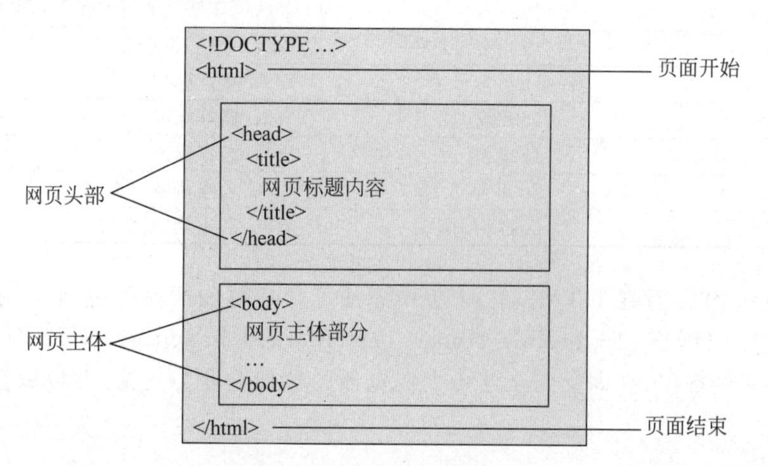

图 1-1　HTML 文档结构

在 HTML 文件的第一行中，使用<!DOCTYPE>标签来指定文档类型定义；<!DOCTYPE>标签须放在所有的文档标签之前，用于说明文档使用的 HTML 或 XHTML 的特定版本，并告诉浏览器后续内容应按照什么方式进行解析。在 HTML 文件中，<!DOCTYPE>标签是一个容易被忽略的标签。

HTML 文档结构是由<html>、<head>和<body>这三大元素组成。

- <html>元素：HTML 文档以<html>标签开始，以</html>标签结束，文档的所有内容都需要放在这两个标签之间。
- <head>元素：页面头部信息，用于向浏览器提供整个页面的基本信息，但不包含页面的主体内容。头部信息中主要包括页面的标题、元信息、CSS 样式、JavaScript 脚本等元素。页面头部信息通常并不在浏览器中显示，标题元素(<title>、</title>标签的内容)除外，会显示在浏览器窗口的左上角。
- <body>元素：网页的正文，是用户在浏览器主窗口中看到的信息，包括图片、表格、段落、图片、视频等内容，且须位于<body>标签之内；但并不是所有的<body>内部标签都是可见的。

<html>、<head>和<body>是 HTML 文档的基本元素，三者共同构成了 HTML 文档的骨架，一个 HTML 页面实例代码如下所示。

【代码 1-1】 DocumentStructure.html

```
<!DOCTYPE html PUBLIC "-//W3C//DTD XHTML 1.0 Transitional//EN"
    "http://www.w3.org/TR/xhtml1/DTD/xhtml1-transitional.dtd">
<html>
  <head>
    <meta http-equiv="Content-Type" content="text/html; charset=utf-8" />
    <title>一个简单页面</title>
  </head>
```

```
    <body>
      网页正文部分
      <img src = "images/logo.jpg" />
      <table>
          <tr><td>Hello,HTML!</td></tr>
      </table>
    </body>
</html>
```

1.2.3 编写 HTML 文件的注意事项

大部分 HTML 标签是由起始标签和结束标签两个部分构成，例如：<p></p>、<table></table>。空标签是一种特殊的标签，既不包含任何文本也不包含其他子标签，通常以“<”开始，以“/>”结束，例如
、<img />等。

在编写 HTML 文件时，需要注意以下几项。

1) HTML 不区分大小写，而 XHTML 区分大小写

HTML 不区分字母大小写，而 XHTML 相对比较严格，要求使用小写字母，在 HTML 5 中又恢复了不再区分大小写。尽管如此，在页面设计过程中，应尽量遵守规范，使用小写进行编码，以提高代码的可读性。

2) HTML 标签的属性与属性值

在传统的 HTML 和新的 HTML 5 中，标签可以具有一个或多个属性，属性与属性值成对出现，例如：<img src="walk.jpg" height="10" />，属性值可以使用双引号或单引号引起来。简单的属性可以不带引号，但不带引号有时会引发浏览器解析问题，特别在使用 JavaScript 脚本编程时。而在 XHTML 中，引号是必须使用的；此处推荐使用双引号或单引号将属性值引起来。

需要注意的是，无论在 XHTML 还是在 HTML 中，有些属性值是要区分大小写的，例如 URL 类型的属性，<img src="WALK.jpg" />和<img src="walk.jpg" />不一定指向同一幅图片，因为在 Linux 上的 Web 服务器对文件名区分大小写，而 Windows 中不区分大小写。

3) HTML 中的空格

在 HTML 页面中，字符之间的一个或多个连续的空格（包括空格中的制表符、换行符和回车），只能显示为一个空格。

【示例】 空格

```
<p>漫步 时尚广场</p>
<p>漫步      时尚广场</p>
<p>漫步
          时尚广场</p>
```

上面示例中三行显示的结果是一样的。

注意

> 如果需要更多的空格时，可以使用实体引用( )或者中文空格(即将输入法切换至中文，使用全角方式输入空格)来解决。

4）HTML 中的注释

代码注释有利于代码的可读性，添加注释是一个良好的编程习惯。在复杂的页面中，可以通过注释来划分各个模块，从而降低代码的阅读难度。HTML 注释的语法格式如下。

【语法】

```
<!-- 注释内容 -->
```

5）标签可以嵌套使用

标签之间可以嵌套，但不能交叉。在 HTML、XHTML 和 HTML 5 中，对标签的嵌套都有严格的要求。

【示例】 标签嵌套

```
<p><b>漫步时尚广场 </b></p>  <!-- 正确 -->
<p><b>漫步时尚广场 </p></b>  <!-- 不正确，标签存在交叉 -->
```

1.2.4 文档类型声明和语言版本

(X)HTML 文档应以<!DOCTYPE >标签进行声明，并且要放在所有的文档标签之前，用于说明该文档所使用 HTML 或 XHTML 的特定版本，告知浏览器后续内容所采用的格式，应按照什么方式对页面文档进行解析。

【示例】 文档类型声明

```
<!DOCTYPE HTML PUBLIC "-//W3C//DTD HTML 4.01 Transitional//EN"
    "http://www.w3.org/TR/html4/loose.dtd">
```

上述代码表示该文档采用 HTML 4.01 的过渡版本，使用< HTML >作为页面的根元素。在 XHTML 文档中，<!DOCTYPE >的格式基本相同，但 html 需要小写，因为 XHTML 是区分大小写的，代码如下所示。

【示例】 XHTML 文档类型声明

```
<!DOCTYPE html PUBLIC "-//W3C//DTD XHTML 1.0 Transitional//EN"
    "http://www.w3.org/TR/xhtml1/DTD/xhtml1-transitional.dtd">
```

在 HTML 5 中，不再刻意声明文档版本，W3C 希望一份 html 代码适用于所有的 HTML 版本，代码更加简洁、通用。

【示例】 HTML 5 文档类型声明

```
<!DOCTYPE html >
```

1.3 HEAD 元素

HTML 文档的< head >元素包含很多标签（例如< title >、< meta >、< base >、< link >、< script >以及< style >等），用于向浏览器提供整个页面的基本信息。

1.3.1　title 元素

页面的标题位于< title >标签内，可以包含任何字符或实体。除了在浏览器的标题栏中显示标题外，标题还有其他用处，例如：在大多数浏览器中，标题可以用作默认快捷方式或收藏夹的名称；标题还可以作为搜索引擎结果中的页面标题。在页面设计时，应该为每个网页添加标题；标题要与页面内容具有相关性，且要尽可能简洁。

【代码 1-2】　titleDemo.html

```
<!DOCTYPE html PUBLIC "-//W3C//DTD XHTML 1.0 Transitional//EN"
    "http://www.w3.org/TR/xhtml1/DTD/xhtml1-transitional.dtd">
<html>
    <head>
        <meta http-equiv="Content-Type" content="text/html; charset=utf-8" />
        <title>漫步时尚广场 E&amp;S/title>
    </head>
    <body>
    </body>
</html>
```

上述代码在浏览器显示的结果如图 1-2 所示，网页的标题部分便是< title >标签中的内容。

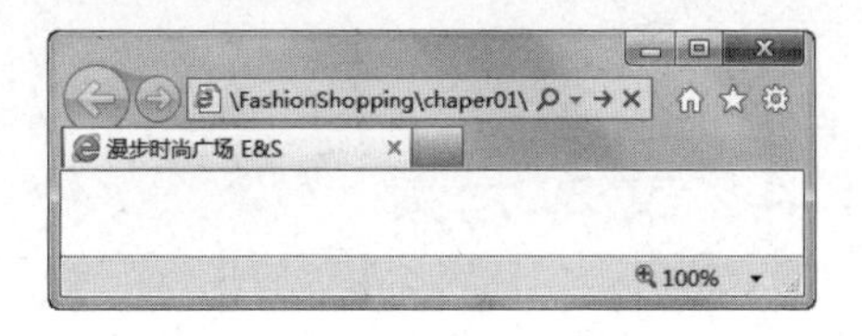

图 1-2　页面中的标题元素

1.3.2　meta 元素

meta 元素用于向客户的浏览器传递信息和命令，而不是用来显示内容的。一个< head >标签中可以包含一个或多个< meta >标签。

< meta >标签主要分为两大类：一类对页面进行设置，一类针对搜索引擎进行设置。< meta >标签常用的属性特征描述如表 1-2 所示。

表 1-2　< meta >标签常用的属性

属性名	属性值	描　述
name	keywords	定义页面的关键词。使用 content 属性提供网页的关键词，关键词之间用英文逗号“，”隔开
	description	定义页面的描述内容。使用 content 属性提供网页的描述内容，但不要过长，否则搜索引擎会以“…”省略
	robots	用来告诉搜索引擎页面是否允许索引与查询。content 的参数有 all、none、index、noindex、follow、nofollow，默认是 all
	author	标注网页的作者
http-equiv	content-type	设定页面使用的字符集。例如代码< meta http-equiv＝"Content-Type" content＝"text/html; charset＝utf-8" />表示将页面的编码方式设为 utf-8
	refresh	自动刷新并转到新页面。使用 content 属性提供刷新或跳转的时间以及跳转的目标地址
	set-cookie	设置页面缓存过期时间。如果网页过期，那么存盘的 cookie 将被删除
	expires	用于设定网页的到期时间。一旦网页过期，必须从服务器上重新加载页面内容
content	text	内容文本。用于描述 name 或 http-equiv 属性的相关内容

下述代码演示了< meta >标签常用属性的使用。

【代码 1-3】 metaDemo. html

```
<html>
<head>
   <title>漫步时尚广场 E&amp;S</title>
   <meta http-equiv="Content-Type" content="text/html; charset=utf-8">
   <meta http-equiv="Refresh" content="5;url=http://www.itshixun.com" />
   <meta name="keywords" content="漫步时尚广场,时尚,购物,影视,餐饮"/>
   <meta name="description" content="游客漫步在时尚广场,可漫步湖畔步行街,可在国际名品店、时尚精品店徜徉,在电影区感受视听震撼,在咖啡、酒吧一条街放松身心,在世界特色餐厅享受美味。"/>
   <meta name="author" content="QST青软实训"/>
   <meta name="robots" content="all"/>
</head>
<body>
     Meta标签的使用,5秒后进入QST官方网站~
</body>
</html>
```

使用浏览器打开上述页面,该页面显示5s后会自动跳转到指定的URL页面,此处不再演示。

1.4 文本元素

HTML文档中的文本元素包括内容标题、文本修饰以及特殊字符。

1.4.1 标题标签

HTML中提供了6级标题,通过标题让文件结构更加清晰;标题从一级开始(级别最高),逐渐降低至六级,分别为< h1 >、< h2 >、< h3 >、< h4 >、< h5 >、< h6 >。虽然有6个预定义标题级别,但在网页中一般只会使用3～4个级别。

【代码 1-4】 hnDemo. html

```
<html>
  <head>
    <title>漫步时尚广场 E&amp;S</title>
  </head>
  <body>
    <h1>一级标题 —— 漫步时尚广场</h1>
    <h2>二级标题 —— Q-Walking Fashion E&S</h2>
    <h3>三级标题 —— 购物广场</h3>
    <h4>四级标题 —— 男装区</h4>
    <h5>五级标题 —— 上衣区</h5>
    <h6>六级标题 —— 衬衣</h6>
  </body>
</html>
```

上述代码演示了内容标题的6级标签,在浏览器中预览效果如图1-3所示。

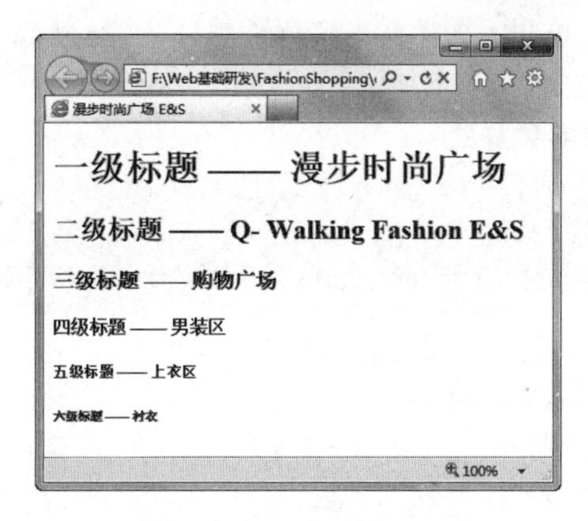

图 1-3 标题标签效果图

注意

<hn>标签是双标签。默认情况下，在大多数浏览器中显示的<h1>、<h2>、<h3>元素内容大于文本在网页中的默认尺寸，<h4>元素的内容与默认文本的大小基本相同，而<h5>和<h6>元素的内容较小一些。用户的特殊需求可以通过 CSS 来定义标题的样式特征，有关 CSS 的内容将在第 4 章中进行详细介绍。

1.4.2 文本修饰标签

HTML 语言中提供了大量的标签用于对文本样式进行设置，如表 1-3 所示。

表 1-3 常用的字体标签

标　　签	描　　述
<font>…</font>	用于设置文本的字体样式
<b>…</b>	元素中的内容以加粗的方式显示，效果与<strong>标签相同
<i>…</i>	元素中的内容以斜体的方式显示
<s>…</s>	元素中的内容将被添加一条删除线
<u>…</u>	元素中的内容将被添加一条下画线
[…]	元素中的内容以上标的形式显示
_…	元素中的内容以下标的形式显示
<strong>…</strong>	元素中的内容以加粗的方式显示，与<b>标签功能一致
<big>…</big>	元素中的内容在显示时比周围的文本大一个字体尺寸
<small>…</small>	元素中的内容在显示时比周围的文本小一个字体尺寸

注意

HTML 5 为<strong>标签增加了语义，使用<strong>标签包起来的文本表示重要的文本。HTML 5 中删除了原有的<big>标签，并对<small>标签进行重新定义，用于标识所谓的“小字印刷体”，通常用来标注诸如注意事项、法律规定、免责声明或版权相关的声明性文字。

< font >标签可以用来控制更多的文本字体外观样式，通过 face、size 和 color 属性来设定文本的字体、大小和颜色，代码如下所示。

【示例】 < font >标签设置字体样式

```
<font face = "隶书" size = "10" color = "blue">通过 font 标签设置字体的样式</font>
<font face = "楷体" size = " + 3" color = "#FF0000">通过 font 标签设置字体的样式</font>
<font face = "黑体" size = " - 1" color = "gray">通过 font 标签设置字体的样式</font>
```

下述代码用于综合演示文本修饰标签的使用。

【代码 1-5】 ModifyTextDemo.html

```
<html>
<head>
   <meta http-equiv = "Content-Type" content = "text/html; charset = utf-8" />
<title>漫步时尚广场战略发布会 - 文本修饰标签</title>
</head>
<body>
   2015 年 1 月 11 日，<b>漫步时尚广场</b>在<big>青岛</big>举行战略发布会。时尚广场总裁
<i>郭总</i>介绍，取这个名字一方面是打造<small>休闲娱乐</small>的时尚购物广场，更重要
的原因是随着 B2C 的发展，消费者需要全新的电子商务平台。漫步时尚广场从传统的 V<sub>1.0
</sub>向综合性互联网 V<sup>2.0</sup>转型。<s>时尚广场将提供一个定位和风格更加清晰的
消费平台，全力打造的品质之城。</s>
</body>
</html>
```

上述代码在浏览器中的预览结果如图 1-4 所示。

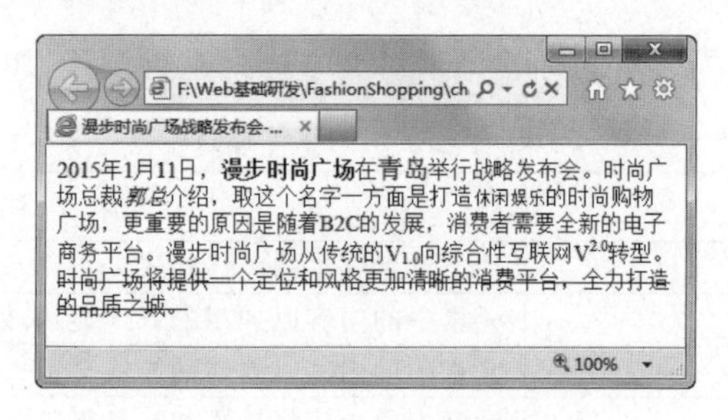

图 1-4 文本修饰标签的使用

注意

> 由于文本修饰标签设置字体样式时，文本内容与样式嵌入到一起，后期代码维护不方便，所以在网页设计时，尽量少用文本修饰标签，建议多采用 CSS 样式进行美化。

1.4.3 特殊字符

在页面中，有些字符不能直接使用，只能通过引用的方式实现；一些不能从标准键盘上输入的字符（例如版权字符“©”），以及其他可能造成浏览器歧义的字符（例如尖括号“<”和“>”），需要通过特殊编码进行引用，又称为“字符实体”。在页面中引用字符实体时，通常以“&”符号开头，以分号“；”结尾。常见的实体引用如表 1-4 所示。

表 1-4 常见的实体引用

特殊字符	实体引用	特殊字符	实体引用
双引号(")	"	左箭头(←)	←
& 号	&	上箭头(↑)	↑
空格		右箭头(→)	→
小于号(<)	<	下箭头(↓)	↓
大于号(>)	>	左右箭头(↔)	↔
小于等于(≤)	≤	左下箭头(↵)	↵
大于等于(≥)	≥	左双箭头(⇐)	⇐
版权号(©)	©	上双箭头(⇑)	⇑
商标符号(™)	™	右双箭头(⇒)	⇒
注册商标(®)	®	下双箭头(⇓)	⇓
分数(¼)	¼	交集(∩)	∩
分数(½)	½	并集(∪)	∪

1.5 文档结构元素

1.5.1 段落标签

无论是图书还是网页，文档都由段落构成。<p>标签是 HTML 中特定的段落标签，可以对网页内容提供块级格式。当浏览器解析<p>标签时，通常在下一个段落之前插入一个新的空白行。

下述代码使用<p>标签显示不同的段落。

【代码 1-6】 pDemo.html

```
<html>
  <head>
      <meta http-equiv="Content-Type" content="text/html; charset=utf-8" />
      <title>段落的使用</title>
  </head>
  <body>
    <p>经常有新入职的同学,搞不清设计师和别的职位如产品经理,在工作内容上有什么区别。</p>
    <p>"技能"指的是设计师掌握了项目中其他角色都不具备的能力。</p>
    <p>设计师的"定位",是随着用户体验受重视而发展起来的。互联网产品很重要的特点是免费。
</p>
   </body>
</html>
```

上述代码在浏览器中的预览效果如图 1-5 所示，段落与段落之间保持一定的间距。

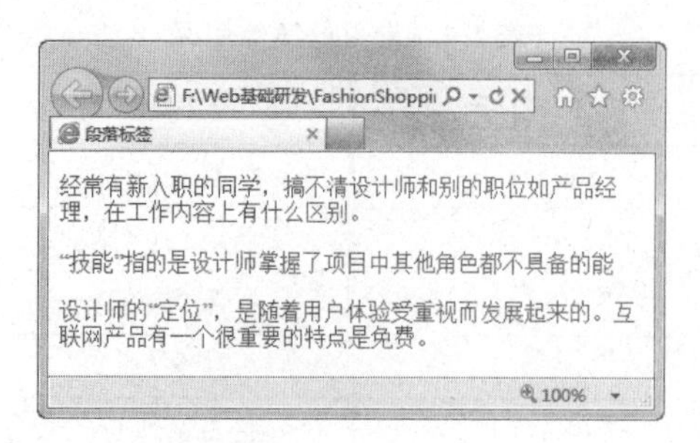

图 1-5　段落标签在浏览器中显示的效果

1.5.2　换行标签

在文本内容未结束的情况下需要对文本进行换行时，可以使用< br />标签进行换行，该标签后面的内容将从下一行开始显示。< br />标签是空标签，br 和"/"之间存在一个空格。

下述代码演示< br />标签的使用。

【代码 1-7】　brDemo.html

```
<html>
  <head>
      <meta http-equiv="Content-Type" content="text/html; charset=utf-8" />
      <title><br/>标签的使用</title>
  </head>
  <body>
    <h3>页面设计师岗位简介</h3>
    <p>经常有新入职的同学，搞不清设计师和别的职位如产品经理，在工作内容上有什么区别。
<br />"技能"指的是设计师掌握了项目中其他角色都不具备的能力。</p>
    <p>设计师的"定位"，是随着用户体验受重视而发展起来的。互联网产品很重要的特点是免费。
</p>
    </body>
</html>
```

上述代码在浏览器中的预览效果如图 1-6 所示，< br >标签只是换行功能，而< p >标签会在段落之间形成一定的距离。

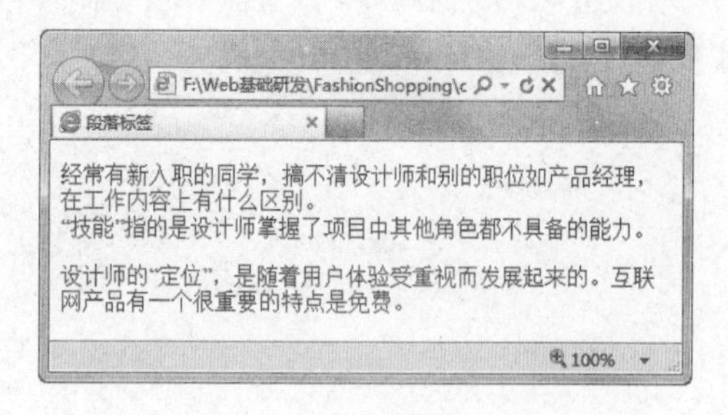

图 1-6　换行符在浏览器中显示的效果

1.5.3　水平线标签

< hr />标签可以在页面中产生一条水平线，将文本区域内容分开，以增加网页的层次感，例如，在文章标题下使用横线将标题与正文分开。< hr />标签可以通过 size、color、width、noshade 和 align 等属性分别对横线的高度、颜色、宽度、阴影、对齐方式等进行设定。

下述代码演示< hr />标签的使用。

【代码 1-8】　hrDemo.html

```
<html>
  <head>
```

```
        <meta http-equiv="Content-Type" content="text/html; charset=utf-8" />
        <title>水平线的使用</title>
    </head>
    <body>
      <h3>页面设计师岗位简介</h3>
      <hr size="3" noshade="noshade" color="blue" width="400px" align="right"/>
      <p>经常有新入职的同学,搞不清设计师和别的职位如产品经理,在工作内容上有什么区别。
<br />"技能"指的是设计师掌握了项目中其他角色都不具备的能力。</p>
      <p>设计师的"定位",是随着用户体验受重视而发展起来的。互联网产品有一个很重要的……
</p>
    </body>
</html>
```

上述代码在浏览器中的预览效果如图1-7所示。在页面中绘制了一条宽度为400px、高度为3px、颜色为蓝色的水平分割线,并且水平靠右显示。

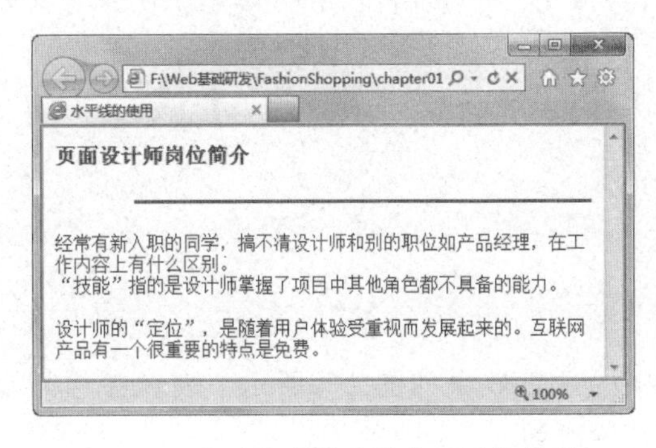

图1-7　水平线在浏览器中显示的效果

1.6　列表元素

在HTML页面中,使用列表将相关信息放在一起,会使内容显得更具有条理性。HTML中的列表有以下三种类型。

- 有序列表:使用一些数值或字母作为编号;
- 无序列表:使用项目符号作为编号;
- 定义列表:列表中的每个项目与描述配对显示。

1.6.1　有序列表

在有序列表中,每一项的前缀可以通过数字或字母进行编号。HTML中提供了<ol>标签来实现有序列表,其语法格式如下。

【语法】

```
<ol>
    <li>列表项 1</li>
    <li>列表项 2</li>
    ...
</ol>
```

其中：

- <ol>中允许包含多个列表项，每一个列表项都嵌入在<ol>、</ol>之间；
- <li>标签用于展示某一列表项，其内容包含在<li>、</li>之间。

下述代码演示了有序列表的使用。

【代码 1-9】 olDemo. html

```
<html>
  <head>
    <meta http-equiv="Content-Type" content="text/html; charset=utf-8" />
    <title>有序列表</title>
  </head>
  <body>
    <ol>
      <li>购物区</li>
      <li>男装</li>
      <li>女装</li>
      <li>童装</li>
      <li>休闲装</li>
      <li>运动装</li>
    </ol>
  </body>
</html>
```

上述代码在浏览器中的预览效果如图 1-8 所示。列表序号是数字格式，默认从 1 开始，依次编号。

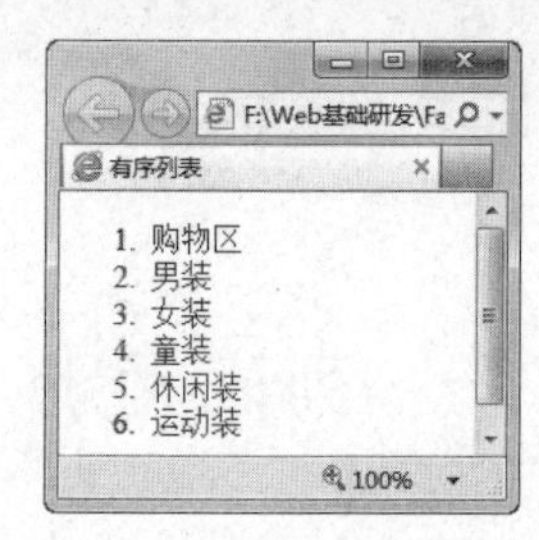

图 1-8 默认的有序列表

通过 type 属性可以指定有序列表编号的样式，取值方式有如下几种：1 代表阿拉伯数字(1,2,3,…)；a 代表小写字母(a,b,c,…)；A 代表大写字母(A,B,C,…)；i 代表小写罗马数字(i,ii,iii,…)；I 代表大写罗马数字(I,II,III,…)。

通过 start 属性指定列表序号的开始位置，例如 start="3"表示从 3 开始编号。

【代码 1-10】 olStartDemo. html

```
<html>
  <head>
    <meta http-equiv="Content-Type" content="text/html; charset=utf-8" />
    <title>有序列表</title>
  </head>
  <body>
    <ol type="A" start="3">
      <li>购物区</li>
      <li>男装</li>
      <li>女装</li>
      <li>童装</li>
      <li>休闲装</li>
      <li>运动装</li>
    </ol>
  </body>
</html>
```

上述代码在浏览器中的预览效果如图 1-9 所示，列表序号是大写字母格式，从第 3 个字母(C)开始，依次进行编号。

图 1-9　设定开始的有序列表

1.6.2　无序列表

无序列表与有序列表不同，无序列表每一项的前缀显示的是图形符号，而不是编号。HTML 中提供了<ul>标签来实现无序列表，语法格式如下。

【语法】

```
<ul type="类型">
    <li>列表项 1</li>
    <li>列表项 2</li>
    …
</ul>
```

其中：

- 每一个列表项<li>嵌入在<ul>、</ul>之间，使用方式基本与有序列表一致；
- type 属性用于设置列表的图形前缀，取值可以是 circle(圆)、disc(点)、square(方块)、none 等类型；当缺省 type 属性时大部分浏览器默认是 disc 类型。

下述代码演示了无序列表的使用。

【代码 1-11】　ulDemo.html

```
<html>
<head>
  <meta http-equiv="Content-Type" content="text/html; charset=utf-8" />
  <title>无序列表</title>
</head>
<body>
  <ul type="disc">
    <li>购物区</li>
    <li>男装</li>
    <li>女装</li>
    <li>童装</li>
    <li>休闲装</li>
    <li>运动装</li>
  </ul>
</body>
</html>
```

上述代码在浏览器中的预览效果如图 1-10 所示，列表序号以黑色实心圆的形式进行显示。

图 1-10　无序列表

1.6.3 定义列表

定义列表是一种特殊列表，将项目与描述成对显示。HTML 中提供了<dl>标签来实现定义列表，语法格式如下。

【语法】

```
<dl>
    <!-- 第 1 项开始 -->
    <dt>标题 1</dt>
    <dd>描述 1</dd>
    <!-- 第 1 项结束 -->

    <!-- 第 2 项开始 -->
    <dt>标题 2</dt>
    <dd>描述 2</dd>
    <!-- 第 2 项结束 -->
    …
</dl>
```

其中：

- 一个定义列表中可以包含 1～n 个子项；
- 每一子项都由两部分构成——标题(dt)和描述(dd)，且成对出现；
- <dt>、</dt>标签用于存放标题内容；
- <dd>、</dd>标签用于存放描述内容。

下述代码用于演示了定义列表的使用。

【代码 1-12】 dlDemo.html

```
<html>
<head>
  <meta http-equiv="Content-Type" content="text/html; charset=utf-8" />
  <title>定义列表</title>
</head>
<body>
  <dl>
    <!-- 第一项开始 -->
    <dt>购物区</dt>
    <dd>近年来，随着经济社会和现代物流业的快速发展，带动了电子商务的快速发展……</dd>
    <!-- 第一项结束 -->
    <dt>影视区</dt>
    <dd>能够在线收看高清电影电视剧、体育直播、游戏竞技视频、动漫视频、综艺视频、财经资讯视频播放流畅、完全免费，是网民喜爱的休闲娱乐区。</dd>
    <dt>餐饮区</dt>
    <dd>通过互联网使消费者及时了解餐厅营运、在线点菜、优惠套餐等方式进行网络销售传播，便利充分地实现餐厅服务价值交换。</dd>
  </dl>
</body>
</html>
```

上述代码在浏览器中的预览效果如图 1-11 所示。在一个<dl>标签中可以包含多对<dt>、<dd>标签；与<dt>标签相比，<dd>标签的内容通常向后缩进一定的空间。

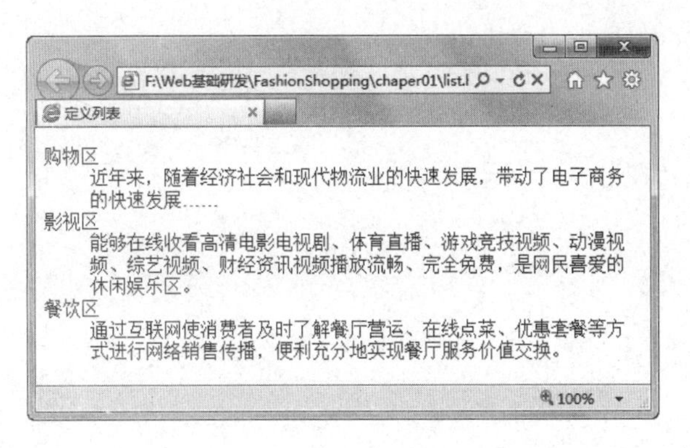

图 1-11 定义列表

1.7 div 与 span 标签

在 HTML 中，< div >标签用来表达一个逻辑区块，属于块级元素。通过< div >标签将网页中的某一特定区域用边框围起来，并赋予指定的样式。HTML 中提供了< div >标签来实现区域块的定义，语法格式如下。

【语法】

```
<div style = "块元素的样式" class = "类选择器名称" align = "对齐方式">
    内容部分
    ...
</div>
```

其中：

- style 属性用于设置 div 元素的行内样式；
- class 属性用于引用 CSS 的类选择器；
- align 属性用于设置 div 元素中内容的对齐方式，取值范围是 left、right、center 或 justify，目前该属性使用较少，多用 CSS 样式替代。

HTML 中提供了< span >标签来实现行内块的定义，< span >标签属于行内元素，用来选择特定文本，以便赋予特殊的样式；当句子或段落中某一个部分需要分组时，就可以使用< span >标签。其语法格式如下。

【语法】

```
< span style = "块元素的样式" class = "类选择器名称" align = "对齐方式">内容部分</span >
```

其中：

- style 属性用于设置 span 元素的行内样式；
- class 属性用于引用 CSS 的类选择器；
- align 属性用于设置 span 元素中的内容的对齐方式，取值范围是 left、right、center 或 justify，目前该属性使用较少，多用 CSS 样式替代。

下述代码演示了 div 元素与 span 元素的用法。关于 CSS 样式将在第 4 章详细介绍，在这里只需关注< div >与< span >标签的使用效果即可。

【代码 1-13】 div&spanDemo.html

```
<html>
  <head>
    <title>div 与 span 示例</title>
  </head>
  <body>
    <div style="border:2px #F00 solid;">
        <h3>购物区</h3>
        近年来,随着经济社会和现代物流业的快速发展,带动了<span style="color:#30F;
        font-weight:bold;font-style:italic;">电子商务</span>的快速发展……
    </div>
    <div  style="border:2px #F00 dotted;">
        <h3>影视区</h3>
        能够<span style="font-weight:bold;font-style:italic; text-decoration:
        underline;">在线收看</span>高清电影电视剧、体育直播、游戏竞技视频、动漫视频、
        综艺视频、财经资讯视频播放流畅、完全免费,是网民喜爱的休闲娱乐区。
    </div>
  </body>
</html>
```

上述代码中,第一个 div 的边框样式为:宽度 2px、红色、实线;第二个 div 的边框样式为:宽度 2px、红色、点线状;第一个 span 的内容样式为:字体颜色为#30F、加粗、倾斜;第二个 span 的内容样式为:加粗、倾斜、下画线。具体效果如图 1-12 所示。

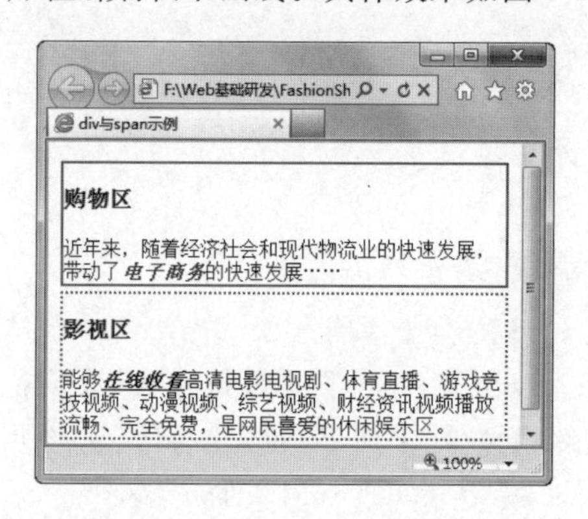

图 1-12　div 与 span 示例

> 如果只是用<div>标签而不使用 CSS 样式,在页面中的效果与<p>基本相同,且独占一行。通过<div>标签可以对页面进行整体划分,并使用 CSS 进行修饰,以实现页面的布局,有关页面布局将在第 5 章进行介绍。

1.8 URL 简介

统一资源定位符(Uniform Resource Locator,URL)用于指定 Web 资源所在的位置,如同在网络上的门牌。URL 是 Internet 上标准的资源地址,又称为网页地址或网址。

URL 包含 3 个关键部分：协议、主机地址和文件路径，如图 1-13 所示。

协议、主机地址和文件路径共同组成了一个完整的 URL，功能分别如下。

图 1-13 URL 示例

(1) 网页通常采用 HTTP 超文本传输协议(HyperText Transfer Protocol)传递信息，对应的网址基本使用 http://前缀；而电子商务等网站对安全性要求更高时，多采用 https 协议(https://前缀)；文件上传下载时，多采用 ftp://前缀。

(2) 主机地址(Host Address)一般是网站的域名，如 www.itshixun.com；主机地址也可以使用 IP 地址(数字形式)，例如：192.168.1.100、115.239.210.27 等。

(3) 文件路径通常与网站的目录结构相对应，以斜杠(/)开始，以文件夹名或文件名结束，中间可以包含一级或多级目录，例如：/web/test/index.html 或/web/test/。通过文件的路径可以找到页面所需要的资源。

文件路径分为绝对路径和相对路径两种，具体如下。

1. 绝对路径

绝对路径是指一个完整的路径。在 Internet 中，绝对路径又称绝对 URL，是该资源在 Internet 上的唯一地址，例如：http://www.itshixun.com/movie/index.html。而对于本地计算机上的文件路径 d:/web/movie/index.html 也是绝对路径。

2. 相对路径

绝对地址相对比较长，而网站的每个页面可能包含很多链接，页面代码显得比较臃肿。当页面链接到同一个网站中的其他资源时，采用相对路径会更加简洁，也便于后期维护。

```
FashionShopping
  —images
    —logo.jpg
  —CSS
    —style.css
  —Chapter01
    —div.html
    —index01.html
    —branch
      —subPage.html
      —background.jpg
  —index.html
  —top.jpg
```

图 1-14 网站目录结构图

当浏览器访问 Web 资源时，浏览器需要完整的 URL 才能获取到资源内容；当页面中提供的地址是相对路径时，浏览器会将相对 URL 转成完整的绝对 URL 后再获取资源。

在站点 FashionShopping 目录结构中，如图 1-14 所示，存在多种资源的访问形式，例如同一目录、子目录、父目录或根目录等形式的资源访问。

1) 相同目录

在页面中，当被访问资源和网页位于同一个目录下时，可以直接进行访问。在页面 index.html 中引用同一目录下的 top.jpg 图片时，路径地址可以如下：

```
top.jpg
```

2) 子目录

当访问子目录中的资源时，路径需包含目录的层次结构。在站点 FashionShopping 中，images 是 FashionShopping 的子目录，如果页面 index.html 要引用 images 目录下的 logo.

jpg 图片，相对路径可以写成如下格式：

```
images/top.jpg
```

每添加一级子目录，需在路径中添加“目录名”+“/”，例如，页面 index.html 要引用 background.jpg 图片，路径地址则写成如下格式：

```
Chapter01/branch/background.jpg
```

3）父目录

当访问引用父目录中的资源时，可以使用“../”表示上一级目录。例如，Chapter01 目录下的 index01.html 页面引用 FashionShopping 目录中的 top.jpg，路径链接地址如下：

```
../top.jpg
```

每重复一次“../”符号，目录就往外一个层次。例如，subpage.html 要引用 top.jpg 图片，路径地址可以如下：

```
../../images/top.jpg
```

4）根目录

除了前面介绍的几种方式外，还可以使用根目录的方式进行访问，这种方式更加统一、简洁。根目录以“/”符号开始，当从网站的任意一个页面引用 logo.jpg 图片时，使用根目录的访问方式可以写成如下格式：

```
/images/logo.jpg
```

访问 background.jpg 资源时，可以统一写成如下格式：

```
/Chapter01/branch/background.jpg
```

其中，开始部分的斜杠(/)表示根目录，URL 后面部分是指从根目录开始的路径。

注意

> 相对路径仅适用于链接相同网站中的内容，不能用于链接其他域名下的资源。而根目录方式在本地访问时无法实现，只有站点内容上传到 Web 服务器上才能展示效果。

1.9 图像标签

在页面中，使用< img />标签向 HTML 文档中添加一幅图像，语法格式如下。

【语法】

```
< img src = "url" alt = " " .../>
```

其中：

- src 和 alt 是< img />标签常用的两个属性；
- src 属性值是一个指向图像的文件的 URL 地址，可以是绝对路径，也可以是相对路径；

- alt 属性用于图像的文本描述，当图片无法显示时会显示该文本内容。

<img />标签常用的属性如表 1-5 所示。

表 1-5　图像标签的属性

属 性 名	描　　述
src	图像的地址。可以是绝对 URL，也可以是相对 URL
alt	图像的文本描述。浏览器无法显示图像时，该文本作为图像的替代；描述文本能够更好地帮助搜索引擎对页面进行索引
height	指定图像的高度。可以是固定值，也是百分比（占外层容器的百分比）
width	指定图像的宽度。可以是固定值，也是百分比（占外层容器的百分比）
align	图像的对齐方式。如 top、bottom、middle、left、right
border	指定图像边框的宽度

下述代码演示<img />标签及其属性的用法。

【代码 1-14】　imgDemo. html

```
<html>
<head>
    <meta http-equiv="Content-Type" content="text/html; charset=utf-8" />
    <title>图像标签的使用</title>
</head>
<body>
    <img src="logo.jpg" alt="青软实训 logo" />
    <img src="images/logo.jpg" />
    <img src="images/logo.jpg" alt="青软实训 logo" width="138" height="72" />
    <img src="images/logo.jpg" border="2" width="60%" />
</body>
</html>
```

上述示例代码，在浏览器中显示的效果如图 1-15 所示。其中第一幅图没有找到图像资源，显示的是 alt 属性值；最后一幅图片的宽度是百分比，会随外层容器（此处是浏览器窗口）的改变而改变。

图 1-15　图片标签的使用

1.10 超链接标签

超链接(HyperLink)可以将互联网上的各种资源相互连接,形成一张类似蜘蛛网一样的网络(即万维网)。当浏览者单击链接时,就可以直接转向对应的网页、图片、文件或邮箱等资源,语法格式如下。

【语法】

```
<a href="url" name=" " target=" ">链接内容</a>
```

其中：href 表示目标链接地址；name 表示锚点的名称；target 用于指明以何种方式打开链接目标。

常见的超链接有以下几种类型：文本链接、锚点链接、图像链接、图像热区链接、Email 链接、JavaScript 链接、空链接。

1.10.1 文本链接与锚点链接

1. 文本链接

文本链接是指链接内容(即<a>、</a>标签之间的内容)为文本内容。链接目标可以是站内链接,也可以是站外链接。站内链接可以使用相对路径,也可以使用绝对路径；而站外链接必须使用完整的绝对路径(即必须包括"http://"部分)。

下述代码演示了文本链接的使用。

【代码 1-15】 baseLinkDemo.html

```
<html>
<head>
    <meta http-equiv="Content-Type" content="text/html; charset=utf-8" />
    <title>文本超链接</title>
</head>
<body>
   <a href="../index.html" title="网站首页">首页</a><br />
   <a href="list.html" title="本教程提供的列表示例页面">列表示例</a><br />
   <a href="http://www.baidu.com">百度</a> <br />
</body>
</html>
```

上述代码中,<a>标签的 title 属性用于给链接添加标题,当鼠标悬停在超链接之上时,会提供该链接的更多相关信息。在浏览器中预览结果如图 1-16 所示。

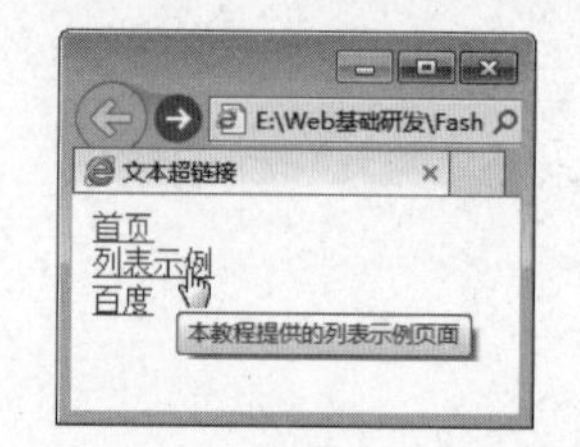

图 1-16 带 title 的文本链接

2. 锚点链接

一份大型文档(例如科普文章、网络小说等)可能包含多个小节,读者要找到自己感兴趣的内容比较麻烦。此时,在文档的每个小节处设置一个书签,通过文档顶部或侧方导航栏中的链接指向每一小节,用户便可快速定位到所期望的小节；在 HTML 页面中,该书签又被称作"锚点(anchor)",用户单击想要访问的锚点链接时，可以到达期望的目标位置。

锚点链接分为同一页面的锚点链接和跨页面的锚点链接，两者都可通过以下两步实现。

(1) 在目标页面中，使用< a >标签创建锚点标记。创建锚点时，< a >标签必须附带 name 或 id 属性，而不是 href 属性。name 属性与 id 属性均用于指定锚点名称，name 属性多用于早期版本，从 HTML 4 开始，创建锚点应尽量使用 id 属性而非 name 属性。

【示例】 目标锚点

```
<a id="myAnchor">这里是我创建的锚点位置</a>          <!-- 推荐使用 -->
<a name="otherAnchor">这里是我创建的锚点位置</a>     <!-- 旧版本使用 -->
```

(2) 在页面中，创建超链接链接到锚点。创建链接时，< a >标签的 href 属性是由“#”+“目标锚点名称”两部分构成，代码如下。

【示例】 链接到锚点

```
<a href="#myAnchor">链接到锚点位置</a>
```

下述代码演示了完整的锚点链接的用法。

【代码 1-16】 anchorLinkDemo.html

```
<html>
<head>
    <meta http-equiv="Content-Type" content="text/html; charset=utf-8" />
    <title>锚点超链接</title>
</head>
<body>
   <a href="#myAnchor">链接到当前锚点位置</a>
   <br/><br/><br/><br/><br/><br/><br/><br/><br/><br/>
   <br/><br/>足够多的回车，以达到页面有分页效果……<br/><br/>
   <br/><br/><br/><br/><br/><br/><br/><br/><br/><br/>
   <!-- 第一步创建锚点 -->
   <a id="myAnchor">这里是我创建的锚点位置</a>
</body>
</html>
```

在跨页面的锚点链接中，href 属性由“目标页面的绝对路径(或相对路径)”+“#”+“目标锚点名称”三部分构成，代码如下。

```
<a href="/chapter01/anchorLinkDemo.html#myAnchor">链接到目标页面的锚点位置</a>
```

注意

> 属性 href 的值可以根据当前页面与目标页面的位置关系而定，路径可以是绝对路径或相对路径。

1.10.2 图片链接与图片热区链接

1. 图片链接

除了文字链接外，图片链接在网页中的应用也比较广泛。图片链接同样使用< a >标签来实现,只需将<img />标签放在<a>和</a>标签之间即可。

下述代码演示了图片链接的使用。

【代码 1-17】 imageLinkDemo.html

```
<html>
  <head>
     <meta http-equiv="Content-Type" content="text/html; charset=utf-8" />
     <title>图片超链接</title>
  </head>
  <body>
    <a href="http://www.itshixun.com">
        <img src="images/logo.jpg"/>
    </a>
  </body>
</html>
```

上述代码中,为图片添加了一个超链接。在浏览器中预览效果如图 1-17 所示,单击带有超链接的图片时,便会进入 QST 青软实训网站。

图 1-17 图片超链接

2. 图片热区链接

图片热区链接是指在同一个图片中不同的部分链接到不同的目标位置,比一般的图片链接更加灵活。通过在图片中设置"热区",为图片的特定部分创建超链接区域,然后再设置链接的目标位置,具体步骤如下。

(1) 通过<map>标签定义一个客户端图像映射(image-map),可以包含一个或多个图像的映射区域(<area>),而每个<area>区域拥有一个独立的链接。

(2) 将<img />标签 usemap 属性与<map>标签的 name 属性相关联,实现图片与映射之间的联系。

下述代码演示了图片热区链接的使用。

【代码 1-18】 mapAreaLinkDemo.html

```
<html>
<head>
     <meta http-equiv="Content-Type" content="text/html; charset=utf-8" />
     <title>图片热区超链接</title>
</head>
<body>
     <map name="myMap">
       <area shape="circle" coords="32,35,31" href="http://www.itshixun.com" />
       <area shape="rect" coords="62,8,103,66" href="http://www.itoffer.cn" />
       <area shape="poly" coords="114,73,133,11,107,11" href="#" />
     </map>
     <img src="images/logo.jpg" usemap="#myMap" border="0"/>
</body>
</html>
```

上述代码热区划分如图 1-18 所示，在 QST Logo 上添加了三个图片热区。

在图片热区链接中，属性 href 与普通超链接完全相同，用于设置指向的目标链接；而属性 shape 表示当前热区的形状，属性 coords 表示当前热区的具体位置参数（参见表 1-6）。

图 1-18 图片热区划分后的效果

表 1-6 area 属性列表

形状	Shape 属性	Coords 参数	描　　述
圆形	circle	x,y,r	点(x,y)是圆心坐标，r 是圆的半径
矩形	rect	x1,y1,x2,y2	点(x1,y1)矩形左上角坐标，点(x2,y2)矩形的右下角坐标
多边形	poly	x1,y1,x2,y2,x3,y3,…	点(x1,y1),(x2,y2),(x3,y3),…是多边形各个点的坐标

注意

area 区域的坐标原点是在图片本身的左上角，x 轴正方向朝右，y 轴正方向朝下。在创建图片热区时，建议采用专业的页面设计工具(如 Dreamweaver 等)，实现起来相对更加简单。

1.10.3 其他超链接

1. 空链接

空链接是未指派的链接，多在向页面中的对象或文本附加行为时使用，只需要将< a >标签的 href 属性设为“＃”即可。

【示例】 空链接

```
<a href="#">空连接</a>
```

2. Email 链接

在页面中创建 Email 链接后，浏览者单击链接，操作系统会使用默认的程序打开一封新的电子邮件，并准备好发送该电子邮件到链接指向的地址。其中 href 属性由“mailto：”＋“邮箱地址”两部分构成。

【示例】 Email 链接

```
<a href="mailto:guoqy@itshixun.com">联系我们</a>
```

上述代码创建了一个 Email 链接，当单击页面中的链接“联系我们”后，将自动打开默认邮件程序。在 Windows 操作系统中，如果没有安装其他邮件客户端，默认会启用微软的 Outlook 客户端。如果安装了 Foxmail 等客户端，系统会自动打开 Foxmail 邮件发送界面，如图 1-19 所示。

3. JavaScript 链接

还有一种超链接可以实现对 JavaScript 脚本的调用。关于 JavaScript 脚本将会在第 6

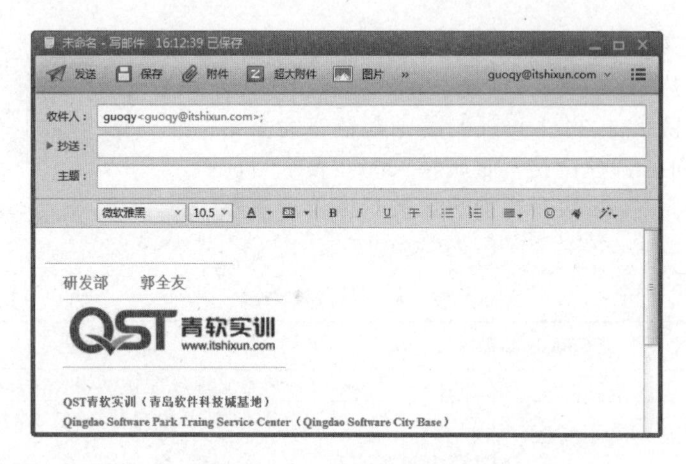

图 1-19　Foxmail 邮件发送界面

章进行讲解，此处仅作演示。

【代码 1-19】　JavaScriptLinkDemo. html

```
<html>
<head>
    <meta http-equiv="Content-Type" content="text/html; charset=utf-8" />
    <title>JavaScript 超链接</title>
</head>
<body>
  <a href="JavaScript:alert('你好,欢迎来到 Web 前端设计课堂');">
    JavaScript 链接,弹出提醒信息。
  </a>
  <a href="JavaScript:void(0);" onClick="alert('你好,欢迎来到 Web 前端设计课堂');">
    JavaScript 链接,弹出提醒信息。
  </a>
</body>
</html>
```

上述代码中，加粗的两种写法是等效的，在页面中执行结果如图 1-20 所示。

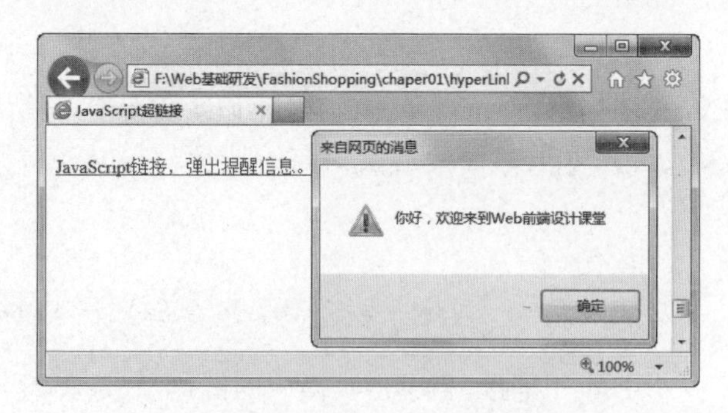

图 1-20　JavaScript 链接示例

1.10.4　超链接的 target 属性

默认情况下，链接会在当前活动窗口打开目标链接文档，目标文档的内容将替换当前显示的页面内容。而< a >标签的 target 属性可以改变目标文档的显示窗口。

target 属性的具体值如表 1-7 所示。

表 1-7　target 属性表

值	描　述
_blank	在新窗口中打开被链接文档
_self	默认值。在相同的框架中打开被链接文档
_parent	在父框架集中打开被链接文档
_top	在整个窗口中打开被链接文档
frameName	在指定的框架中打开被链接文档

如果需要在一个新窗口打开一个链接文档，而不是在当前窗口，则示例代码如下。

【示例】　使用 target 属性在新窗口中打开链接文档

```
<a href = "http://www.itshixun.com" target = "_blank">新窗口打开目标链接</a>
```

1.11　贯穿任务实现

在"Q-Walking Fashion E&S 漫步时尚广场"贯穿项目中，本节主要实现"购物列表"页面中的菜单导航栏、左侧导航栏、商品展示区以及版权区域的 HTML 部分，如图 1-21 所示。页面中涉及的 CSS 样式部分将在后续章节中详细讲解，本节重点关注 HTML 代码部分。

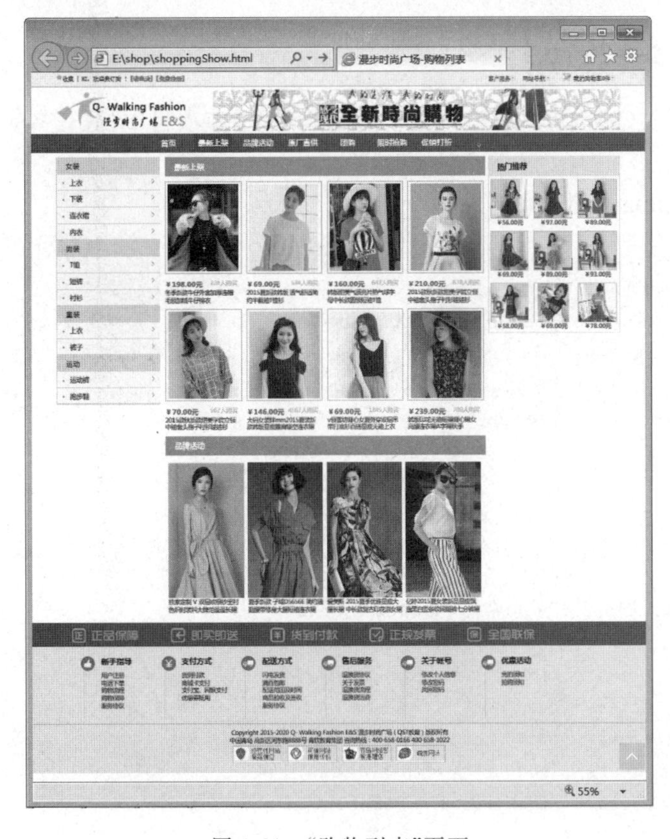

图 1-21　"购物列表"页面

1.11.1 实现【任务1-1】

下述代码实现“Q-Walking E&S 漫步时尚广场”贯穿项目中的【任务1-1】“购物列表”页面的菜单导航栏。

【任务1-1】 shoppingShow.html

```
<!-- 菜单导航栏 start -->
<div class = "nav_bg">
    <div class = "nav_content">
        <ul class = "nav">
            <li ><a href = "shoppingIndex.html" class = "white">首页</a></li>
            <li class = "nav_active" >
                <a href = "shoppingShow.html" class = "white">最新上架</a></li>
            <li>品牌活动</li>
            <li>原厂直供</li>
            <li>团购</li>
            <li>限时抢购</li>
            <li>促销打折</li>
        </ul>
    </div>
</div>
<!-- 菜单导航栏 end -->
```

1.11.2 实现【任务1-2】

下述代码实现“Q-Walking E&S 漫步时尚广场”贯穿项目中的【任务1-2】“购物列表”页面的左侧导航栏。

【任务1-2】 shoppingShow.html

```
<!-- 购物分类 start -->
<ul class = "menu">
    <li >< span class = "title">女装</span ></li >
    <li>< span class = "red_dot"></span>< a href = " # " >上衣</a>
        < span class = "right_arrow"></span></li>
    <li>< span class = "red_dot"></span>< a href = " # " >下装</a>
        < span class = "right_arrow"></span></li>
    <li>< span class = "red_dot"></span>< a href = " # " >连衣裙</a>
        < span class = "right_arrow"></span></li>
    <li>< span class = "red_dot"></span>< a href = " # " >内衣</a>
        < span class = "right_arrow"></span></li>
    < li >< span class = "title">男装</span ></li >
    <li>< span class = "red_dot"></span>< a href = " # " >T 恤</a>
        < span class = "right_arrow"></span></li>
    <li>< span class = "red_dot"></span>< a href = " # " >短裤</a>
        < span class = "right_arrow"></span></li>
    <li>< span class = "red_dot"></span>< a href = " # " >衬衫</a>
        < span class = "right_arrow"></span></li>
```

```
        <li><span class = "title">童装</span></li>
        <li><span class = "red_dot"></span><a href = "#" >上衣</a>
            <span class = "right_arrow"></span></li>
        <li><span class = "red_dot"></span><a href = "#" >裤子</a>
            <span class = "right_arrow"></span></li>
        <li><span class = "title">运动</span></li>
        <li><span class = "red_dot"></span><a href = "#" >运动裤</a>
            <span class = "right_arrow"></span></li>
        <li><span class = "red_dot"></span><a href = "#" >跑步鞋</a>
            <span class = "right_arrow"></span></li>
    </ul>
    <!-- 购物分类 end -->
```

1.11.3 实现【任务1-3】

下述代码实现"Q-Walking E&S漫步时尚广场"贯穿项目中的【任务1-3】"购物列表"页面的商品展示区。

【任务1-3】 shoppingShow. html

```
<!-- 中间区 start -->
<div class = "middle">
  <h1 class = "pic_title">最新上架</h1>
  <div class = "pic_list">
    <dl>
        <div><a href = "shoppingDetail.html" target = "_blank">
            <img src = "images/shopshow/yifu1.jpg" /></a></div>
        <dt><span class = "price">￥198.00 元</span>
            <span class = "font12">324 人购买</span></dt>
        <dd>冬季新款牛仔外套加厚连帽毛领加绒牛仔棉衣</dd>
    </dl>
    <dl>
        <div><img src = "images/shopshow/yifu2.jpg" /></div>
         <dt><span class = "price">￥69.00 元</span>
            <span class = "font12">534 人购买</span></dt>
        <dd>2015 夏新款韩版 透气舒适简约半截袖 T 恤衫</dd>
    </dl>
    <dl>
        <div><img src = "images/shopshow/yifu3.jpg" /></div>
        <dt><span class = "price">￥160.00 元</span>
            <span class = "font12">643 人购买</span></dt>
        <dd>韩版甜美气质亮片热气球字母中长款圆领短袖 T 恤</dd>
    </dl>
    <dl>
        <div><img src = "images/shopshow/yifu4.jpg" /></div>
        <dt><span class = "price">￥210.00 元</span>
            <span class = "font12">678 人购买</span></dt>
        <dd>2015 款秋新款甜美学院立领中袖套头格子衬衫娃娃衫</dd>
    </dl>
    <!-- 其他商品展示代码相似,此处省略 -->
```

```
    ...
  </div>
</div>
```

1.11.4 实现【任务1-4】

下述代码实现“Q-Walking E&S 漫步时尚广场”贯穿项目中的【任务1-4】“购物列表”页面的版权区域。

【任务1-4】 shoppingShow.html

```
<div class = "foot_line"></div>
    <p align = "center" class = "padding - top"> Copyright  2015 - 2020  Q - Walking
        Fashion E&S 漫步时尚广场(QST 教育)版权所有<br/>  中国青岛 高新区广博路 325 号
       青软教育集团    咨询热线: 400 - 658 - 0166  400 - 658 - 1022 </p>
    <p align = "center">< img src = "images/foot_pic.jpg"></p>
    <div class = "clear"></div>
</div>
```

本章总结

小结

- 超文本标记语言(Hyper Text Markup Language,HTML)是一种描述性标记语言,通常以后缀.html或.htm结尾;
- HTML内容主要由网页头部和网页主体两大部分构成;
- <head>元素可以包含很多标签,例如<title>、<meta>、<base>、<link>、<script>以及<style>;
- <meta>标签主要包含两类:一类对页面进行设置,一类针对搜索引擎进行设置;
- HTML中提供了6级标题,通过标题让文件结构更加清晰;
- 字体<font>标签可以用来控制更多的文本外观,可以通过设置属性face、size、color来设定文本的字体、大小、颜色;
- <p>标签是HTML特定的段落标签,可以为网页内容提供块格式;
- <hr />标签可以在页面中产生一条水平线,将文本区域内容分开;
- HTML中列表分为有序列表、无序列表、定义列表;
- <div>用来表达一个逻辑区块,属于块级元素;
- <span>标签属于行内元素,用来选择特定文本;
- 统一资源定位符(Uniform Resource Locator,URL),用于指定Web上资源所在的位置,分为绝对路径和相对路径;
- <img />标签用来向HTML文档中添加图像;
- 常见的超链接有以下几种类型:文本链接、锚点链接、图像链接、图像热区链接、Email链接、JavaScript链接、空链接。

Q&A

1. 问题：在页面中图片无法显示。

回答：<img />标签中的 src 属性引用路径不正确。

2. 问题：单击站外链接，显示“未找到文件”。

回答：<a>标签中的 href 属性缺少“http://”前缀。

章节练习

习题

1. 在 HTML 中的列表，无序列表使用标签________，有序列表使用标签________，定义列表使用标签________。

A. hl　　B. ol　　C. ul　　D. dl

2. 图片的边框可以通过________进行设定宽度。

A. width　　B. height　　C. border　　D. align

3. 关于超链接，________属性用于规定在何处打开链接文档。

A. href　　B. target　　C. title　　D. onclick

4. ________是在新窗口打开网页文档。

A. _blank　　B. _self　　C. _parent　　D. _new

5. ________标签用来设定字体、字号和颜色等属性，是 HTML 中最基本的标签之一。

6. meta 标签的属性有________和________，其中________主要用来描述网页，以便于搜索引擎的查找与分类。

7. 建立锚点后，便可以创建锚点链接，需要用________号以及锚点名称作为________属性值。

上机

1. 训练目标：“美食列表”页面中的菜单导航栏。

培养能力	熟练使用 HTML 基本标签		
掌握程度	★★★★★	难度	容易
代码行数	30	实施方式	编码强化
结束条件	独立编写，不出错	涉及页面	foodShow. html

参考训练内容

(1) 使用记事本编写“美食列表”页面中的菜单导航栏，如图 1-22 所示；

(2) 使用 IE、FireFox 或 Chrome 浏览器查看页面效果

首页　美食　今日新单　团购　身边外卖　休闲娱乐　生活服务

图 1-22 “美食列表”页面中的菜单导航栏

2. 训练目标："美食列表"页面中的左侧导航栏。

培养能力	熟练使用 HTML 基本标签		
掌握程度	★★★★★	难度	中
代码行数	100	实施方式	编码强化
结束条件	独立编写，不出错	涉及页面	foodShow. html

参考训练内容

(1) 使用记事本编写"美食列表"页面中的左侧导航栏，如图 1-23 所示；

(2) 使用 IE、FireFox 或 Chrome 浏览器查看页面效果

图 1-23 "美食列表"页面中的左侧导航栏

3. 训练目标："美食列表"页面中的商品展示区。

培养能力	熟练使用 HTML 基本标签		
掌握程度	★★★★★	难度	中
代码行数	300	实施方式	编码强化
结束条件	独立编写，不出错	涉及页面	foodShow. html

参考训练内容

(1) 使用记事本编写"美食列表"页面中的商品展示区，如图 1-24 所示；

(2) 使用 IE、FireFox 或 Chrome 浏览器查看页面效果

图 1-24 "美食列表"页面中的商品展示区

表格与框架

本章任务是完成“Q-Walking E&S 漫步时尚广场”的购物模块首页和后台管理界面：

- 【任务2-1】实现“Q-Walking E&S 漫步时尚广场”购物模块首页的设计。
- 【任务2-2】实现“Q-Walking E&S 漫步时尚广场”后台管理页面。

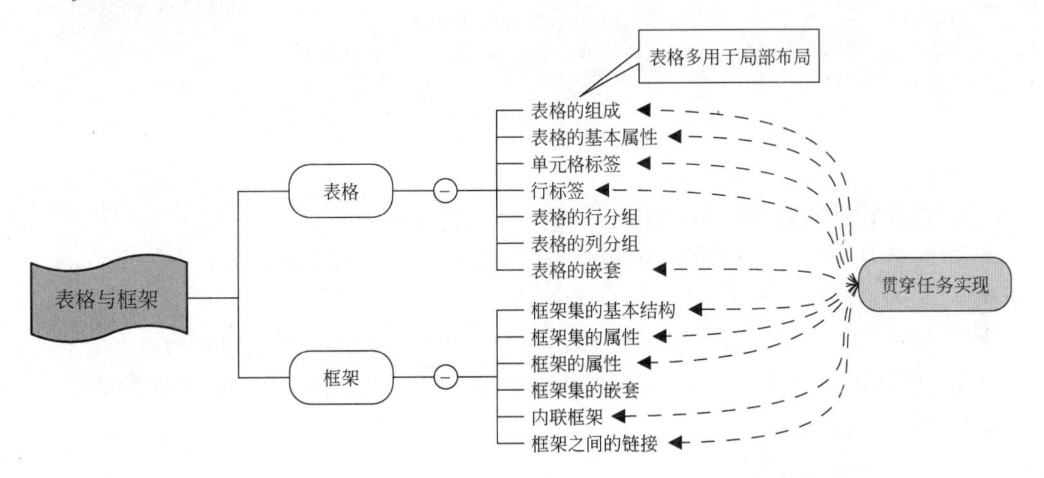

本章目标

知 识 点	Listen(听)	Know(懂)	Do(做)	Revise(复习)	Master(精通)
表格的基本元素	★	★	★	★	
表格及子元素的属性	★	★	★	★	★
表格的分组	★	★	★		
框架集的基本结构	★	★	★		
框架集的嵌套	★	★			
内联框架	★	★	★	★	
框架之间的链接	★	★	★		

2.1 表格

表格可以将数据有效地组织在一起，并以网格的形式进行显示。表格除了用于组织数据外，还可以实现页面或局部页面的排版布局。本节主要讲述表格的基础知识。

2.1.1 表格的组成

表格使用行与列的方式组织信息，表格元素主要由行、列、表头单元格、正文单元格、标题、表头行、正文行、表尾行等构成。

在 HTML 中，通过< table >标签创建表格元素，语法格式如下。

【语法】

```
<table>
  <!-- 一行可以包含多个单元格 -->
  <tr>
    <td>单元格内容</td>
    <td>单元格内容</td>
    <!-- 更多单元格 -->
    …
  </tr>
  <!-- 更多行 -->
  …
</table>
```

其中：

- 表格的各组成部分均包含在< table >标签之内；
- 单元格是表格的基本元素，使用< td >标签表示；
- 行是表格的水平元素，使用< tr >标签表示；
- 一行可以由一个或多个单元格构成，而一个表格可以由一行或多行构成。

下述代码演示了通过< table >标签来创建一个员工通信录，其中包含员工的姓名、部门、邮箱、微信等信息。

【代码 2-1】 contacts. html

```
<html>
    <head>
        <title>员工通讯录</title>
    </head>
    <body>
        <table>
          <tr>
            <td>姓名</td>
            <td>部门</td>
            <td>邮箱</td>
            <td>电话</td>
          </tr>
          <tr>
            <td>张叁</td>
```

```
                <td>市场部</td>
                <td>zhangs@itshixu.com</td>
                <td>18966882233</td>
            </tr>
            <tr>
                <td>李斯</td>
                <td>研发部</td>
                <td>lis@itshixu.com</td>
                <td>13688995566</td>
            </tr>
        </table>
    </body>
</html>
```

上述代码中，创建了一个三行四列的表格，第一行是表格的头部信息，后面两行是员工的基本信息。默认情况下，表格的边框是隐藏的，如图 2-1 所示。

图 2-1 员工通讯录样例

2.1.2 表格的基本属性

通常情况下，表格只是作为布局来使用，不会在页面中显示出来；可以通过设置表格的属性，将表格显示出来。表格的常用属性有对齐方式、背景颜色、边框、高度、宽度等，具体如表 2-1 所示。

表 2-1 表格常用的属性

属 性	取 值	描 述
align	left、center、right	设置表格相对周围元素的对齐方式
bgcolor	rgb(x,x,x)、#xxxxxx、colorName	设置表格的背景颜色
border	像素	设置表格边框的宽度
cellpadding	像素或百分比	设置单元格与其内容之间的距离
cellspacing	像素或百分比	设置单元格之间的距离
height	像素或百分比	设置表格的高度
width	像素或百分比	设置表格的宽度
rules	none、groups、rows、cols、all	设置表格中的表格线显示方式，默认是 all
frame	void、above、below、hsides、vsides、lhs、rhs、box、border	设置表格外部边框的显示方式

其中，属性 cellpadding 表示单元格边界与单元格内容之间的距离，cellspacing 表示单元格与单元格之间的距离，如图 2-2 所示。

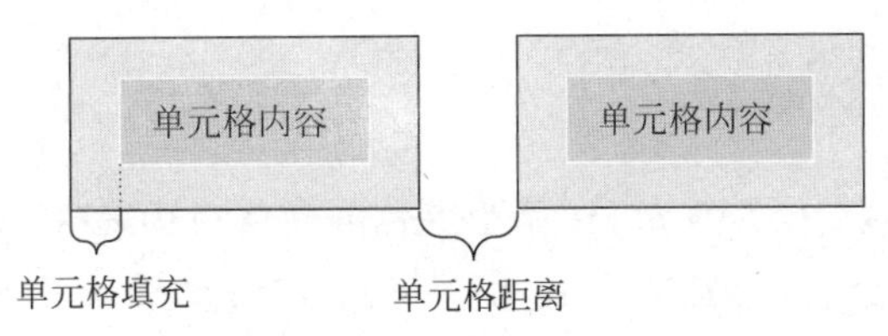

图 2-2 单元格的填充与间距

表格的 frame 属性可以对表格边框更灵活地进行设置，只显示表格边框的某一部分或全部显示，具体如表 2-2 所示。

表 2-2　frame 属性列表

属　性	描　述
void	不显示边框
above	只显示顶部边框
below	只显示底部边框
hsides	显示顶部和底部边框
vsides	只显示左右两侧边框
lhs	只显示左侧边框
rhs	只显示右侧边框
box 或 border	显示表格的所有边框(不指定 frame 属性时的默认边框)

下述代码演示表格常用属性的使用。

【代码 2-2】　contacts2.html

```
<html>
    <head>
        <title>员工通讯录 - 表格示例</title>
    </head>
    <body>
        <table border = "2" cellpadding = "5" cellspacing = "5" bgcolor = "rgb(ff,ff,66)"
                align = "right" width = "400" height = "100">
          <tr>
            <td>姓名</td>
            <td>部门</td>
            <td>邮箱</td>
            <td>电话</td>
          </tr>
          <tr>
            <td>张叁</td>
            <td>市场部</td>
            <td>zhangs@itshixu.com</td>
            <td>18966882233</td>
          </tr>
          <tr>
            <td>李斯</td>
            <td>研发部</td>
            <td>lis@itshixu.com</td>
            <td>13688995566</td>
          </tr>
        </table>
        移动通讯录是一种利用互联网或移动互联网实现通讯录信息同步更新和备份的应用/服
务。你可以在个人电脑、掌上电脑、移动电话等任何联网设备上录访问员工的姓名、部门、有限、电话
等通……
    </body>
</html>
```

上述代码中，<table>标签的 align 属性使表格在窗口中靠右对齐，且表格后面的文本采用跟随环绕的方式显示，而背景颜色可以是 rgb(x,x,x)、# xxxxxx、颜色名称(例如 gray)中的任意一种格式。在浏览器中的预览效果如图 2-3 所示。

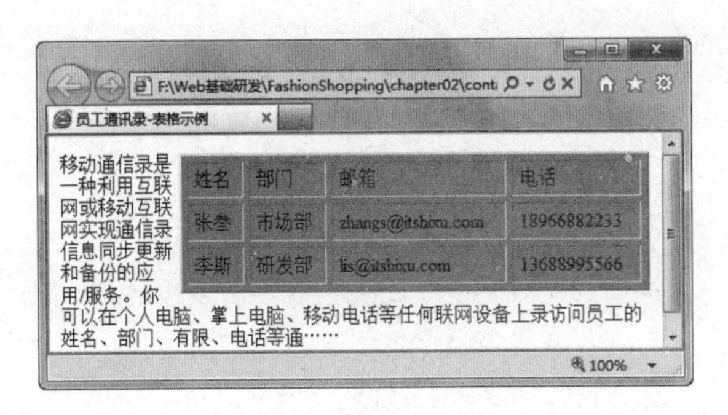

图 2-3　表格属性示例

2.1.3　单元格标签

单元格是表的基本元素，可以通过< td >或< th >标签来创建单元格。< td >标签多用来包含表格中的数据部分，而< th >标签用来包含表格的标题部分。

单元格常用的属性有水平对齐方式、垂直对齐方式、水平跨度、垂直跨度、宽度、高度、背景颜色等，具体如表 2-3 所示。

表 2-3　单元格的属性

属　　性	描　　述
align	设置单元格内容的水平对齐方式：left、center、right、justify
valign	设置单元格内容的垂直对齐方式：top、middle、bottom、baseline
rowspan	设置单元格跨越的行数
colspan	设置单元格跨越的列数
scope	定义将表头数据与单元数据相关联的方法
width	设置单元格的宽度
height	设置单元格的高度
bgcolor	设置单元格的背景颜色

单元格的水平跨度 colspan(又称列跨度)是指表格内的某个单元格在水平方向上跨越单元格的列数；而垂直跨度 rowspan(又称为行跨度)是单元格在垂直方向上所跨的行数。

下述代码演示了单元格的合并情况。

【代码 2-3】　cellMergeDemo.html

```
<html>
<head>
  <meta http-equiv="Content-Type" content="text/html; charset=utf-8" />
  <title>单元格合并</title>
</head>
<body>
  <table width="300" border="1">
    <tr>
      <td colspan="2">单元格占两列</td>
     <!-- <td> </td> --> <!-- 此空间因前面单元格的 colspan 而被占 -->
      <td width="90"> </td>
    </tr>
    <tr>
```

```
        <td width = "75">  </td>
        <td width = "90">  </td>
        <td rowspan = "2">单元格占两行</td>
      </tr>
      <tr>
        <td>  </td>
        <td>  </td>
        <! -- <td>  </td> --> <!-- 此空间因前面单元格的 rowspan 而被占 -->
      </tr>
    </table>
</body>
</html>
```

上述代码中,表的第一行第一列单元格在横向占两个单元格空间,第二行第三列的单元格在纵向占两个单元格的空间。在浏览器中的预览效果如图 2-4 所示。

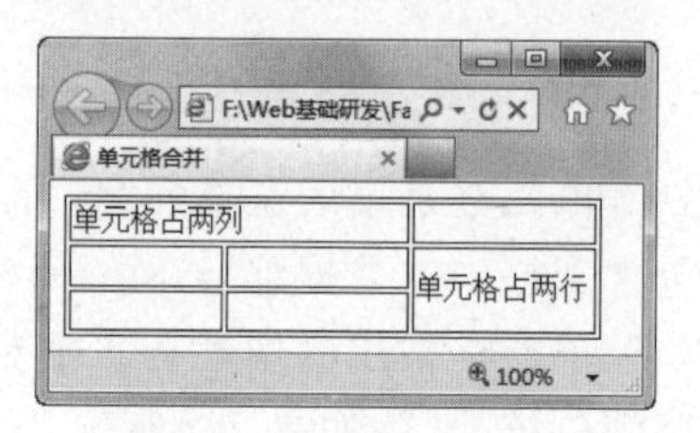

图 2-4　单元格的合并

标签<th>用来定义表格头部信息,多用于表格的第一行或第一列,其内容通常使用粗体并水平居中显示。

下述代码演示了<td>和<th>标签及其属性的用法。

【代码 2-4】　goods.html

```
<html>
  <head>
    <meta http - equiv = "Content - Type" content = "text/html; charset = utf - 8" />
    <title>商品一览表 - 表格示例</title>
  </head>
  <body>
    <table width = "400" border = "1">
      <tr>
        <th>编号</th>
        <th>商品名</th>
        <th>商品类型</th>
        <th>市场价</th>
        <th>进货价</th>
      </tr>
      <tr>
        <th>电子产品 1 - 1 </th>
        <td> Dell 笔记本</td>
        <td rowspan = "3" align = "right" valign = "bottom"
                 bgcolor = " # CCCCCC">电子产品</td>
        <td> 5399 </td>
        <td> 4000 </td>
      </tr>
      <tr>
        <th>电子产品 2 - 3 </th>
        <td>小米手机</td>
        <td colspan = "2" > 588 </td>
      </tr>
      <tr>
        <th>电子产品 8 - 6 </th>
        <td>苹果机</td>
        <td width = "85" height = "50"> 6999 </td>
        <td> 5600 </td>
```

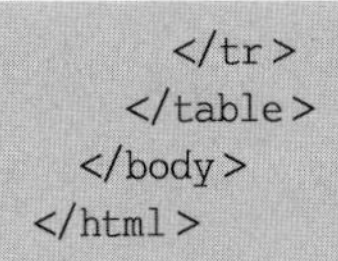

```
        </tr>
      </table>
    </body>
  </html>
```

上述代码中,表的第一行与第一列均是表头部分,以加粗居中方式显示。在浏览器中的预览效果如图 2-5 所示。

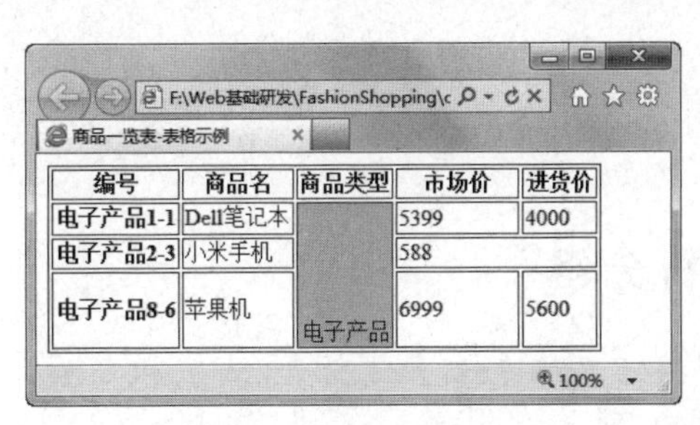

编号	商品名	商品类型	市场价	进货价
电子产品1-1	Dell笔记本	电子产品	5399	4000
电子产品2-3	小米手机		588	
电子产品8-6	苹果机		6999	5600

图 2-5 单元格的设置

注意

> 大部分浏览器都会忽略空白单元格(即<td>、</td>之间没有内容),因此在页面中显示空白单元格式时,需要在单元格标签内加入一个空白实体引用“ ”(即<td> </td>),以确保浏览器能正确显示该单元格。

2.1.4 行标签

行是表格的水平元素,一行可以包含一个或多个单元格。在 HTML 中,使用<tr>标签进行界定,<td>与<th>标签位于<tr>、</tr>标签之间。

表格除了能对单元格进行设置外,还可以对行进行设置。标签<tr>常用的属性有水平对齐、背景颜色、垂直对齐、边框颜色等,具体如表 2-4 所示。

表 2-4 行标签常用的属性

属 性	描 述
align	设置单元格内容水平对齐方式:left、center、right、justify
valign	设置单元格内容垂直对齐方式:top、middle、bottom、baseline
bgcolor	设置单元格的背景颜色
bordercolor	设置行内单元格的边框颜色
bordercolordark	设置行内单元格的左上边框颜色
bordercolorlight	设置行内单元格的右下边框颜色

注意

> 在同时设置 bordercolor、bordercolordark 和 bordercolorlight 三个属性时,bordercolor 边框颜色将会被其他两项覆盖。

下述代码演示边框颜色的设置。

【示例】 边框的颜色设置

```
<table width="400" border="2">
  <tr align="right" bgcolor="#FFFF99" bordercolor="#000099"
      bordercolordark="#003399"  bordercolorlight ="#FF0000">
    <td>影片介绍</td>
    <td>影片图片</td>
    <td>上映时间</td>
  </tr>
</table>
```

2.1.5 表格的行分组

除了表格主体(行与列)外,表格还提供了标题、表头和表尾部分,使得表格的内容更加丰富,数据的组织更加清晰。

使用<thead>、<tfoot>、<tbody>、<caption>标签可以对表格进行横向分组:

- <thead>标签定义表头,用于创建表格的头部信息;
- <tfoot>标签定义表尾,用于创建表格的脚注部分;
- <tbody>标签定义表格主体,用于表示表格的主体部分;
- <caption>标签定义表格标题,显示在整个表格的上方。

表格可以包含多个<tbody>标签,用于对表格主体部分的数据进行横向分组;而<thead>和<tfoot>标签在表格中只能出现一次。

下述代码演示了表格的行分组和标题的用法。

【代码 2-5】 salary.html

```
<html>
  <head>
    <meta http-equiv="Content-Type" content="text/html; charset=utf-8" />
    <title>企业员工薪水绩效表-表格的行分组</title>
  </head>
<body>
<table width="400" border="1"rules="groups">
  <caption>
    企业员工薪水绩效表
  </caption>
  <thead>
      <tr>
        <th>员工编号</th>
        <th>员工岗位</th>
        <th>基本工资</th>
        <th>本月绩效</th>
      </tr>
  </thead>
  <tbody>
      <tr>
        <td>YF0016</td>
        <td>Java 高级工程师</td>
        <td>6000</td>
```

```
            <td>3000</td>
        </tr>
        <tr>
            <td>YF0021</td>
            <td>Java 程序员</td>
            <td>3000</td>
            <td>2500</td>
        </tr>
    </tbody>
    <tbody>
        <tr>
            <td>YF0062</td>
            <td>Web 前端设计师</td>
            <td>5500</td>
            <td>2000</td>
        </tr>
        <tr>
            <td>YF0081</td>
            <td>测试成员</td>
            <td>3000</td>
            <td>2000</td>
        </tr>
    </tbody>
    <tfoot>
        <tr>
            <td></td>
            <td></td>
            <td>总计</td>
            <td>10W</td>
        </tr>
    </tfoot>
</table>
</body>
</html>
```

上述代码中，表格的内容按照 thead、tbody、tfoot 元素进行横向分组，共分为 4 组，每个分组通过边线环绕显示。<caption>标签的内容作为表格的标题，默认显示在表格的上方且居中对齐。代码在浏览器中的预览效果如图 2-6 所示。

图 2-6 表格的行分组及标题

对于大型数据表格而言，尽量将<tfoot>放在<tbody>之前，这样浏览器在接收主体数据之前，就能渲染表尾，有利于加快表格的显示速度。

如果表格数据过长，无法在屏幕中完整显示，此时可以通过<thead>、<tbody>、<tfoot>标签对表格进行行分组。分组可以使浏览器有能力支持独立表头和表尾的表格正文滚动。当打印一个较长的表格时，表格的表头和表尾会被打印在包含表格数据的每一页中。

2.1.6 表格的列分组

表格除了可以按行分组之外，还可以纵向分组（又称列分组）。在 HTML 中提供了<colgroup>标签，该标签可以将表格按列进行分组，相关属性如表 2-5 所示。

表 2-5 <colgroup>标签的属性

属　性	描　述
align	设置单元格内容水平对齐方式：left、center、right、justify
valign	设置单元格内容垂直对齐方式：top、middle、bottom、baseline
span	规定该列组应该横跨的列数，默认值是 1
width	设定列组合的宽度

下述代码演示了表格列分组的用法。

【代码 2-6】 marketResults. html

```
<html>
<head>
<meta http-equiv="Content-Type" content="text/html; charset=utf-8" />
<title>市场部业绩表-表格的列分组</title>
</head>
<body>
   <table width="400" border="1">
      <colgroup span="2" align="left" valign="bottom"/>
      <colgroup style="background-color:#CCC" />
      <tr height="60">
        <th>员工编号</th>
        <th>员工岗位</th>
        <th>基本工资</th>
        <th>本月绩效</th>
      </tr>
      <tr>
        <td>YF0016</td>
        <td>Java 高级工程师</td>
        <td>6000</td>
        <td>3000</td>
      </tr>
      <tr>
        <td>YF0016</td>
        <td>Java 高级工程师</td>
        <td>6000</td>
        <td>3000</td>
      </tr>
   </table>
</body>
</html>
```

上述代码中，通过<colgroup>创建了两个列组：第一组占据两列，使用默认样式；第二组由于没有 span 属性，默认值占一列，通过 style 属性将背景样式设为灰色，如图 2-7 所示。

图 2-7　表格的列分组

注意

浏览器对 align 与 valign 属性支持不够好，建议通过 CSS 样式来实现。< colgroup >标签由于没有内容部分，故写成单标签或双标签的形式均可。

2.1.7　表格的嵌套

页面的排版比较复杂，通常使用一个表格从整体上控制布局，但内部细节也利用该表格进行布局时容易引起行高列宽等的冲突，并增加页面设计的困难程度。

使用表格嵌套布局时，页面排版更加灵活，可以轻松设计出更加复杂而精美的效果。

【示例】　表格的嵌套

```
<table width = "100" border = "1">
  <tr>
    <td> </td>
    <td>
        <table width = "100" border = "1">
          <tr>
            <td> </td>
          </tr>
        </table>
    </td>
    <td> </td>
    …
  </tr>
</table>
```

在嵌套表格时，内部表格< table >应该位于外层表格的< td >、</td >标签之间，作为该单元格的内容部分。表格虽然允许多重嵌套，但在页面设计时，当嵌套层次太多时不利于搜索引擎对页面内容的检索。因此，表格嵌套的层次不能过多，一般不要超过 3～4 层。

2.2　框架

框架(frame)能够将浏览器窗口划分为多个独立的窗格，每个窗格包含一个独立的 HTML 页面。用户可以通过框架加载或重新加载单个窗格内容，而不需要重新加载浏览器窗口的所有内容。相对框架而言，整个浏览器窗口对应的框架集合称为框架集(frameset)。

2.2.1 框架集的基本结构

在 HTML 中,使用框架集标签< frameset >来划分页面的框架,使用属性 rows(或 cols)说明框架的行数(或列数)以及所占窗口的比例,语法格式如下。

【语法】

```
<frameset rows = "行高度所占窗口的像素或比例,.." cols = "列宽度所占窗口的像素或比例,.." >
    <frame src = "..."/>
    ...
</frameset>
```

其中:

- 一个< frameset >框架集可以包含多个< frame >框架窗口,具有 rows 和 cols 属性。
- rows 属性用于设置框架中包含的行数,以及各行高度占窗口的像素或比例;当参数个数是两个或两个以上时,参数之间需用逗号(,)隔开。
- cols 属性用于设置框架中包含的列数,以及各列宽度占窗口的像素或比例;当参数个数是两个或两个以上时,参数之间需用逗号(,)隔开。
- rows 与 cols 属性可以单独使用,也可以一起使用。

下面通过完整的框架集代码,进一步了解框架集结构。

【示例】 框架集的基本结构

```
<html>
<head>
<meta http-equiv = "Content-Type" content = "text/html; charset = utf-8" />
<title>框架集的基本结构</title>
</head>
    <frameset rows = "60, * ,100">
        <frame src = "引入页面的 URL" />
        <frame src = "引入页面的 URL" />
        <frame src = "引入页面的 URL" />
        <noframes>
            <body>
                该浏览器不支持框架集!
            </body>
        </noframes>
    </frameset>
</html>
```

通过代码可以看出,框架集< frameset >替代了< body >部分,当浏览器不支持框架集时,会显示< noframes >中< body >部分的内容。

一个框架集中可以包含多个< frame >框架,每个框架引用一个独立的页面资源。属性 rows="60, * ,100"表示当前框架由三部分构成:第一部分高度为 60 像素,第三部分高度为 100 像素,而第二部占据页面的剩余部分;其中"*"为通配符,表示页面在横向或纵向的剩余部分。

2.2.2 框架集的属性

框架集< frameset >主要负责整个页面的布局,其属性包括行、列、边框、边框颜色、空白距离等属性，具体如表 2-6 所示。

表 2-6 <frameset>标签的属性

属性	描述
rows	设置框架集中包含框架的行数，以及对应的高度
cols	设置框架集中包含框架的列数，以及对应的宽度
frameborder	设置框架集的边框是否显示，取值为 1、0 或 yes、no，边框本身不能调整宽度
bordercolor	设置框架集的边框的颜色
framespacing	框架与框架间的空白距离

下面详细介绍 rows 和 cols 属性的四种取值形式。

1) 以像素为单位的绝对值

使用像素指定行高或列宽时，只需提供具体数值即可。例如，rows＝"120,580,*"，说明第一行高度为 120 像素，第二行高度为 580 像素，第三行占页面的剩余空间。而当 rows＝"100,300,200"且窗口的高度不是 600 像素时，各个框架大小将按照窗口的比例 1∶3∶2 进行分配。

2) 浏览器窗口的百分比

使用百分比的形式指定行高或列宽时，框架的大小将随浏览器窗口的变化而变化。例如，属性 rows＝"30%,70%"说明第一行占窗口的 30%，第二行占窗口的 70%。当百分比总和大于或小于 100%时，浏览器会按照对应比例调整高度或宽度。

3) 行(或列)之间的相对宽度

相对宽度是百分比的一种替代方式，例如，rows＝"1*,3*,1*"表示第一行占窗口的 1/5，第二行占窗口的 3/5，第三行占窗口的 1/5。

4) 混合度量尺寸

使用混合度量方式时，需要注意不同度量方式之间的优先级。优先级从高到低依次是像素单位、百分比、相对宽度、通配符。例如，rows＝"100,70%,*"表示第一行为 100 像素，第二行为窗口的 70%，第三行占据窗口的剩余部分。在设计框架时应非常小心，否则很可能因为空间不足而导致部分页面内容无法展示给用户。

下述代码演示了<frameset>标签及属性的用法。

【代码 2-7】 frameset.html

```
<html>
<head>
<meta http-equiv="Content-Type" content="text/html; charset=utf-8" />
<title>框架集的属性</title>
</head>
    <frameset rows="60,*,70" frameborder="yes" framespacing="8"
              bordercolor="#0033FF">
        <frame src="topFrame.html" />
        <frame src="mainFrame.html" />
        <frame src="bottomFrame.html" />
    </frameset>
    <noframes>
        <body>
            该浏览器不支持框架集!
```

```
        </body>
    </noframes>
</html>
```

上述代码在 IE、FireFox 等浏览器显示的样式略有不同，如图 2-8 所示。因此在页面设计过程中，应考虑浏览器的差异问题，具体可通过 CSS 样式进行统一设置。

图 2-8　frameset 框架集在 IE 及 Firefox 中的显示效果

2.2.3　框架的属性

<frame>标签用于指示框架集中每个框架的内容，语法格式如下。

【语法】

```
<frame src="url" name=" " ...></frame>
```

其中：

- src 和 name 是<frame />标签的两个常用属性；
- 属性 src 用于指向一个页面资源的 URL 路径，可以是绝对路径，也可以是相对路径；
- 属性 name 为框架指定一个名称；
- <frame />标签可以使用单标签形式，也可以使用双标签形式。

【示例】　框架标签的写法

```
<frame src="topFrame.html" name="topFrame" />
<framesrc="mainFrame.html" name="mainFrame"></frame>
```

<frame>标签的属性如表 2-7 所示。

表 2-7　框架的属性

属　　性	描　　述
name	设置框架的名称，在设置超链接时用作框架的标记
src	设置在框架中显示页面的 URL
frameborder	设置框架的边框是否显示，取值为 0 或 1
marginheight	定义内容与框架的上下边缘高度，默认为 1
marginwidth	定义内容与框架的左右边缘宽度，默认为 1
scrolling	设置框架中是否显示滚动条，取值为 yes、no 和 auto
noresize	设置框架不能调整大小，值只有 noresize 一个

下述代码演示了标签< frame >标签及属性的用法。

【代码 2-8】 frame. html

```
<html>
  <head>
    <meta http-equiv="Content-Type" content="text/html; charset=utf-8" />
    <title>框架的属性</title>
  </head>
    <frameset rows="60, *,70">
        <frame src="topFrame.html" scrolling="yes" frameborder="yes"
          noresize="noresize" marginheight="40"  marginwidth="60"/>
        <frame src="mainFrame.html" />
        <frame src="bottomFrame.html" />
    </frameset>
    <noframes>
        <body>
            该浏览器不支持框架集!
        </body>
    </noframes>
</html>
```

上述代码中,顶部框架不能通过鼠标拖曳来调整大小,且右侧一直显示滚动条。而中间框架会随窗口大小的改变,根据框架内容的多少决定是否出现滚动条。代码在浏览器中预览效果如图 2-9 所示。

图 2-9 框架的属性

2.2.4 框架集的嵌套

单个框架集只能实现具有行和列(类似网格)的固定结构的布局,当希望更加复杂的结构时,就需要通过嵌套框架集来实现。例如:在三行结构中,第一行两列,第二行三列。

下述代码演示了框架集的嵌套。

【代码 2-9】 framesetNested. html

```
<html>
  <head>
    <meta http-equiv="Content-Type" content="text/html; charset=utf-8" />
    <title>框架集的嵌套</title>
  </head>
    <frameset rows="50, *,50" >
        <frameset cols="1*,1*">
            <frame name="topFrame1" src="topFrame.html"  />
            <frame name="topFrame2" src="topFrame.html"  />
        </frameset>
        <frameset cols="100, *,120">
            <frame name="leftFrame" src="leftFrame.html" />
            <frame name="mainFrame" src="mainFrame.html" />
            <frame name="rightFrame" src="rightFrame.html" />
        </frameset>
        <frame name="bottomFrame" src="bottomFrame.html" />
```

```
    </frameset>
    <noframes>
        <body>
            该浏览器不支持框架集!
        </body>
    </noframes>
</html>
```

上述代码中,外层框架是3行1列结构,第一行中又嵌套了一个1行2列的子框架,第二行中嵌套了一个1行3列的子框架。在浏览器中预览效果如图2-10所示。

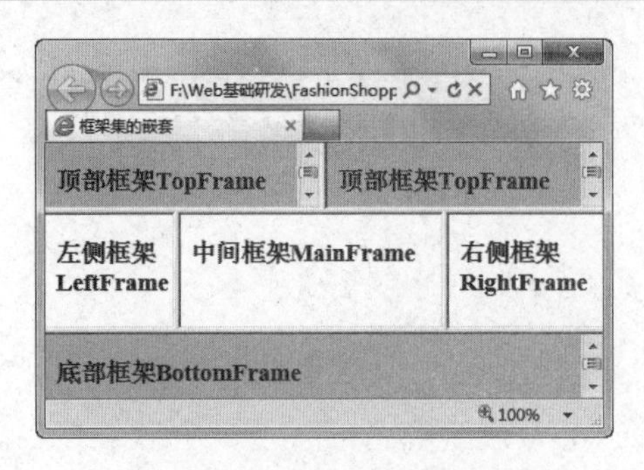

图2-10 框架集的嵌套

2.2.5 内联框架

框架集虽然可以创建一个单独的滚动区域,但由于框架集固有的行列设计布局,限制了框架集布局的灵活性。而内联框架(又称行内框架)可以出现在页面的任何位置,比框架集更加灵活。

内联框架是嵌入到页面中的一个区域,通过<iframe>标签引入另外一个页面资源,无需<frameset>标签协助。<iframe>标签的语法格式如下。

【语法】

```
<iframe src="url" name="" width="" height="" ...></iframe>
```

其中:

- <iframe />标签常用的属性有src、name、width和height等;
- src属性用于指向被加载的页面资源,其值可以是绝对路径或相对路径;
- name属性表示框架的名称;
- width和height属性用于指定框架区域的宽度和高度。

<iframe>标签常用的属性如表2-8所示。

表2-8 内联框架<iframe>常用的属性

属 性	描 述
align	设置iframe与周围文本的对齐方式,取值可以是left、right、top、middle、bottom
frameborder	设置iframe的边框是否显示,取值0或1
marginheight	定义iframe的顶部和底部的边距
marginwidth	定义iframe的左侧和右侧的边距
height	设置iframe的高度
width	设置iframe的宽度
scrolling	设置iframe中是否显示滚动条,取值yes、no、auto
src	设置iframe中显示页面的URL
name	设置iframe的名称

下述代码演示了< iframe >标签及属性的使用。

【代码 2-10】 iframe. html

```
<html>
<head>
<meta http-equiv="Content-Type" content="text/html; charset=utf-8" />
<title>内联框架 iframe 的示例</title>
</head>
<body>
    iframe 一般用来包含别的页面,例如我们可以在自己的网站页面加载别人网站的内容,为了更
好的效果,可能需要使 iframe 透明效果,那么就需要了解更多的 iframe 属性。
    <iframe name="myFrame" src="http://www.w3school.com.cn/tags/tag_iframe.asp"
        frameborder="1" width="420" height="240" scrolling="yes" align="right">
    </iframe>
    不带边框的 iframe 因为能和网页无缝地结合从而使在不刷新页面的情况下更新页面的部分数
据成为可能,可是 iframe 的大小却不像层那样可以"伸缩自如",所以带来了使用上的麻烦,给 iframe
设置高度的时候多了也不好,少了更是不行。现在,让我来告诉大家一种 iframe 动态调整高度的方
法……
</body>
</html>
```

上述代码中,通过< iframe >标签在页面的任意位置嵌入了另一个页面的内容。在浏览器中预览效果如图 2-11 所示。

图 2-11　内联框架的示例

2.2.6　框架之间的链接

使用框架布局页面时,常常在框架中放置一个导航栏。当单击导航栏中的链接时,在指定的框架中加载目标页面。

在前面 2.2.3 节介绍过,每个< frame >标签都有一个 name 属性为框架分别指定一个名称。在导航栏中单击链接时,会根据 target 属性在所指定的框架中加载目标页面内容。

下面在【代码 2-9】framesetNested. html 例子的基础上,将左侧框架所引用的页面 leftFrame. html 稍作调整,调整后的代码如下。

【代码 2-11】 leftFrame.html

```
<html xmlns="http://www.w3.org/1999/xhtml">
    <head>
        <meta http-equiv="Content-Type" content="text/html; charset=utf-8" />
        <title>左侧导航</title>
    </head>
    <body>
        <h4>
            <a href="goods.html" target="mainFrame">商品列表</a><br/>
            <a href="contacts2.html" target="mainFrame">通讯录</a><br/>
            <a href="http://www.itshixun.com" target="mainFrame">青软实训</a><br/>
            <a href="http://www.itoffer.cn" target="mainFrame">锐聘</a><br/>
            <a href="http://www.moocollege.cn" target="mainFrame">码客学院</a>
        </h4>
    </body>
</html>
```

在浏览器中浏览 framesetNested.html 页面时，左侧框架会加载 leftFrame.html 的页面内容。当单击左侧链接时，将在框架 mainFrame 中加载由超链接所指向的目标内容，效果如图 2-12 所示。

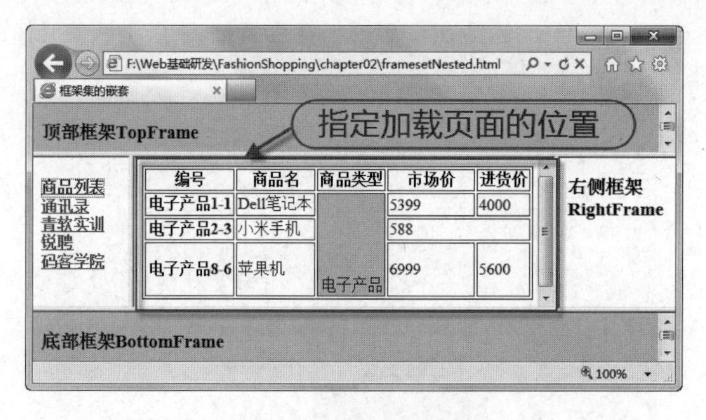

图 2-12 框架间的超链接

2.3 贯穿任务实现

2.3.1 实现【任务2-1】

本小节实现“Q-Walking E&S 漫步时尚广场”贯彻项目中的【任务2-1】购物模块首页，如图 2-13 所示。

购物模块首页整体可分为八个区域：顶部区、Logo 和 Banner 区、菜单导航区、购物分类区、橱窗推荐区、公告区、产品分类区、底部区，模块结构如图 2-14 所示。

下述代码实现了购物模块首页，代码中的 class 属性是用来引用 CSS 样式的，此处读者只需重点关注 HTML 代码部分，有关 CSS 样式将在第 4 章中详细讲解。读者在编码之前，需要在<head>标签中通过<link>标签引入指定的 CSS 样式文件，可使页面更加美观。

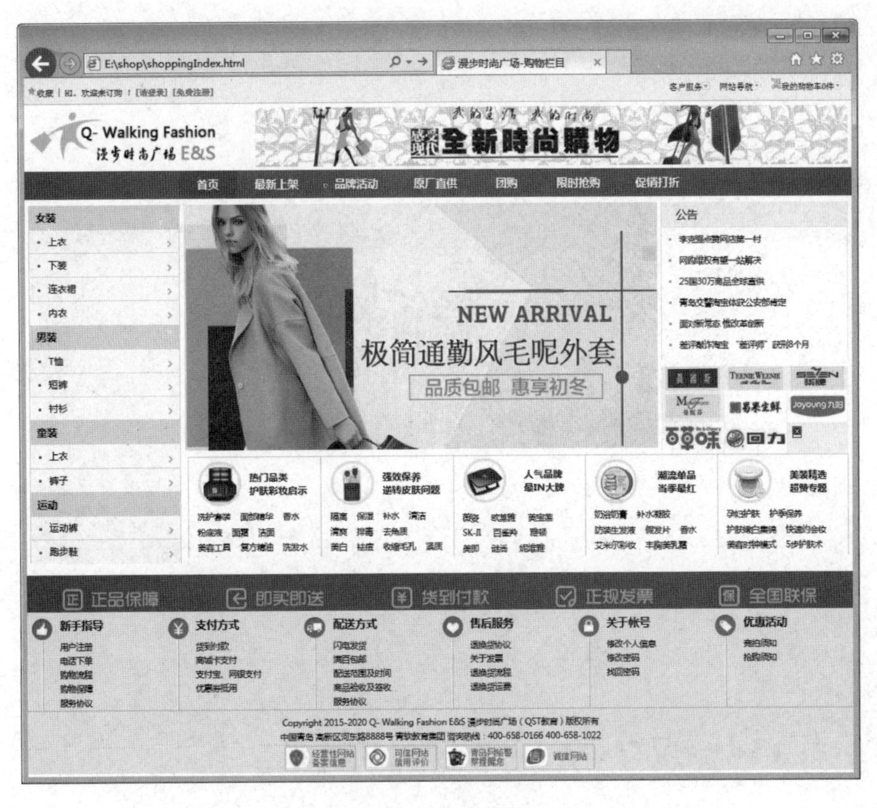

图 2-13　购物栏目

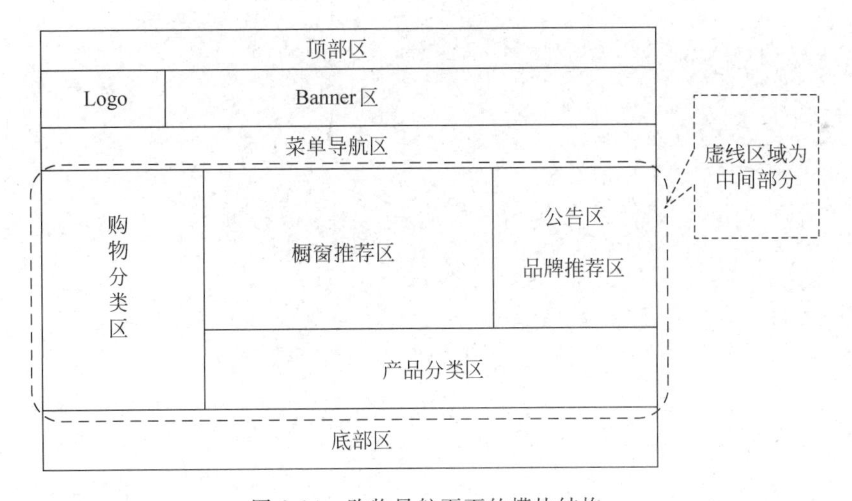

图 2-14　购物导航页面的模块结构

【任务2-1】 shoppingIndex.html

```
<!DOCTYPE html PUBLIC "-//W3C//DTD XHTML 1.0 Transitional//EN"
  "http://www.w3.org/TR/xhtml1/DTD/xhtml1-transitional.dtd">
<html xmlns="http://www.w3.org/1999/xhtml">
<head>
  <meta http-equiv="Content-Type" content="text/html; charset=utf-8" />
```

```
  <title>漫步时尚广场-购物栏目</title>
  <link href="css/style.css" rel="stylesheet" type="text/css">
</head>
<body>
<!-- 顶部区域 start -->
<table width="100%" border="0" cellspacing="0" cellpadding="0" class="top_line">
  <tr>
    <td bgcolor="#f7f7f7">
      <table width="1200" border="0" cellspacing="0"
                cellpadding="0" align="center">
       <tr>
         <td  class="padding-top"><img src="images/star.jpg">收藏| HI,欢迎来订购!
            <a href="../manageadmin/login.html" class="orange">[请登录]</a>
            <a href="../register/Register.html" class="orange">[免费注册]</a></td>
         <td align="right">客户服务<img src="images/arrow.gif"> 网站导航
            <img src="images/arrow.gif"> <span class="droparrow">
            <span class="shopcart"></span>我的购物车
            <span class="orange">0</span>件<img src="images/arrow.gif" /></span>
         </td>
      </tr>
    </table>
    </td>
  </tr>
</table>
<!-- 顶部区域 end -->
<!-- logo 和 banner start -->
<table width="1200" border="0" cellspacing="0" cellpadding="0" align="center">
  <tr>
    <td height="95"><a href="../index.html"><img src="images/logo.jpg"></a></td>
    <td align="right"><img src="images/banner.jpg"></td>
  </tr>
</table>
<!-- logo 和 banner  end -->
<!-- 菜单导航 start -->
<table width="100%" border="0" cellspacing="0" cellpadding="0"
        bgcolor="#ce2626">
  <tr>
    <td>
      <table width="1200" border="0" cellspacing="0" cellpadding="4"
            align="center" class="nav_font16">
       <tr>
         <td width="200"> </td>
         <td width="80" align="center" class="nav_active">
            <a href="shoppingIndex.html" class="white">首页</a></td>
         <td width="100" align="center">
            <a href="shoppingShow.html"  class="white">最新上架</a></td>
         <td width="100" align="center">品牌活动</td>
         <td width="100" align="center">原厂直供</td>
         <td width="80" align="center">团购</td>
         <td width="100" align="center">限时抢购</td>
         <td width="100" align="center">促销打折</td>
         <td width="200" align="center"> </td>
       </tr>
```

```
      </table>
    </td>
  </tr>
</table>
<!-- 菜单导航 end -->
<!-- 中间部分 start -->
<table width="1200" border="0" align="center" cellpadding="0" cellspacing="0"
        class="padding-top">
  <tr>
    <td width="220" valign="top" >
    <!-- 购物分类 start -->
      <table width="100%" border="0" cellspacing="1" cellpadding="0"
              class="table1" bgcolor="#e5e4e1">
        <tr><th>女装</th></tr>
        <tr>
          <td><span class="red_dot"></span><a href="#" >上衣</a>
                  <img src="images/arrow_r.jpg"  align="right" ></td>
        </tr>
        <tr>
          <td><span class="red_dot"></span>下装
                  <img src="images/arrow_r.jpg"  align="right"></td>
        </tr>
        <tr>
          <td><span class="red_dot"></span>连衣裙
                  <img src="images/arrow_r.jpg"  align="right"></td>
        </tr>
        <tr>
          <td><span class="red_dot"></span>内衣
                  <img src="images/arrow_r.jpg"  align="right"></td>
        </tr>
        <!-- 左侧导航内容基本相似,此处省略... -->
      </table>
      <!-- 购物分类 end -->
    </td>
    <td width="716" valign="top">
      <table width="100%" border="0" cellspacing="0" cellpadding="0">
        <tr>
          <td align="center">
            <table width="100%" border="0" cellspacing="0" cellpadding="0">
              <tr>
                <td align="center" valign="top">
                      <!-- 焦点图 start -->
                      <img src="images/index/pic1.jpg" width="690" height="350">
                      <!-- 焦点图 end -->
                  </td>
                <td valign="top">
                  <!-- 右侧 start -->
                  <table width="100%" border="0" cellspacing="0" cellpadding="0">
                    <tr>
                      <td>
                        <!-- 公告 start -->
                        <table width="100%" border="0" cellspacing="1"
                                cellpadding="0" bgcolor="#eeeeee">
```

```
                    <tr>
                      <td height = "35" class = "notice_title">公告</td>
                    </tr>
                    <tr>
                      <td bgcolor = "#ffffff">
                        <table width = "95%" class = "padding - top">
                          <tr>
                            <td height = "30" class = "notice_text">
                                李主任点赞网店第一村</td>
                          </tr>
                          <!-- 此处省略其他公告内容... -->
                        </table>
                      </td>
                    </tr>
                  </table><!-- 公告 end -->
                </td>
              </tr>
              <tr>
                <td height = "8"></td>
              </tr>
              <tr>
                <td>
                  <!-- 品牌推荐区 start -->
                  <table width = "100%" border = "0" cellspacing = "0"
                         cellpadding = "0" bgcolor = "#f7f7f7">
                    <tr>
                      <td align = "center">
            <img src = "images/index/link1.gif" width = "80" height = "35"></td>
                      <td align = "center">
            <img src = "images/index/link2.gif" width = "80" height = "35"></td>
                      <td align = "center">
            <img src = "images/index/link3.gif" width = "80" height = "35"></td>
                    </tr>
                   <!-- 其他匹配推荐此处省略... -- >
                  </table><!-- 品牌推荐区 end -->
                  </td>
              </tr>
            </table>
            <!-- 右侧 end --></td>
        </tr>
      </table></td>
    </tr>
<!-- 产品分类区 start -->
<tr>
  <td>
   <table width = "99%" border = "0" align = "right" cellpadding = "0"
              cellspacing = "1" bgcolor = "#dddddd">
    <tr>
      <td width = "20%" bgcolor = "#ffffff">
        <table width = "90%" border = "0" align = "center" cellpadding = "3"
              cellspacing = "0">
          <tr>
            <td><img src = "images/index/pro1.jpg" width = "65" height = "65"></td>
```

```
                <td class="font14">热门品类<br/>护肤彩妆启示</td>
              </tr>
              <tr>
                <td colspan="2">洗护套装   面部精华   香水</td>
              </tr>
              <tr>
               <td colspan="2">粉底液   面霜   洁面</td>
              </tr>
              <tr>
               <td colspan="2">美容工具   复方精油   洗发水 </td>
              </tr>
            </table>
          </td>
          <!-- 此处省略其他分类产品... -->
         </tr>
        </table>
      </td>
    </tr>
    <!-- 产品分类区 end -->
   </table>
   </td></tr>
</table>
<!-- 中间部分 end -->
<!-- 底部 start --><Br/>
<table width="100%" border="0" cellspacing="0" cellpadding="0" bgcolor="#6a6665"
      height="35" class="foot_bg">
   <tr>
   <td class="padding-top">
     <table width="1200" border="0" align="center" cellpadding="0"
         cellspacing="0">
       <tr>
         <td width="20%" align="center"><img src="images/gray1.jpg" ></td>
         <td width="20%" align="center"><img src="images/gray2.jpg" ></td>
         <td width="20%" align="center"><img src="images/gray3.jpg" ></td>
         <td width="20%" align="center"><img src="images/gray4.jpg" ></td>
         <td width="20%" align="center"><img src="images/gray5.jpg" ></td>
       </tr>
     </table>
   </td>
  </tr>
  <tr>
    <td bgcolor="#efefef" class="foot_line padding-top">
     <table width="1200" border="0" cellspacing="0" cellpadding="0"
         align="center">
       <tr>
         <td align="center" valign="top"><img src="images/red1.jpg"><br>
             <img src="images/line1.jpg"/></td>
         <td width="15%" valign="top">
              <table width="90%" border="0" align="center" cellpadding="0"
                   cellspacing="0">
                 <tr><td class="font16 padding-bottom">新手指导</td></tr>
                 <tr><td>用户注册</td></tr>
                 <tr><td>电话下单</td></tr>
```

```
                    <tr><td>购物流程</td></tr>
                    <tr><td>购物保障</td></tr>
                    <tr><td>服务协议</td></tr>
                </table>
            </td>
            <!-- 此处省略支付方式、配送方式、售后服务等内容... -->
        </tr>
      </table>
    </td>
  </tr>
  <tr>
    <td bgcolor="#efefef" align="center" class="padding-top">
        Copyright  2015-2020  Q- Walking Fashion E&S 漫步时尚广场(QST 教育)版权所有
        <br/>中国青岛 高新区广博路 325 号 青软教育集团 咨询热线: 400-658-0166
        400-658-1022<br/><img src="images/foot_pic.jpg"></td>
  </tr>
</table>
<!-- 底部 end -->
</body>
</html>
```

2.3.2 实现【任务2-2】

下述代码实现"Q-Walking E&S 漫步时尚广场"贯彻项目中的【任务 2-2】后台管理页面，如图 2-15 所示。

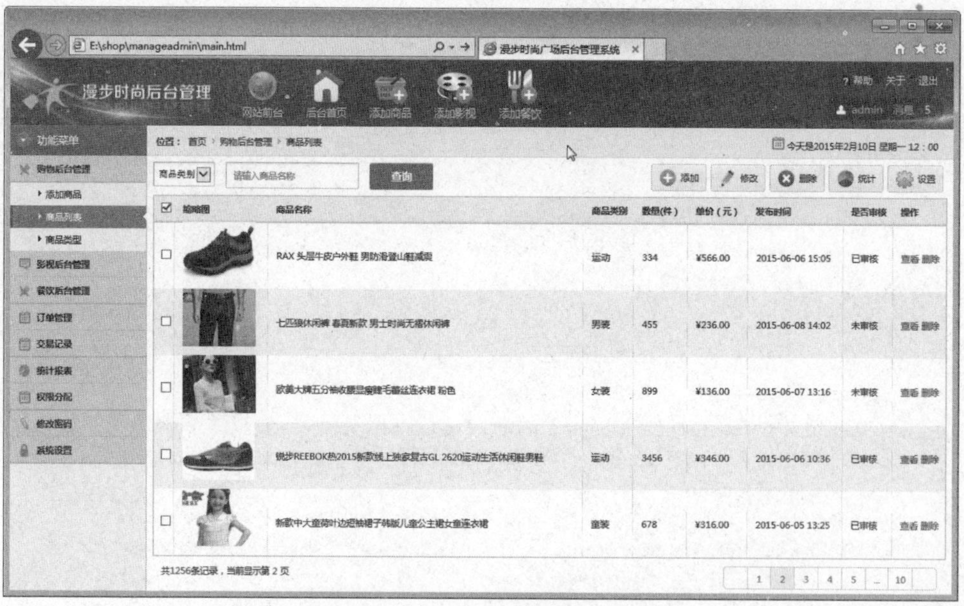

图 2-15 后台管理界面

后台管理页面由顶部导航页面(top. html)、左侧导航页面(left. html)、右侧内容详情页面(foodlist. html)、内容搜索页面(food_search. html)和框架集合页面(main. html)五部分构成。

顶部导航页面中主要包含"网站前台"、"后台首页"、"添加商品"、"添加影视"、"添加餐饮"的快速导航，HTML 代码部分如下。

【任务2-2】 top. html

```
<!DOCTYPE html PUBLIC "-//W3C//DTD XHTML 1.0 Transitional//EN"
    "http://www.w3.org/TR/xhtml1/DTD/xhtml1-transitional.dtd">
<html xmlns="http://www.w3.org/1999/xhtml">
 <head>
  <meta http-equiv="Content-Type" content="text/html; charset=utf-8" />
  <title>顶部导航页面</title>
  <link href="css/layout.css" rel="stylesheet" type="text/css" />
  <link href="css/top.css" rel="stylesheet" type="text/css" />
 </head>
 <body style="background:url(images/topbg.gif) repeat-x;">
    <div class="topleft"><a href="../index.html" target="_parent">
      <img src="images/logo.png" title="系统首页" /></a>
    </div>
    <ul class="nav">
      <li><a href="../index.html" target="_parent" class="selected">
         <img  src="images/globe.png"title="网站前台" /><h2>网站前台</h2></a></li>
      <li><a href="foodlist.html" target="rightFrame">
         <img src="images/home.png"  title="后台首页" /><h2>后台首页</h2></a></li>
      <li><a href="addgoods.html" target="rightFrame">
         <img src="images/shop.png" title="添加商品" /><h2>添加商品</h2></a></li>
      <li><a href="addmovie.html" target="rightFrame">
         <img src="images/movie.png" title="添加影视" /><h2>添加影视</h2></a></li>
      <li><a href="addfood.html" target="rightFrame">
         <img src="images/food.png" title="添加餐饮" /><h2>添加餐饮</h2></a></li>
    </ul>
    <div class="topright">
      <ul>
        <li><span><img src="images/help.png" title="帮助"  class="helpimg"/>
            </span><a href="#">帮助</a></li>
        <li><a href="#">关于</a></li>
        <li><a href="login.html" target="_parent">退出</a></li>
      </ul>
    <div class="user"><span>admin</span><i>消息</i><b>5</b></div>
   </div>
 </body>
</html>
```

左侧导航页面以树形菜单的方式展开（或折叠）子菜单，单击子菜单时将在右侧 rightFrame 位置加载目标内容，HTML 代码部分如下。

【任务2-2】 left. html

```
<!DOCTYPE html PUBLIC "-//W3C//DTD XHTML 1.0 Transitional//EN"
    "http://www.w3.org/TR/xhtml1/DTD/xhtml1-transitional.dtd">
<html xmlns="http://www.w3.org/1999/xhtml">
 <head>
  <meta http-equiv="Content-Type" content="text/html; charset=utf-8" />
  <title>左侧导航页面</title>
  <link href="css/left.css" rel="stylesheet" type="text/css" />
```

```
</head>
<body style="background:#f0f9fd;">
    <div class="lefttop"><span></span>功能菜单</div>
      <dl class="leftmenu">
        <dd>
          <div class="title">
              <span><img src="images/leftico05.png" /></span>购物后台管理 </div>
          <ul class="menuson">
            <li><cite></cite><a href="addgoods.html" target="rightFrame">
              添加商品</a><i></i></li>
            <li class="active"><cite></cite>
              <a href="shoplist.html" target="rightFrame">商品列表</a><i></i></li>
            <li><cite></cite>商品类型<i></i></li>
          </ul>
        </dd>
        <dd>
          <div class="title"><span><img src="images/leftico02.png" />
              </span>影视后台管理 </div>
          <ul class="menuson">
            <li><cite></cite><a href="addmovie.html" target="rightFrame">
              添加影片</a><i></i></li>
            <li class="active"><cite></cite>
              <a href="movielist.html" target="rightFrame">影片列表</a><i></i></li>
            <li><cite></cite>影片类型<i></i></li>
          </ul>
        </dd>
        <dd>
          <div class="title"><span><img src="images/leftico05.png" />
              </span>餐饮后台管理</div>
          <ul class="menuson">
            <li><cite></cite><a href="addfood.html" target="rightFrame">
              添加美食</a><i></i></li>
            <li class="active"><cite></cite>
              <a href="foodlist.html" target="rightFrame">美食列表</a><i></i></li>
            <li><cite></cite>美食类型<i></i></li>
          </ul>
        </dd>
      <!-- 此处省略其他左侧导航项... -->
      </dl>
  </body>
</html>
```

在内容搜索页中提供了对商品进行检索的表单，HTML 代码部分如下。

【任务2-2】 shop_search.html

```
<!DOCTYPE html PUBLIC "-//W3C//DTD XHTML 1.0 Transitional//EN"
    "http://www.w3.org/TR/xhtml1/DTD/xhtml1-transitional.dtd">
<html xmlns="http://www.w3.org/1999/xhtml">
  <head>
   <meta http-equiv="Content-Type" content="text/html; charset=utf-8" />
   <title>商品检索</title>
   <link href="css/layout.css" rel="stylesheet" type="text/css" />
   <link href="css/list.css" rel="stylesheet" type="text/css" />
```

```
</head>
<body>
 <ul class="seachform">
   <li>
    <div class="vocation">
     <select class="select3">
       <option>商品类别</option>
       <option>女装</option>
       <option>男装</option>
       <option>童装</option>
       <option>运动</option>
     </select>
    </div>
   </li>
   <li><input type="text" class="scinput" value="请输入商品名称"/></li>
   <li><input name="searchBtn" type="button" class="scbtn" value="查询"/></li>
 </ul>
</body>
</html>
```

右侧内容详情页面中,以表格的形式将商品信息展示出来；在表格的上方通过< iframe >框架引入检索商品的页面 shop_search.html,代码如下。

【任务2-2】 foodlist.html

```
<!DOCTYPE html PUBLIC "-//W3C//DTD XHTML 1.0 Transitional//EN"
    "http://www.w3.org/TR/xhtml1/DTD/xhtml1-transitional.dtd">
<html xmlns="http://www.w3.org/1999/xhtml">
 <head>
  <meta http-equiv="Content-Type" content="text/html; charset=utf-8" />
  <title>商品列表页面</title>
  <link href="css/layout.css" rel="stylesheet" type="text/css" />
  <link href="css/list.css" rel="stylesheet" type="text/css" />
 </head>
 <body>
  <div class="place"><span>位置: </span>
    <ul class="placeul">
      <li><a href="main.html">首页</a></li>
      <li><a href="#">美食列表</a></li>
    </ul>
  </div>
  <div class="rightinfo">
  <div class="tools">
    <ul class="toolbar">
      <li class="click"><span><img src="images/t01.png" /></span>添加</li>
      <li class="click"><span><img src="images/t02.png" /></span>修改</li>
      <li><span><img src="images/t03.png" /></span>删除</li>
      <li><span><img src="images/t04.png" /></span>统计</li>
      <li><span><img src="images/t05.png" /></span>设置</li>
    </ul>
```

```
    <iframe src="shop_search.html" scrolling="no" frameborder="0"
        width="400" height="42"></iframe>
</div>
<table class="tablelist">
  <thead>
    <tr>
      <th><input name="" type="checkbox" value="" checked="checked"/></th>
      <th>缩略图</th>
      <th>商品名称</th>
      <th>商品类别</th>
      <th>数量(件)</th>
      <th>单价(元)</th>
      <th>发布时间</th>
      <th>是否审核</th>
      <th>操作</th>
    </tr>
  </thead>
  <tbody>
    <tr>
      <td><input name="" type="checkbox" value="" /></td>
      <td class="imgtd"><img src="images/img06.png" /></td>
      <td>RAX 头层牛皮户外鞋 男防滑登山鞋减震</td>
      <td>运动</td>
      <td>334</td>
      <td>¥566.00</td>
      <td>2015-06-06 15:05</td>
      <td>已审核</td>
      <td><a href="#" class="tablelink">查看</a>
          <a href="#" class="tablelink"> 删除</a></td>
    </tr>
    <tr class="odd">
      <td><input name="" type="checkbox" value="" /></td>
      <td class="imgtd"><img src="images/img07.png" /></td>
      <td>七匹狼休闲裤 春夏新款 男士时尚无褶休闲裤</td>
      <td>男装</td>
      <td>455</td>
      <td>¥236.00</td>
      <td>2015-06-08 14:02</td>
      <td>未审核</td>
      <td><a href="#" class="tablelink">查看</a>
          <a href="#" class="tablelink">删除</a></td>
    </tr>
    <!-- 此处省略其他商品内容... -->
  </tbody>
</table>
<div class="pagin">
  <div class="message">共<i class="blue">1256</i>条记录,当前显示第  
      <i class="blue">2 </i>页</div>
  <ul class="paginList">
    <li class="paginItem"><a href="javascript:;">
```

```
        < span class = "pagepre"></span ></a ></li >
      < li class = "paginItem">< a href = "javascript:;"> 1 </a ></li >
      < li class = "paginItem current">< a href = "javascript:;"> 2 </a ></li >
      < li class = "paginItem more">< a href = "javascript:;">...</a ></li >
      < li class = "paginItem">< a href = "javascript:;"> 10 </a ></li >
      < li class = "paginItem">< a href = "javascript:;">
        < span class = "pagenxt"></span ></a ></li >
    </ul >
    </div >
  </div >
 </body >
</html >
```

在框架集合页面中，将页面分为顶部框架、左侧框架和右侧框架3部分，并为每个框架指定了目标链接页面。框架集页面对应的代码如下。

【任务2-2】 main.html

```
<! DOCTYPE html PUBLIC " - //W3C//DTD XHTML 1.0 Transitional//EN"
    "http://www.w3.org/TR/xhtml1/DTD/xhtml1 - transitional.dtd">
< html xmlns = "http://www.w3.org/1999/xhtml">
 < head >
  < meta http - equiv = "Content - Type" content = "text/html; charset = utf - 8" />
  < title >漫步时尚广场后台管理系统</title >
 </head >
 < frameset rows = "88, * " cols = " * " frameborder = "no" border = "0" framespacing = "0">
   < frame src = "top.html" name = "topFrame" scrolling = "no" noresize = "noresize"
       id = "topFrame" title = "topFrame" />
   < frameset cols = "187, * " frameborder = "no" border = "0" framespacing = "0">
     < frame src = "left.html" name = "leftFrame" scrolling = "no" noresize = "noresize"
        id = "leftFrame" title = "leftFrame" />
     < frame src = "shoplist.html" name = "rightFrame" id = "rightFrame"
        title = "rightFrame" />
   </frameset >
 </frameset >
 < noframes >
   < body >您的浏览器不支持框架集 </body >
 </noframes >
</html >
```

本章总结

小结

- 表格元素主要由行、列、单元格、标题、表头行、正文行、表尾行等构成；
- 表格的基本元素是单元格，使用标签< td >表示；
- 行是表格的水平元素，使用标签< tr >表示；

- 表格通过< thead >、< tfoot >、< tbody >、< caption >标签对表格进行横向分组；
- 在 HTML 中提供了< colgroup >标签，该标签可以对表格按列分组；
- 整个浏览器窗口对应的框架集合称为框架集(frameset)；
- < frame >标签用于指示框架集中每个框架的内容；
- 内联框架是嵌入到页面中的一个区域，通过< iframe >标签引入另外一个页面资源，而不需要< frameset >标签协助；
- 在创建超链接时，通过 target 属性指明新的页面应该在哪个框架中进行加载。

Q&A

1. 问题：在表格中，有些单元格无法正常显示，如图 2-16 所示。

回答：大部分浏览器都会忽略空白单元格(即< td >、</td >之间没有内容)，因此在需要空白单元格式时，要在单元格中加入一个“ ”(例如< td > </td >)以确保浏览器能正确显示表格。

图 2-16　无法正常显示单元格

2. 问题：使用< iframe >标签时，有些浏览器无法正常加载页面内容。

回答：< iframe >尽量采用双标签形式，例如< iframe ></iframe >。单标签< iframe />形式有些浏览器无法正常解析。

章节练习

习题

1. HTML 使用________标签将表格按列进行分组。

   A. rows　　B. colspan　　C. colgroup　　D. rowgroup

2. 下列表格按行分组使用表头标签________、表格主体标签________以及表尾标签________。

   A. < head >　　B. < tbody >　　C. < tfoot >　　D. < foot >
   E. < body >　　F. < thead >　　G. < table >

3. 表格的标题使用专门的标签________。

   A. < title >　　B. < caption >　　C. < thead >　　D. < head >

4. 框架集< frameset >标签使用属性________对行进行划分。

   A. col　　B. cols　　C. row　　D. rows

5. 在创建超链接时，通过________属性指明新的页面应该在哪个框架中进行加载。

   A. src　　B. title　　C. href　　D. target

6. 内联框架是嵌入到页面中的一个区域，通过________标签引入另外一个页面资源。

   A. < frame >　　B. < iframe >　　C. < frameset >　　D. < set >

7. ________用来定义表格头部信息，多用于表格的第一行或第一列。

A. <caption>　　B. <td>　　C. <th>　　D. <thead>

8. 表格的<colgroup>标签使用________属性说明当前分组占据几列。

A. <span>　　B. <rowspan>　　C. <colspan>　　D. <column>

上机

1. 训练目标："美食导航"页面的设计。

培养能力	熟练使用<table>标签进行页面设计		
掌握程度	★★★★★	难度	较难
代码行数	500	实施方式	编码强化
结束条件	独立编写，不出错	涉及页面	foodIndex.html
参考训练内容 (1) 使用 Dreamweaver 工具编码实现美食模块首页，如图 2-17 所示； (2) 使用 IE、FireFox 或 Chrome 浏览器查看页面效果			

图 2-17 "美食导航"页面

2. 训练目标："后台系统管理"中的"商品列表"页面。

培养能力	熟练使用< table >标签进行页面设计		
掌握程度	★★★★★	难度	中
代码行数	200	实施方式	编码强化
结束条件	独立编写，不出错	涉及页面	shoplist. html
参考训练内容 (1) 使用表格和框架实现"商品列表"页面，如图 2-18 所示； (2) 使用 IE、FireFox 或 Chrome 浏览器查看页面效果			

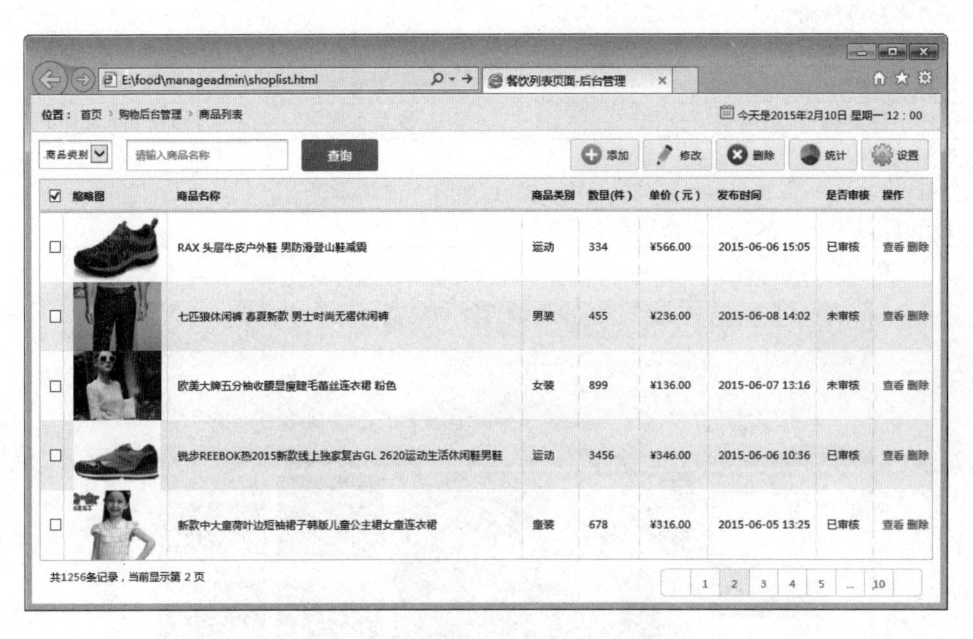

图 2-18 后台管理系统中的"商品列表"页面

第3章 表单

任务驱动

本章任务是完成“Q-Walking E&S漫步时尚广场”的用户注册页面和后台的商品添加页面：

- 【任务3-1】实现“Q-Walking E&S漫步时尚广场”的“用户注册”页面。
- 【任务3-2】实现“Q-Walking E&S漫步时尚广场”后台管理模块——“商品添加”页面。

学习路线

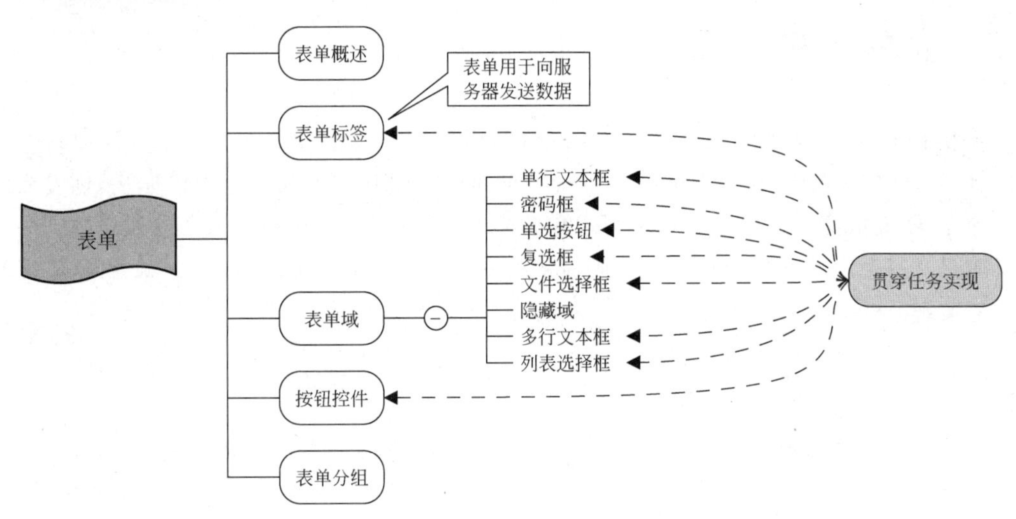

本章目标

知　识　点	Listen（听）	Know（懂）	Do（做）	Revise（复习）	Master（精通）
表单概述	★	★			
表单标签	★	★	★	★	★
表单域	★	★	★	★	★
按钮控件	★	★	★	★	
表单的分组	★	★	★		

3.1 表单概述

随着 Internet 技术的迅速发展，用户对网络使用的需求也越来越高，不仅需要浏览服务器上的内容，而且还希望将用户的信息发送给服务器，实现用户与服务器之间的数据交互。例如：用户在网上订票或购物时，需要将用户的个人基本信息以及购买信息提交给服务器，此时就需要通过表单来实现。

Form 表单是 HTML 的一个重要部分，负责采集和提交用户输入的信息。表单主要分为表单标签及表单控件两大类。表单控件又可细分为表单域和按钮两部分，常见的表单域包括文本框、密码框、多行文本框、单选按钮、复选框、下拉选择框等。

在交互界面中，用户在表单域录入数据后，可通过表单的特殊控件（如提交按钮等）将数据传递给服务器端，由服务器接收表单数据并进行处理。

注意

服务器端处理表单的程序通常采用动态脚本语言，例如：JSP、PHP、ASP. NET、Node. js 等。

3.2 表单标签

表单标签是一个包含表单元素的区域，可以包含一些表单控件，还可以包含其他的 HTML 标签（如：表格、段落、标题等）。一个页面可以拥有一个或多个表单标签，标签之间相互独立，不能嵌套。虽然一个页面可以包含多个表单标签，但用户向服务器发送数据时一次只能提交一个表单中的数据；如需同时提交多个表单，则须使用 JavaScript 的异步交互方式来实现。

表单标签的基本语法格式如下：

【语法】

```
<form action = "处理数据程序的 URL 地址" method = "get|post" name = "表单名称" … >
</form>
```

其中：

- 属性 action、method 和 name 是< form >标签常用的三个属性；
- action 属性用于指定服务器端用来处理表单的程序的 URL 地址；当提交表单时，使用 action 属性指定的服务器端程序来处理数据，多用于动态交互性网站开发；
- method 属性用于指定以何种方式向服务器端发送数据；
- name 属性指明该表单的名称。

< form >标签对应的属性如表 3-1 所示。

表 3-1 表单标签的属性

属性	描述
action	当提交表单时，说明向何处发送表单中的数据
accept	服务器能够处理的内容类型列表，用逗号隔开；目前主流浏览器并不支持，且在HTML 5中不再支持
accept-charset	服务器可处理的表单数据字符集
enctype	表单数据内容类型，说明在发送表单数据之前如何对其进行编码，取值可以为application/x-www-form-urlencoded、multipart/form-data、text/plain
id	设置表单对象的唯一标识符
name	设置表单对象的名称
target	打开处理URL的目标位置（不建议使用）
method	规定向服务器端发送数据所采用的方式，取值可以为get、post
onsubmit	向服务器提交数据之前，执行其指定的JavaScript脚本程序
onreset	重置表单数据之前，执行其指定的JavaScript脚本程序

下面对<form>标签的各个属性分别进行讲解。

1. action属性

action属性值是Web服务器上数据处理程序的URL地址，或者是Email地址。

【示例】 form元素的action属性

```
<form action="http://www.itshixun.com/web/login.jsp"></form>  <!-- 绝对 URL -->
<form action="/web/login.jsp"></form>                         <!-- 相对 URL -->
<form action="mailto:guoqy@itshixun.com"></form>              <!-- Email 地址 -->
```

2. method属性

浏览器使用method属性所设置的方式将表单中的数据传送给服务器进行处理，通常采用以下两种方式：get方式和post方式。

get方式：将数据作为URL的一部分发送给服务器。URL由地址部分和数据部分构成，两者之间用问号“?”隔开，数据以“名称=值”的方式成对出现，且数据与数据之间通过“&”符号进行分割，格式如下。

【示例】 通过get方式的URL传递数据

```
http://www.itshixun.com/web/login.jsp?userName=guoqy&userPwd=123456
```

get方式的请求数据可以被缓存，能够保留在浏览器历史记录中，还能作为书签被收藏。由于get请求数据会出现在URL中，因此安全性比较低；而URL地址栏长度有限，最长不能超过255个字符，所以get方式有长度限制。

post方式：将数据隐藏在HTTP的数据流中进行传输；请求数据不会出现在地址栏中，安全性比get方式要高，并且对数据长度没有限制。

【示例】 post方式的数据封装

```
POST /web/login.jsp HTTP/1.1
Host:itshixun.com
userName=guoqy&userPwd=123456
```

与get方式不同，post方式的请求数据不会被缓存，也不会在浏览器的历史记录中保留，更不能被收藏为书签；当单击后退或刷新按钮时，数据会被重复提交。

3. id与name属性

id属性是表单在网页中的唯一标识。在设计表单页面时，应为每个form表单提供一个合适的id，方便后期的CSS样式表及JavaScript脚本对其引用。

name属性用来设置表单元素的名称，在页面中也应尽量保持唯一。在早期版本中，name属性使用较多，现在多用id属性替代。

4. enctype属性

在表单数据提交之前，需要通过enctype属性说明表单中数据的编码方式。目前浏览器支持的编码方式有三种：application/x-www-form-urlencoded、multipart/form-data和text/plain方式。

application/x-www-form-urlencoded是默认编码方式，大多数表单数据会采用此种编码方式。在发送数据到服务器之前，所有字符都会进行Unicode编码，并对某些字符进行特殊处理。例如，遇到空格时将被转换成加号(+)，其他特殊字符将转换为对应的ASCII格式(即"%XX"格式，由一个百分号和两位代表ASCII码的十六进制数字构成)。

以下面数据为例，传递的数据包括用户名(zhang san)和密码(&)。

```
userName = zhang san
userPwd = &
```

在编码前先使用"&"符号将数据连接起来，然后再进行编码。经过编码后，最终提交的数据格式为

```
username = zhang + san&userPwd = %26
```

multipart/form-data编码方式常用于表单包含文件上传控件的情况，该方式不对字符进行编码。

text/plain编码方式遇到空格时，会将其转换为加号(+)，但不对其他特殊字符进行编码。

5. target属性

target属性通常用于< a >标签，用于指明被连接的内容将在哪个框架或浏览器中进行加载。该属性还可以在< form >标签中使用，指明在用户提交表单时，将在哪个框架或浏览器中显示该表单的处理结果。

注意

> 在HTML 4.01中，不再推荐使用< form >表单的target属性；在XHTML 1.0 Strict DTD中，不支持该属性；在HTML 5中推荐使用formtarget属性来代替。

3.3 表单域

表单域多用于收集网站访问者的信息，一般位于< form >、</form >标签之间。表单域主要包括文本框、密码框、隐藏域、多行文本框、单选按钮、复选框、列表选择框和文件选择框

等元素。除多行文本框(<textarea>)和列表选择框(<select>)外,大部分表单域使用<input>标签来创建。

<input>标签的通用属性如表 3-2 所示。

表 3-2　<input>标签的通用属性

属　性	描　述
id	设置当前控件的唯一 ID。界面设计时,在 CSS、JavaScript 中可以引用
name	设置当前控件的名称。在向服务器发送数据时,服务器根据 name 属性获取对应表单域的值
value	设置表单域的初始值。网页加载过程中,默认显示该值
type	该属性是必需的,用来说明当前控件的类型。取值可以是 text、password、radio、checkbox、file、hidden、button、submit、reset、image 等
maxlength	设置输入到文本框的最大字符数。输入达到最大数后,用户按下更多键,也不会添加新的字符
size	设置文本输入控件的宽度,单位为字符

3.3.1　单行文本框

单行文本框通常用来输入一些简单的内容。在 HTML 中,通过将<input>标签的 type 属性设为 text 方式来创建一个单行文本框,语法格式如下。

【语法】

```
<input type="text" name="…" size="…" maxlength="…" value="…"
      disabled="disabled" readonly="readonly"/>
```

其中:

- type="text"用于指明表单域的类型是单行文本框;
- name 属性用于指定文本框的名称;
- size 属性用于指定文本框的宽度,单位是字符;
- maxlength 属性用于指定文本框的最多输入字符的个数;
- value 属性用于指定文本的初始值;
- disabled="disabled"用于指明文本框的禁用状态,并呈灰色显示;
- readonly="readonly"用于指定文本框的只读状态。

下面演示了文本框及其属性的用法。

【代码 3-1】　textDemo. html

```
<html>
<head>
  <meta http-equiv="Content-Type" content="text/html; charset=utf-8" />
  <title>表单域-文本框</title>
</head>
<body>
  <form>
    <input type="text" /><br/><br/>
    <input type="text" name="userName" id="userName" value="请输入用户名" /><br/>
    <input type="text" value="请输入用户名" size="25" maxlength="10" /><br/><br/>
    <input type="text" value="请输入用户名" disabled="disabled" /><br/><br/>
```

```
    <input type="text" value="请输入用户名" readonly="readonly" />
  </form>
</body>
</html>
```

上述代码中，第一个文本框是默认显示效果；第二个文本框默认显示的是 value 属性值；第三个指定文本框的宽度为 25 个字符，最大输入长度为 10 个字符，即使后面仍有空白，也无法继续输入；第四个通过 disabled 属性将文本框禁用，呈现灰色禁用状态，既不能编辑也无法获得焦点；第五个通过 readonly 属性将文本框设置为只读状态，虽然可以获得焦点，但无法对文本进行修改。在浏览器中预览效果如图 3-1 所示。

图 3-1 文本框的显示效果

3.3.2 密码框

密码框与文本框相似，但向框内输入内容时，显示的不是当前输入的内容而是掩码形式(星号“*”或其他符号)，从而保护用户的输入内容不会被周围的人直接看到，其语法格式如下。

【语法】

```
<input type="password" name="…" size="…" maxlength="…" value="…" />
```

其中：

- type="password"用于指明表单域的类型是密码框；
- name 属性用于指定密码的名称；
- size 属性用于指定密码框的宽度，单位为字符；
- maxlength 属性用于指定密码框的最多输入字符的个数；
- value 属性用于指定密码框的初始值，以掩码的方式显示。

下面演示了密码框及其属性的使用。

【代码 3-2】 passwordDemo.html

```
<html>
<head>
  <meta http-equiv="Content-Type" content="text/html; charset=utf-8" />
  <title>表单域-密码框</title>
</head>
<body>
  <form>
    用户名：  <input type="text"  name="userName" id="userName"
        value="请输入用户名"/><br/><br/>
    密  码：  <input type="password" name="userPwd" id="userPwd"/><br/><br/>
    确认密码：<input type="password" name="userRePwd" id="userRePwd" size="25"
        disabled="disabled" value="请输入确认密码"/><br/><br/>
  </form>
</body>
</html>
```

上述代码中，密码框也可以使用< input >标签的通用属性，第二个密码框可以被禁用，也可以提供默认值，但只能以掩码形式显示出来。在浏览器中预览效果如图 3-2 所示。

图 3-2 密码框的显示效果

注意

> 虽然密码框中显示的内容以掩码的方式显示，但是在数据传输过程中，仍然以明文的方式发送到服务器。为了确保数据的安全，应当采用数据加密技术对数据进行处理。

3.3.3 单选按钮

单选按钮是指在一组数据中只能选择其中一个选项。在 HTML 中，通过将< input >标签的 type 属性设为 radio 的方式来创建一个单选按钮选项，语法格式如下。

【语法】

```
<input type="radio" name="…" value="…" checked="checked" />
```

其中：

- type="radio"用于指明表单域的类型是单选按钮；
- name 属性用于指定单选按钮的名称；
- 具有相同 name 属性的单选按钮分为一组，一组只能选择一项；
- value 属性用于指定该项的值，同一组内的值不应相同；
- checked="checked"属性用于指定该项默认被选中，也可以简写成 checked 格式。

当表单中有多个单选按钮时，浏览器会根据单选按钮的 name 属性进行分组。下述代码演示了单选按钮的用法。

【代码 3-3】 radioDemo.html

```
<html>
<head>
  <meta http-equiv="Content-Type" content="text/html; charset=utf-8" />
  <title>表单域-单选按钮</title>
</head>
<body>
  <form>
  性别：<input type="radio" name="sex" value="man" checked="checked"/>男
        <input type="radio" name="sex" value="woman" />女 <br/>
  专业：<input type="radio" name="major" value="computer" />计算机
        <input type="radio" name="major" value="physics" checked/>物理
```

```
        <input type = "radio" name = "major" value = "chemical"/>化工
    </form>
</body>
</html>
```

上述代码中，所有单选按钮根据 name 属性分为两组，每组只能选择其中一项。在浏览器中预览效果如图 3-3 所示。

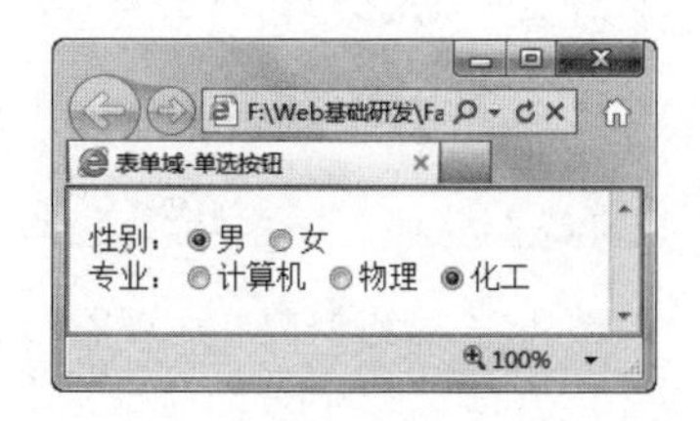

图 3-3　单选按钮组的显示效果

单选按钮的 value 属性并不在浏览器中显示；当表单验证或表单提交服务器时会使用 value 属性值；通过属性 checked="checked"或 checked 可将当前项设为默认被选中；同一组中有多项具有 checked 属性时，最后一个为默认被选择项。

3.3.4　复选框

复选框是指在一组数据中允许用户选择一项或多项，各项之间并不互斥。在 HTML 中，通过将<input>标签的 type 属性设为 checkbox 的方式来创建一个复选框选项，语法格式如下。

【语法】

```
<input type = "checkbox" name = " … " value = " … " checked = "checked"/>
```

其中：

- type="checkbox"用于指明表单域的类型是复选框；
- name 属性用于指定复选框的名称；
- 具有相同 name 属性的复选框分为一组，组内允许多选；
- value 属性用于指定该项的值；
- checked="checked"属性用于指定该项默认被选中，也可以简写成 checked 格式。

当复选框有多项数据时，浏览器会根据复选框的 name 属性进行分组，分组前后在页面显示方面并没有差别，但在使用 JavaScript 特效或向服务器提交数据时，需要对复选框进行合理分组，以便对数据进行处理。

下述代码演示了复选框的用法。

【代码 3-4】　checkboxDemo. html

```
<html>
<head>
  <meta http-equiv = "Content-Type" content = "text/html; charset = utf-8" />
```

```
    <title>表单域 - 复选框</title>
</head>
<body>
    <form>
    爱好: <input type = "checkbox" name = "hobby" value = "music" />音乐
          <input type = "checkbox" name = "hobby" value = "swimming" />游泳
          <input type = "checkbox" name = "hobby" value = "football" checked/>足球 <br/>
    选修: <input type = "checkbox" name = "choice" value = "computer" checked />计算机
          <input type = "checkbox" name = "choice" value = "physics" />物理
          <input type = "checkbox" name = "choice" value = "chemical" checked />化工
    </form>
</body>
</html>
```

与单选按钮一样,checked="checked"或 checked 决定复选框在页面加载时是否被选中。当复选框没有 value 属性时,如果被选中则 value 值为 on,否则 value 值为 off。代码在浏览器中显示的效果如图 3-4 所示。

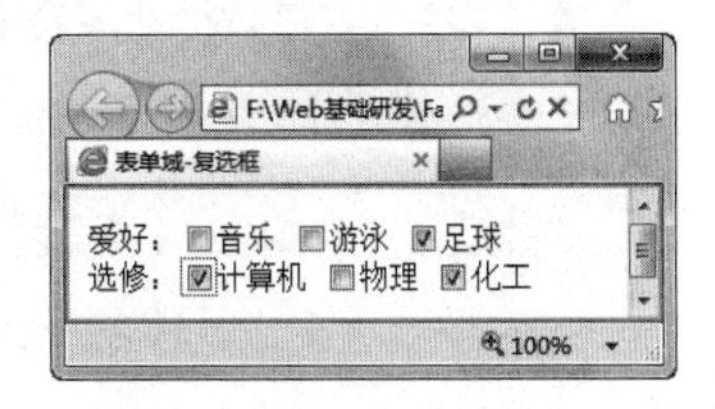

图 3-4 复选框的显示效果

3.3.5 文件选择框

用户通过表单上传文件时,需要使用文件选择框来选择上传文件。在 HTML 中,通过将<input>标签的 type 属性设为 file 方式来创建一个选择框,其语法格式如下。

【语法】

```
<input type = "file" name = "…" accept = "…"/>
```

其中:

- type="file"用于指明表单域的类型是文件选择框。
- name 属性用于指定文件选择框的名称。
- accept 属性用于指定文件选择窗口的文件类型过滤。单击选择文件按钮时,会在弹出的文件选择窗口中,根据 accept 指定的类型对文件自动进行过滤,例如,图片的格式包括 image/gif、image/jpeg、image/ * 等格式。

使用文件选择框时,form 表单的 enctype 属性应设为 multipart/form-data 类型,method 属性应设为 post 类型。下述代码演示了文件选择框的用法。

【代码 3-5】 fileDemo.html

```
<html>
<head>
    <meta http - equiv = "Content - Type" content = "text/html; charset = utf - 8" />
    <title>表单域 - 文件选择框</title>
</head>
<body>
    <form method = "post" enctype = "multipart/form - data">
        请选择上传的头像: <input type = "file" accept = "image/ * " name = "headImage" />
    </form>
</body>
</html>
```

上述代码在浏览器中显示的效果如图 3-5 所示。

其中，文件选择框由一个文本框和一个按钮组成。在设置 accept 属性为"image/ * "后，单击按钮时弹出文件选择窗口，选择窗口会根据 accept 属性进行过滤，如图 3-6 所示。

图 3-5　文本选择框的显示效果

图 3-6　文件选择窗口

注意

IE 9 及更早版本不支持 accept 属性，可以通过 IE 10+或 Firefox、Opera 等浏览器查看代码预览效果。当需要向服务器上传文件时，建议配合服务器端验证，以防止用户恶意操作。

3.3.6　隐藏域

在网页之间传递数据时，有些数据不希望用户在页面中看到，此时可以通过隐藏域来实现。在 HTML 中，通过将<input>标签的 type 属性设为 hidden 来创建一个隐藏域，语法格式如下。

【语法】

```
<input type="hidden" name="…" value="…" />
```

其中：

- type="hidden"用于指明表单域的类型是隐藏域，该控件不在页面中显示；
- name 属性用于指定隐藏域的名称；
- value 属性用于指定隐藏域的值。

下面演示了隐藏域的用法。

【代码 3-6】　hiddenDemo. html

```
<html>
  <head>
    <meta http-equiv="Content-Type" content="text/html; charset=utf-8" />
    <title>表单域-隐藏域</title>
  </head>
```

```
        <body>
          <form>
            <input type="hidden" name="hiddenData" value="不显示的数据"/>
          </form>
        </body>
      </html>
```

在浏览器中,隐藏域并没有显示出来。但是在网页的“源代码”中可以找到相应代码,如图3-7所示。

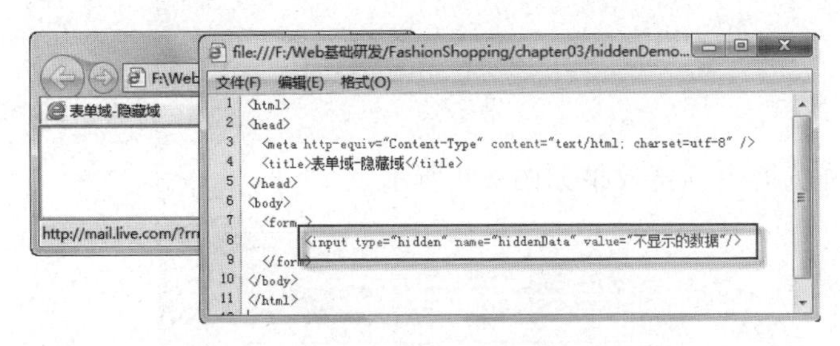

图3-7 隐藏域的显示效果

注意

> 隐藏域的数据虽然不能在浏览器中直接显示,但是可以通过查看源码的方式找到。因此,不要使用隐藏域保存敏感的数据。隐藏数据也可以通过CSS中的display属性或visibility属性来实现。

3.3.7 多行文本框

多行文本框是用来输入较长内容的文本输入控件。在HTML中,通过<textarea>标签创建一个多行文本框。<textarea>与</textarea>标签之间的内容会在页面加载时显示出来,语法格式如下。

【语法】

```
<textarea name="…" rows="…" cols="…" wrap="…"> 文本内容 </textarea>
```

其中:

- 多行文本框使用<textarea>标签进行定义,文本内容放在<textarea>、</textarea>之间;
- name属性用于指定多行文本框的名称;
- rows属性用于指定多行文本框的行数;
- cols属性用于指定多行文本框的宽度,单位是字符;
- wrap属性用于指定文本内容大于文本宽度时的显示方式。

下面演示了多行文本框的用法。

【代码3-7】 textareaDemo.html

```
<html>
<head>
```

```
  <meta http-equiv="Content-Type" content="text/html; charset=utf-8" />
  <title>表单域-多行文本框</title>
</head>
<body>
  <form>
    <textarea rows="6" cols="40" wrap="virtual" name="个人介绍">您好!
我来自青岛,我是一名信息工程大学软件工程专业的应届本科即将毕业的学员。
我的性格偏于内向,为人坦率、热情、讲求原则;处事乐观、专心、细致、头脑清醒;富有责任心、乐于助人。
</textarea>
  </form>
</body>
</html>
```

上述代码在浏览器中预览效果如图 3-8 所示。

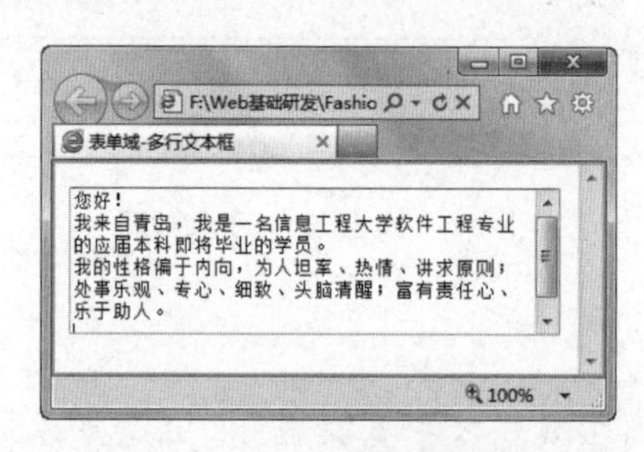

图 3-8　多行文本框的显示效果

<textarea>标签的 wrap 属性用于指定多行文本框的换行方式,取值方式如表 3-3 所示。

表 3-3　wrap 属性值表

值	描　述
off	默认值,文本域中内容足够多时,会在文本域中添加滚动条
virtual	实现文本区内的自动换行,以改善对用户的显示;但在传输给服务器时,文本只在用户按下 Enter 键的地方进行换行,其他地方没有换行的效果
physical	实现文本区内的自动换行,并以这种形式传送给服务器

注意

用户若输入更丰富的内容时,可以采用富文本框 RTE(Rich Text Editor)来实现,当前比较流行的富文本框有 ckEditor、UEditor 以及 kindEditor 等。此处不再一一介绍,读者可根据需要查阅相关资料。

3.3.8　列表选择框

列表选择框允许用户从列表中选择一项或多项。在 HTML 中,可以通过<select>和<option>标签来创建一个列表框,语法格式如下。

【语法】

```
<select name="..." size="..." multiple="multiple">
    <option value="..." selected="selected">选项描述内容</option>
```

```
    …
</select>
```

其中：

- 列表选择框使用< select >标签进行定义，一个列表可以包含多个列表项< option >，列表项需要放在< select >、</ select >之间；
- name 属性用于指定列表选择框的名称；
- size 属性用于指定列表选择框显示的行数；
- multiple="multiple"属性用于指明当前列表框是否允许按住 Ctrl 键进行多选，不设置该属性时，默认只能选择一项；
- < option >标签的 value 属性多用于发送给服务器的选项值；
- < option >标签的 selected="selected"用于设置当前选项默认被选中；
- < option >和</option >标签之间的选项描述内容是显示的列表选择项。

< select >标签对应的属性如表 3-4 所示。

表 3-4 标签< select >的属性列表

属　性	描　述
name	设置列表的名称
size	设置列表中可见选项的数目
multiple	设置列表是否可以选择多个选项，可以使用 multiple 或 multiple="multiple"形式；允许选择时，需要按下 Ctrl 键选择多项
disabled	设置列表是否被禁用，可以使用 disabled 或 disabled="disabled"形式

< option >标签对应的属性如表 3-5 所示。

表 3-5 标签< option >的属性列表

属　性	描　述
value	设置该项的值，如果选中该项，该项的值就将发送给服务器
selected	设置当页面加载时，该项是否被选中。可以使用 selected 或 selected ="selected"形式
disabled	该项在首次加载时被禁用，可以使用 disabled 或 disabled="disabled"形式

注意

对于具有 boolean 值的属性(如 selected、multiple、readonly、disabled 等)，只写属性而不指定属性值时，表示该属性值为 true；指定该属性时，默认为 false。在早期的 HTML 版本中，boolean 类型的属性允许只写属性或“属性＝属性值”的方式，而 XHTML 中要求相对严格，属性与属性值必须成对出现，到了 HTML 5 后，又允许只写属性的方式。

下面演示了选择列表框的用法。

【代码 3-8】 selectDemo. html

```
<html>
<head>
  <meta http-equiv="Content-Type" content="text/html; charset=utf-8" />
  <title>表单域-列表选择框</title>
```

```
</head>
<body>
  <form>
    请选择国家:
    <select name = "country" >
        <option>中国</option>
        <option>俄罗斯</option>
        <option>英国</option>
    </select>
    <br/><br/>请选择省份:
    <select name = "province" size = "4" multiple = "multiple">
        <option value = "SD">山东</option>
        <option value = "NMG">内蒙古</option>
        <option value = "TW" disabled>台湾</option>
        <option value = "SX">山西</option>
        <option value = "HN">湖南</option>
    </select>
    <br/><br/>请选择城市:
    <select name = "city" >
        <option value = "BJ">北京</option>
        <option value = "SH">上海</option>
        <option value = "QD" selected = "selected">青岛</option>
    </select>
  </form>
</body>
</html>
```

上述代码中,第一个列表框由于没有设置 selected 选项,因此默认显示第一项。在第二个列表框中,指定显示项的数量为 4 个,由于设置了 multiple 属性,可按住 Ctrl 键进行多选;<option>标签中的 disabled 属性使得“台湾”选项被禁用,无法选择。第三项中指定“青岛”为默认选项。在浏览器中预览效果如图 3-9 所示。

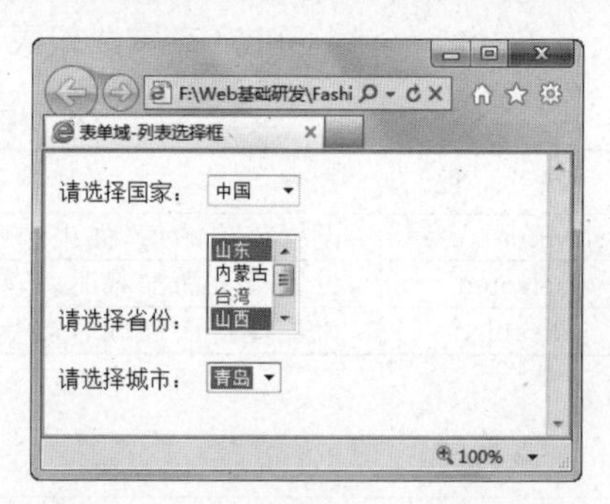

图 3-9　列表选择框的显示效果

在一个列表选择框中,还可以将列表项分为多组,使描述更加清晰。HTML 中提供了<optgroup>标签,用于对列表项进行分组。该标签的 label 属性用于指定每个分组的名称,且分组名不能被选择;disabled 属性用于设置该分组是否被禁用。

【代码 3-9】 optionGroupDemo.html

```
<html>
<head>
  <meta http - equiv = "Content - Type" content = "text/html; charset = utf - 8" />
  <title>表单域 - 列表选择框</title>
</head>
<body>
  <form>
    请选择日期:
    <select name = "day" >
```

```
        <optgroup label = " -- 工作日 -- ">
            <option value = "monday">星期一</option>
            <option value = "tuesday">星期二</option>
            <option value = "wednesday">星期三</option>
            <option value = "thursday">星期四</option>
            <option value = "friday">星期五</option>
        </optgroup>
        <optgroup label = " -- 休息日 -- ">
            <option value = "saturday">星期六</option>
            <option value = "sunday">星期天</option>
        </optgroup>
        <optgroup label = " -- 节假日 -- " disabled = "disabled" >
            <option value = "NewYear">春节</option>
            <option value = "MayDay" selected = "selected">五一</option>
            <option value = "OctoberDay">十一</option>
        </optgroup>
    </select>
  </form>
</body>
</html>
```

上述代码中，前两个分组的名称（工作日、休息日）不能被选择，第三个分组由于使用 disabled 属性禁用而整个分组不能被选择。在浏览器中预览效果如图 3-10 所示。

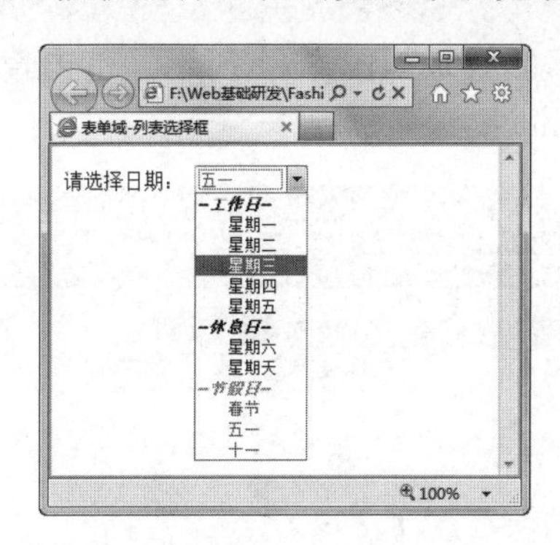

图 3-10　optgroup 分组后的效果

3.4　按钮控件

表单的按钮有多种功能：可以用于提交表单，也可以用于清除或重置表单，甚至能用于触发客户端脚本程序。按钮分为提交按钮、重置按钮、图片按钮和普通按钮。可以通过 < input >标签或< button >标签创建按钮，语法格式如下。

【语法】

```
<input type = "submit|reset|button|image" name = " … " src = " … " value = " … " />
```

其中：

- type 属性用于决定按钮的类型，取值为 submit、reset、button 或 image。其中，submit 表示创建一个能够提交表单的按钮；reset 表示创建一个能将表单重置为初始化状态的按钮；button 表示创建一个普通按钮，当用户单击按钮时，可以触发

JavaScript 脚本的按钮；image 表示创建一个图片按钮，单击时也可以提交表单。

- name 属性用于指定按钮的名称。
- src 属性是可选的，当 type 属性为 image 时，用来指定图片的 URL 地址。
- value 属性用于指定按钮上显示的文字内容。

下述代码演示了< input >按钮的用法。

【代码 3-10】 inputButtonDemo.html

```
<html>
<head>
  <meta http-equiv="Content-Type" content="text/html; charset=utf-8" />
  <title>表单-按钮的多样性</title>
</head>
<body>
  <form action="http://www.itshixun.com" method="post">
    <input type="submit" value="提交按钮" name="btnSubmit"/>
    <input type="reset" value="重置按钮" name="btnReset"/>
    <input type="button" value="普通按钮" name="btnNormal"
        onClick="alert('可以调用 JavaScript 脚本!')"/>
    <input type="image" src="../images/imageButton.jpg" width="100"/>
  </form>
</body>
</html>
```

上述代码在浏览器中显示的效果如图 3-11 所示。单击普通按钮时，会弹出提醒信息；单击图片按钮时，功能与 submit 按钮基本一样。

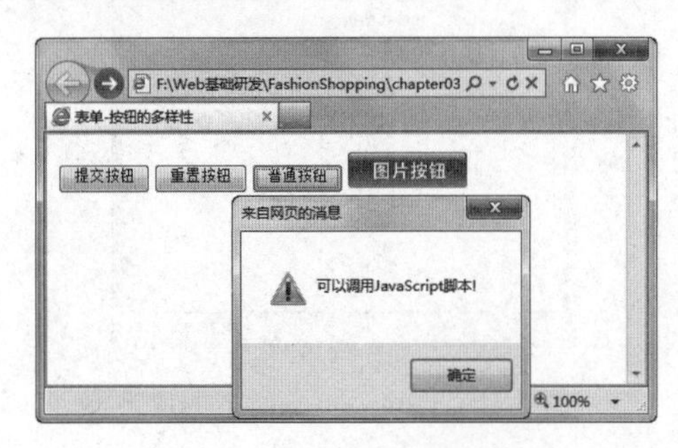

图 3-11 input 按钮显示效果

在 HTML 表单中，还可以使用< button >标签创建一个按钮，语法格式如下。

【语法】

```
<button type="submit|reset|button" value="…" name="…"> 正文内容 </button>
```

button 按钮与 input 按钮相比，提供了更强大的功能和更丰富的内容。< button >与</button >标签之间的内容都是按钮的内容，包含任何可接受的正文内容，例如文本、图片、视频等。

下述代码演示了 button 按钮的用法。

【代码 3-11】 buttonDemo.html

```
<html>
<head>
```

```
    <meta http-equiv="Content-Type" content="text/html; charset=utf-8" />
  <title>表单-Button按钮</title>
  </head>
  <body>
    <form action="http://www.itshixun.com" method="post">
      <button type="submit" value="提交内容">提交内容</button>
      <button type="reset" value="重置内容">重置内容</button>
      <button type="button" value="普通按钮"
           onClick="alert('可以调用JavaScript脚本!')">普通按钮</button>
      <button type="submit" value="提交内容">
          <img src="../images/submit.jpg" width="100"/>
      </button>
    </form>
  </body>
  </html>
```

注意

到IE 4和NetScape 6才开始支持<button>标签。IE浏览器的默认类型是button类型，而其他浏览器(包括W3C规范)的默认值是submit类型。在提交表单时，IE提交的是<button>与<button/>之间的文本内容，而其他浏览器提交的是button元素的value值。

3.5 表单分组

大型表单容易在视觉上产生混淆，通过表单的分组可以将表单上的控件在形式上进行组合，达到一目了然的效果。常见的分组标签有<fieldset>和<legend>标签。

【示例】 表单分组

```
<form>
   <fieldset>
      <legend>请选择个人爱好</legend>
      表单控件…
   </fieldset>
   …
</form>
```

<fieldset>标签可以看作表单的一个子容器，将所包含的内容以边框环绕方式显示；而<legend>标签则是为<fieldset>边框添加相关的标题。下述代码演示了表单分组效果。

【代码3-12】 fieldsetDemo.html

```
<html>
<head>
  <meta http-equiv="Content-Type" content="text/html; charset=utf-8" />
  <title>表单分组</title>
```

```
</head>
<body>
  <form>
      <fieldset>
        <legend>请选择个人爱好</legend>
          <input type="checkbox" name="hobby" value="music" />音乐      <br/>
          <input type="checkbox" name="hobby" value="swimming" />游泳 <br/>
          <input type="checkbox" name="hobby" value="football" />足球 <br/>
      </fieldset>
       <br/>
      <fieldset>
        <legend>请选择个人课程选修情况</legend>
          <input type="checkbox" name="choice" value="computer" />计算机 <br/>
          <input type="checkbox" name="choice" value="physics" />物理     <br/>
          <input type="checkbox" name="choice" value="chemical" />化工     <br/>
      </fieldset>
  </form>
</body>
</html>
```

上述代码中，通过<fieldset>标签将表单分成两组，而<legend>标签为每个分组添加相应的标题。在浏览器中预览效果如图 3-12 所示。

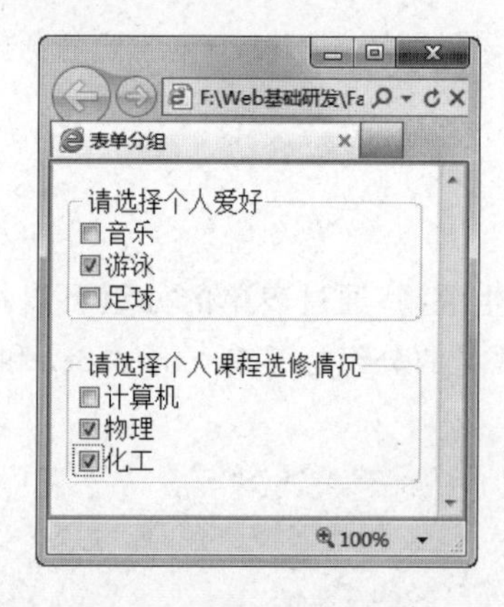

图 3-12　表单分组效果图

3.6 贯穿任务实现

3.6.1 实现【任务3-1】

本小节实现“Q-Walking E&S 漫步时尚广场”贯彻项目中的【任务 3-1】“用户注册”页面，如图 3-13 所示。

注册页面使用表格布局进行排版，并通过单行文本框、密码框、单选框、复选框、选择框和按钮等表单元素来实现，代码如下。

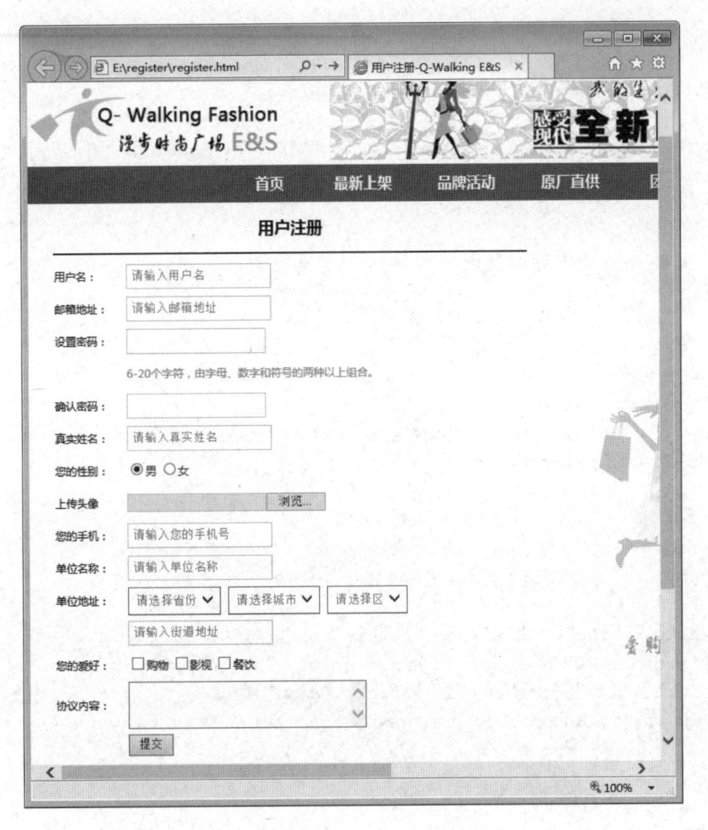

图 3-13 “用户注册”页面

【任务3-1】 register. html

```
<! DOCTYPE html PUBLIC " - //W3C//DTD XHTML 1.0 Transitional//EN"
    "http://www.w3.org/TR/xhtml1/DTD/xhtml1 - transitional.dtd">
< html xmlns = "http://www.w3.org/1999/xhtml">
 < head >
  < meta http - equiv = "Content - Type" content = "text/html; charset = utf - 8" />
  < title >用户注册 - Q - Walking E&S </title >
  < link href = "css/register.css" rel = "stylesheet" type = "text/css">
 </head >
< body >
<!-- 顶部区域 start -->
< table width = "100 % " border = "0" cellspacing = "0" cellpadding = "0" class = "top_line">
  < tr >
    < td bgcolor = " # f7f7f7" >
    ... <!-- 此处省略顶部区域代码 -->
    </td >
  </tr >
</table >
<!-- 顶部区域 end -->
<!-- logo 和 banner start -->
< table width = "1200" border = "0" cellspacing = "0" cellpadding = "0" align = "center">
  < tr >
    < td height = "95">< img src = "../register/images/logo.jpg"></td >
    < td align = "right">< img src = "../register/images/banner.jpg"></td >
```

```
  </tr>
</table>
<!-- logo 和 banner   end -->
<!-- 菜单导航 start -->
<table width = "100 % " border = "0" cellspacing = "0" cellpadding = "0"
        bgcolor = " # ce2626" >
  <tr>
    <td>
    ... <!-- 此处省略菜单导航代码 -->
    </td>
  </tr>
</table>
<!-- 菜单导航 end -->
<!-- 注册部分 start -->
<table width = "100 % " border = "0" cellspacing = "0" cellpadding = "0"
        bgcolor = " # f8f8f8">
 <tr>
  <td>
   <table width = "1000" border = "0" cellspacing = "0" cellpadding = "0"
          bgcolor = " # ffffff" align = "center">
     <tr>
      <td valign = "top"><h2 align = "center">用户注册</h2>
        <hr width = "90 % " align = "center" color = " # ccc"/></td>
      <td width = "420" rowspan = "2" valign = "middle">
        <img src = "images/zhuce_pic.jpg" align = "right"/></td>
     </tr>
     <tr>
       <td valign = "top">
       <form action = " # " method = "post" enctype = "multipart/form - data">
       <table width = "90 % " border = "0" cellspacing = "0" cellpadding = "0"
               class = "reg" align = "center">
          <tr>
            <td width = "80">用户名: </td>
            <td><input name = "userName" type = "text" id = "userName"
                   value = "请输入用户名" /></td>
          </tr>
          <tr>
            <td>邮箱地址: </td>
            <td><input name = "email" type = "text" id = "email"
                   value = "请输入邮箱地址" /></td>
          </tr>
          <tr>
            <td>设置密码: </td>
            <td><input name = "userPwd" type = "password" id = "userPwd" /></td>
          </tr>
          <tr>
            <td> </td>
            <td class = "gray12">6 - 20 个字符,由字母、数字和符号的两种以上组合。 </td>
          </tr>
          <tr>
            <td>确认密码: </td>
            <td><input name = "userRePwd" type = "password" id = "userRePwd" /></td>
          </tr>
          <tr>
            <td>真实姓名: </td>
```

```
    <td><input name="realName" type="text" id="realName"
            value="请输入真实姓名" /></td>
</tr>
<tr>
    <td>您的性别：</td>
    <td><input type="radio" name="sex" value="radio" checked/>男
    <input type="radio" name="sex" value="radio" />女</td>
</tr>
<tr>
    <td>上传头像</td>
    <td><input type="file" name="headPic" id="headPic" /></td>
</tr>
<tr>
    <td>您的手机：</td>
    <td><input name="mobile" type="text" id="mobile"
            value="请输入您的手机号" /></td>
</tr>
<tr>
    <td>单位名称：</td>
    <td><input name="company" type="text" id="company"
            value="请输入单位名称" /></td>
</tr>
<tr>
    <td>单位地址：</td>
    <td><select name="province">
            <option>请选择省份</option>
            <option>北京市</option>
            <option>上海市</option>
            <option>山东省</option>
        </select>
        <select name="city">
            <option>请选择城市</option>
            <option>青岛市</option>
            <option>济南市</option>
            <option>东营市</option>
        </select>
        <select name="area">
            <option>请选择区</option>
            <option>四方区</option>
            <option>市南区</option>
            <option>市北区</option>
        </select></td>
</tr>
<tr>
    <td> </td>
    <td><input name="address" type="text" id="address"
            value="请输入街道地址" /></td>
</tr>
<tr>
    <td>您的爱好：</td>
    <td><input name="hobby" type="checkbox" value="购物" />购物
        <input name="hobby" type="checkbox" value="影视" />影视
        <input name="hobby" type="checkbox" value="餐饮" />餐饮</td>
</tr>
<tr>
```

```
                <td>协议内容:</td>
                <td><textarea cols="30" rows="3"></textarea></td>
            </tr>
            <tr>
                <td> </td>
                <td><input type="submit" name="button" value="提交" /></td>
            </tr>
          </table>
        </form></td>
      </tr>
    </table>
    <!-- 三大模块图片 -->
    <table width="1000" border="0" cellspacing="0" cellpadding="0" align="center"
          bgcolor="#FFFFFF" class="padding-bottom">
     <tr>
        <td align="center"><img src="images/shop.jpg"  class="bian"/></td>
        <td align="center"><img src="images/movie.jpg" class="bian"/></td>
        <td align="center"><img src="images/food.jpg" class="bian"/></td>
     </tr>
    </table></td>
  </tr>
</table>
<!-- 注册部分 end -->
<!-- 底部 start -->
   ...  <!—此处省略版权部分代码 -->
<!-- 底部 end -->
</body>
</html>
```

3.6.2 实现【任务3-2】

本小节实现"Q-Walking E&S漫步时尚广场"贯彻项目中的【任务3-2】后台管理模块中的"添加商品"页面,如图3-14所示。

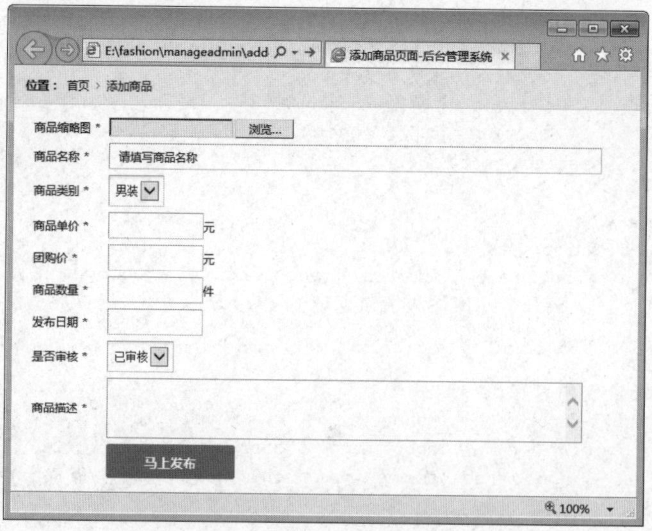

图3-14 后台"添加商品"页面

"添加商品"页面中包含商品名称、缩略图、类别、单价、团购价、商品数量、发布日期以及商品的描述等信息,代码如下所示。

【任务3-2】　addgoods.html

```
<!DOCTYPE html PUBLIC "-//W3C//DTD XHTML 1.0 Transitional//EN"
    "http://www.w3.org/TR/xhtml1/DTD/xhtml1-transitional.dtd">
<html xmlns="http://www.w3.org/1999/xhtml">
<head>
<meta http-equiv="Content-Type" content="text/html; charset=utf-8" />
<title>添加商品页面-后台管理系统</title>
<link href="css/layout.css" rel="stylesheet" type="text/css" />
<link href="css/add.css" rel="stylesheet" type="text/css" />
</head>
<body>
<div class="place"><span>位置:</span>
  <ul class="placeul">
    <li><a href="main.html" target="_parent">首页</a></li>
    <li><a href="#">添加商品</a></li>
  </ul>
</div>
<div class="formbody">
  <table width="100%" border="0" cellspacing="0" cellpadding="0" class="table1">
    <tr>
      <td><label>商品缩略图<b>*</b></label></td>
      <td><input name="" type="file" multiple /></td>
    </tr>
    <tr>
      <td><label>商品名称<b>*</b></label></td>
      <td><input name="" type="text" class="dfinput" value="请填写商品名称"
            style="width:518px;" /></td>
    </tr>
    <tr>
      <td><label>商品类别<b>*</b></label></td>
      <td><select class="select3">
        <option>男装</option>
        <option>女装</option>
        <option>童装</option>
        <option>运动</option>
        <option>其他</option>
      </select></td>
    </tr>
    <tr>
      <td><label>商品单价<b>*</b></label></td>
      <td><input name="goodsPrice" type="text" class="dfinput"
            style="width:100px;" />元</td>
    </tr>
    <tr>
      <td><label>团购价<b>*</b></label></td>
      <td><input name="groupPrice" type="text" class="dfinput"
            style="width:100px;" />元</td>
```

```
      </tr>
      <tr>
        <td><label>商品数量<b>*</b></label></td>
        <td><input name="amount" type="text" class="dfinput"
               style="width:100px;" />件</td>
      </tr>
      <tr>
        <td><label>发布日期<b>*</b></label></td>
        <td><input name="upTime" type="text" class="dfinput"
               style="width:100px;" /></td>
      </tr>
      <tr>
        <td><label>是否审核<b>*</b></label></td>
        <td><select name="checkup" class="select3">
          <option>已审核</option>
          <option>未审核</option>
        </select></td>
      </tr>
      <tr>
        <td><label>商品描述<b>*</b></label></td>
        <td><textarea name="content" rows="3" id="content"></textarea></td>
      </tr>
      <tr>
        <td></td>
        <td><input type="button" class="btn" value="马上发布" /></td>
      </tr>
    </table>
  </div>
  </div>
  </body>
  </html>
```

本章总结

小结

- 表单(form)是 HTML 的一个重要部分，负责采集和提交用户输入的信息；
- 一个页面中可以包含多个表单，但用户一次只能向服务器发送一个表单中的数据；
- 属性 enctype 取值可以是 application/x-www-form-urlencoded、multipart/form-data 或 text/plain；
- method 属性设置的方法是将表单中的数据传送给服务器进行处理，分为 get 方式和 post 方式；
- 常见的表单域有文本框、密码框、多行文本框、单选按钮、复选框、下拉选择框等；

- 按钮主要分为提交按钮、重置按钮、图片按钮、普通按钮,具体可以通过< input >或< button >标签来实现;
- 通过表单分组的方式,可以将表单上的控件在形式上进行组合,使其一目了然。

Q&A

1. 问题:用户通过表单上传文件时,需要使用文件选择框来选择上传文件。但在设置accept属性为"image/ * "后,IE浏览器在选择文件时,并没有对选择文件进行过滤,而是包括所有的文件及文件夹。

回答:各大浏览器采用的标准不同,对HTML标签及属性的解析方式也不完全相同,IE 8/9暂不支持该属性,可切换其他浏览器查看效果。

2. 问题:在一组单选按钮中,允许多项被选中。

回答:在单选按钮组中,由于name属性值不一致,浏览器将其分为不同分组,不同分组允许选择一项,以致在视觉上产生错觉。

章节练习

习题

1. method属性的取值可以是________或________,其中________为默认值。
2. < input >标签的type属性常见的取值有________、________、radio、________、________、________、button、________、________和image。
3. 列表选择框是通过________和________标签构成的。
4. ________标签可以对列表选项框中的选项进行分组。
5. 按钮主要分为________、重置按钮、________、普通按钮。
6. 在< textarea >标签中,________属性用来设置文本输入框的宽度,________属性用来设置文本输入框的高度。
7. 在列表选择框中,________属性规定该列表允许多选。
8. 单选按钮分组是根据________属性进行划分的。

上机

1. 训练目标:"用户登录"页面的设计。

培养能力	熟练使用表单及表单元素		
掌握程度	★★★★★	难度	易
代码行数	100	实施方式	编码强化
结束条件	独立编写,不出错	涉及页面	login. html
参考训练内容			
(1) 使用表格、表单及表单元素实现"用户登录"页面,如图3-15所示; (2) 使用IE、FireFox或Chrome浏览器查看页面效果			

图 3-15 “用户登录”页面

2. 训练目标：“后台系统管理”中的“添加商品”页面。

培养能力	熟练使用表单及表单元素		
掌握程度	★★★★★	难度	中
代码行数	150	实施方式	编码强化
结束条件	独立编写，不出错	涉及页面	addfood. html
参考训练内容			
(1) 使用表格、表单及表单元素实现“添加商品”页面，如图 3-16 所示； (2) 使用 IE、FireFox 或 Chrome 浏览器查看页面效果			

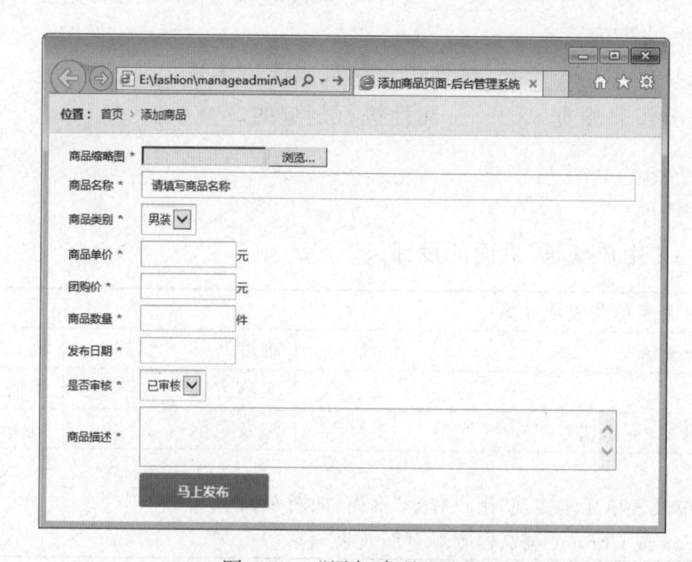

图 3-16 “添加商品”页面

第4章 CSS语言基础

任务驱动

本章任务是完成“Q-Walking E&S 漫步时尚广场”的“购物列表”页面的CSS样式美化：

- 【任务4-1】使用CSS样式美化“购物列表”页面中的菜单导航栏。
- 【任务4-2】使用CSS样式美化“购物列表”页面中的商品展示区。

学习路线

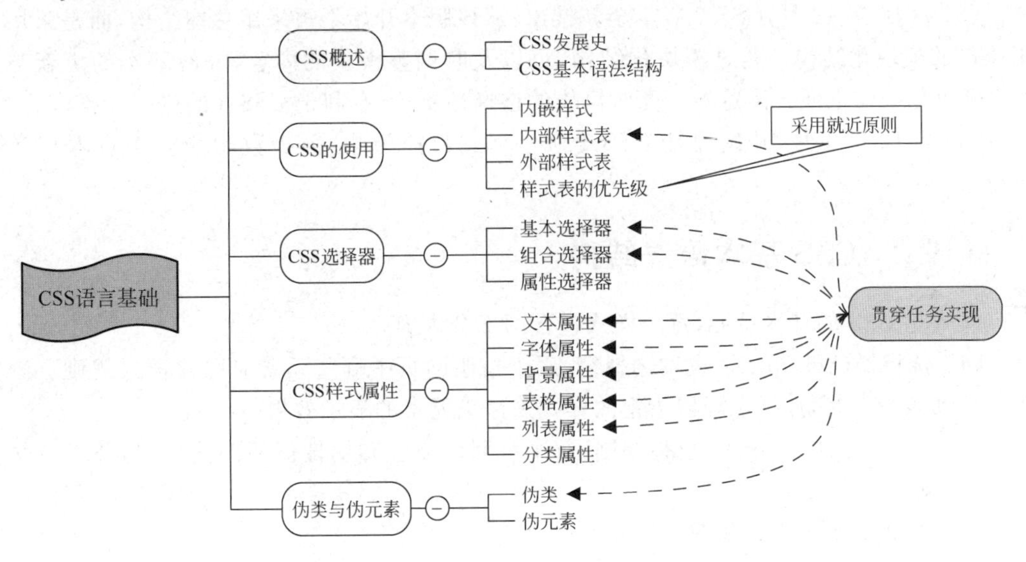

本章目标

知 识 点	Listen（听）	Know（懂）	Do（做）	Revise（复习）	Master（精通）
CSS 概述	★	★			
CSS 的使用	★	★	★	★	
CSS 选择器	★	★	★	★	★
CSS 样式属性	★	★	★	★	★
伪类与伪元素	★	★	★	★	

4.1 CSS 概述

在页面排版时，内容与样式的混合设计方式将导致页面代码过于臃肿、难于维护，也不利于搜索引擎的检索。层叠样式表(Cascading Style Sheets，CSS)的出现，将页面内容与样式彻底分离，极大改善了 HTML 在页面显示方面的缺陷。使用 CSS 样式表可以控制 HTML 标签的显示样式，如页面的布局、字体、颜色、背景和图文混排等效果。在网站的风格方面，一个 CSS 样式文件可以在多个页面中使用，当用户修改 CSS 样式文件时，所有引用该样式文件的页面外观都随之发生改变。

4.1.1 CSS 发展史

CSS 样式表的发展历程从始至今，共经历了 4 个版本：

(1) 1996 年 12 月，第一个 CSS 规范成为 W3C 的推荐标准，主要包括基本的样式功能、有限的字体支持和有限的定位支持。

(2) 1998 年 5 月，CSS 2 作为 W3C 推荐标准发布，其中包含了声音、分页媒介(打印)以及更好的字体支持和定位支持，并对其他属性进一步优化。

(3) 2010 年 12 月，CSS 3 版本全新推出，从该版本开始不再采用总体结构，而是采用分工协作的模块化结构。通过模块化结构，可以及时调整模块的内容，方便版本的更新与发布；模块化结构也便于浏览器厂商对模块的选择性支持，有利于 CSS 3 的进一步推广。

(4) 2012 年 9 月，开始设计 CSS 4 版本。到目前为止，极少数功能被浏览器厂商所支持。

4.1.2 CSS 基本语法结构

样式是 CSS 的基本单元，每个样式包含两部分内容。

(1) 选择器(Selector)：也称选择符，用于指明网页中哪些元素应用此样式规则。浏览器解析到该元素时，根据选择器指定的样式来渲染元素的显示效果。

(2) 声明(Declaration)：也称规则，每个声明由属性和属性值两部分构成，并以英文分号(;)结束。

CSS 样式的基本格式如图 4-1 所示。

其中，一个选择器可以包含一个或多个声明。在 CSS 样式声明中，书写格式可能有所不同，但应遵循以下规则。

(1) 第一项必须是选择器或选择器表达式；

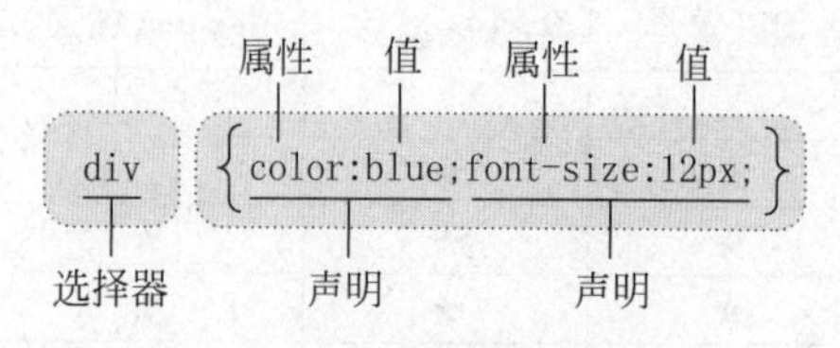

图 4-1 CSS 样式的基本格式

(2) 选择器之后紧跟一对大括号；

(3) 每个声明由属性和属性值组成，且位于大括号之内；

(4) 声明之间需以英文分号进行间隔；

(5) 最后一个声明后面的英文分号可以省略。

注意

> 建议在样式的声明中，属性值之间使用空格隔开，每个声明独占一行并进行缩进等。样式中的空格、换行和制表符使得代码结构更加清晰，对样式功能没有影响。

【示例】 选择器的定义

```
span{color:red; border:thin dotted #FF0099; font-weight:bold; font-family:楷体;}
span{
    color:red;
    border:thin dotted #FF0099;
    font-weight:bold;
    font-family:楷体;
}
```

上述代码中，定义的两个CSS选择器效果完全相同。

4.2 CSS的使用

在页面中，使用CSS样式有三种格式：内嵌样式、内部样式和外部样式。

4.2.1 内嵌样式

内嵌样式(Inline Style Sheet)又称行内样式，将CSS样式嵌入到HTML标签中可以很简单地对某个标签单独定义样式。

【示例】 内嵌样式的定义

```
<p style="color:red; background: yellow;">内嵌样式-style属性</p>
```

下述代码演示了内嵌样式的用法。

【代码4-1】 inLineStyle.html

```
<html>
  <head>
    <meta http-equiv="Content-Type" content="text/html; charset=utf-8" />
    <title>内嵌样式的使用</title>
  </head>
  <body>
    <h4 style="border:dotted thin blue; text-align:center;">内嵌样式的使用</h4>
    <span style="color:red; font-weight:bold;">内嵌样式</span>是混合在HTML标记里使用
的,用这种方法,可以很简单地对某个元素单独定义样式。内嵌样式的使用是直接在HTML标签里加
入style属性。
  </body>
</html>
```

上述代码中，通过标签的style属性对HTML标签添加CSS样式，实现对标签内容的修饰。内嵌样式相对比较灵活，但只对当前标签有效，作用范围最小。在页面中大量使用内嵌样式会导致页面代码臃肿，不利于后期维护，所以尽量不要使用内嵌样式。在浏览器中预览效果如图4-2所示。

4.2.2 内部样式表

内部样式表(Internal Style Sheet)将 CSS 样式从 HTML 标签中分离出来,使得 HTML 代码更加整洁,而且 CSS 样式可以被多次使用。内部样式表是一种写在<style>标签中的样式声明,仅对当前页面有效。

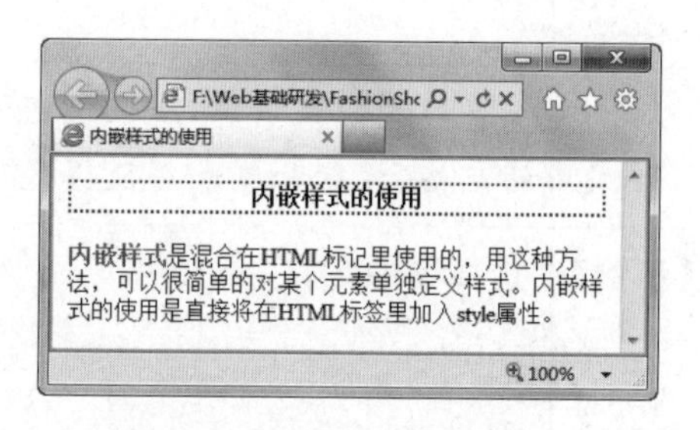

图 4-2 内嵌样式的使用

下述代码演示了内部样式表的定义与使用。

【代码 4-2】 internalStyleSheet.html

```
<html>
  <head>
    <meta http-equiv="Content-Type" content="text/html; charset=utf-8" />
    <title>内部样式表的使用</title>
    <style type="text/css">
        <!--
            /* h1 标签的样式声明 */
            h1{
                color:#033;
                border:dashed 1px #6600CC;
            }
            /* hr 标签的样式声明 */
            hr{
                width:95%;
                text-align:center;
                color:#03C;
            }
            /* span 标签的样式声明 */
            span{
                font-weight:bold;
            }
        -->
    </style>
  </head>
  <body>
    <h1>内部样式表的使用</h1>
    <hr/>
        有些低版本的浏览器不能识别 style 标记,这意味着低版本的浏览器会忽略 style 标记里的
内容,并把 style 标记里的内容以文本形式直接显示到页面上。为了避免这样的情况发生,我们用加
HTML 注释的方式(<span>&lt;!-- 注释 --&gt;</span>)隐藏内容而不让它显示。
    <hr/>
  </body>
</html>
```

上述代码中,首先在<style>标签中定义 CSS 样式,然后在页面中使用 CSS 样式。一般情况下,<style>标签位于<head>标签之内;在页面加载过程中,先加载样式后加载页面元素,浏览器根据元素的顺序加载、渲染并在页面中显示出来。代码中涉及的标签选择器参见本章 4.3 节中的内容,此处不再赘述。

在浏览器中预览效果如图 4-3 所示。

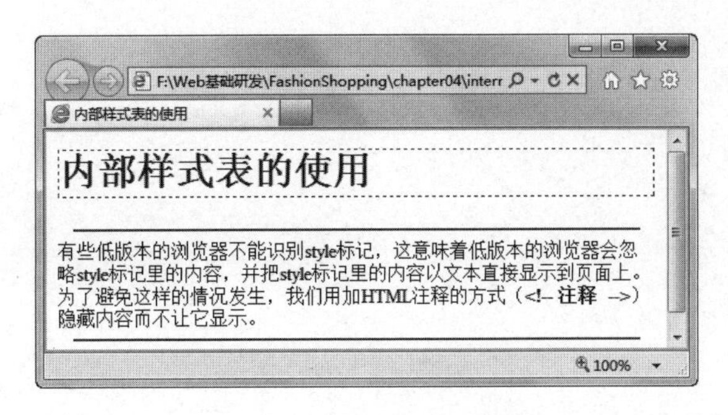

图 4-3 内部样式表的使用

注意

CSS样式表中的<!-- -->属于HTML的注释，当低版本浏览器不能识别<style>标签时，浏览器会忽略掉该标签中的内容，并保证样式代码不在页面中显示。而CSS样式表中的注释应采用"/* 注释内容 */"的格式。

4.2.3 外部样式表

外部样式表(External Style Sheet)是将CSS样式以独立的文件进行存放，然后在页面中引入该样式文件。外部样式表可以让网站中的部分页面或所有页面引用同一样式文件，使页面的风格保持一致，这有利于页面样式的维护与更新，从而降低网站的维护成本。用户浏览网页时，CSS样式文件会被暂时缓存；继续浏览其他页面时，会优先使用缓存中的CSS文件，避免重复从服务器上下载，从而提高网页的加载速度。

外部样式表又分两种：链接外部样式表和导入外部样式表。

1. 链接外部样式表

在HTML中<link>标签用于将文档与外部资源进行关联，经常用于链接网页的外部样式表，其语法格式如下。

【语法】

```
<link type = "text/css" rel = "stylesheet" href = "url" />
```

其中：

- <link>标签是单标签，常见的属性有type、rel和href等属性；
- type属性用于设置链接目标文件的MIME类型，CSS样式表的MIME类型是text/css；
- rel属性用于设置链接目标文件与当前文档的关系，stylesheet表示外部文件的类型是CSS文件；
- href属性用于设置链接目标文件的URL地址。

链接外部样式的使用分为两步，具体步骤如下。

(1) 创建CSS样式表文件，代码如下。

【代码 4-3】 style.css

```
@charset "utf-8";
/*h1标签的样式声明*/
h1{
    color:#033;
    border:dashed 1px #6600CC ;
}
/*hr标签的样式声明*/
hr{
    width:95%;
    text-align:center;
    color:#03C;
}
/*span标签的样式声明*/
span{
    font-weight:bold;
}
```

上述代码中，关键字@charset用于指定样式表使用的字符集。该关键字只能用于外部样式表文件中，并位于样式表的最前面，且只允许出现一次。

(2) 在页面的<head>标签中使用<link>标签关联style.css样式文件，然后在<body>中通过标签选择器引用样式文件中预定义的样式，代码如下。

【代码 4-4】 externalStyleSheet.html

```
<html>
  <head>
    <meta http-equiv="Content-Type" content="text/html; charset=utf-8" />
    <title>链接外部样式表的使用</title>
    <link type="text/css" rel="stylesheet" href="css/style.css" />
  </head>
  <body>
    <h1>链接外部样式表的使用</h1>
    <hr/>
    链入外部样式表是把样式表保存为一个样式表文件，然后在页面中用 &lt;link&gt;标记链接到
这个样式表文件，这个 &lt;link&gt;标记需放到页面的 &lt;head&gt;区内……
    <hr/>
  </body>
</html>
```

2. 导入外部样式表

导入外部样式表是指在页面的内部样式表中导入一个外部样式表，其语法格式如下。

【语法】

```
@import 样式文件的引用地址;
@import url("样式文件的引用地址");
```

其中：

- @import关键字用于导入外部样式；
- url中的引用地址需要用引号(“”)引起来，否则会有浏览器不支持；
- 在<style>标签中，@import语句需要位于内部样式之前。

【示例】 导入样式表的使用

```
@import css/style.css;              /* 此种方式仅 IE 支持,Firefox 与 Opera 不支持 */
@import url("css/style.css");       /* 此种方式 IE、Firefox 和 Opera 均支持,推荐使用 */
```

在 style.css 样式文件的基础上,下面演示导入外部样式表的用法。

【代码 4-5】 importStyleSheet.html

```
<html>
  <head>
    <meta http-equiv="Content-Type" content="text/html; charset=utf-8" />
    <title>导入外部样式表的使用</title>
    <style type="text/css">
        @import url("css/style.css");
        body{
            background-color: #FCF;
        }
    </style>
  </head>
  <body>
    <h1>导入外部样式表的使用</h1>
    <hr/>
     综上所述,一般普通的站点在调用外部样式表的时候,还是应尽量选择 link 链入外部样式表比
较好……
    <hr/>
  </body>
</html>
```

链接与导入两种方式都属于外部样式表的使用,其区别如下。

(1) 隶属关系不同。<link>标签属于 HTML 标签,而@import 是 CSS 提供的载入方式。<link>标签除了可以链接 CSS 样式文件外,还可以引入其他类型的文件(例如 RSS 等);而@import 只能载入 CSS 样式。

(2) 加载时间及顺序不同。使用<link>链接的 CSS 样式文件时,浏览器先将外部的 CSS 文件加载到网页当中,然后再进行编译显示;而@import 导入 CSS 文件时,浏览器先将 HTML 结构呈现出来,再把外部的 CSS 文件加载到网页中,当网速较慢时会先显示没有 CSS 时的效果,加载完毕后再渲染页面。

(3) 兼容性不同。由于@import 是 CSS 2.1 提出的,因此只有在 IE 5 以上的版本才能识别,而<link>标签无此问题。

(4) DOM 模型控制样式。使用 JavaScript 控制 DOM 改变样式时,只能使用<link>标签,而@import 不受 DOM 模型控制。

综上所述,不管从显示效果还是网站性能上看,link 链接方式更具有优势,应优先考虑。

4.2.4 样式表的优先级

多重样式(Multiple Styles)是指外部样式、内部样式和内嵌样式同时应用于页面中的某一个元素。在多重样式的情况下,样式表的优先级采用就近原则。一般情况下,多重样式的优先级由高到低的顺序是内嵌→内部→外部→浏览器缺省默认。

【示例】 样式表的优先级

```
<head>
    <!—在外部样式 style.css 中设置了: h3{color:blue;} -->
    <link rel="stylesheet" type="text/css" href="style.css"/>
    <style type="text/css">
        /* 内部样式 */
        h3{color:green;}
    </style>
</head>
<body>
     /* 内嵌样式 */
    <h3 style="color:red">漫步时尚广场</h3>
</body>
```

上述代码中,由于 h3 元素在外部样式文件中 color 值为 blue,而内部样式中的 color 值为 green,内嵌样式中的 color 值为 red,因此根据样式表的就近原则,h3 元素最终显示为红色。

而当外部样式放在内部样式的后面时,外部样式将覆盖内部样式,样式的优先级顺序是内嵌→外部→内部→浏览器默认。

【示例】 外部样式表的后置情况

```
<head>
    <style type="text/css">
        /* 内部样式 */
        h3{color:green;}
    </style>
    <!-- 外部样式 style.css -->
    <link rel="stylesheet" type="text/css" href="style.css"/>
    <!-- 设置: h3{color:blue;} -->
</head>
```

习惯上,将外部样式放在内部样式之前,也是 Web 设计的推荐标准。

4.3 CSS 选择器

4.3.1 基本选择器

基本选择器是用来指明“样式”将作用于网页中的哪些元素。基本选择器分为四种:通用选择器、标签选择器、类选择器和 ID 选择器。

1. 通用选择器

通用选择器(Universal Selector)是一个星号(*),功能类似于通配符,用于匹配文档中所有的元素类型。通用选择器的语法格式如下。

【语法】

```
*{ }
```

通用选择器可以使页面中所有的元素都使用该规则。

【示例】 通用选择器的定义

```
*{ font-size:12px; color:red;}
```

上述代码中,将页面中所有元素的样式统一设成字体大小为 12px,颜色为红色。

2. 标签选择器

标签选择器是使用 HTML 标签名作为一个 CSS 的选择器,用于对 HTML 中的某种标签来统一设置样式。

【示例】 标签选择器的定义

```
p{ font-family:楷体; }
```

上述代码中,p 是标签选择器,通过该选择器将页面中所有的段落字体统一设置成楷体。

3. 类选择器

标签选择器只能作用于同种类型的标签上,而实际在设计页面时,往往会遇到将不同的标签设为相同的样式,或相同标签采用不同的样式的情况,此时可以使用类选择器来实现。

类选择器是指同一样式的元素定义为一类,在类名前有一个点号(.),其语法格式如下。

【语法】

```
.classname{ property1:value; … }
```

在 HTML 标签中,可以通过 class 属性引用该样式,示例如下所示。

【示例】 类选择器的定义

```
<div class="classname">……</div>
```

4. ID 选择器

ID 选择器的定义与类选择器相似,区别在于使用井号(#)进行定义。在 HTML 文档中,元素的 ID 要求是唯一的,通过 ID 来识别页面中的元素。通过 ID 选择器可以对元素单独地设置样式,其语法格式如下。

【语法】

```
#idValue{ property1:value; … }
```

【示例】 ID 选择器

```
#myId {
    color:red;
    text-decoration:line-through;
}
```

在一个文档中,由于 ID 属性是唯一的,因此 ID 选择器具有一定局限性,应尽量少用。下面综合演示了四类选择器的用法。

【代码 4-6】 selector.html

```
<html>
  <head>
```

```
    <meta http-equiv="Content-Type" content="text/html; charset=utf-8" />
    <title>选择器</title>
    <style type="text/css">
    /* 通用选择器 */
     *{ font-size:14px; }
    /* 标签选择器 */
    p{ font-family:楷体; }
    /* 类选择器 */
    .myClass{ background-color:#999; }
    /* ID 选择器 */
     #myId{
        color:red;
        text-decoration:line-through;
    }
    </style>
  </head>
  <body>
   <h4>选择器的使用</h4>
   <p>"选择器"指明了{}中的"样式"的作用对象,也就是"样式"作用于网页中的哪些元素。</p>
   <p class="myClass">内嵌样式的使用是直接在 HTML 标签里加入 style 属性。</p>
   <div>element 选择器用于指定元素名称的所有元素。</div>
   <div class="myClass">.class 选择器选取带有指定类 (class) 的元素。</div>
   <p id="myId">请注意,类选择器和 ID 选择器可能是区分大小写的。这取决于文档的语言。
HTML 和 XHTML 将类和 ID 值定义为区分大小写,所以类和 ID 值的大小写必须与文档中的相应值匹
配。</p>
  </body>
</html>
```

上述代码在浏览器中预览效果如图 4-4 所示。从页面中可以看出,页面元素的样式是可以叠加的,例如最后一个<p>标签通过 ID 选择器进行设置,其中仅设置字体颜色和删除线,而显示结果中却包含了通用选择器中的字体大小以及标签选择器中的字体类型特征;当在 ID 选择器中添加样式代码“font-size:18px;”时,将会覆盖掉通用选择器中字体大小的设置。

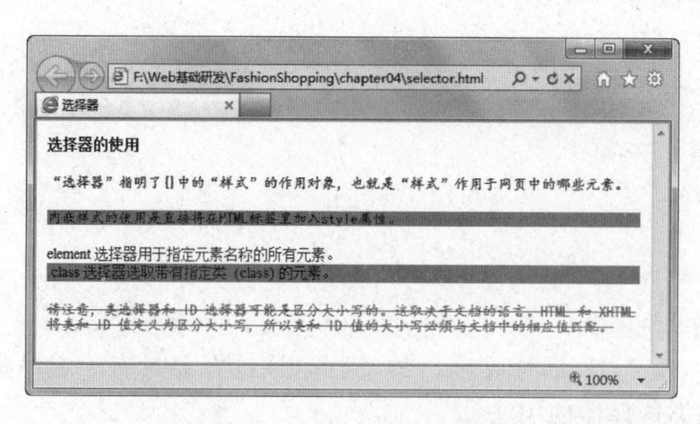

图 4-4　基本选择器的使用

通过分析发现,选择器之间也存在优先顺序,优先级从高到低分别是 ID 选择器→类选择器→标签选择器→通用选择器。

4.3.2　组合选择器

除了基本的选择器外，CSS样式中还有组合选择器，其中包括多元素选择器、后代选择器、子元素选择器、相邻兄弟选择器和普通兄弟选择器等组合选择器。

1. 多元素选择器

当多个元素拥有相同的特征时，可以通过多元素选择器的方式来统一定义样式，有效地避免样式的重复定义。多元素选择器允许一次定义多个选择器的样式，选择器之间使用逗号(,)隔开，其语法格式如下。

【语法】

```
selector1, selector2,... {... }
```

【示例】　多元素选择器

```
p,div{font-size:14px; color:blue; }
```

上述代码中，同时定义了p和div两个标签选择器，样式均是字体大小14px，颜色为蓝色，与下述代码效果完全相同。

```
p {font-size:14px; color:blue; }
div {font-size:14px; color:blue; }
```

2. 后代选择器

后代选择器(Descendant Selector)，又称包含选择器，用于选取某个元素的所有后代元素。后代选择器元素之间用空格隔开，其语法格式如下。

【语法】

```
selector1 selector2 ... {... }
```

【示例】　后代选择器

```
div p{background-color:#CCC; }
```

上述代码中，将<div>标签中的<p>标签的背景颜色设为#CCC，而不在<div>标签内的<p>标签保持原有样式。

3. 子选择器

子选择器(Child Selectors)用于选取某个元素的直接子元素(间接子元素不适用)。子选择器元素之间使用大于号(>)隔开，其语法格式如下。

【语法】

```
selector1 > selector2 > ...{... }
```

【示例】 子选择器

```
div > p {
    font-weight:bold;
    border: solid 2px #066;
}
```

注意

CSS样式中提供了一种继承机制，可以大量简化CSS代码，缩短开发的时间。在HTML文档中，子元素可以继承父元素的某些样式；当子元素与父元素定义的样式重复时，则会覆盖父元素中的样式。

下述代码演示多元素选择器、后代选择器和子选择器的用法。

【代码 4-7】 **groupSelector.html**

```
<!DOCTYPE html PUBLIC "-//W3C//DTD XHTML 1.0 Transitional//EN"
    "http://www.w3.org/TR/xhtml1/DTD/xhtml1-transitional.dtd">
<html xmlns="http://www.w3.org/1999/xhtml">
  <head>
    <meta http-equiv="Content-Type" content="text/html; charset=utf-8" />
    <title>组合选择器之一</title>
    <style type="text/css">
    /*多元素选择器*/
    p,div{ font-size:14px; color:blue; }
    /*后代选择器,又称包含选择器*/
    div p{ background-color:#CCC; }
    /*子选择器*/
    div>p{
        font-weight:bold;
        border: solid 2px #066;
    }
    </style>
  </head>
  <body>
   <h4>组合选择器的使用</h4>
   <hr/>
   <p>多元素选择器用于同时选取多个元素</p>
   <div>如需为不同的元素设置相同的样式,请用逗号来分隔每个元素。</div>
   <hr/>
   <div>
     <p>在后代选择器中,规则左边的选择器一端包括两个或多个用空格分隔的选择器。选择器之间的空格是一种结合符(combinator)。</p>
     <span>后代选择器的功能极其强大。<p>有了它,可以使HTML中不可能实现的任务成为可能。
       </p></span>
   </div>
  </body>
</html>
```

上述代码中，所有的<p>和<div>标签统一设置为蓝色字体、大小为14像素；而<div>标签中的所有<p>标签将背景颜色设为灰色(#CCC)；为<div>标签的直接子元素<p>标签添加一个深绿色矩形边框。在浏览器中预览效果如图4-5所示。

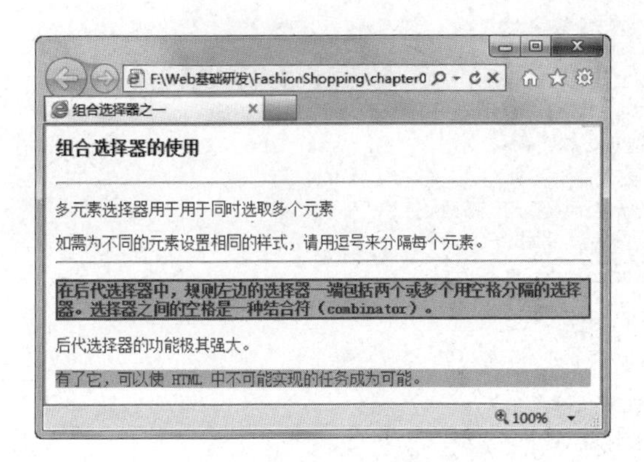

图 4-5 组合选择器的使用

注意

> 子选择器及兄弟选择器是从 IE 7 版本开始支持，而在一些高版本的过渡版本中支持不够好，所以在使用时必须带有<!DOCTYPE … >声明部分。

4. 相邻兄弟选择器

相邻兄弟选择器(Adjacent Sibling Selector)用于选择紧接在某元素之后的兄弟元素。相邻兄弟选择器元素之间使用加号(+)隔开，其语法格式如下。

【语法】

```
selector1 + selector2 + … {… }
```

【示例】 相邻兄弟选择器

```
h3 + p{ font - weight:bold; }
```

5. 普通兄弟选择器

普通兄弟选择器(General Sibling Selector)是指拥有相同父元素的元素，元素与元素之间不必直接紧随。选择器之间使用波浪号(～)隔开，语法格式如下。

【语法】

```
selector1 ~ selector2 … {… }
```

【示例】 普通兄弟选择器

```
h3 ~ p{background: # ccc;}
```

下述代码演示了相邻兄弟选择器和普通兄弟选择器的用法。

【代码 4-8】 brotherSelector. html

```
<! DOCTYPE html PUBLIC " - //W3C//DTD XHTML 1.0 Transitional//EN"
    "http://www.w3.org/TR/xhtml1/DTD/xhtml1 - transitional.dtd">
< html xmlns = "http://www.w3.org/1999/xhtml">
```

```
<head>
  <meta http-equiv="Content-Type" content="text/html; charset=utf-8" />
  <title>组合选择器之二</title>
  <style type="text/css">
      /*相邻兄弟选择器*/
      h3 + p { font-weight:bold; }
      /*普通兄弟选择器*/
      h3 ~ p{background:#ccc;}
  </style>
</head>
<body>
  <h3>相邻兄弟选择器</h3>
  <p>相邻兄弟选择器使用了加号(+)</p>
  <hr/>
  <div>CSS 相邻兄弟选择器</div>
  <p>相邻兄弟结合符(Adjacent sibling combinator)</p>
  <p>可选择紧接在另一元素后的元素,且二者有相同父元素</p>
</body>
</html>
```

上述代码中,紧随<h3>标签之后的<p>标签内容将加粗显示,而与<h3>标签同级的所有<p>标签的背景颜色均设为灰色(#CCC),在浏览器中预览效果如图 4-6 所示。

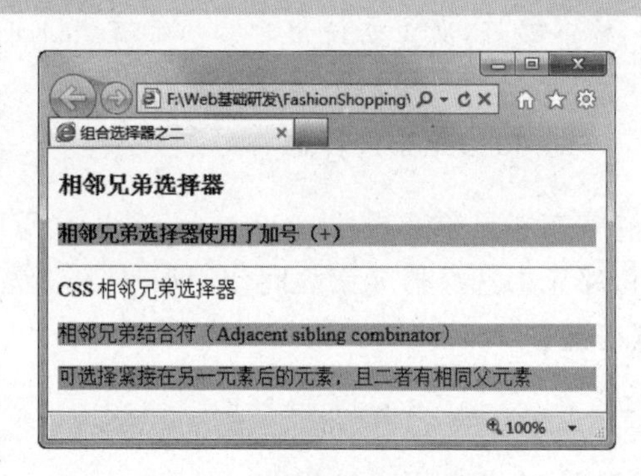

图 4-6　兄弟选择器的用法

4.3.3 属性选择器

属性选择器根据元素的属性来选取元素。属性选择器可分为存在选择器、相等选择器、包含选择器、连接字符选择器、前缀选择器、子串选择器和后缀选择器,如表 4-1 所示。

表 4-1　CSS 属性选择器列表

选择器类型	语　法	示　例	描　述
存在选择器	[attribute]	p[id]	任何带 id 属性的<p>标签
相等选择器	[attribute=value]	p[name="teaName"]	name 属性为“teaName”的<p>标签
包含选择器	[attribute~=value]	p[name ~="stu"]	name 属性中包含“stu”单词,并与其他内容通过空格隔开的<p>标签
连字符选择器	[attribute|=value]	p[lang|="zh"]	匹配属性等于 zh 或以 zh-开头的所有元素
前缀选择器	[attribute^=value]	p[title^="zh"]	选择 title 属性值以“zh”开头的所有元素
子串选择器	[attribute*=value]	p[title*="ch"]	选择 title 属性值包含“ch”字符串的所有元素
后缀选择器	[attribute$=value]	p[title$="th"]	选择 title 属性值以“th”结尾的所有元素

注意

在使用属性选择器时有较大的限制,新版本的 IE 浏览器会更好地支持此类选择器,在 IE 6 及更早版本中并不支持,IE 7+版本支持,但需要<!DOCTYPE>声明。

下述代码演示了 CSS 属性选择器的综合使用。

【代码 4-9】 attributeSelector.html

```
<!DOCTYPE html PUBLIC "-//W3C//DTD XHTML 1.0 Transitional//EN"
    "http://www.w3.org/TR/xhtml1/DTD/xhtml1-transitional.dtd">
<html xmlns="http://www.w3.org/1999/xhtml">
  <head>
    <meta http-equiv="Content-Type" content="text/html; charset=utf-8" />
    <title>属性选择器</title>
    <style type="text/css">
      p[id]{ font-size:14px; }
      p[name="teaName"]{ font-weight:bold; }
      p[name~="stu"]{ color:red; }
      p[lang|="zh"]{ background-color:#999; }
      p[title^="j"]{ font-size:12px; }
      p[title*="e"]{ background-color:#999; }
      p[title$="o"]{ color:#603; }
    </style>
  </head>
  <body>
    <h3>属性选择器</h3>
    <hr/>
    <p id="description">属性选择器可以根据元素的属性及属性值来选择元素。</p>
    <p name="teaName">教师通过案例的方式讲解相等选择器[attribute=value]……</p>
    <p name="stu zhangSan">张叁学习完毕后,独立完成包含选择器[attribute~=value]…</p>
    <p name="stu liSi">李斯课后在张叁的帮着下完成练习任务。</p>
    <hr/>
    <p lang="zh">中国,是一个以华夏文明为主体、以汉族为主体民族的统一多民族国家。</p>
    <p lang="zh-TW">台湾位于中国大陆东南沿海的大陆架上,东临太平洋……</p>
    <p lang="zh-HK">香港是一座繁荣的国际大都市,仅次于纽约和伦敦的全球第三大金融中心!
</p>
    <hr/>
    <p title="helen">helen 学习刻苦,值得表扬。</p>
    <p title="jCuckoo">jCuckoo 口语不错,善于表达。</p>
    <p title="jerry">jerry 喜欢运动,擅长游泳。</p>
  </body>
</html>
```

上述代码中,通过 CSS 的属性选择器对<p>标签分组进行设置样式,具体如下。

(1) 属性选择器 p[id]表示选取拥有 id 属性的<p>标签,并将字号设为 14 像素;

(2) 属性选择器 p[name="teaName"]表示选取 name 属性为“teaName”的<p>标签,并将字体设为粗体;

(3) 属性选择器 p[name~="stu"]表示选取 name 属性中包含“stu”的<p>标签,并将字体颜色设为红色;

(4) 属性选择器 p[lang|="zh"]表示选取 lang 属性为“zh”或以“zh-”开头的<p>标签,并将背景颜色设为#999;

(5) 属性选择器 p[title^="j"]表示选取 title 属性以字母“j”开头的<p>标签,并将字体设为 12 像素;

(6) 属性选择器 p[title*="e"]表示选取 title 属性中包含字母“e”的<p>标签,并将背景颜色设为#999;

（7）属性选择器 p[title$="o"]表示选取属性 title 以字母“o”结尾的<p>标签，并将字体颜色设为#603。

4.4 CSS 样式属性

在选择器的定义中，声明由属性和属性值构成。在前面的例子中，已经多次用到了 CSS 样式的属性，例如 color、font-size、font-weight、background-color 等。本节将详细介绍文本、字体、背景、表格、列表及定位等相关属性，这些属性也是 HTML 中使用比较多的属性。

4.4.1 文本属性

在 CSS 样式中，有许多属性用于控制文本的格式化，例如对齐方式、行高、文本缩进、字母和单词间距等属性，如表 4-2 所示。

表 4-2 文本属性列表

功 能	属 性 名	描 述
缩进文本	text-indent	设置行的缩进大小，值可以为正值或负值，单位可以用 em、px 或百分比(%)
水平对齐	text-align	设置文本的水平对齐方式，取值 left、right、center、justify
垂直对齐	vertical-align	设置文本的垂直对齐方式，取值 bottom、top、middle、baseline
字间距	word-spacing	设置字(单词)之间的标准间隔，默认 normal(或 0)
字母间隔	letter-spacing	设置字符或字母之间的间隔
字符转换	text-transform	设置文本中字母的大小写，取值 none、uppercase、lowercase、capitalize
文本修饰	text-decoration	设置段落中需要强调的文字，取值 none、underline(下画线)、overline(上画线)、line-through(删除线)、blink(闪烁)
空白字符	white-space	设置源文档中的多余的空白，取值 normal(忽略多余)、pre(正常显示)、nowrap(文本不换行，除非遇到 标签)

下述代码演示了文本属性的综合用法。

【代码 4-10】 textAttribute.html

```
<html>
<head>
    <meta http-equiv="Content-Type" content="text/html; charset=utf-8" />
    <title>文本属性 - CSS 样式表</title>
    <style type="text/css">
        .letterSpacingClass{ letter-spacing:5px; }
        .wordSpacingClass{ word-spacing:15px; }
        .textIndentClass{ text-indent:20px; }
        .textAlignClass{ text-align:justify; }
        .textTransform{ text-transform:uppercase; }
        .textDecoration{ text-decoration:underline; }
        .verticalAlign{ vertical-align:bottom; font-size:70%; }
    </style>
</head>
<body>
  <h3 class="letterSpacingClass">缩进文本(text-indent)</h3>
```

```
    <p class = "textIndentClass">通过使用 text - indent 属性,<span class = "verticalAlign">
        所有元素</span>的第一行都可以缩进一个给定的长度,甚至该长度可以是负值。</p>
    <hr/>
    <h3>水平对齐(text - align)</h3>
    <p>QST Education Group was founded in 2006,and the HQ at
        <span class = "textTransform">Qingdao Software Park. </span></p>
    <p class = "textAlignClass">QST Education Group was founded in 2006,and the HQ at
        Qingdao Software Park.</p>
    <p class = "wordSpacingClass">QST Education Group was founded in 2006,and the HQ
        at <span class = "textDecoration">Qingdao Software Park.</span></p>
  </body>
</html>
```

在上述代码中,第一个<h3>中的字母间隔设为5px;第一个<p>段落首行缩进了20像素,而第一个<span>标签中的内容垂直向下对齐,且字体大小为正常字体的70%;第二个<span>标签中的字母统一按大写字母格式显示;最后一个<p>标签中的单词间距为15px。在浏览器中预览效果如图4-7所示。

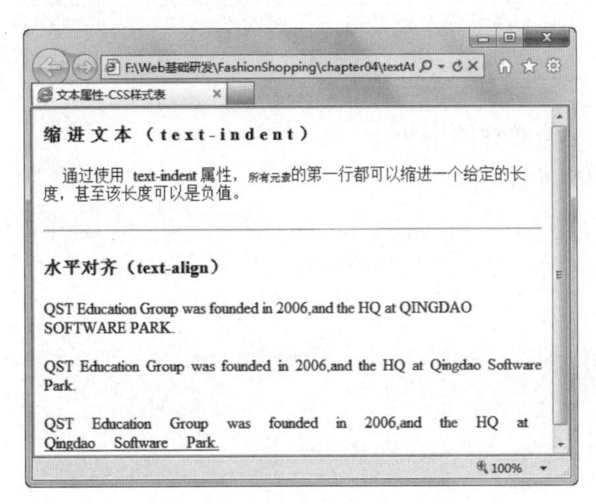

图4-7 文本属性的综合应用

4.4.2 字体属性

字体(又称字型)是字母和符号的样式集合。虽然字体之间可能会一定的差异,但总体特征基本相同,如图4-8所示。

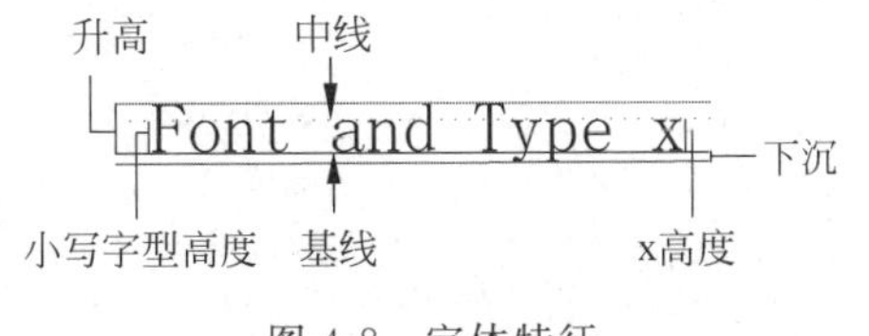

图4-8 字体特征

其中:基线代表字体的字型起始线;中线是小写字型达到的最高点;升高是字体中最大字型的最高点;下沉是一些小写字符达到的最低点;x高度是指字母x在字体中的高度,小写字型高度与x高度一致。

字体垂直度量是根据文本的基线进行测量的,每个字型之间的间距为字母间距。

CSS样式中为文本提供了大量的字体属性,方便对字体样式的设置,例如字体的颜色、大小和样式等属性,具体如表4-3所示。

表 4-3 字体属性列表

功 能	属 性 名	描 述
文本颜色	color	设置文本的颜色。例如 red、rgb(255,0,0)、#FF0000 等格式
字体类型	font-family	设置文本的字体。可以取值宋体、隶书以及 Serif、Verdana 等
字体风格	font-style	设置字体样式。取值 normal(正常)、italic(斜体)、oblique(倾斜),通常情况下,italic 和 oblique 文本在 Web 浏览器中看上去完全一样
字体变形	font-variant	设定小型大写字母。取值 normal(正常)、small-caps(小型大写字母)
字体加粗	font-weight	设置字体的粗细。取值可以是 bolder(特粗体)、bold(粗体)、normal(正常)、lighter(细体)或 100～900 之间的 9 个等级。其中 900 对应 bolder,700 对应 bold,而 400 对应 normal。有些视觉上差别不是很大,但对于搜索引擎来说可以提高当前页面权重
字体大小	font-size	设置文本的大小。值可以是绝对值或相对值,其中绝对值从小到大依次为 xx-small、x-small、small、medium(默认)、large、x-large、xx-large;单位可以是 pt 或 em,也可以采用百分比(%)的形式
行间距	line-height	设置文本的行高。即两行文本基线之间的距离
字体简写	font	属性的简写可用于一次设置元素字体的两个或更多方面,书写顺序为 font-style、font-variant、font-weight、font-size/line-height、font-family

下述代码演示了字体属性的用法。

【代码 4-11】 fontAttribute.html

```
<!DOCTYPE html PUBLIC "-//W3C//DTD XHTML 1.0 Transitional//EN"
    "http://www.w3.org/TR/xhtml1/DTD/xhtml1-transitional.dtd">
<html xmlns="http://www.w3.org/1999/xhtml">
  <head>
    <meta http-equiv="Content-Type" content="text/html; charset=utf-8" />
    <title>字体属性-CSS样式表</title>
    <style type="text/css">
        .fontFamily{ font-family:楷体;}
        .fontStyle{ font-style:italic; }
        .textTransform{ text-transform:uppercase; }
        .fontVariant{ font-variant:small-caps; }
        .fontWeight{ font-weight:bolder; }
        .fontSize1{ font-size:xx-large; }
        .fontSize2{ font-size:24px; }
        .myFont{ font:italic bold 12px/20px arial,sans-serif; }
    </style>
  </head>
  <body>
    <h3 class="fontFamily">字体系列</h3>
   <p>字体样式 font-style 属性有三个值:文本正常显示、<span class="fontStyle">斜体显示
        </span>、文本倾斜显示。</p>
   <p>字体变形 <span class="fontVariant">qingdao software park</span>--
       <span class="textTransform">qingdao software park</span></p>
   <p><span class="fontWeight">字体加粗:</span>关键字 100 ~ 900 为字体指定了 9 级
       加粗度。</p>
   <p><span class="fontSize1">font-size</span>属性设置<span class="fontSize2">
       文本的大小</span>在 web 设计领域很重要。</p>
   <p class="myFont">line-height 属性设置行间的距离(行高),该属性会影响行框的布局。
```

```
        在应用到一个块级元素时,它定义了该元素中基线之间的最小距离而不是最大距离。</p>
    </body>
</html>
```

上述代码中,uppercase 和 small-caps 虽然都是大写形式,但字体效果有一定区别。字体简写方式可以让字体样式的定义更加简洁,例如 12px/20px 分别表示字体大小和行间距的大小。在浏览器中预览效果如图 4-9 所示。

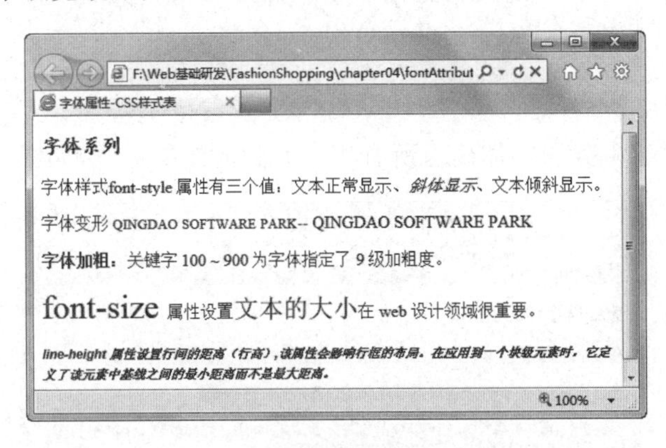

图 4-9 字体属性的综合应用

在 CSS 3 之前,设计页面时只能使用通用的字体,否则在浏览时客户端可能没有安装指定的字体,导致预览效果与预期效果不相同。在 CSS 3 中新增了服务器字体功能,有效地避免了因客户端缺失字体所导致的页面效果变差的问题。服务器字体可以控制浏览器使用服务器端所包含的字体;当客户端没有安装该字体时,系统会自动下载并安装,从而保证所有的浏览者看到的页面效果完全一致。

使用服务器字体,可按如下步骤进行。

(1) 下载所需的服务器字体;

(2) 通过@font-face 来定义服务器字体;

(3) 通过 font-family 属性引用服务器字体。

下述代码演示了服务器字体的使用过程。

【代码 4-12】 fontAtServer. html

```
<!DOCTYPE html PUBLIC " - //W3C//DTD XHTML 1.0 Transitional//EN"
    "http://www.w3.org/TR/xhtml1/DTD/xhtml1 - transitional.dtd">
<html xmlns = "http://www.w3.org/1999/xhtml">
  <head>
    <meta http - equiv = "Content - Type" content = "text/html; charset = utf - 8" />
    <title>服务器字体 - CSS 样式表</title>
    <style type = "text/css">
        @font - face{
            font - family:QstFont;
            src:url("font/梦死醉生.ttf"),
                url('font/梦死醉生.eot');
        }
        p{
            font - family:QstFont;
```

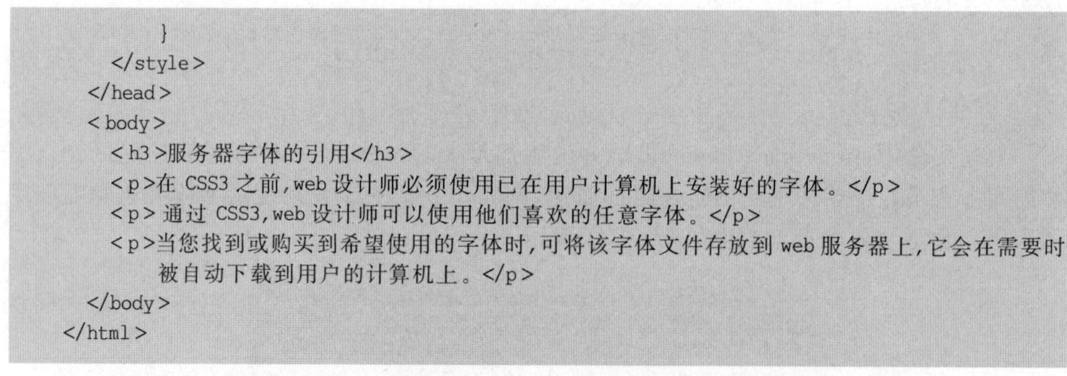

```
        }
    </style>
  </head>
  <body>
    <h3>服务器字体的引用</h3>
    <p>在 CSS3 之前,web 设计师必须使用已在用户计算机上安装好的字体。</p>
    <p>通过 CSS3,web 设计师可以使用他们喜欢的任意字体。</p>
    <p>当您找到或购买到希望使用的字体时,可将该字体文件存放到 web 服务器上,它会在需要时
        被自动下载到用户的计算机上。</p>
  </body>
</html>
```

上述代码中,通过服务器字体确保所有用户看到的效果一致,如图 4-10 所示。

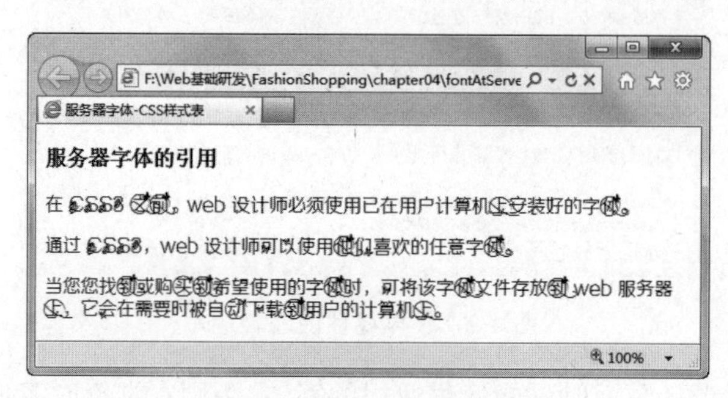

图 4-10 服务器字体的用法

虽然 CSS 3 提供了服务器字体功能,但不要大量使用该方式,因为服务器字体需要从远程服务器下载字体文件,效率并不高。在设计页面时,应优先使用浏览者的客户端字体。

注意

> Firefox、Chrome、Safari 以及 Opera 浏览器支持.ttf(True Type Fonts)和.otf(OpenType Fonts)类型的字体。在 IE 8 以及更早的版本中不支持@font-face 规则,而 IE 9+虽然支持新的@font-face 规则,但目前仅支持.eot(Embedded OpenType)类型的字体。

4.4.3 背景属性

在 HTML 中,除了能够对文本和字体进行设置外,还可以设置元素的背景。与背景相关的属性包括背景颜色、背景图片和背景定位等,如表 4-4 所示。

表 4-4 背景属性列表

功 能	属 性 名	描 述
背景颜色	background-color	设置元素的背景色
背景图像	background-image	设置背景图像。例如“background-image: url(bg.jpg);”,如果没有图像,其值为 none
背景重复	background-repeat	设置背景平铺的方式。取值为 no-repeat(不平铺)、repeat-x(横向平铺)、repeat-y(纵向平铺)、repeat(x/y 双向平铺)

续表

功　能	属　性　名	描　　述
背景定位	background-position	设置图像在背景中的位置。取值为 top、bottom、left、right、center 或具体值(例如 10px)、百分比(例如 80%)
背景关联	background-attachment	设置背景图像是否随页面内容一起滚动。取值为 scroll(滚动,默认),fixed(固定)
背景尺寸	background-size	CSS 3 新增属性,用来设置背景图片的尺寸,可以使用像素或百分比设置图片的尺寸。而在 CSS 3 之前,背景图片的尺寸是由图片的实际尺寸决定的。
填充区域	background-origin	CSS3 新增属性,规定 background-position 属性相对于什么位置来定位,取值为 border-box、padding-box、content-box,具体如图 4-11 所示
绘制区域	background-clip	CSS3 新增属性,规定背景的绘制区域,取值 border-box、padding-box、content-box,具体如图 4-11 所示
背景简写	background	一个声明中设置所有的背景属性,可以设置如下属性:background-color、background-position、background-size、background-repeat、background-origin、background-clip、background-attachment、background-image,例如:background: #00FF00 url(bgimage.gif) no-repeat fixed top;

在 CSS 3 中,新增了控制背景图片的显示位置、分布方式以及多背景图片等特征,其中 background-size、background-origin 和 background-clip 属性均是在 CSS 3 中新增的,并且在 IE 9+、Firefox 4+、Opera、Chrome 以及 Safari 5+等浏览器中得到了较好的支持。

背景区域的填充和绘制有 border-box、padding-box 和 content-box 三种形式,如图 4-11 所示。

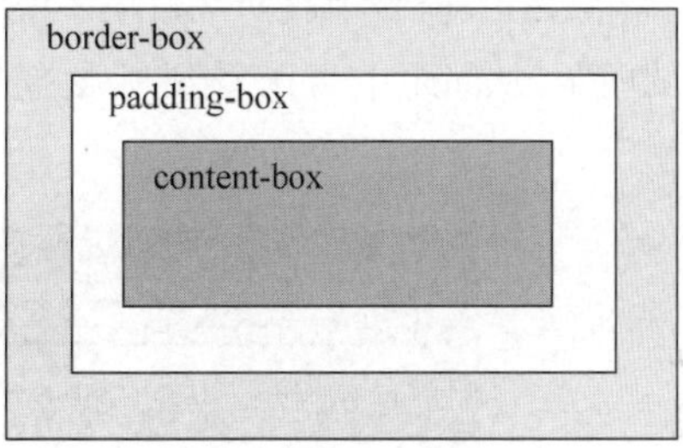

border-box
padding-box
content-box

图 4-11　元素的背景区域划分示意图

下述代码演示了背景属性的使用。

【代码 4-13】　background.html

```
<!DOCTYPE html PUBLIC "-//W3C//DTD XHTML 1.0 Transitional//EN"
    "http://www.w3.org/TR/xhtml1/DTD/xhtml1-transitional.dtd">
<html xmlns="http://www.w3.org/1999/xhtml">
  <head>
    <meta http-equiv="Content-Type" content="text/html; charset=utf-8" />
    <title>背景属性-CSS 样式表</title>
    <style type="text/css">
        .backgroundColor{
            background-color: #CCC;
            background-image:url(images/bg9.jpg);
            background-repeat:no-repeat;
            background-clip:border-box;
            background-position: -400px -380px;
        }
```

```
        .backgroundImage{
            /* div 基本属性设置 */
            width:300px;
            height:200px;
            padding:10px;
            border:thin solid #30F;
            /* 背景设置 */
            background:url(images/bg8.jpg) content - box 0px - 10px;
        }
    </style>
  </head>
  <body class = "backgroundColor">
    <div class = "backgroundImage">
      background 简写属性在一个声明中设置所有的背景属性。可以设置如下属性：<br />
      background - color <br /> background - image <br />
      background - position <br /> background - size <br />
      background - repeat <br /> background - origin <br />
      background - clip <br /> background - attachment <br />
    </div>
  </body>
</html>
```

背景图片位于背景颜色的上层，当同时存在背景图片和背景颜色时，背景图片将覆盖背景颜色；而没有背景图片的地方，背景颜色便会显露出来。

在< div >标签中只对 content-box 区域设置了背景图片，所以背景图片与边框出现了一定的间距，从间距中可以看到所设置的背景图片。上述代码在浏览器中预览效果如图 4-12 所示。

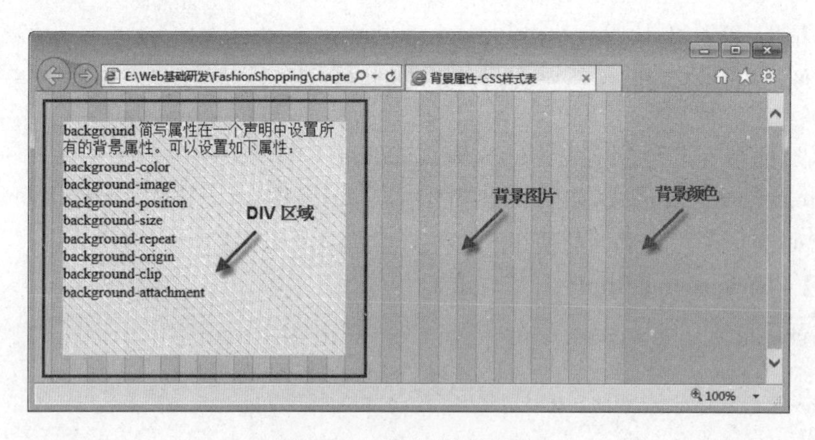

图 4-12 背景属性的用法

CSS 3 中虽然提供了多背景图像，但在 IE 7 及更早版本的浏览器中并不支持，而在 IE 8 中则需要<!DOCTYPE >文档声明。

【示例】 多背景图片样式的定义

```
background - image:url(images/bg12.jpg), url(images/bg13.jpg);     /* 背景图像 */
background - position:left top, right bottom;                      /* 图像对应位置 */
background - repeat:repeat - x, repeat - y;                        /* 图像平铺方式 */
```

4.4.4 表格属性

表格是一种重要的数据组织形式，在数据显示时使用比较频繁。CSS 中提供的表格属性，如表 4-5 所示。通过表格属性对表格的边框、背景颜色和单元格间距等进行设置，使表格更加美观，富有特色，极大地改善表格的外观。

表 4-5 表格属性列表

功 能	属 性 名	描 述
边框	border	设置表格边框的宽度
折叠边框	border-collapse	设置是否将表格边框折叠为单一边框。取值为 separate(双边框，默认)，collapse(单边框)
宽度	width	设置表格宽度。可以是像素或百分比
高度	height	设置表格高度。可以是像素或百分比
水平对齐	text-align	设置水平对齐方式。比如左对齐、右对齐或者居中
垂直对齐	vertical-align	垂直对齐方式。比如顶部对齐、底部对齐或居中对齐
内边距	padding	设置表格中内容与边框的距离
单元格间距	border-spacing	设置相邻单元格的边框间的距离。仅用于双边框模式
标题位置	caption-side	设置表格标题的位置。取值 top、bottom

表格属性得到大部分浏览器的支持，border-spacing 和 caption-side 属性需要在 IE 8+版本上且有<!DOCTYPE >文档声明时才支持。

表格和单元格都有独立的边框，使得表格具有双线条边框，通过 border-collapse 属性设置表格是单边框还是双边框。下述代码演示了表格属性的用法。

【代码 4-14】 tableCSS.html

```
<!DOCTYPE html PUBLIC "-//W3C//DTD XHTML 1.0 Transitional//EN"
  "http://www.w3.org/TR/xhtml1/DTD/xhtml1-transitional.dtd">
<html xmlns="http://www.w3.org/1999/xhtml">
 <head>
  <meta http-equiv="Content-Type" content="text/html; charset=utf-8" />
  <title>表格属性-CSS样式表</title>
  <style type="text/css">
     #customers{
      font-family:"Trebuchet MS", Arial, Helvetica, sans-serif;
      width:100%;
      border-collapse:collapse;
      caption-side:bottom;
     }
     #customers td, #customers th{
      font-size:1em;
      border:1px solid #98bf21;
      padding:3px 7px 2px 7px;
     }
     #customers th  {
      font-size:1.1em;
      text-align:left;
      background-color:#A7C942;
```

```
            color: #ffffff;
        }
        #customers tr.alt td  {
            color: #000000;
            background - color: #EAF2D3;
        }
    </style>
  </head>
  <body>
    <table id = "customers">
        <caption>客户信息表</caption>
        <tr>
            <th>公司</th>
            <th>联系人</th>
            <th>国籍</th>
        </tr>
        <tr>
            <td> QST edu </td>
            <td> Guo QuanYou </td>
            <td> China </td>
        </tr>
        <tr class = "alt">
            <td> Baidu </td>
            <td> Li YanHong </td>
            <td> China </td>
        </tr>
        ……代码省略……
    </table>
  </body>
</html>
```

上述代码中，表格边框为单边框、隔行变色的效果，标题位于表格的底部，在浏览器预览效果如图 4-13 所示。

图 4-13　表格属性的综合使用

4.4.5 列表属性

在 CSS 中提供了列表属性，用于改变列表项的图形符号，例如列表项左侧所显示的圆点。图形符号不仅可以是圆点、空心圆、方块或数字，甚至还可以是指定的图片。列表的属性如表 4-6 所示。

表 4-6 列表相关属性

功 能	属 性 名	描 述
列表类型	list-style-type	设置列表的图形符号。取值为 none、disc、circle、square、decimal、lower-roman、upper-roman、lower-latin、upper-latin 等
列表项图像	list-style-image	将图形符号设为指定的图像。例如：list-style-image:url(xxx.gif)
符号位置	list-style-position	设置列表图形符号的位置。取值为 inside、outside
列表简写	list-style	一个声明中设置所有的列表属性，可以按顺序设置如下属性：list-style-type、list-style-position、list-style-image，例如：list-style:square inside url(images/eg_arrow.gif);

其中，设置列表图形符号位置的值为 inside 和 outside 时区别如下。

(1) outside 是符号位置默认值，即图形符号位于文本之外，当文本内容换行时，无需参照标志的位置；

(2) inside 表示图形符号位于文本之内，即在文本换行时列表内容将与列表项的符号相对齐。

下述代码演示了列表属性的用法。

【代码 4-15】 listCSS.html

```
<!DOCTYPE html PUBLIC "-//W3C//DTD XHTML 1.0 Transitional//EN"
    "http://www.w3.org/TR/xhtml1/DTD/xhtml1-transitional.dtd">
<html xmlns="http://www.w3.org/1999/xhtml">
  <head>
    <meta http-equiv="Content-Type" content="text/html; charset=utf-8" />
    <title>列表属性-CSS 样式表</title>
    <style type="text/css">
        .listStyle{ line-height:20px; }
        .listStyle li{
            list-style-image:url(images/eg_arrow.gif);
            list-style-position:outside;
        }
    </style>
  </head>
  <body>
    <h3>CSS 列表属性(list)置如下属性: </h3>
    <ul class="listStyle">
        <li>list-style-image:将图像设置为列表项标志。</li>
        <li>list-style-position:设置列表中列表项标志的位置。</li>
        <li>list-style-type:设置列表项标志的类型。</li>
        <li>marker-offset</li>
    </ul>
  </body>
</html>
```

上述代码中，列表项的高度为 20 个像素；列表项的图形符号为指定的图片并位于文本的左侧，文字对齐与列表符号的位置无关。在浏览器中显示的效果如图 4-14 所示。

4.4.6 分类属性

图 4-14　列表属性的用法

除了前面讲述的属性外，CSS 中还有几个非常有用的属性，如 cursor、display、visibility、position、float 和 clear 等属性。

1. cursor 属性

cursor 属性用于指定用户鼠标的指针类型。在设计表单过程中，使用图片作为提交按钮，当鼠标移到图片上时，通常将鼠标指针由箭头改成手的形状，从而进一步对用户进行提示。

cursor 属性取值情况如表 4-7 所示。

表 4-7　cursor 属性值列表

属　性　值	描　　述
auto	光标的形状取决于悬停对象，文本时显示“ ”形状，超链接时显示“ ”形状
crosshair	光标呈现为十字线“ ”形状
pointer	光标呈现为指示链接的指针，即手的形状“ ”
move	移动选择效果“ ”
text	类似于竖线“ ”
wait	光标呈现为等待“ ”形状
help	光标呈现为问号或气球“ ”形状
ne-resize	光标呈现为“ ”形状
se-resize	光标呈现为“ ”形状
s-resize	光标呈现为“ ”形状
w-resize	光标呈现为“ ”形状

下述代码演示了 cursor 属性的用法。

【代码 4-16】　cursorAttribute.html

```
<!DOCTYPE html PUBLIC "-//W3C//DTD XHTML 1.0 Transitional//EN"
    "http://www.w3.org/TR/xhtml1/DTD/xhtml1-transitional.dtd">
<html xmlns="http://www.w3.org/1999/xhtml">
  <head>
    <meta http-equiv="Content-Type" content="text/html; charset=utf-8" />
    <title>cursor 属性 - CSS 样式表</title>
     <style type="text/css">
     body{ cursor:url("images/hander2.cur"),auto; }
    </style>
  </head>
  <body>
```

```
    <h3>cursor属性的使用效果</h3>
     <hr/>
    <h4>请把鼠标移动到单词上,可以看到鼠标指针发生变化: </h4>
    <span style="cursor:auto">Auto</span><br />
    <span style="cursor:crosshair">Crosshair</span><br />
    <span style="cursor:default">Default</span><br />
    <span style="cursor:pointer">Pointer</span><br />
    <span style="cursor:move">Move</span><br />
    <span style="cursor:e-resize">e-resize</span><br />
    <span style="cursor:ne-resize">ne-resize</span><br />
    <span style="cursor:nw-resize">nw-resize</span><br />
    <span style="cursor:n-resize">n-resize</span><br />
    <span style="cursor:se-resize">se-resize</span><br />
    <span style="cursor:sw-resize">sw-resize</span><br />
    <span style="cursor:s-resize">s-resize</span><br />
    <span style="cursor:w-resize">w-resize</span><br />
    <span style="cursor:text">text</span><br />
    <span style="cursor:wait">wait</span><br />
    <span style="cursor:help">help</span>
  </body>
</html>
```

在浏览器中预览代码时,将鼠标移到不同的行时鼠标会呈现不同的形状,此处不再进行演示,读者可自行测试。

2. display 属性

通过 display 属性可以将页面元素隐藏或显示出来,也可以将元素强制改成块级元素或内联元素。在页面布局和 JavaScript 特效中,常常用到 display 属性,取值情况如表 4-8 所示。

表 4-8 display 常用的属性值

属 性 值	描 述
none	将元素设为隐藏状态
block	将元素显示为块级元素,此元素前后会带有换行符
inline	默认,此元素会被显示为内联元素,元素前后没有换行符

下述代码演示了 display 属性的用法。

【代码 4-17】 displayAttribute.html

```
<!DOCTYPE html PUBLIC "-//W3C//DTD XHTML 1.0 Transitional//EN"
     "http://www.w3.org/TR/xhtml1/DTD/xhtml1-transitional.dtd">
<html xmlns="http://www.w3.org/1999/xhtml">
  <head>
     <meta http-equiv="Content-Type" content="text/html; charset=utf-8" />
     <title>display属性-CSS样式表</title>
     <style type="text/css">
         p{ display:inline; }
         span{ display:block; }
         div{ display:none; }
```

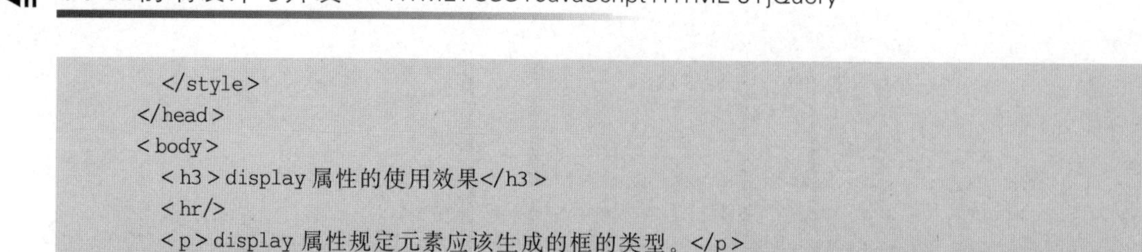

```
    </style>
  </head>
  <body>
    <h3>display属性的使用效果</h3>
    <hr/>
    <p>display 属性规定元素应该生成的框的类型。</p>
    <div>本例演示如何把元素显示为内联元素。</div>        <!-- div 中的内容被隐藏 -->
    <p>如果使用 display 不谨慎会很危险,因为可能违反 HTML 中已经定义的显示层次结构。</p>
    <p>对于 XML,由于 XML 没有内置的这种层次结构,<span>display</span>是绝对必要的。</p>
  </body>
</html>
```

当 display 属性为 none 时，页面元素将被隐藏并释放该元素所占的空间。在上述代码中，由于 display 属性为 none，故< div >标签中的内容没有显示出来；而段落< p >标签的 display 属性为 inline，该标签变成行内元素，不再独占一行；< span >标签的 display 属性为 block，成为块级元素并独占了一行。上述代码在浏览器中预览效果如图 4-15 所示。

3. visibility 属性

与 display 属性相似，visibility 属性也可以将页面中的元素隐藏，但是被隐藏的元素仍占原来的空间。当不希望对象在隐藏时仍然占用页面空间时，可以使用 display 属性。visibility 属性的取值范围为 visible 或 hidden。

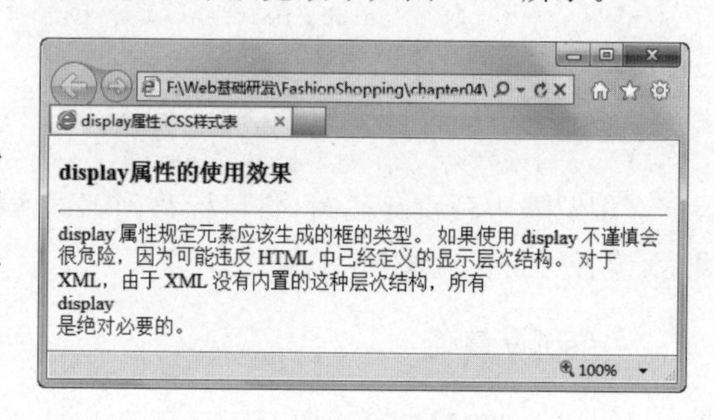

图 4-15　display 属性的用法

4. position 属性

一般情况下，页面是由页面流构成的，页面元素在页面流中的位置是由该元素在(X)HTML 文档中的位置决定的。块级元素从上向下排列(每个块元素单独成行)，而内联元素将从左向右排列，元素在页面中的位置会随外层容器的改变而改变。

在 CSS 中，提供了三种定位机制：普通流、定位(position)和浮动(float)。

通过 position 属性可以将元素从页面流中偏移或分离出来，然后设定其具体位置，从而实现更精确的定位。position 属性值如表 4-9 所示。

表 4-9　position 属性值列表

属　性　值	描　　述
static	正常流(默认值)。元素在页面流中正常出现，并作为页面流的一部分
relative	相对定位。相对于其正常位置进行定位，并保持其未定位前的形状及所占的空间
absolute	绝对定位。相对于浏览器窗口进行定位，将元素框从页面流中完全删除后，重新定位。当拖曳页面滚动条时，该元素随其一起滚动
fixed	固定定位。相对于浏览器窗口进行定位，将元素框从页面流中完全删除后，重新定位。当拖曳页面滚动条时，该元素不会随之滚动

当 position 的属性值为 relative、absolute 或 fixed 时，可以使用元素的偏移属性 left、top、right 和 bottom 进行重新定位；当 position 属性为 static 时，会忽略 left、top、right、 bottom 和 z-index 等相关属性的设置。

【代码 4-18】 positionAttribute.html

```
<!DOCTYPE html PUBLIC "-//W3C//DTD XHTML 1.0 Transitional//EN"
    "http://www.w3.org/TR/xhtml1/DTD/xhtml1-transitional.dtd">
<html xmlns="http://www.w3.org/1999/xhtml">
  <head>
    <meta http-equiv="Content-Type" content="text/html; charset=utf-8" />
    <title>position 属性 - CSS 样式表</title>
    <style type="text/css">
        body{
            padding:0px;        /*设置页面的内边距*/
            margin:0px;         /*设置页面的外边距*/
        }
        #Container{
            width:500px;
            height:300px;
            border:solid 1px #000;
        }
        .staticStyle{
            position:static;
            width:460px;
            border:solid 2px #666666;
            top:100px;
        }
        .relativeStyle{
            position:relative;
            left:120px;
            top:-15px;
            border:solid 2px #666666;
            width:200px;
        }
        .absoluteStyle{
            position:absolute;
            width:100px;
            height:50px;
            top:200px;
            left:360px;
            background-color:#FF9;
            border:solid 2px #FF0033;
        }
        .fixedStyle{
            position:fixed;
            width:100px;
            height:200px;
            top:30px;
            left:500px;
            background-color:#CC9;
            border:solid 2px #FF0033;
        }
        .inlineStyle{
            display:inline;
            background-image:url(images/gridbackground2.jpg);
```

```
            border:solid 2px #666666;
        }
        .div1{
            position:absolute;
            width:100px;
            height:50px;
            top:220px;
            left:420px;
            background-color:#F6F;
            border:solid 2px #FF0033;
            z-index:5;
        }
        .div2{
            position:absolute;
            width:100px;
            height:50px;
            top:240px;
            left:370px;
            background-color:#66CCFF;
            border:solid 2px #FF0033;
            z-index:3;
        }
    </style>
  </head>
  <body>
      <div id="Container">
          CSS 有三种基本的定位机制：普通流、浮动和绝对定位。除非专门指定，否则所有框都在
普通流中定位。<div class="staticStyle">……【静态定位】……</div>块级框从上到下一个接一个
地排列，框之间的垂直距离是由框的垂直外边距计算出来。
          <div class="relativeStyle">……【相对定位】……</div>可以使用水平内边距、边框和
外边距调整它们的间距。但是，垂直内边距、边框和外边距不影响行内框的高度。
          <div class="inlineStyle">由一行形成的水平框称为行框(Line Box)，行框的高度总是
足以容纳它包含的所有行内框。不过，设置行高可以……</div>
          <div class="absoluteStyle">【绝对定位】</div>
          <div class="fixedStyle">【固定定位】</div>
          <div class="div1">示例 1</div>
          <div class="div2">示例 2</div>
          <br/><br />……换行足够多的，右侧有滚动条为止……<br /><br /><br />
    </div>
  </body>
</html>
```

上述代码中，第一个<div>标签使用 static 样式，其内容在页面流中保持原样输出；第二个<div>标签使用相对定位，其内容从图 4-16 中的箭头末尾偏移至箭头指向的位置，并保留其原有的空间位置；第三个<div>标签使用内联样式，以背景图片进行填充；第四个<div>标签使用绝对定位，当拖动滚动条时，DIV 内容随页面一起滚动；第五个<div>标签使用固定定位，当拖动滚动条时，DIV 内容保持在原来位置，不会随滚动条滚动。在浏览器

中预览效果如图 4-16 所示。

当使用相对定位或绝对定位时，经常会出现元素相互重叠，此时可以使用 z-index 属性设置元素之间的叠放顺序。当元素取值为 auto 或数值(包括正负数)时，数值越大越往上层。

在页面坐标系中，不仅存在 x、y 方向，同时还存在 z 方向，如图 4-17 所示。x 轴正方向是从左向右，y 轴正方向是从上往下，z 轴与页面相互垂直，从内向外延伸；z 坐标越大离用户越近，越小则离用户越远。

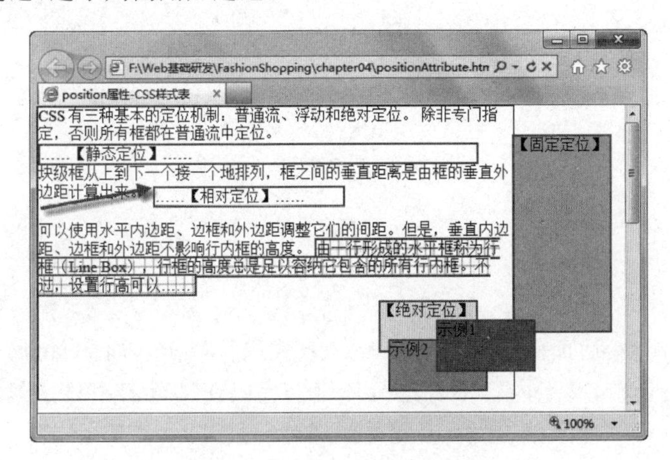

图 4-16　position 属性的用法

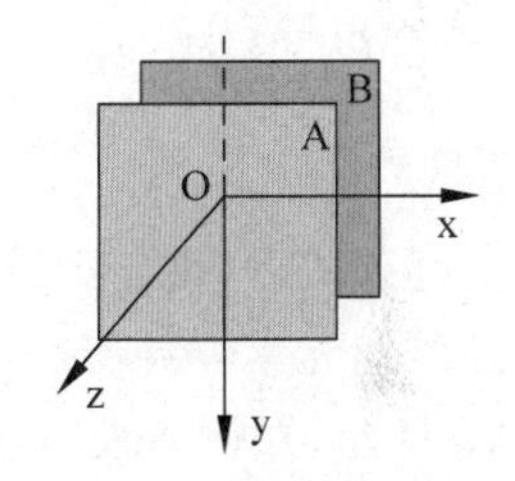

图 4-17　页面坐标系

5. float 与 clear 属性

float 属性用于将元素从正常的页面流中浮动出来，离开其正常位置，浮动到指定的边界。当元素浮动到边界时，其他元素将会在该元素的另外一侧进行环绕。float 属性的取值情况如表 4-10 所示。

在页面中，浮动的元素可能会对后面的元素产生一定的影响。当希望消除因为浮动所产生的影响时，可以使用 clear 属性进行清除。clear 属性的取值情况如表 4-11 所示。

表 4-10　float 属性值列表

属性值	描　述
left	元素浮动到左边界
right	元素浮动到右边界
none	默认值，元素不浮动

表 4-11　clear 属性值列表

属性值	描　述
left	清除左侧浮动产生的影响
right	清除右侧浮动产生的影响
both	清除两侧浮动产生的影响
none	默认值，允许浮动元素出现在两侧

下述代码演示了属性 float 和 clear 的用法。

【代码 4-19】　floatAttribute.html

```
<!DOCTYPE html PUBLIC " - //W3C//DTD XHTML 1.0 Transitional//EN"
    "http://www.w3.org/TR/xhtml1/DTD/xhtml1 - transitional.dtd">
<html xmlns = "http://www.w3.org/1999/xhtml">
  <head>
```

```
        <meta http-equiv="Content-Type" content="text/html; charset=utf-8" />
        <title>float & clear 属性-CSS样式表</title>
        <style type="text/css">
            #container img{
                float:left;
                border:solid 1px #666666;
            }
        </style>
    </head>
    <body>
        <div id="container">
            <img  src="images/bg8.jpg" width="160px" height="120"/><p>float 属性定义
               元素在哪个方向浮动。以往这个属性总应用于图像,使文本围绕在图像周围……</p>
            <p style="clear:both;">如果浮动非替换元素,则要指定一个明确的宽度;否则,它们会
                  尽可能地窄。</p>
        </div>
    </body>
</html>
```

上述代码中,由于图片的浮动,后面的文字内容以环绕方式进行显示。而 clear 属性可以清除前面元素浮动所产生的影响,文字内容不再进行环绕。代码在浏览器中显示效果如图 4-18 所示,左侧是没有使用 clear 属性的效果,右侧是使用后的效果。

图 4-18　float 和 clear 属性的用法

4.5　伪类与伪元素

在选取元素时,CSS 除了可以根据 ID、类、属性来选取元素外,还可以根据元素的特殊状态来选取元素,即伪类和伪元素。

伪类和伪元素是预先定义的、独立于文档元素的,能够被浏览器自动识别。处于特殊状态的元素称为伪类,而伪元素是指元素中特别的内容,也可以理解为元素的一部分。

4.5.1　伪类

伪类与类选择器相似,但在标签中并没有显示地指明。伪类以冒号(:)开始,在类型选择符与冒号之间不能出现空白,冒号之后也不能出现空白。

在 CSS 1 时引入了“:link”、“:visited”和“:active”三个伪类,用于 HTML 中的<a>标

签，表示网页中的链接状态：未访问、已访问和被选中，三者之间是互斥的。在CSS 2中对伪类的范围进一步扩充，确保适用于页面中的所有元素，并引入新的伪类":hover"、":focus"等。常用的伪类如表4-12所示。

表4-12 常用的伪类

伪 类 名	描 述
:active	向被激活的元素添加样式
:focus	向拥有键盘输入焦点的元素添加样式
:hover	当鼠标悬浮在元素上方时，向元素添加样式
:link	向未被访问的链接添加样式，目前仅适用于超链接
:visited	向已被访问的链接添加样式，目前仅适用于超链接
:readonly	向只读元素添加样式
:checked	向被选中的元素添加样式
:disabled	向被禁用的元素添加样式
:enabled	向可用的元素添加样式

下述代码演示了伪类的用法。

【代码4-20】 pseudoClass.html

```
<!DOCTYPE html PUBLIC "-//W3C//DTD XHTML 1.0 Transitional//EN"
    "http://www.w3.org/TR/xhtml1/DTD/xhtml1-transitional.dtd">
<html xmlns="http://www.w3.org/1999/xhtml">
  <head>
    <meta http-equiv="Content-Type" content="text/html; charset=utf-8" />
    <title>伪类-CSS样式表</title>
    <style type="text/css">
        a:link{ font-size:12px; color:black; text-decoration:none; }
        a:hover{ font-size:16px; background-color:#CCC; }
        a:active{ font-size:20px; background-color:#FF6; color:red; }
        a:visited{ font-size:12px; color:#036; text-decoration:line-through; }
        img:hover{ border:solid 3px #666666 }
        img:active{ border:solid 5px #FF0000 }
        :readonly{ border:solid 1px #CC0000; }
        :checked{ outline:solid 2px #336633; }
        :disabled{ background-color:#999; font-size:12px;  }
        #userName:enabled,.enanbedButton:enabled{ background-color:#FF9;
              color:#00F; font-size:16px; }
    </style>
  </head>
  <body>
    <h3>CSS伪类用于向某些选择器添加特殊的效果</h3>
    <a href="#">未访问的链接</a>  
    <a>已访问的链接</a>  
    <a href="#">当前活动的链接</a>  <br/><br/>
    <img src="images/meigui.png" width="100"/>
    <img src="images/meigui.png" width="100"/><br/><br/>
    <input id="userName" type="text"  readonly="readonly" value="只读文本"/>
```

```
        <input type="button" disabled="disabled" value="被禁用的按钮"/>
        <input class="enanbedButton" type="button" value="可用的按钮"/><br/><br/>
        爱好:<input type="checkbox" checked="checked" />设计
        <input type="checkbox" />编程   
        协议:<input type="radio" checked="checked" />同意
        <input type="radio" />不同意
    </body>
</html>
```

上述代码中，在超链接中使用了:link、:visited、:active 和:hover 四种伪类。在图片中，仅支持伪类中的:hover 与:active，而不支持:link 和:visited；在表单控件中，分别使用了:readonly、:checked、:disabled 和:enabled 四种伪类。在浏览器中预览效果如图 4-19 所示。

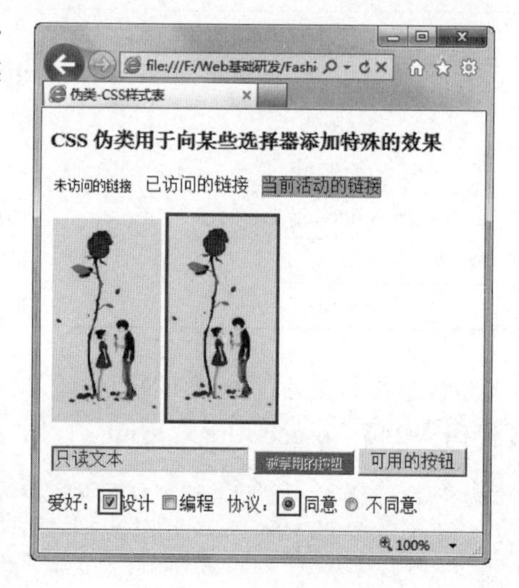

图 4-19 伪类的用法

4.5.2 伪元素

与伪类不同的是，伪元素表示某元素的部分内容，虽然在逻辑上存在，但在文档树(又称 DOM 模型)中不存在与之对应的部分。CSS 提供的伪元素可以对某些选择器设置一些特殊效果，如表 4-13 所示。

表 4-13 伪元素列表

伪 元 素	描 述
:first-line	向文本的首行添加特殊样式
:first-letter	向文本的第一个字母或汉字添加特殊样式
:before	在元素之前添加内容
:after	在元素之后添加内容

注意

文档树 DOM 模型将在本书第 8 章详细介绍。

下述代码演示了伪元素的用法。

【代码 4-21】 pseudoElements.html

```
<!DOCTYPE html PUBLIC "-//W3C//DTD XHTML 1.0 Transitional//EN"
    "http://www.w3.org/TR/xhtml1/DTD/xhtml1-transitional.dtd">
<html xmlns="http://www.w3.org/1999/xhtml">
  <head>
    <meta http-equiv="Content-Type" content="text/html; charset=utf-8" />
    <title>伪元素-CSS 样式表</title>
    <style type="text/css">
        :first-line{ font-weight:bold; text-decoration:underline;
```

```
            font - size:18px; line - height:30px; }
        .lineStyle:before{ content:url(images/eg_arrow.gif); }
        .letterStyle:first - letter{ font - size:40px; border:solid 3px #666666; }
        .letterStyle:after{ content:url(images/flower_2.jpg); }
    </style>
  </head>
  <body>
    <h3>CSS 伪元素(Pseudo - elements)</h3>
    <hr/>
    <p class = "lineStyle">伪元素和伪类之所以这么容易混淆……</p>
    <p class = "letterStyle">伪元素 first - letter 用于向文本的首字母设置特殊样式……</p>
  </body>
</html>
```

上述代码中,为页面所有元素的第一行(包括< h3 >)统一添加了加粗、下划线、字体大小 18px 等效果,第一行的宽度会随着浏览器窗口的改变而自动调整样式。当仅需< p >标签设置该样式时,可以将:first-line 改写成 p:first-line 即可。

通过伪元素:before 在第一个段落之前添加了一幅图像,该图像占据了一定的空间,如图 4-20 所示。第二个段落中,使用伪元素:first-letter 对首字母进行特殊的设定,使用伪元素:after 在段落的末尾处添加了另外一幅的图像。

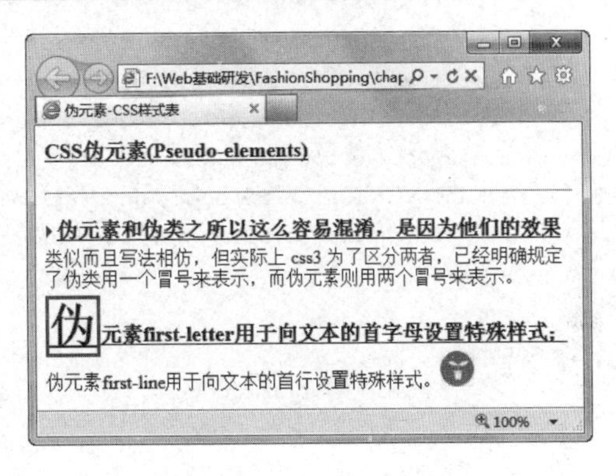

图 4-20　伪元素的用法

4.6 贯穿任务实现

4.6.1 实现【任务4-1】

本小节实现"Q-Walking E&S 漫步时尚广场"贯彻项目中的【任务4-1】使用 CSS 样式美化购物列表页面中的菜单导航栏,如图 4-21 所示。

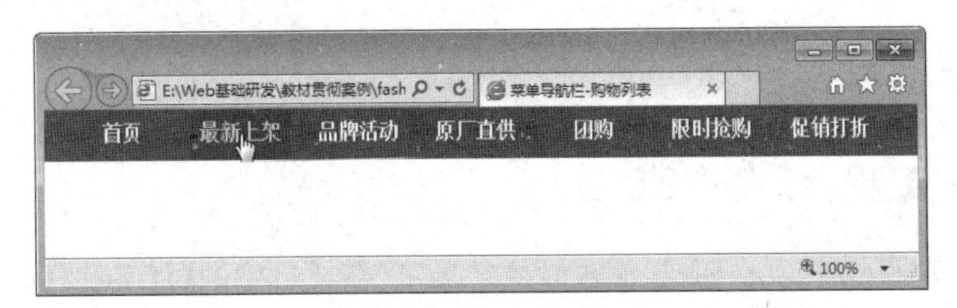

图 4-21　菜单导航栏

在购物列表页面中,通过< ul >标签来实现菜单导航栏,然后使用 CSS 样式控制菜单栏的位置和样式,代码如下所示。

【任务4-1】 shoppingShow_menu.html

```
<!DOCTYPE html PUBLIC "-//W3C//DTD XHTML 1.0 Transitional//EN"
    "http://www.w3.org/TR/xhtml1/DTD/xhtml1-transitional.dtd">
<html xmlns="http://www.w3.org/1999/xhtml">
 <head>
 <meta http-equiv="Content-Type" content="text/html; charset=utf-8" />
 <title>菜单导航栏-购物列表</title>
 <style type="text/css">
     *{padding:0;margin:0}
    li,ul{list-style:none}
    .nav_bg{background:#ce2626;width:100%;color:#fff}
    .nav_content{width:100%;margin:0 auto;height:40px;line-height:40px}
    .nav{width:100%px;float:left;margin-left:200px}
    .nav li{font-size:16px;font-weight:700;color:#fff;width:80px;float:left;
        text-align:center;margin-right:15px}
    .orange{font-weight:700;color:#f60}
    .nav_active{background:#b12121}
    a.white{color:#fff;text-decoration:none}
    a.white:hover{color:#ff0;text-decoration:none}
 </style>
 </head>
 <body>
    <!-- 菜单导航栏 start -->
    <div class="nav_bg">
      <div class="nav_content">
        <ul class="nav">
          <li><a href="shoppingIndex.html" class="white">首页</a></li>
          <li class="nav_active">
                <a href="shoppingShow.html"  class="white">最新上架</a></li>
          <li>品牌活动</li>
          <li>原厂直供</li>
          <li>团购</li>
          <li>限时抢购</li>
          <li>促销打折</li>
        </ul>
      </div>
    </div>
    <!-- 菜单导航栏 end -->
 </body>
</html>
```

4.6.2 实现【任务4-2】

本小节实现“Q-Walking E&S漫步时尚广场”贯彻项目中的【任务4-2】使用CSS样式美化购物列表页面中的商品展示区，如图4-22所示。

商品展示区分为“最新上架”和“品牌活动”两部分，其中“最新上架”模块采用dl-dt-dd方式排版，“品牌活动”模块采用div-ul-li方式排版，代码如下所示。

图 4-22 商品展示区

【任务4-2】 shoppingShow_goods.html

```
<!DOCTYPE html PUBLIC " - //W3C//DTD XHTML 1.0 Transitional//EN"
    "http://www.w3.org/TR/xhtml1/DTD/xhtml1 - transitional.dtd">
<html xmlns = "http://www.w3.org/1999/xhtml">
  <head>
    <meta http - equiv = "Content - Type" content = "text/html; charset = utf - 8" />
    <title>漫步时尚广场 - 购物列表 - 商品展示</title>
    <style type = "text/css">
        * {padding:0;margin:0}
        li,ul{list - style:none}
        body{font - size:12px;font - family:microsoft yahei;margin:0;color: #000}
        .middle{float:left;width:690px}
        .pic_list{float:left}
        .pic_list dl{float:left;width:152px;margin:0 10px 10px}
        .price{font - size:15px;font - weight:700;color:red;float:left}
        .price2{font - size:12px;font - weight:700;color:red;text - align:center}
        .font12{font - size:12px;color: #ccc;float:right}
        .pic_list dl img{padding:5px;border:1px solid #ccc;margin - bottom:10px}
        .pic_list dl dd{float:left}
        .pic_title{background: #ff9c01;line - height:40px;font - size:16px;
                text - indent:20px;text - align:left;width:680px;float:left;
                color: #fff;margin:0 10px 10px}
        .pic_list2 li{float:left}
        .pic_list2{margin:0 6px 0 12px}
        .pic_list2 li{width:160px;float:left;margin:5px 4px}
    </style>
  </head>
  <body>
```

```
  <!-- 中间区 start -->
  <div class="middle">
    <h1 class="pic_title">最新上架</h1>
    <div class="pic_list">
      <dl>
        <div><a href="shoppingDetail.html" target="_blank">
              <img src="images/shopshow/yifu1.jpg" /></a></div>
        <dt><span class="price">¥198.00 元</span>
              <span class="font12">324 人购买</span></dt>
        <dd>冬季新款牛仔外套加厚连帽毛领加绒牛仔棉衣</dd>
      </dl>
      <dl>
        <div><img src="images/shopshow/yifu2.jpg" /></div>
        <dt><span class="price">¥69.00 元</span>
              <span class="font12">534 人购买</span></dt>
        <dd>2015 夏新款韩版 透气舒适简约半截袖 T 恤衫</dd>
      </dl>
      ...<!-- 此处省略其他最新上架商品 -->
    </div>
    <!-- 品牌活动 -->
    <h1 class="pic_title">品牌活动</h1>
    <ul class="pic_list2">
      <li><img src="images/shopshow/dress1.jpg" />
        <p>独家定制 V 双层欧根纱里衬 色织时装料大牌范蓬蓬长裙</p>
      </li>
      <li><img src="images/shopshow/dress2.jpg" />
        <p>夏季新款 子域 D5656E 简约通勤腰带修身大摆短袖连衣裙</p>
      </li>
      <li><img src="images/shopshow/dress3.jpg" />
        <p>爱美斯 2015 夏季优雅显瘦大摆长裙 中长款复古印花淑女裙 </p>
      </li>
      <li><img src="images/shopshow/dress4.jpg" />
        <p>亿婷 2015 夏女装新品显瘦飘逸黑白竖条纹阔腿裤七分裤裙</p>
      </li>
    </ul>
  </div>
  <!-- 中间区 end -->
 </body>
</html>
```

本章总结

小结

- 样式是 CSS 的基本单元，每个样式包含选择器和声明两部分内容；
- 内嵌样式又称行内样式，是将 CSS 样式嵌入到 HTML 标签中混合使用，可以对某个标签单独定义样式；
- 内部样式表将 CSS 样式与 HTML 标签分离，使得 HTML 更加整洁，而 CSS 样式可以重复利用，提供了代码的复用度；

- 外部样式表是将样式表以单独的文件进行存放，然后将该文件引导网页中的方式；
- 通常情况下，样式的优先级由高到低的顺序是内嵌→内部→外部→浏览器缺省默认；
- CSS 基本选择器用来指明“样式”作用于网页中的哪些元素，通常分为通用选择器、标签选择器、类选择器和 ID 选择器；
- CSS 组合选择器包括元素选择器、后代选择器、子元素选择器、相邻兄弟选择器、普通兄弟选择器；
- 属性选择器可以根据元素的属性及属性值来选择元素；
- CSS 常见的样式属性包括文本属性、字体属性、背景属性、列表属性、表格属性、列表属性和分类属性等；
- 伪类是指处于特殊状态的元素，而伪元素是指元素中特别的内容（也可以理解为元素的一部分）。

Q&A

1. 问题：服务器字体可以有效解决客户端没有的字体，导致显示效果不一致的问题，所以在页面设计时，推荐使用其替代客户端字体样式。

回答：因为服务器字体需要从远程服务器下载字体文件，效率并不高。在设计页面时，应优先使用浏览者的客户端字体，尽量少用服务器字体。

2. 问题：在图片上只能使用:active、:hover，而无法实现:link、:visited 等效果。

回答：:link、:visited 目前仅对超链接元素有效，如果希望在图片上实现该效果，需要在图片上添加超链接，然后再通过超链接间接实现。

章节练习

习题

1. CSS 是________的英文缩写。

   A. Computer Style Sheets　　B. Cascading Style Sheets
   C. Creative Style Sheets　　D. Colorful Style Sheets

2. 在以下的 HTML 中，________是正确引用外部样式表的方法。

   A. <style src="mystyle.css">
   B. <stylesheet>mystyle.css</stylesheet>
   C. <link rel="stylesheet" type="text/css" href="mystyle.css" />
   D. <link rel="mystyle.css " type="text/css" href=" stylesheet " />

3. HTML 标签中________用于定义内部样式表。

   A. <style>　　B. <script>　　C. <link>　　D. <css>

4. HTML 中的________属性可用来定义内联样式。

   A. class　　B. style　　C. font　　D. name

5. 在 CSS 文件中插入注释正确的是________。

A. // this is a comment

B. <!-- this is a comment -->

C. /* this is a comment */

D. ' this is a comment

6. 下面________可以将超链接的下画线去掉。

A. { text-decoration:none; }　　B. { underline:none; }

C. { decoration:underline; }　　D. { decoration:none; }

7. ________属性用来设置背景图像是否随页面内容一起滚动。

A. background-position　　B. background-attachment

C. background-origin　　D. background-clip

8. 属性 position 为________时，元素的位置固定，当拖动滚动条时，不随滚动条滚动，保持在原来位置。

A. static　　B. relative　　C. absolute　　D. fixed

上机

1. 训练目标：餐饮列表页面中的"休闲娱乐"模块。

培养能力	熟练使用 dl-dt-dd 进行局部排版		
掌握程度	★★★★★	难度	中
代码行数	200	实施方式	编码强化
结束条件	独立编写，不出错	涉及页面	foodShow. html

参考训练内容

(1) 使用 dl-dt-dd 实现"休闲娱乐"模块的排版，如图 4-23 所示；

(2) 使用 IE、FireFox 或 Chrome 浏览器查看页面效果

图 4-23 "休闲娱乐"模块

2. 训练目标：餐饮列表页面中的“美食促销”模块。

培养能力	熟练使用 ul-li 进行局部排版		
掌握程度	★★★★★	难度	中
代码行数	150	实施方式	编码强化
结束条件	独立编写，不出错	涉及页面	foodShow. html
参考训练内容 （1）使用 div-ul-li 实现餐饮列表页面中的“美食促销”模块，如图 4-24 所示； （2）使用 IE、FireFox 或 Chrome 浏览器查看页面效果			

图 4-24 “美食促销”模块

第5章 CSS页面布局

任务驱动

本章任务是完成“Q-Walking E&S漫步时尚广场”的购物列表页面：

- 【任务5-1】使用CSS样式实现购物列表页面的整体布局。
- 【任务5-2】使用CSS样式实现购物列表页面的左侧导航栏部分。

学习路线

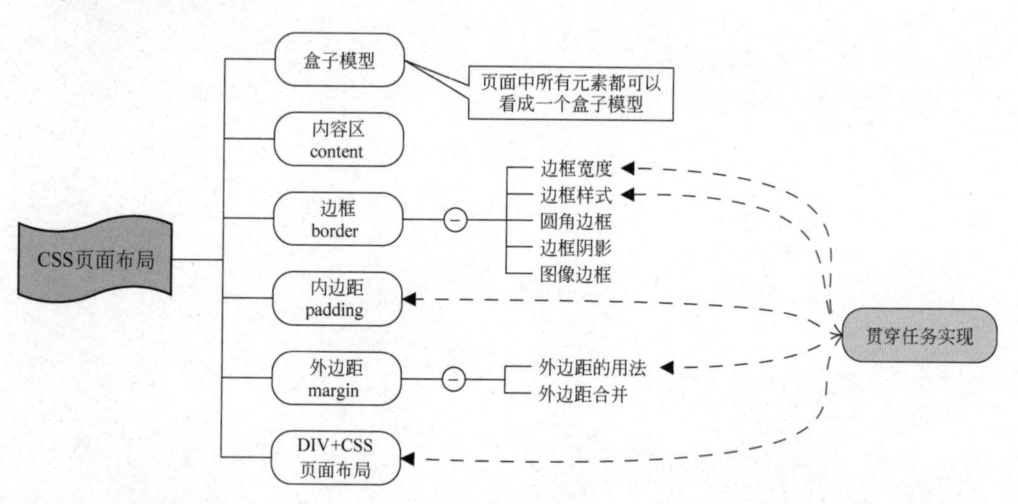

本章目标

知　识　点	Listen(听)	Know(懂)	Do(做)	Revise(复习)	Master(精通)
盒子模型	★	★			
内容区 content	★	★	★		
边框 border	★	★	★	★	★
内边距 padding	★	★	★	★	★
外边距 margin	★	★	★	★	★
DIV＋CSS页面布局	★	★	★	★	★

5.1 盒子模型

在页面布局中，为了将页面元素合理有效地组织在一起，形成一套完整的、行之有效的原则和规范，称为盒子模型。页面中的所有元素都可以看成一个盒子，并占据一定的页面空间，通过盒子之间的嵌套、叠加或并列，最终形成了页面。

通过 CSS 控制页面时，盒子模型是一个很重要的概念，也是一个比较抽象的概念。只有很好地掌握了盒子模型原理以及每个元素的用法，才能有效地控制元素在页面中的位置。

一般情况下，盒子占据的空间往往比单纯的内容要大，可以通过调整盒子的边框和边距等参数来调整盒子的位置和大小。盒子模型是由内容(content)、边框(border)、内边距(padding)和外边距(margin)四部分组成的，如图 5-1 所示。

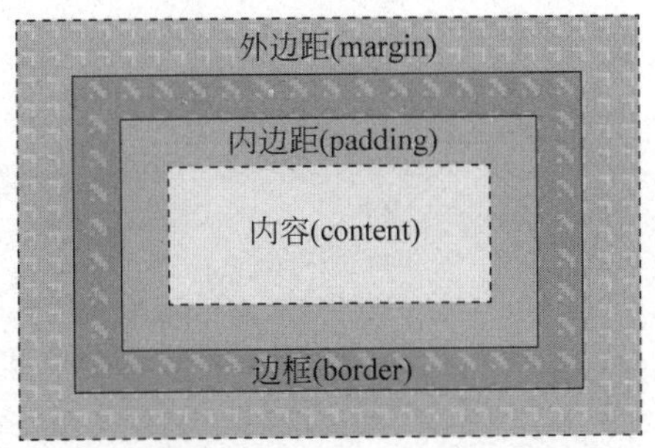

图 5-1 盒子模型

盒子的实际宽度(或高度)是由 content、padding、border、margin 共同组成的。在 CSS 中，通过 width 和 height 的值来控制 content 的大小；每个盒子可以对边框、内边距和外边距的"上下左右"统一设置样式，也可以从"上右下左"4 个方向分别设置样式。

5.2 内容区

内容区(content)是盒子模型的中心，包含了盒子的主要信息内容，例如文本、图片等。内容区拥有 width、height 和 overflow 三个属性：

- width 和 height 属性分别用于指定盒子内容区的高度和宽度；
- overflow 属性用于当 content 中的信息太多，并超出内容区所占的范围时，通过该属性来指定溢出内容的处理方式。

overflow 属性的取值如表 5-1 所示。

表 5-1 overflow 属性取值列表

值	描 述
visible	默认值，溢出的内容不会被修剪，会呈现在元素框之外
hidden	溢出的内容将不可见
scroll	溢出的内容会被修剪，但是可以通过滚动条查看隐藏部分
auto	由浏览器决定如何处理溢出部分

下述代码演示了内容区属性的用法。

【代码 5-1】 contentDemo.html

```
<!DOCTYPE html PUBLIC "-//W3C//DTD XHTML 1.0 Transitional//EN"
    "http://www.w3.org/TR/xhtml1/DTD/xhtml1-transitional.dtd">
```

```
<html xmlns = "http://www.w3.org/1999/xhtml">
  <head>
    <meta http - equiv = "Content - Type" content = "text/html; charset = utf - 8" />
    <title>cotent - overflow 属性</title>
    <style type = "text/css">
        div{
            width:400px;
            height:200px;
            overflow:scroll;
        }
    </style>
  </head>
  <body>
    <div>
        <h3>定义和用法</h3>
        overflow 属性规定当内容溢出元素框时发生的情况
        <hr />
        <h4>说明</h4>
        这个属性定义溢出元素内容区的内容会如何处理。如果值为 scroll,则不论是否需要,用
户代理都会提供一种滚动机制。因此,有可能即使元素框中可以放下所有内容也会出现滚动条。
    </div>
  </body>
</html>
```

上述代码中,由于 overflow 属性为 scroll,而且< div >标签中的内容超过所占区域,因此浏览器会添加一个滚动条,用户通过拖到滚动条来查看超出范围的部分,具体效果如图 5-2 所示。

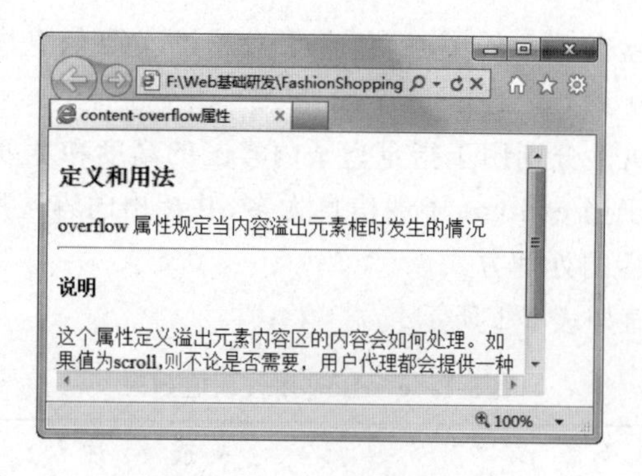

图 5-2　content 属性的用法

5.3 边框

元素的边框(border)就是围绕元素的内容和内边距的一条或多条线,通过 border-top-style、border-right-style、border-bottom-style 和 border-left-style 四个属性对“上右下左”四个方向的边框样式分别进行设置,每条边框又有宽度、颜色、样式和圆角等特征,如表 5-2 所示。

表 5-2 边框属性列表

属　　性	描　　述
border-top-width	设置元素的上边框的宽度
border-top-style	设置元素的上边框的样式
border-top-color	设置元素的上边框的颜色
border-top	上边框的简写形式，用于把上边框的所有属性设置到一个声明中。 可以按如下顺序设置属性：border-top-width、border-top-style、border-top-color； 例如：border-top:2px double #ff0000
border-right-width	设置元素的右边框的宽度
border-right-style	设置元素的右边框的样式
border-right-color	设置元素的右边框的颜色
border-right	右边框的简写形式，用于把右边框的所有属性设置到一个声明中； 可按如下顺序设置：border-right-width、border-right-style、border-right-color； 例如：border-right:thick double #ff0000
border-bottom-width	设置元素的下边框的宽度
border-bottom-style	设置元素的下边框的样式
border-bottom-color	设置元素的下边框的颜色
border-bottom	下边框的简写形式，用于把下边框的所有属性设置到一个声明中； 可按如下顺序设置属性：border-bottom-width、border-bottom-style、border-bottom-color； 例如：border-bottom:thick dotted #ff0000
border-left-width	设置元素的左边框的宽度
border-left-style	设置元素的左边框的样式
border-left-color	设置元素的左边框的颜色
box-left	左边框的简写形式，用于把左边框的所有属性设置到一个声明中； 可以按如下顺序设置属性：border-left-width、border-left-style、border-left-color； 例如：border-left:thick double #ff0000
border-width	边框宽度的简写形式，用于设置元素所有边框的宽度，或者单独地为各边框设置宽度
border-style	边框样式的简写形式，用于设置元素所有边框的样式，或者单独地为各边设置边框样式
border-color	边框颜色的简写形式，设置元素的所有边框中可见部分的颜色，或者单独地为各边设置边框颜色
border	边框的简写形式，用于把针对四个边的属性设置在一个声明
border-top-left-radius	设置元素的左上角圆角边框，CSS 3 中新增
border-top-right-radius	设置元素的右上角圆角边框，CSS 3 中新增
border-bottom-left-radius	设置元素的左下角圆角边框，CSS 3 中新增
border-bottom-right-radius	设置元素的右下角圆角边框，CSS 3 中新增
border-radius	圆角边框的简写形式，用于设置四个 border-*-radius 属性，CSS 3 中新增
box-shadow	向框添加一个或多个阴影，CSS 3 中新增

元素的边框的样式包括宽度、样式和颜色等，可以通过 border-width、border-style 和 border-color 属性对“上下左右”边框进行统一设置，也可以通过 border-top-width、border-top-style 和 border-top-color 等属性对某一条边进行单独设置。

在 CSS 2 中，元素的背景只包括内容和内边距部分；而从 CSS 2.1 开始，元素的背景包括内容、内边距和边框三部分。由于元素的边框位于元素的背景之上，因此当元素的边框设为“间断式”(例如点线边框或虚线框)时，元素的背景就会从边框的间断处显露出来。

5.3.1 边框宽度

边框宽度 border-width 的取值范围为指定的关键字或数值，其中关键字包括 thin(细边框)、medium(默认值为中等边框)、thick(粗边框)。

边框的参数可以是 1～4 个，当边框宽度有 4 个参数时，将按上→右→下→左的顺序作用到边框上，即遵循 TRBL 原则(按照 Top、Right、Bottom、Left 顺时针方向依次赋值)，示例如下。

【示例】 具有 4 个参数值的边框

```
/* 上、右、下、左 4 个边框宽度分别为 10px、20px、30px、40px */
div {border-width:10px 20px 30px 40px; }
```

当边框宽度有 3 个参数时，将按上→左+右→下的顺序作用到边框上，示例如下。

【示例】 具有 3 个参数值的边框

```
/* 上、右、下、左 4 个边框宽度分别为 10px、20px、30px、20px */
div {border-width:10px 20px 30px; }
```

当边框宽度有 2 个参数时，将按上+下→左+右的顺序作用到边框上，示例如下。

【示例】 具有 2 个参数值的边框

```
/* 上、右、下、左 4 个边框宽度分别为 10px、20px、10px、20px */
div {border-width:10px 20px; }
```

当边框宽度有 1 个参数时，四个方向的边框宽度取值相同，示例如下。

【示例】 具有 1 个参数值的边框

```
/* 上、右、下、左 4 个边框宽度分别为 10px、10px、10px、10px */
div {border-width:10px; }
```

边框宽度的取值也可以使用关键字进行设置，示例如下。

【示例】 边框的取值为关键字

```
/* 上、右、下、左 4 个边框宽度为粗边框 */
div {border-width: thick; }
```

5.3.2 边框样式

边框样式是通过 border-style、border-top-style、border-right-style、border-bottom-style 和 border-left-style 这几个属性来设定的，其赋值方式与边框宽度相似，此处不再赘述。

CSS 中提供的边框样式取值如表 5-3 所示。

表 5-3 边框样式取值

值	描　述
none	无边框
hidden	隐藏边框
dotted	定义点状边框，在大多数浏览器中呈现为实线
dashed	定义虚线，在大多数浏览器中呈现为实线
solid	定义实线
double	定义双线，双线的宽度等于 border-width 的值
groove	定义 3D 凹槽边框。其效果取决于 border-color 的值
ridge	定义 3D 菱形边框。其效果取决于 border-color 的值
inset	定义 3D 凹边，其效果取决于 border-color 的值
outset	定义 3D 凸边，其效果取决于 border-color 的值

下述代码演示边框样式的使用。

【代码 5-2】 borderStyleDemo. html

```
<!DOCTYPE html PUBLIC "-//W3C//DTD XHTML 1.0 Transitional//EN"
    "http://www.w3.org/TR/xhtml1/DTD/xhtml1-transitional.dtd">
<html xmlns="http://www.w3.org/1999/xhtml">
  <head>
    <meta http-equiv="Content-Type" content="text/html; charset=utf-8" />
    <title>border 属性</title>
    <style type="text/css">
        h3{
            border-style:solid dashed;
        }
        div{
            border-top-style:solid;
            border-bottom-style:solid;
            border-left-style:dashed;
            border-right-style:dashed;
        }
        p{
            border-style:outset;
            border-color:gray;
            border-width:8px;
        }
        span{
            border-style:inset;
            border-color:gray;
            display:block;
            border-width:8px;
        }
    </style>
  </head>
  <body>
    <h3>边框与背景</h3>
```

```
    <div>CSS 规范指出,边框绘制在"元素的背景之上"。这很重要,因为有些边框是"间断的"(例如,点线边框或虚线框),元素的背景应当出现在边框的可见部分之间。
    </div>
    <p>样式是边框最重要的一个方面,这不是因为样式控制着边框的显示(当然,样式确实控制着边框的显示),而是因为如果没有样式,将根本没有边框。</p>
    <span>CSS 没有定义 3 个关键字的具体宽度,所以一个用户代理可能把 thin、medium 和 thick 分别设置为等于 5px、3px 和 2px,而另一个用户代理则分别设置为 3px、2px 和 1px。</span>
  </body>
</html>
```

上述代码中,<h3>标签的“上下左右”边框样式的统一定义,<div>标签的“上下左右”四个方向的边框分别进行定义,显示效果相同,如图 5-3 所示。

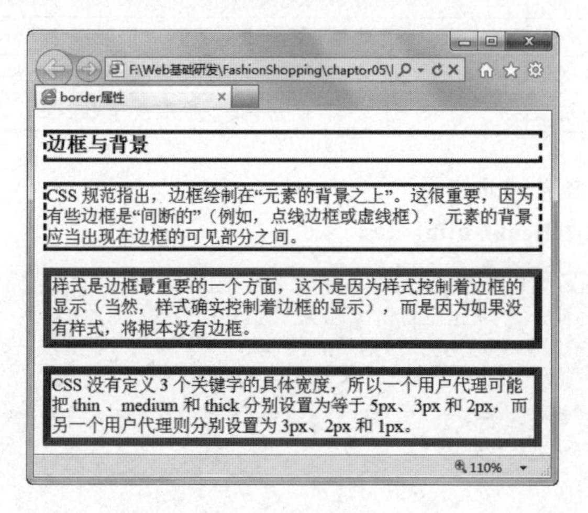

图 5-3　边框样式

5.3.3 圆角边框

在 CSS 3 中,还提供了圆角边框属性,通过 border-top-left-radius、border-top-right-radius、border-bottom-right-radius 和 border-bottom-left-radius 属性分别对左上角、右上角、右下角、左下角的样式进行设置,也可以使用 border-radius 属性对四个角的样式统一进行设置。

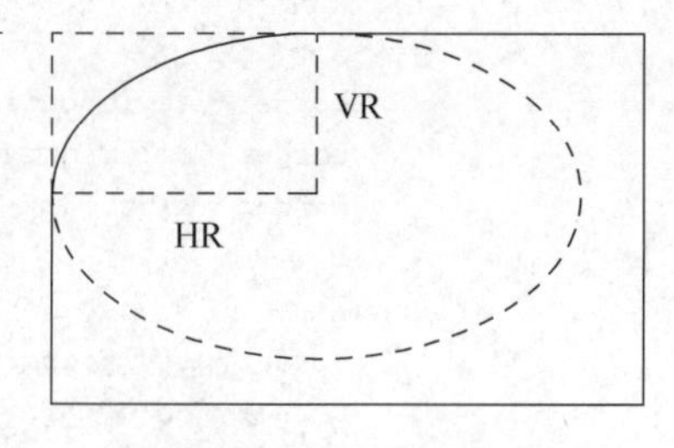

图 5-4　圆角边框原理

圆角边框的圆角是椭圆的一条弧线,如图 5-4 所示,HR 代表椭圆的水平半径,VR 代表椭圆的垂直半径。HR 与 VR 相同时,圆角就会变成 1/4 圆弧。

以边框的左上角为例,当 border-top-left-radius 具有一个参数时,水平半径与垂直半径相同,例如,border-top-left-radius:8px 表示 HR 和 VR 均为 8 像素;当 border-top-left-radius 属性有两个参数时,第一个参数是水平半径,第二个参数是垂直半径,例如,border-top-left-radius:8px 20px 表示 HR 为 8 像素,VR 为 20 像素。

元素的圆角不仅可以单独设置,还可以统一设置。根据 border-radius 的取值可分以下几种情况。

1. 水平半径与垂直半径相等

当 border-radius 属性只有一个参数时，其语法格式如下。

【语法】

```
样式属性名: 属性值;
```

其中，元素的 top-left、top-right、bottom-right 和 bottom-left 取值均相同。

【示例】 一个参数的情况

```
border - radius: 10px;
/* 与下面代码效果相同 */
border - top - left - radius: 10px;
border - top - right - radius: 10px;
border - bottom - right - radius: 10px;
border - bottom - left - radius: 10px;
```

当 border-radius 属性有两个参数时，其语法格式如下。

【语法】

```
样式属性名: 属性值 1 属性值 2;
```

其中：top-left 和 bottom-right 相同，取值均为属性值 1；top-right 和 bottom-left 相同，取值均为属性值 2。

【示例】 两个参数的情况

```
border - radius: 10px 20px;
/* 与下面代码效果相同 */
border - top - left - radius: 10px;
border - top - right - radius: 20px;
border - bottom - right - radius: 10px;
border - bottom - left - radius: 20px;
```

当 border-radius 属性有三个参数时，其语法格式如下。

【语法】

```
样式属性名: 属性值 1 属性值 2 属性值 3;
```

其中：

- top-left 取值为属性值 1；
- top-right 和 bottom-left 相同，取值均为属性值 2；
- bottom-right 取值为属性值 3。

【示例】 三个参数的情况

```
border - radius: 10px 20px 30px;
/* 与下面代码效果相同 */
border - top - left - radius: 10px;
border - top - right - radius: 20px;
border - bottom - right - radius: 30px;
border - bottom - left - radius: 20px;
```

当 border-radius 属性有四个参数时，其语法格式如下。

【语法】

```
样式属性名: 属性值 1 属性值 2 属性值 3 属性值 4;
```

其中，top-left、top-right、bottom-right 和 bottom-left 分别对应 4 个不同的属性值，即从左上角开始按照顺时针方向依次赋值。

【示例】 四个参数的情况

```
border - radius:10px 20px 30px 40px;
/* 与下面代码效果相同 */
border - top - left - radius: 10px;
border - top - right - radius: 20px;
border - bottom - right - radius: 30px;
border - bottom - left - radius: 40px;
```

2. 水平半径与垂直半径不相等

当水平半径与垂直半径不同时，需要用斜线(/)隔开。与 5.3.1 小节边框宽度相似，水平半径(或垂直半径)的参数都也可以是 1～4 个，下面重点介绍以下几种形式。

当 border-radius 属性有一个水平半径和一个垂直半径时，其语法格式如下。

【语法】

```
样式属性名: 水平值 / 垂直值
```

其中：

- 斜线(/)的前后参数分别表示水平半径和垂直半径；
- 水平值用于指定元素的四个角的水平半径；
- 垂直值用于指定元素的四个角的垂直半径。

【示例】 一个水平和一个垂直

```
border - radius: 10px/20px;   /* 水平/垂直 */
/* 与下面代码效果相同 */
border - top - left - radius: 10px 20px;
border - top - right - radius: 10px 20px;
border - bottom - right - radius: 10px 20px;
border - bottom - left - radius: 10px 20px;
```

当 border-radius 属性有两个水平半径和两个垂直半径时，其语法格式如下。

【语法】

```
样式属性名: 水平值 1 水平值 2 / 垂直值 1 垂直值 2
```

其中：

- 斜线(/)的前后参数分别表示水平半径和垂直半径；
- top-left 和 bottom-right 的水平半径采用水平值 1，垂直半径采用垂直值 1；
- top-right 和 bottom-left 的水平半径采用水平值 2，垂直半径采用垂直值 2。

【示例】 两个水平和两个垂直

```
border-radius: 10px 30px /20px 40px;        /*水平1 水平2 / 垂直1 垂直2*/
/*与下面代码效果相同 */
border-top-left-radius: 10px 20px;
border-top-right-radius:30px 40px;
border-bottom-right-radius: 10px 20px;
border-bottom-left-radius:30px 40px;
```

当 border-radius 属性有三个水平半径和两个垂直半径时，其语法格式如下。

【语法】

```
样式属性名: 水平值1 水平值2 水平值3 / 垂直值1 垂直值2
```

其中：

- 斜线(/)的前后参数分别表示水平半径和垂直半径；
- top-left 的水平半径采用水平值 1；
- top-right 和 bottom-left 的水平半径采用水平值 2；
- bottom-right 的水平半径采用水平值 3；
- top-left 和 bottom-right 的垂直半径采用垂直值 1；
- top-right 和 bottom-left 的垂直半径采用垂直值 2。

【示例】 三个水平和两个垂直

```
border-radius: 10px 20px 30px / 50px 60px;     /*水平1 水平2 水平3 / 垂直1 垂直2*/
/*与下面代码效果相同 */
border-top-left-radius: 10px 50px;
border-top-right-radius: 20px 60px;
border-bottom-right-radius: 30px 50px;
border-bottom-left-radius: 20px 60px;
```

当 border-radius 属性有两个水平半径和四个垂直半径时，其语法格式如下。

【语法】

```
样式属性名: 水平值1 水平值2 / 垂直值1 垂直值2 垂直值3 垂直值4
```

其中：

- 斜线(/)的前后参数分别表示水平半径和垂直半径；
- top-left 和 bottom-right 的水平半径采用水平值 1；
- top-right 和 bottom-left 的水平半径采用水平值 2；
- top-left、top-right、bottom-right 和 bottom-left 的垂直半径依次为垂直值 1、垂直值 2、垂直值 3 和垂直值 4。

【示例】 两个水平和四个垂直

```
  /*水平1 水平2 / 垂直1 垂直2 垂直3 垂直4*/
border-radius: 10px 20px /30px 40px 50px 60px;
/*与下面代码效果相同 */
border-top-left-radius: 10px 30px;
border-top-right-radius: 20px 40px;
border-bottom-right-radius:10px 50px;
border-bottom-left-radius: 20px 60px;
```

下述代码演示了圆角边框的用法。

【代码 5-3】 borderRadiusDemo.html

```
<!DOCTYPE html PUBLIC "-//W3C//DTD XHTML 1.0 Transitional//EN"
    "http://www.w3.org/TR/xhtml1/DTD/xhtml1-transitional.dtd">
<html xmlns="http://www.w3.org/1999/xhtml">
  <head>
    <meta http-equiv="Content-Type" content="text/html; charset=utf-8" />
    <title>圆角边框 border-radius 属性</title>
    <style type="text/css">
        div{
            height:100px;
            width:100px;
            border-style:solid;
            border-width:4px;
            position:absolute;
        }
        .firstDiv{
            background-color:#CCC;
            top:50px;
            left:20px;
            border-radius:10px 20px;
        }
        .secondDiv{
            background-color:#999;
            top:50px;
            left:160px;
            border-radius:10px 20px 30px;
        }
        .thirdDiv{
            background-color:#CCC;
            top:50px;
            left:300px;
            border-radius:10px 20px / 30px 40px;
        }
        .fourthDiv{
            background-color:#999;
            top:50px;
            left:440px;
            border-radius:10px 20px 30px / 50px 60px;
        }
    </style>
  </head>
  <body>
      <h3>CSS3 圆角边框</h3>
      <div class="firstDiv"></div>
      <div class="secondDiv"></div>
      <div class="thirdDiv"></div>
      <div class="fourthDiv"></div>
  </body>
</html>
```

上述代码中,使用圆角边框替代了图片实现的圆角,从而减少了图片的使用量,网站性

能进一步得到提升。在浏览器中预览效果如图 5-5 所示。

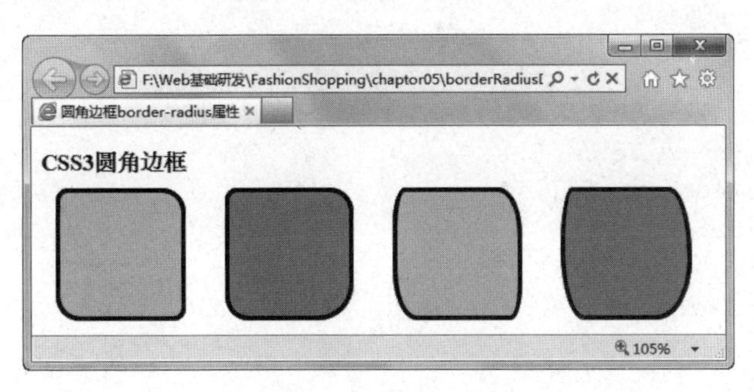

图 5-5　CSS 3 圆角边框

5.3.4 边框阴影

边框阴影(box-shadow)可以为元素的边框添加一个或多个阴影。box-shadow 的属性可以由 2～6 个参数构成,其语法如下所示。

【语法】

```
box-shadow: h-shadow v-shadow [blur] [spread] [color] [inset];
```

其中:

- h-shadow 参数是必需的,用于指定水平阴影的位置,该值允许取负值;
- v-shadow 参数是必需的,用于指定垂直阴影的位置,该值允许取负值;
- blur 参数是可选的,用于指定模糊距离;
- spread 参数是可选的,用于指定阴影的尺寸;
- color 参数是可选的,用于指定阴影的颜色;
- inset 参数是可选的,用于将外部阴影(outset)改为内部阴影。

【示例】 边框阴影参数设置

```
/* 带 h-shadow 和 v-shadow 两个参数 */
box-shadow:50px 50px;
/* 带 h-shadow、v-shadow、blur 和 color 四个参数 */
box-shadow:50px 50px 5px black;
/* 带 h-shadow、v-shadow、blur、spread 和 color 五个参数 */
box-shadow:10px 6px 10px 5px #AAAAAA;
/* 带 h-shadow、v-shadow、blur、spread、color 和 inset 六个参数 */
box-shadow:10px 10px 50px 20px pink inset;
```

下述代码演示边框阴影的使用。

【代码 5-4】 borderShadowDemo.html

```
<!DOCTYPE html PUBLIC "-//W3C//DTD XHTML 1.0 Transitional//EN"
    "http://www.w3.org/TR/xhtml1/DTD/xhtml1-transitional.dtd">
<html xmlns="http://www.w3.org/1999/xhtml">
  <head>
    <meta http-equiv="Content-Type" content="text/html; charset=utf-8" />
    <title>边框阴影 border-shadow 属性</title>
    <style type="text/css">
```

```
        body{
            background-color:#E9E9E9;
        }
        div{
            border-style:solid;
            border-width:4px;
            position:absolute;
            left:100px;
            top:50px;
        }
        .imageDiv{
            width:294px;
            /* 设置内边距,具体后面进行讲解 */
            padding:10px 10px 20px 10px;
            border:1px solid #BFBFBF;
            background-color:white;
            /* 添加边框阴影 box-shadow */
            box-shadow: 10px 6px 10px 5px #AAAAAA;
        }
    </style>
  </head>
  <body>
      <h3>CSS3 边框阴影</h3>
      <div class="imageDiv">
         <img src="images/ballade_dream.jpg" width="284" height="213" />
         <p>花名: 郁金香——Ballade Dream</p>
      </div>
  </body>
</html>
```

上述代码中,通过 box-shadow 属性为图片分别设置水平阴影、垂直阴影、模糊距离、阴影尺寸和阴影颜色等效果,如图 5-6 所示。其中 padding 属性用来设置元素的内边距,相关知识点将在后面进行介绍。

图 5-6　边框阴影

5.3.5　图像边框

在 CSS 3 之前,设计图像边框时,需要为元素的每条边提供一幅图像,每个角提供一幅图像,边框和角使用相应的图像作为背景;当元素变宽(或变长)时,边框使用对应的图片进行平铺或拉伸,而角不需要变化,这种设计方式相对比较复杂。针对这种情况,在 CSS 3 中新增了 border-image 属性,当元素的长度或宽度改变时,同样可以使用一个图像对边框进行绘制,相关属性如表 5-4 所示。

表 5-4 图像边框的相关属性

属性	描述
border-image-source	边框的图像的路径,可以是 none(没有边框图像)或使用 url()函数指定图像
border-image-slice	图像边框向内偏移,该属性可以是 1～4 个整数或百分数,表示从四个方向对边框图片进行切割
border-image-width	图像边框的宽度
border-image-repeat	设置图像边框是否应平铺覆盖(repeat)、取整平铺(round)或拉伸覆盖(stretch)
border-image	简写形式,用于把图像边框的所有属性设置到一个声明中

1. 边框背景的分割

border-image-slice 属性在逻辑上对背景图像进行分割,其语法格式如下。

【语法】

```
border-image-slice: [ <number> | <percentage> ] {1,4} && fill?
```

其中:

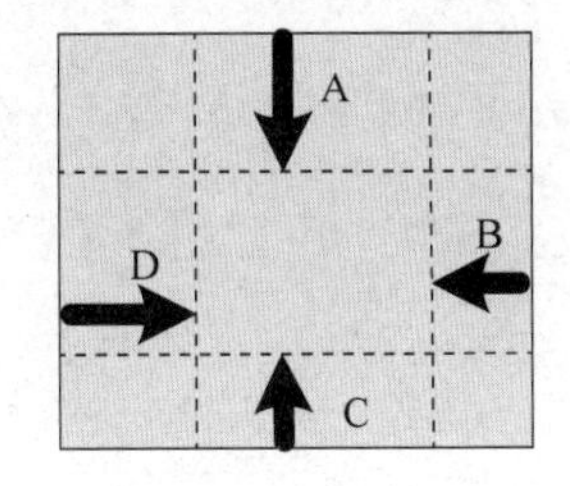

图 5-7 图像边框裁剪示意图

- border-image-slice 属性可以有 1～4 个参数,可以是数值或百分比;
- 参数遵循 TRBL 原则,按照顺时针方向使用指定宽度对图像进行分割,将图像分割成 9 部分,如图 5-7 所示;
- 默认情况下,元素中心区域不填充边框的图像,当提供参数 fill 时,元素的中心区域将被填充;
- 四个角的区域不会平铺和拉伸,而四个边框允许平铺或拉伸;
- 由于边框位于背景之上,所以边框图像将覆盖元素的背景部分。

【示例】 边框图像的分割

```
border-image-slice:10 20 30 40;
border-image-slice:10 20 30 40 fill;
```

2. 边框背景的使用

border-image 属性用于对元素的边框进行统一设置,取值情况相对较复杂,其语法格式如下。

【语法】

```
border-image:url(图像的路径) 图像分割方式(slice)/图像边框宽度(width) 图像平铺方式(repeat)
```

其中:

- url(图像的路径)用于指定元素边框背景图像的 URL 地址。
- 图像分割方式(slice)参数个数可以是 1～4 个,遵循 TRBL 规则。
- 边框宽度(width)参数个数可以是 1～4 个,遵循 TRBL 规则。

- 图像平铺方式有平铺覆盖(repeat)、取整平铺(round)或拉伸覆盖(stretch)三种方式,参数个数可以是1～2个。当提供一个参数时,四个方向采用相同的处理方式;当提供两个参数时,上边框和下边框采用第一个参数,左边框和右边框采用第二个参数。

【示例】 边框图像的延伸

```
border-image:url("images/borderImage2.jpg") 40/40px stretch;
border-image:url("images/borderImage2.jpg") 40 30/40px 20px repeat stretch;
```

边框宽度除了使用 border 属性或 border-width 属性指定外,还可以通过 border-image 和 border-image-width 属性进行设置。

下述代码演示了图像边框的用法。

【代码 5-5】 borderImageDemo.html

```
<!DOCTYPE html PUBLIC "-//W3C//DTD XHTML 1.0 Transitional//EN"
    "http://www.w3.org/TR/xhtml1/DTD/xhtml1-transitional.dtd">
<html xmlns="http://www.w3.org/1999/xhtml">
  <head>
    <meta http-equiv="Content-Type" content="text/html; charset=utf-8" />
    <title>图像边框 border-image</title>
    <style type="text/css">
        .baseDiv{
            float:left;
            margin-left:20px;
            border:40px solid #CCC;
        }
        .firstDiv{
            width:200px;
            height:200px;
            float:left;
        }
        .secondDiv{
            width:120px;
            height:120px;
            border-image:url("images/borderImage2.jpg") 40;
        }
        .thirdDiv{
            width:120px;
            height:120px;
            border-image:url("images/borderImage2.jpg") 40/40px 35px 30px 25px;
        }
        .fourthDiv{
            width:120px;
            height:120px;
            border-image:url("images/borderImage2.jpg")
                        40 35 30 25/40px 35px 30px 25px;
        }
        .fifthDiv{
            width:210px;
            height:200px;
            clear:both;
```

```
            float:left;
            border:40px solid #CCC;
            border-image:url("images/borderImage2.jpg") 40/40px repeat;
            margin-top:20px;
        }
        .sixthDiv{
            width:210px;
            height:200px;
            margin-top:20px;
            border-image:url("images/borderImage2.jpg") 40/40px round;
        }
        .senventhDiv{
            width:200px;
            height:200px;
            margin-top:20px;
            border-image:url("images/borderImage2.jpg") 40/40px stretch;
           /* border-image:url("images/borderImage2.jpg") 40 fill/40px stretch; */
        }
    </style>
  </head>
  <body>
      <h3>图像边框 border-image</h3>
      <div class="firstDiv">
            <img src="images/borderImage2.jpg" width="200" /></div>
      <div class="baseDiv secondDiv"></div>
      <div class="baseDiv thirdDiv"></div>
      <div class="baseDiv fourthDiv"></div>
      <div class="fifthDiv"></div>
      <div class="baseDiv sixthDiv"></div>
      <div class="baseDiv senventhDiv"></div>
  </body>
</html>
```

上述代码中，第一个 div 中显示了图像边框所需的原图。

在第二个 div 中，将图像沿“上右下左”四个方向按照 40px 的宽度进行裁剪，裁剪下来的部分作为边框的背景，而边框宽度恰好为 40px，所以 div 的边框与所裁剪的边框图像按照 1∶1 进行显示。

在第三个 div 中，将图像沿“上右下左”四个方向，按照 40px 的宽度进行裁剪，而 div“上右下左”的宽度分别为 40px、35px、30px、25px，所以“右下左”三个方向的边框进行了相应的压缩，而上边框垂直方向原比例显示，水平方向进行拉伸。

在第四个 div 中，将图像沿“上右下左”四个方向，分别按照 40px、35px、30px、25px 的宽度进行裁剪，而 div 的宽度在“上右下左”四个方向分别为 40px、35px、30px、25px，所以 div 的四个边框与所裁剪的边框图像按照 1∶1 进行显示。

第五个 div 的边框延伸方式为 repeat。在水平方向，以水平边框的中间位置为中心，向左右两侧等比例平铺；在垂直方向，以垂直边框的中间位置为中心，向上下两侧等比例平铺。

第六个 div 的边框延伸方式为 round，也是平铺的一种形式，但与 repeat 方式有一定的区别。在平铺过程中，当最后一个边框图像不能完全显示且能显示的区域不到一半时，则不显示该图像，而是扩大前面的图像，让其能够完全覆盖显示的区域；当最后一个边框图像超过了一半时，则缩小前面所有的图像，让其能够完整地显示出来。

在第七个 div 中，将边框图像的延伸方式设为 stretch，则水平边框与垂直边框均以拉伸的方式显示边框图像，如图 5-8 所示。

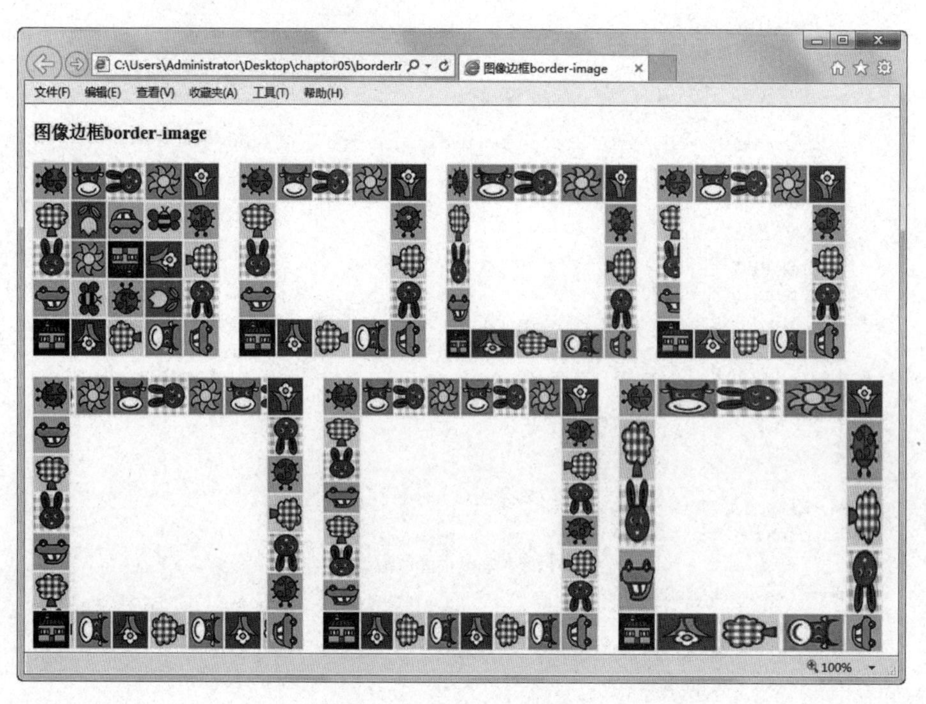

图 5-8　图像边框的用法

注意

上述代码中，class="baseDiv fourthDiv"表示该标签同时引用了 baseDiv、fourthDiv 两个类选择器的样式，选择器之间用空格隔开。

在 senventhDiv 选择器中，对 border-image 属性添加 fill 参数时，该 div 的中心区域将会被边框图像填充，如图 5-9 所示。

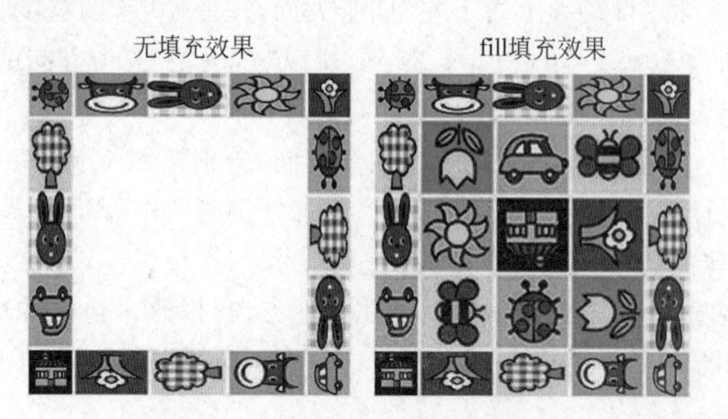

图 5-9　中心区域的填充效果对比

【示例】 中心区域的 fill 填充

```
border-image:url("images/borderImage2.jpg") 40 fill/40px stretch;
```

注意

当有些 CSS 3 的新特性在部分浏览器中未得到支持时，可以单独进行设置，其中 Chrome 和 Safari 需要 -webkit 前缀，IE 需要 -ms 前缀，FireFox 需要 -moz 前缀，Opera 需要 -o 前缀。IE 11、Firefox、Opera 15、Chrome 以及 Safari 6 均支持 border-image 属性。而 Safari 5 需要 -webkit-border-image 属性来替代。

5.4 内边距

内边距(padding)是指内容区与边框之间的距离，如图 5-10 所示。通过 padding-top、padding-right、padding-bottom 和 padding-left 属性对元素的“上右下左”四个方向的内边距进行设置，也可以通过 padding 属性在一个样式声明中设置该元素的所有内边距。

内边距的属性列表如表 5-5 所示。

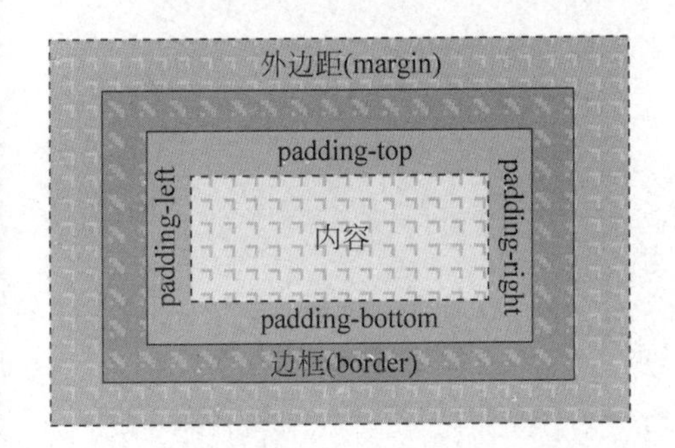

图 5-10　内边距

表 5-5　内边距列表

属　　性	描　　述
padding-top	设置元素上面的内边距
padding-right	设置元素右侧的内边距
padding-bottom	设置元素下面的内边距
padding-left	设置元素左侧的内边距
padding	简写属性，可以在一个声明中设置元素所有的内边距属性

统一设置内边距时，与边框的设置相似。padding 属性可以有 1～4 个属性，按照 TRBL 的顺序对内边距分别进行设置。下述代码演示 padding 的用法。

【代码 5-6】 paddingDemo.html

```
<!DOCTYPE html PUBLIC "-//W3C//DTD XHTML 1.0 Transitional//EN"
    "http://www.w3.org/TR/xhtml1/DTD/xhtml1-transitional.dtd">
<html xmlns="http://www.w3.org/1999/xhtml">
  <head>
    <meta http-equiv="Content-Type" content="text/html; charset=utf-8" />
    <title>内边距 padding 属性</title>
    <style type="text/css">
        div{
            background-color:#CCC;
            border:solid 1px #0000FF;
            position:absolute;
            width:50px;
```

```
            height:50px;
        }
        img{
            width:50px;
            height:50px;
        }
        .div1{
            padding:10px;                /* 同上下左右四个方向的内边距均为 10px  */
            left:10px;
            top:50px;
        }
        .div2{
            padding:10px 20px;           /* 上下内边距为 10px,左右内边距为 20px */
            left:100px;
            top:50px;
        }
        .div3{
            padding:10px 20px 30px;      /* 上边距为 10px,左右边距为 20px,下边距 30px */
            left:210px;
            top:50px;
        }
        .div4{
            padding:10px 20px 30px 40px; /* 上 10px,右 20px,下 30px,左 40px  */
            left:330px;
            top:50px;
        }
        .div5{                           /* 与 div4 效果完全相同 */
            padding-top:10px;
            padding-right:20px;
            padding-bottom:30px;
            padding-left:40px;
            left:460px;
            top:50px;
        }
    </style>
  </head>
  <body>
      <h3>内边距 padding</h3>
      <div class="div1"><img src="images/image.jpg" /></div>
      <div class="div2"><img src="images/image.jpg" /></div>
      <div class="div3"><img src="images/image.jpg" /></div>
      <div class="div4"><img src="images/image.jpg" /></div>
      <div class="div5"><img src="images/image.jpg" /></div>
  </body>
</html>
```

在上述代码中,样式 div4 通过 padding 属性对元素的内边距统一进行设置,而 div5 样式对每个内边距分别进行设置,两者显示效果完全相同。相对而言,padding 缩写形式显得更加简洁。在浏览器中预览效果如图 5-11 所示。

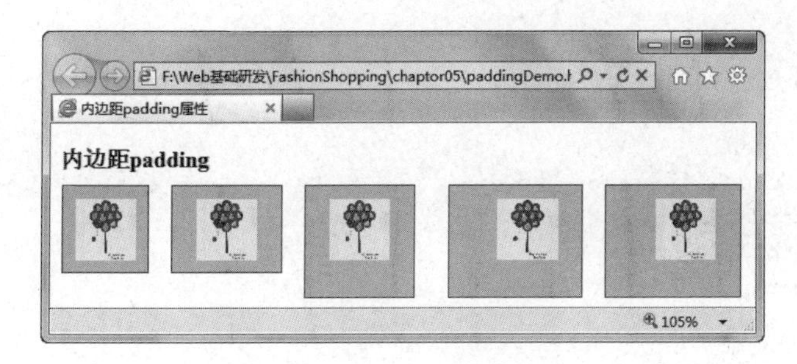

图 5-11 padding 的效果图

5.5 外边距

外边距(margin)是指元素与元素之间的距离,即围绕在元素边框之外的空白区域,通过外边距可以为元素创建额外的"空间",如图 5-12 所示。

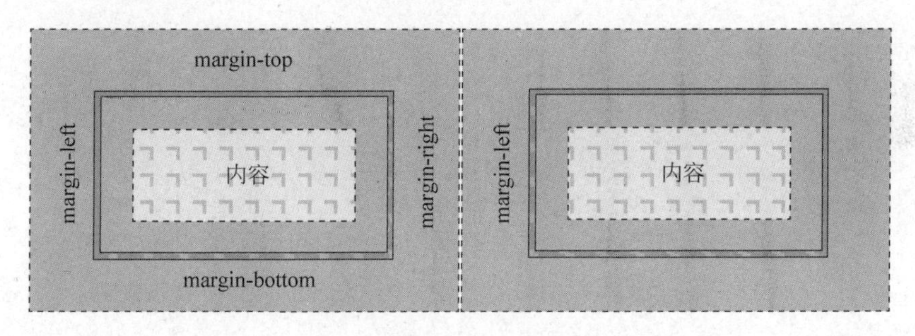

图 5-12 外边框

5.5.1 外边距的基本用法

外边距与内边距相似,可以对"上下左右"四个外边距分别进行设定,也可以统一进行设定,外边距的属性如表 5-6 所示。

表 5-6 外边距属性列表

属 性	描 述
margin-top	设置元素上面的外边距
margin-right	设置元素右侧的外边距
margin-bottom	设置元素下面的外边距
margin-left	设置元素左侧的外边距
margin	简写属性,可以在一个声明中设置元素的所有外边距属性

下述代码演示外边距的用法。

【代码 5-7】 marginDemo.html

```
<!DOCTYPE html PUBLIC "-//W3C//DTD XHTML 1.0 Transitional//EN"
    "http://www.w3.org/TR/xhtml1/DTD/xhtml1-transitional.dtd">
<html xmlns="http://www.w3.org/1999/xhtml">
  <head>
```

```
        <meta http-equiv="Content-Type" content="text/html; charset=utf-8" />
        <title>外边距 margin 属性</title>
        <style type="text/css">
            .containerDiv{
                background-color:#ddd;
                border:solid 1px #0000FF;
                width:700px;
                margin:0 auto;
            }
            .houseStyle{
                margin:10px 20px 30px 40px;
            }
            .musicStyle{
                margin-left:10px;
            }
            .danceStyle{
                margin-left:15px;
                margin-bottom:20px;
            }
        </style>
    </head>
    <body>
        <h3>外边距 margin</h3>
        <div class="containerDiv">
            <img class="houseStyle" src="images/house.jpg" width="200" height="300" />
            <img class="musicStyle" src="images/music.jpg" width="200"/>
            <img class="danceStyle" src="images/dance.jpg" width="200" height="300" />
        </div>
    </body>
</html>
```

在上述代码中，将<div>标签的外边距设为“margin:0 auto;”，表示该元素的外边距上下为零，水平自动分配，即在外层容器中（此处是浏览器窗口）居中显示；第一幅图片的“上下左右”外边距分别为10px、20px、30px、40px；第二幅图片的左边距为10px；第三幅图片左边距和下边距分别为15px和20px，显示效果如图5-13所示。

图5-13 margin的效果图

5.5.2 外边距合并

外边距合并(叠加)是指当两个垂直外边距相遇时,将形成一个外边距。合并后的外边距的高度等于合并前的两个外边距中的较大者。

1. 上下元素间的外边距合并

当一个元素出现在另一个元素上面时,第一个元素的下外边距与第二个元素的上外边距将发生合并,如图 5-14 所示。

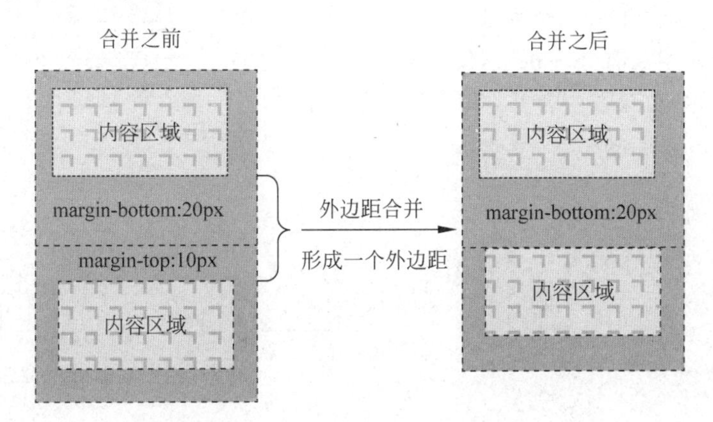

图 5-14 上下元素间的外边框合并

下述代码演示上下元素之间的外边框合并。

【代码 5-8】 marginMergeDemo.html

```
<!DOCTYPE html PUBLIC "-//W3C//DTD XHTML 1.0 Transitional//EN"
    "http://www.w3.org/TR/xhtml1/DTD/xhtml1-transitional.dtd">
<html xmlns="http://www.w3.org/1999/xhtml">
  <head>
    <meta http-equiv="Content-Type" content="text/html; charset=utf-8" />
    <title>外边距合并</title>
    <style type="text/css">
        div{
            background-color:#ddd;
            border:solid 2px #0000FF;
            width:100px;
            height:50px;
        }
        .topDiv{
            margin-bottom:20px;
        }
        .bottomDiv{
            margin-top:10px;        /*由于外边框合并,此处代码删掉,不影响显示效果*/
        }
    </style>
  </head>
  <body>
      <div class="topDiv"></div>
```

```
        <div class="bottomDiv"></div>
    </body>
</html>
```

在上述代码中，两个 div 之间的外边距是 20px，而不是 30px(20px+10px)。此时将 bottomDiv 中的 margin-top 删掉，不会影响最终的显示效果，如图 5-15 所示。

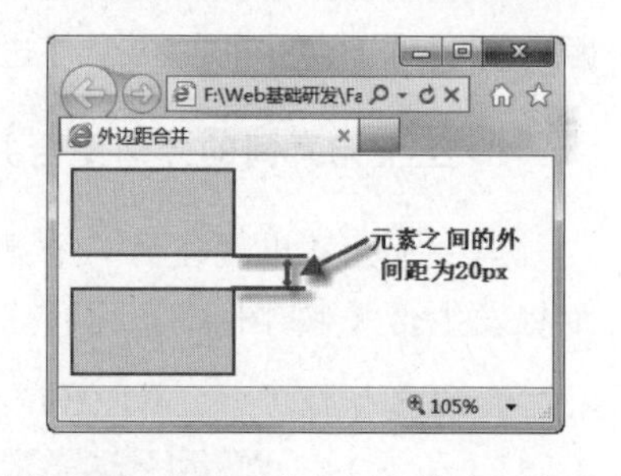

图 5-15　上下元素之间的外边距合并

2. 包含元素间的外边距合并

当一个元素包含在另一个元素中，父元素没有内边距和边框，且子元素没有外边距时，父元素与子元素的上边距(或下外边距)也会发生合并，如图 5-16 所示。

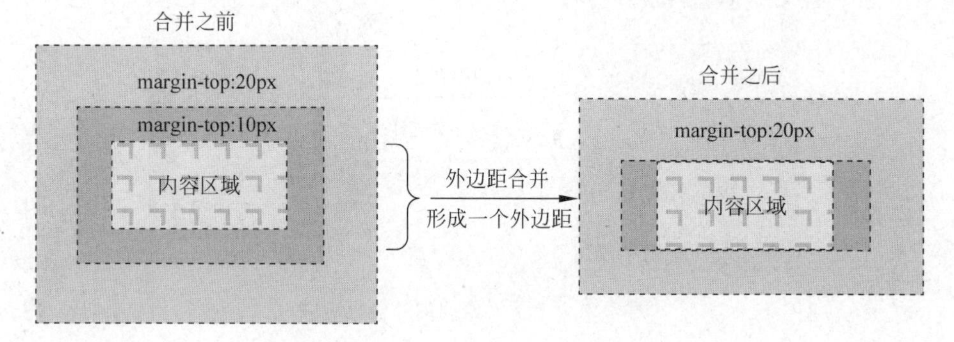

图 5-16　包含元素间的外边距合并

3. 空元素的外边距合并

空元素只包含外边距而无边框和填充时，上外边距与下外边距就会碰到一起，元素的上下外边距也会产生合并，如图 5-17 所示。

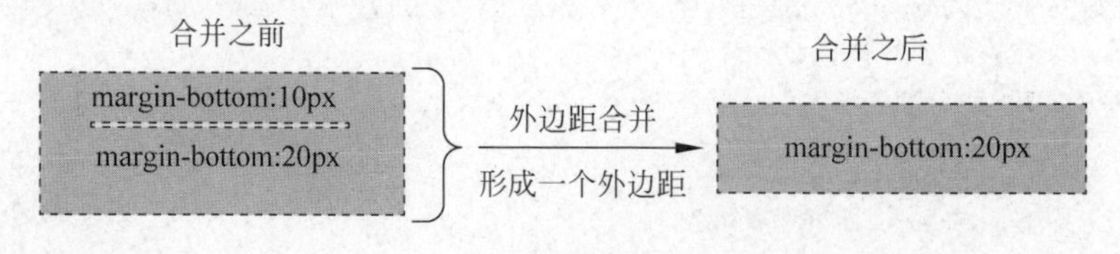

图 5-17　空元素的外边距合并

当合并后的外边距再次遇到其他元素的外边距时，还会发生合并操作，如图 5-18 所示。

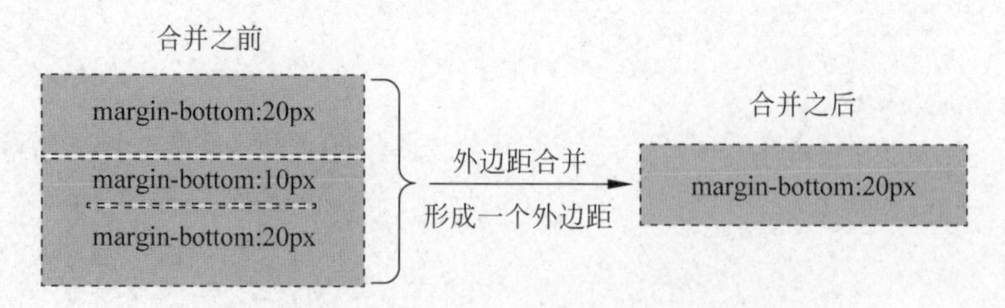

图 5-18　空元素与其他元素外边距合并

注意

> 外边距合并时，只有普通的页面流中块级元素的垂直外边距会发生外边距的合并。而行内元素、浮动元素和绝对定位元素之间的外边距不会进行合并。

5.6 DIV+CSS 页面布局

一个标准的 Web 页面是由结构、外观和行为三部分组成。其中，页面结构用于对页面的信息进行整理与分类，通常涉及 HTML、XHTML 和 HTML 5 等标签；页面外观是对结构化的内容进行修饰，通常采用 CSS 样式进行修饰；而页面行为是指与页面元素进行的交互操作，其常用技术有 JavaScript、jQuery 等。

页面布局的核心目标是实现页面的结构与外观相分离，常见的布局方式有三种：表格布局、框架布局和 DIV+CSS 布局。

在表格布局中，在设置单元格的高度、宽度和对齐等属性的同时，还要加入装饰性的图片和文字等信息，图片和内容混杂在一起使代码显得非常臃肿。当完成一个比较复杂的页面时，HTML 文档内将会出现大量的<tr>和<td>标签。当页面布局需要调整时，往往需要重新制作表格。而多重表格嵌套时，由于标签的层次过多，页面不利于搜索引擎的抓取。

框架布局虽然可以有效地解决代码重用性问题，但一个页面会依赖多个页面，不方便进行管理；搜索引擎对框架中的内容进行检索时存在困难，有些搜索引擎只会检索框架集页面，导致页面检索不完整；在浏览器中单击后退按钮时，可能出现非用户期望的页面；框架对打印支持效果不够好，只能实现分框架页面的打印，而且多数小型的移动设备无法显示框架。以上诸多缺点均不符合页面设计的理念，在 HTML 5 中不再支持<frameset>标签。

目前比较流行的页面布局是 DIV+CSS 布局，通过<div>标签从页面整体上进行划分，然后逐块进行 CSS 定位，最后再完善各个块中的局部布局。DIV+CSS 页面布局可以简化页面的代码量，提高页面的浏览速度；其结构清晰，代码嵌套层次少，容易被搜索引擎检索到；页面结构与表现相分离，便于维护与扩展。

CSS 布局要求页面设计者要对页面有一个整体的结构规划，包括整个页面分为哪些模块、模块之间有怎样的包含关系等。以图 5-19 所示的页面为例，页面被划分成五部分：横幅(banner)、导航(navigator)、焦点内容(focus)、主体内容(content)和版权(footer)部分。

根据页面需求对页面整体结构进行划分，完成页面结构对应的 HTML 部分。

【代码 5-9】 structureDemo.html 中的 HTML 代码部分

```
<!DOCTYPE html PUBLIC "-//W3C//DTD XHTML 1.0 Transitional//EN"
    "http://www.w3.org/TR/xhtml1/DTD/xhtml1-transitional.dtd">
<html xmlns="http://www.w3.org/1999/xhtml">
  <head>
    <meta http-equiv="Content-Type" content="text/html; charset=utf-8" />
    <title>页面内容框架</title>
    <style type="text/css">
        /* 待完成 CSS 部分 */
```

```
    </style>
  </head>
  <body>
      <div id="containerDiv">
        <div id="bannerDiv"></div>
        <div id="navigationDiv"> </div>
        <div id="foucsDiv">
            <div id="leftDiv"></div>
            <div id="rightDiv"></div>
        </div>
        <div class="clearBoth"></div><!-- 清除前面浮动对后面元素的影响 -->
        <div id="contentDiv">
            <div id="content1"></div>
            <div id="content2"></div>
            <div id="content3"></div>
        </div>
        <div class="clearBoth"></div><!-- 清除前面浮动对后面元素的影响 -->
        <div id="footerDiv"></div>
      </div>
  </body>
</html>
```

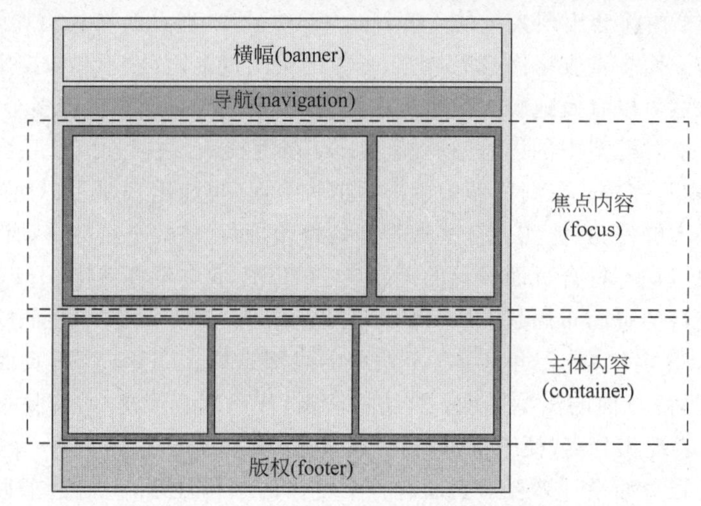

图 5-19　页面内容结构

上述代码中，<div class="clearBoth"></div>可以清除前面浮动对后面元素的影响，在页面设计时经常用到，此处删除或保留该标签对页面的影响并不大。

接下来，在 HTML 代码的基础上，完成页面的 CSS 样式部分。下述 CSS 样式位于网页头部的<style>标签中。

【代码 5-10】　structureDemo.html 中的 CSS 样式部分

```
<style type="text/css">
    body,div{
        margin:0px;
        padding:0px;
    }
```

```
#containerDiv{
    margin:0 auto;
    width:1000px;
    height:750px;
    background-color:#CCC;
}
#bannerDiv{
    width:100%;
    height:100px;
    background-color:#BBB;
}
#navigationDiv{
    width:100%;
    height:50px;
    background-color:#888;
}
#foucsDiv{
    width:100%;
    height:300px;
    background-color:#EEE;
    padding:4px 0px;
}
#contentDiv{
    width:100%;
    height:200px;
    background-color:#999;
    padding-top:3px 0px;
}
#footerDiv{
    width:100%;
    height:90px;
    background-color:#BBB;
    margin-top:3px;
}
#leftDiv{
    width:60%;
    height:99%;
    background-color:#CCC;
    float:left;
}
#rightDiv{
    width:39%;
    height:99%;
    background-color:#CCC;
    float:right;
}
#content1{
    width:330px;
```

```
        height:98%;
        background-color:#CCC;
        float:left;
    }
    #content2{
        width:330px;
        height:98%;
        background-color:#CCC;
        float:left;
        margin-left:4px;
    }
    #content3{
        width:330px;
        height:98%;
        background-color:#CCC;
        float:left;
        margin-left:4px;
    }
    .clearBoth{
        clear:both;
    }
</style>
```

页面 structureDemo.html 在浏览器中的预览结果如图 5-20 所示。

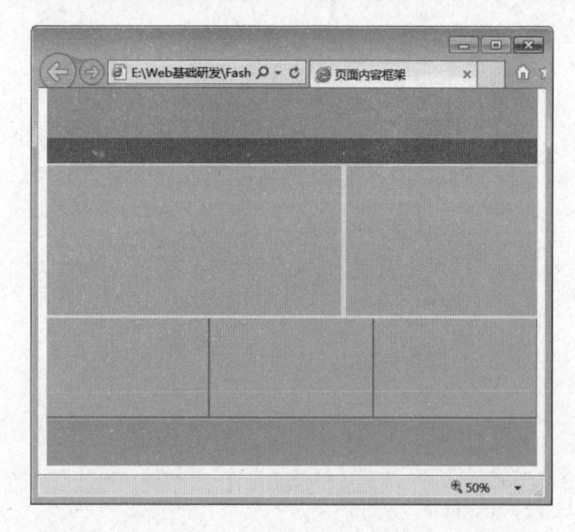

图 5-20　DIV+CSS 页面布局

5.7　贯穿任务实现

5.7.1　实现【任务5-1】

本小节实现“Q-Walking E&S 漫步时尚广场”贯彻项目中的【任务5-1】使用 CSS 样式实

现购物列表页面的整体布局，如图 5-21 所示。

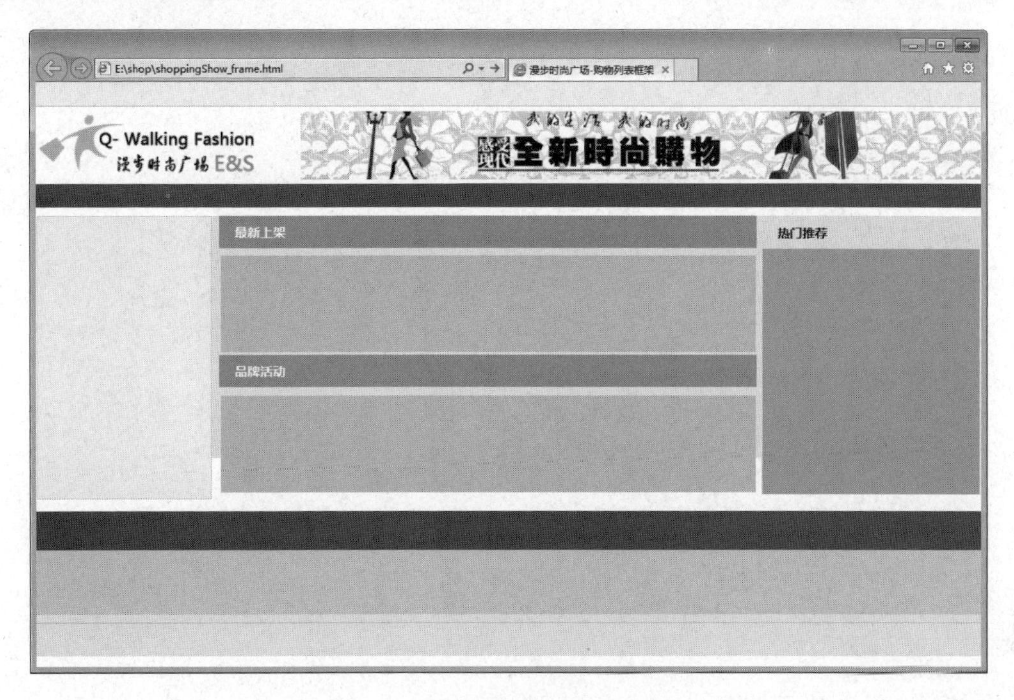

图 5-21 购物列表页面的整体布局

购物列表页面整体分为顶部区域、Logo 横幅区域、菜单导航栏、中间部分(左侧导航栏、“最新上架”、“品牌活动”和“热门推荐”)和页面底部 5 大部分，HTML 代码如下所示。

【任务5-1】 shoppingShow_frame. html

```
<!DOCTYPE html PUBLIC "-//W3C//DTD XHTML 1.0 Transitional//EN"
    "http://www.w3.org/TR/xhtml1/DTD/xhtml1-transitional.dtd">
<html xmlns="http://www.w3.org/1999/xhtml">
<head>
    <meta http-equiv="Content-Type" content="text/html; charset=utf-8" />
    <title>漫步时尚广场-购物列表</title>
    <link href="css/show_frame.css" rel="stylesheet" type="text/css">
</head>
<body>
<!-- 顶部区域 start -->
<div class="top_bg">
  <div class="top_content"></div>
</div>
<!-- 顶部区域 end -->
<div class="clear"></div>
<!-- logo 和 banner start -->
<div class="logo">
  <a href="../index.html"><img src="images/logo.jpg"></a>
  <img src="images/banner.jpg" class="floatr ">
</div>
<!-- logo 和 banner  end -->
```

```
<!--菜单导航栏 start-->
<div class="nav_bg"></div>
<!--菜单导航栏 end-->
<!--中间部分 start-->
<div class="main">
  <!--购物分类 start-->
  <ul class="menu"></ul>
  <!--购物分类 end-->
  <!--中间区 start-->
  <div class="middle">
    <h1 class="pic_title">最新上架</h1>
    <div class="pic_list"></div>
    <!--品牌活动-->
    <h1 class="pic_title">品牌活动</h1>
    <ul class="pic_list2"></ul>
  </div>
  <!--中间区 end-->
  <!--右侧热门推荐 start-->
  <div class="right_nav">
    <h1 class="notice_title">热门推荐</h1>
    <ul class="pic_list3"></ul>
  </div>
  <!--右侧热门推荐 end-->
</div>
<!--中间部分 end--><!--底部 start-->
<div class="clear"></div>
<div class="footer">
  <div class="foot_title"></div>
  <ul class="foot_list"></ul>
  <div class="clear"></div>
  <div class="foot_line"></div>
</div>
<!--底部 end-->
</body>
</html>
```

在购物列表框架页面中，使用外部CSS文件对页面进行美化，CSS代码如下所示。

【任务5-1】 show_frame.css

```
body{font-size:12px;font-family:microsoft yahei;margin:0;color:#000;}
*{padding:0;margin:0;}
li,ul{list-style:none;}
a{color:#000;text-decoration:none;}
img{border:none;}
.clear{clear:both;}
.floatr{float:right;}
.main{margin:10px auto;width:1200px;height:300px; background-color:#eee;}
/*头部*/
.top_bg{border-bottom:1px solid #ccc;font-size:12px;
      line-height:30px;background:#f7f7f7;height:30px;}
```

```
.top_content{width:100%;margin:0 auto; height:200px;}
.logo{margin:5px auto;width:1200px;}
.nav_bg{background:#ce2626;width:100%;color:#fff;height:30px;}
/*左侧导航*/
.menu{width:220px;float:left;border:1px solid #e5e4e1;height:350px;
      background-color:#FFC;}
/*中间部分*/
.middle{float:left;width:690px;}
.pic_list{float:left;margin:0 6px 3px 12px;height:120px; width:98%;
      background-color:#FCF;}
.pic_title{background:#ff9c01;line-height:40px; color:#fff; text-indent:20px;
      text-align:left;width:680px;float:left;font-size:16px;margin:0 10px 10px}
.pic_list2{float:left;margin:0 6px 3px 12px; height:120px;
      width:98%;background-color:#FCF;}
/*右侧公告*/
.right_nav{width:280px;border:1px solid #eee;float:right;height:345px;
      background-color:#6FC;}
.notice_title{background:#eee;line-height:40px;font-size:16px;
      text-indent:20px;text-align:left;}
/*foot*/
.footer{width:100%;background:#efefef;height:180px;margin-top:15px;}
.foot_title{background:#6a6665;width:100%;height:40px;padding-top:8px;}
.foot_line{border-bottom:1px solid #ccc;font-size:12px;margin-top:10px;}
.foot_list{width:100%;margin:0 auto;padding-top:20px; height:60px;
      background-color:#ddd;}
```

5.7.2 实现【任务5-2】

本小节实现"Q-Walking E&S漫步时尚广场"贯彻项目中的【任务5-2】使用CSS样式实现购物列表页面的左侧导航栏部分，如图5-22所示。

图5-22 网站底部

购物列表页面的底部模块是由图片模块、描述模块和版权模块构成，相关代码如下所示。

【任务5-2】 shoppingShow_footer.html

```
<!DOCTYPE html PUBLIC "-//W3C//DTD XHTML 1.0 Transitional//EN"
    "http://www.w3.org/TR/xhtml1/DTD/xhtml1-transitional.dtd">
<html xmlns="http://www.w3.org/1999/xhtml">
<head>
    <meta http-equiv="Content-Type" content="text/html; charset=utf-8" />
    <title>漫步时尚广场-购物列表-底部模块</title>
    <style type="text/css">
        body{font-size:12px;font-family:microsoft yahei;margin:0;color:#000;}
        *{padding:0;margin:0;}
        li,ul{list-style:none;}
        img{border:none;}
        .font16{font-size:16px;font-weight:700;}
        .clear{clear:both;}
        .floatl{float:left;}
        /*foot*/
        .footer{width:100%;background:#efefef;height:310px;margin-top:15px;}
        .foot_title{background:#6a6665;width:100%;height:40px;
                padding-top:8px;}
        .foot_pic{margin:0 auto;width:100%;}
        .foot_pic li{width:210px;float:left;text-align:center;}
        .padding-bottom{padding-bottom:10px;}
        .padding-top{padding-top:10px;}
        .foot_line{border-bottom:1px solid #ccc;font-size:12px;margin-top:10px}
        .line1{background:url(../images/line1.jpg) no-repeat;width:20px;
                height:100px;display:inline-block;}
        .red1{background:url(../images/red1.jpg) no-repeat;width:35px;
                height:31px;display:block;}
        .red2{background:url(../images/red2.jpg) no-repeat;width:35px;
                height:31px;display:block;}
        .red3{background:url(../images/red3.jpg) no-repeat;width:35px;
                height:31px;display:block;}
        .foot_list>li{float:left;width:170px;}
        .foot_list{width:100%;margin:0 auto;padding-top:20px;}
        .foot_list li ul{padding-left:10px;}
    </style>
</head>
<body>
<!--底部 start-->
<div class="footer">
  <div class="foot_title">
    <ul class="foot_pic">
      <li><img src="images/gray1.jpg"></li>
      <li><img src="images/gray2.jpg"></li>
      <li><img src="images/gray3.jpg"></li>
      <li><img src="images/gray4.jpg"></li>
      <li><img src="images/gray5.jpg"></li>
```

```
    </ul>
  </div>
  <ul class="foot_list">
    <li>
      <div class="floatl">
        <p class="red1"></p>
        <p class="line1"></p>
      </div>
      <ul class="floatl">
        <li class="font16 padding-bottom">新手指导</li>
        <li>用户注册</li>
        <li>电话下单</li>
        <li>购物流程</li>
        <li>购物保障</li>
        <li>服务协议</li>
      </ul>
    </li>
    <li>
      <div class="floatl">
        <p class="red2"></p>
        <p class="line1"></p>
      </div>
      <ul class="floatl">
        <li class="font16 padding-bottom">支付方式</li>
        <li>货到付款</li>
        <li>商城卡支付</li>
        <li>支付宝、网银支付</li>
        <li>优惠券抵用</li>
      </ul>
    </li>
    <li>
      <div class="floatl">
        <p class="red3"></p>
        <p class="line1"></p>
      </div>
      <ul class="floatl">
        <li class="font16 padding-bottom">配送方式</li>
        <li>闪电发货</li>
        <li>满百包邮</li>
        <li>配送范围及时间</li>
        <li>商品验收及签收</li>
        <li>服务协议</li>
      </ul>
    </li>
    <li>
      <div class="floatl">
        <p class="red3"></p>
        <p class="line1"></p>
      </div>
      <ul class="floatl">
        <li class="font16 padding-bottom">售后服务</li>
        <li>退换货协议</li>
        <li>关于发票</li>
```

```
            <li>退换货流程</li>
            <li>退换货运费</li>
          </ul>
        </li>
        <li>
          <div class = "floatl">
            <p class = "red3"></p>
            <p class = "line1"></p>
          </div>
          <ul class = "floatl">
            <li class = "font16 padding - bottom">关于账号</li>
            <li>修改个人信息</li>
            <li>修改密码</li>
            <li>找回密码</li>
          </ul>
        </li>
        <li>
          <div class = "floatl">
            <p class = "red3"></p>
            <p class = "line1"></p>
          </div>
          <ul class = "floatl">
            <li class = "font16 padding - bottom">优惠活动</li>
            <li>竞拍须知</li>
            <li>抢购须知</li>
          </ul>
        </li>
      </ul>
      <div class = "clear"></div>
      <div class = "foot_line"></div>
      <p align = "center" class = "padding - top"> Copyright 2015 - 2020 Q - Walking Fashion E&S
        漫步时尚广场(QST 教育)版权所有 <br/>中国青岛 高新区广博路 325 号 青软教育集团
        咨询热线: 400 - 658 - 0166 400 - 658 - 1022 </p>
      <p align = "center">< img src = "images/foot_pic.jpg"></p>
      <div class = "clear"></div>
    </div>
    <!-- 底部 end -->
  </body>
</html>
```

本章总结

小结

- 盒子模型由内容(content)、边框(border)、内边距(padding)和外边距(margin) 4 部分组成;
- 内容区(content)是盒子模型的中心,也是盒子模型必不可少的部分;

- 当 content 中的信息太多，并超出内容区所占的范围时，可以通过溢出属性 overflow 来指定溢出的处理方式；
- 元素的边框(border)就是围绕元素内容和内边距的一条或多条线；
- 当边框宽度设置 4 个参数时，将按上→右→下→左的顺序作用到边框上；
- 边框圆角由两个圆弧共同构成，HR 代表圆角的水平半径，VR 代表圆角的垂直半径；
- 通过 box-shadow 属性可以给框添加一个或多个阴影，该属性是由逗号分隔的阴影列表，每个阴影由 2～6 个长度值、可选的颜色值以及可选的 inset 关键词来规定；
- 内边距(padding)是指内容区与边框之间的距离，可以对“上右下左”四个方向的内边距分别进行设置；
- 外边距(margin)是指元素与元素之间的距离，即围绕在元素边框外的空白区域，通过设置外边距可以创建额外的“空间”，可以对“上下左右”四个外边距分别设定，也可以统一设定；
- 外边距合并(叠加)是指当两个垂直外边距相遇时，将形成一个外边距；
- CSS 布局要求设计者首先对页面有一个整体的结构规划，然后逐块进行 CSS 定位，最后再在各个块中添加相应的内容。

Q&A

1. 问题：DIV＋CSS 布局比较烦琐，而且涉及浏览器不兼容的问题，表格布局实现相对不是更简单吗？

回答：表格布局虽然简单，但是往往需要设置单元格的高度、宽度和对齐等属性，有时还要加入装饰性的图片，图片和内容混杂在一起，使代码显得非常臃肿。当页面布局需要调整时，往往都要重新制作表格。在多个表格嵌套时，标签的层次过多，不利于搜索引擎的抓取，在搜索引擎中搜到的概率将会大大降低。

通过 DIV＋CSS 页面布局，可以缩减页面的代码量，提高页面浏览速度；结构清晰，代码嵌套层次少，容易被搜索引擎检索到；结构与表现相分离，便于维护与扩展。

2. 问题：图像边框在火狐浏览器可以显示而 IE 浏览器不能显示，该怎么办？

回答：确认一下 IE 浏览器的版本是否是 IE 11。在 CSS 3 中新增了图像边框属性，该属性现已得到 IE 11、Firefox、Opera 15、Chrome 以及 Safari 6 的支持，而 Safari 5 需要 -webkit-border-image 属性替代。

章节练习

习题

1. 盒子模型从外到内的顺序是________。

   A. border→margin→padding→content

   B. margin→border→padding→content

C. margin→padding→border→content

D. padding→border→margin→content

2. 设置边框宽度时,参数个数可能是________个。

A. 1～2　　B. 2～4

C. 3～4　　D. 1～4

3. 下面边框样式中,________是虚线类型。

A. dashed　　B. solid

C. double　　D. dotted

4. TRBL 规则指的是________。

A. 上→下→右→左　　B. 上→右→下→左

C. 左→右→上→下　　D. 右→上→左→下

5. 现有圆角边框的样式 border-radius: 10px 20px/30px 20px 40px,下面相关代码不正确的是________。

A. border-top-left-radius: 10px 30px;

B. border-top-right-radius: 20px 20px;

C. border-bottom-right-radius: 10px 40px;

D. border-bottom-left-radius: 20px 40px;

6. 通过下面 CSS 样式代码来设置边框阴影效果:

box-shadow: 30px 20px 10px 5px #BBAACC;

其中 10px 用来设置边框阴影中的________特征。

A. 水平阴影　　B. 垂直阴影

C. 模糊距离　　D. 阴影尺寸

E. 阴影颜色

7. 关于图像边框说法错误的是________。

A. 边框图像在元素的背景之上

B. 边框图像被分割成 9 部分,四个角的区域可以平铺和拉伸

C. 边框图像被分割成 9 部分,四个边框部分可以平铺或拉伸

D. 边框图像被分割成 9 部分,中心区域默认是透明的,当有 fill 参数时,中心区域将会使用边框图像进行填充

8. 下面设置中,可以使当前元素在父容器中水平居中的是________。

A. margin:auto 0;　　B. margin:0 auto;

C. padding:auto 0;　　D. padding:0 auto;

9. 关于页面布局说法不正确的是________。

A. 页面设计与布局的核心目标是实现页面的结构与外观相分离

B. 表格布局时,容易嵌套层次过多,不利于搜索引擎的抓取

C. 框架布局可以有效地解决代码重用性问题,现在前端与后台被广泛使用

D. DIV+CSS 布局方式结构清晰,代码嵌套层次少,容易被搜索引擎检索到

上机

1. 训练目标："餐饮列表"页面的整体布局。

培养能力	熟练使用 DIV+CSS 布局排版		
掌握程度	★★★★★	难度	中
代码行数	300	实施方式	编码强化
结束条件	独立编写，不出错	涉及页面	foodShow. html
参考训练内容			
(1) 使用 DIV+CSS 实现"餐饮列表"的整体排版，如图 5-23 所示；			
(2) 使用 IE、FireFox 或 Chrome 浏览器查看页面效果			

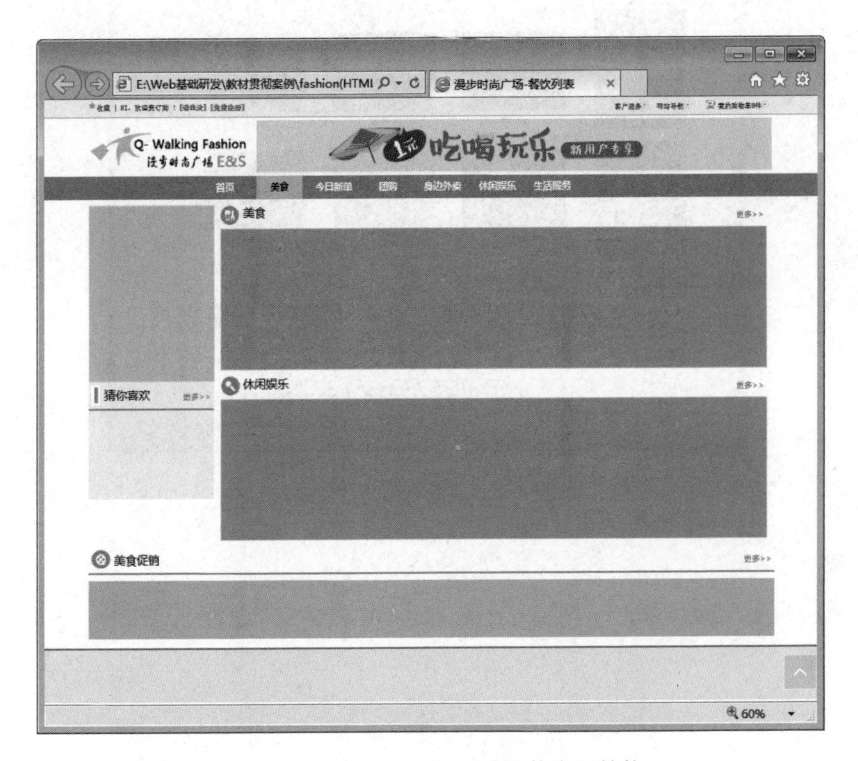

图 5-23 "餐饮列表"页面的整体布局结构

2. 训练目标："餐饮列表"页面中各子模块的内容填充。

培养能力	熟练使用< div >< ul >< dl >等标签进行局部排版		
掌握程度	★★★★★	难度	较难
代码行数	400	实施方式	编码强化
结束条件	独立编写，不出错	涉及页面	foodShow. html
参考训练内容			
(1) 使用< div >、< ul >、< dl >等标签对"餐饮列表"页面各子模块进行填充，如图 5-24 所示；			
(2) 使用 IE、FireFox 或 Chrome 浏览器查看页面效果			

E:\Web基础研发\教材贯彻案例
漫步时尚广场-餐饮列表
Q- Walking Fashion
漫步时尚广场 E&S
吃喝玩乐
美食
SUBWAY
赛百味
猜你喜欢
休闲娱乐
美食促销
45%

图 5-24 “餐饮列表”页面

第6章 JavaScript语言基础

任务驱动

本章任务是完成“Q-Walking E&S 漫步时尚广场”的“用户登录”及“购物列表”的商品展示模块：

- 【任务6-1】实现“Q-Walking E&S 漫步时尚广场”后台模拟登录。
- 【任务6-2】实现“Q-Walking E&S 漫步时尚广场”“购物列表”页面的商品展示模块。

学习路线

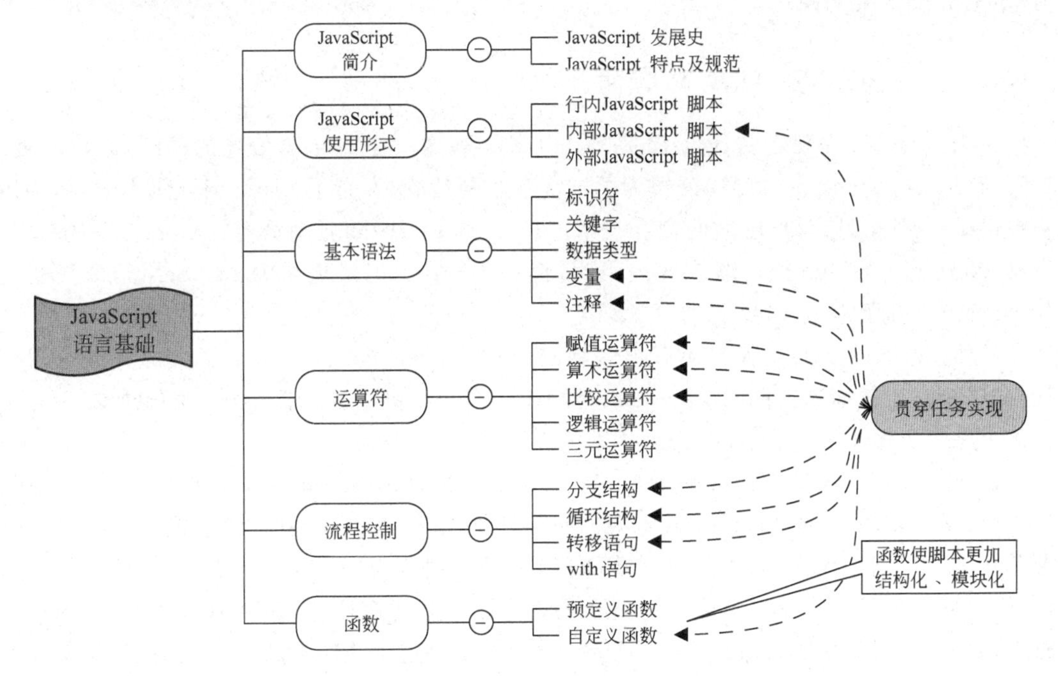

知　识　点	Listen(听)	Know(懂)	Do(做)	Revise(复习)	Master(精通)
JavaScript 简介	★				
JavaScript 的使用	★	★	★		
JavaScript 基本语法	★	★	★	★	
运算符	★	★	★	★	★
流程控制	★	★	★	★	★
函数	★	★	★	★	★

6.1 JavaScript 简介

JavaScript 是一种脚本语言,可以直接嵌入 HTML 页面之中,当用户在浏览器中预览该页面时,浏览器会解释并执行其中的 JavaScript 脚本。使用 JavaScript 制作的页面特效可以使页面更加丰富多彩,最大程度地活跃网页的气氛。随着 HTML 5 的出现,JavaScript 的重要性更加凸显,在 Canvas 绘图、本地存储、离线应用和客户端通信等方面都需要结合 JavaScript 脚本来实现。

6.1.1 JavaScript 发展史

在 JavaScript 出现之前,网页都是纯 HTML,就像一张张布满信息的稿纸,不可改变。1995 年 11 月,Netscape(网景)公司为了丰富互联网功能,发布了 LiveScript 脚本语言,为用户提供了一种与 HTML 层面的交互技术。1995 年 12 月,随着浏览器 Navigator 2 版本的发布,Netscape 与 Sun 公司联合发表声明,将 LiveScript 正式更名为 JavaScript,即最初的 JavaScript 1.0 版本。

虽然 JavaScript 1.0 版本还有很多缺陷,但当时 Navigator 2 主宰了大部分浏览器市场,推广相对比较简单。同时 Microsoft(微软)公司开始进军浏览器市场,发布的 IE 3.0 中搭载了一个类似 JavaScript 的语言,为避免版权问题,注册为 JScript。

在 Microsoft 进入浏览器市场后,有 3 种不同的 JavaScript 版本同时存在:IE 中的 JScript、Navigator 中的 JavaScript 以及 CEnvi 中的 ScriptEase。由于没有统一的标准来规范其语法和特性,导致脚本代码在不同的浏览器中存在兼容性问题。直到 1997 年,JavaScript 1.1 版本作为一个草案提交给欧洲计算机制造商协会(ECMA),并由 Netscape、Sun、Microsoft 以及 Borland 等公司组成的委员会制定了 ECMAScript 程序语言规范书(ECMA-262 标准),该标准被国际标准化组织(ISO)所采纳,并作为各种浏览器生产商制定脚本的统一标准。

目前 JavaScript 由 ECMAScript、DOM 和 BOM 三者组成。JavaScript 和 JScript 在 ECMAScript 方面是相同的,但在操作浏览器对象(DOM 和 BOM)等方面又有各自的独特方法,这也是在脚本设计时需要关注的问题。

6.1.2 JavaScript 特点及规范

JavaScript 是一种通用的、跨平台的、基于对象和事件驱动并具有安全性的客户端脚本语言，其主要特点如下。

- 解释性——JavaScript 是一种解释性语言，与一些编译性语言(如 C、C++ 等)不同，JavaScript 脚本不需要编译，可以直接被浏览器解释并执行。
- 嵌套在 HTML 中——JavaScript 可以嵌套在 HTML 代码中，通常位于< script >、</script >标签之间，在文档加载或页面控件的事件触发时执行。
- 弱数据类型——在 JavaScript 中，定义变量时无须指定变量的类型，浏览器会根据变量取值情况确定变量的类型，一个变量可以赋予不同类型的数据，变量的类型会随其值的改变而改变。
- 跨平台——JavaScript 与操作系统无关，只要提供了支持 JavaScript 的浏览器，便可解释并执行 JavaScript 脚本。
- 基于对象——JavaScript 是一种基于对象的语言，提供了一系列的内置对象，用户可以根据需要来创建对象，通过调用对象的方法和属性来实现页面的某些特效。而 JavaScript 不是一门纯面向对象的语言，语法相对比较灵活。
- 基于事件驱动——事件驱动是指在页面中执行某种操作时所产生的动作。例如，当单击鼠标、窗口的移动、文本内容的改变等时，浏览器可以对用户的操作进行响应，并执行相应的 JavaScript 脚本。

JavaScript 代码格式不够严谨，使用比较灵活。但过于随意将会导致代码难以理解，不易于维护，因此在编写代码时应注意以下规范：

- 浏览器解析 JavaScript 脚本时，会忽略标识符与运算符之间多余的空白字符；
- 每条语句单独占一行，并以英文分号(;)结束；
- 代码要有缩进，以增加代码层次感。

6.2 JavaScript 使用形式

JavaScript 脚本不仅能嵌入到 HTML 页面中，还能以独立文件的形式进行存放。在页面中使用 JavaScript 脚本的形式有以下三种：行内 JavaScript 脚本、内部 JavaScript 脚本、外部 JavaScript 脚本。

1. 行内 JavaScript 脚本

有些时候，会将 JavaScript 脚本嵌入到 HTML 标签内使用，例如鼠标事件和超链接等。

【示例】 行内 JavaScript 脚本

```
<body>
  <h1>校园评选活动</h1>
  <img src="images/girl1.jpg" onclick="alert('你选择了一号种子选手')"/>
  <img src="images/girl2.jpg" onclick="alert('你选择了二号种子选手')"/>
```

```
    <img src="images/girl3.jpg" onclick="alert('你选择了三号种子选手')"/>
    <a href="javascript:alert('请等待评选结果,谢谢');">查看评选结果</a>
</body>
```

2. 内部 JavaScript 脚本

当页面中嵌入大量的 JavaScript 代码时,HTML 代码维护相对比较困难,可以将这些 JavaScript 脚本提取出来统一放在<script>、</script>标签中,称为内部 JavaScript 脚本。<script>标签可以位于<head>标签内,又可以位于<body>标签内。

【示例】 内部 JavaScript 脚本的使用

```
<!DOCTYPE html PUBLIC "-//W3C//DTD XHTML 1.0 Transitional//EN"
    "http://www.w3.org/TR/xhtml1/DTD/xhtml1-transitional.dtd">
<html xmlns="http://www.w3.org/1999/xhtml">
  <head>
    <meta http-equiv="Content-Type" content="text/html; charset=utf-8" />
    <title>内部 JavaScript 脚本</title>
    <script type="text/javascript">
        alert("head 中的 JavaScript");
    </script>
  </head>
  <body>
    <script type="text/javascript">
        alert("body 中的 JavaScript");
    </script>
  </body>
</html>
```

3. 外部 JavaScript 脚本

为了将 JavaScript 脚本与 HTML 代码彻底进行分离,可以通过外部文件的形式存放 JavaScript 脚本。将 JavaScript 脚本以单独的文件进行存放,文件的后缀是.js,然后在 HTML 页面中通过<script>标签将 JS 文件引入。

【示例】 test.js

```
// JavaScript 脚本
alert("外部 JavaScript 脚本,导入成功。");
```

【示例】 在 externalScript.html 页面中导入 test.js

```
<!DOCTYPE html PUBLIC "-//W3C//DTD XHTML 1.0 Transitional//EN"
    "http://www.w3.org/TR/xhtml1/DTD/xhtml1-transitional.dtd">
<html xmlns="http://www.w3.org/1999/xhtml">
  <head>
    <meta http-equiv="Content-Type" content="text/html; charset=utf-8" />
    <title>外部 JavaScript 脚本</title>
    <script type="text/javascript" src="js/test.js"></script>
  </head>
  <body>
  </body>
</html>
```

6.3 基本语法

JavaScript 脚本语言与其他语言一样，有自身的数据类型、运算符、表达式及语法结构，其本身在很大程度上借鉴了 Java 语言结构，有 C 或 Java 基础的编程爱好者学习 JavaScript 相对容易一些。

6.3.1 标识符

所谓标识符(Identifier)就是一个名称，用来命名变量、函数或循环中的标签。在 JavaScript 中，标识符的命名规则与 Java 基本相同，规则具体如下：

- 标识符由数字、字母、下划线(_)、美元符号($)构成；
- 第一个字母必须是字母、下画线或美元符号；
- 标识符区分字母的大小写，推荐使用小写形式或骆驼命名法；
- 标识符不能与 JavaScript 中的关键字相同。

【示例】 合法的标识符

```
varName
_varName
var_Name
$varName
_9Name
```

【示例】 非法的标识符

```
Var Name            //包含空格;
9 varName           //以数字开头;
a + b               //加号"+"不是字母和数字,属于特殊字符
```

6.3.2 关键字

关键字(Reserved Words)是指 JavaScript 中预先定义的、有特别意义的标识符。而保留关键字是指一些关键字在 JavaScript 中暂时未用到，可能会在后期扩展时使用。关键字或保留关键字都不能用作标识符(包括变量名、函数名等)，如表 6-1 所示。

表 6-1 JavaScript 关键字

abstract	arguments	boolean	break	byte	case	catch
char	class	const	continue	debugger	default	delete
do	double	else	enum	eval	export	extends
false	final	finally	float	for	function	goto
if	implements	import	in	instanceof	int	interface
let	long	native	new	null	package	private
protected	public	return	short	static	super	switch
synchronized	this	throw	throws	transient	true	try
typeof	var	void	volatile	while	with	yield

6.3.3 数据类型

在 JavaScript 中，变量的类型可以改变，但某一时刻的类型是确定的。常见的数据类型有 String、Boolean、Array、Number 和 Undefinded 等类型，如表 6-2 所示。

表 6-2 JavaScript 常用的数据类型

数据类型	描述
String	字符串是由双引号(")或单引号(')括起来的 0～n 个字符
Boolean	布尔类型包括 true 和 false 两个值
Null	表明某个变量的值为 null
Undefined	当声明的变量未初始化时，默认值是 undefined
Array	一系列变量或函数的集合，可以存放类型相同的数据，也可以存放类型不同的数据
Number	JavaScript 中的数值类型可以是 32 位的整数，也可以是 64 位的浮点数；而整数可以是十进制、八进制或十六进制等形式
Function	JavaScript 函数是一种特殊的对象数据类型，可以被存储在变量、数组或对象中，还可以作为参数传递给其他函数
Object	通过属性和方法定义的软件对象；对象中的命名变量称为属性，对象中的函数称为方法；常见的对象有 String、Date、Math 和 Array 等

6.3.4 变量

变量是程序存储数据的基本单位，用来保存程序中的数据。变量名是标识符中的一种，应遵循标识符的命名规范。

在 JavaScript 中，变量的使用相对比较灵活。在使用变量之前，可以不用定义而直接使用。在定义变量时，不用指定变量的数据类型；当对变量赋值时，其数据类型会根据所赋值的类型进行确定。

1. 变量的定义

在使用变量之前，可以通过关键字 var 对变量进行声明，语法格式如下。

【语法】

```
var 变量 1[, 变量 2, …];
```

其中：

- var 是定义变量的关键字；
- 多个变量可以一起定义，变量名之间用逗号(,)隔开；
- 变量可以在定义的同时进行赋值，也可以先定义，再赋值；
- 在 JavaScript 中，变量还可以不用定义，直接使用。

【示例】 变量的定义

```
var name,age;
var type = "student";
```

```
var major = "软件外包";
school = "QST 软件学院";
```

注意

JavaScript 中的变量是区分大小写的，例如 name、Name、NAME 代表三个不同的变量。由于 JavaScript 脚本嵌入在(X)HTML 代码中，而(X)HTML 代码不区分字母的大小写，有些初学者在编写代码时容易忽视代码的大小写，导致代码错误。建议统一使用小写形式或骆驼命名法来定义变量。

2. 变量的类型

与 Java 语言不同，JavaScript 中的变量是弱数据类型，在声明变量时不需要指明变量的数据类型，而是通过关键字 var 进行声明；在变量的使用过程中，变量的类型可以动态改变，类型由所赋值的类型来确定。

通过 typeof 运算符或 typeof()函数来获得变量的当前数据类型，代码如下。

【代码 6-1】 variableType.html

```
<!DOCTYPE html PUBLIC "-//W3C//DTD XHTML 1.0 Transitional//EN"
    "http://www.w3.org/TR/xhtml1/DTD/xhtml1-transitional.dtd">
<html xmlns="http://www.w3.org/1999/xhtml">
  <head>
    <meta http-equiv="Content-Type" content="text/html; charset=utf-8" />
    <title>JavaScript 的变量类型</title>
    <script type="text/javascript">
        var x = 30;
        alert(typeof x);          //弹出提示信息框
        x = "QST 软件学院";
        alert(typeof(x));
    </script>
  </head>
  <body>
  </body>
</html>
```

上述代码中，alert()函数用于弹出提示对话框。在浏览器中预览代码时，会连续弹出两个提示信息，如图 6-1 所示。

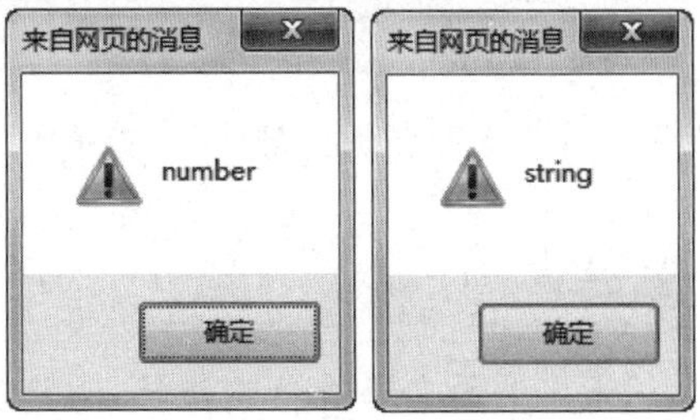

图 6-1 变量的类型

3. 变量的作用域

变量的作用域是指变量的有效范围，根据作用域变量可分为全局变量和局部变量。

1) 全局变量

全局变量是指定义在函数之外的变量或者未定义直接使用的变量。关于函数相关知识点会在本章后续小节中介绍，下述代码演示全局变量的用法。

【代码 6-2】 variableGlobeScope.html

```
<!DOCTYPE html PUBLIC "-//W3C//DTD XHTML 1.0 Transitional//EN"
    "http://www.w3.org/TR/xhtml1/DTD/xhtml1-transitional.dtd">
<html xmlns="http://www.w3.org/1999/xhtml">
  <head>
    <meta http-equiv="Content-Type" content="text/html; charset=utf-8" />
    <title>JavaScript 的全局变量</title>
    <script type="text/javascript">
        var name = "漫步时尚广场";
        //函数的定义
        function test(){
            name = name + " v1.0";
            address = "青岛高新区河东路 8888 号";
        }
        //函数的调用
        test();
        alert("名称: " + name + ",地址: " + address);
        alert(tel);          //此处会报错
    </script>
  </head>
  <body>
  </body>
</html>
```

上述代码中,浏览器顺序解析代码时,执行到第一个 alert()时,弹出提示信息如图 6-2 所示。

执行到第二个 alert()时,会弹出错误提示信息,如图 6-3 所示。

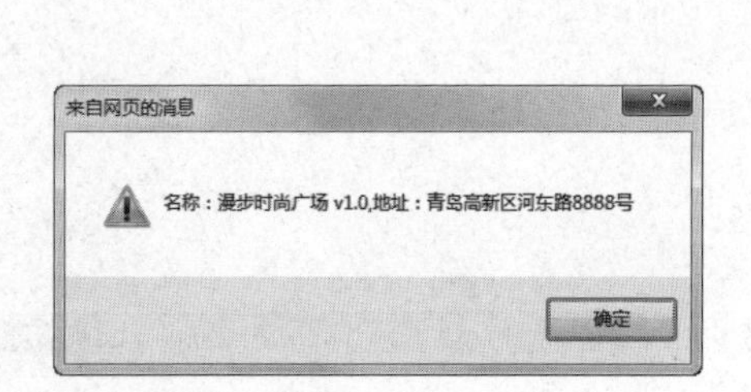

图 6-2 全局变量已定义的情况

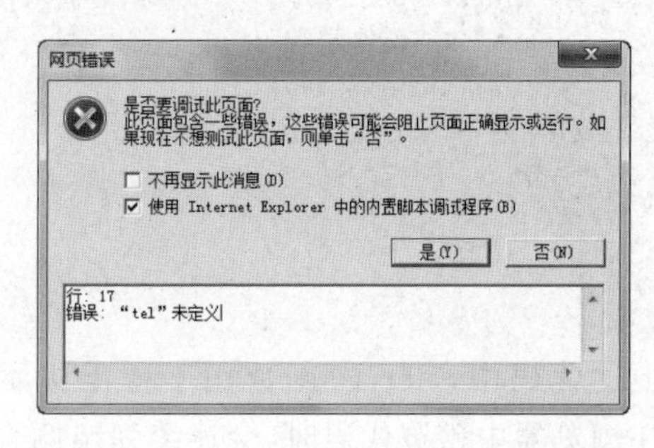

图 6-3 全局变量未定义时,IE 浏览器报错

注意

未定义的变量直接赋值时,浏览器会将变量定义为全局变量。而未定义变量直接使用时,会抛出 Undefined 错误,如图 6-3 所示。在使用全局变量时,尽量采用显示方式进行定义,以免出现误解或错误的情况。

2) 局部变量

局部变量是指在函数内部声明变量,仅对当前函数体有效,代码如下所示。

【示例】 局部变量的使用

```
<script type="text/javascript">
    var name="此处为全局变量的信息";         //定义全局变量
    //函数的定义
    function test(){
        var name="此处为局部变量的信息";     //定义局部变量
        alert(name);                        //弹出信息:"此处为局部变量的信息"
    }
    //调用函数
    test();
    alert(name);                            //弹出信息:"此处为全局变量的信息"
</script>
```

上述代码中,当 test()函数中的局部变量 name 与全局变量 name 重名时,函数中的变量将覆盖全局变量,弹出信息为"此处为局部变量的信息"。由于局部变量作用范围仅限其所属函数内部,所以在函数外部的变量 name 的值仍为其原来的值。

6.3.5 注释

注释用于提高代码的可读性,其本身是用于提示,而注释的内容是不会被执行的。在 JavaScript 中,注释分为两种形式:单行注释和多行注释。

1. 单行注释

单行注释使用双斜线"//"符号进行标识,斜线后面的文字内容不会被解释执行。单行注释可以在一行代码的后面,也可以独立成行。

【示例】 单行注释的使用

```
var age=18;          //定义学生的年龄
//定义学生的专业
var major="计算机专业";
```

2. 多行注释

多行注释使用"/* ... */"进行标识,其中的文字部分同样不会被解释执行。

【示例】 多行注释的使用

```
/*工资统计函数
 * base:基本工资
 * bonus:奖金
 */
function countSalary(base,bonus){
    //省略...
}
```

注意

> 注释的好处包括代码的可读性好、降低团队沟通成本、便于后期维护等。良好的注释习惯是每一个优秀程序员必备的素质。

6.4 运算符

JavaScript 中的运算符与 Java 语言非常相似，用于将变量连接成语句，常用的运算符包括赋值运算符、算术运算符、比较运算符、逻辑运算符和三元运算符等。

6.4.1 赋值运算符

赋值运算符用于对变量进行赋值，在 JavaScript 中使用等号(=)进行赋值。变量的赋值有多种方式，可以在定义变量时赋值，也可以在变量定义之后进行赋值，还可以同时对多个变量连续赋值。

【示例】 变量的赋值

```
<script type="text/javascript">
    //定义变量时进行赋值
    var goodName = "护手霜";

    //定义变量后,进行赋值
    var prodcutAddress;
    prodcutAddress = "青岛";

    //多变量同时定义,并赋值
    var tmPrice = jdPrice = ddPrice = 88;

    //将表达式的值赋给变量
    var price = tPrice * 0.8;
</script>
```

赋值运算符还可以与算术运算符、位运算符结合进行使用，从而成为更强大的运算符。常见的加强型赋值运算符如表 6-3 所示。

表 6-3 加强型赋值运算符

运算符	描　述	运算符	描　述
+=	x+=y，即对应于 x=x+y	&=	x&=y，即对应于 x=x&y
-=	x-=y，即对应于 x=x-y	|=	x|=y，即对应于 x=x|y
*=	x*=y，即对应于 x=x*y	^=	x^=y，即对应于 x=x^y
/=	x/=y，即对应于 x=x/y	<<=	x<<=y，即对应于 x=x<<y
%=	x%=y，即对应于 x=x%y	>>=	x>>=y，即对应于 x=x>>y
—	—	>>>=	x>>>=y，即对应于 x=x>>>y

6.4.2 算术运算符

算术运算符用于执行基本的数学运算，例如：加(+)、减(-)、乘(*)、除(/)、取余(%)、自加(++)和自减(--)等，如表 6-4 所示。

表 6-4 算术运算符

运算符	描述	运算符	描述
+	加,用于计算两个数之和	%	取余,除法运算中的取余数
-	减,用于计算两个数之差	++	自加,在原来的基础上加 1
*	乘,用于计算两个数之积	--	自减,在原来的基础上减 1
/	除,用于计算两个数之商		

其中,自加(++)与自减(--)为单目运算符,运算符可以出现在操作数的左侧,也可以出现在操作数的右侧,但位于左侧与右侧的效果是不一样的。例如:a++是先取 a 的值,然后对变量 a 加 1;++a 则表示先对变量 a 加 1 后,再取 a 的值。自减与自加原理基本一样。

下述代码演示了算术运算符的用法。

【代码 6-3】 arithmeticOperator.html

```
<!DOCTYPE html PUBLIC "-//W3C//DTD XHTML 1.0 Transitional//EN"
    "http://www.w3.org/TR/xhtml1/DTD/xhtml1-transitional.dtd">
<html xmlns="http://www.w3.org/1999/xhtml">
  <head>
    <meta http-equiv="Content-Type" content="text/html; charset=utf-8" />
    <title>算术运算符</title>
  </head>
  <body>
    <script type="text/javascript">
        document.write("<h3>下面演示算术运算符的用法:</h3>");
        document.write("9+4="+(9+4)+";<br/>");
        document.write("9-4="+(9-4)+";<br/>");
        document.write("9*4="+(9*4)+";<br/>");
        document.write("9/4="+(9/4)+";<br/>");
        document.write("9%4="+(9%4)+";<br/>");
        var a=b=c=d=9;
        document.write(a+"++结果是:"+(a++)+";<br/>");
        document.write("++"+b+"结果是:"+(++b)+";<br/>");
        document.write(c+"--结果是:"+(c--)+";<br/>");
        document.write("--"+d+"结果是:"+(--d)+";<br/>");
    </script>
  </body>
</html>
```

上述代码中,document.write()是向页面流中输出指定的文本信息,关于 document 对象将在第 8 章详细讲解。在浏览器中运行结果如图 6-4 所示。

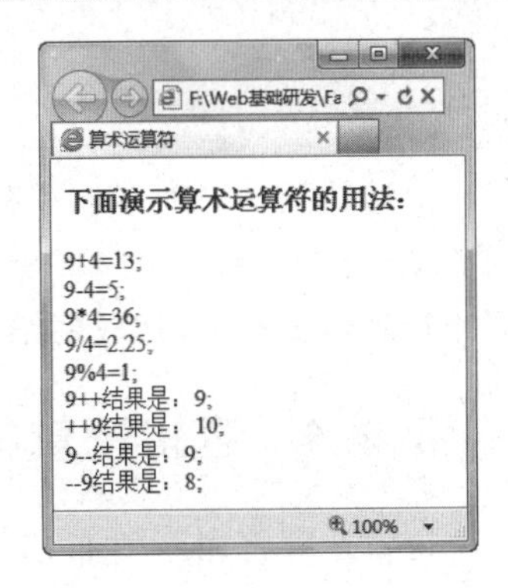

图 6-4 算术运算符的用法

6.4.3 比较运算符

比较运算符用于判断两个变量(或常量)的大小,比较的结果是布尔类型。在 JavaScript 中,比较运算符包括大于、大于等于、小于、小于等于、不等于、等于和严格等于,具体如表 6-5 所示。

表 6-5　比较运算符

运　算　符	描　　述
>	大于。左侧的值大于右侧的值时，返回 true；否则返回 false
>=	大于等于。左侧的值大于等于右侧的值时，返回 true；否则返回 false
<	小于。左侧的值小于右侧的值时，返回 true；否则返回 false
<=	小于等于。左侧的值小于等于右侧的值时，返回 true；否则返回 false
!=	不等于。左侧与右侧的值不相等时，返回 true；否则返回 false
==	等于。左侧与右侧的值相等时，返回 true；否则返回 false
!==	严格不等于。左侧与右侧的值不相等或数据类型不同时，返回 true；否则返回 false
===	严格等于。左侧与右侧的值相等，并且数据类型相同时，返回 true；否则返回 false

其中，==与===的区别如下。

- ==支持自动类型转换，只要前后两个变量的值相同就返回 true，而忽略数据类型的比较；
- ===需要两个变量的值相同并且数据类型一致时才返回 true。

下述代码演示了比较运算符的用法。

【代码 6-4】　compareOperator.html

```
<!DOCTYPE html PUBLIC "-//W3C//DTD XHTML 1.0 Transitional//EN"
    "http://www.w3.org/TR/xhtml1/DTD/xhtml1-transitional.dtd">
<html xmlns="http://www.w3.org/1999/xhtml">
  <head>
    <meta http-equiv="Content-Type" content="text/html; charset=utf-8" />
    <title>比较运算符</title>
  </head>
  <body>
    <script type="text/javascript">
        document.write("8>5 的结果是: " + (8>5) + "<br/>");
        document.write("8>=10 的结果是: " + (8>=10) + "<br/>");
        document.write("8!=8 结果是: " + (8!=8) + "<br/>");
        document.write("8!='8'结果是: " + (8!='8') + "<br/>");
        document.write("8=='8'结果是: " + (8=='8') + "<br/>");
        document.write("8!=='8'结果是: " + (8!=='8') + "<br/>");
        document.write("8==='8'结果是: " + (8==='8') + "<br/>");
    </script>
  </body>
</html>
```

上述代码中，“8!='8'”和“8=='8'”比较时，忽略其数据的类型；而“8!=='8'”和“8==='8'”比较数值的同时，还需要比较其数据类型，比较的结果如图 6-5 所示。

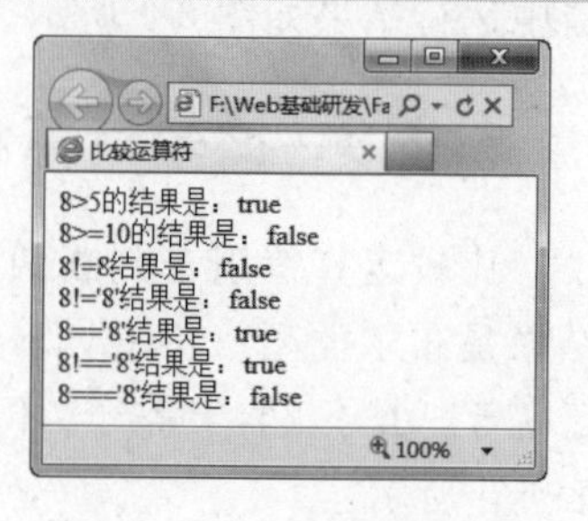

图 6-5　比较运算符的用法

6.4.4　逻辑运算符

逻辑运算符用于对布尔类型的变量(或常量)进行操作，具体如下。

- 与(&&)：两个操作数同时为 true 时，结果为 true；否则为 false。
- 或(‖)：两个操作数中同时为 false，结果为 false；否则为 true。
- 非(!)：只有一个操作数，操作数为 true，结果为 false；否则结果为 true。

下述代码演示了逻辑运算符的用法。

【代码 6-5】 logicOperator.html

```
<!DOCTYPE html PUBLIC "-//W3C//DTD XHTML 1.0 Transitional//EN"
    "http://www.w3.org/TR/xhtml1/DTD/xhtml1-transitional.dtd">
<html xmlns="http://www.w3.org/1999/xhtml">
  <head>
    <meta http-equiv="Content-Type" content="text/html; charset=utf-8" />
    <title>逻辑运算符</title>
  </head>
  <body>
    <script type="text/javascript">
        document.write("8>5 && '8'>10 的结果是：" + (8>5 && '8'>10) + "<br/>");
        document.write("8>5 || '8'>10 的结果是：" + (8>5 || '8'>10) + "<br/>");
        document.write("!true 结果是：" + (!true) + "<br/>");
        document.write("!false 结果是：" + (!false) + "<br/>");
    </script>
  </body>
</html>
```

上述代码中，浏览器会将“'8'>10”中的字符'8'自动转换成整型后，再比较大小，最终结果如图 6-6 所示。

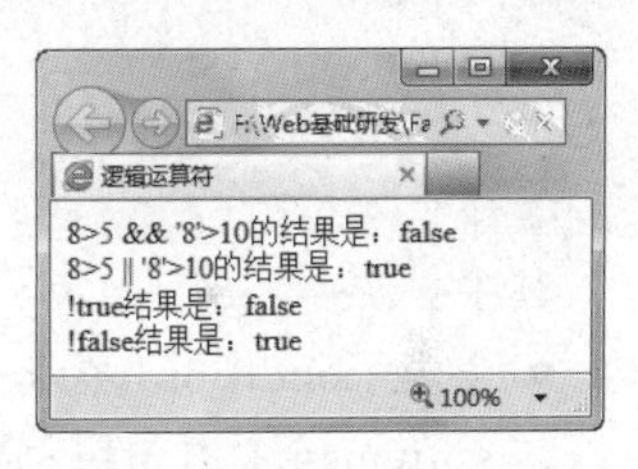

图 6-6　逻辑运算符的用法

6.4.5 三元运算符

JavaScript 中的三元运算符与 Java 中的相似，也是使用符号“?:”来实现的，语法格式如下。

【语法】

```
expression ?value1 : value2;
```

其中：

- expression 表达式可以是关系表达式或逻辑表达式，其值必须是 boolean 型；
- 当 expression 表达式值为 true 时，返回 value1；
- 当 expression 表达式值为 false 时，返回 value2。

【示例】

```
<script type="text/javascript">
    document.write(11>'11' ? "数字 11 大于字符'11'" : "数字 11 不大于字符'11'");
</script>
```

上述代码中，由于“11>'11'”结果为 false，所以显示结果为“数字 11 不大于字符'11'”。

6.5 流程控制

流程控制是指通过控制程序执行的顺序来完成一定的功能。JavaScript 不仅支持流程中的分支结构(if 和 switch)和循环结构(while、do while 和 for 等),还支持 break、continue、return 等转移语句。

6.5.1 分支结构

分支结构是指根据条件表达式的成立与否,决定是否执行流程的相应分支结构。JavaScript 中的分支结构有以下两种:if 条件语句和 switch 多分支语句。

1. if 条件语句

if 语句是 JavaScript 中最常用的语句之一,其语法结构如下。

【语法】

```
if(condition1){
    statement1;          //语句执行块
}
[ else if(condition2){
    statement2;
}]
…
[ else{
    statement3;
}]
```

其中:

- 参数 condition1 为条件表达式,可以是任意表达式。当 condition1 为真时,执行 statement1 语句块;当 condition2 为真时,执行 statement2 语句块,其他依此类推。
- 在一个 if 分支中,可以包含 0～n 个 else if 分支。
- 在一个 if 分支中,可以包含 0～1 个 else 分支。
- 当语句执行块中只有一行语句时,可以省略花括号。花括号省略时,虽然减少了代码量,但会使代码的可读性变差;此处不建议省略花括号,即使只有一行语句也应写全。

注意

当 condition 值设为 0、null、" "、false、undefined 或 NaN 时,不执行相应的程序分支部分;当 condition 值为 true、非空字符串(包括"false"字符串)或非 null 对象时,执行相应的程序分支部分。

【示例】 if-else 分支结构

```
<script type="text/javascript">
    var authority=1;
```

```
        if(authority == 1){
            document.write("您的权限是<b>管理员</b>,欢迎使用漫步时尚广场后台管理系统");
        }else if(authority == 2){
            document.write("您的权限是<b>店主</b>,欢迎使用漫步时尚广场后台管理系统");
        }else if(authority == 3){
            document.write("您的权限是<b>普通会员</b>,欢迎光临漫步时尚广场");
        }else{
            document.write("<b>游客</b>你好,欢迎光临漫步时尚广场");
        }
    </script>
```

2. switch 语句

switch 语句是由控制表达式和 case 标签共同构成。其中,控制表达式的数据类型可以是字符串、整型、对象类型等任意类型。

switch 语句的语法格式如下。

【语法】

```
switch(expression){
    case value1:
        statement1;
        break;
    case value2:
        statement2;
        break;
    ...
    default:
        statement;
}
```

其中:

- 控制表达式 expression 的数据类型可以是字符串、整型、对象类型等任意类型;
- 将控制表达式的返回值依次与 case 条件进行比较,当匹配成功时,执行其后面的语句块,直到遇到 break 语句时跳出 switch 语句;
- 一个 switch 语句中可以包含一到多个 case 子句,但 case 条件不能重复;
- 一个 switch 最多包含一个 default 子句,default 子句可以放在 switch 的开始位置或末尾位置,其作用相同,习惯上 default 子句放在末尾处。

下述代码演示 switch 语句的用法。

【代码 6-6】 switchStructure.html

```
<!DOCTYPE html PUBLIC "-//W3C//DTD XHTML 1.0 Transitional//EN"
    "http://www.w3.org/TR/xhtml1/DTD/xhtml1-transitional.dtd">
<html xmlns="http://www.w3.org/1999/xhtml">
  <head>
    <meta http-equiv="Content-Type" content="text/html; charset=utf-8" />
    <title>switch 语句</title>
  </head>
  <body>
```

```
    <script type="text/javascript">
        var authority="管理员";
        document.write("<h3>"+authority+"的权限如下:</h3>");
        switch(authority){
            case "管理员":
                document.write("用户管理<br/>商品管理<br/>商品类型管理<br/>
                    系统管理<br/>个人信息<br/>退出系统");
                break;
            case "店主":
                document.write("商品管理<br/>商品类型管理<br/>个人信息<br/>
                    退出系统");
                break;
            case "普通会员":
                document.write("个人信息<br/>退出系统");
                break;
            default:
                document.write("漫步时尚广场");
        }
    </script>
  </body>
</html>
```

上述代码在浏览器中运行的结果如图 6-7 所示。

6.5.2 循环结构

循环结构又称迭代结构,用于反复执行某段程序代码,直到满足某一条件为止。在 JavaScript 中,循环结构主要包括 while 循环、do while 循环、for 循环和 for in 循环。

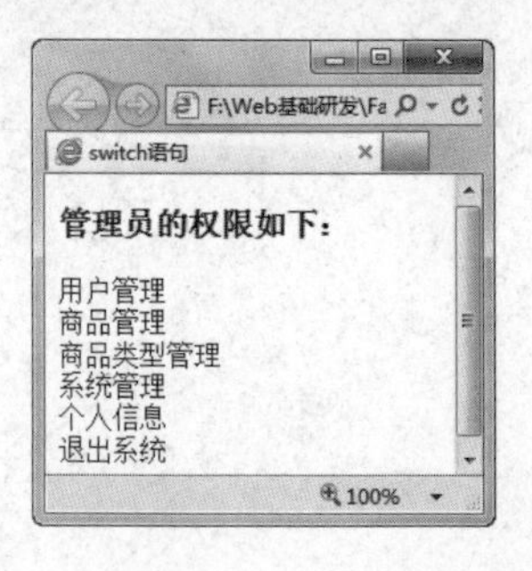

图 6-7 switch 语句

1. while 循环

while 循环又称前测试循环,是指在执行循环代码之前判断条件是否满足,当条件满足时执行循环体部分,否则结束循环,其语法格式如下。

【语法】

```
while(expression){
    statement;
}
```

其中:

- expression 表达式的数据类型是 boolean 型;
- 当 expression 表达式结果为 true 时,执行循环体部分,然后判断是否继续下一次循环;
- 当 expression 表达式结果为 false 时,终止循环。

下述代码演示了 while 循环的用法。

【代码 6-7】 whileStructure.html

```
<!DOCTYPE html PUBLIC "-//W3C//DTD XHTML 1.0 Transitional//EN"
    "http://www.w3.org/TR/xhtml1/DTD/xhtml1-transitional.dtd">
```

```
<html xmlns="http://www.w3.org/1999/xhtml">
  <head>
    <meta http-equiv="Content-Type" content="text/html; charset=utf-8" />
    <title>while 循环</title>
  </head>
  <body>
    <script type="text/javascript">
        document.write("<table border='1'>");
        document.write("<tr>");
        document.write("<th>ID</th><th>商品编号</th><th>价格</th>");
        document.write("</tr>");
        var i=1;
        while(i<=4){
            document.write("<tr>");
            document.write("<td>"+i+"</td>");
            document.write("<td>FZ00"+i+"</td>");
            document.write("<td>"+(Math.random()*100).toFixed(2) +"</td>");
            document.write("</tr>");
            i++;
        }
        document.write("</table>");
    </script>
  </body>
</html>
```

上述代码中，Math.random()方法用于获得[0,1)之间的随机数，NumberObject.toFixed()方法用于根据四舍五入的原则，控制浮点数的小数位数。代码在浏览器中运行结果如图6-8所示。

图6-8 while循环

注意

> 本节代码的重点是介绍while循环语句的使用，而所涉及的Math和Number对象的详细介绍参见本书第7章内容。

2. do while 循环

do while 循环又称后测试循环，与 while 循环有一定的区别。

- while 循环是先判断循环条件，符合条件后进行循环；
- do while 是先执行循环体，然后判断条件是满足进入下一次循环的条件。

do while 循环的语法格式如下。

【语法】

```
do{
    statement;
}while(expression);
```

其中：

- do while 循环由“do 循环体”和“while 判断条件”构成；
- 先执行一次循环体，然后判断是否满足进入下一次循环的条件；
- 当满足条件时，继续执行循环体，否则退出循环；
- 循环体至少被执行一次；
- 在 while 条件之后，需以英文分号(;)结束。

下面演示了 do while 循环的用法。

【代码 6-8】 doWhileStructure.html

```
<!DOCTYPE html PUBLIC "-//W3C//DTD XHTML 1.0 Transitional//EN"
    "http://www.w3.org/TR/xhtml1/DTD/xhtml1-transitional.dtd">
<html xmlns="http://www.w3.org/1999/xhtml">
  <head>
    <meta http-equiv="Content-Type" content="text/html; charset=utf-8" />
    <title>do while 循环</title>
    <style type="text/css">
        #container{
            width:586px;
            height:348px;
            background-color:#DDD;
            border:1px solid #FF3333;
        }
        img{
            margin:1px;
        }
    </style>
  </head>
  <body>
    <div id="container">
     <script type="text/javascript">
        var imageBegin="fower";
        var imageEnd=".jpg";
        var i=1;            //控制行数
        do{
            var j=1;      //控制列数
            do{
                var image=imageBegin+"_r"+i+"_c"+j+imageEnd;
                document.write("<img src='images/"+image+"' />");
                j++;
            }while(j<=4);
          i++;
        } while(i<=3);
     </script>
    </div>
  </body>
</html>
```

上述代码中，通过嵌套循环来排列显示图片，具体效果如图 6-9 所示。

图 6-9　do while 循环

3. for 循环

for 循环也是一种前测试循环，一般用于循环次数已知的情况，其语法格式如下。

【语法】

```
for(initialization; expression; post - loop - expression){
    statement;
}
```

其中：

- for 循环的参数包括初始化表达式、条件表达式和迭代表达式。
- 当 for 语句执行时，首先执行 initialization 初始化操作，然后判断是否满足 expression 条件；当满足条件时，执行 statement 循环体，然后执行迭代表达式 post-loop-expression；再次判断是否满足循环条件，当不满足条件时，结束当前循环。
- 初始化表达式只在循环开始之前执行一次。
- 初始化表达式、条件表达式和迭代表达式之间使用英文分号(;)隔开。
- 初始化表达式、条件表达式和迭代表达式可以省略，但分号必须保留。

下述代码演示了 for 循环的用法。

【代码 6-9】　forStructure.html

```
<!DOCTYPE html PUBLIC " - //W3C//DTD XHTML 1.0 Transitional//EN"
    "http://www.w3.org/TR/xhtml1/DTD/xhtml1 - transitional.dtd">
<html xmlns = "http://www.w3.org/1999/xhtml">
  <head>
    <meta http - equiv = "Content - Type" content = "text/html; charset = utf - 8" />
    <title>for 循环</title>
    <style type = "text/css">
        * {
            font - size:24px;
        }
        img{
            width:30px;
```

```
                height:30px;
            }
        </style>
    </head>
    <body>
        <script type="text/javascript">
            var n=6;                    //指定循环的行数
            for (var i=0;i<=n;i++){
                for(var j=1;j<=i;j++){
                    document.write("TTT");
                }
                document.write("<img src='images/face"+(i%9+1)+".jpg' /><br/>");
            }
        </script>
    </body>
</html>
```

上述代码中，使用for循环嵌套实现楼梯笑脸效果。当n>9时，i%9+1可以实现图像循环显示，效果如图6-10所示。

4. for in 循环

for in循环是JavaScript提供的一种特殊循环，可以对字符串、数组、对象集合、对象属性等进行遍历，其语法格式如下。

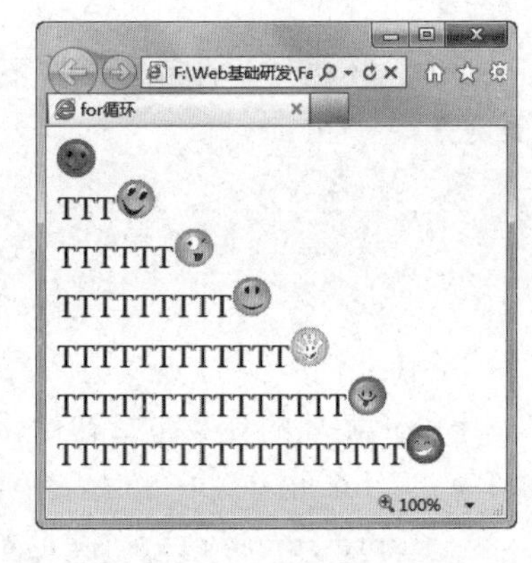

图6-10　for循环-楼梯笑脸

【语法】

```
for (property in object){
    statement;
}
```

其中：

- object表示字符串、数组、对象、对象集合；
- property表示对象的属性名或元素的下标索引；
- 获取对象(或数组)中的属性(或元素)时，可以使用object[property]格式。

下述代码演示了for in循环的用法。

【代码6-10】　forInStructure.html

```
<!DOCTYPE html PUBLIC "-//W3C//DTD XHTML 1.0 Transitional//EN"
    "http://www.w3.org/TR/xhtml1/DTD/xhtml1-transitional.dtd">
<html xmlns="http://www.w3.org/1999/xhtml">
    <head>
        <meta http-equiv="Content-Type" content="text/html; charset=utf-8" />
        <title>for in 循环</title>
    </head>
    <body>
        <script type="text/javascript">
            //字符串操作
            var name="漫步时尚广场开业庆典活动,将邀请范冰冰、刘德华等知名明星助阵";
            for (var i in name){
                //document.write(i);    //输出该元素在字符串中的位置
```

```
            var size = (i % 7);
            document.write("<font size = '" + size + "'>"
                + name.substr(i,1) + "</font>");
        }
        //数组操作
        var authority = ["管理员","店主","普通会员","游客"];
        document.write("<br/><hr/><h3>系统角色主要包括:</h3>");
        for(var t in authority){
            document.write(authority[t] + " ");
        }
        //对象操作
        document.write("<br/><hr/><h3>管理员信息如下:</h3>");
        var person = {
            name:"guoqy",
            authority:"管理员",
            address:"青岛",
            tel:"1378986xxxx"
        };
        for(var property in person){
            document.write(property + ": " + person[property] + "<br/>");
        }
    </script>
  </body>
</html>
```

上述代码中,分别对字符串、数组、对象中的内容进行了遍历,并显示出来,效果如图 6-11 所示。关于字符串、数组、对象等的内容将在第 7 章中详细讲解。

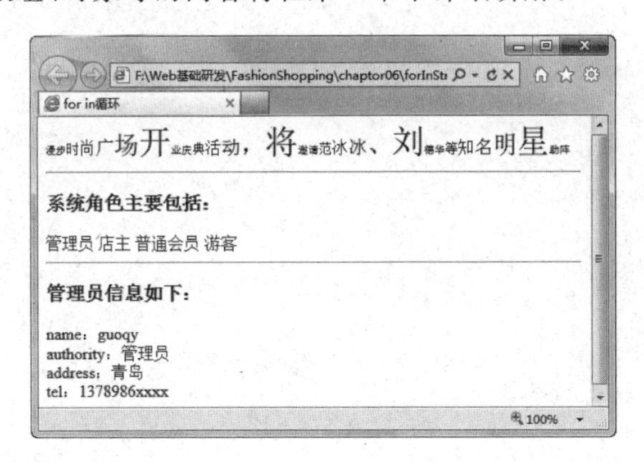

图 6-11 for in 循环

注意

for in 循环多用于对集合的遍历。由于部分浏览器对 for in 数组遍历的支持不够好,可能出现未知错误,建议尽量不使用 for in 循环对数组进行遍历。

6.5.3 转移语句

JavaScript 使用转移语句来控制程序的执行方向,转移语句包括 break 语句、continue 语句和 return 语句。

1. break 语句

break 语句可以用于 switch 分支结构或循环结构中，其功能分别如下：

- 在 switch 结构中，遇到 break 语句时，就会跳出 switch 分支结构；
- 在循环结构中，遇到 break 语句时，立即退出循环，不再执行循环体中的任何代码。

2. continue 语句

与 break 语句不同，当程序执行过程中遇到 continue 时，仅仅退出当前循环，然后判断是否满足继续下一次循环的条件。

下述代码演示了 break 语句和 continue 语句的用法。

【代码 6-11】 break&continue.html

```
<!DOCTYPE html PUBLIC "-//W3C//DTD XHTML 1.0 Transitional//EN"
    "http://www.w3.org/TR/xhtml1/DTD/xhtml1-transitional.dtd">
<html xmlns="http://www.w3.org/1999/xhtml">
  <head>
    <meta http-equiv="Content-Type" content="text/html; charset=utf-8" />
    <title>break 和 continue 的用法</title>
    <style type="text/css">
        img{
            width:80px;
            height:80px;
        }
    </style>
  </head>
  <body>
    <script type="text/javascript">
        for (var i=1;i<9;i++){
            document.write("<img src='images/face"+i+".jpg' />");
        }
        document.write("<br/>");
        for (var i=1;i<9;i++){
            if(i%3==0){
                document.write("<img src='images/noPic.jpg' />");
                continue;
            }
            if(i%8==0){
                break;
            }
            document.write("<img src='images/face"+i+".jpg' />");
        }
    </script>
  </body>
</html>
```

上述代码中，在第二个循环内使用了 break 语句和 continue 语句，当变量 i 能够被 3 整除时，结束本次循环，继续下一次循环；当变量 i 能够被 8 整除时，则退出循环。代码运行结果如图 6-12 所示。

图 6-12 break 和 continue 的用法

3. return 语句

return 语句通常在函数中使用。在执行函数体时，遇到 return 语句便会退出当前函数，不再执行该函数 return 语句之后的代码。

【示例】 **return 语句的使用**

```
<script type="text/javascript">
    function count(){
        var sum=0;
        for(var i=100;i<1000;i++){
            sum+=i;
            if(sum<10000){
                document.write("<br/>已统计到: "+i);
                continue;
            }
            if(i>200){
                break;
            }
            return sum;
        }
        document.write("不会被执行到的代码!");
    }
    document.write("<br/>统计结果为: "+count());
</script>
```

上述代码中，当 sum < 10 000 时，输出变量 i 的当前值，并继续循环操作；当 sum≥10 000 时，便会执行 return 语句结束函数 count()的调用。关于函数的定义和使用将在本章后续小节中进行介绍。

6.5.4 with 语句

在 JavaScript 中，使用 with 语句可以简化对象操作，使代码更加简洁。例如，在页面 whileStructure.html 中大量使用 document 对象时，可以通过 with 语句对代码进一步简化，核心代码如下。

【示例】 **with 语句的使用**

```
<script type="text/javascript">
    with(document){
```

```
        write("<table border = '1'>");
        write("<tr>");
        write("<th>ID</th><th>商品编号</th><th>价格</th>");
        write("</tr>");
        var i = 1;
        while(i <= 4){
            write("<tr>");
            write("<td>" + i + "</td>");
            write("<td>FZ00" + i + "</td>");
            write("<td>" + (Math.random() * 100).toFixed(2) + "</td>");
            write("</tr>");
            i++;
        }
        write("</table>");
    }
</script>
```

注意

with 语句虽然可以精简代码,但其运行效率相对缓慢。一般情况下,应尽量避免使用 with 语句。

6.6 函数

函数是一组延迟动作集的定义,可以通过事件触发或在其他脚本中进行调用。在JavaScript 中,通过函数对脚本有效的组织,使脚本更加结构化、模块化,更加易于理解,易于维护。

在 JavaScript 中,函数可分为预定义函数和用户自定义函数。

6.6.1 预定义函数

预定义函数是指在 JavaScript 引擎中预先定义的可随时使用的内建函数,用户无需定义便可直接使用。常见的预定义函数如表 6-6 所示。

表 6-6 预定义函数

函 数	描 述
parseInt()	将字符串转换成整型
parseFloat()	将字符串转换成浮点型
isNaN()	测试是否是一个数字(全称: is not a number)。当参数是一个数字时,返回一个 false; 否则返回 true
isFinite()	测试是否是一个无穷。如果是,返回一个 false; 否则返回 true
escape()	将字符转换成 Unicode 码
unescape()	解码由 escape 函数编码的字符
eval()	计算表达式的结果

续表

函　　数	描　　述
alert()	显示一个提醒对话框，包括一个 OK 按钮
confirm()	显示一个确认对话框，包括 OK 和 Cancel 按钮
prompt()	显示一个输入对话框，提示等待用户输入

注意

函数 alert()、confirm()、prompt()实际上是 JavaScript 中 window 对象的方法，用来弹出对话框与用户实现交互。在使用时，window 对象可以省略。

使用较多的函数有 parseInt()、parseFloat()、isNaN()和 eval()等，下述内容分别对这几个函数进行介绍。

1. parseInt()函数

parseInt()函数用于解析字符串，从中返回一个整数。当字符串中存在除了数字、符号、小数点和指数符号以外的字符时，parseInt()函数就停止转换，返回已有的结果。当第一个字符就不能转换时，函数将返回 NaN(即 Not a Number，不是一个数字)。

parseInt()函数的语法格式如下。

【语法】

```
parseInt(string,[radix])
```

其中：

- 参数 radix 可选，表示要解析的数字基数，其值介于 2～36 之间；
- 参数 string 表示被解析的字符串；
- 当参数 radix 为 0(或未提供)时，parseInt()会根据 string 来判断数字的基数；
- 当 string 以"0x"开头时，parseInt()会把 string 的其余部分解析为十六进制数；
- 当 string 以 0 开头时，parseInt()会把 string 的其余部分解析为八进制或十六进制数；
- 当 string 以 1～9 的数字开头时，parseInt()将把它解析为十进制数。

2. parseFloat()函数

parseFloat()函数用于解析字符串，从中返回一个浮点数，其语法格式如下。

【语法】

```
parseFloat(string)
```

其中：

- 参数 string 表示被解析的字符串；
- 当字符串中的首个字符是数字时，则对字符串进行解析，直到数字的末端为止，并返还解析结果；否则返回 NaN。

3. isNaN()函数

isNaN()函数用于检查其参数是否是一个非数字值，其语法格式如下。

【语法】

```
isNaN(value)
```

其中：

- value 参数是需要检测的值；
- 当 value 是数字时，返回 false；否则返回 true。

4. eval()函数

eval()函数用于将 JavaScript 中的字符串作为脚本代码来执行，其语法格式如下。

【语法】

```
eval(string)
```

其中：

- 参数 string 是一个要计算的字符串，可以是 JavaScript 表达式或要执行的脚本；
- 当参数 string 是一个表达式时，eval()函数将执行表达式，并返回计算结果；
- 当参数 string 是 JavaScript 脚本时，则执行相应的脚本。

下述代码演示了 JavaScript 常见的预定义函数的用法。

【代码 6-12】 predefinedFunction1.html 中的 JavaScript 代码

```
<script type="text/javascript">
    document.write("parseInt('88.9')的执行结果是: " + parseInt('88.9') + "<br/>");
    document.write("parseInt('8T9')的执行结果是: " + parseInt('8T9') + "<br/>");
    document.write("parseInt('B89')的执行结果是: " + parseInt('B89') + "<br/>");
    document.write("parseInt('0x10')的执行结果是: " + parseInt('0x10') + "<br/>");
    document.write("parseInt('12',16)的执行结果是: " + parseInt('12',16) + "<br/>");

    document.write("parseFloat('88.93')的执行结果是: "
        + parseFloat('88.93') + "<br/>");
    document.write("parseFloat('60 years')的执行结果是: " + parseFloat('60 years')
        + "<br/>");
    document.write("parseFloat('she is 18 years old')的执行结果是: "
        + parseFloat('she is 18 years old') + "<br/>");

    var str = "3000 + 500 * 2";
    document.write("表达式" + str + "的结果是: " + eval(str) + "<br/>");

    document.write("'35'" + ":" + isNaN('35') + "<br/>");
    document.write("35" + ":" + isNaN(35) + "<br/>");
    document.write("'name'" + ":" + isNaN('name') + "<br/>");
</script>
```

上述代码在浏览器中运行的结果如图 6-13 所示。

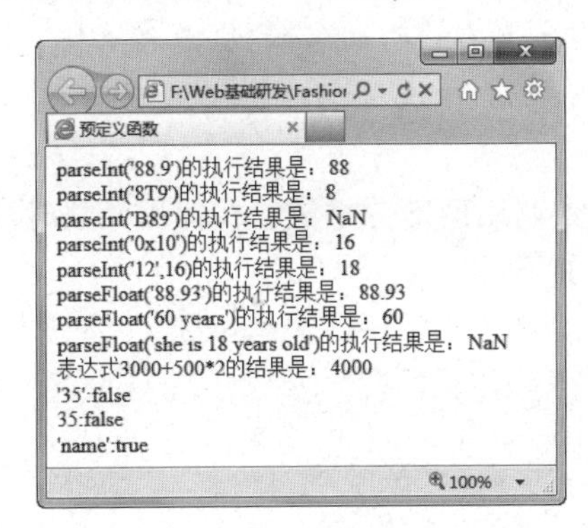

图 6-13 预定义函数的使用

5. 对话框函数

alert()函数用于弹出一个提示对话框。confirm()函数用于弹出一个确认对话框，在确认对话框中，单击“确定”时返回 true，单击“取消”时返回 false。而 prompt()用于接收用户输入的输入框。

下述代码演示了对话框函数的用法。

【代码 6-13】 predefinedFunction2.html 中的 JavaScript 代码

```
<script type="text/javascript">
  do{
    var money = prompt("请输入你的存款余额：");
    if(isNaN(money)){
        alert("数据不合法,请重新输入!");
        continue;
    }
    if(money < 0){
        alert("存款不足,难以解决温饱问题!");
    }else if(money < 10000){
        alert("贫下中农,早起晚睡,达到低保生活。");
    }else if(money < 100000){
        alert("富农,考好你哦,温饱无忧,坚守在一线的房奴。");
    }else{
        alert("活的潇潇洒洒,奔驰 + 宝马。");
    }
    var isAgain = confirm("是否继续计算?");
    if(!isAgain){
        alert("程序运行结束");
        break;
    }
  }while(true);
</script>
```

6.6.2 自定义函数

JavaScript 中除了可以使用预定义函数外，还可以使用自定义函数。由于 JavaScript 是弱数据类型语言，因此在自定义函数时既不需要声明函数的参数类型，也不需要声明函数的返回类型。

JavaScript 目前支持的自定义方式有命名函数、匿名函数、对象函数和自调用函数。

1. 命名函数的定义

函数是由函数定义和函数调用两部分组成。在使用函数时，应先定义函数，然后再进行调用。定义函数的语法格式如下。

【语法】

```
function funcName([parameters]){
    statementes;
    [return expression];
}
```

其中：

- function 是定义函数的关键字；
- funcName 表示函数的名称，其命名规则与变量基本相同；
- parameters 参数可选，当提供多个参数时参数之间使用逗号(,)隔开；
- statements 表示函数体，实现函数功能的脚本；
- return 语句可选，用于返回函数的返回值，当 return 缺省时，函数将返回 undefined。

完成函数的定义后，函数并不会自动执行，只有通过事件或脚本调用时才会执行。在同一个<script>、</script>标签中，函数的调用位置可以在函数定义之前，也可以在函数定义之后。

下述代码演示了函数的定义与调用。

【代码 6-14】 userDefinedFunction1.html

```
<!DOCTYPE html PUBLIC "-//W3C//DTD XHTML 1.0 Transitional//EN"
    "http://www.w3.org/TR/xhtml1/DTD/xhtml1-transitional.dtd">
<html xmlns="http://www.w3.org/1999/xhtml">
  <head>
    <meta http-equiv="Content-Type" content="text/html; charset=utf-8" />
    <title>自定义函数1-统计输入数值的各位数字之和</title>
  </head>
  <body>
    <script type="text/javascript">
        //获取键盘输入(无参函数的定义)
        function input(){
            return prompt("请输入一个整数,然后统计该数的各位数字之和。");
        }
        //统计各位数字之和(有参函数的定义)
        function count(data){
            var sum = 0;
            for(var i in data){
                sum = sum + parseInt(data[i]);
            }
            return sum;
        }
        //函数的调用(可以在函数定义之前)
        var data = input();
        var sum = count(data);
        alert(data + "中的各位数字之和为: " + sum);
    </script>
```

```
    </body>
  </html>
```

上述代码在浏览器中运行结果如图 6-14 所示。

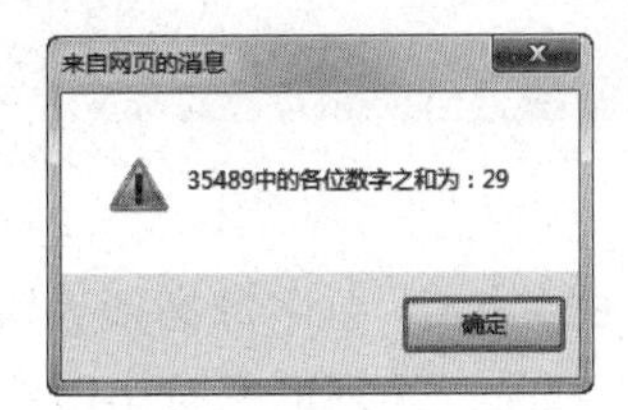

图 6-14 自定义函数

注意

在同一个< script >、</script >标签中，JavaScript 允许函数的调用在函数定义之前。但在不同的< script >、</script >标签中，函数的定义必须在函数的调用之前，否则调用无效。

2. 匿名函数的定义

匿名函数，是网页前端设计者经常使用的一种函数形式，通过表达式的形式来定义一个函数，其语法格式如下。

【语法】

```
function ([parameters]){
    statementes;
    [return expression];
};
```

匿名函数的定义格式与命名函数基本相同，只是没有提供函数的名称，且在函数结束位置以分号(；)结束。由于没有函数名字，所以需要使用变量对匿名函数进行接收，方便后面函数的调用。

【示例】

```
<script type = "text/javascript">
    var f = function(user){
        alert("欢迎" + user + "来到漫步时尚广场");
    }
    var test = f;
    f("admin");
    test("admin");
</script>
```

上述代码中，f("admin")与 test("admin")调用的结果完全一样。

注意

命名函数对初学者来说，上手容易，但可读性相对较差。匿名函数使用相对更加方便，可读性更好，当前比较流行的 JavaScript 框架(如 Prototype. js、jQuery 等)基本上都是采用匿名函数的方式来定义函数的。

3. 对象函数的定义

JavaScript 还提供了 Function 类，用于定义函数，其语法格式如下。

【语法】

```
var funcName = new Function([parameters],statements;);
```

其中：

- Function 是用来定义函数的关键字，首字母必须大写；
- parameters 参数可选，当参数是一系列的字符串时参数之间用逗号(,)隔开；
- statements 参数是字符串格式，也是函数的执行体，其中的语句以分号(;)隔开。

下述代码演示了对象函数的定义及使用。

【代码 6-15】 userDefinedFunction2.html 中部分代码

```
<script type="text/javascript">
    var showInfo = new Function("name","age","authority","address",
       "alert('数据处理中……');" +
       "return( '姓名: ' + name + ',年龄: ' + age + ',权限: ' + authority + ',地址: ' + address);");
    alert(showInfo("guoqy",30,"管理员","青岛"));
</script>
```

上述代码在浏览器中运行时，先弹出提示框显示“数据处理中……”，单击“确定”按钮后弹出第二个提示框显示“姓名：guoqy，年龄：30，权限：管理员，地址：青岛”，如图 6-15 所示。

图 6-15 Function 类

4. 自调用函数

函数本身不会自动执行，只有调用时才会被执行。在 JavaScript 中，提供了一种自调用函数，将函数的定义与调用一并实现，其语法格式如下。

【语法】

```
(function([parameters]){
    statementes;
    [return 表达式];
})([params]);
```

其中：

- 自调用函数是指将函数的定义使用小括号“()”括起来，通过小括号说明此部分是一个函数表达式；
- 函数表达式之后紧跟一对小括号“()”，表示该函数将被自动调用；

- parameters 为形参(可选),参数之间使用逗号(,)隔开;
- params 为实参,在函数调用时传入数据。

【示例】 自调用函数的用法

```
<script type="text/javascript">
    var user="guoqy";
    (function(userData){
        alert("欢迎" + userData +"来到漫步时尚广场");
    })(user);
</script>
```

6.7 贯穿任务实现

6.7.1 实现【任务6-1】

本小节实现"Q-Walking E&S 漫步时尚广场"贯彻项目中的【任务6-1】用户模拟登录,打开后台主窗口 main.html 页面时,弹出对话框提示用户输入用户名和密码;当用户输入正确的用户名和密码时,提示用户登录成功,并且修改后台顶部页面 top.html 中右上角的用户登录信息。

【任务6-1】 main.html

```
<!DOCTYPE html PUBLIC "-//W3C//DTD XHTML 1.0 Transitional//EN"
    "http://www.w3.org/TR/xhtml1/DTD/xhtml1-transitional.dtd">
<html xmlns="http://www.w3.org/1999/xhtml">
 <head>
  <meta http-equiv="Content-Type" content="text/html; charset=utf-8" />
  <title>漫步时尚广场后台管理系统</title>
  <script type="text/javascript">
       window.onload=function(){
           var flag=0;                    //保存用户状态(用户未登录)
           do{
               //使用数组保存用户名和密码
               var array=[["admin","admin"],["itshixun","itshixun"],
                           ["guoqy","123"]];
               var userName = prompt("请输入用户名:");
               var userPwd = prompt("请输入密码:");
               for (var i=0; i<array.length; i++){
                   if (array[i][0]==userName&&array[i][1]==userPwd) {
                       alert("用户登录成功,欢迎<"+userName+">使用本系统!");
                       //获取 topFrame 框架对应的页面中的 class 属性为"user"的元素,
                       //然后再从中筛选<span>标签,最后修改标签中的内容
                       topFrame.document.getElementsByClassName("user")[0]
                         .getElementsByTagName("span")[0].innerHTML=userName;
                       flag=1;             //用户登录成功
                       break;
                   }
                   if(userName==null&&userPwd==null){
                       flag=2;             //用户取消登录
```

```
                    }
                }
                if(flag == 0){
                    alert("用户名或密码错误,请重新登录。");
                }
            }while(flag == 0);
        }
    </script>
</head>
<frameset rows = "88, * " cols = " * " frameborder = "no" border = "0" framespacing = "0">
    <frame src = "top.html" name = "topFrame" scrolling = "no" noresize = "noresize"
        id = "topFrame" title = "topFrame" />
    <frameset cols = "187, * " frameborder = "no" border = "0" framespacing = "0">
      <frame src = "left.html" name = "leftFrame" scrolling = "no" noresize = "noresize"
          id = "leftFrame" title = "leftFrame" />
      <frame src = "shoplist.html" name = "rightFrame" id = "rightFrame"
          title = "rightFrame" />
    </frameset>
</frameset>
<noframes>
    <body>您的浏览器不支持框架集 </body>
</noframes>
</html>
```

上述代码中,使用数组保存用户名和密码,用来模拟用户登录验证。但在实际开发时,数据会保存在服务器端,表单数据提交给服务器并在服务器端进行登录验证。

在弹出的输入对话框中,当没有输入内容单击“确定”时,会获得一个空字符串;当单击“取消”时,返回内容为 null,用户登录失败。

getElementsByClassName()方法用于根据元素的样式获取该样式对应的元素集合,getElementsByTagName()方法用于根据标签类型获取该标签对应的元素集合。使用元素的 innerHTML 属性修改元素的 HTML 内容。关于元素的操作和数组等知识点将在后续章节中进行介绍,此处只需关注 if、for、do…while 等知识点的应用。

6.7.2 实现【任务6-2】

本小节实现了“Q-Walking E&S 漫步时尚广场”贯彻项目中的【任务6-2】“购物列表”页面的商品展示模块,通过循环的方式将数组中的数据显示到页面中。在 shoppingShow.html 页面中,使用 JavaScript 代码动态生成商品的展示区域,与原来的效果完全一样。

【任务6-2】 shoppingShow_goods.html 部分代码

```
…<!-- 省略前面 HTML 部分 -->
<!-- 中间区 start -->
<div class = "middle">
  <h1 class = "pic_title">最新上架</h1>
  <div class = "pic_list">
  <script type = "text/javascript">
    var images = ["yifu1.jpg","yifu2.jpg","yifu3.jpg","yifu4.jpg",
        "yifu5.jpg","yifu6.jpg","yifu7.jpg","yifu8.jpg",];
    var prices = ["198.00","69.00","160.00","210.00","70.00","146.00",
```

```
        "69.00","239.00"];
    var buyers = [324,534,643,678,567,4567,1345,789];
    var contents = ["冬季新款牛仔外套加厚连帽毛领加绒牛仔棉衣","2015 夏新款韩版 透气舒适简约半截袖 T 恤衫","韩版甜美气质亮片热气球字母中长款圆领短袖 T 恤","2015 款秋新款甜美学院立领中袖套头格子衬衫娃娃衫","2015 款秋新款甜美学院立领中袖套头格子衬衫娃娃衫","大码女装胖 mm2015 夏装新款韩版显瘦露肩镂空连衣裙","v 领雪纺背心女夏外穿双层吊带打底衫百搭显瘦无袖上衣","韩版印花无袖短裙背心裙女 高腰连衣裙 A 字裙秋季"];
    for(var i = 0;i < images.length;i++){
        var goodsInfo = "<dl><div><img src = 'images/shopshow/" + images[i]
            + "' /></div><dt><span class = 'price'>¥" + prices[i]
            + "元</span><span class = 'font12'>" + buyers[i] + "人购买</span></dt><dd>"
            + contents[i] + "</dd></dl>";
        document.write(goodsInfo);
        }
  </script>
</div>
<!-- 品牌活动 -->
<h1 class = "pic_title">品牌活动</h1>
  <ul class = "pic_list2">
  <script type = "text/javascript">
    var images = ["dress1.jpg","dress2.jpg","dress3.jpg","dress4.jpg"];
    var contents = ["独家定制 V 双层欧根纱里衬 色织时装料大牌范蓬蓬长裙","夏季新款 子域 D5656E 简约通勤腰带修身大摆短袖连衣裙","爱美斯 2015 夏季优雅显瘦大摆长裙 中长款复古印花淑女裙","亿婷 2015 夏女装新品显瘦飘逸黑白竖条纹阔腿裤七分裤裙"];
    for(var i in images){
        var goodsInfo = "<li><img src = 'images/shopshow/" + images[i] + "' /><p>"
            + contents[i] + "</p></li>";
        document.write(goodsInfo);
    }
  </script>
<!-- 中间区 end -->
...<!-- 省略后面 HTML 部分 -->
```

本章总结

小结

- JavaScript 是一种通用的、跨平台的、基于对象和事件驱动并具有安全性的客户端脚本语言；
- JavaScript 脚本的使用形式有行内 JavaScript 脚本、内部 JavaScript 脚本和外部 JavaScript 脚本三种形式；
- 在 JavaScript 中的数据类型包括 String、Boolean、Undefined、Array、Number、Function 和 Object；
- 注释主要分为两种：单行注释和多行注释；
- JavaScript 中包括赋值运算符、算术运算符、比较运算符、逻辑运算符、三元运算符等；

- JavaScript 不仅支持流程中的分支结构（if、switch 等）和循环结构（while、do while、for 等），还支持 break、continue、return 等转移语句；
- 函数是一组延迟动作集的定义，可以由事件或其他脚本进行调用，分为预定义函数和用户自定义函数。

Q&A

1. 问题：自增与自减可以简化代码的编写，但难于理解。

回答：在 JavaScript 中，一些运算符能够改变运算数自身的值，如赋值、自增、自减等。由于这两运算符自身的值会发生变化，使用时应该保持警惕。表达式中包含能够引起自身变化的运算，就会导致整个表达式的逻辑无法用人的直观思维来描述了，所以应尽量避免连续使用自增或自减，例如：(a++)+(++a)-(a++)-(++a)等形式。

2. 问题：在四种循环结构中，for in 循环使用简单，编码效率高。

回答：提高循环性能的起点是选用哪种循环。在 JavaScript 提供的 4 种循环类型中，只有 for in 循环执行速度比其他循环明显更慢。由于每次迭代操作要搜索实例或原型的属性，for in 循环每次迭代都要付出更多开销，因此比其他循环执行速度要慢。除非需要对数目不详的对象属性进行操作，否则应避免使用 for in 循环。

3. 问题：switch 语句使用时，出现连续贯穿现象，一次执行多个分支。

回答：在使用 switch 语句时，除非明确地使用 break 中断流程，否则执行完该 case 语句后，会继续执行下一个 case 语句，出现连续贯穿现象。所以在使用 switch 时，正确地使用 break 语句是非常关键的。

章节练习

习题

1. 在下列________ HTML 元素中放置 Javascript 代码。

   A. <script>　　B. <JavaScript>　　C. <js>　　D. <scripting>

2. 插入 JavaScript 的正确位置是________。

   A. <body>部分　　B. <head>部分　　C. <body>部分和<head>部分均可

3. 引用名为"xxx.js"的外部脚本的正确语法是________。

   A. <script src="xxx.js">　　B. <script href="xxx.js">

   C. <script name="xxx.js">　　D. <script type="xxx.js">

4. JavaScript 中多行注释的语法是________。

   A. <!--This comment has more than one line-->

   B. //This comment has more than one line//

   C. <%--This comment has more than one line--%>

   D. /* This comment has more than one line */

5. 以下变量命名中，________符合命名规则。

A. with　　B. userName　　C. a&bc　　D. 8_depart

6. 在 JavaScript 中，关于函数说法错误的是________。

A. 函数的命名规则和变量名相同

B. 函数调用时直接使用函数名，并给形参传值

C. 函数必须使用 return 语句

D. 函数可以对代码模块化，是具有特定功能的一段代码

7. 在 JavaScript 中，运行下面代码后的返回值是________。

```
var flag = true;
document.write(typeof(flag));
```

A. undefined　　B. null　　C. number　　D. boolean

上机

1. 训练目标："餐饮列表"页面中的美食展示模块。

培养能力	熟练使用 JavaScript 中的循环结构		
掌握程度	★★★★★	难度	中
代码行数	100	实施方式	编码强化
结束条件	独立编写，不出错	涉及页面	foodShow.html

参考训练内容

(1) 使用循环结构将数组中的美食信息显示到页面中，如图 6-16 所示；

(2) 使用 IE、FireFox 或 Chrome 浏览器查看页面效果

图 6-16 "餐饮列表"页面的整体布局结构

2. 训练目标："餐饮列表"页面中"美食促销"模块。

培养能力	熟练使用 JavaScript 中的循环结构		
掌握程度	★★★★★	难度	较难
代码行数	100	实施方式	编码强化
结束条件	独立编写，不出错	涉及页面	foodShow. html
参考训练内容			
(1) 使用循环结构将数组中的美食促销信息显示到页面中，如图 6-17 所示； (2) 使用 IE、FireFox 或 Chrome 浏览器查看页面效果			

图 6-17 "美食促销"模块

第7章 JavaScript对象

本章任务是完成“Q-Walking E&S 漫步时尚广场”中的页面动态效果：

- 【任务7-1】实现“购物导航”页面中的图片轮播效果。
- 【任务7-2】实现“购物列表”页面中的热门随机推荐。

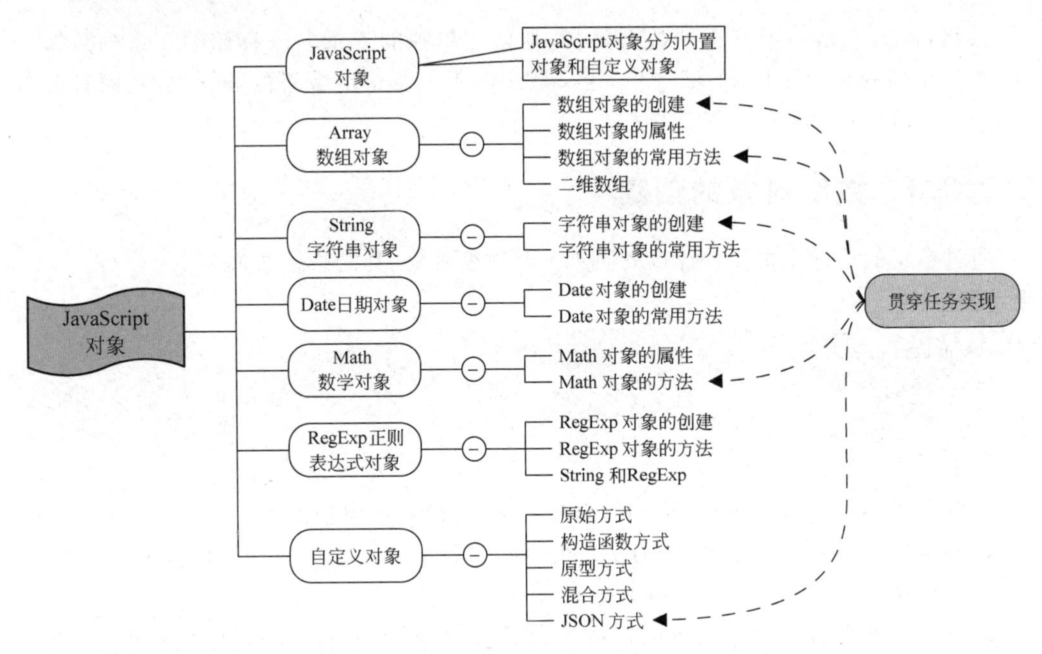

知 识 点	Listen(听)	Know(懂)	Do(做)	Revise(复习)	Master(精通)
Array 数组对象	★	★	★	★	★
String 字符串对象	★	★	★	★	★

续表

知 识 点	Listen(听)	Know(懂)	Do(做)	Revise(复习)	Master(精通)
Date 日期对象	★	★	★	★	★
Math 数学对象	★	★	★	★	
RegExp 对象	★	★	★		
自定义对象	★	★	★		

7.1 JavaScript 对象

JavaScript 是一种基于对象的语言。对象是一种特殊的数据类型，由变量和函数共同构成。其中变量称为对象的属性，函数称为对象的方法。

在 JavaScript 中，对象分为内置对象和自定义对象两种。内置对象是指系统预先定义好的，直接使用的对象。常见的内置对象有：Array 数组对象、String 字符串对象、Date 日期对象、Math 数学对象和 RegExp 正则表达式对象。

7.2 Array 数组对象

数组(Array)是一个有序的数据集合，是使用单独的变量名来存储的一系列数据。与 Java 语言不同的是：在 JavaScript 中，定义数组时不需要指定数组的数据类型，而且可以将不同类型的数据存放到一个数组中。

7.2.1 数组对象的创建

通过数组的构造函数 Array()来创建一个数组对象，其语法格式如下。

【语法】

```
new Array();
new Array(size);
new Array(element0, element1, ..., elementN);
```

其中：

- 使用无参构造函数创建数组时，返回一个空数组，数组长度为 0；
- 使用一个参数的构造函数 Array(size)创建数组时，返回一个长度为 size 的数组，且数组中的元素均为 undefined；
- 使用多个参数的构造函数创建数组时，使用参数指定的值来初始化数组，数组的长度等于参数的个数。

【示例】 使用构造方法创建数组对象

```
var goodsTypes = new Array();
goodsTypes[0] = "男装";
goodsTypes[1] = "女装";
var foodTypes = new Array("川菜","鲁菜","粤菜");
var movieTypes = new Array(8);
```

除了上述三种方式创建数组外，还可以使用简写形式来创建一个数组，示例如下所示。

【示例】 使用简写形式创建数组对象

```
var foods = ["兰州拉面","潍坊火烧","北京烤鸭","德州扒鸡"];
```

注意

当把构造函数作为函数调用，不使用 new 运算符时，其行为与使用 new 运算符调用时的行为完全一样。

7.2.2 数组对象的属性

Array 对象的属性包括 constructor、length 和 prototype，具体如表 7-1 所示。

表 7-1 数组对象的属性

属　性	描　述
constructor	返回对创建此对象的构造函数的引用
length	数组的长度
prototype	为对象添加属性和方法，将在本章后续小节详细讲解

下述代码演示数组对象属性的用法。

【代码 7-1】 arrayConstructor.html

```
<!DOCTYPE html PUBLIC "-//W3C//DTD XHTML 1.0 Transitional//EN"
    "http://www.w3.org/TR/xhtml1/DTD/xhtml1-transitional.dtd">
<html xmlns="http://www.w3.org/1999/xhtml">
  <head>
    <meta http-equiv="Content-Type" content="text/html; charset=utf-8" />
    <title>Array 对象常用的方法</title>
  </head>
  <body>
    <script type="text/javascript">
        var movies = new Array("分歧者 2:绝地反击","疯狂的麦克斯: 狂暴之路",
                "复仇者联盟 2:奥创纪元","飓风营救 4");
        if(movies.constructor == String){
            alert("movies 是个字符串对象");
        }else if(movies.constructor == Array){
            alert("movies 是个数组对象,数组中元素的个数是: " + movies.length
                + "\n------------------------\n" + movies.constructor);
        }else if(movies.constructor == Date){
            alert("movies 是个日期对象");
        }
    </script>
  </body>
</html>
```

上述代码中，当 constructor 属性是 Array 构造函数的引用时，类型相同返回 true，否则返回 false；当获取 constructor 属性时，会返回其所指向的构造函数。代码在浏览器中运行结果如图 7-1 所示。

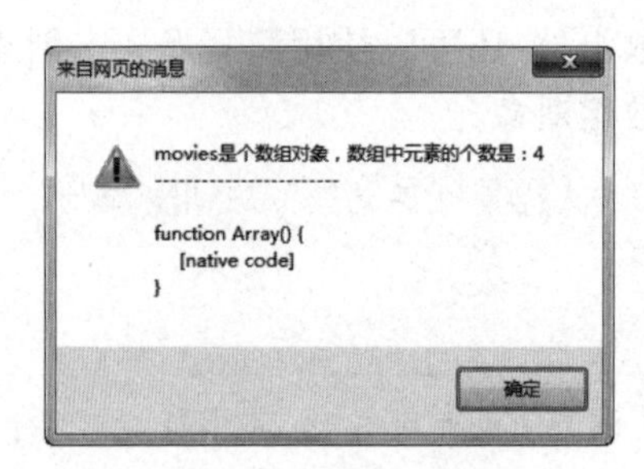

图 7-1 对象的属性

7.2.3 数组对象的常用方法

常用的 Array 方法包括 concat()、join()、push()、pop()、sort()等，具体如表 7-2 所示。

表 7-2 数组对象的常用方法

方法	描述
concat()	用于连接两个或多个数组
join()	用于把数组中的所有元素放入一个字符串，并用指定的分隔符隔开
push()	可向数组的末尾添加一个或多个元素，并返回新的长度
pop()	用于删除并返回数组的最后一个元素
shift()	用于删除并返回数组的第一个元素
reverse()	在原有数组的基础上，颠倒数组中元素的顺序，不会创建新的数组
slice()	可从已有的数组中返回选定的元素
sort()	用于对数组的元素进行排序
splice()	向数组中添加或删除一个或多个元素，然后返回被删除的元素
unshift()	可向数组的开头添加一个或更多元素，并返回新的长度

1. concat()方法

concat()方法用于连接两个或多个数组，返回合并后的新数组，而原数组保持不变。concat()方法的语法格式如下。

【语法】

```
arrayObject.concat(param1, param2, ..., paramX)
```

其中：

- concat()方法至少需要提供一个 param 参数；
- 参数 param 可以是具体的值，也可以是数组对象；
- 多个参数之间使用逗号(,)隔开；
- concat()方法返回的是合并后的新数组，原数组保持不变。

【示例】 使用 concat()连接两个数组

```
movies.concat(newMovie)
```

2. join()方法

join()方法用于把数组中的所有元素放入一个字符串中，并通过指定的分隔符隔开。join()方法的语法格式如下。

【语法】

```
arrayObject.join(separator)
```

其中：

- 参数 separator 可选，作为数组元素之间的分割符，默认为逗号(,)；
- join()方法的返回形式是字符串，使用 separator 分隔符将数组中的元素进行连接。

【示例】 使用 join()连接数据中的元素

```
//元素间使用下划线"_"进行间隔
movies.join("_")
```

下述代码演示了数组对象的 concat()和 join()的用法。

【代码 7-2】 arrayMethod.html 中的部分代码

```
<script type="text/javascript">
    var movies = new Array("绝地反击","狂暴之路","奥创纪元","飓风营救");
    var newMovie = "何以笙箫默";
    var hotMovies = movies.concat(newMovie);

    showMovies(movies,"原来影片");
    showMoviesByJoin(hotMovies,"热映影片");
    //手动将数组显示出来
    function showMovies(movies,description){
        document.write(description + ": <hr/>\t");
        for(var i = 0;i < movies.length;i++){
            document.write(movies[i]);
            if(i!= movies.length - 1){
                document.write("、");
            }
        }
        document.write("<hr/>");
    }
    //使用 join 方法将数组显示出来
    function showMoviesByJoin(movies,description){
        document.write(description + ": <hr/>\t");
        document.write(movies.join("_"));
    }
</script>
```

上述代码中，showMovies()方法中自己手动完成数组的拼接，showMoviesByJoin()方法中使用 Array 对象的 join()方法实现数组的拼接。代码在浏览器中运行结果如图 7-2 所示。

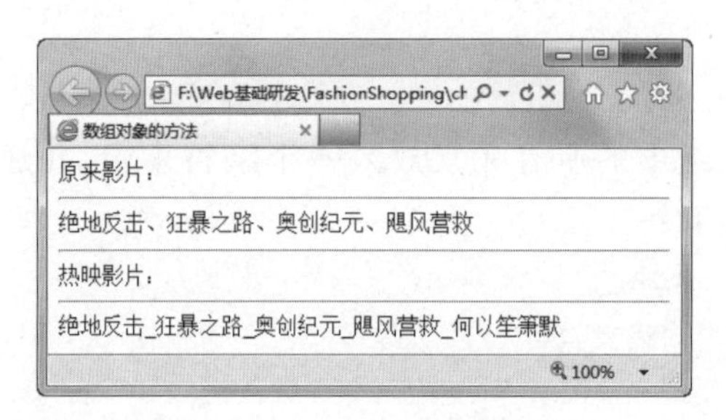

图 7-2 concat()与 join()方法

3. push()方法

push()方法用于向数组的末尾添加一个或多个元素，返回数组的新长度。push()方法的语法格式如下。

【语法】

```
arrayObject.push(newElement1,newElement2,....,newElementX)
```

其中：

- newElement 参数至少有一个；
- push()方法将返回数组的新长度；
- 根据参数的顺序将参数依次追加到数组的尾部，无须创建新的数组。

4. slice()方法

slice()方法用于从数组中返回选定的元素，其语法格式如下。

【语法】

```
arrayObject.slice(start,[end])
```

其中：

- 参数 start 是必需的，表示元素选取的开始位置；
- 参数 end 可选，表示元素选取的结束位置(不包括 end)，当参数 end 省略时，将选取从 start 开始到数组末尾的所有元素；
- start 和 end 允许取负数，−1 表示字符串的最后一个字符，−2 表示倒数第二个字符，其他以此类推。

5. sort()方法

sort()方法用于对数组的元素进行排序，语法格式如下。

【语法】

```
arrayObject.sort([sortby])
```

其中：

- 参数 sortby 是函数，可选，用于规定排序的方式；
- 当参数 sortby 省略时，会按照字符编码的顺序进行排序；
- 数组在原数组基础上进行排序，不会生成新的副本。

6. splice()方法

splice()方法用于向数组中添加1～n个元素或从数组中删除元素，语法格式如下。

【语法】

```
arrayObject.splice(index,howmany,[item1,.....,itemX])
```

其中：

- 参数index必需，规定添加或删除元素的位置，index为负数时，从数组末尾向前计数，例如，－1表示字符串的最后一个字符，－2表示倒数第二个字符，其他以此类推；
- 参数howmany必需，表示要删除元素的数量，0代表不删除数据；
- 当删除元素时，返回所有被删除的元素数组；
- 参数列表item1，…，itemX可选，表示向数组中添加或替换的新元素；
- 该方法在原数组基础上实现，不会生成新的副本；

下述代码演示了数组对象的push()、pop()、shift()和sort()等方法的使用。

【代码7-3】 arrayMethod.html中的部分代码

```
<script type="text/javascript">
    var foods = new Array();
    foods[0] = "兰州拉面";
    foods[1] = "肉夹馍";
    foods.push("潍坊火烧");
    var length = foods.push("泰山火烧");
    document.write("<hr/>当前数组的长度：" + length);
    showFoodsByJoin(foods);
    var lastFood = foods.pop();
    document.write("<hr/>最后一个美食为：" + lastFood);
    var firstFood = foods.shift();
    document.write("<hr/>第一个美食为：" + firstFood);
    showFoodsByJoin(foods);
    foods.push("周黑鸭");
    foods.push("流亭猪蹄");
    foods.push("德州扒鸡");
    showFoodsByJoin(foods);
    foods.unshift("淄博烧饼");
    showFoodsByJoin(foods);
    foods.splice(2,2,"北京烤鸭");
    showFoodsByJoin(foods);
    var betterFood = foods.slice(1,4);
    document.write("<hr/>获赞的美食：" + betterFood);
    document.write("<hr/>获赞的美食反向显示：" + betterFood.reverse());

    var prices = [35,82,10,16,55];
    document.write("<hr/>排序前的数组：" + prices);
    document.write("<hr/>默认的排序方式：" + prices.sort());
    document.write("<hr/>指定排序方式的排序：" + prices.sort(sortNumber));
    //排序函数
    function sortNumber(a,b){
        return b - a;
    }
    //使用join方法将数组显示出来
```

```
    function showFoodsByJoin(foods){
        document.write("<hr/>中国美食：\t");
        document.write(foods.join(","));
    }
</script>
```

上述代码在浏览器中运行结果如图 7-3 所示。

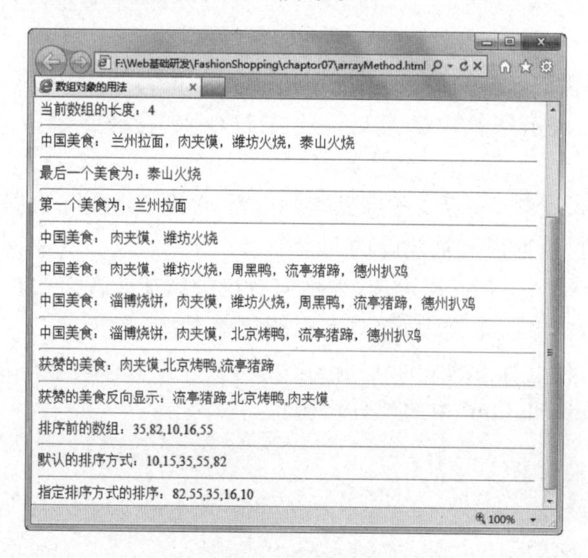

图 7-3　数组对象的常用方法

7.2.4　二维数组

在 JavaScript 中，没有二维或多维数组，不能通过 new Array()方式来创建二维数组。但是，因为变量是弱数据类型，数组中存放的数据可以是数值型、字符型、布尔型、对象和数组等类型，所以可以通过在一维数组中存放另一个数组来模拟实现二维数组。

【示例】　数组中可以包含不同的数据类型

```
var array = new Array();
array[0] = new Array("科幻","«2012»",80);
array[1] = ["爱情","«何以笙箫默»",6];
array[2] = '从 1992 年到 2012 年这二十年是本次太阳纪的最后一个周期，又被叫作"地球更新期"…';
array[3] = 88;
```

下述代码了演示二维数组的实现。

【代码 7-4】　twoDimensionArray.html

```
<script type = "text/javascript">
    var title = new Array("电影类型","电影名称","票价");
    var movies = new Array();
    movies[0] = new Array("科幻","«2012»",80);
    movies[1] = new Array("爱情","«何以笙箫默»",60);
    movies[2] = new Array("喜剧","«超能陆战队»",100);
    movies[3] = new Array("战争","«我是战士»",95);
    document.write("<table border = '1'>");
```

```
    document.write("<tr>");
    for(var i = 0;i<title.length;i++){
        document.write("<th>" + title[i] + "</th>");
    }
    document.write("</tr>");
    for(var i = 0;i<movies.length;i++){
        document.write("<tr>");
        for(var j = 0;j<movies[i].length;j++){
            document.write("<td>" + movies[i][j] + "</td>");
        }
        document.write("</tr>");
    }
</script>
```

上述代码中,数组 movies 中的元素是一个一维数组,以此来实现二维数组。代码在浏览器中运行结果如图 7-4 所示。

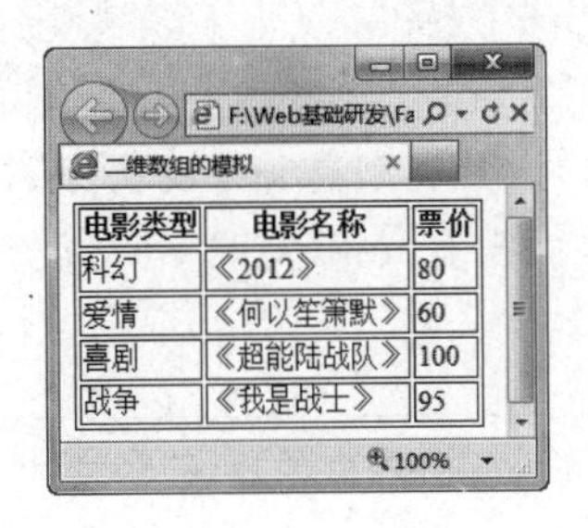

电影类型	电影名称	票价
科幻	《2012》	80
爱情	《何以笙箫默》	60
喜剧	《超能陆战队》	100
战争	《我是战士》	95

图 7-4　二维数组

二维数组也可以通过简写形式进行创建,本质上也是通过一维数组来实现的。

【示例】　二维数组简写创建二维数组

```
var movies = [["科幻","«2012»",80], ["爱情","«何以笙箫默»",60],
              ["喜剧","«超能陆战队»",100], ["战争","«我是战士»",95]];
```

7.3　String 字符串对象

字符串对象(String)用于对文本字符串进行处理,例如设置文本的字体大小、字体颜色、上标和下标等操作。

7.3.1　字符串的创建

字符串的创建有以下两种方式:字面量方式和 new 方式。

1. 字面量方式

字符串类型是一个基本的数据类型,而字符串对象是将字符串封装成了一个对象。封装后的对象可以调用该对象的属性和方法。在 JavaScript 中,可以隐式地将一个字符串转换成字符串对象。

【示例】 字面量方式创建一个字符串

```
var name = "漫步时尚广场";                //类型为 string 类型
var address = '中国·青岛·高新区';          //类型为 string 类型
```

注意

使用单引号(')或双引号(")均可生成一个字符串。

2. new 方式

new 方式创建字符串对象是通过调用 String()构造函数来完成的,并返回一个 String 对象。

【示例】 构造方法创建字符串对象

```
var movieName = new String("何以笙箫默");      //类型为 String 对象
var director = String("刘俊杰");              //类型为 string 类型
```

使用字面量方式创建字符串时,其类型是 string 类型;而通过 new 方式创建时,返回的是 String 对象。仅使用构造方法而没有 new 关键字时,类型也是 string 类型。

注意

可以使用 typeof()函数或 typeof 运算符查看字符串变量的类型,前面示例中变量 name、address、director 的类型均为 string 类型,而 movieName 的类型为 Object 类型。

在 JavaScript 中,string 和 String 的区别如下:

- String 是 string 的包装类;
- string 是一种基本的数据类型,没有提供 substring()等方法;
- String 是构造函数,用于创建字符串对象,使用 new 创建的对象具有 substring()等方法;
- string 没有提供 prototype 原型对象,而 String 对象具有 prototype 原型对象,通过浏览器的端点调试方式进行查看该区别;
- 使用 typeof()函数查看类型时,string 变量返回 string,String 对象返回 Object,而 String 返回 function;
- 使用==比较时,string 类型判断其值是否相等,而 String 对象则判断是否对同一对象进行引用;
- 二者的生命周期不同,使用 new 创建的对象一直存在,而 string 类型自动生成的会在代码执行后立即销毁。

【示例】 string 与 String 的区别

```
var str1 = "abc";
var str2 = "abc";
var object1 = new String("abc");
var object2 = new String("abc");
console.log(str1 == str2);              //输出结果: true
console.log(object1 == object2);        //输出结果: false
```

```
var encourage = "美丽的";
encourage.describe = "程序猿鼓励师";
var team  =  new String("好斗的");
team.describe = "程序猿团队";
console.log(encourage.describe);            //输出结果：undefined
console.log(team.describe);                 //输出结果：程序猿团队
```

注意

在 JavaScript 中，允许使用"对象.属性"的形式对属性进行操作，有关对象属性的添加与操作请参见本章 7.7 节。

7.3.2 字符串对象的常用方法

字符串及日期的属性与数组基本相同，此处就不再一一赘述。字符串对象中常用的方法如表 7-3 所示。

表 7-3 字符串对象的方法

方　法	描　述
anchor(name)	创建一个锚点元素(具有 name 或 id 特征而不是 href 特征的 <a>标签)
bold()	用于将字符串加粗
charAt(index)	返回指定位置的字符
fontcolor(color)	用于指定字符串的显示颜色
fontsize(size)	用于指定字符串的显示尺寸，size 参数必须是 1～7 的数字
indexOf(searchValue,[fromIndex])	返回 searchValue 在字符串中首次出现的位置
lastIndexOf(searchValue,[fromIndex])	从后向前进行检索，返回 searchValue 在字符串中首次出现的位置
slice(start,[end])	抽取从 start 开始(包括 start)到 end 结束(不包括 end)为止的所有字符
substring(start,[stop])	抽取从 start 处到 stop-1 处的所有字符
substr(start,[length])	start 与 length 分别表示截取字符串的开始位置和长度。ECMAscript 没有对该方法进行标准化，不建议使用
split()	用于把一个字符串分割成字符串数组
sub()	如果位于<sub>标签中，用于把字符串显示为下标
sup()	如果位于<sup>标签中，用于把字符串显示为上标
toLowerCase()	用于把字符串转换为小写
toUpperCase()	用于把字符串转换为大写
search(regExp)	用于检索字符串中指定的子字符串，或检索与正则表达式相匹配的子字符串
replace(regExp/subStr,replacement)	用于在字符串中用一些字符替换另一些字符，或替换一个与正则表达式匹配的子串
match(searchvalue/regExp)	在字符串内检索指定的值，或找到一个或多个正则表达式的匹配

字符串中常用的方法有 indexOf()、lastIndexOf()、slice()、subString()和 split()等。

1. indexOf()方法

indexOf()方法用于检索子串在字符串中首次出现的位置，其语法格式如下。

```
stringObject.indexOf(searchValue,[fromIndex])
```

其中：

- 参数 searchValue 表示被检索的子串；
- 参数 fromIndex 可选，表示字符串开始检索的位置，取值范围 0～stringObject.length－1，默认值为 0；
- 当检索到子串时，返回子串在字符串中的位置，否则返回－1；
- 字符串的开始下标是从 0 开始的。

2. lastIndexOf()方法

lastIndexOf()方法用于从后向前对字符串进行检索，并返回子串在字符串中首次出现的位置，其语法格式如下。

```
stringObject.lastIndexOf(searchValue,[fromIndex])
```

其中：

- 参数 searchValue 表示被检索的子串；
- 参数 fromIndex 可选，表示字符串开始检索的位置，取值范围 0～stringObject.length－1，当参数 fromIndex 省略时，将从字符串的末尾处开始检索；
- 当检索到子串时，返回子串在字符串中的位置，否则返回－1。

3. slice()方法

slice()方法用于从字符串中抽取一部分内容，其语法格式如下。

```
stringObject.slice(start,[end])
```

其中：

- 抽取范围从 start 位置开始(包括 start)到 end 结束(不包括 end)；
- 参数 start 必选，表示要抽取子串的起始下标；
- 参数 end 可选，表示要抽取子串的结束下标，当参数 end 省略时，表示提取范围从 start 位置到字符串的结尾；
- start 和 end 允许取负数，－1 表示字符串的最后一个字符，－2 表示倒数第二个字符，其他依此类推。

4. substring()

substring()方法与 slice()方法相似，也是从字符串中抽取一部分，其语法格式如下。

```
stringObject.substring(start,[stop])
```

其中：

- 抽取范围从 start 处到 stop 处(不包含 stop),抽取子串长度为 stop-start;
- start 必选,表示要抽取的子串的起始下标;
- stop 可选,表示要抽取的子串的结束下标,参数 stop 省略时,抽取范围从 start 位置到字符串的结尾;
- 当参数 start 与 stop 相等时,返回一个空串;
- 当参数 start 比 stop 大时,在抽取子串之前会先交换这两个参数;
- 与 slice()方法不同,substring()方法不接受负参数。

5. split()方法

split()方法用于把一个字符串分割成一个字符串数组,其语法格式如下。

```
stringObject.split(separator,[howmany])
```

其中:

- 参数 separator(必需)是一个字符串或正则表达式,使用该参数指定的规则对字符串进行分割。
- 参数 howmany 可选,用于指定返回的数组的最大长度。当参数 howmany 存在时,返回的子串个数不应大于 howmany;当参数 howmany 省略时,对整个字符串进行分割,而不考虑结果的数量。

6. 转义字符

转义字符是 JavaScript 中一些特殊的字符串对象,用于表示 ASCII 码字符集中不可打印的控制字符或特定功能的字符,例如引号、回车、Tab 等。转义字符使用反斜杠(\)开始,其后紧跟一个字符,如表 7-4 所示。

表 7-4 转义字符列表

转义字符	实现方式	转义字符	实现方式
双引号	\"	换行	\n
单引号	\'	回车	\r
Tab	\t	反斜杠	\\
退格	\b	换页符	\f

下述代码演示了字符串的创建、检索、截取及特殊字符的用法。

【代码 7-5】 subString.html

```
<!DOCTYPE html PUBLIC "-//W3C//DTD XHTML 1.0 Transitional//EN"
    "http://www.w3.org/TR/xhtml1/DTD/xhtml1-transitional.dtd">
<html xmlns="http://www.w3.org/1999/xhtml">
  <head>
    <meta http-equiv="Content-Type" content="text/html; charset=utf-8" />
    <title>String 字符串的截取</title>
  </head>
  <body>
    <script type="text/javascript">
```

```
        var name = "漫步时尚广场";
        var address = '中国·青岛·高新区';
        alert("name 的类型是:" + typeof(name) + "\n address 的类型是:"
            + typeof(address));
        var movieName = new String("«何以笙箫默»之赵默笙");
        var director = String("刘俊杰");
        alert("movieName 的类型是:" + typeof(movieName) + "\n director 的类型是:"
            + typeof(director));
        var index = movieName.indexOf("箫");
        var lastIndex = movieName.lastIndexOf("笙",4);
        if(index!=-1){
            alert("'箫'在字符串'" + movieName + "'的位置是: " + index);
        }
        if(lastIndex!=-1){
            alert("\"箫\"在字符串\"" + movieName + "\"的位置是: " + lastIndex);
        }
        var subName = movieName.substring(1,movieName.length - 5);
        var familyName = director.slice(0,1);
        alert("影片名称为: " + subName + "\n 导演贵姓: " + familyName);
    </script>
  </body>
</html>
```

上述代码中,使用转义字符"\n"和"\""来实现字符串中的换行符和双引号。方法lastIndexOf("笙",4)表示从字符串倒数第四个位置向前检索,检索字符"笙"在字符串中的位置,最终结果为3。此处不再提供测试结果,读者可自行测试。

下述代码演示了字符串对象的其他方法的用法。

【代码 7-6】 dealString.html

```
<!DOCTYPE html PUBLIC "-//W3C//DTD XHTML 1.0 Transitional//EN"
    "http://www.w3.org/TR/xhtml1/DTD/xhtml1-transitional.dtd">
<html xmlns = "http://www.w3.org/1999/xhtml">
  <head>
    <meta http-equiv = "Content-Type" content = "text/html; charset = utf-8" />
    <title>String 常用的方法</title>
  </head>
  <body>
    <script type = "text/javascript">
        var name = "漫步时尚广场";
        var result = "";
        for(var i = 0;i < name.length;i++){
            var str = name.charAt(i);
            if(i % 2 == 1){
                str = str.bold();
            }
            str = str.fontsize((i % 7) + 1);
            if(i % 3 == 0){
                str = str.fontcolor("red");
            }
            if(i % 4 == 0){
                //创建一个锚点
                str = str.anchor("anchor1");
            }
```

```
            result = result + str;
        }
        document.write("处理前的字符串: " + name + "<br/>");
        document.write("处理后的字符串: " + result + "<br/><hr/>");
        var movieContent = new String("大学时代的赵默笙,对法学系大才子何以琛,一段纯纯的
                校园爱情悄悄滋...");
        var resultContent = "";
        for(var i = 0;i < movieContent.length;i++){
            var str = movieContent.charAt(i);
            if(i % 4 == 1){
                str = str.sup();
            }
            if(i % 6 == 0){
                str = str.sub();
            }
            resultContent = resultContent + str;
        }
        document.write("处理前的字符串: " + movieContent + "<br/>");
        document.write("处理后的字符串: " + resultContent + "<br/><hr/>");
        var movieName = "«何以笙箫默»之何以琛";
        document.write("替换后的字符串: " + movieName.replace(/何以琛/,"赵默笙"));
        document.write("<br/><hr/>");
        var songWords = "Two roads diverged in a yellow wood;I'd go back and rechoose
                if I could...";
        var words = songWords.split(" ");
        var wordsResult = "";
        for(var i = 0;i < words.length;i++){
            if(i % 2 == 0){
                words[i] = words[i].toUpperCase();
            }else{
                words[i] = words[i].toLowerCase();
            }
            wordsResult += words[i] + " ";
        }
        document.write(wordsResult);
    </script>
  </body>
</html>
```

上述代码中,首先使用 charAt()方法获得对应的字符,然后设置该字符的颜色、样式、字体大小、上标和下标等。在 replace()方法中,第一个参数是正则表达式,有关正则表达式的知识点将在本章后续小节中进行介绍。代码在浏览器中运行结果如图 7-5 所示。

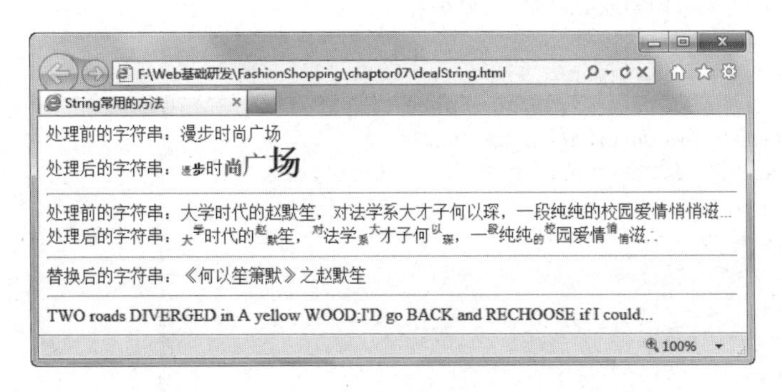

图 7-5　字符串对象的方法

7.4 Date日期对象

7.4.1 Date对象的创建

JavaScript通过日期对象(Date)来操作日期和时间。通过日期对象的构造函数创建一个系统当前时间或指定时间的日期对象。

创建日期对象的语法格式如下。

【语法】

```
new Date();
new Date(millisenconds);
new Date(yyyy,MM,dd);
new Date(yyyy,MM,dd,hh,mm,ss);
new Date(MM/dd/yyyy hh:mm:ss);
new Date("month dd,yyyy");
new Date("month dd,yyyy hh:mm:ss");
```

其中:

- 使用无参构造函数创建日期对象时,将返回一个系统当前时间的日期对象;
- 参数millisenconds表示从GMT时间1970年1月1日凌晨到目标日期和时间之间的毫秒数;
- 参数yyyy表示4位数的年份,例如,2015;
- 参数MM表示月份,取值范围为0(1月)~11(12月);
- 参数dd表示日,取值范围为1~31;
- 参数hh表示小时,取值范围为0~23;
- 参数mm表示分钟,取值范围为0~59;
- 参数ss表示秒,取值范围为0~59;
- 参数month表示月份,是月份的英文全称或英文简写,例如Fri、Mar等。

下述代码演示了日期对象的创建。

【代码7-7】 dateConstructor.html中的脚本部分

```
<script type="text/javascript">
    var myDate1 = new Date();
    var myDate2 = new Date(1218253167595);
    var myDate3 = new Date(2015,9,2);
    var myDate4 = new Date(2015,9,2,12,08,16);
    var myDate5 = new Date("9/25/2015 9:25:38");
    var myDate6 = new Date("April 25,2048");
    var myDate7 = new Date("Apr 25,2048 17:32:16");
    showTime(myDate1);
    showTime(myDate2);
    showTime(myDate3);
    showTime(myDate4);
    showTime(myDate5);
    showTime(myDate6);
```

```
    showTime(myDate7);
    //定义显示时间的函数
    function showTime(myDate){
        var dateStr = "";
        var year = myDate.getFullYear();
        var month = myDate.getMonth() + 1;
        var date = myDate.getDate();
        var hour = myDate.getHours();
        var minute = myDate.getMinutes();
        var second = myDate.getSeconds();
        dateStr = dateStr + year + "年" + month + "月" + date + "日 " + hour + ":" + minute + ":"
                + second + "<br/>";
        document.write(dateStr);
    }
</script>
```

上述代码中，演示了通过各种构造函数来创建日期对象。代码的运行结果如图7-6所示。

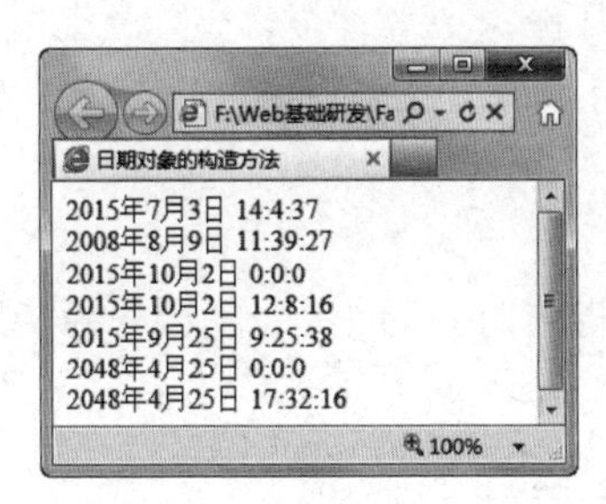

图7-6 日期对象的创建

7.4.2 Date对象的常用方法

在Date日期对象中，提供了一系列获取日期和设置日期的方法，如表7-5所示。

表7-5 日期对象的常用方法

方法	描述
getDate()	返回一个月中的某一天(1～31)
getDay()	返回一周中的某一天(0～6)
getMonth()	返回月份(0～11)
getFullYear()	返回4位数字的年份
getHours()	返回Date对象的小时(0～23)
getMinutes()	返回Date对象的分钟(0～59)
getSeconds()	返回Date对象的秒数(0～59)
getTime()	返回1970年1月1日至今的毫秒数
setDate()	设置Date对象中的日期(1～31)
setMonth()	设置Date对象中的月份(0～11)
setFullYear()	设置Date对象中的年份(四位数字)
setHours()	设置Date对象中的小时(0～23)

续表

方　法	描　述
setMinutes()	设置 Date 对象中的分钟(0～59)
setSeconds()	设置 Date 对象中的秒数(0～59)
setTime()	以毫秒设置 Date 对象

1. setFullYear()方法

setFullYear()方法用于设置年份(包括月份和日期),其语法格式如下。

【语法】

```
dateObject.setFullYear(year,month,day)
```

其中:

- 参数 year 是必需的,表示年份的四位整数;
- 参数 month 可选,表示月份;
- 参数 day 可选,表示月份中的某一天。

2. setHours()方法

setHours()方法用于设置指定时间的小时(包括分钟、秒、毫秒),其语法格式如下。

【语法】

```
dateObject.setHours(hour,min,sec,millisec)
```

其中:

- 参数 hour 是必需的,表示日期对象的小时数,介于 0(午夜)～23(晚上 11 点);
- 参数 min 可选,表示日期对象的分钟数,介于 0～59 之间;
- 参数 sec 可选,表示日期对象的秒数,介于 0～59 之间;
- 参数 millisec 可选,表示日期对象的毫秒数,介于 0～999 之间。

下述代码演示了日期对象的常用方法。

【代码 7-8】 dateMethod.html

```
<!DOCTYPE html PUBLIC "-//W3C//DTD XHTML 1.0 Transitional//EN"
    "http://www.w3.org/TR/xhtml1/DTD/xhtml1-transitional.dtd">
<html xmlns="http://www.w3.org/1999/xhtml">
  <head>
    <meta http-equiv="Content-Type" content="text/html; charset=utf-8" />
    <title>日期对象的使用</title>
    <style type="text/css">
        img{
            width:30px;
            height:40px;
        }
    </style>
  </head>
  <body>
```

```
    <script type="text/javascript">
        //图片前缀
        var filePrefix = "<img src='images/num_";
        //图片后缀
        var fileSuffix = ".jpg' />";
        //创建一个系统时间
        var myDate = new Date();
        showTime(myDate);
        myDate.setFullYear(2036,7,9);          //年月日
        myDate.setHours(11,23,46);             //时分秒
        showTime(myDate);
        myDate.setDate(myDate.getDate() + 5);
        showTime(myDate);
        //显示时间
        function showTime(myDate){
            var dateStr = "";
            var year = myDate.getFullYear();
            var month = myDate.getMonth() + 1;
            var date = myDate.getDate();
            var hour = myDate.getHours();
            var minute = myDate.getMinutes();
            var second = myDate.getSeconds();

            dateStr = dateStr + num2Image(year) + "<img src='images/year.jpg'/>"
                    + num2Image(fixTime(month)) + "<img src='images/month.jpg'/>"
                    + num2Image(fixTime(date)) + "<img src='images/date.jpg'/>"
                    + num2Image(fixTime(hour)) + "<img src='images/hour.jpg'/>"
                    + num2Image(fixTime(minute))
                    + "<img src='images/minute.jpg'/>"
                    + num2Image(fixTime(second))
                    + "<img src='images/second.jpg'/><br/>";
            document.write(dateStr);
        }
        //将数字通过图片显示出来
        function num2Image(num){
            var str = num.toString();
            var result = "";
            for(var i = 0;i < str.length;i++){
                var c = str.charAt(i);
                result = result + filePrefix + c + fileSuffix;
            }
            return result;
        }
        //修正时间,1～9时自动在前面添加0进行修正
        function fixTime(time){
            if(time < 10){
                return "0" + time;
            }
            return time;
        }
    </script>
  </body>
</html>
```

上述代码中需要注意以下几点：

- fixTime()函数用于对时、分、秒等数值进行修正，当参数在 1～9 之间时，在其之前补填一位 0；
- num2Image()函数用于将数字转成对应图像的< img />标签；
- 在 showTime()函数中，先从日期对象中获得年、月、日、时、分、秒，再调用 num2Image()函数将其转成对应的图像标签。

代码在浏览器中运行的结果如图 7-7 所示。

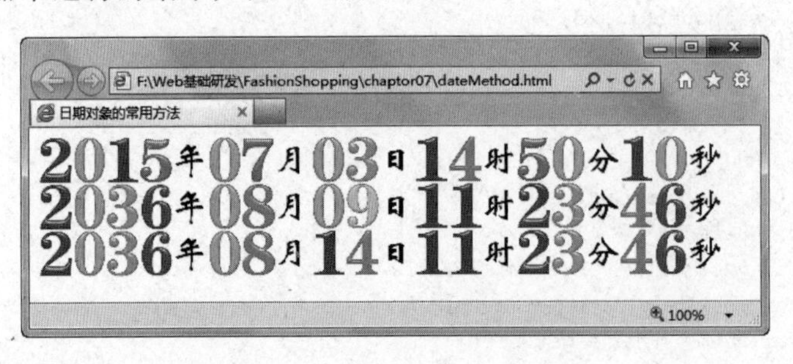

图 7-7　日期对象的常用方法

7.5　Math 数学对象

数学对象(Math)提供了一些数学运算中的常数及数学计算方法，在数学运算时非常有用。与 String、Date 不同，Math 对象没有提供构造方法，可以直接使用 Math 对象。

7.5.1　Math 对象的属性

在 Math 对象中，提供了一些常用的数学常数，如圆周率、自然对数的底数等。Math 对象常用的属性如表 7-6 所示。

表 7-6　Math 常用属性

属　性	描　述
E	返回算术常量 e，即自然对数的底数(约等于 2.718)
LN2	返回 2 的自然对数(约等于 0.693)
LN10	返回 10 的自然对数(约等于 2.302)
LOG2E	返回以 2 为底的 e 的对数(约等于 1.442)
LOG10E	返回以 10 为底的 e 的对数(约等于 0.434)
PI	返回圆周率(约等于 3.14159)
SORT2	返回 2 的平方根(约等于 1.414)
SQRT1_2	返回 2 的平方根的倒数(约等于 0.7071)

下述代码演示了 Math 对象属性的用法。

【代码 7-9】　mathProperty.html 的脚本部分

```
<script type="text/javascript">
    document.write("<br/> Math.PI = " + Math.PI);
```

```
    document.write("<br/>Math.E = " + Math.E);
    document.write("<br/>Math.LN2 = " + Math.LN2);
    document.write("<br/>Math.LN10 = " + Math.LN10);
    document.write("<br/>Math.LOG2E = " + Math.LOG2E);
    document.write("<br/>Math.LOG10E = " + Math.LOG10E);
    document.write("<br/>半径为 4 的圆的面积: " + circularArea(4));
    document.write("<br/>半径为 8、高为 10 的圆柱的体积: " + cylinderCapacity(8,10));
    //计算圆的面积
    function circularArea(radius){
        return Math.PI * radius * radius;
    }
    //计算圆柱的体积
    function cylinderCapacity(radius,height){
        return Math.PI * radius * radius * height;
    }
</script>
```

在上述代码中，通过 Math 对象获得一些常用的数学常数，并使用 Math.PI 常量来计算圆的面积和圆柱的体积。代码运行结果如图 7-8 所示。

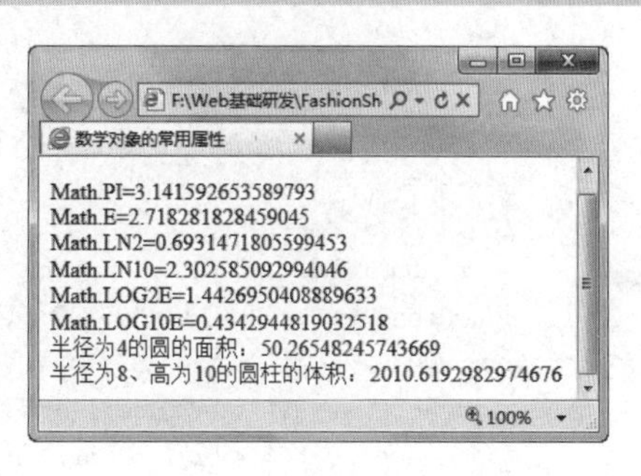

图 7-8 Math 对象的属性

7.5.2 Math 对象的方法

Math 对象还提供一些用作算术运算的方法，例如取绝对值、正弦、余弦、反正弦和反余弦等。Math 对象常用的方法如表 7-7 所示。

表 7-7 Math 对象的常用方法

方法	描述
abs(x)	返回数字的绝对值
ceil(x)	对数字进行上取整
floor(x)	对数字进行下取整
round(x)	对数字进行四舍五入
exp(x)	返回 e 的指数
log(x)	返回数字的自然对数(底为 e)
max(x,y)	求最大值
min(x,y)	求最小值
pow(x,y)	返回 x 的 y 次幂
sqrt(x)	返回数字的平方根
random()	返回 0～1 之间的随机数
sin(x)/cos(x)/tan(x)	计算 x 的正弦、余弦、正切值
asin(x)/acos(x)/atan(x)	计算 x 的反正弦、反余弦、反正切值

下述代码演示了 Math 对象的常用方法。

【代码 7-10】 mathMathod.html 的脚本部分

```
<script type="text/javascript">
    var num = 10;
```

```
    document.write("随机生成" + num + "个整数: ");
    var array = [];
    var maxNum = 0;
    var minNum = 0;
    for(var i = 0;i < num;i++){
        var tmp = Math.random() * 100;
        array[i] = Math.floor(tmp);
        document.write(array[i] + "\t");
        if(i == 0){
            maxNum = array[0];
            minNum = array[0];
        }else{
            maxNum = Math.max(maxNum,array[i]);
            minNum = Math.min(minNum,array[i]);
        }
    }
    document.write("<br/>随机数中,最大数为: " + maxNum);
    document.write("<br/>随机数中,最小数为: " + minNum);
    document.write("<hr/>");

    var randomNum = 60 + Math.random() * 40;
    document.write("随机生成一个 60~100 之间的数: " + randomNum);
    document.write("<br/> round()四舍五入的结果: " + Math.round(randomNum));
    document.write("<br/> ceil()上取整的结果: " + Math.ceil(randomNum));
    document.write("<br/> floor()下取整的结果: " + Math.floor(randomNum));
    document.write("<hr/>");

    document.write("2 的 3 次幂: " + Math.pow(2,3));
    document.write("<br/> 16 的平方根: " + Math.sqrt(16));
    document.write("<br/> 90 < sup > o </sup >的正弦值是: " + Math.sin(90 * Math.PI/180));
</script>
```

上述代码中,Math.random()方法用于生成一个[0,1)之间的随机浮点数;Math.sin()方法用于计算某个角度的正弦值,其参数是一个角度,可以通过 Math.PI/180 进行换算。代码在浏览器中运行结果如图 7-9 所示。

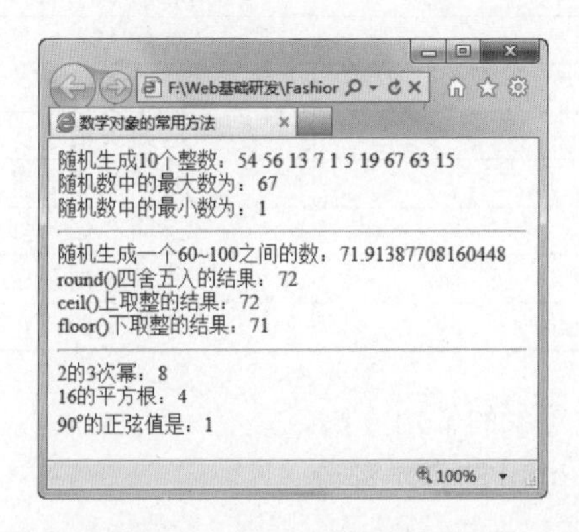

图 7-9　Math 对象的常用方法

7.6 RegExp正则表达式对象

正则表达式(Regular Expression)最早出现于20世纪40年代,在数学与计算机科学理论中用于反映"正则性"的数学表达式特征。直到20世纪70年代末,才真正在程序设计领域中得到应用。目前流行的语言,如Perl、Java、.Net、JavaScript、Python、Ruby等都支持正则表达式。

正则表达式是一种字符串匹配的模式,通过单个字符串来描述和匹配一系列符合某个句法的规则。JavaScript提供了一个RegExp对象来完成有关正则表达式的匹配功能。

7.6.1 RegExp对象的创建

创建一个RegExp对象有两种方式:直接量方式和构造函数方式。创建RegExp对象的语法格式如下。

【语法】

```
var reg = /pattern/attributes;                          //直接量方式
var regExp = new RegExp(pattern,attributes);            //构造函数方式
```

其中:

- 参数pattern是一个字符串或表达式,表示正则表达式的模式;
- 参数attributes是一个可选的字符串,取值包括"g"、"i"和"m",分别用于指定全局匹配、区分大小写的匹配和多行匹配,如表7-8所示。

表7-8 参数attributes的取值列表

修 饰 符	描 述
i	匹配时忽略大小写
g	全局匹配(遇到第一个匹配时并不停止,会继续查找,直到完成所有的匹配)
m	多行匹配,^匹配一行的开头(\n)或字符串的开头,$匹配一行的结尾或字符串的结尾

【示例】 RegExp对象的创建

```
var reg = /^\d* $/;
var regExp = new RegExp("^\\d* $");
var str = "漫步时尚广场\nCopyright © 2015 - 2025";
alert(str.match(/^Copyright/));                 //null,匹配失败
alert(str.match(/^Copyright/m));                //Copyright,匹配成功
```

注意

> 当使用RegExp()来创建一个正则表达式对象时,需要对元字符中的斜线(\)进行转义。相对而言,直接量方式比构造函数方式更加简洁。

正则表达式中的pattern部分可以包括元字符、括号表达式以及量词等。常见的元字符如表7-9所示。

表 7-9 常用的元字符

元字符	描述
.	用于查找单个字符,除了换行和行结束符
\w	匹配包括下画线的任何单词字符,等价于[A-Za-z0-9_]
\W	匹配任何非单词字符,等价于[^A-Za-z0-9_]
\d	查找数字
\D	查找非数字字符
\s	查找空白字符
\S	查找非空白字符
\n	查找换行符
\r	查找回车符
\xxx	查找以八进制数 xxx 规定的字符
\xdd	查找以十六进制数 dd 规定的字符

正则表达式中常见的括号表达式如表 7-10 所示。

表 7-10 括号表达式列表

表达式	描述
[abc]	查找括号内的任意字符
[^abc]	查找除了括号内的其他任意字符
[0-9]	查找 0～9 之间的任意数字
[a-z]	查找 a～z 之间的任意字符
[A-Z]	查找 A～Z 之间的任意字符
[A-z]	查找 A～z 之间的任意字符
(boy|girl|baby)	查找括号内的某一项(或关系)

正则表达式中常见的量词如表 7-11 所示。

表 7-11 常见的量词

量词	描述
n+	匹配任何包含至少一个 n 的字符串
n*	匹配任何包含零个或多个 n 的字符串
n?	匹配任何包含零个或一个 n 的字符串
n{x}	匹配包含 x 个 n 的序列的字符串
n{x,y}	匹配包含 x 或 y 个 n 的序列的字符串
n{x,}	匹配包含至少 x 个 n 的序列的字符串
n$	匹配任何结尾为 n 的字符串
^n	匹配任何开头为 n 的字符串
?=n	匹配任何其后紧接指定字符串 n 的字符串
?!n	匹配任何其后没有紧接指定字符串 n 的字符串

不仅能单独使用元字符、括号表达式或量词来创建一个 RegExp 对象,还可以将以上三者混合使用来创建 RegExp 对象。

【示例】 创建匹配电话号码的 RegExp 对象

```
var mobileReg = new RegExp("1[3|4|5|8][0-9]{9}");                //手机号码匹配模式
var telephoneReg = /^((\d{3}-\d{8})|(\d{4}-\d{7}))$/;            //固话号码匹配模式
```

在手机号码的匹配模式中，第一位固定是 1，第二位可以是 3、4、5 或 8，剩余的 9 位是 0～9 之间的任意数字；在固话号码的匹配模式中，当区号为 3 位时电话号码是 8 位，当区号为 4 位时电话号码是 7 位，且区号与号码之间使用横线(-)隔开。

7.6.2 RegExp 对象的方法

正则表达对象常用的方法如表 7-12 所示。

表 7-12　正则表达式对象的方法

方　法	描　述
compile	编译正则表达式
exec	检索字符串中指定的值。返回找到的值，并确定其位置
test	检索字符串中指定的值。返回 true 或 false

1. exec()方法

exec()方法用于检索字符串中正则表达式的匹配情况，当匹配成功时返回匹配内容及其所在的位置。exec()方法的语法格式如下。

【语法】

```
var result = RegExpObject.exec(string)
```

其中：

- 参数 string 是必需的，表示被检索的字符串；
- exec()方法用于返回第一个匹配内容，可以通过循环方式进行全局匹配；
- result 表示 exec()方法返回的匹配内容，其中 result.index 表示匹配文本的第一个字符的出现位置。

正则表达式对象 RegExpObject 中还提供了 lastIndex 属性，表示开始下一次匹配的字符位置。

2. test()方法

test()方法用于检索字符串中正则表达式的匹配情况，当匹配成功时返回 true，否则返回 false。test()方法的语法格式如下。

【语法】

```
RegExpObject.test(string)
```

其中：

- 参数 string 是必需的，表示被检索的字符串；
- 当参数 string 与正则表达式匹配时，返回 true；

- 当参数 string 与正则表达式不匹配时，返回 false。

注意

> exec()方法的功能非常强大，而 test()方法使用方便快捷，读者可以根据需要进行选择。其中，RegExpObject. test(string)与 RegExpObject. exec(string)！＝null 效果是等价的。

3. compile()方法

complie()方法用于编译指定的正则表达式，编译之后的正则表达式执行速度将有所提高。当正则表达式被多次调用时，compile()方法可以有效地提高代码的执行速度，而compile()方法仅被使用一次时，效果并不明显。

下述代码演示了 RegExp 对象的常用方法。

【代码 7-11】 regExp. html

```
<!DOCTYPE html PUBLIC "-//W3C//DTD XHTML 1.0 Transitional//EN"
    "http://www.w3.org/TR/xhtml1/DTD/xhtml1-transitional.dtd">
<html xmlns="http://www.w3.org/1999/xhtml">
  <head>
    <meta http-equiv="Content-Type" content="text/html; charset=utf-8" />
    <title>正则表达式对象的用法</title>
  </head>
  <body>
    <script type="text/javascript">
        var telephone = "0532-1234567";
        //var telephone = "0532-1234-5671234";
        if(telephoneValidate(telephone)){
            document.write(telephone + "座机号有效" + "<br/>");
        }else{
            document.write(telephone + "座机号无效" + "<br/>");
        }
        var moblie = "13789896666";
        if(mobileValidate(moblie)){
            document.write(moblie + "手机号有效" + "<br/>");
        }else{
            document.write(moblie + "手机号无效" + "<br/>");
        }
        var num = "123a";
        document.write(num + ": " + (isDigit(num)?"是纯数字":"非纯数字") + "<hr/>");

        var content = "Qingdao, located in the southEast part of Shandong Province,
            is a beautiful SEASIDE city with clear air and enchanting SEA view.";
        contentValidate(content);
        //座机号验证
        function telephoneValidate(telephone){
            var telephoneReg = /^((\d{3}-\d{8})|(\d{4}-\d{7}))$/;
            return telephoneReg.test(telephone);
        }
        //手机号码验证
```

```
        function mobileValidate(mobile){
            var mobileReg = new RegExp("1[3|4|5|8][0-9]{9}");
            return mobileReg.test(mobile);
        }
        //判断字符串中是否是纯数字
        function isDigit(str){
            //var digitReg = /^\d*$/;
            var digitReg = new RegExp("^\\d*$");          // \在引号中需要转义
            return digitReg.test(str);
        }
        //内容匹配查找
        function contentValidate(content){
            document.write(content + "<br/>");
            var contentReg = new RegExp("Ea","gi");
            var i = 1;
            while((result = contentReg.exec(content))!= null){
                document.write("第" + i + "次匹配" + result + ",位置在" + result.index + "~"
                        + contentReg.lastIndex + "<br/>");
                i++;
            }
        }
    </script>
  </body>
</html>
```

上述代码中,使用 new RegExp()方式创建正则表达式对象时,元字符(如\d 等)需要使用转义格式(如\\d 形式)。构造方法 RegExp()中的参数可以是普通字符串“Ea”,也可以是正则表达式“^\\d*$”。代码的运行结果如图 7-10 所示。

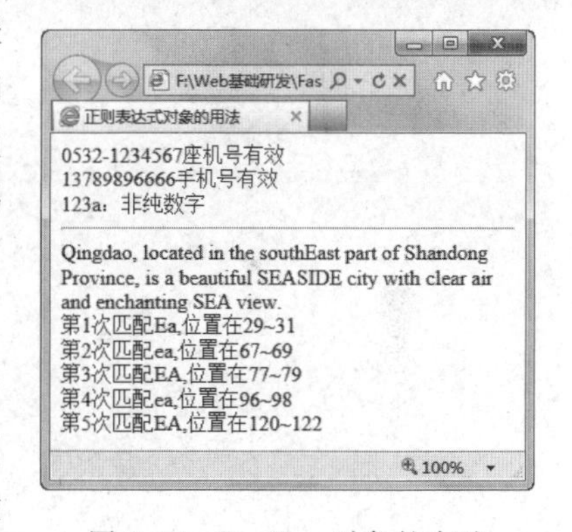

图 7-10 RegExp 对象的方法

7.6.3 String 与 RegExp

在 String 对象中,有以下三种方法可以使用 RegExp 对象作为方法的参数：search(regExp)用于检索与正则表达式相匹配的子串,replace(regExp, replaceText)用于替换字符串中与指定正则表达式匹配的内容,match(regExp)用于检索与正则表达式相匹配的信息。

下述代码演示了在字符串对象中使用 RegExp 对象进行匹配。

【代码 7-12】 regExpString.html 的脚本部分

```
<script type="text/javascript">
    var replaceTxt = "\"七七事变\"78 周年纪念日,两岸分别举行了一系列纪念活动,严惩分裂、
            破坏国家安全分子。"
    replaceContent(replaceTxt);
    document.write("<hr/>");
    var searchTxt = "\"地铁是铁路运输的一种形式,以地下运行为主的城市轨道交通系统\"";
    searchContent(searchTxt);
    var splitTxt = "baby、gril boy,man>woman";
```

```
    document.write("<hr/>乘坐人员包括:<br/>");
    splitContent(splitTxt);
    var matchTxt = "醉鬼三张在 KTV 娱乐,张三在看电影,张小三在斗地主,小张三在踢足球,
            张府老三练太极。";
    document.write("<hr/>" + matchTxt + "<br/>");
    matchContent(matchTxt,true);
    document.write("<br/>");
    matchContent(matchTxt);
    //字符串替换
    function replaceContent(replaceTxt){
        var replaceReg = /台独|分裂|破坏/g;
        var markStr = " ** ".fontcolor("blue").bold();
        var result = replaceTxt.replace(replaceReg,markStr);
        document.write(result);
    }
    //字符串替换
    function searchContent(searchTxt){
        var searchReg = /地铁|公交|轮渡|空运/;
        var result = searchTxt.search(searchReg);
        searchTxt = searchTxt.fontcolor("#ee0000").big(5);
        if(result!=-1){
            document.write(searchTxt + "中涉及了交通运输方面的信息。");
        }else{
            document.write(searchTxt + "中没有涉及交通运输方面的信息。");
        }
    }
    //字符串分割
    function splitContent(splitTxt){
        var splitReg = /,|_|、| |>/;
        var array = splitTxt.split(splitReg);
        for(var i = 0;i < array.length;i++){
            document.write(array[i] + "<br/>");
        }
    }
    //字符串匹配
    function matchContent(matchTxt,position){
        //RegExp 中没有使用 g 时,返回数组中有数组 index(即匹配文本的起始地址)
        var matchReg = "";
        if(position){
            //第一个或第二个字为"张","张"后面是"三","张"与"三"之间可以最多一个汉字
            matchReg = new RegExp("[\u4e00 - \u9fa5]?张[\u4e00 - \u9fa5]?三");
            var array = matchTxt.match(matchReg);
            for(var i = 0;i < array.length;i++){
                document.write("第" + (i + 1) + "次匹配 &quot;" + array[i]
                    + "&quot;,位置在" + array.index + "。");
            }
        }else{
            matchReg = new RegExp("[\u4e00 - \u9fa5]?张[\u4e00 - \u9fa5]?三","g");
            var array = matchTxt.match(matchReg);
            for(var i = 0;i < array.length;i++){
                document.write("第" + (i + 1) + "次匹配 &quot;" + array[i] + "&quot;,");
            }
        }
    }
</script>
```

上述代码中，[\u4e00-\u9fa5]表示匹配一个汉字，问号(?)表示匹配的元素可以出现0～1次；而正则表达式“[\u4e00-\u9fa5]? 张[\u4e00-\u9fa5]? 三”表示在“张”之前允许有0～1个汉字，“张”与“三”之间也允许出现0～1个汉字。

match()方法用于把匹配到的内容以数组形式返回。当matchReg没有提供参数g时，只匹配一次并将结果存入数组中，数组的index属性用来存放匹配文本的起始位置；当matchReg提供参数g时，表示允许全局多次匹配，匹配的结果也存放在数组中，但是数组的index属性为undefined。

split()方法用于根据正则表达式对字符串进行分割，并以数组的方式返回分割结果。代码在浏览器中运行结果如图7-11所示。

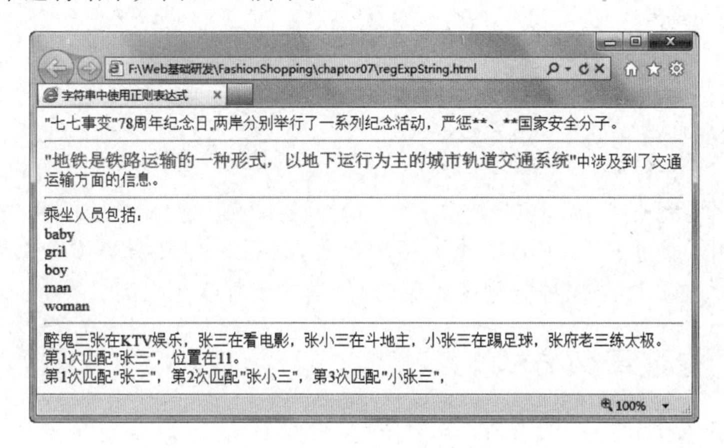

图7-11 字符串对象使用RegExp表达式

7.7 自定义对象

在JavaScript中，除了系统提供的字符串对象、数字对象和日期对象外，用户还可以自定义对象。定义对象有五种方式：原始方式、构造函数方式、原型方式、混合方式和JSON方式。

7.7.1 原始方式

使用原始方式创建一个JavaScript对象，步骤为：首先创建一个Object对象，然后为对象添加所需的属性和方法。

原始方式自定义对象的语法格式如下。

【语法】

```
var object = new Object();
object.propertyName = value;
object.methodName = functionName | function(){};
```

其中：

- 使用Object类创建一个对象object;

- propertyName 表示为 object 对象所添加的属性名；
- methodName 表示为 object 对象所添加的方法名，其值可以是事先定义的函数名或匿名函数。

【示例】 原始方式创建对象

```
var goods = new Object();
goods.name = "男士白领衬衣";
goods.type = "男装";
goods.price = "580";
goods.color = "white";
goods.showInfo = function(){
    alert("商品名称: " + goods.name + "\n 商品类型: " + goods.type + "\n 商品价格: "
        + goods.price + "\n 商品颜色: " + goods.color);
}
goods.showColor = showColor;
function showColor(){
    alert("商品颜色: " + goods.color);
}
```

上述代码中，通过 Object 类创建了一个对象，然后为对象添加 4 个属性和 2 个方法。当使用原始方式创建多个同种类型的对象时，代码的重复度非常高。

7.7.2 构造函数方式

通过构造函数创建一个 JavaScript 对象，步骤如下：

(1) 创建构造函数，构造函数名(即类名)，通常采用 Pascal 命名法，首字母需要大写。

(2) 用 new 运算符和构造函数来创建一个对象。

使用构造函数创建 JavaScript 对象的语法格式如下。

【语法】

```
function ClassName([param1][,param2]...){
    this.propertyName = value;
    //其他属性...
    this.methodName = functionName | function (){...};
    //其他方法...
}
```

其中：

- ClassName 表示构造函数名(即类名)；
- 构造函数的格式跟普通函数的格式基本一样，分为无参构造函数和有参构造函数；
- 构造函数体中包含属性和方法，其间使用英文分号(;)隔开；
- 方法所引用的函数需要写在构造函数体之内，否则在该方法中不能直接操作该对象的属性；
- this 是关键字，用于引用当前对象。

【示例】 构造函数创建对象

```
//创建构造函数
function Goods(name,type,price,color){
```

```
        this.name = name;
        this.type = type;
        this.price = price;
        this.color = color;
        this.showInfo = function(){
            alert("商品名称: " + this.name + "\n 商品类型: " + this.type + "\n 商品价格: "
                + this.price + "\n 商品颜色: " + this.color);
        };
        this.showColor = showColor;
        function showColor(){
            alert("商品颜色: " + this.color);
        }
    }
    //创建对象实例
    var goods1 = new Goods("男士衬衣","男装",200,"白色");
    var goods2 = new Goods("女士花裙","女装",700,"红色");
    //方法的调用
    goods1.showInfo();
    goods2.showColor();
```

上述代码中，定义了一个带 4 个参数的构造函数，并为其提供了 4 个属性和 2 个方法。完成构造函数的定义后，通过构造函数创建了两个 Goods 对象。在定义构造函数时，方法的定义应尽量放在构造函数体内，否则不能直接操作该对象的属性。

通过构造函数创建对象时，会重复生成对象所引用的函数，为每个对象都创建一个独立的函数版本。

7.7.3 原型方式

原型方式通过 prototype 属性为对象添加新的属性或方法，其语法格式如下。

【语法】

```
object.prototype.name = value;
```

其中：

- object 表示被扩展对象，包括系统内置对象(如 Date 等)和自定义对象。
- prototype 表示对象的原型。
- name 表示所添加的属性或方法。当添加属性时，value 为属性值；当添加方法时，value 为函数的引用。

下述代码演示了为自定义对象添加属性和方法。

【示例】 为自定义对象添加属性和方法

```
//创建构造函数
function Goods(){
}
Goods.prototype.name = "耐克运动鞋";
Goods.prototype.type = "鞋类";
Goods.prototype.price = 1200;
Goods.prototype.color = "白色";
```

```
Goods.prototype.showInfo = function(){
    alert("商品名称: " + this.name + "\n 商品类型: " + this.type + "\n 商品价格: "
        + this.price + "\n 商品颜色: " + this.color);
};
//创建一个对象
var goods = new Goods();
//方法的调用
goods.showInfo();
```

原型方式不仅能为自定义对象添加属性和方法,还能对内置对象进行扩展。

下述代码演示了对 Date 对象和 Array 对象进行扩展。

【示例】 为 Date 和 Array 对象添加方法

```
//为 Date 对象添加日期格式化方法
Date.prototype.showTime = function(){
    var dateStr = "";
    var year = this.getFullYear();
    var month = this.getMonth() + 1;
    var date = this.getDate();
    var hour = this.getHours();
    var minute = this.getMinutes();
    var second = this.getSeconds();
    dateStr = dateStr + year + "年" + month + "月" + date + "日 " + hour + ":" + minute + ":" +
second;
    return dateStr;
};
//为 Array 对象添加统计某个元素数量的方法
Array.prototype.count = function(param){
    var num = 0;
    for(var i = 0;i < this.length;i++){
        if(this[i] == param){
            num++;
        }
    }
    return num;
};
//为 Array 对象添加查找某个元素的方法
Array.prototype.search = function(param){
    for(var i = 0;i < this.length;i++){
        if(this[i] == param){
            return true;
        }
    }
    return false;
}
//日期对象测试
var date = new Date();
document.write(date.showTime());
```

```
//数组对象测试
var array = [3,6,8,30,3,7,6,3];
var countParam = 6;
var searchParam = 9;
document.write("数组[" + array + "]中包含'" + countParam + "'的个数: "
        + array.count(countParam) + "<br/>");
document.write("数组[" + array + "]中" + (array.search(searchParam)?"":"不")
        + "包含元素" + searchParam);
```

上述代码中,为系统内置对象 Date 添加了 showTime()方法,用于按照指定的格式显示日期。在 Array 对象中添加了以下两个方法:count()方法用于统计数组中包含某元素的数量,search()方法用于检索数组中是否包含某一元素。

7.7.4 混合方式

原型方式创建对象时,对象的属性采用默认值,在对象创建完成后再去改变属性的值;而构造方式在创建对象时,会重复生成方法所引用的函数。在实际应用中,经常将构造函数和原型方式相结合来解决上述问题。

【示例】 混合方式创建对象

```
//创建构造函数
function Goods(name,type,price,color){
    this.name = name;
    this.type = type;
    this.price = price;
    this.color = color;
}
//原型方式添加方法
Goods.prototype.showInfo = function(){
    alert("商品名称: " + this.name + "\n 商品类型: " + this.type + "\n 商品价格: "
        + this.price + "\n 商品颜色: " + this.color);
};
//创建对象实例
var goods1 = new Goods("男士衬衣","男装",200,"白色");
var goods2 = new Goods("女士花裙","女装",700,"红色");
//方法的调用
goods1.showInfo();
goods2.showInfo();
```

上述代码中,通过混合方式创建了两个 Goods 对象,运行结果如图 7-12 所示。

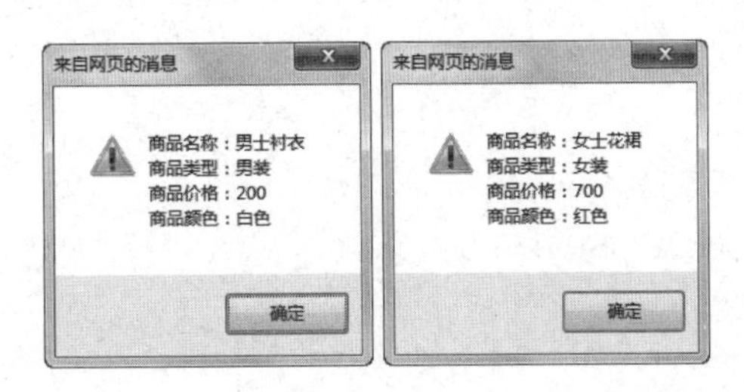

图 7-12 混合方式

混合方式的优势在于：每个对象在创建时都具有独立的属性值，且方法所引用的函数只会创建一次。

7.7.5 JSON 方式

JSON(JavaScript Object Notation)是一种基于 ECMAScript 的轻量级数据交换格式，采用完全独立于语言的文本格式，能够以更加简单的方式来创建对象。

使用 JSON 方式无须构造函数和 new 关键字，直接创建所需的 JavaScript 对象即可。

JSON 对象是以"{"开始，以"}"结束，且属性与属性值成对出现，其语法格式如下。

【语法】

```
{
    //对象的属性部分
    propertyName:value,
    //对象的方法部分
    methodName:function(){...}
};
```

其中：

- JSON 对象以"{"开始，以"}"结束；
- 属性名和属性值之间使用冒号(:)隔开，属性的类型可以是字符串、数值、日期、数组或自定义对象等类型；
- 方法部分是由方法名和匿名函数构成，并使用冒号(:)隔开；
- 属性或方法之间使用逗号(,)隔开，最后一项不需要逗号。

注意

> 更多 JSON 的语法结构请参见本书附录 C。

【示例】 JSON 方式创建一个简单对象

```
//创建对象实例
var goods = {
    name:"男士衬衣",
    type:"男装",
    price:200,
    color:"白色",
    showInfo:function(){
        alert("商品名称：" + this.name + "\n 商品类型：" + this.type + "\n 商品价格："
            + this.price + "\n 商品颜色：" + this.color);
    },
    showColor:function(){
        alert("商品颜色：" + this.color);
    }
};
//方法的调用
goods.showInfo();
```

上述代码中，通过JSON创建了一个对象，该对象拥有4个属性和2个方法。对象属性的类型可以是基本的数据类型，还可以是数组、JSON对象或JSON对象数组等。

【示例】 JSON方式创建一个复杂对象

```
//定义一个对象
var customer = {
    name:"guoqy",
    type:"admin",
    address:{
        province:"山东",
        city:"青岛"
    },
    enjoy:["购物","科幻","喜剧","足球"],
    order:[
        {
            name:"男士衬衣",
            quantity:3
        },
        {
            name:"耐克运动鞋",
            quantity:2
        }
    ]
};
//对象的使用
document.write("用户名: " + customer.name + ",权限: " + customer.type + ",地区: "
    + customer.address.province + customer.address.city + ",爱好: " + customer.enjoy);
```

与XML数据格式相比，JSON数据格式具有简洁易读、数据的体积小、传输速度快等特点。JSON对象是一种轻量级的数据交换格式，是理想的数据交换格式。在数据传输过程中，JSON数据往往以字符串的形式进行传输，所以在页面中需要通过JavaScript中的eval()方法或Function对象的方式将字符串解析成JavaScript对象。

1. eval()方式

eval()方法通常将字符串当作一个语句块来处理，使用括号的方式将JSON字符串强制转换成JSON对象。下述代码演示了使用eval()方法将字符串转换成JSON对象。

【示例】 eval()方法将字符串转换成JSON对象

```
//JSON字符串
var movieStr = '{'
        + 'name:"小时代",'
        + 'type:"爱情",'
        + 'price:80,'
        + 'showInfo:function(){'
            + 'document.write("影片名称: " + this.name + ",影片类型: " + this.type
                + ",票价: " + this.price);'
        + '}'
```

```
    + '}';
//eval()转换
var movie = eval("(" + movieStr + ")");
//对象方法的调用
movie.showInfo();
```

上述代码中,将 JSON 字符串转成 JSON 对象前,需在 JSON 字符串两侧添加一对括号"()",然后使用 eval()方法将该字符串强制转换成 JSON 对象。

【示例】 eval()返回类型测试

```
alert(typeof(eval("{}")));            // return undefined
alert(typeof(eval("({})")));          // return object[Object]
```

注意

在 eval("{}")中,大括号被识别为 JavaScript 代码块的开始和结束标记,而{}将会被认为是执行了一句空语句,所以 typeof(eval("{}"))返回的数据类型是 undefined;而 eval("({})")中添加了一对小括号,会将括号内的表达式转换为 JSON 对象,故 typeof(eval("({})"))返回的数据类型是 object 类型。

2. Function 对象方式

在创建 Function 对象时,第一个参数是一个列表,用于传递数据,第二个参数作为函数的执行体;在执行体中使用 return 返回 JSON 内容即可。

下述代码演示了使用 Function 对象将 JSON 字符串转换成 JSON 对象。

【示例】 通过 Function 对象将字符串转换成 JSON 对象

```
//JSON 字符串
var movieStr = '{'
        + 'name:"小时代",'
        + 'type:"爱情",'
        + 'price:80,'
        + 'showInfo:function(){'
            + 'document.write("影片名称:" + this.name + ",影片类型:" + this.type
                + ",票价:" + this.price);'
        + '}'
    + '}';
//1.Function 对象方式,自调用函数的方式
var movie = (new Function("","return " + movieStr))();
movie.showInfo();
//2.分解写法,与上面写法完全等价
var movieFunction = new Function("","return " + movieStr);
var otherMovie = movieFunction();
otherMovie.showInfo();
```

上述代码中,Function 对象转换 JSON 对象的方式有两种:

(1) 采用自调用函数的方式,创建 Function 函数并生成 JSON 对象;

(2) 先创建 Function 函数,然后调用该函数生成 JSON 对象。

注意

JSON方式也可以与原型方式、构造函数方式混合使用，此处不再赘述，读者根据需要可自行学习。

7.8 贯穿任务实现

7.8.1 实现【任务7-1】

本小节实现“Q-Walking E&S漫步时尚广场”贯彻项目中【任务7-1】购物导航页面shoppingIndex.html中的图片轮播效果，如图7-13所示。

图7-13 图片轮播效果

首先，在购物导航页面中的<head>标签内添加轮播按钮的CSS样式，代码如下所示。

【任务7-1】 shoppingIndex.html样式部分

```
<head>
  <style type="text/css">
    .focusBox{
        position: absolute;
        top: 490px;
        width: 120px;
        left: 50%;
        margin-left: -60px;
        list-style: none;
    }
    .focusBox li{
        float: left;
        margin-right: 10px;
        width: 15px;
        height: 15px;
        border-radius: 10px;
        background: gray;
        cursor: pointer;
    }
```

```
    .focusBox li.cur{
        background: #f60;
        opacity: 0.6;
        filter: alpha(opacity=60);
    }
  </style>
  ...此处代码省略...
</head>
```

其次，在购物导航页面中，修改图片轮播对应的 HTML 代码，代码如下所示。

【任务7-1】 shoppingIndex.html 轮播图片对应的 HTML 代码

```
...此处代码省略...
<td align="center" valign="top">
<!-- 焦点图 start -->
  <img src="images/index/pic1.jpg" width="690" height="350" id="focusImg">
   <ul class="focusBox">
      <li onclick="showPic(1);"></li>
      <li onclick="showPic(2);"></li>
      <li onclick="showPic(3);"></li>
    </ul>
<!-- 焦点图 end -->
</td>
...此处代码省略...
```

然后，创建一个 JavaScript 脚本文件，用于实现定时轮播和单击轮播按钮时切换图片轮播效果，代码如下所示。

【任务7-1】 pictureSlide.js

```
// Created by guoqy
//图片轮播效果
//用于标识当前轮播到第几幅图片
var sign=2;
//显示轮播图片
function showPic(index){
    //轮播效果中,当前显示的图片
    var focusImg=document.getElementById("focusImg");
    //图片路径
    var imgSrc="images/index/pic";
    imgSrc=imgSrc+index+".jpg";
    //更换轮播图片
    focusImg.src=imgSrc;
    //获取圆点列表
    var lis=document.getElementsByClassName("focusBox")[0]
            .getElementsByTagName("li");
    //移除所有轮播按钮的css样式
    for (var i=0; i<lis.length; i++){
        lis[i].className="";
    }
    //设置轮播图片对应的轮播按钮样式
    lis[index-1].className="cur";
}
```

```
//对轮播图片进行计算处理
function setCurrentPic(){
    showPic(sign);
    sign++;
    if(sign == 4){
        sign = 1;
    }
}
//窗体加载完时指定显示的图片
window.onload = function(){
    showPic(1);
}
//设置定时器
window.setInterval("setCurrentPic()",1000);
```

上述代码中,通过修改< img />标签的 src 属性实现图片的轮播效果；window.onload 事件表示在窗体加载完时调用指定的事件处理函数；而 window.setInterval()用于设置一个定时器,其中第一个参数表示定时完成的动作,第二个参数表示定时器的间隔时间(单位为毫秒)。

最后,在购物导航页面中引入图片轮播脚本 pictureSlide.js,代码如下所示。

【任务7-1】 shoppingIndex.html 引入图片轮播脚本

```
<head>
    …此处代码省略…
    <script type = "text/javascript" src = "js/pictureSlide.js" ></script>
</head>
```

7.8.2 实现【任务7-2】

本小节实现“Q-Walking E&S 漫步时尚广场”贯彻项目中【任务7-2】实现“购物列表”页面中的热门随机推荐,如图 7-14 所示。

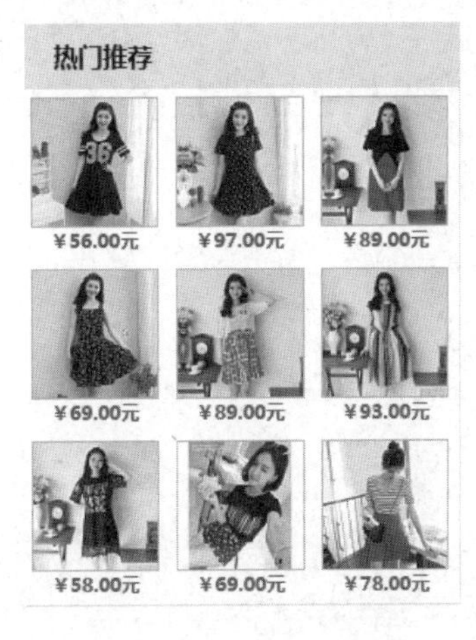

图 7-14 随机热门推荐

首先,创建一个随机生成热门推荐信息的脚本文件 hotAdvise.js,代码如下所示。

【任务7-2】 hotAdvise.js

```
//所有的推荐商品数据
var JSONData = {
    name:"热门推荐",
    srcPath:"images/shopshow/",
    data:[{href:"#",src:"s1.jpg",price:56.00},
        {href:"#",src:"s2.jpg",price:97.00},
        {href:"#",src:"s3.jpg",price:89.00},
        {href:"#",src:"s4.jpg",price:69.00},
        {href:"#",src:"s5.jpg",price:35.00},
        {href:"#",src:"s6.jpg",price:18.00},
        {href:"#",src:"s7.jpg",price:76.00},
        {href:"#",src:"s8.jpg",price:82.00},
        {href:"#",src:"s9.jpg",price:60.00},
        {href:"#",src:"yifu1.jpg",price:45.00},
        {href:"#",src:"yifu2.jpg",price:92.00},
        {href:"#",src:"yifu3.jpg",price:16.00},
        {href:"#",src:"yifu4.jpg",price:42.00},
        {href:"#",src:"yifu5.jpg",price:79.00}]
};
//指定窗口加载完毕时调用的函数
window.onload = showHotAdvise;
//设置定时器,定时更新热门推荐信息
window.setInterval("showHotAdvise()",2000);
//显示热门推荐信息
function showHotAdvise(){
    var adviseContent = '<h1 class = "notice_title">'
        + JSONData.name + '</h1><ul class = "pic_list3">';
    var turnShow = getRandomNum(9,0,14);
    for(var i = 0;i < turnShow.length;i++){
        var index = turnShow[i];
        adviseContent = adviseContent + '<li><a href = "' + JSONData.data[index].href
                + '"><img src = "' + JSONData.srcPath + JSONData.data[index].src
                + '" width = "80" height = "80"/></a><p class = "price2">¥'
                + JSONData.data[index].price + '元</p></li>';
    }
    adviseContent = adviseContent + '</ul>';
    document.getElementsByClassName("right_nav")[0].innerHTML = adviseContent;
}
//返回 num 个不重复的随机数,范围在 minNum~maxNum 之间
function getRandomNum(num,minNum,maxNum){
    var array = new Array();
    for(var i = 0;i < num;i++){
        do{
            var randomNum = Math.floor(Math.random() * maxNum + minNum);
            if(!checkNum(array,randomNum)){
                array.push(randomNum);
                break;
```

```
            }
        }while(true);
    }
    return array;
}
//数组 array 中包含 num 时返回 true; 否则返回 false
function checkNum(array,num){
    for(var i = 0;i < array.length;i++){
        if(array[i] == num){
            return true;
        }
    }
    return false;
}
```

然后,在商品列表页面中找到热门推荐部分,对相关代码进行调整,代码如下所示。

【任务7-2】 shoppingShow.html 热门推荐代码

```
...此处代码省略...
<!-- 右侧热门推荐 start -->
<div class = "right_nav" id = "right_nav">
    <!-- 使用脚本的方向定时更新推荐信息,下面引入脚本代码也可以放在<head>标签之内 -->
    <script type = "text/javascript" src = "js/hotAdvise.js"></script>
</div>
<!-- 右侧热门推荐 end -->
...此处代码省略...
```

本章总结

小结

- JavaScript 中常见的内置对象有:Array 数组对象、String 字符串对象、Date 日期对象、Math 数学对象和 RegExp 正则表达式对象;
- 数组对象的 concat()方法用于连接两个或多个数组,返回合并后的新数组,原数组保持不变;
- 字符串的创建有两种方式:字面量方式、new 方式;
- Date 日期对象用于操作日期和时间;
- 通过日期对象的构造方法,可以获取一个系统当前时间或指定时间的日期对象;
- Math 数学对象提供了一些数学运算中的常数及数学计算方法,在数学运算时非常有用;
- 正则表达式是使用单个字符串来描述、匹配一系列符合某个句法规则;
- 创建 RegExp 对象有两种方式:直接量方式和构造函数方式;
- 在自定义对象时,有 5 种方式:原始方式、构造函数方式、原型方式、混合方式和 JSON 方式。

Q&A

1. 问题：用 eval()方法将字符串转成 JSON 对象时，为什么需要一对括号“()”？

回答：在 eval("{}")中，将大括号识别为 JavaScript 代码块的开始和结束标记，{}将会被认为是执行了一句空语句，所以 typeof(eval("{}"))返回的数据类型是 undefined；而 eval("({})")中添加了一对小括号，会将括号内的表达式转换为 JSON 对象，所以 typeof(eval("({})"))返回的数据类型是 object 类型。

2. 问题：使用 new RegExp()创建正则表达式时，为什么需要转义格式？

回答：与直接量方式不同的，构造函数 RegExp()中的参数 pattern 是个字符串，其中包含斜线(\)的元字符需要使用转义字符格式。

章节练习

习题

1. ________不是 JavaScript 中的内置对象。

A. Date　　B. String
C. Array　　D. List

2. Math 对象的________方法可以实现对数值的四舍五入。

A. round()　　B. random()
C. floor()　　D. ceil()

3. Array 对象的________方法可以颠倒数组中元素的顺序。

A. shift()　　B. reverse()
C. splice()　　D. slice()

4. String 对象的________方法可以使用正则表达式 RegExp 对象。

A. match()　　B. split()
C. replace()　　D. search()

5. 下述创建数组的语句中，________是错误的。

A. var array=new Array();
B. var array=new Array()();
C. var array=[1,"绝地反击",80,"万达影院"];
D. var movies=[["科幻","《2012》",80],["爱情","《何以笙箫默》",60]];

6. 数组元素是通过下标来引用的，下标编号从________开始，最大编号的数组长度为________。

7. RegExp 对象的常用方法有 complie()、________、________。

8. 在 JavaScript 中，可以通过原始方式、________、原型方式、混合方式、________进行自定义对象。

上机

训练目标：在“餐饮列表”页面中，实现随机推送“猜你喜欢”的美食。

培养能力	熟练使用 JavaScript 中的数组、JSON 以及 Math 对象		
掌握程度	★★★★★	难度	中
代码行数	100	实施方式	编码强化
结束条件	独立编写，不出错	涉及页面	foodShow. html

参考训练内容

(1) 通过 JSON 对象保存商品列表信息，使用随机函数产生需要推送的客户喜欢的商品，并定时更新，如图 7-15 所示；

(2) 使用 IE、FireFox 或 Chrome 浏览器查看页面效果

图 7-15 “猜你喜欢”模块

第8章 BOM与DOM编程

任务驱动

本章任务是完成“Q-Walking E&S 漫步时尚广场”的注册页面和“商品列表”页面特效：

- 【任务8-1】实现注册页面中的省市区三级菜单级联。
- 【任务8-2】实现注册页面中的表单验证。
- 【任务8-3】在后台管理模块中实现“商品列表”中的全选和反选效果。

学习路线

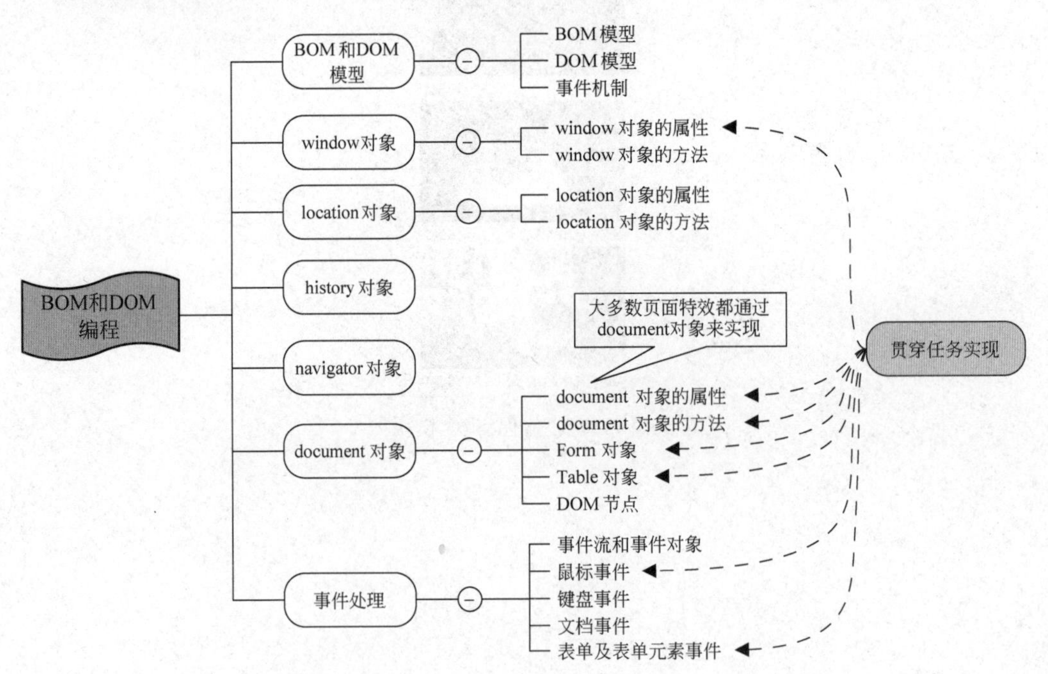

知　识　点	Listen(听)	Know(懂)	Do(做)	Revise(复习)	Master(精通)
BOM 和 DOM 模型	★	★			
window 对象	★	★	★	★	★
location 对象	★	★	★		
history 对象	★	★	★		
document 对象	★	★	★	★	★
Form 对象	★	★	★	★	★
Table 对象	★	★	★	★	
事件处理	★	★	★	★	

8.1　BOM 和 DOM 模型

8.1.1　BOM 模型

浏览器对象模型(Browser Object Model,BOM)中定义了 JavaScript 操作浏览器的接口,提供了与浏览器窗口交互的功能,例如获取浏览器窗口大小、版本信息、浏览历史记录等。BOM 最初只是 ECMAScript 的一个扩展,没有任何相关的标准,W3C 也没有对该部分作出相应的规范,但由于大部分浏览器都支持 BOM,所以 BOM 目前已经成为一种事实标准。在 HTML 5 中,W3C 正式将 BOM 纳入其规范之中。

BOM 是用于描述浏览器中对象与对象之间层次关系的模型,提供了独立于页面内容并能够与浏览器窗口进行交互的对象结构,如图 8-1 所示。

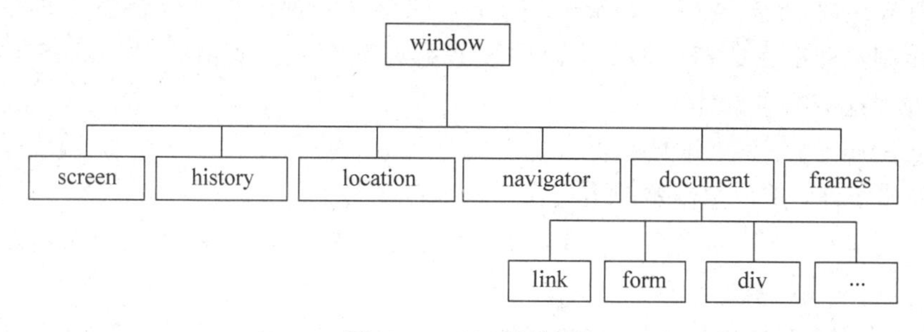

图 8-1　BOM 结构图

window 对象是 BOM 模型中的顶层对象,其他对象都是该对象的子对象。当浏览页面时,浏览器会为每一个页面自动创建 window、document、location、navigator 和 history 对象。

- window 对象是 BOM 模型中的最高一层,通过 window 对象的属性和方法来实现对浏览器窗口的操作;
- document 对象是 BOM 的核心对象,提供了访问 HTML 文档对象的属性、方法以及事件处理；

- location 对象包含当前页面的 URL 地址，如协议、主机名、端口号和路径等信息；
- navigator 对象包含与浏览器相关的信息，如浏览器类型、版本等；
- history 对象包含浏览器的历史访问记录，如访问过的 URL、访问数量等信息。

8.1.2 DOM 模型

文档对象模型(Document Object Model，DOM)属于 BOM 的一部分，用于对 BOM 中的核心对象 document 进行操作。DOM 是一种与平台、语言无关的接口，允许程序和脚本动态地访问或更新 HTML 或 XML 文档的内容、结构和样式，且提供了一系列的函数和对象来实现访问、添加、修改及删除操作。

HTML 文档是一种结构化的文档，通过 DOM 技术不仅可以操作 HTML 页面内容，还可以控制 HTML 页面的样式风格。HTML 文档中的 DOM 模型如图 8-2 所示，document 对象是 DOM 模型的根节点。

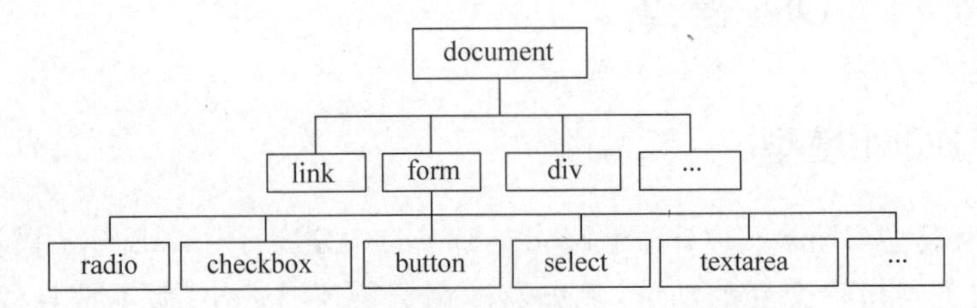

图 8-2　HTML 文档中的 DOM 模型

8.1.3 事件机制

JavaScript 采用事件驱动的响应机制，用户在页面上进行交互操作时会触发相应的事件。当事件发生时，系统调用 JavaScript 中指定的事件处理函数进行处理。事件的产生与响应都是由浏览器来完成，HTML 代码中设置哪些元素响应哪些事件，JavaScript 告诉浏览器如何处理这些响应事件。

在 JavaScript 中，事件分为两大类。

(1) 操作事件：用户在浏览器中操作所产生的事件。

(2) 文档事件：文档本身所产生的事件，如文件加载完毕、卸载文档和文档窗口改变等事件。

其中，操作事件包括鼠标事件、键盘事件和表单事件等；常见的鼠标事件(Mouse Events)有鼠标单击、双击、按下、松开、移动、移出和悬停等事件；键盘事件(Keyboard Events)包括按下、松开、按下后又松开等事件；表单及表单元素事件(Form & Element Events)包括表单提交、重置和表单元素的改变、选取、获得/失去焦点等事件。

对 HTML 元素绑定事件的方式包括 HTML 元素的属性绑定和 JavaScript 脚本动态绑定。

(1) HTML 元素的属性绑定事件。在 HTML 标签内，使用以 on 开头的某一属性(如 onclick、onmouseover 等)为该元素绑定指定的事件处理函数，示例代码如下。

【示例】　使用 HTML 元素的属性绑定事件

```
<!-- HTML 元素的属性绑定 -->
<input type="button" onclick="doSomething()" id="myButton"/>
<script type="text/javascript">
    function doSomething(){
        alert('响应用户的操作');
    }
</script>
```

(2) JavaScript 脚本动态绑定事件。通过 JavaScript 脚本获得文档中的某一对象 object,然后通过 object.onxxx 方式为该元素绑定指定的事件处理函数,示例代码如下。

【示例】　使用 JavaScript 脚本动态绑定

```
<script type="text/javascript">
    //JavaScript 脚本动态绑定
    var myButton = document.getElementById("myButton");
    myButton.onmouseover = function(){
        alert('鼠标移到按钮上面');
    }
</script>
```

注意

> document.getElementById("myButton")方法用于获得页面中 ID 为 myButton 的元素。获得页面元素的方法有很多,具体将在 8.6 节进行介绍。

8.2　window 对象

window 对象与浏览器窗口相对应,当页面中包含 frame 或 iframe 元素时,浏览器会为整个 HTML 文档创建一个 window 对象,然后为每个框架对应的页面创建一个单独的 window 对象。

8.2.1　window 对象的属性

通过 window 对象可以获得窗口的名称、框架窗口的数量、状态栏的文本以及创建此窗口的窗口引用等,具体如表 8-1 所示。

表 8-1　window 对象的属性

属　性	描　述
closed	只读,返回窗口是否已被关闭
defaultStatus	可返回或设置窗口状态栏中的缺省内容
innerWidth	只读,窗口的文档显示区的宽度(单位像素)。IE 版本不支持时,可用 document.documentElement 或 document.body(与 IE 的版本相关)的 clientWidth 属性替代
innerHeight	只读,窗口的文档显示区的高度(单位像素)。IE 版本不支持时,可用 document.documentElement 或 document.body(与 IE 的版本相关)的 clientHeight 属性替代

续表

属性	描述
name	当前窗口的名称
opener	可返回对创建该窗口的 window 对象的引用。只有表示顶层窗口的 window 对象的 operner 属性才有效,表示框架的 window 对象的 operner 属性无效
parent	如果当前窗口有父窗口,表示当前窗口的父窗口对象
self	只读,对窗口自身的引用
top	当前窗口的最顶层窗口对象
status	可返回或设置窗口状态栏中显示的内容

defaultStatus 属性用于定义浏览器状态栏中默认显示的内容,而 status 属性用于临时改变状态栏的内容。下述代码演示了 window 对象属性的用法。

【代码 8-1】 windowProperty. html

```
<!DOCTYPE html PUBLIC "-//W3C//DTD XHTML 1.0 Transitional//EN"
    "http://www.w3.org/TR/xhtml1/DTD/xhtml1-transitional.dtd">
<html xmlns="http://www.w3.org/1999/xhtml">
  <head>
    <meta http-equiv="Content-Type" content="text/html; charset=utf-8" />
    <title>window对象的属性</title>
    <script type="text/javascript">
        window.defaultStatus="漫步时尚广场,休闲娱乐一体的综合性广场。";
        function changeStatus(){
            window.status="漫步时尚广场,不一样的广场!";
        }
        function getWidthAndHeight(){
            alert("当前窗口的宽度:"+window.innerWidth
                 +",高度:"+window.innerHeight);
        }
    </script>
  </head>
  <body>
    <input type="button" value="改变窗口状态栏" onclick="changeStatus()" />
    <input type="button" value="获得窗口的宽高" onclick="getWidthAndHeight()" />
  </body>
</html>
```

在 JavaScript 中,window 对象是全局对象,所有表达式都在当前的环境中进行计算。在使用窗口的属性和或方法时,允许以全局变量或系统函数的方式来使用,例如,window. document 可以简写成 document 形式。

上述代码中,通过 window. status 或 status 的方式都可以改变窗口的状态栏信息。onclick 属性用于为<input>标签添加鼠标单击事件,当在按钮上单击鼠标时会调用相应的事件处理函数。事件操作相关知识点将在本章 8.10 节中进行介绍。代码在浏览器中运行结果如图 8-3 所示。

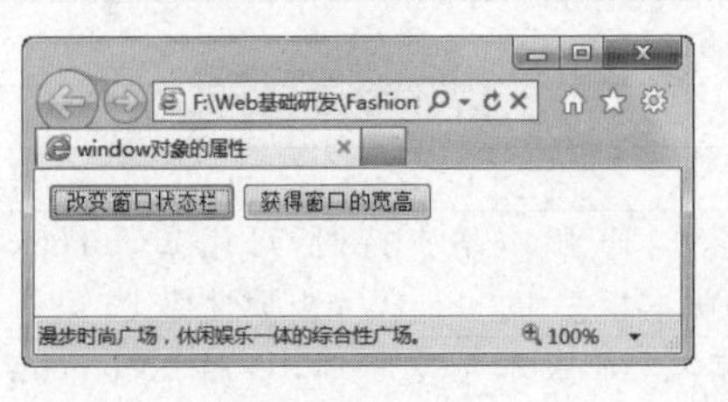

图 8-3 窗口的默认状态 defaultStatus

单击“改变窗口状态栏”按钮时,窗口的状态栏将发生改变,如图 8-4 所示。

单击“获得窗口的宽高”按钮时，可获取当前窗口的宽度与高度，并弹出提示对话框，如图 8-5 所示。

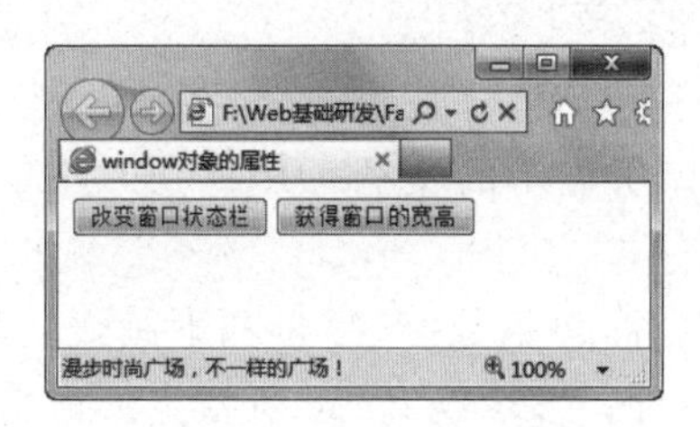

图 8-4 窗口状态栏的改变

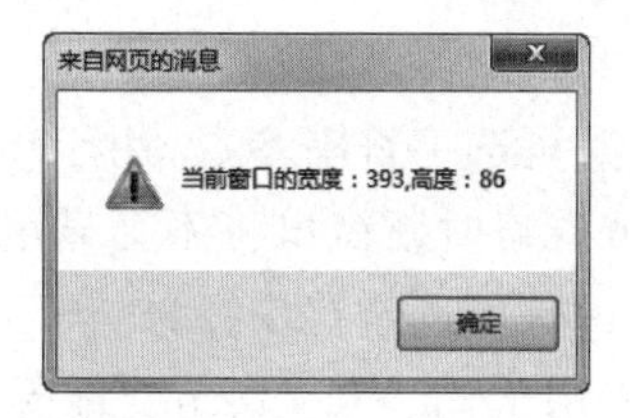

图 8-5 窗口的宽度与高度

8.2.2 window 对象的方法

在前面章节中涉及的 prompt()、alert()和 confirm()等预定义函数，在本质上是 window 对象的方法，可以通过 window. alert()形式进行调用。除此之外，window 对象还提供了其他一些方法，如表 8-2 所示。

表 8-2 window 对象的常用方法

方　法	描　述
alert()	显示带有一段消息和一个确认按钮的对话框
prompt()	显示可提示用户输入的对话框
confirm()	显示带有一段消息以及确认按钮和取消按钮的对话框
close()	关闭浏览器窗口
open()	打开一个新的浏览器窗口或查找一个已命名的窗口
createPopup()	创建一个 pop-up 窗口
focus()	可把键盘焦点给予一个窗口
blur()	可把键盘焦点从顶层窗口移开
moveBy(x,y)	可相对窗口的当前坐标将它移动指定的像素
moveTo(x,y)	可把窗口的左上角移动到一个指定的坐标(x,y)，但不能将窗口移出屏幕
resizeBy(w,h)	根据指定的像素来调整窗口的大小
resizeTo(w,h)	把窗口大小调整为指定的宽度和高度
scrollBy(x,y)	可把内容滚动指定的像素数
scrollTo(x,y)	可把内容滚动到指定的坐标
setTimeout(code,millisec)	在指定的毫秒数后调用函数或计算表达式，仅执行一次
setInterval(code,millisec)	按照指定的周期(以毫秒计)来调用函数或计算表达式
clearTimeout()	取消由 setTimeout()方法设置的计时器
clearInterval()	取消由 setInterval()设置的计时器

在 window 对象中，常用的方法有 open()、close()、setTimeout()、setInterval()和 clearTimeout()等。

1. open()方法

open()方法用于打开一个新窗口，其语法格式如下。

【语法】

```
var targetWindow = window.open(url,name,features,replace)
```

其中：

- url是可选字符串参数，用于声明在新窗口所显示的文档URL。当URL为空字符串或省略时新窗口将不会显示任何内容。
- name是可选字符串参数，表示新窗口的名称，包括数字、字母和下画线。名称name可以用于< a >和< form >标签的target属性；当参数name所指定的窗口已经存在时，open()方法不再创建新的窗口，而是返回该窗口的引用，此时features属性将被忽略。
- features是可选字符串参数，用于声明新窗口在浏览器中的特征。当参数features省略时，新窗口将具有浏览器默认的所有标准特征。参数features的取值情况如表8-3所示。
- replace是可选的布尔型参数，用于设置新窗口中操作历史的保存方式。当为true时创建新历史记录，为false则替换旧的历史记录。
- open()方法将返回一个窗口对象。

参数features用于设置窗口在创建时所具有的特征，如标题栏、菜单栏、状态栏及是否全屏显示等特征，如表8-3所示。

表8-3 窗口特征

窗口特征	描述
channelmode	是否使用channel模式显示窗口，取值范围yes|no|1|0，默认为no
directories	是否添加目录按钮，取值范围yes|no|1|0，默认为yes
fullscreen	是否使用全屏模式显示浏览器，取值范围yes|no|1|0，默认为no
location	是否显示地址栏，取值范围yes|no|1|0，默认为yes
menubar	是否显示菜单栏，取值范围yes|no|1|0，默认为yes
resizable	窗口是否可调节尺寸，取值范围yes|no|1|0，默认为yes
scrollbars	是否显示滚动条，取值范围yes|no|1|0，默认为yes
status	是否添加状态栏，取值范围yes|no|1|0，默认为yes
titlebar	是否显示标题栏，取值范围yes|no|1|0，默认为yes
toolbar	是否显示浏览器的工具栏，取值范围yes|no|1|0，默认为yes
width	窗口显示区的宽度，单位是像素
height	窗口显示区的高度，单位是像素
left	窗口的y坐标，单位是像素
top	窗口的x坐标，单位是像素

下述代码演示了通过open()方法打开一个新窗口。

【示例】 **open()方法打开新窗口**

```
< script type = "text/javascript">
    var newWindow = window.open("http://www.itshixun.com","弹出广告窗","width = 400,
        height = 300,toolbar = no,menubar = no,location = no,status = no,resizable = yes");
</script >
```

2. close()方法

close()方法用于关闭指定的浏览器窗口，其语法格式如下。

【语法】

```
targetWindow.close()
```

其中：

- 当关闭当前页面时，参数 targetWindow 可以是 window 对象，也可省略；
- 当关闭当前页面中所打开的其他页面时，windowObject 为目标窗口对象。

3. setTimeout()方法

setTimeout()方法用于设置一个计时器，在指定的时间间隔后调用函数或计算表达式，且仅执行一次，其语法格式如下。

【语法】

```
var id_Of_timeout = setTimeout(code,millisec)
```

其中：

- 参数 code 必需，表示被调用的函数或需要执行的 JavaScript 代码串；
- 参数 millisec 必需，表示在执行代码前需等待的时间(以毫秒计)；
- code 代码仅被执行一次，当需要多次循环调用时，可在 code 代码中再次调用 setTimeout()方法形成递归调用，或使用 setInterval()方法来实现；
- setTimeout()方法返回一个计时器的 ID。

4. clearTimeout()方法

clearTimeout()方法用于取消由 setTimeout()方法所设置的计时器，其语法格式如下。

【语法】

```
clearTimeout(id_Of_timeout)
```

其中，参数 id_Of_timeout 表示由 setTimeout()方法返回的计时器 ID。

下述代码演示了 open()、close()、moveBy()、setTimeout()和 clearTimeout()方法的使用。

【代码 8-2】 windowMethod.html

```
<!DOCTYPE html PUBLIC "-//W3C//DTD XHTML 1.0 Transitional//EN"
    "http://www.w3.org/TR/xhtml1/DTD/xhtml1-transitional.dtd">
<html xmlns="http://www.w3.org/1999/xhtml">
  <head>
    <meta http-equiv="Content-Type" content="text/html; charset=utf-8" />
    <title>window 对象的方法</title>
    <script type="text/javascript">
        var x = 0;                  //窗口的 x 坐标
        var y = 0;                  //窗口的 y 坐标
        var timer;                  //计时器
```

```
        var myWindow;               //窗口对象
        function openWin(){
            myWindow = window.open('','','width = 200,height = 100');
            myWindow.document.write("This is 'myWindow'");
        }
        function moveWin(){
            x += 10;
            y += 10;
            myWindow.moveBy(x,y);
            timer = setTimeout("moveWin()",1000);
        }
        function stopMove(){
            clearTimeout(timer);
        }
        function closeWin(){
            myWindow.close();
        }
    </script>
  </head>
  <body>
    <input type = "button" value = "创建窗口" onclick = "openWin()" />
    <input type = "button" value = "移动窗口" onclick = "moveWin()" />
    <input type = "button" value = "停止移动" onclick = "stopMove()" />
    <input type = "button" value = "关闭窗口" onclick = "closeWin()" />
  </body>
</html>
```

上述代码中，单击按钮“创建窗口”会打开一个子窗口；单击“移动窗口”，会启用计时器，同时在 x、y 轴方向上每秒移动 10px；单击“停止移动”，则取消计时器并停止窗口的移动；单击“关闭窗口”，子窗口将被关闭。

5. setInterval()方法

setInterval()方法用于设置一个定时器，按照指定的周期（以毫秒计）调用函数或计算表达式，其语法格式如下。

【语法】

```
var id_Of_Interval = setInterval(code,millisec)
```

其中：

- 参数 code 必需，表示被调用的函数名或需要执行的 JavaScript 代码串；
- 参数 millisec 必需，表示调用 code 代码的时间间隔（以毫秒计）；
- setInterval()方法返回一个定时器的 ID；
- setInterval()方法会不停地调用 code 代码，直到定时器被 clearInterval()方法取消或窗口被关闭。

6. clearInterval()方法

clearInterval()方法用于取消由 setInterval()方法所设置的定时器，其语法格式如下。

【语法】

```
clearInterval(id_Of_Interval)
```

其中,参数 id_Of_Interval 表示由 setInterval()方法返回的定时器 ID。

下述代码是在第 7 章 dateMethod.html 页面基础上,通过定时器使得页面时间与系统时间同步显示。

【代码 8-3】 setInterval.html 核心代码

```
<body>
  <script type = "text/javascript">
    //图片前缀、后缀
    var filePrefix = "<img src = 'images/num_";
    var fileSuffix = ".jpg' />";
    //创建一个系统当前时间
    function showCurrentTime(){
        var myDate = new Date();
        showTime(myDate);
    }
    setInterval("showCurrentTime()",1000);
    //显示时间
    function showTime(myDate){
        var dateStr = "";
        var year = myDate.getFullYear();
        var month = myDate.getMonth() + 1;
        var date = myDate.getDate();
        var hour = myDate.getHours();
        var minute = myDate.getMinutes();
        var second = myDate.getSeconds();
        dateStr = dateStr + num2Image(year) + "<img src = 'images/year.jpg'/>"
                + num2Image(fixTime(month)) + "<img src = 'images/month.jpg'/>"
                + num2Image(fixTime(date)) + "<img src = 'images/date.jpg'/>"
                + num2Image(fixTime(hour)) + "<img src = 'images/hour.jpg'/>"
                + num2Image(fixTime(minute)) + "<img src = 'images/minute.jpg'/>"
                + num2Image(fixTime(second)) + "<img src = 'images/second.jpg'/><br/>";
        document.getElementById("timeDiv").innerHTML = dateStr;
        //document.write(dateStr);
    }
    function num2Image(num){
        ...//省略
    }
    function fixTime(time){
        ...//省略
    }
  </script>
  <div id = "timeDiv"></div>
</body>
```

上述代码通过定时更新<div>标签内容的方式实现时间同步效果,而 document.write()方法无法实现时间同步的效果。

注意

document. write()方法用于向文档流中写入内容。当文档在加载过程中,文档流是可写的,无须调用 open()和 close()方法打开和关闭输出流。当文档加载完毕后,文档流不再可写,如需向文档流中再次写入内容,则需用 open()方法打开输出流(通常 open()方法会在 document. write()调用时自动调用),但在打开输出流时会清除当前文档的所有内容(包括 HTML、CSS 和 JavaScript 代码)。

8.3 location 对象

location 对象是 window 对象的子对象,用于提供当前窗口或指定框架的 URL 地址。

1. location 对象的属性

location 对象中包含当前页面的 URL 地址的各种信息,例如协议、主机服务器和端口号等,具体如表 8-4 所示。

表 8-4 location 对象的属性列表

属　性	描　述
protocol	设置或返回当前 URL 的协议
host	设置或返回当前 URL 的主机名称和端口号
hostname	设置或返回当前 URL 的主机名
port	设置或返回当前 URL 的端口部分
pathname	设置或返回当前 URL 的路径部分
href	设置或返回当前显示的文档的完整 URL
hash	URL 的锚部分(从#号开始的部分)
search	设置或返回当前 URL 的查询部分(从问号"?"开始的参数部分)

当 URL 为 http://192. 168. 1. 252:8080/test/locationProperty. html? name=guoqy#myAnchor 时,location 对象中的属性取值情况如图 8-6 所示。

href	http://192.168.1.252:8080/test/locationProperty.html?name=guoqy#myAnchor
protocol	http:
host	192.168.1.252:8080
hostname	192.168.1.252
port	8080
hash	#myAnchor
search	?name=guoqy
pathname	/test/locationProperty.html

图 8-6 location 各项参数取值情况

在 location 对象的所有属性中,href 属性是最常用的。通过 location. href 属性提供页面完整的 URL 地址信息,location. href 或 location 均可用于设置或返回当前页面的 URL 地址。

【示例】 改变页面的 URL 地址

```
location.href = "http://www.itshixun.com";
location = "http://www.itoffer.com";
```

2. location 对象的方法

location 对象提供了以下三个方法,用于加载或重新加载页面中的内容。

- assign(url):可加载一个新的文档,与 location.href 实现的页面导航效果相同。
- reload(force):用于重新加载当前文档。参数 force 缺省时默认为 false;当参数 force 为 false 且文档内容发生改变时,从服务器端重新加载该文档;当参数 force 为 false 但文档内容没有改变时,从缓存区中装载文档;当参数 force 为 true 时,每次都从服务器端重新加载该文档。
- replace(url):使用一个新文档取代当前文档,且不会在 history 对象中生成新的记录。

8.4 history 对象

history 对象用于保存用户在浏览网页时所访问过的 URL 地址,history 对象的 length 属性表示访问历史记录列表中 URL 的数量。由于隐私方面的原因,JavaScript 不允许通过 history 对象获取已经访问过的 URL 地址。

history 对象提供了 back()、forward()和 go()方法来实现针对历史访问的前进与后退功能,具体如表 8-5 所示。

表 8-5 history 对象的方法

方 法	描 述
back()	可加载历史列表中的前一个 URL
forward()	可加载历史列表中的后一个 URL
go(n | url)	可加载历史列表中的某个具体的页面。参数 url 是要访问的相对或绝对 URL;参数 n 是要访问在 History 的 URL 列表中的相对位置,n>0 时前进 n 个地址,n<0 时后退 n 个地址,n=0 时则刷新当前页面

下述代码演示了 history 对象方法的使用。

【代码 8-4】 historyIndex.html 超链接部分

```
<a href = "history.html">进入 history 测试页面</a>
```

【代码 8-5】 history.html

```
<!DOCTYPE html PUBLIC " - //W3C//DTD XHTML 1.0 Transitional//EN"
    "http://www.w3.org/TR/xhtml1/DTD/xhtml1 - transitional.dtd">
<html xmlns = "http://www.w3.org/1999/xhtml">
  <head>
    <meta http - equiv = "Content - Type" content = "text/html; charset = utf - 8" />
```

```
    <title>history对象</title>
    <script type="text/javascript">
        function goBack(){
            history.go(-1);
        }
        function historyBack(){
            history.back();
        }
        function goForward(){
            history.go(1);
        }
        function historyForward(){
            history.forward();
        }
    </script>
  </head>
  <body>
    <input type="button" value="forward()方法前进" onclick="goForward()"/>
    <input type="button" value="back()方法后退" onclick="goBack()"/><br/>
    <input type="button" value="go()方法前进" onclick="historyForward()"/>
    <input type="button" value="go()方法后退" onclick="historyBack()"/><br/>
    <a href="historyForward.html">进入下一个页面并返回,测试前进按钮</a>
  </body>
</html>
```

在historyIndex.html页面中单击链接进入history.html页面，然后单击页面中的"后退"按钮返回上一页。在history.html页面单击链接进入historyForward.html页面(该页面仅有一句提示信息，此处不再提供演示代码)，然后单击浏览器提供的"后退"按钮返回history.html页面时，history.html页面中的"前进"按钮才有效果。

8.5 navigator对象

navigator对象中包含浏览器的相关信息，如浏览器名称、版本号和脱机状态等信息。navigator对象的属性如表8-6所示。

表8-6 navigator对象的属性列表

属　性	描　述
appName	可返回浏览器的名称，如Netscape、Microsoft Internet Explorer等
appVersion	可返回浏览器的平台和版本信息
platform	声明了运行浏览器的操作系统和(或)硬件平台。如Win32、MacPPC以及Linuxi586等
userAgent	声明了浏览器用于HTTP请求的用户代理头的值。由navigator.appCodeName的值之后加上斜线和navigator.appVersion的值构成，例如：Mozilla/5.0 (Windows NT 6.1; rv:39.0) Gecko/20100101 Firefox/39.0
onLine	声明了系统是否处于脱机模式
cookieEnabled	浏览器启用了cookie时返回true，否则返回false

下述代码演示了 navigator 对象的用法。

【代码 8-6】 navigator.html 脚本部分

```
<script type="text/javascript">
    document.write("浏览器: " + navigator.appName + "<br/>");
    document.write("浏览器版本: ");
    document.write(navigator.appVersion + "<br/>");
    document.write("代码: ");
    document.write(navigator.appCodeName + "<br/>");
    document.write("平台: ");
    document.write(navigator.platform + "<br/>");
    document.write("Cookies 启用: ");
    document.write(navigator.cookieEnabled + "<br/>");
    document.write("浏览器的用户代理报头: ");
    document.write(navigator.userAgent + "<br/>");
</script>
```

在上述代码中，虽然 navigator 对象的 appName 属性可以取得浏览器的名称，但是 Firefox、Chrome 等浏览器都是以 Netscape 为基础的浏览器，appName 属性均为 Netscape，因此无法使用 navigator.appName 进行区分。而在 IE、Firefox、Chrome 等浏览器中，navigator.appCodeName 的值都是 Mozilla。在 IE 9 浏览器中运行结果如图 8-7 所示。

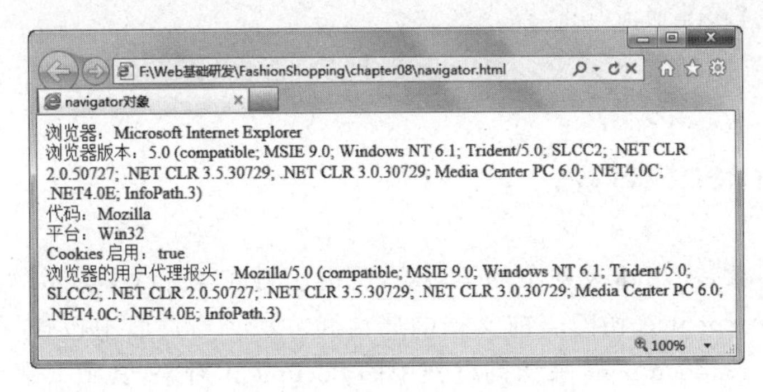

图 8-7 IE 9 浏览器中的 navigator 对象

IE 11 和以前 IE 版本的浏览器有较大差别：IE 10 及以前的版本中，userAgent 中包含了 MSIE 相关信息，而 IE 11 的 userAgent 中不再包含 MSIE 而是使用 Trident 来替代。当需要判断浏览器的版本号码时，需要特别注意这一点。上述代码在 IE 11 中预览效果如图 8-8 所示。

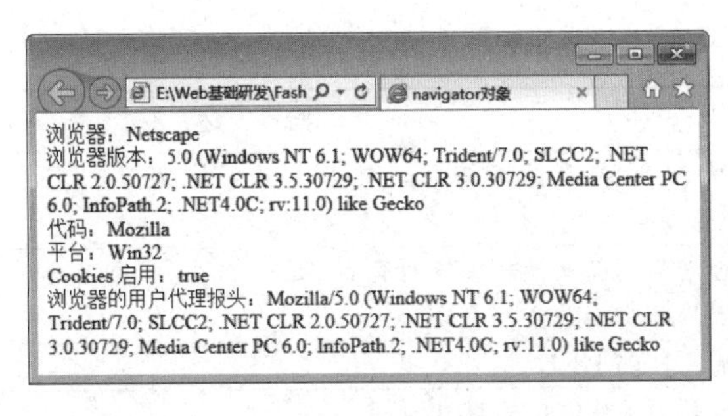

图 8-8 IE 11 浏览器中的 navigator 对象

通过 navigator.userAgent 属性所包含的信息来判断用户的浏览器类型，代码如下所示。

【示例】 浏览器类型判断

```
<script type="text/javascript">
    var explorer = navigator.userAgent;
    var browser;
    if (explorer.indexOf("MSIE")>= 0){
        browser = "Internet Explorer";
    }else if(explorer.indexOf("Trident")>= 0){
        browser = "Internet Explorer 11";
    }else if(explorer.indexOf("Firefox")>= 0){
        browser = "Firefox";
    }else if(explorer.indexOf("Chrome")>= 0){
        browser = "Chrome";
    }else if(explorer.indexOf("Opera")>= 0){
        browser = "Opera";
    }else if(explorer.indexOf("Safari")>= 0){
        browser = "Safari";
    }else if(explorer.indexOf("Netscape")>= 0){
        browser = "Netscape";
    }
    alert("你的浏览器是" + browser);
</script>
```

8.6 document 对象

document 对象是 window 对象的子对象，是指在浏览器窗口中显示的内容部分。可以通过 window.document 来访问当前文档的属性和方法。当页面中包含框架时，可以通过 window.frames[n].document 来访问框架中的 document 对象，其中 n 表示当前窗口在框架集中的索引号。

8.6.1 document 对象的属性

document 对象常见的属性有 body、title、cookie、和 URL 等，以及 all[]、forms[]、images[]等集合，具体如表 8-7 所示。

表 8-7 document 对象的属性列表

属　性	描　述
body	提供对 body 元素的直接访问。对于定义了框架集的文档，该属性引用最外层的 frameset 元素
cookie	设置或查询与当前文档相关的所有 cookie
referrer	返回载入当前文档的文档 URL
URL	返回当前文档的 URL
lastModified	返回文档最后被修改的日期和时间
domain	返回下载当前文档的服务器域名

续表

属　性	描　述
all[]	返回对文档中所有 HTML 元素的引用，all[]已经被 documen 对象的 getElementById()等方法替代
forms[]	返回对文档中所有的 form 对象集合
images[]	返回对文档中所有的 image 对象集合，但不包括由< object >标签内定义的图像

1. referrer 属性

referrer 属性用于返回加载指定文档的 URL，例如：当从页面 a. html 跳转到页面 b. html 时，在页面 b. html 中通过 document. referrer 属性获得载入该页面的页面 URL 地址(即 a. html 页面在服务器上绝对路径)。

【示例】 a. html 中链接代码

```
<a href = "b.html"> referrer 属性测试</a>
```

【示例】 b. html 脚本代码

```
<script type = "text/javascript">
    alert(document.referrer);
</script>
```

注意

只有将页面 a. html 和 b. html 同时部署到服务器上后，才能通过 document. referrer 来获得载入文档的 URL 地址，否则返回 null。

2. cookie 属性

cookie 是浏览器在客户端保存的用户访问服务器时的会话信息，该信息允许服务器端访问。cookie 本质上是一个字符串，其使用方式如下。

```
document.cookie = cookieStr;
```

其中，cookieStr 是要保存的 cookie 值，使用时需要注意以下几项：

- cookie 本身有一定的大小限制，每个 cookie 所存放的数据不能超过 4KB。
- cookie 由一些键值对(cookieName-value)构成，根据 cookieName 来检索 cookie 中的信息，包括 expires、path 和 domain 等信息。
- expires 表示 cookie 的过期时间，是 UTC 格式，可以通过 Date. toGMTString()方法来生成。当 cookie 到达过期时间时，cookie 就会被删除；默认情况下，当浏览器关闭时 cookie 立即失效。
- path 表示允许访问 cookie 的路径，只有在此路径下的页面才可以读写该 cookie。一般情况下将 path 设为“/”，表示同一站点下的所有页面都可以访问 cookie。
- domain 表示域，可以使浏览器确定哪些 cookie 能够被提交。如果没有指定域，则域值为该 cookie 页面所对应的域。

- 一般情况下，cookie 信息都没有经过编码。当 cookie 中包含空格、分号、逗号等特殊符号时，需要使用 escape()函数进行编码；当从 cookie 中取出数据时，需要使用 unescape()函数进行解码。

下述代码演示了 cookie 的用法。

【代码 8-7】 documentCookie.html

```
<!DOCTYPE html PUBLIC "-//W3C//DTD XHTML 1.0 Transitional//EN"
    "http://www.w3.org/TR/xhtml1/DTD/xhtml1-transitional.dtd">
<html xmlns="http://www.w3.org/1999/xhtml">
  <head>
    <meta http-equiv="Content-Type" content="text/html; charset=utf-8" />
    <title>cookie 的用法</title>
    <script type="text/javascript">
        //cookie 信息直接的分隔符(自行指定的分隔符)
        var cookieSplit = "@";
        //保存 cookie 信息
        function saveCookie(cookieName){
            var userName = document.forms[0].userName.value;
            var userPwd = document.forms[0].userPwd.value;
            var saveTime = document.forms[0].saveTime.value;
            var expireDate = new Date();
            if(saveTime!= "-1"){
                expireDate.setDate(expireDate.getDate() + saveTime);
            }
            document.cookie = cookieSplit + cookieName
                + "=" + escape(userName) + "," + escape(userPwd)
                + ";expires = " + expireDate.toGMTString();
            loadCookie(cookieName);
        }
        //加载 cookie 信息
        function loadCookie(cookieName){
            //获得页面的 cookie 信息
            var currentCookie = document.cookie;
            //cookie 的开始部分
            var beginPart = cookieSplit + cookieName + "=";
            //cookie 数据部分的开始位置
            var startPosition = currentCookie.indexOf(beginPart);
            //cookie 的关键数据部分
            var cookieData = "";
            //没有找到相关的 cookie
            if(startPosition ==-1){
                document.forms[0].userName.value = "";
                document.forms[0].userPwd.value = ""
            }else{
                //cookie 数据部分的结束位置
                var endPosition = currentCookie.indexOf(";",startPosition);
                //当前 cookie 为 cookie 集合中的最后一个时(没有找到分号;)
                if(endPosition ==-1){
                    endPosition = currentCookie.length;
                }
                cookieData = currentCookie.substring(startPosition
                        + (beginPart).length,endPosition);
```

```
                //对 cookie 数据进行分割
                var datas = cookieData.split(",");
                document.forms[0].userName.value = unescape(datas[0]);
                document.forms[0].userPwd.value = unescape(datas[1]);
            }
            document.getElementById("cookieDiv").innerHTML = "所有的 cookie 信息: "
                + (document.cookie == ""?"<font color = 'red'>暂无 cookie 信息</font>"
                :document.cookie);
        }
    </script>
  </head>
  <body onload = "loadCookie('register')">
    <form name = "myform">
        用户名: <input type = "text" name = "userName" /><br/>
        密  码: <input type = "password" name = "userPwd"/><br/>
        保存时间: <select name = "saveTime">
            <option value = "1">一天</option>
            <option value = "7">一周</option>
            <option value = "30">一月</option>
            <option value = " - 1"> - 不保存 - </option>
        </select><br/>
        <input type = "button" value = "注册测试" onclick = "saveCookie('register')"/>
        <input type = "button" value = "加载注册信息"
            onclick = "loadCookie('register')"/><br/>
        <input type = "button" value = "登陆测试" onclick = "saveCookie('login')"/>
        <input type = "button" value = "加载登录信息"
            onclick = "loadCookie('login')"/><br/>
    </form>
    <div id = "cookieDiv">cookie 信息显示位置</div>
  </body>
</html>
```

在上述代码中,document.forms[0].userName.value 用于获取或设置页面表单中的 userName 输入文本框的值。document.getElementById()方法用于根据页面元素的 ID 来获得元素,并通过 innerHTML 属性来设置元素的 HTML 内容。

代码在浏览器中运行结果如图 8-9 所示。当单击"注册测试"时,将注册用户的用户名和密码保存到 cookie 中;单击"登录测试"时,将登录用户的用户名和密码保存到 cookie 中;单击"加载注册信息"时,把用户注册信息从 cookie 中解析出来并对表单中的文本框进行赋值;单击"加载登录信息"时,把用户登录信息从 cookie 中解析出来对表单中的文本框进行赋值。当保存时间选择"不保存"时,单击"注册测试"或"登录测试"时 cookie 信息将进行清理。

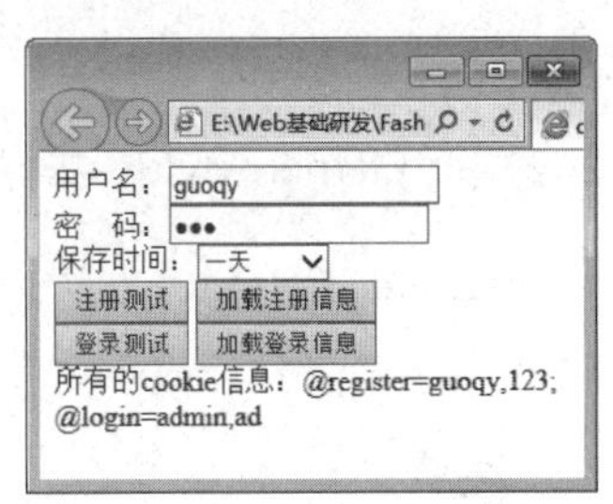

图 8-9 cookie 的用法

IE 浏览器中对应 cookie 的存放位置如下,其中 Administrator 是操作系统的用户名。

```
C:\Users\Administrator\AppData\Local\Microsoft\Windows\TemporaryInternet Files
```

8.6.2 document 对象的方法

document 对象的方法从整体上分为两大类:

- 对文档流的操作；
- 对文档元素的操作。

document 对象具体如表 8-8 所示。

表 8-8 document 对象的方法

方　法	描　述
open()	打开一个新文档，并擦除当前文档的内容
write()	向文档写入 HTML 或 JavaScript 代码
writeln()	与 write()方法作用基本相同，在每次内容输出后额外加一个换行符(\n)，在使用< pre >标签时比较有用
close()	关闭一个由 document. open()方法打开的输出流，并显示选定的数据
getElementById()	返回对拥有指定 ID 的第一个对象
getElementsByName()	返回带有指定名称的对象的集合
getElementsByTagName()	返回带有指定标签名的对象的集合
getElementsByClassName()	返回带有指定 class 属性的对象集合，该方法属于 HTML 5 DOM
querySelector()	返回满足条件的单个元素，当满足条件有多个时只返回第一个元素
querySelectorAll()	返回满足条件的元素集合

在 document 对象中，open()、write()、writeln()和 close()方法可以实现文档流的打开、写入、关闭等操作；而 getElementById()、getElementsByName()、getElementsByTagName()等方法用于操作文档中的元素。

1. write()和 writeln()方法

write()和 writeln()方法都用于向文档流中输出内容。当输出内容为纯文本时，将在页面中直接显示；当输出内容为 HTML 标签时，由浏览器解析后进行显示。

writeln()与 write()基本相同，区别在于 writeln()每次输出结果之后额外加一个换行符(\n)。页面中的换行通常使用< br/>标签而非换行符(\n)，换行符仅在< pre >标签中起作用。

2. getElementById()方法

getElementById()方法用于返回指定 ID 的元素。当页面中有多个 ID 相同的元素时，只返回第一个符合条件的元素。

注意

> 在对页面元素进行操作时，元素的 ID 应尽量唯一，以免因浏览器不兼容导致无法实现页面效果。

3. getElementsByName()方法

getElementsByName()方法用于返回指定 name 属性的元素集合，多用于单行文本框和复选框等具有 name 属性的元素。

4. getElementsByTagName()方法

getElementsByTagName()方法用于返回指定标签名的元素集合，元素在集合中的顺序即是其在文档中的顺序。当参数为“*”时，将返回页面中所有的标签元素。

5. getElementsByClassName()方法

getElementsByClassName()方法用于返回指定 class 属性的元素集合，该方法属于 HTML 5 DOM 中新定义的方法，在 IE 8 及之前版本中无效。

【示例】 getElementsByClassName()方法的使用

```
<div id = "menuDiv">
    <span class = "buyClass baseClass">购物栏目</span>
    <span class = "filmClass baseClass">影视栏目</span>
    <span class = "foodClass baseClass">餐饮栏目</span>
</div>
<script type = "text/javascript">
    function getElement(){
        var menuDiv = document.getElementById("menuDiv");
        var baseSpan = menuDiv.getElementsByClassName("baseClass");
        var buySpan = menuDiv.getElementsByClassName("buyClass");
        alert("具有 baseClass 特征的<span>标签的个数: " + baseSpan.length
            + "\n 具有 buyClass 特征的<span>标签的个数: " + buySpan.length);
    }
    getElement();    //调用函数
</script>
```

6. querySelector()方法

querySelector()方法用于返回指定 CSS 选择器的元素。当满足条件的有多个时，只返回第一个元素。

7. querySelectorAll()方法

querySelectorAll()方法是 HTML 5 中新引入的方法，返回指定 CSS 选择器的元素集合。

【示例】 querySelector()与 querySelectorAll()的用法

```
var span = document.querySelector("#menuDiv");          //返回 ID 为 menuDiv 的元素
var span = document.querySelector(".filmClass");        //返回一个元素
var span = document.querySelectorAll(".baseClass");     //返回三个元素
```

下述代码演示了 document 对象的常用方法。

【代码 8-8】 documentMethod.html

```
<!DOCTYPE html PUBLIC "-//W3C//DTD XHTML 1.0 Transitional//EN"
    "http://www.w3.org/TR/xhtml1/DTD/xhtml1-transitional.dtd">
<html xmlns = "http://www.w3.org/1999/xhtml">
  <head>
    <meta http-equiv = "Content-Type" content = "text/html; charset = utf-8" />
```

```
        <title>document对象的方法</title>
        <script type="text/javascript">
            function count(){
                var userName = document.getElementById("userName");
                var hobby = document.getElementsByName("hobby");
                var inputs = document.getElementsByTagName("input");
                var result = "ID为userName的元素的值：" + userName.value
                    + "\nname为hobby的元素的个数：" + hobby.length
                    + "\n\t个人爱好：";
                for(var i = 0;i < hobby.length;i++){
                    if(hobby[i].checked){
                        result += hobby[i].value + " ";
                    }
                }
                result += "\n标签为input的元素的个数：" + inputs.length
                alert(result);
            }
        </script>
    </head>
    <body>
        <form name="myform">
            用户名：<input type="text" name="userName" id="userName" /><br/>
            爱  好：<input type="checkbox" name="hobby" value="看电影"/>看电影
            <input type="checkbox" name="hobby" value="购物"/>购物
            <input type="checkbox" name="hobby" value="品味美食"/>品味美食<br/>
            <input type="button" value="测试按钮" onclick="count()"/>
        </form>
    </body>
</html>
```

上述代码中，通过复选框的checked属性来判断该项是否被选择，选择时checked为true，否则为false。在浏览器中运行的结果如图8-10所示。

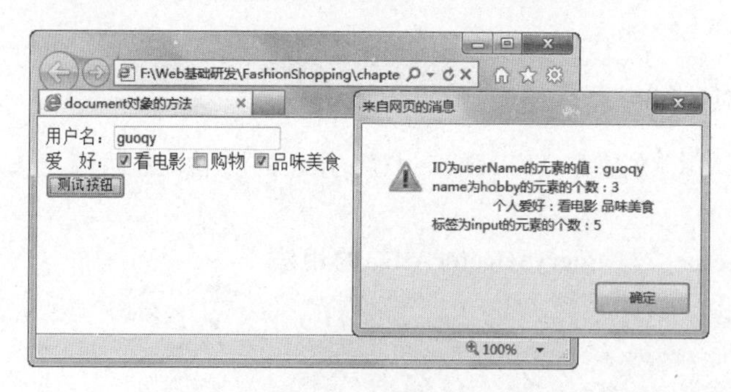

图8-10 document对象的方法

8.7 Form对象

Form对象是document对象的子对象，通过Form对象可以实现表单验证等效果。通过Form对象可以访问表单对象的属性及方法，语法格式如下。

【语法】

```
document.表单名称.属性
document.表单名称.方法(参数)
document.forms[索引].属性
document.forms[索引].方法(参数)
```

Form 对象的属性如表 8-9 所示。

表 8-9 Form 对象的属性列表

属　性	描　述
elements[]	返回包含表单中所有元素的数组。元素在数组中出现的顺序与在表单中出现的顺序相同,每个元素都有一个 type 属性,即元素的类型
enctype	设置或返回用于编码表单内容的 MIME 类型。默认值是"application/x-www-form-urlencoded";当上传文件时,enctype 属性应设为"multipart/form-data"
target	可设置或返回在何处打开表单中的 action-URL。可以是_blank、_self、_parent、_top
method	设置或返回用于表单提交的 HTTP 方法
length	用于返回表单中元素的数量
action	设置或返回表单的 action 属性
name	返回表单的名称

Form 对象的方法如表 8-10 所示。

表 8-10 Form 对象的方法列表

方　法	说　明
submit()	表单数据提交到 Web 服务器
reset()	对表单中的元素进行重置

提交表单有两种方式：submit 提交按钮和 submit()提交方法。在< form >标签中 onsubmit 属性用于指定在表单提交时调用的事件处理函数；在 onsubmit 属性中使用 return 关键字表示根据被调用函数的返回值来决定是否提交表单,当函数返回值为 true 时提交表单,否则不提交表单。

下述代码演示了 document 对象综合用法。

【代码 8-9】 formMethod.html

```
<!DOCTYPE html PUBLIC "-//W3C//DTD XHTML 1.0 Transitional//EN"
    "http://www.w3.org/TR/xhtml1/DTD/xhtml1-transitional.dtd">
<html xmlns = "http://www.w3.org/1999/xhtml">
  <head>
    <meta http-equiv = "Content-Type" content = "text/html; charset = utf-8" />
    <title>Form 对象的方法</title>
    <script type = "text/javascript">
        function checkUserName(){
            //获取元素的方式(1)
            var userName = document.getElementById("userName");
            if(userName.value.length == 0){
                alert("用户名不能为空!");
                return false;
```

```
            }
            if(userName.value.length<3 || userName.value.length>20){
                alert("用户名长度应介于3～16位,请重新输入");
                userName.select();          //元素内容被选中
                return false;
            }
            return true;
        }
        function checkUserPwd(){
            //获取元素的方式(2)
            var userPwd = document.myform.userPwd.value;
            if(userPwd.length<6){
                alert("密码长度不低于6位!");
                return false;
            }
            for(var i = 0;i<userPwd.length;i++){
                var tmp = userPwd.charAt(i);
                if(isNaN(tmp)){
                    alert("密码必须使用数字");
                    return false;
                }
            }
            return true;
        }
        function checkEmail(){
            //获取元素的方式(3)
            var email = document.forms[0].email;
            var emailReg = /^([a-zA-Z0-9_-])+@([a-zA-Z0-9_-])+(.[a-zA-Z0-
9_-])+/;
            if(!emailReg.test(email.value)){
                alert("邮箱格式不正确,请重新输入!");
                email.focus();              //元素获得焦点
                return false;
            }
            return true;
        }
        function checkMobilePhone(){
            //获取元素的方式(4)--3是元素的下标,下标从0开始
            var mobilePhone = document.forms[0].elements[3];
            var mobilePhoneReg = /^1[3|4|5|8][0-9]{9}$/
            if(!mobilePhoneReg.test(mobilePhone.value)){
                alert("手机号码格式不正确");
                mobilePhone.focus();
                return false;
            }
            return true;
        }
        function checkForm(){
            return checkUserName()&&checkUserPwd()&&checkEmail()
                    &&checkMobilePhone();
```

```
        }
        function checkForm1(){
            if(checkUserName()&&checkUserPwd()&&checkEmail()
                    &&checkMobilePhone()){
                document.myform.action = "http://www.moocollege.cn";
                document.myform.target = "_blank";
                document.myform.submit();
            }
        }
    </script>
  </head>
  <body>
    <form name = "myform" action = "http://www.itshixun.com" method = "post"
          onsubmit = "return checkForm()">
        用户名: <input type = "text" name = "userName" id = "userName" /><br/>
        密  码: <input type = "password" name = "userPwd" id = "userPwd" /><br/>
        邮  箱: <input type = "text" name = "email" id = "email" /><br/>
        手机号: <input type = "text" name = "mobilePhone" id = "mobilePhone" /><br/>
        <input type = "submit" value = "submit 提交" />
        <input type = "button" value = "button 提交" onclick = "checkForm1()" />
    </form>
   </body>
</html>
```

上述代码中，通过四种方式获取表单中的元素，然后依次对用户名、密码、邮箱和手机号进行有效性验证。focus()方法用于某元素重新获得焦点，select()方法用于将某元素的内容处于选中状态，submit()方法用于手动提交表单。

8.8 Table 对象

在页面设计时，经常需要控制表格的数据与结构，比如对表格添加行、删除行等操作。在 JavaScript 中提供了 Table、TableRow 和 TableCell 对象用于对表格、行和单元格进行操作。

Table 对象常用的属性如表 8-11 所示。

表 8-11　Table 对象的属性列表

属　性	描　述
rows[]	返回表格中所有行(TableRow 对象)的一个数组集合，包括< thead >、< tfoot >和< tbody >中定义的所有行
cells[]	返回表格中所有单元格(TableCell 对象)的一个数组集合
border	设置或返回表格边框的宽度(以像素为单位)
caption	设置或返回表格的 caption 元素
width	设置或返回表格的宽度
cellPadding	设置或返回单元格边框与单元格内容之间的间距
cellSpacing	设置或返回在表格中的单元格之间的间距

Table 对象常用的方法如表 8-12 所示。

表 8-12　Table 对象的方法列表

方　法	描　述
createCaption()	在表格中获取或创建< caption >元素
createTFoot()	在表格中获取或创建< tfoot >元素
createTHead()	在表格中获取或创建< thead >元素
insertRow()	在表格中的指定位置插入一个新行，新行将被插入 index 所在行之前；参数 index 小于 0 或大于等于表中的行数时，该方法将抛出异常
deleteRow()	从表格删除指定位置的行
deleteCaption()	删除表格的 caption 元素及其内容
deleteTHead()	从表格删除< thead >元素
deleteTFoot()	从表格删除< tfoot >元素

TableRow 对象常用的属性如表 8-13 所示。

表 8-13　TableRow 对象的常用属性

属　性	描　述
cells[]	返回当前行所包含的单元格数组
sectionRowIndex	返回某一行在 tBody、tHead 或 tFoot 中的位置
rowIndex	返回某一行在表格的行集合中的位置
innerHTML	设置或返回表格行的开始和结束标签之间的 HTML 内容

TableRow 对象的常用方法如表 8-14 所示。

表 8-14　TableRow 对象的常用方法

属　性	描　述
insertCell()	在 HTML 表的一行的指定位置插入一个空的< td >元素
deleteCell()	删除表格行中的单元格

TableCell 对象与 HTML 表格中的单元格相对应，常用的属性如表 8-15 所示。

表 8-15　TableCell 对象的常用属性

属　性	描　述
width	设置或返回表元的宽度
rowSpan	设置或返回表元横跨的行数
colSpan	设置或返回表元横跨的列数
cellIndex	返回行的单元格集合中单元格的位置
innerHTML	设置或返回单元格的开始和结束标签之间的 HTML 内容

下述代码演示了 Table、TableRow 和 TableCell 对象的使用。

【代码 8-10】　tableMethod. html

```
<!DOCTYPE html PUBLIC "-//W3C//DTD XHTML 1.0 Transitional//EN"
    "http://www.w3.org/TR/xhtml1/DTD/xhtml1-transitional.dtd">
```

```
<html xmlns="http://www.w3.org/1999/xhtml">
  <head>
    <meta http-equiv="Content-Type" content="text/html; charset=utf-8" />
    <title>table对象的用法</title>
    <script type="text/javascript">
        //在表头插入一行
        function insertStart(){
            appendRow(1); //表头是第0行
        }
        //在表尾追加一行
        function insertEnd(){
            var index=myTable.rows.length;
            appendRow(index);
        }
        //添加一行
        function appendRow(index){
            var myTable=document.getElementById("myTable");
            var row=myTable.insertRow(index);
            var userIdCell=row.insertCell(0);
            var userNameCell=row.insertCell(1);
            var deleteCell=row.insertCell(2);
            userIdCell.innerHTML=document.getElementById("userId").value;
            userNameCell.innerHTML=document.getElementById("userName").value;
            deleteCell.innerHTML="<input type='button' value='删除'
                    onclick='deleteRow(this)'/>";
        }
        //删除一行
        function deleteRow(btnDelete){
            //获得被单击按钮所在行的索引
            var currentIndex=btnDelete.parentNode.parentNode.rowIndex;
            var myTable=document.getElementById("myTable");
            myTable.deleteRow(currentIndex);
        }
        //添加表格标题
        function appendCaption(){
            var myTable=document.getElementById("myTable");
            var caption=myTable.createCaption();
            caption.innerHTML="漫步时尚广场会员名单";
        }
        //移除表格标题
        function removeCaption(){
            var myTable=document.getElementById("myTable");
            myTable.deleteCaption();
        }
    </script>
  </head>
  <body>
   <table id="myTable" border="1" width="200">
    <tr>
     <th>ID</th>
        <th>姓名</th>
        <th>删除</th>
    </tr>
```

```
    <tr>
     <td>2</td>
        <td>郭全友</td>
        <td><input type="button" value="删除" onclick="deleteRow(this)"/></td>
    </tr>
    <tr>
     <td>3</td>
        <td>郑建华</td>
        <td><input type="button" value="删除" onclick="deleteRow(this)"/></td>
    </tr>
   </table>
   ID:   <input type="text" id="userId"/><br/>
   姓名:<input type="text" id="userName"/><br/>
   <input type="button" value="头部添加一行" onclick="insertStart()"/>
   <input type="button" value="尾部追加一行" onclick="insertEnd()"/><br/>
   <input type="button" value="添加表头" onclick="appendCaption()"/>
   <input type="button" value="隐藏表头" onclick="removeCaption()"/><br/>
   </body>
</html>
```

上述代码中，insertRow()方法用于返回一个TableRow对象；insertCell()用于返回一个TableCell对象，然后通过TableCell对象的innerHTML属性设置单元格的内容。

代码运行结果如图8-11所示，单击“头部添加一行”按钮时，在表头下方增加一行，并使用文本框内容对单元格进行填充；单击“尾部追加一行”按钮时，在表格尾部追加一行，使用文本框内容填充单元格；单击“删除”按钮时，调用deleteRow(this)方法，将表格中的当前行进行删除。其中，this表示当前被单击的按钮；parentNode表示当前对象的外层容器(即父节点)。

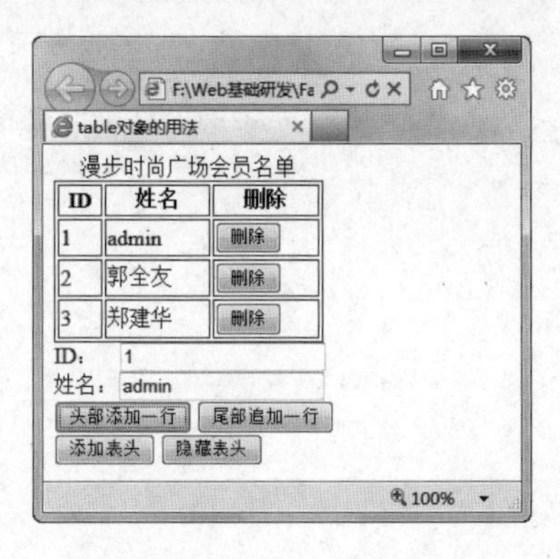

图8-11 Table对象操作

8.9 DOM节点

在DOM模型中，HTML文档的结构是一种树形结构，HTML中的标签和属性可以看作DOM树中的节点。节点又分为元素节点、属性节点、文本节点、注释节点、文档节点和文档类型节点，各种节点统称为Node对象，通过Node对象的属性和方法可以遍历整个文档树。

Node对象的nodeType属性用于获得该节点的类型，具体如表8-16所示。

表8-16 DOM节点的常用类型

节点类型	nodeType值	描述	示例
元素(Element)	1	HTML标签	<div></div>
属性(Attribute)	2	HTML标签的属性	type="text"

续表

节点类型	nodeType 值	描述	示例
文本(Text)	3	文本内容	Hello HTML!
注释(Comment)	8	HTML 注释段	<!--注释-->
文档(Document)	9	HTML 文档根节点	< html >
文档类型(DocumentType)	10	文档类型	<!DOCTYPE HTML…>

Element 对象继承了 Node 对象，是 Node 对象中的一种。Element 对象常用的属性如表 8-17 所示。

表 8-17 Element 对象的常用属性

属性	描述
attributes	返回指定节点的属性集合
childNodes	标准属性，返回直接后代的元素节点和文本节点的集合，类型为 NodeList
children	非标准属性，返回直接后代的元素节点的集合，类型为 Array
innerHTML	设置或返回元素的内部 HTML
className	设置或返回元素的 class 属性
firstChild	返回指定节点的首个子节点
lastChild	返回指定节点的最后一个子节点
nextSibling	返回同一父节点的指定节点之后紧跟的节点
previousSibling	返回同一父节点的指定节点的前一个节点
parentNode	返回指定节点的父节点；当没有父节点时，则返回 null
nodeType	返回指定节点的节点类型(数值)
nodeValue	设置或返回指定节点的节点值
tagName	返回元素的标签名(始终是大写形式)

Element 对象常用的方法如表 8-18 所示。

表 8-18 Element 对象的常用方法

方法	描述
getAttribute()	返回指定属性对应的属性值
getElementsByTagName()	返回具有指定标签名的元素子元素集合，类型为 NodeList
hasAttribute()	指定属性存在时返回 true，否则返回 false
hasChildNodes()	检查元素是否有子节点
removeAttribute()	删除指定的属性
removeChild()	删除某个指定的子节点，并返回该节点
replaceChild()	用新节点替换某个子节点
setAttribute()	为节点添加属性；当属性存在时，则进行替换

NodeList 对象是一个节点集合，其 item(index)方法用于从节点集合中返回指定索引的节点，length 属性用于返回集合中的节点数量。

下述代码演示了 Element 对象与 NodeList 对象的用法。

【代码 8-11】 Element&NodeList.html

```
<!DOCTYPE html PUBLIC "-//W3C//DTD XHTML 1.0 Transitional//EN"
    "http://www.w3.org/TR/xhtml1/DTD/xhtml1-transitional.dtd">
<html xmlns="http://www.w3.org/1999/xhtml">
  <head>
    <meta http-equiv="Content-Type" content="text/html; charset=utf-8" />
    <title>DOM 节点</title>
    <script type="text/javascript">
        var dataArray = new Array();
        //解析页面
        function amount(){
            var sum = 0;
            var myTable = document.getElementById("myTable");
            //table 中包含的节点集合(包括 tbody 元素节点和文本节点)
            var tbodyList = myTable.childNodes;
            //alert("tbody 集合的长度: " + tbodyList.length);
            for(var i = 0;i < tbodyList.length;i++){
                var tbody = tbodyList.item(i);
                //只对 tbody 元素节点进行操作,不对文本节点进行操作
                if(tbody.nodeType == 1){
                    //tbody 中包含的节点的集合(包括 tr 元素节点和文本节点)
                    var rowList = tbody.childNodes;
                    //第一行为标题栏,不需要统计
                    for(var j = 1;j < rowList.length;j++){
                        var row = rowList.item(j);
                        //只对 tr 元素节点进行操作,不对文本节点进行操作
                        if(row.nodeType == 1){
                            //当前行中包含的节点的集合(包括 td 元素节点和文本节点)
                            var cellList = row.childNodes;
                            //alert("当前行元素内容的个数: " + cellList.length);
                            //获得最后一个单元格的内容; 奇数为元素节点,偶数为文本节点
                            var lastCell = cellList.item(5);
                            if(lastCell!= null){
                                var salesAmount
                                    = parseInt(cellList.item(5).innerHTML);
                                sum += salesAmount;
                            }
                        }
                    }
                }
            }
            //改变统计结果
            var tableRows = myTable.getElementsByTagName("tr");
            var lastRow = tableRows.item(tableRows.length - 1);
            lastRow.lastChild.previousSibling.innerHTML = sum;
            //也可以通过 children 方式进行显示
            //myTable.children[0].children[3].children[1].innerHTML = sum;
        }
    </script>
  </head>
  <body>
    <table id="myTable" border="1" width="200">
```

```
        <tr>
            <th>ID</th>
            <th>姓名</th>
            <th>销售额度(W)</th>
        </tr>
        <tr>
            <td>2</td>
            <td>郭全友</td>
            <td>3000</td>
        </tr>
        <tr>
            <td>3</td>
            <td>郑建华</td>
            <td>2600</td>
        </tr>
        <tr>
            <td>合计</td>
            <td colspan="2">0.0</td>
        </tr>
    </table>
    <input type="button" value="统计" onclick="amount()"/>
  </body>
</html>
```

上述代码中，通过 Table 对象的 childNodes 属性返回一个 NodeList 集合，其中包含 tbody 元素节点及文本节点（即使没有文本内容，文本节点也存在）。使用循环对 NodeList 集合进行遍历，遍历时只对元素节点进行操作（即 nodeType==1 的情况）。

通过 tbody 元素的 childNodes 属性返回一个 NodeList 集合，其中包含 tr 元素节点及文本节点，通过集合的遍历筛选出 tr 元素；然后通过 tr 元素的 childNodes 属性返回 NodeList 子元素的集合，集合中包含 td 元素节点及文本节点，tr 与 td 的关系如图 8-12 所示。在 td 元素中包含需要统计的销售额度数据。

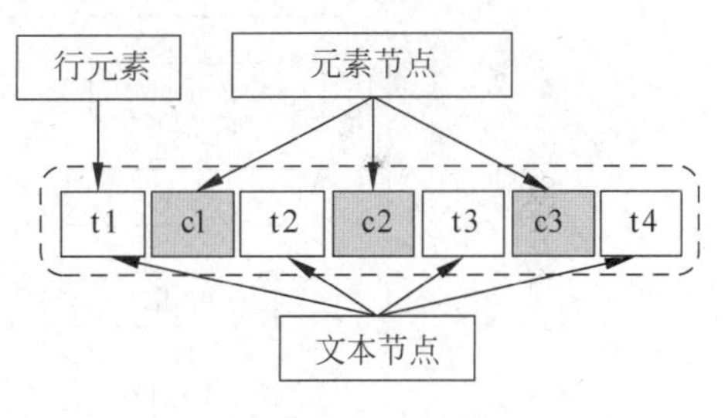

图 8-12 行元素中的节点

代码运行结果如图 8-13 所示，单击“统计”按钮时，计算表中的销售额度，并在合计栏目显示统计的结果。

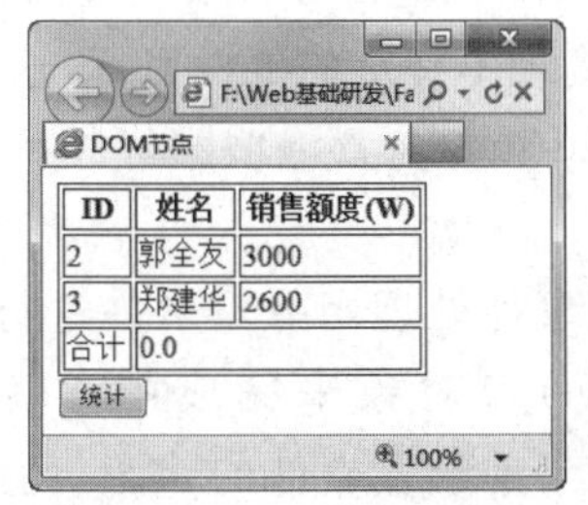

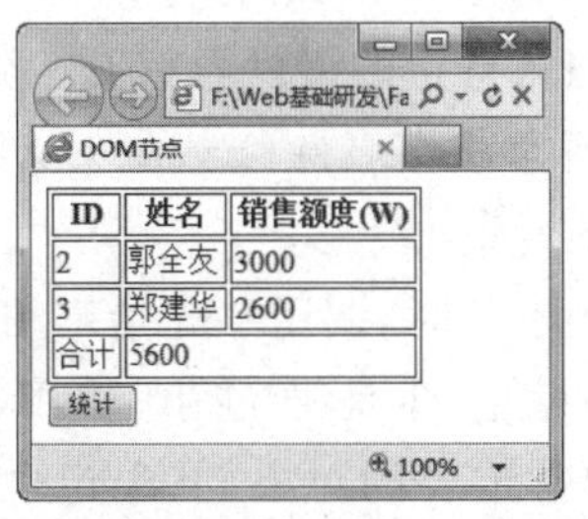

图 8-13 通过 DOM 进行数据统计

注意

> 当获取一个节点所包含的子节点时,可以使用从 Node 对象中继承的 childNodes 属性,也可以使用 Element 对象的 children 属性。childNodes 属性返回的集合中包含元素节点和文本节点,而 children 属性返回的集合中仅包含元素节点。

8.10 事件处理

JavaScript 采用事件驱动的响应机制,用户在页面上进行交互操作时会触发相应的事件。事件(Event)驱动是指在页面中响应用户操作的一种处理方式,而事件处理是指页面在响应用户操作时所调用的程序代码。事件的产生与响应都是由浏览器来完成的,包括 HTML 代码中设置哪些元素响应哪些事件,JavaScript 告诉浏览器如何处理这些响应事件。

8.10.1 事件流和事件对象

DOM 结构是一个树型结构,当一个 HTML 元素产生一个事件时,该事件会在元素节点与根节点之间按特定的顺序传播,路径所经过的节点都会收到该事件,这个传播过程可称为 DOM 事件流。

事件流顺序有两种类型:事件冒泡和事件捕获,如图 8-14 所示。

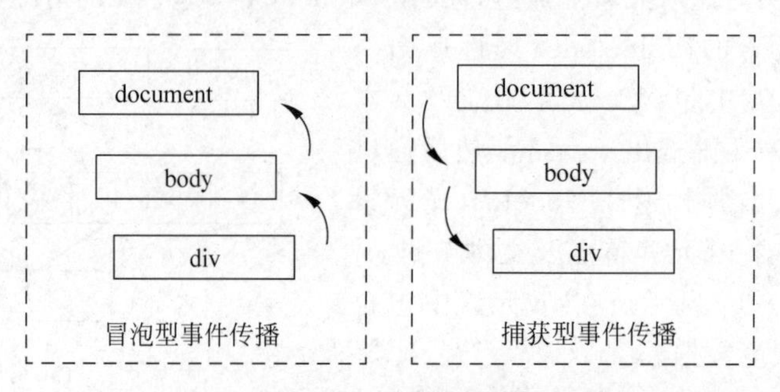

图 8-14 事件流类型

冒泡型事件(Event Bubbling)是指从叶子节点沿祖先节点一直向上传递直到根节点,基本思路是事件按照从特定的事件目标开始到最不特定的事件目标,这是 IE 浏览器对事件模型的实现方式。而捕获型事件(Event Capturing)与冒泡型刚好相反,由 DOM 树最顶层元素一直到最精确的元素。

当浏览器检查到事件时,调用事先指定的事件处理函数对事件进行处理,在此过程中,事件中需要传递的信息都是通过事件(Event)对象来完成的。事件(Event)对象是 JavaScript 中一个非常重要的对象,其中包含当前触发事件的状态,例如键盘按键状态、鼠标位置和鼠标按键状态等。大多数 event 对象的属性是只读的,因为 event 对象是事件动作的快照。

Event 对象的常见属性如表 8-19 所示。

表 8-19 Event 对象的常见属性

属 性	描 述
screenX	返回事件发生时鼠标指针相对于屏幕的水平坐标
screenY	返回事件发生时鼠标指针相对于屏幕的垂直坐标
clientX	返回当事件被触发时鼠标指针相对于当前窗口的水平坐标
clientY	返回当事件被触发时鼠标指针相对于当前窗口的垂直坐标
button	可返回一个整数，指示当事件被触发时哪个鼠标按键被单击，其中包括 0(左键)、1(中键)、2(右键)、4(IE 浏览器中的中键)
altKey	返回一个布尔值，表示 Alt 键是否一直被按住
ctrlKey	返回一个布尔值，表示 Ctrl 键是否一直被按住
shiftKey	返回一个布尔值，表示 Shift 键是否一直被按住
type	返回发生的事件的类型，如 submit、load 或 click 等
target	返回触发事件的目标元素

在事件传播过程中，往往希望事件传到某一层后，不再继续传递，这时可采用停止事件冒泡和阻止事件的默认行为。Event 对象提供了 preventDefault()方法用于通知浏览器不再执行与事件关联的默认动作，stopPropagation()用于终止事件的进一步传播。

8.10.2 鼠标事件

当鼠标在页面某一元素上单击、移动或悬停时，都会触发一个相应的事件。常见的鼠标事件有鼠标单击(Click)、双击(Double Click)、按下(Mouse Down)、松开(Mouse Up)、移动(Mouse Move)、移出(Mouse Out)和悬停(Mouse Over)等事件，具体如表 8-20 所示。

表 8-20 常见的鼠标事件

事 件	描 述
onclick	在对象被单击时触发事件
ondblclick	在对象被双击时触发事件
onmouseover	在鼠标指针移动到指定的对象上时触发事件
onmouseout	在鼠标指针移出指定的对象时触发事件
onmousemove	在鼠标指针移动时触发事件
onmousedown	当鼠标按钮被按下时执行脚本
onmouseup	当鼠标按钮被松开时执行脚本

下述代码演示了鼠标事件的综合使用，代码如下所示。

【代码 8-12】 mouseEventDemo.html

```
<!DOCTYPE html PUBLIC "-//W3C//DTD XHTML 1.0 Transitional//EN"
    "http://www.w3.org/TR/xhtml1/DTD/xhtml1-transitional.dtd">
<html xmlns="http://www.w3.org/1999/xhtml">
  <head>
    <meta http-equiv="Content-Type" content="text/html; charset=utf-8" />
    <title>鼠标事件处理</title>
    <style type="text/css">
        #mainDiv{width:600px;height:200px;}
        dl{float:left;}
```

```
        img{width:120px;}
    </style>
    <script type="text/javascript">
        function changeImage(e){
            //IE 的事件采用 window.event;
            e = e || window.event;
            var myImage = document.getElementById("myImage");
            //获得鼠标到图片左侧的距离
            var x = e.clientX - myImage.offsetLeft;
            //获得鼠标到图片右侧的距离
            var y = e.clientY - myImage.offsetTop;
            //鼠标移动到图片左上角显示 1.png,右上角显示 2.png,
            //左下角显示 4.png,右下角显示 5.png
            if(x < myImage.width/2 && y < myImage.height/2){
                myImage.src = "images/card/1.png";
            }else if(x > myImage.width/2 && y < myImage.height/2){
                myImage.src = "images/card/2.png";
            }else if(x < myImage.width/2 && y > myImage.height/2){
                myImage.src = "images/card/4.png";
            }else if(x > myImage.width/2 && y > myImage.height/2){
                myImage.src = "images/card/5.png";
            }
            console.log(x + "    " + y);
        }
    </script>
</head>
<body>
  <div id="mainDiv">
    <dl>
        <dt><img src="images/card/0.png"
                onclick="this.src='images/card/3.png'" /></dt><dd>单击</dd>
    </dl>
    <dl>
        <dt><img src="images/card/0.png"
            ondblclick="this.src='images/card/1.png';alert('双击了图片')"/></dt>
        <dd>双击</dd>
    </dl>
    <dl>
          <dt><img src="images/card/0.png"
                onmouseover="this.src='images/card/2.png'"
                onmouseout="this.src='images/card/0.png'"/></dt>
          <dd>移动悬停</dd>
    </dl>
    <dl>
          <dt><img src="images/card/0.png"
                onmousedown="this.src='images/card/4.png'"
                onmouseup="this.src='images/card/0.png'"/></dt>
          <dd>按下松开</dd>
    </dl>
    <dl>
          <dt><img id="myImage" src="images/card/0.png"
                onmousemove="changeImage(event)"/></dt>
          <dd>鼠标移动开</dd>
```

```
        </dl>
      </div>
    </body>
</html>
```

上述代码中,分别为5幅图像绑定鼠标事件。通过onmousexxx属性指定事件的处理方式,当处理过程比较简单时,可以对处理语句进行赋值;当处理过程比较复杂时,使用函数进行封装(即事件处理函数),然后通过onmousexxx属性指定响应该事件的事件处理函数即可。

代码中的offsetLeft属性用于返回当前元素的左边界到外层元素的左边界的偏移量(以像素为单位),offsetTop属性用于返回当前元素的上边界到外层元素的上边界的偏移量(以像素为单位)。代码运行结果如图8-15所示,单击第一幅图像时,将纸牌翻开;双击第二幅图像时,翻开纸牌并弹出提示信息;当鼠标悬停在第三幅图像上时,翻开纸牌,鼠标移出时纸牌翻扣;在第四幅图像上按下鼠标时翻开纸牌,松开鼠标时纸牌翻扣;当鼠标在第五幅图像的左上角、右上角、左下角和右下角移动时,分别显示不同的纸牌。

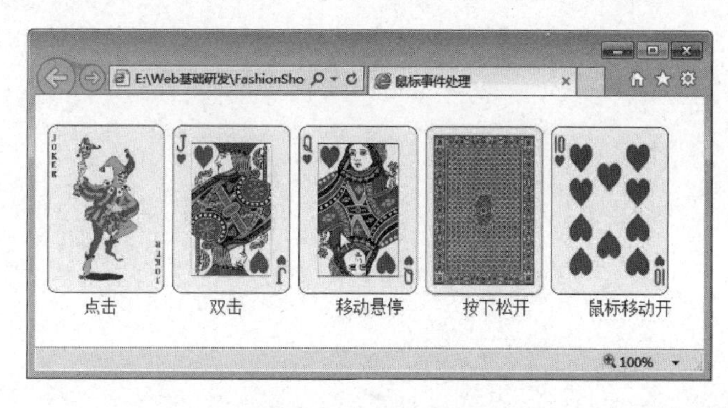

图8-15　鼠标事件

注意

在W3C规范中,Event对象是随事件处理函数传入的,Chrome、FireFox、Opera、Safari、IE 9及其以上版本都支持这种方式。但是对于IE 8及其以下版本,Event对象必须作为window对象的一个属性。

8.10.3　键盘事件

当在页面中敲击键盘时也会触发一系列事件。常见的键盘事件有键盘按下、释放或按下并释放等,具体如表8-21所示。

表8-21　常见的键盘事件

事　件	描　述
onkeydown	在用户按下一个键盘按键时触发事件
onkeyup	在键盘按键松开时触发事件
onkeypress	在键盘按键被按下并释放一个键时触发事件

当键盘按下时将 Event 对象传入事件处理函数，在事件处理函数中，通过 Event 对象可以获得键盘所按下的键值。下述代码演示了键盘事件的处理过程。

【代码 8-13】 keyEventDemo.html

```
<!DOCTYPE html PUBLIC "-//W3C//DTD XHTML 1.0 Transitional//EN"
    "http://www.w3.org/TR/xhtml1/DTD/xhtml1-transitional.dtd">
<html xmlns="http://www.w3.org/1999/xhtml">
  <head>
    <meta http-equiv="Content-Type" content="text/html; charset=utf-8" />
    <title>按键事件处理</title>
    <style type="text/css">
        body{
            margin:0px;
            padding:0px;
            overflow:hidden;
        }
        #mainDiv{
            position:relative;
        }
        img{
            width:100%;
            height:100%;
        }
    </style>
  </head>
  <body>
    <div id="mainDiv" style="width:100px;height:230px;">
        <img id="coffeeGirl" src="images/coffeeGirl/d0.png" />
    </div>
    <script type="text/javascript">
        var downImages=["d0.png","d1.png","d2.png"];
        var upImages=["u0.png","u1.png","u2.png"];
        var rightImages=["r0.png","r1.png","r2.png"];
        var leftImages=["l0.png","l1.png","l2.png"];
        var mainDiv=document.getElementById("mainDiv");
        var coffeeGirl=document.getElementById("coffeeGirl");
        //var divWidth=mainDiv.style.width;         //获得 div 的带单位的宽度(例如 100px)
        //console.log(divWidth);
        var imageWidth=mainDiv.offsetWidth;         //获取 div 的宽度值(例如 100)
        //console.log(imageWidth);
        var imageHeight=mainDiv.offsetHeight;
        var images=downImages;
        var n=0;                                    //图片计数
        //判断按键方向
        function doKeyDown(e){
            var x=dealPx(mainDiv.style.left);
            var y=dealPx(mainDiv.style.top);
            //IE 的事件采用 window.event;
            e=e||window.event;
            var keyID=e.keyCode?e.keyCode:e.which;
            if(keyID==38 || keyID==87){             //上箭头键或 W 键
                if(y-10>=0){
```

```
                y = y - 10;
            }
            images = upImages;
        }
        if(keyID == 40 || keyID == 83){         //下箭头键或 S 键
            if(y + imageHeight < window.innerHeight){
             y = y + 10;
            }
            images = downImages;
        }
        if(keyID == 39 || keyID == 68){         //右箭头键或 D 键
            if(x + imageWidth < window.innerWidth){
                x = x + 10;
            }
            images = rightImages;
        }
        if(keyID == 37 || keyID == 65){         //左箭头键或 A 键
            if(x - 10 >= 0){
                x  = x - 10;
            }
            images = leftImages;
        }
        working(x,y);
    }
    function working(x,y){
        if(n >= rightImages.length){
            n = 0;
        }
        coffeeGirl.src = "images/coffeeGirl/" + images[n];
        mainDiv.style.left = x + "px";
        mainDiv.style.top = y + "px";
        n++;
    }
    function dealPx(pixelStr){
        var pixel =  pixelStr.substring(0,pixelStr.indexOf('px'));
        if(pixel == ""){
            return 0;
        }else{
            return parseInt(pixel);
        }
    }
    //为整个窗口绑定 keydown 事件
    window.onkeydown = doKeyDown;
  </script>
 </body>
</html>
```

上述代码中，通过在按键时移动 DIV 元素来实现对图像的移动，需要注意的是所移动的 DIV 元素需要将其 position 样式属性设为 relative，以便对其进行移动。在代码中使用 window.onkeydown 为整个窗口添加了 keydown 事件。当键盘按下时，Event 对象随即被传入 doKeyDown()事件处理函数中，然后根据获得的键盘所按下的值对 DIV 元素进行移动。

通过 DOM 对象的 style 样式所获取的 left、top、width 和 height 等属性都是一个包含像素单位的字符串(如 100px 格式)。在进行计算改变时,需先获取其中的数组,然后进行运算,而 offsetWidth 和 offsetHeight 属性都是只读属性,且返回的数据不带 px 像素单位,所以能够直接用于数值运算。

在浏览器中运行效果如图 8-16 所示,当按右箭头(或 D 键)时图片向右移动,当按左箭头(或 A 键)时图片向左移动,当按下箭头(或 S 键)时图片下移,当按上箭头(或 W 键)时图片上移。在移动过程中,图片始终保持在窗口的可视位置,不会移出窗口。

图 8-16 键盘事件

IE 使用 event.keyCode 方式获取当前被按下的按键键值,而 NetScape、FireFox 和 Opera 等浏览器使用 event.which 方式获取。

8.10.4 文档事件

当页面加载、改变大小或卸载时会触发相应的文档事件,如表 8-22 所示。

表 8-22 文档事件

事件	描述
onload	在页面或图像加载完成后立即触发事件
onunload	在用户退出页面时触发事件
onresize	在窗口或框架被调整大小时触发事件

下述代码演示了窗体加载和改变所触发的事件。

【代码 8-14】 documentEventDemo.html

```
<!DOCTYPE html PUBLIC "-//W3C//DTD XHTML 1.0 Transitional//EN"
    "http://www.w3.org/TR/xhtml1/DTD/xhtml1-transitional.dtd">
<html xmlns="http://www.w3.org/1999/xhtml">
  <head>
    <meta http-equiv="Content-Type" content="text/html; charset=utf-8" />
    <title>鼠标事件处理</title>
    <style type="text/css">
        img{
```

```
            width:200px;
        }
    </style>
    <script type="text/javascript">
        var array = [1,2,3];
        function initImages(){
            //在窗体加载时,根据时间随机获取一个图片并显示
             array.sort(randomsort);
             var images = document.getElementsByTagName("img");
             for(var i = 0;i < array.length;i++){
                 images[i].src = "images/person/p" + array[i] + ".jpg";
            }
        }
        function randomsort(a, b){
            //用 Math.random()函数生成 0~1 之间的随机数与 0.5 比较,返回 -1 或 1
            return Math.random()>.5? -1:1;
        }
        //改变窗口大小时,图片等比例缩放
        function resizeImages(){
            //图片缩放比例
            var scale = 0.2;
            var images = document.getElementsByTagName("img");
            var windowWidth = window.innerWidth;
            var resizeWidth = windowWidth * scale;
            if(resizeWidth < 100){
                resizeWidth = 100;
            }
            for(var i = 0;i < images.length;i++){
                images[i].style.width = resizeWidth + "px";
            }
        }
        window.onload = initImages;
        window.onresize = resizeImages;
    </script>
  </head>
  <body>
    <div id = "mainDiv">
        < img />< img />< img />
    </div>
   </body>
</html>
```

上述代码中,使用 window.onload 为文档添加文档加载事件,还可以通过< body >标签的 onload 属性进行设置。在文档加载时,随机改变页面中三幅图像的顺序。当窗口大小发生改变时,图像将随窗口改变而按照指定比例进行缩放,但图像的宽度最小为 100 像素,如图 8-17 所示。

图 8-17 文档事件

8.10.5 表单及表单元素事件

使用表单输入信息时，当表单元素获取焦点、失去焦点、元素内容的改变时都会触发相应事件，当提交或重置表单时，也会触发表单相应的事件。表单及表单元素的事件如表 8-23 所示。

表 8-23 表单及表单元素的事件

类型	事件	描述
表单元素事件	onblur	在对象失去焦点时触发事件
	onfocus	在对象获得焦点时触发事件
	onchange	在域的内容改变时触发事件
	onselect	在文本框中的文本被选中时触发事件
表单事件	onreset	在表单中的重置按钮被单击时触发事件
	onsubmit	在表单中的确认按钮被单击时触发事件

下述代码演示了表单事件处理的用法。

【代码 8-15】 formEventDemo.html

```
<!DOCTYPE html PUBLIC "-//W3C//DTD XHTML 1.0 Transitional//EN"
    "http://www.w3.org/TR/xhtml1/DTD/xhtml1-transitional.dtd">
<html xmlns="http://www.w3.org/1999/xhtml">
  <head>
    <meta http-equiv="Content-Type" content="text/html; charset=utf-8" />
    <title>表单事件处理</title>
    <script type="text/javascript">
        function boundEvent(){
            var inputs = document.getElementsByTagName("input");
            for(var i=0;i<inputs.length;i++){
                if(inputs[i].type=="button"){
                    //动态绑定事件
                    inputs[i].onclick=function(e){
                        alert(e.target.value);
                    }
                }
            }
        }
        function userNameOnFocus(){
            var userName = document.getElementById("userName");
            if(userName.value=="请输入用户名"){
                userName.value="";
            }
            userName.style.backgroundColor="#EEEEEE";
        }
        function userNameOnBlur(){
            var userName = document.getElementById("userName");
            if(userName.value==""){
                userName.value="请输入用户名";
            }
            userName.style.backgroundColor="#FFFFFF";
        }
        function showKeyPress(e){
            var showDiv = document.getElementById("showDiv");
```

```
            e = e || window.event;
            //IE的keycode,其他浏览器的which
            var char = e.keycode?e.keycode:e.which;
            showDiv.innerHTML = showDiv.innerHTML + String.fromCharCode(char);
        }
        function selectUserType(){
            var userType = document.getElementById("userType");
            alert(userType.value);
        }
        function resetForm(){
            alert("表单进行重置");
            //允许只对部分元素进行重置
            document.getElementById("userName").value = "";
            return false;
        }
        function checkForm(){
            var userName = document.getElementById("userName").value;
            var userType = document.getElementById("userType").value;
            if(userName == "admin"&& userType == "管理员"){
                alert("表单将进行提交");
                return true;
            }
            alert("表单不进行提交");
            return false;
        }
        //窗口加载事件
        window.onload = boundEvent;
    </script>
  </head>
  <body>
    <div id = "mainDiv" >
        <form action = "http://www.itshixun.com" onreset = "return resetForm()"
                onsubmit = "return checkForm()" >
            <input type = "text" value = "请输入用户名" id = "userName"
                onfocus = "userNameOnFocus()" onblur = "userNameOnBlur()"
                onkeypress = "showKeyPress(event)"/><br/>
            <select id = "userType" onchange = "selectUserType()">
                <option value = "访客">--请选择--</option>
                <option value = "管理员">管理员</option>
                <option value = "普通会员">普通会员</option>
            </select><br/>
            <input type = "button" value = "购物"/>
            <input type = "button" value = "影视"/>
            <input type = "button" value = "餐饮"/><br/>
            <input type = "submit" value = "提交表单"/>
            <input type = "reset" value = "重置表单"/>
        </form>
    </div>
  </body>
</html>
```

在上述代码中，boundEvent()函数用于对页面中的按钮进行动态绑定事件，当窗口加载完毕时，调用 window.onload 所绑定的事件处理函数。通过 onfocus 属性设置当前元素获得焦点时所触发事件函数；onblur 属性用于设置当前元素失去焦点时所触发事件函数。

表单的 onsubmit 属性用于设置当提交表单时所触发的事件处理函数，在 checkForm()

方法前面增加一个 return 关键字表示当该方法返回 true 时提交表单，否则阻止表单的提交。与 onsubmit 相似，onreset 属性用于设置当表单重置时所触发的事件处理函数，return 关键字的作用是当 resetForm()方法返回 true 时重置该表单中的所有表单元素，否则仅重置部分表单元素。

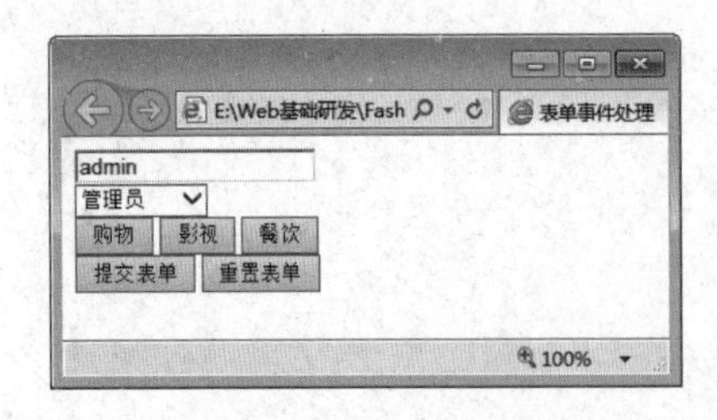

图 8-18　事件处理

代码运行结果如图 8-18 所示，当在文本框获得焦点或失去焦点时，对文本的背景样式进行改变；当选择用户类型下列选项时，弹出用户所选中的 value 值。单击“购物”、“影视”、“餐饮”按钮时，获得当前按钮中的文字信息。单击“提交表单”时，如果输入的用户名为 admin、用户类型选择“管理员”则允许提交表单，否则不允许提交。当单击“重置表单”时，仅对用户名输入框进行重置，其他表单元素不进行重置操作。

8.11　贯穿任务实现

8.11.1　实现【任务8-1】

本小节实现“Q-Walking E&S 漫步时尚广场”贯彻项目中的【任务8-1】省市区三级菜单级联。在用户注册界面，当选择省份时对应的城市随之改变，选择城市时对应的地区也随之改变，如图 8-19 所示。

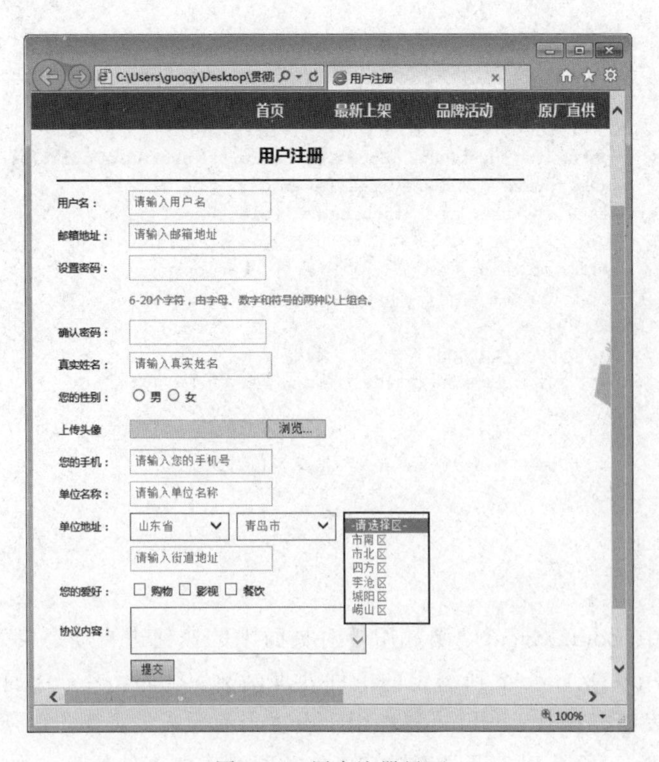

图 8-19　用户注册界面

首先,创建一个脚本文件 cascade.js,用于提供省、市、区相关的基础数据,以及当省和市下拉列表发生改变时所触发的事件处理函数,代码如下所示。

【任务8-1】 cascade.js

```
//省、市、区基本信息(仅作演示使用)
var provinces = ["山东省", "河北省"];
var cities  = [["济南市", "青岛市"],["石家庄市", "廊坊市"]];
var areas = [
    [
        ["市中区", "历下区", "天桥区", "槐荫区", "历城区", "长清区"],
        ["市南区", "市北区", "四方区", "李沧区", "城阳区", "崂山区"]
    ], [
        ["桥西区", "新华区", "长安区", "裕华区", "井陉区", "藁城区", "鹿泉区", "栾城区"],
        ["安次区", "广阳区", "三河市", "霸州市", "香河县", "永清县", "固安县", "文安县"]
    ]
];
//定义变量
var province,city,area;
//初始化省份下拉列表
function initProvince(){
    //获取表单中的省、市、区元素
    province = document.getElementById("province");
    city = document.getElementById("city");
    area = document.getElementById("area");
    province.options.length = 1;
    for(var i = 0; i < provinces.length; i++){
        var option = new Option(provinces[i],provinces[i]);
        province.options.add(option);
    }
}
//选择省份时触发
function provinceChange(){
    //对地区下拉列表初始化
    cityChange();
    //对城市下拉列表初始化
    city.options.length = 1;
    if(province.selectedIndex == 0){
        return;
    }
    //注意:选项的下标是从 1 开始的,数组的下标是从 0 开始的
    var pIndex = province.selectedIndex;
    for(var i = 0; i < cities[pIndex - 1].length; i++){
        var optionValue = cities[pIndex - 1][i];
        var option = new Option(optionValue,optionValue);
        city.options.add(option);
    }
}
//选择城市时触发
function cityChange(){
    //对地区下拉列表初始化
    area.options.length = 1;
    if (city.selectedIndex == 0){
```

```
            return;
        }
        var pIndex = province.selectedIndex;
        var cIndex = city.selectedIndex;
        for (var i = 0; i < areas[pIndex - 1][cIndex - 1].length; i++) {
            var optionValue = areas[pIndex - 1][cIndex - 1][i];
            var option = new Option(optionValue, optionValue);
            area.options.add(option);
        }
    }
    //窗口加载完毕时,完成事件绑定和初始化
    window.onload = function(){
        //初始化省份下拉列表
        initProvince();
        //为下拉列表绑定 onchange 事件
        province.onchange = provinceChange;
        city.onchange = cityChange;
    };
```

然后,在注册页面中修改省、市、区对应的下拉列表代码,并在页面< head >标签中引入脚本文件 cascade.js,代码如下所示。

【任务8-1】 register.html

```
<head>
    ...此处代码省略...
    <script type="text/javascript" src="js/cascade.js"></script>
</head>
<body>
...此处代码省略...
    <tr>
        <td>单位地址: </td>
        <td><select name="province" id="province">
                <option> - 请选择省份 - </option>
            </select>
            <select name="city" id="city">
                <option> - 请选择城市 - </option>
            </select>
            <select name="area" id="area">
                    <option> - 请选择区 - </option>
            </select>
        </td>
    </tr>
...此处代码省略...
```

8.11.2 实现【任务8-2】

本小节实现"Q-Walking E&S 漫步时尚广场"贯彻项目中的【任务8-2】实现注册页面中的表单验证。当文本框获得焦点或失去焦点时,改变文本框的样式。当单击"提交表单"时,对用户名、密码以及确认密码进行有效性验证。在验证过程中,用户名不能为空或"请输入用户名";密码不能为空,且是由字母、数字和符号的两种以上组合,长度在 6~20 位之间。

首先,完成表单验证脚本文件 validate.js,代码如下。

【任务8-2】 validate.js

```
//元素获取焦点时触发该函数
function onFoucs(){
    this.select();
    this.style.backgroundColor = "#FFEC8B";
    this.style.color = "#000000";
}
//元素失去焦点时触发该函数
function onBlur(){
    this.style.backgroundColor = "#FFFFFF";
    this.style.color = "#000000";
}
//验证用户名是否有效
function checkUserName(){
    var userName = document.getElementById("userName");
    if(userName.value == "" || userName.value == "请输入用户名"){
        alert("用户名不能为空");
        userName.focus();
        return false;
    }
}
//验证密码和确认密码是否有效
function checkPassword(){
    var userPwd = document.getElementById("userPwd").value;
    var userRePwd = document.getElementById("userRePwd").value;
    if(userPwd == ""){
        alert("密码不能为空!");
        return false;
    }else if(userPwd.length < 6 || userPwd.length > 20){
        alert("密码长度为 6~20 位,请进行确认!");
        return false;
    }else if(userPwd!= userRePwd){
        alert("新密码和确认密码不一致!");
        return false;
    }
    //密码由字母、数字和符号的两种以上组合
    if(/\d/.test(userPwd)&&/[a-z]/i.test(userPwd) ||
        /\d/.test(userPwd)&&/[\@\#\$\%\&\*]/.test(userPwd) ||
        /[\@\#\$\%\&\*]/.test(userPwd)&&/[a-z]/i.test(userPwd)){
        return true;
    }else{
        alert("密码必须是由字母、数字和符号的两种以上组合!");
        return false;
    }
    return false;
}
//其他表单验证不再提供,读者可自行实现...
//表单提交时,触发该函数
function checkForm(){
    return checkUserName()&&checkPassword();
}
```

```
//窗口加载完毕时,完成事件绑定
window.onload = function(){
    //为表单绑定表单提交事件处理函数
    var myform = document.forms[0];
    myform.onsubmit = checkForm;
    //为输入文本框绑定 onfocus 和 onblur 事件处理函数
    var inputs = document.getElementsByTagName("input");
    for(var i = 0;i < inputs.length;i++){
        var type = inputs[i].type;
        if(type == "text" || type == "password"){
            inputs[i].onfocus = onFoucs;
            inputs[i].onblur = onBlur;
        }
    }
};
```

然后,在注册页面中的<head>标签中引入脚本文件 validate.js,代码如下。

【任务8-2】 register.html

```
<head>
    …此处代码省略…
    <script type = "text/javascript" src = "js/cascade.js"></script>
    <script type = "text/javascript" src = "js/validate.js"></script>
</head>
```

此时,表单验证效果虽然能够正常使用,但是【任务8-1】省市区三级级联失效。经分析发现,在 cascade.js 和 validate.js 文件中均存在 window.onload 事件绑定,而在一个页面中 window.onload 只能设置一次,后面的设置将会覆盖前面的设置。因此,需要将两个文件中的 window.onload 事件合并在一起,以解决事件重复绑定的问题。

此处,将 cascade.js 和 validate.js 文件中的 window.onload 事件合并到一起,并以单独的文件 onLoad.js 进行存放,代码如下。

【任务8-2】 onLoad.js

```
//窗口加载完毕时,完成事件绑定
window.onload = function(){
    //初始化省份下拉列表
    initProvince();
    //为下拉列表绑定 onchange 事件
    province.onchange = provinceChange;
    city.onchange = cityChange;
    //为表单绑定表单提交事件处理函数
    var myform = document.forms[0];
    myform.onsubmit = checkForm;
    //为输入文本框绑定 onfocus 和 onblur 事件处理函数
    var inputs = document.getElementsByTagName("input");
    for(var i = 0;i < inputs.length;i++){
        var type = inputs[i].type;
        if(type == "text" || type == "password"){
            inputs[i].onfocus = onFoucs;
            inputs[i].onblur = onBlur;
```

```
            }
        }
    };
```

最后，在注册页面中的< head >标签中引入脚本文件 onLoad. js，代码如下所示。

【任务8-2】 register. html

```
<head>
    ...此处代码省略...
    <script type="text/javascript" src="js/cascade.js"></script>
    <script type="text/javascript" src="js/validate.js"></script>
    <script type="text/javascript" src="js/onLoad.js"></script>
</head>
```

8.11.3 实现【任务8-3】

本小节实现"Q-Walking E&S 漫步时尚广场"贯彻项目中的【任务8-3】后台商品列表中的全选和反选效果。如图 8-20 所示，单击"全选"时，列表中的各项将被全部选中或取消；单击"反选"时，已选中的选项被取消，未被选择的选项被选中。

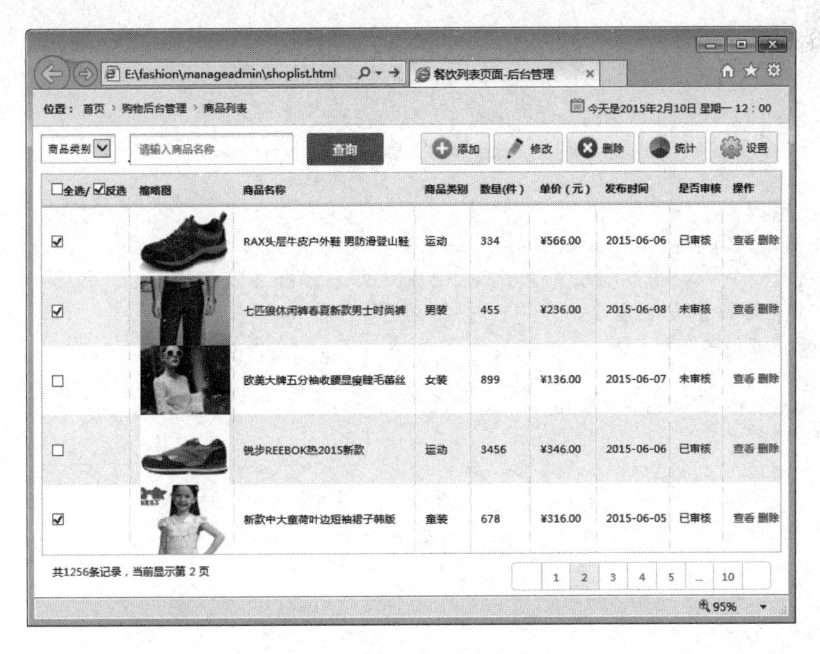

图 8-20 后台商品列表页面

【任务8-3】 shoplist. html

```
...此处代码省略...
<table class="tablelist">
<thead>
  <tr>
    <th><input name="checkAll" type="checkbox"
        id="checkAll" onchange="selectAll()"/>全选/
```

```
    <input name="checkOther" type="checkbox"
        id="checkOther" onchange="selectOther()"/>反选
    </th>
    <th>缩略图</th>
    <th>商品名称</th>
    <th>商品类别</th>
    <th>数量(件)</th>
    <th>单价(元)</th>
    <th>发布时间</th>
    <th>是否审核</th>
    <th>操作</th>
  </tr>
</thead>
<tbody>
  <tr>
    <td><input name="checkItem" type="checkbox" value="" /></td>
    <td class="imgtd"><img src="images/img06.png" /></td>
    <td>RAX 头层牛皮户外鞋 男防滑登山鞋减震</td>
    <td>运动</td>
    <td>334</td>
    <td>¥566.00</td>
    <td>2015-06-06 15:05</td>
    <td>已审核</td>
    <td><a href="#" class="tablelink">查看</a>
        <a href="#" class="tablelink"> 删除</a></td>
  </tr>
  <tr class="odd">
    <td><input name="checkItem" type="checkbox" value="" /></td>
    <td class="imgtd"><img src="images/img07.png" /></td>
    <td>七匹狼休闲裤 春夏新款 男士时尚无褶休闲裤</td>
    <td>男装</td>
    <td>455</td>
    <td>¥236.00</td>
    <td>2015-06-08 14:02</td>
    <td>未审核</td>
    <td><a href="#" class="tablelink">查看</a>
        <a href="#" class="tablelink">删除</a></td>
  </tr>
  <tr>
    <td><input name="checkItem" type="checkbox" value="" /></td>
    <td class="imgtd"><img src="images/img08.png" /></td>
    <td>欧美大牌五分袖收腰显瘦睫毛蕾丝连衣裙 粉色 </td>
    <td>女装</td>
    <td>899</td>
    <td>¥136.00</td>
    <td>2015-06-07 13:16</td>
    <td>未审核</td>
    <td><a href="#" class="tablelink">查看</a>
        <a href="#" class="tablelink">删除</a></td>
  </tr>
```

```
<tr class="odd">
    <td><input name="checkItem" type="checkbox" value="" /></td>
    <td class="imgtd"><img src="images/img09.png" /></td>
    <td>锐步 REEBOK 热 2015 新款线上独家复古 GL 2620 运动生活休闲鞋男鞋</td>
    <td>运动</td>
    <td>3456</td>
    <td>¥346.00</td>
    <td>2015-06-06 10:36</td>
    <td>已审核</td>
    <td><a href="#" class="tablelink">查看</a>
         <a href="#" class="tablelink">删除</a></td>
  </tr>
  <tr>
    <td><input name="checkItem" type="checkbox" value="" /></td>
    <td class="imgtd"><img src="images/img10.png" /></td>
    <td>新款中大童荷叶边短袖裙子韩版儿童公主裙女童连衣裙</td>
    <td>童装</td>
    <td>678</td>
    <td>¥316.00</td>
    <td>2015-06-05 13:25</td>
    <td>已审核</td>
    <td><a href="#" class="tablelink">查看</a>
         <a href="#" class="tablelink">删除</a></td>
  </tr>
</tbody>
</table>
<script type="text/javascript">
//全选或全不选
function selectAll(){
    var items = document.getElementsByName("checkItem");
    var checkAll = document.getElementById("checkAll");
    var checkOther = document.getElementById("checkOther");
    checkOther.checked = false;
    for(var i = 0;i < items.length;i++){
        items[i].checked = checkAll.checked;
    }
}
//反选
function selectOther(){
    var items = document.getElementsByName("checkItem");
    var checkAll = document.getElementById("checkAll");
    var checkOther = document.getElementById("checkOther");
    checkAll.checked = false;
    for(var i = 0;i < items.length;i++){
        items[i].checked = !items[i].checked;
    }
}
</script>
...此处代码省略...
```

本章总结

小结

- 浏览器对象模型(Browser Object Model,BOM)定义了 JavaScript 操作浏览器的接口,提供了与浏览器窗口交互的功能;
- 文档对象模型(Document Object Model,DOM)属于 BOM 的一部分,用于对 BOM 中的核心对象 document 进行操作;
- window 对象是 BOM 模型中的最高一层,可以通过其属性和方法实现对浏览器窗口的操作;
- 浏览器会为 HTML 文档本身创建一个 window 对象,并为每个框架创建一个单独的 window 对象;
- location 对象是 window 对象的一部分,用于提供当前窗口的 URL 或指定框架的 URL;
- history 对象用于保存用户浏览网页时访问的 URL 地址,length 属性表示访问历史记录列表中 URL 的数量;
- navigator 对象中包含有关浏览器的信息,例如浏览器名称、版本号、脱机状态等信息;
- document 对象是 BOM 的核心对象,提供了可以访问 HTML 文档对象的属性、方法以及事件;
- Form 对象是 document 对象的子对象,在 HTML 文档中,< form >标签每出现一次,就会创建一个 Form 对象;
- 在 JavaScript 中,提供了 Table、TableRow 和 TableCell 对象,可以对表格进行操作;
- DOM 节点分为元素节点、属性节点、文本节点、注释节点、文档节点与文档类型节点,各种节点统称为 Node 对象,通过 Node 对象的属性和方法可以遍历整个文档树;
- 事件(Event)驱动是 JavaScript 响应用户操作的一种处理方式,而事件处理是 JavaScript 响应用户操作所调用的程序代码。

Q&A

1. 问题:navigator 对象的 appName 属性可以取得浏览器的名称,却不能用来区分浏览器。

回答:虽然 navigator 对象的 appName 属性可以取得浏览器的名称,但是 Firefox、Chrome 等以 Netscape 代码为基础的浏览器的名称均为 Netscape,因此无法使用 navigator. appName 区分浏览器。而在 IE、Firefox、Chrome 等浏览器中,navigator. appCodeName 的值都是 Mozilla。可以通过 navigator. userAgent 属性所包含的信息来判断用户的浏览器类型。

2. 问题：事件处理时会遇到浏览器不兼容问题。

回答：在标准事件模型中，Event 对象通过参数传递给事件处理函数，但是在 IE 事件模型中，事件被存储在 window 对象的 event 属性中。可以通过 e=e || window.event 方式判断浏览器的类型并获得相应的事件，解决浏览器兼容性问题。

章节练习

习题

1. ________对象是 BOM 模型中的最高一层，可以通过其属性和方法实现对浏览器窗口的操作。

A. document　　B. window

C. location　　D. navigator

2. 页面中只有一个 name 为 login 的表单，使用________方法可以获取其中 name 为 userName 的文本框的值。

A. document.login.userName.value

B. document.forms[0].userName.value

C. document.getElementsByName("userName")[0].value

D. document.getElementsByTagName("form")[0].value

3. 元素失去焦点时会触发________事件。

A. blur　　B. focus

C. out　　D. lost

4. 下面________表单元素不能与 onchange 事件处理程序相关联。

A. 列表框　　B. 文本框

C. 按钮　　D. 单选按钮

5. 下列方法中，________方法可以用来提交表单。

A. post()　　B. reset()

C. send()　　D. submit()

6. 下述代码中，________可以返回某行在表格中的位置。

A. TableRow.rowIndex　　B. TableRow.cellIndex

C. TableCell.rowIndex　　D. TableCell.cellIndex

7. 下述关于 document 对象的方法中，返回结果不是集合的是________。

A. getElementsByTagName()　　B. getElementsByName()

C. getElementsByClassName()　　D. getElementById()

8. window 对象中，________方法用于设置一个按照指定的周期(以毫秒计)来调用函数的定时器。

A. setTimeout()　　B. setInterval()

C. clearTimeout()　　D. clearInterval()

上机

1. 训练目标：在后台“添加餐饮”页面中，实现美食类别的二级级联效果。

培养能力	熟练使用 DOM 对象以及事件处理		
掌握程度	★★★★★	难度	中
代码行数	100	实施方式	编码强化
结束条件	独立编写，不出错	涉及页面	addfood.html

参考训练内容

(1) 使用数组存放美食类别及子类别；

(2) 在窗口加载过程中，使用数组中的数据对美食类别进行初始化；

(3) 在页面中选择美食类别时，子类别相应发生改变，如图 8-21 所示；

(4) 使用 IE、FireFox 或 Chrome 浏览器查看页面效果

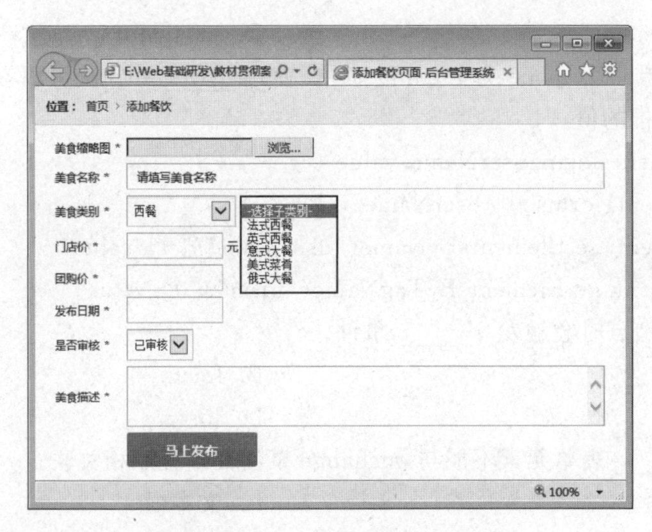

图 8-21 后台“添加餐饮”页面

2. 训练目标：在后台“添加餐饮”界面中，实现表单验证效果。

培养能力	熟练使用 DOM 对象和正则表达式		
掌握程度	★★★★★	难度	较难
代码行数	100	实施方式	编码强化
结束条件	独立编写，不出错	涉及页面	addfood.html

参考训练内容

(1) 美食名称不能为空，且长度不能超过 50 个字符；

(2) 美食列表至少要选择大类，子类可选可不选；

(3) 门店价格只能为数值类型；

(4) 发布日期不能大于当前日期；

(5) “添加餐饮”界面如图 8-21 所示，使用 IE、FireFox 或 Chrome 浏览器查看页面效果

第9章 HTML 5基础

本章任务是完成"Q-Walking E&S 漫步时尚广场"的"商品详情"页面和"商品添加"页面：

- 【任务9-1】实现"商品详情"页面的框架结构。
- 【任务9-2】商品"详情页面"的整体实现。
- 【任务9-3】使用 HTML 5 对后台中的"商品添加"页面进行重构。

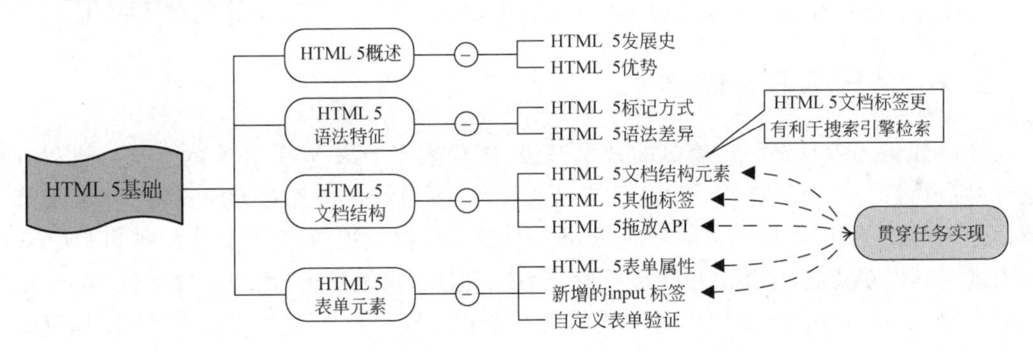

本章目标

知　识　点	Listen(听)	Know(懂)	Do(做)	Revise(复习)	Master(精通)
HTML 5 介绍	★	★			
HTML 5 语法的改变	★	★	★		
HTML 5 文档结构	★	★	★		
HTML 5 标签	★	★	★	★	★
HTML 5 拖放 API	★	★	★	★	
HTML 5 表单属性	★	★	★	★	★
新增的 input 标签	★	★	★	★	★
自定义表单验证	★	★	★	★	

9.1 HTML 5 概述

HTML 5 能够带来一个统一的网络，无论是笔记本、台式机还是智能手机，都可以非常方便地浏览基于 HTML 5 的网站。因此，当下很多开发者从网站的结构、浏览、用户体验以及硬件设备的兼容性等因素考虑，在设计网站的时候都会考虑采用 HTML 5。

9.1.1 HTML 5 发展史

HTML 经历过 2.0、3.2、4.0 到 4.01 版本，业界普遍认为 HTML 已经走到尽头，Web 标准的焦点也可以从 HTML 转移到 XML 和 XHTML 上，HTML 逐渐退居次要位置。

2004 年，为了推动 HTML 5 标准，由 Opera、Apple、Google 和 Mozilla 等浏览器厂商共同成立了 WHATWG 组织(Web Hypertext Application Technology Working Group)，该组织致力于 Web Form 和 Web Application API 的开发，并为各浏览器厂商提供开放式合作环境。此时 W3C 组织则专注于 XHTML 2.0 标准的制定。

2006 年，W3C 决定停止 XHTML 方面的工作，开始与 WHATWG 进行合作，创建了一个新的 HTML 版本，并于 2008 年发布 HTML 5 工作草案。

2010 年 1 月，YouTube 开始提供 HTML 5 视频播放器；同年 4 月，苹果公司创始人乔布斯公开宣布全面封杀 Flash，使得更多公司开始关注 HTML 5。到目前为止，世界排名前 100 的网站中已经有 75%使用 HTML 5 进行改版。

9.1.2 HTML 5 优势

HTML 5 不仅仅是一次简单的技术升级，更代表了未来 Web 开发的方向。HTML 5 设计的最初目的是为了在移动设备上支持多媒体，播放媒体文件时无须安装 Flash 等第三方插件，直接使用新增的<video>和<audio>标签即可播放视频、音频文件。在 HTML 5 中还引进了其他新功能，包括表单控件校验、元素的拖放、离线编辑、地理位置定位、Web SQL 数据存储等功能，真正改变用户与文档的交互方式。HTML 5 不仅仅是 HTML 规范的新版本，还是一系列用于页面设计的相关技术的总称，其中包括 HTML 5 核心规范、CSS 层叠样式表和 JavaScript 脚本技术等。HTML 5 的出现，对于 Web 的发展意义重大，其新技术特征主要表现为以下几个方面。

1) 语义特性

HTML 5 通过一组丰富的页面标签(如 header、footer、article 等)更好地实现了 HTML 的结构化和语义化。

2) 本地存储特性

HTML 5 AppCache、Local Storage、Indexed DB 和 File API 等技术使得 Web 应用程序启动时间更短、加载速度更快，并拥有了离线操作等能力。

3) 设备访问特性

HTML 5 中的设备感知能力有所增强，使得 Web 程序也能实现传统应用程序的功能，例如 Orientation API 可以访问重力感应器，Geolocation API 能够实现设备的定位，在音频方面可以访问麦克风和摄像头等。

4）通信特性

通信能力的增强使得基于页面的聊天程序实时性更高，游戏体验更加流畅。HTML 5 拥有更有效的服务器推送技术，Server-Sent Events 和 Web Socket 使得客户端和服务器之间的通信效率达到了前所未有的高度。

5）多媒体特性

HTML 5 引入原生态的多媒体支持，可以在浏览器中直接播放音频和视频文件，不再需要借助视频插件（如 Flash 插件等）播放视频。

6）三维及图形特性

SVG、Canvas、WebGL 及 CSS 3 中的 3D 功能使得图像渲染变得高效方便，在生成图表、2D/3D 游戏方面应用比较广泛。

7）性能与集成特性

Web Worker 的出现，使得浏览器支持多线程和后台任务处理，而在 XMLHttpRequest (Level 2) 中新纳入的事件，使跨域请求与表单操作更加简单。

8）CSS 3 特性

在 CSS 3 中，提供了圆角、半透明、阴影、渐变、多背景图以及强大的选择器、变形动画等新特征，轻松实现页面中的各种特效。

9）移动端特性

使用 HTML 5 进行开发成本低，开发周期短，且编写一次代码，能够运行在不同系统的设备上。HTML 5 对屏幕适配性好，能够以一套代码和资源适配多种手机屏幕，且对屏幕旋转处理比较好，不需要对屏幕旋转进行太多的处理。HTML 5 能够自由嵌入音频视频，且多媒体形式更为灵活。另外，HTML 5 在地理定位方面能够充分发挥移动设备定位上的优势，可以综合使用 GPS、WiFi、手机等让定位更为精准、灵活，推动 LBS 应用发展。

当然，HTML 5 还有待完善。对于移动设备硬件的接口 API，目前 HTML 5 还不能方便调用移动设备的摄像头、话筒、重力感应器、GPS 等硬件设备。不过这也只是时间问题，相信随着 HTML 5 的逐渐完善，一定也会支持这样的功能。

9.2 HTML 5 语法特征

HTML 5 规范并不是一种革命式的发展，没有完全放弃之前版本中的规范，而是在现有的基础上保证了最大的兼容，保证互联网现有页面能够正常浏览，使得 Web 前端设计者能够平稳过渡到 HTML 5 时代。

9.2.1 HTML 5 标记方式

HTML 5 文件的扩展名与内容类型并没有发生改变，仍然使用.html 或.htm 作为文件名的后缀，内容类型还是 text/html，但是在 DOCTYPE 文档声明和字符编码方面发生了改变。

1. DOCTYPE 声明

DOCTYPE 声明一般位于文档的第一行，用于说明文档使用 HTML 或 XHTML 的特定版本。在 HTML 4 版本中，声明方式如下。

【示例】 HTML 4.01 文档类型声明

```
<!DOCTYPE HTML PUBLIC "-//W3C//DTD HTML 4.01 Transitional//EN"
   "http://www.w3.org/TR/html4/loose.dtd">
```

HTML 5 不再刻意声明具体的版本号，而是作为通用版本适用于所有的 HTML 版本，声明方式如下。

【示例】 HTML 5 文档类型声明

```
<!DOCTYPE html>
```

2. 指定字符编码

在 HTML 4 中，通过< meta >标签可以指定文档中的字符编码格式。

【示例】 HTML 4 文档编码格式的指定

```
<meta http-equiv="Content-Type" content="text/html; charset=utf-8" />
```

在 HTML 5 中，可以直接使用< meta >标签的 charset 属性指定字符编码格式。

【示例】 HTML 5 文档编码格式的指定

```
<meta charset="utf-8">
```

9.2.2 HTML 5 语法差异

HTML 5 的语法相对于 XHTML 发生了一些改变，其规范相对更加宽松，最大限度地“兼容”网络中随处可见的不规范页面。

1. 标签不区分大小写

HTML 5 中允许出现开始标签与结束标签大小不匹配的情况。

【示例】 HTML 5 标签不区分大小写

```
<div>前后标签大小写不一致</Div>
<div>前后标签大小写不一致</DIV>
```

W3C 提供了一个在线验证页面，用于验证 HTML 页面是否符合规范。验证页面地址为 https://validator.w3.org/，可以对某个网址或页面内容进行验证，如图 9-1 所示。

2. 结束标签可以省略

在 HTML 5 规范中，允许部分标签省略标签的结束部分，甚至还允许同时省略开始标签和结束标签。

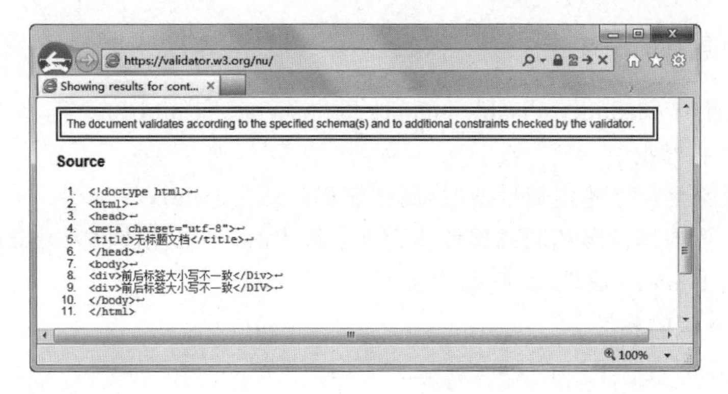

图 9-1　验证页面

1）空元素

HTML 5 中允许使用单标签，且可以省略标签的结束符(/)，例如，< img …/>可以写成< img …>形式。

2）结束标签省略

允许省略的结束标签有< p >、< option >、< optgroup >、< colgroup >、< li >、< dt >、< dd >、< tr >、< td >和< th >等。

【示例】　结束标签的省略

```
<select>
    <option value="购物">购物
    <option value="餐饮">餐饮
    <option value="影视">影视
</select>
```

省略结束标签在以前版本中是不符合规范的，但在 HTML 5 中符合规范。

3）开始标签和结束标签同时省略

HTML 5 还允许同时省略开始标签和结束标签，例如< html >、< head >、< body >等。

【示例】　开始标签和结束标签的省略

```
<!doctype html>
<meta charset="utf-8">
<title>无标题文档</title>
<img src="logo.jpg" alt="logo 图片">
<ul>
    <li>科幻
    <li>动作
    <li>爱情
</ul>
<p>HTML 5 将成为 HTML、XHTML 以及 HTML DOM 的新标准。
<p>大部分现代浏览器已经具备了某些 HTML 5 支持。
```

注意

> HTML 5 规范相对比较宽松，主要是对以往版本的兼容。在编写代码时，尽量按照较严格的规范来编写，以提高代码的可读性。

3. boolean属性的设置

boolean属性有readonly、disabled、checked、selected和multiple等，设置这些boolean属性存在以下三种情况。

(1) 只写属性名而不指定属性值时，属性值都默认为true；

(2) 当属性值与属性名相同或属性值为空字符串时，该属性值也为true；

(3) 当省略boolean属性时，则属性值为false。

【示例】 boolean值的属性

```
<!-- 只写属性不写属性值时,该属性为 true -->
< input type = "button" value = "按钮" disabled/>
<!-- 属性值与属性名相同时,该属性为 true -->
< input type = "button" value = "按钮" disabled = "disabled"/>
<!-- 属性值为空字符串时,该属性为 true -->
< input type = "button" value = "按钮" disabled = ""/>
<!-- 不提供该属性时,该属性为 false -->
< input type = "button" value = "按钮" />
```

4. 属性引号允许省略

传统XHTML按照XML规范，在指定元素的属性时，属性值需要使用单引号或双引号括起来。而HTML 5在此基础上进行改进，当属性不包含一些特殊字符(如空格、<、>、=、单引号、双引号等字符)时，引号可以省略。

【示例】 属性引号的省略

```
< img src = my_logo.jpg alt = my_logo 图片 >
< img src = "my logo.jpg" alt = "my logo 图片" >
<!-- 写法错误 -->
< img src = my logo.jpg alt = my logo 图片 >
```

9.3 HTML 5文档结构

HTML 5中新增了许多文档结构方面的标签，能够更好地表达HTML文档的结构和语义。在页面布局时，区块元素是HTML很重要的部分，大多数文档的结构都是由区块元素来实现布局的。在HTML 4中通常使用< div >标签作为区块来实现页面布局，如图9-2所示，页面结构中包含头部、导航栏、文章主题、侧边栏及页脚等部分。

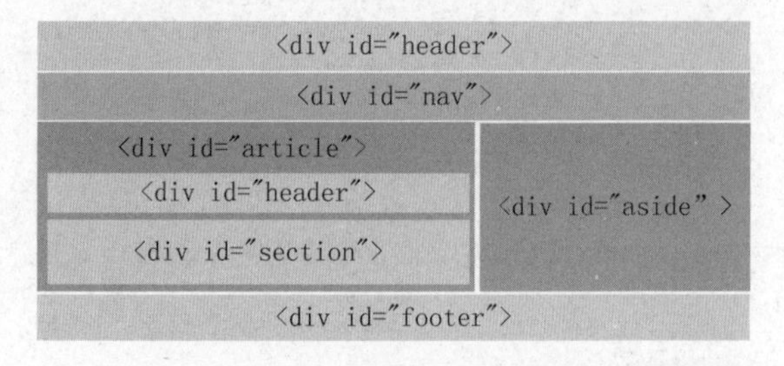

图9-2 HTML 4页面结构

上述结构使用< div >标签进行页面布局，代码如下所示。

【示例】 HTML 4 页面布局代码

```
<div id="header">...</div>
<div id="nav">...</div>
<div id="article">
    <div id="header">...</div>
    <div id="section">...</div>
</div>
<div id="aside">...</div>
<div id="footer">...</div>
```

为了让文档结构更加清晰，HTML 5 还新增了< header >、< nav >、< article >、< section >、< aside >和< footer >等标签作为区块元素。如图 9-2 中所示的结构，使用 HTML 5 标签进行替换时，其布局方式如图 9-3 所示。

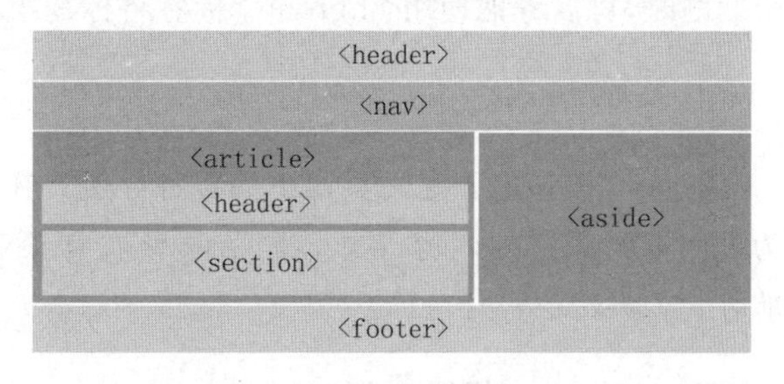

图 9-3　HTML 5 页面结构

HTML 5 页面结构所对应的代码如下所示。

【示例】 HTML 5 页面布局代码

```
<header>...</header>
<nav>...</nav>
<article>
    <header>...</header>
    <section>...</section>
</article>
<aside>...</aside>
<footer>...</footer>
```

9.3.1 HTML 5 文档结构元素

HTML 5 定义了一组新的语义化标签来描述元素的内容，例如< header >、< nav >、< article >和< footer >等标签，虽然该标签可以被 HTML 中的< div >替换，但是新增的语言标签有利于简化页面设计，更有利于搜索引擎对页面的检索与抓取。

1. <article >标签

< article >标签用于表示文档、页面或应用程序中独立的、完整的、可以独自被外部引用的内容，该内容可以是一篇文章、一篇短文、一个帖子或一个评论等。

- 在< article >标签中可以使用< header >标签来定义文章的标题部分；
- 在< article >标签中可以使用< footer >标签来定义文章的脚注部分；
- 在< article >标签中可以使用多个< section >标签将文章分为多个子块；
- 在< article >标签中可以嵌套多个< article >标签，例如一个影视海报后面有多个评论。

2. <header>标签

<header>标签用于定义文章的页眉信息，其中包含多个标题(<h1>～<h6>)、导航部分(<nav>)或普通内容(<p>和<span>)等部分。

3. <hgroup>标签

<hgroup>标签用于网页或区段(section)的标题进行组合。当<header>标签中包含多个标题时，可以考虑使用<hgroup>标签将标题组成一组。

4. <nav>标签

<nav>标签用于定义页面中的各种导航。在一个页面中可以拥有多个<nav>元素，作为页面不同部分的内容导航；常见的导航有顶部导航、侧边栏导航、页内导航和翻页导航等。

5. <section>标签

<section>标签用于对文章的内容进行分块，例如章节、页眉、页脚或文档中的其他部分。

- 在<section>标签中通常包含一个标题(<h1>～<h6>标签)；
- 在<section>标签中可以包含多个<article>标签，表示该分块中包含多篇文章；
- 在<section>标签中也可以嵌套<section>标签，表示该分块中包含多个子分块；
- 当对页面容器设置样式时，尽量采用<div>标签，而不是<section>标签。

注意

> 在 HTML 5 中，<article>可以看成一种特殊的<section>，但比<section>更强调独立性。当一块内容相对比较独立、完整时，应使用<article>标签；当需要对一块内容分成几段时，可以使用<section>标签。<div>是 HTML 5 中的另外一种容器，当需要使用 CSS 样式修饰时，可以通过<div>标签进行一个总体的 CSS 样式套用。

6. <aside>标签

<aside>标签专门用于定义当前页面或当前文章的附属信息，包括当前页面或当前文章的相关引用、侧边栏、广告以及导航等有别于主体内容的部分。

- 当<aside>标签位于<body>内部时，作为整个页面的侧边栏；
- 当<aside>标签位于<article>内部时，作为整篇文章的侧边栏。

7. <footer>标签

<footer>标签用于定义脚注部分，包括文章的版权信息、作者授权等信息。

下述代码演示了 HTML 5 新增文档元素的用法。

【代码 9-1】 HTML5Structure. html

```
<!doctype html>
<html>
  <head>
    <meta charset="utf-8">
    <title>栀子花开 2015 - 影视频道 - 漫步时尚广场</title>
    <link type="text/css" rel="stylesheet" href="css/HTML5Structure.css" />
  </head>
  <body>
   <article id="main">
     <header>
          <img src="images/jzhk_header.jpg" height="260" width="970"/>
     </header>
     <nav>
          <ul>
            <li>首页</li>
            <li>影视</li>
            <li>爱情</li>
          </ul>
     </nav>
     <aside>
            <h3>演职员表</h3>
            <section>
                <table>
                    <tr><th>角色</th><th>演员</th></tr>
                    <tr><td>许诺</td><td>李易峰</td></tr>
                    <tr><td>言蹊</td><td>张慧雯</td></tr>
                    <tr><td>夏静静</td><td>张予曦</td></tr>
                </table>
            </section>
     </aside>
     <section>
           <header>
             <hgroup>
                <h1>栀子花开</h1>
                <h3>2015 年 2 月 8 日,电影在泰国开机</h3>
             </hgroup>
          </header>
          <section class="leftPic">
            <img src="images/juzihuakai.jpg" width="200" />
          </section>
          <article class="movieDetail">
            <span>基本信息</span>
            <hr/>
            <p>在选角过程中,何炅认为李易峰、张慧雯身上特有的"清新靓丽的栀子花"气质十分
贴合影片对角色的形象定位。男女主角名字在网上经过"公投"确定,分别定为"许诺"与"言蹊",此
前众多网友投票的角色名"言希"与某小说主角重名,何炅取"桃李不言,下自成蹊"之意,将名字改
为"言蹊"。</p>
          </article>
          <article class="movieDetail">
            <span>创作背景</span>
            <hr/>
```

```
            <p>2004年,何炅一曲«栀子花开»成为毕业生送别之歌,此后,在何炅的好友彭宇、王硕的推动下,产生了由歌曲改编电影的拍摄计划,而两人也分别是歌曲MV的男主角和导演,2014年正值歌曲«栀子花开»十周年,在此机会下电影正式开拍</p>
          </article>
      </section>
      <div class="clearFloat"></div>
      <footer>
         Copyright 2015-2020 Q- Walking Fashion E&S 漫步时尚广场(QST教育)版权所有<br/>中国青岛 高新区河东路8888号 青软教育集团 咨询热线: 400-658-0166 400-658-1022<br/>
      </footer>
    </article>
  </body>
</html>
```

【代码 9-2】 HTML5Structure.css

```
@charset "utf-8";
#main{
    margin:0 auto;
    width:970px;
}
nav{
    background-color:#CCC;
    width:100%;
    height:30px;
}
nav ul{
    list-style-type:none;
    padding-top:8px;
}
nav ul li{
    float:left;
    margin-right:20px;
}
.leftPic{
    float:left;
    margin-right:10px;
}
footer{
    background-color:#CCC;
    height:40px;
    text-align:center;
    font-size:12px;
    padding-top:12px;
}
.clearFloat{
    clear:both;
}
.movieDetail span{
    font-size:24px;
    font-family:黑体;
}
.movieDetail p{
```

```
    text-indent:25px;
}
aside{
    position:absolute;
    background-color:#dda;
    border:1px solid black;
    width: 130px;
    right:10px;
    top:300px;
    text-align:center;
    padding-left:10px;
}
```

运行效果如图 9-4 所示。

图 9-4　栀子花开页面效果

9.3.2 HTML 5 其他标签

HTML 5 还提供一部分其他标签，但这些标签并不是所有的浏览器都能支持，因此在使用时需要特别注意浏览器对该标签的支持情况，如表 9-1 所示。

表 9-1　HTML 5 中的其他标签

标签	描述	IE	FireFox	Chrome	Opera	Safari
<datalist>	用于定义选项列表，与<input>配合使用	×	√	√	√	×
<details>	用于描述文档或文档某个部分的细节	×	×	√	×	√

续表

标签	描述	IE	FireFox	Chrome	Opera	Safari
<summary>	用于包含<details>的标题部分	×	×	√	×	√
<mark>	用于定义带有标记的文本	IE 9+	√	√	√	√
<meter>	用来度量给定范围(gauge)内的数据	×	√	√	√	√
<progress>	用于标示任务的进度(进程)	IE 10+	√	√	√	√
<ruby>	用于定义 ruby 注释(中文注音或字符)	IE 9+	√	√	√	√
<rt>	用于定义字符(中文注音或字符)的解释或发音，与<ruby>一起使用	IE 9+	√	√	√	√
<rp>	在<ruby>中使用，当浏览器不支持<ruby>时显示该标签的内容	IE 9+	√	√	√	√
<time>	定义一个公历时间，搜索引擎根据<time>标签可以更智能地搜索；目前不会在任何浏览器中呈现任何特殊效果	×	×	×	×	×

下述代码演示了 HTML 5 部分标签的使用。

【代码 9-3】 HTML5OtherElements.html

```
<!doctype html>
<html>
  <head>
    <meta charset="utf-8">
    <title>HTML 5 中的其他标签</title>
  </head>
  <body>
    <details>
        <summary>本网站版权 Copyright&copy; 2020.</summary>
        <p>Q- Walking Fashion E&S 漫步时尚广场(QST 教育)版权所有</p>
    </details>
    <p>友情提示：每天早上一杯<mark>milk</mark>,健康早餐。</p>
    数值型：<meter value="3" min="0" max="10">十分之三</meter><br/>
    百分比：<meter value="0.6">60%</meter><br/>
    进度条：<progress value="22" max="100"></progress><br/>
    ruby: <ruby>青<rp>(</rp><rt>qing</rt><rp>)</rp></ruby>
    <ruby>软<rp>(</rp><rt>ruan</rt><rp>)</rp></ruby>
    <ruby>实<rp>(</rp><rt>shi</rt><rp>)</rp></ruby>
    <ruby>训<rp>(</rp><rt>xun</rt><rp>)</rp></ruby><br/>
    <p>time: 漫步时尚广场于早上<time>9:00</time>开始营业。</p>
    <p>time: 影视频道从<time datetime="2015-9-3">抗战胜利日</time>开始放假三天。</p>
    datalist: <input id="myType" list="types" /><br/>
    <datalist id="types">
      <option value="购物">
      <option value="餐饮">
      <option value="影视">
    </datalist>
  </body>
</html>
```

目前 Chrome 浏览器对 HTML 5 标签的支持情况相对较好。<datalist>标签需要与<input>标签一起使用，实现下拉提示功能。上述代码在 Chrome 浏览器中预览结果如图 9-5 所示。

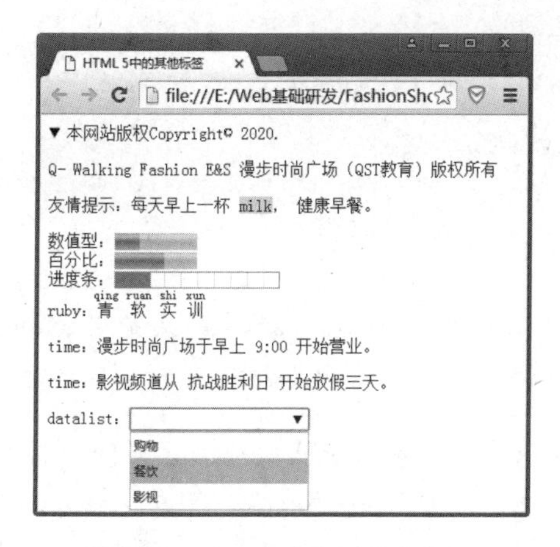

图 9-5　HTML 5 中的其他标签

注意

> 虽然有些浏览器目前不支持 HTML 5 中的部分标签，但后期浏览器厂商会在新版本中逐步完善并支持 HTML 5 的所有标签。

9.3.3　HTML 5 拖放 API

拖放(draggable)是 HTML 5 标准中非常重要的部分。通过拖放 API 可以让页面中的任意元素变成可拖动的，使用拖动 API 可以设计出更友好的人机交互界面。

为了使页面元素能被拖放，需将该元素的属性 draggable 设为 true。而 draggable="true"仅仅表示当前元素允许拖放，但在拖放时并不携带数据，用户看不到拖放的效果。使用拖放时，还需要通过 ondragstart 事件绑定事件监听器，并在监听器中设置所需携带的数据。

在拖放过程中，可触发的事件如表 9-2 所示。

表 9-2　拖放时可能触发的事件

事　件	事　件　源	描　述
ondragstart	被拖动的 HTML 元素	开始拖动元素时触发该事件
ondrag	被拖动的 HTML 元素	拖动元素过程中触发该事件
ondragend	被拖动的 HTML 元素	拖动元素结束时触发该事件
ondragenter	拖动时鼠标所进入的目标元素	被拖动的元素进入目标元素的范围内时触发该事件
ondragleave	拖动时鼠标所离开的元素	被拖动的元素离开当前元素的范围内时触发该事件
ondragover	拖动时鼠标所经过的元素	在所经过的元素范围内，拖动元素时会不断地触发该事件
ondrop	停止拖动时鼠标所释放的目标元素	被拖曳的元素释放到当前元素中时，会触发该事件

【示例】　<div >标签的拖放

```
<div id = "myDiv" style = "width:100px;height:50px;background - color: #eee;"
    draggable = "true" ondragstart = "drag(event)">漫步时尚广场</div>
<script type = "text/javascript">
    var myDiv = document.getElementById("myDiv");
    function drag(e){
```

```
        // 让拖动操作携带数据
        e.dataTransfer.setData("text/plain","QST 教育集团");
    }
</script>
```

注意

<img>标签和带有 href 属性的<a>标签默认是可拖动的。在 IE 9＋、Firefox、Opera 12、Chrome 以及 Safari 5 浏览器中支持元素的拖放操作。

在上述代码中，dataTransfer 对象用于从被拖动元素向目标元素传递数据，其中提供了许多实用的属性和方法，例如，通过 dropEffect 与 effectAllowed 属性相结合可以自定义拖放的效果，使用 setData()和 getData()方法可以将拖放元素的数据传给目标元素。dataTransfer 对象的属性如表 9-3 所示。

表 9-3　dataTransfer 对象的属性列表

属　性	描　述
dropEffect	设置或返回允许的操作类型。可以是 none、copy、link 或 move；如果操作的类型不是 effectAllowed 属性所允许的类型，则操作会失败
effectAllowed	设置或返回被拖放元素的操作效果类别。可以是 none、copy、copyLink、copyMove、link、linkMove、move、all 或 uninitialized
items	返回一个包含拖曳数据的 dataTransferItemList 对象
types	返回一个 DOMStringList。包括了存入 dataTransfer 对象中数据的所有类型
files	返回一个拖曳文件的集合。如果没有拖曳文件，该属性为空

dataTransfer 对象的方法如表 9-4 所示。

表 9-4　dataTransfer 对象的方法列表

方　法	描　述
setData(format,data)	向 dataTransfer 对象中添加数据
getData(format)	从 dataTransfer 对象读取数据
clearData(format)	清除 dataTransfer 对象中指定格式的数据
setDragImage(icon,x,y)	设置拖放过程中的图标，参数 x、y 表示图标的相对坐标

在 dataTransfer 对象所提供的方法中，参数 format 用于表示在读取、添加或清空数据时的数据格式，该格式包括 text/plain(文本文字格式)、text/html(HTML 页面代码格式)、text/xml(XML 字符格式)和 text/url-list(URL 格式列表)。

注意

到目前为止，IE 浏览器并不完全支持 text/plain、text/html、text/xml 和 text/url-list 格式，可以通过 text 简写方式进行兼容。相对而言 Firefox、Chrome 等浏览器的支持性较好。

下面通过 HTML 5 的拖放 API 实现购物车拖放效果。

【代码 9-4】 drag&drop. html

```
<!doctype html>
<html>
  <head>
    <meta charset = "utf-8">
    <title>HTML 5 中的拖放</title>
    <style type = "text/css">
        .goodsList{
            width:440px;
            height:390px;
            background-color:#CCC;
            float:left;
        }
        .shoppingCart{
            width:440px;
            height:390px;
            background-color:#CCC;
            float:left;
            margin-left:50px;
        }
        img{
            width:100px;
            height:147px;
            margin:3px;
        }
        #emptyDiv{
            width:50px;
            height:50px;
            background-color:#F60;
        }
    </style>
    <script type = "text/javascript">
        var myIcon = document.createElement("img");                    //创建一个图像元素
        myIcon.src = "images/myIcon.gif";                              //设置图像的 src 属性
        function drag(e){
            e.dataTransfer.effectAllowed = "link";
            //IE 暂不支持,FF、chrome 支持该效果
            //e.dataTransfer.setDragImage(myIcon,0,0);
            e.dataTransfer.setData("text",e.target.id);                //IE 兼容写法
            //e.dataTransfer.setData("text/plain",e.target.id);        //标准写法
        }
        function drop(e){
            allowDrop(e);
            var data = e.dataTransfer.getData("text");
            //如果目标是 DIV 标签,则在其中添加内容
            if(e.target.tagName == "DIV"){
                e.target.appendChild(document.getElementById(data));
            }else if(e.target.tagName == "IMG"){
              //如果目标是 IMG 标签,则在其父标签中添加内容
              e.target.parentNode.appendChild(document.getElementById(data));
            }
        }
        function allowDrop(e){
```

```
            e.preventDefault();          //通知浏览器不再执行事件相关的默认动作
            e.stopPropagation();         //阻止事件冒泡
        }
    </script>
  </head>
  <body>
   <div class = "goodsList" ondrop = "drop(event)" ondragover = "allowDrop(event)">
     <h2>商品列表</h2><hr/>
     <img id = "image1" src = "images/goods1.jpg" ondragstart = "drag(event)" />
     <img id = "image2" src = "images/goods2.jpg" ondragstart = "drag(event)"/>
     <img id = "image4" src = "images/goods4.png" ondragstart = "drag(event)"/>
     <img id = "image5" src = "images/goods5.png" ondragstart = "drag(event)"/>
   </div>
   <div class = "shoppingCart" ondrop = "drop(event)" ondragover = "allowDrop(event)">
     <h2>购物车</h2><hr/>
   </div>
  </body>
</html>
```

上述代码中，由于<img>标签的 draggable 属性默认为 true，所以 draggable="true"可以省略。createElement()方法用于创建一个 HTML 节点，appendChild()方法用于向节点中添加子节点。通过 e.target.tagName 来判断触发事件元素的类型，当 div 元素触发事件时，直接在其中添加图像；当 img 元素触发事件时，则在包含该元素的外层容器(即<div>标签)中添加图像。

代码在浏览器中运行结果如图 9-6 所示，将商品从商品列表拖放到购物车中，也可以将商品从购物车拖放到商品列表中。

图 9-6 购物车拖放效果

上述代码实现了图片的移动效果。当需要实现图片的复制效果时，可以将 effectAllowed 和 dropEffect 属性设为 copy，然后使用脚本完成对图片的克隆，代码如下所示。

【示例】 图片复制效果

```
function drag(e){
    e.dataTransfer.effectAllowed = "copy";
    e.dataTransfer.setData("text",e.target.id);           //IE 兼容写法
```

```
    }
    function drop(e){
        var data = e.dataTransfer.getData("text");
        e.dataTransfer.dropEffect = "copy";
        //如果目标是 DIV 标签,在其中添加内容
        if(e.target.tagName == "DIV"){
            e.target.appendChild(document.getElementById(data).cloneNode());
        }else if(e.target.tagName == "IMG"){
            //如果目标是 IMG 标签,在其父标签中添加内容
            e.target.parentNode
                .appendChild(document.getElementById(data).cloneNode());
        }
        allowDrop(e);
    }
```

9.4 HTML 5 表单元素

在 HTML 4 中,表单元素都放在<form>、</form>标签之中,通过位置说明表单元素与表单之间的从属关系。而 HTML 5 采纳了 Web Forms 2.0 标准,新增了许多表单标签,并对原有 Form 标签增加了许多属性,大幅度地改善了表单元素的功能,使表单的开发更快、更方便。

9.4.1 HTML 5 表单属性

HTML 5 中新增的表单属性主要包括<form>和<input>标签的属性。<form>标签新增的属性如表 9-5 所示。

表 9-5 <form>标签新增的属性

属　性	描　述
autocomplete	设置表单是否启用自动完成功能。取值可以是 on 或 off
novalidate	设置表单提交时是否进行验证。使用该属性时,不进行验证

HTML 5 中,<input>标签新增的属性如表 9-6 所示。

表 9-6 <input>标签新增的属性列表

属　性	描　述
form	为表单元素指定关联的表单
formaction	让按钮动态改变表单提交的 URL
formenctype	让按钮动态改变表单的 enctype 属性
formmethod	让按钮动态设置表单的提交方式
formtarget	让按钮动态设置表单的 target 属性
formnovalidate	设置当前元素是否采用 HTML5 表单验证
autofocus	设置在页面加载时是否获得焦点
placeholder	设置文本框未输入且未获得焦点时,显示的输入提示信息

续表

属　　性	描　　述
list	引用预定义的 datalist
multiple	允许一个以上的值
required	输入字段不能为空
pattern	规定输入字段的值需要符合指定的模式

在新增的属性中，使用比较频繁的有 form、formaction、formmethod、formnovalidate、placeholder、list 和 pattern 等属性。目前大部分浏览器的最新版本（如 IE 11、Firefox 39、Chrome 43、Opera 31 等）都已很好地支持这些新增的属性。

1. form 属性

在 HTML 5 中，表单元素可以位于< form >、</form >标签之外，通过表单元素的 form 属性指定表单元素与表单之间的关系，从而使表单布局更加灵活。

【示例】 form 属性的使用

```
<form id = "goodsForm" action = "http://www.itshixun.com">
    商品名称：<input type = "text" name = "goodsName"/>
</form>
商品类型：<input type = "text" name = "goodsType" form = "goodsForm"/>
<input type = "submit" name = "btnSubmit"form = "goodsForm" value = "提交" />
```

在上述示例代码中，goodsName 文本框在表单 goodsForm 中，无须提供 form 属性；而文本框 goodsType 在表单 goodsForm 之外，但又从属于 goodsForm 表单，所以需要使用 form="goodsForm"属性来说明该元素与表单的从属关系。

2. formaction 属性

在 HTML 4 中，表单中的数据只能提交给 action 属性所指定的服务器程序进行处理。而在应用系统中，往往会遇到一个表单包含添加、修改和删除等多个按钮的情况，当单击不同按钮对表单数据进行提交时，只能通过 JavaScript 脚本动态修改表单的 action 属性来实现。而在 HTML 5 中，可以通过 fromaction 属性为每个提交按钮单独设置一个页面的提交地址，当单击不同按钮时可以将表单中的数据提交给不同的服务器处理程序，如此可以让代码更加简练。

【示例】 formaction 属性的用法

```
<form action = "http://www.itshixun.com">
    <input type = "submit" name = "btnBaidu" value = "百度搜索"
        formaction = "http://www.baidu.com"/>
    <input type = "submit" name = "btnGoogle" value = "谷歌搜索"
        formaction = "http://www.google.com"/>
    <input type = "submit" name = "btnInnerSearch" value = "内部检索" />
</form>
```

上述代码中，单击不同的按钮时会根据按钮的 formaction 属性所指定的 URL 进行提交；当按钮没有设置 formaction 属性时，会根据表单的 action 属性进行提交。

3. formmethod 属性

在 HTML 4 中,表单的提交方式只能通过 method 属性来统一指定。而在 HTML 5 中,通过 formmethod 属性可以为表单指定不同的提交方式。

【示例】 **formmethod 属性的用法**

```
<form action="HTML5Structure.html">
    用户名: <input type="text" name="userName"/>
    <input type="submit" value="get 提交" formmethod="get" />
    <input type="submit" value="post 提交" formmethod="post" />
</form>
```

通过 get 方式提交表单时,表单中的数据会以字符串的形式在地址栏中显示;而 post 方式提交表单时,不会在地址栏中显示表单数据。

4. formtarget 属性

在 HTML 4 中,表单的 target 属性用于指定在何处显示表单提交后服务端所返回的处理结果;而在 HTML 5 中对按钮新增了 formtarget 属性,用于指定当该按钮提交表单时如何显示处理结果。

【示例】 **formtarget 属性的用法**

```
<form action="HTML5Structure.html">
    用户名: <input type="text" name="userName"/>
    <input type="submit" value="self 方式" formtarget="_self" />
    <input type="submit" value="blank 方式" formtarget="_blank" />
</form>
```

单击“self 方式”按钮时,在当前位置显示表单提交后的处理结果;而单击“blank 方式”按钮时,则会在新窗口显示表单提交后的处理结果。

5. placeholder 属性

placeholder 属性是一个非常有用的属性,用于设置文本的提示信息。当用户在文本框中输入内容之前,对用户进行提示;当用户开始输入内容时,提示信息就会自动消失。

【示例】 **placeholder 属性的用法**

```
<form action="HTML5Structure.html">
    用户名: <input type="text" name="userName" placeholder="请输入用户名"/><br/>
    密  码: <input type="password" name="userPwd" placeholder="请输入密码"/><br/>
    <input type="submit" value="登录" />
</form>
```

6. autofocus 属性

autofocus 属性与 JavaScript 中 focus()方法的功能相同,当拥有 autofocus 属性的元素(如文本框、选择框或按钮等)在页面加载时,会自动获得焦点。一个页面上只能有一个表单元素具有 autofocus 属性,该属性不可滥用。

【示例】 autofocus 属性的用法

```
<input type="text" name="userName" placeholder="请输入用户名" autofocus/>
```

7. required 属性

HTML 5 中新增了 required 属性，可以用于大部分表单元素(隐藏域、按钮除外)。当表单提交时，如果输入内容为空，则会弹出相应的提示信息。

【代码 9-5】 formRequired.html

```
<!doctype html>
<html>
  <head>
    <meta charset="utf-8">
    <title>HTML 5 新增表单属性</title>
  </head>
  <body>
    <form action="HTML5Structure.html">
        用户名：<input type="text" placeholder="请输入用户名" required /><br/>
        密　码：<input type="password" placeholder="请输入密码" required /><br/>
        <input type="submit" value="登录" />
    </form>
   </body>
</html>
```

在 IE 11、FireFox、Chrome 等浏览器中，当输入框为空时，单击“登录”按钮会显示相应的提示信息，如图 9-7 所示。在不同的浏览器中，显示的提示信息略有不同。当需要在不同浏览器中得到相同的提示信息时，需要通过手动编码来实现，该方式将在后续小节中进行介绍。

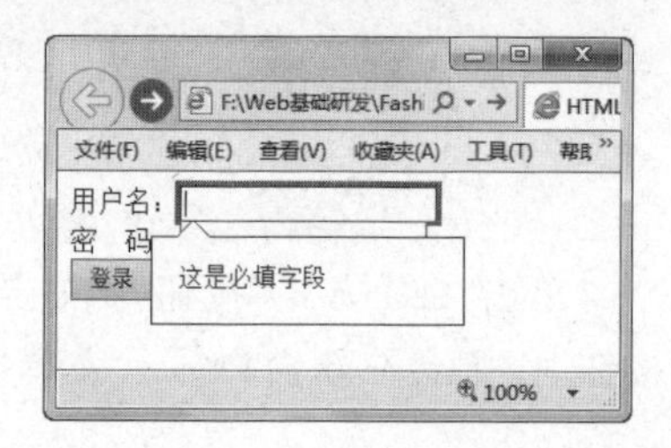

图 9-7　required 属性

8. list 属性

HTML 5 中为单行文本框新增了一个 list 属性。通过该属性可以将文本框与页面中的<datalist>数据项绑定在一起，实现一个下拉提示框，用户可以手动输入或从下拉列表中选择。

【代码 9-6】 formList.html

```
<!doctype html>
<html>
  <head>
    <meta charset="utf-8">
    <title>HTML 5 新增表单属性</title>
  </head>
  <body>
    影片类型：<input type="text" name="filmType" list="fileTypeList"/>
    <datalist id="fileTypeList">
        <option value="科幻">科幻</option>
        <option value="爱情">爱情</option>
```

```
        <option value = "动作">动作</option>
    </datalist>
  </body>
</html>
```

上述代码在 IE 11 等浏览器中预览效果如图 9-8 所示。当文本框获得焦点时，列表内容会全部显示；当在文本框中输入内容时，会对列表中的信息进行过滤。

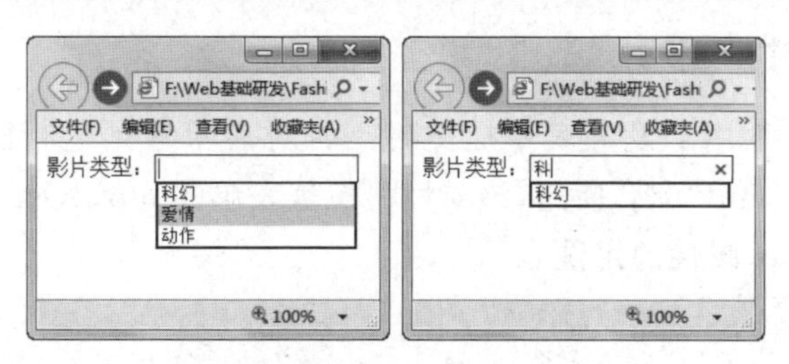

图 9-8 list 属性

9. pattern 属性

在 HTML 5 中，为< input >标签新增了 pattern 属性，用于指定输入字段的验证模式(正则表达式)。当输入内容不符合指定模式时，提示信息为 title 属性预先设置的内容，并阻止表单的提交。

【代码 9-7】 formpattern. html

```
<!doctype html>
<html>
  <head>
    <meta charset = "utf - 8">
    <title>HTML 5 新增表单属性</title>
  </head>
  <body>
    <form action = "HTML5Structure. html">
        用户名: <input type = "text" name = "userName" pattern = "[A - z]{5,}"
                title = "只能是五位以上英文字符" required/><br/>
        密  码: <input type = "password" placeholder = "请输入密码" required/><br/>
        <input type = "submit" value = "注册" />
    </form>
  </body>
</html>
```

上述代码在 IE 11 等浏览器中预览结果如图 9-9 所示。当输入用户名为 lily 时，用户名长度小于 5，未能满足 pattern 所指定的条件，所以显示 title 属性预先设置的提示信息。

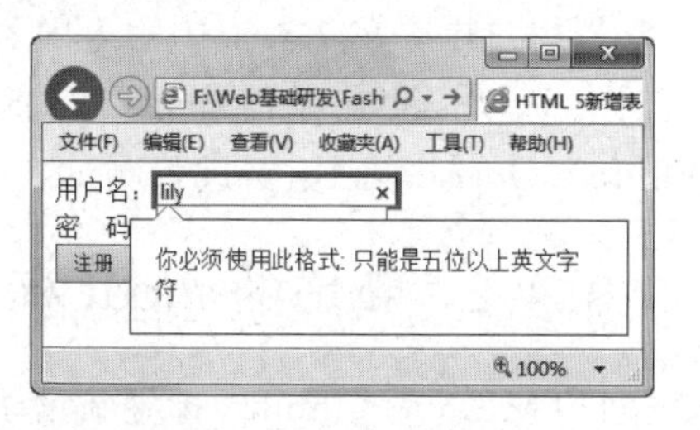

图 9-9 pattern 属性

10. novalidate 属性

novalidate 属性用于设置表单提交时是否对其进行验证，该属性仅用于< form >标签。

【示例】 **novalidate 属性的用法**

```
<form action = "HTML5Structure.html" novalidate = "novalidate">
</form>
```

上述代码中，属性 novalidate="novalidate"表示当表单提交时会忽略表单的验证，而直接提交表单。

11. formnovalidate 属性

formnovalidate 属性用于设置表单提交时是否对表单数据进行验证。formnovalidate 属性通常与 type="submit"配合使用，该属性将覆盖表单的 novalidate 属性。

【示例】 **formnovalidate 属性的用法**

```
<form action = "HTML5Structure.html" >
    用户名：<input type = "text" name = "userName" pattern = "[A - z]{5,}" required />
   <input type = "submit" value = "验证提交" />
   <input type = "submit" value = "不验证"  formnovalidate = "true"/>
</form>
```

上述代码中，当单击“验证提交”按钮时，会对文本内容进行验证；当单击“不验证”按钮时，则直接提交表单，而不会执行表单的验证过程。

12. autocomplete 属性

autocomplete 属性用于设置表单是否启用自动完成功能。该属性用于<form>和<input>标签，当<form>和<input>标签同时设置了该属性时，<input>标签的 autocomplete 属性会覆盖<form>标签的设置。

【示例】 **autocomplete 属性的用法**

```
<form action = "HTML5Structure.html" method = "get" autocomplete = "on" >
    影片名：<input type = "text" name = "filmName" /><br/>
    影片类型：<input type = "text" name = "filmType" /><br/>
    参考票价：<input type = "text" name = "filmPrice" autocomplete = "off"/><br/>
    <input type = "submit" value = "提交" />
</form>
```

上述代码中，表单的属性 autocomplete 为 on 说明表单内部的各元素启用自动完成功能，而票价输入框单独设置了 autocomplete="off"说明该元素不采用自动完成的方式。

当用户再次在文本框中输入内容时，前两个文本框会根据之前输入的内容进行提示，而第三个文本框没有任何提示。目前 IE 11 对 autocomplete 属性的支持不够好，请使用 Firefox、Opera 等浏览器进行测试。

9.4.2 新增的 input 标签

HTML 5 为<input>标签新增了许多类型，如表 9-7 所示。通过这些新增的类型，可以实现 HTML 4 中只能使用 JavaScript 代码才能实现的一些功能，如特定类型、特定范围、数据的有效性验证、日期控件等功能。

表 9-7 <input>标签新增的类型

类 型	描 述
email	创建一个 email 输入框,并检查其内容是否符合 email 格式
url	创建一个 url 输入框,并检查其内容是否符合正确的 url 格式
number	创建一个只能输入数字的文本框
range	生成一个拖动条,只允许输入一定范围内的数值,默认 0～100 范围
datePickers	日期与时间的输入文本框,包括 date、month、week、time、datetime 等
color	颜色选择文本框,其值为"#FFFFFF"格式的文本
search	专门用于搜索关键字的文本框,多用于手机客户端

到目前为止,HTML 5 中没有规定新增元素在浏览器中的外观形式,所以使用同样的标签在不同的浏览器中可能会有不同的显示风格。

1. email 类型

email 类型的文本框是一种专门用来输入 email 地址的文本框。当表单提交时,如果文本内容不符合 email 地址格式,则不允许提交表单;文本内容允许为空,除非加上 required 属性。除此之外,multiple 属性还允许 email 文本框中同时输入多个 email 地址,且 email 地址之间必须使用逗号(,)隔开。

【示例】 email 类型

```
<input type="email" name="userEmail" required multiple />
```

2. url 类型

url 类型的文本框是一种专门用来输入 URL 地址的文本框,文本框的输入内容必须是包含访问协议的完整 URL 地址(如 http://等)。当提交表单时,如果文本内容不符合 URL 地址格式,则会弹出错误提示信息并阻止表单的提交。

【示例】 url 类型

```
<input type="url" name="userURL"/>
```

3. number 类型

number 类型的文本框是一种专门用来输入数值的文本框,其属性包括 max、min、step 和 value 属性,具体如下。

- max 属性用于设置可输入的最大数值;
- min 属性用于设置可输入的最小数值;
- step 属性用于设置数值之间的合法间隔,默认步长为 1;
- value 属性用于设置文本框的默认值。

当用户输入非数值型字符或不在指定范围内的数值时,会弹出相关提示,并阻止表单的提交。

【示例】 **number 类型**

```
<input type="number" name="userSalary" min="800" max="15000"
    step="100" value="2500"/>
```

4. range 类型

range 类型用于生成一个数字滑动条，使用滑动条可以输入特定范围的数值。range 类型与 number 类型功能基本一样，两者都有 max、min、step 和 value 属性。区别在于外观样式和默认值不同，range 类型的 min 属性默认为 0，max 属性默认为 100。

【示例】 **range 类型**

```
<input type="range" name="userGrade" max="10" min="1" step="1"/>
```

5. datePickers 类型

HTML 5 拥有多种日期和时间的输入类型，包括 date、month、week、time 和 datetime 等。date 类型用于选取年月日，month 类型用于选取年月，week 类型用于选取年和周，time 类型用于选取时间（包括小时和分钟），datetime 用于选取年月日及时间。

【示例】 **datePickers 类型**

```
<input type="date" name="birthday"/>
<input type="datetime" name="beginTime"/>
```

6. color 类型

color 类型用于生成一个颜色选择器，当用户从颜色选择器中选择某种颜色时，对应的文本框中自动显示被选中的颜色。文本框的值等于所选颜色对应的十六进制字符串（如"#FFDDCC"格式）。

下述代码演示了 HTML 5 新增的 input 标签。

【代码 9-8】 **inputType.html**

```
<!doctype html>
<html>
  <head>
    <meta charset="utf-8">
    <title>HTML 5 新增 input 元素</title>
    <style type="text/css">
        input{margin:3px 0px; width:150px;}
    </style>
  </head>
  <body>
    <form action="HTML5Structure.html">
        用户名：<input type="text" name="userName" /><br/>
        喜欢颜色：<input type="color" /><br/>
        学习能力：<input type="range" max="10" min="1" step="2"/><br/>
        个人主页：<input type="url" /><br/>
```

```
        年龄:<input type="number" min="0" max="150" step="1" value="25"/><br/>
        邮箱:<input type="email" required multiple /><br/>
        出生日期:<input type="date" /><br/>
        <input type="submit" value="提交" />
    </form>
  </body>
</html>
```

Chrome 和 Opera 浏览器对 HTML 5 中新增的<input>标签支持性较好,而 IE 浏览器的支持则相对较差。下面通过 Chrome 浏览器进行预览,效果如图 9-10 所示。

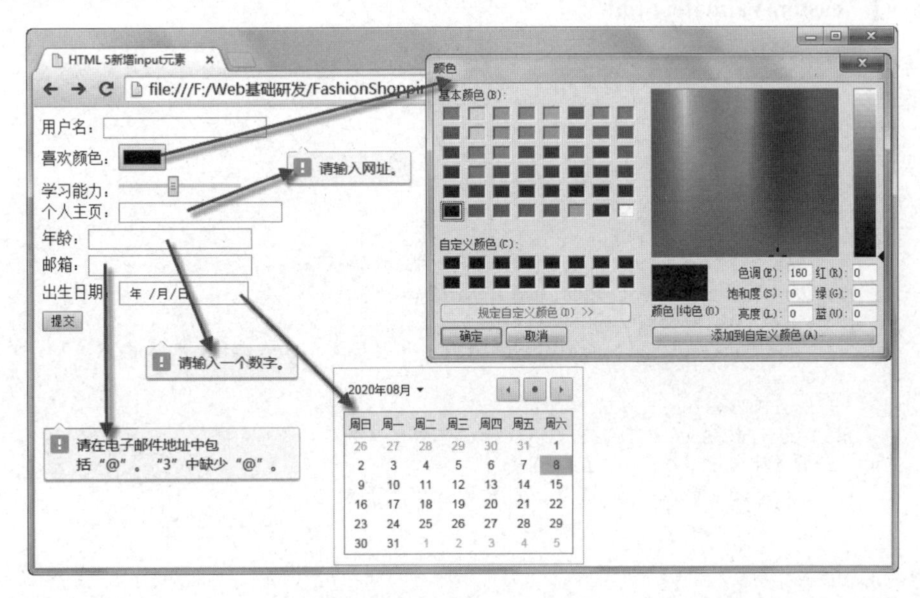

图 9-10　新增的 input 标签

9.4.3　自定义表单验证

HTML 5 中提供的表单验证相对比较简单、易用,但不够灵活,有些浏览器提供的提示信息不够明确。为此,HTML 5 中还提供了 checkValidity()和 setCustomValidity()方法,用来实现用户自定义表单验证。

1. checkValidity()方法

checkValidity()方法用于检测表单中的某个输入是否有效,并返回一个布尔值。当该元素通过验证时返回 true,否则返回 false。

表单及表单元素都可以调用 checkValidity()方法。默认情况下,在表单提交时调用 checkValidity()方法,根据返回值决定是否提交表单。用户可以根据实际需要,在任意位置对表单进行验证。

2. setCustomValidity()方法

默认情况下,浏览器为每个 HTML 5 校验都提供了相应的提示信息,不同的浏览器提示信息可能不同。当用户需要“定制”自己的错误提示信息时,可以借助 setCustomValidity()

方法来实现。

注意

> 当调用 setCustomValidity()方法时,表单将处于未通过输入验证状态。因此,只有表单元素未通过验证时才能调用该方法,否则将出现输入内容已通过验证但因调用该方法而导致未能通过验证的情况。

下述代码演示了 checkValidity()和 setCustomValidity()的用法。

【代码 9-9】 customValidate.html

```
<!doctype html>
<html>
  <head>
    <meta charset="utf-8">
    <title>HTML 5 中的自定义验证方法</title>
    <script type="text/javascript">
     function checkForm(){
         var userName = document.getElementById("userName");
         var userPwd = document.getElementById("userPwd");
         if(!userName.checkValidity()){
             userName.setCustomValidity("用户名必须是 A-Za-z 字母,且 5 位以上");
         }
         if(userPwd.value.length == 0){
             userPwd.setCustomValidity("密码不能为空");
         }else if(userPwd.value.length < 6){
             userPwd.setCustomValidity("密码长度不能少于 6 位");
         }
     }
    </script>
  </head>
  <body>
    <form name="myform" action="HTML5Structure.html">
      用户名:<input type="text" id="userName" pattern="[A-z]{5,}" required /><br/>
      密　码:<input type="password" id="userPwd" /><br/>
      <input type="submit" value="提交" onClick="checkForm()" />
    </form>
   </body>
</html>
```

上述代码在 IE 11 等浏览器中运行结果如图 9-11 所示。当单击“提交”按钮时,浏览器将使用自定义的方式进行提示,以解决浏览器提示信息存在差异的问题。

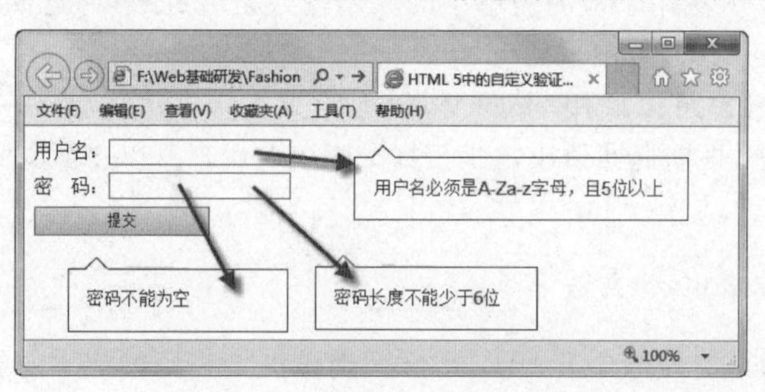

图 9-11　checkValidity()和 setCustomValidity()的用法

9.5 贯穿任务实现

9.5.1 实现【任务9-1】

本小节实现“Q-Walking E&S 漫步时尚广场”贯彻项目中的【任务9-1】商品详情页面的框架结构，如图 9-12 所示。

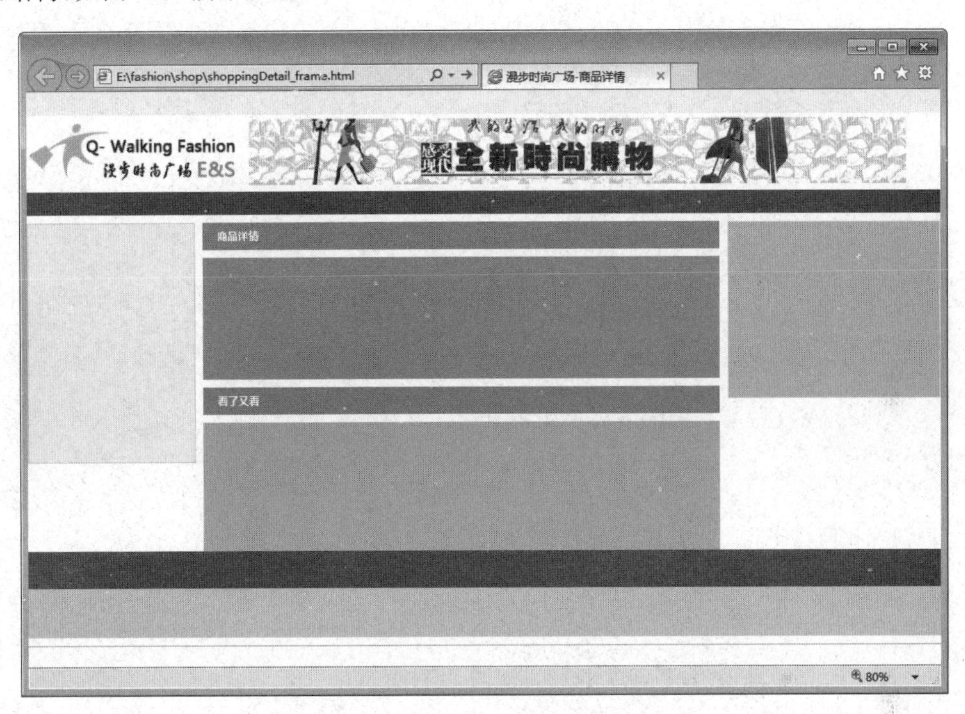

图 9-12 商品详情的框架结构

首先，对商品详情页面的框架结构进行设计，代码如下所示。

【任务9-1】 shoppingDetail_frame. html

```
<!doctype html>
<html>
<head>
   <meta charset = "utf - 8">
   <title>漫步时尚广场 - 商品详情</title>
   <link href = "css/detail_frame.css" rel = "stylesheet" type = "text/css">
</head>
<body>
  <article id = "main">
    <!-- 顶部区域 start -->
    <header class = "top_bg"></header>
    <!-- 顶部区域 end -->
    <!-- logo 和 banner start -->
    <div class = "logo">
       <img src = "images/logo.jpg" >
```

```
        <img src = "images/banner.jpg" >
    </div>
    <!-- logo 和 banner   end -->
    <!-- 菜单导航 start -->
    <nav class = "nav_bg"></nav>
    <!-- 菜单导航 end -->
    <!-- 中间部分 start -->
    <section>
      <div class = "main">
         <nav class = "menu"></nav>
         <!-- 中间区 start -->
         <div class = "middle">
            <h1 class = "pic_title">商品详情</h1>
            <div class = "clear"></div>
            <div class = "left_pic"></div>
            <article class = "tab_content2 none"></article>
            <article class = "tab_content3 none"></article>
            <!-- 品牌活动 -->
            <h1 class = "pic_title">看了又看</h1>
            <div class = "clear"></div>
            <ul class = "pic_list4"></ul>
         </div>
         <!-- 中间区 end -->
         <!-- 右侧热门推荐 start -->
         <aside class = "right_nav"></aside>
      </div>
    </section>
    <!-- 右侧热门推荐 end -->
    <!-- 中间部分 end -->
    <footer>
       <div class = "clear"></div>
       <div class = "foot">
          <div class = "foot_title"></div>
          <ul class = "foot_list"></ul>
          <div class = "clear"></div>
          <div class = "foot_line"></div>
       </div>
    </footer>
  </article>
</body>
</html>
```

商品详情页面的框架对应的 CSS 样式文件 detail_frame.css 代码如下所示。

【任务9-1】 detail_frame.css

```
@charset "utf-8";
body{font-size:12px;font-family:microsoft yahei;margin:0;color:#000;}
*{padding:0;margin:0}
img{border:none;}
.clear{clear:both;}
.main{margin:10px auto;}
a:hover{color:#ce2626;text-decoration:none;}
/*头部*/
.top_bg{background:#f7f7f7;height:30px;line-height:30px;}
.logo{margin:5px auto;}
```

```
.nav_bg{background:#ce2626;width:100%;color:#fff;height:30px;}
a.white:hover{color:#ff0;text-decoration:none;}
/*左侧导航*/
.menu{width:220px;float:left;border:1px solid #e5e4e1;height:350px;
       background-color:#FFC;}
/*中间部分*/
.middle{float:left;width:690px;}
.left_pic{height:200px; background-color:#6CF; margin-bottom:10px;
       margin-left:10px;}
.pic_title{background:#ff9c01;line-height:35px;font-size:14px;
       text-indent:20px;text-align:left;width:680px;float:left;
       color:#fff;margin:0 10px 10px;}
/*右侧公告*/
.right_nav{width:280px;height:270px;border:1px solid #eee;float:right;
       background-color:#fCC;}
/*foot*/
.pic_list4{height:200px; background-color:#CCC;margin-left:10px;}
.foot_title{background:#6a6665;width:100%;height:40px;padding-top:8px;}
.foot_line{border-bottom:1px solid #ccc;font-size:12px;margin-top:10px;}
.foot_list{width:100%;margin:0 auto;padding-top:20px; height:60px;
       background-color:#ddd;}
```

9.5.2 实现【任务9-2】

本小节实现“Q-Walking E&S 漫步时尚广场”贯彻项目中的【任务9-2】“商品详情”页面，如图 9-13 所示。在【任务9-1】的基础上，进一步完善“商品详情”页面。

图 9-13 “商品详情”页面

【任务9-2】 shoppingDetail. html

```
<!doctype html>
<html>
 <head>
   <meta charset="utf-8">
   <title>漫步时尚广场-商品详情</title>
   <link href="css/detail.css" rel="stylesheet" type="text/css">
   <!--解决部分浏览器对 HTML5 不支持-->
   <!--[if IE]>
   <script>
       document.createElement("header");
       document.createElement("footer");
       document.createElement("nav");
       document.createElement("article");
       document.createElement("section");
   </script>
   <![endif]-->
</head>
<body>
   <article id="main">
     <!--顶部区域 start-->
     <header class="top_bg">
       <div class="top_content">
        <div class="floatl"><img src="images/star.jpg">收藏 | HI,欢迎来订购！
          <a href="#" class="orange">[请登录]</a><a href="#" class="orange">
            [免费注册]</a></div>
        <div class="floatr">客户服务<img src="images/arrow.gif"> 网站导航
          <img src="images/arrow.gif"> <span class="droparrow">
          <span class="shopcart"></span>我的购物车<span class="orange">0</span>件
          <img src="images/arrow.gif"/></span></div>
      </div>
     </header>
     <!--顶部区域 end-->
     <!--logo 和 banner start-->
     <div class="logo">
         <img src="images/logo.jpg">
         <img src="images/banner.jpg">
     </div>
     <!--logo 和 banner   end-->
     <!--菜单导航 start-->
     <nav class="nav_bg">
      <div class="nav_content">
       <ul class="menu_nav">
         <li><a href="shoppingIndex.html" class="white">首页</a></li>
         <li><a href="shoppingShow.html"  class="white">最新上架</a></li>
         <li>品牌活动</li>
         <li>原厂直供</li>
         <li>团购</li>
         <li>限时抢购</li>
         <li>促销打折</li>
       </ul>
      </div>
```

```
</nav>
<!-- 菜单导航 end -->
<!-- 中间部分 start -->
<section>
 <div class = "main">
  <!-- 购物分类 start -->
  <nav>
    <ul class = "menu">
      <li><span class = "title">女装</span></li>
      <li><span class = "red_dot"></span><a href = "#">上衣</a>
          <span class = "right_arrow"></span></li>
      <li><span class = "red_dot"></span><a href = "#">下装</a>
          <span class = "right_arrow"></span></li>
      <li><span class = "red_dot"></span><a href = "#">连衣裙</a>
          <span class = "right_arrow"></span></li>
      <li><span class = "red_dot"></span><a href = "#">内衣</a>
          <span class = "right_arrow"></span></li>
      <li><span class = "title">男装</span></li>
      <li><span class = "red_dot"></span><a href = "#">T 恤</a>
          <span class = "right_arrow"></span></li>
      <li><span class = "red_dot"></span><a href = "#">短裤</a>
          <span class = "right_arrow"></span></li>
      <li><span class = "red_dot"></span><a href = "#">衬衫</a>
          <span class = "right_arrow"></span></li>
      <li><span class = "title">童装</span></li>
      <li><span class = "red_dot"></span><a href = "#">上衣</a>
          <span class = "right_arrow"></span></li>
      <li><span class = "red_dot"></span><a href = "#">裤子</a>
          <span class = "right_arrow"></span></li>
      <li><span class = "title">运动</span></li>
      <li><span class = "red_dot"></span><a href = "#">运动裤</a>
          <span class = "right_arrow"></span></li>
      <li><span class = "red_dot"></span><a href = "#">跑步鞋</a>
          <span class = "right_arrow"></span></li>
    </ul>
  </nav>
  <!-- 购物分类 end -->
  <!-- 中间区 start -->
  <div class = "middle">
    <h1 class = "pic_title">商品详情</h1>
    <div class = "left_pic">
      <div><img src = "images/showdetail/dd1.jpg" width = "400"
                height = "400"></div>
      <ul class = "small_piclist">
        <li><img src = "images/showdetail/dd1.jpg"></li>
        <li><img src = "images/showdetail/dd2.jpg"></li>
        <li><img src = "images/showdetail/dd3.jpg"></li>
        <li><img src = "images/showdetail/dd4.jpg"></li>
        <li><img src = "images/showdetail/dd5.jpg"></li>
      </ul>
    </div>
    <div class = "right">
      <h1 class = "font16">冬季新款牛仔外套女中长款加厚<br/>
```

```
    女冬装连帽毛领加绒牛仔棉衣女风衣</h1>
  <img src="images/showdetail/pic_mess.jpg"></div>
<div class="clear"></div>
<ul class="tab">
  <li  class="tab_active">商品详情</li>
  <li>商品评价</li>
  <li>成交记录</li>
</ul>
<article class="tab_content1">
  <ul class="particulars">
    <li title=" 修身">服装版型: 修身</li>
    <li title=" 甜美">风格: 甜美</li>
    <li title=" 瑞丽">甜美: 瑞丽</li>
    <li title=" 中长款">衣长: 中长款</li>
    <li title=" 长袖">袖长:长袖</li>
    <li title=" 常规">袖型: 常规</li>
    <li title=" 带帽">领型:带帽</li>
    <li title=" 拉链">衣门襟:拉链</li>
    <li title=" 纯色">图案: 纯色</li>
    <li title=" 81%(含)-90%(含)">成分含量:81%(含)-90%(含)</li>
    <li title=" 棉">质地: 棉</li>
    <li title=" 25-29 周岁">适用年龄: 25-29 周岁</li>
    <li title=" 2015 年冬季">年份季节:2015 年冬季</li>
    <li title=" 深蓝色 蓝色">颜色分类: 深蓝色 蓝色</li>
    <li title=" M L XL 2XL">尺码:M L XL 2XL</li>
  </ul>
  <section>
    <img src="images/showdetail/detail1.jpg">
    <img src="images/showdetail/detail2.jpg">
    <img src="images/showdetail/detail3.jpg" class="img_border">
    <img src="images/showdetail/detail4.jpg" class="img_border">
    <img src="images/showdetail/detail5.jpg" class="img_border">
    <img src="images/showdetail/detail6.jpg" class="img_border">
  </section>
</article>
<article class="tab_content2 none">
    <img src="images/showdetail/pinglun.jpg"/>
</article>
<article class="tab_content3 none">
  <table width="100%" border="0" cellpadding="0" cellspacing="0">
    <thead>
      <tr>
        <th>买家</th>
        <th>淘宝价</th>
        <th>数量</th>
        <th>付款时间</th>
        <th>款式和型号</th>
      </tr>
    </thead>
    <tbody>
      <tr>
        <td>a**男(匿名)</td>
        <td><em class="price2">¥198.00</em></td>
```

```
            <td>1</td>
            <td>2015-07-31 20:08:39</td>
            <td><div>
                <p>颜色分类:深蓝色[胸前格纹]</p>
                <p>尺码:L</p>
              </div></td>
          </tr>
          ...此处省略其他用户评论信息...
        </tbody>
      </table>
    </article>
    <!-- 品牌活动 -->
    <article>
        <h1 class="pic_title">看了又看</h1>
        <ul class="pic_list4">
          <li><img src="images/showdetail/ss1.jpg"
                    title="2015 新款条纹显瘦 V 领短袖露背宽松连身裤"/>
            <p>2015 新款条纹显瘦 V 领短袖露背宽松连身裤</p>
          </li>
          <li><img src="images/showdetail/ss2.jpg"
                    title="2015 女士新款百搭休闲阔腿裤高腰红色短裤"/>
            <p>2015 女士新款百搭休闲阔腿裤高腰红色短裤</p>
          </li>
          <li><img src="images/showdetail/ss3.jpg"
                    title="女版街头个性休闲口袋纯色卫衣吊带哈伦裤"/>
            <p>女版街头个性休闲口袋纯色卫衣吊带哈伦裤</p>
          </li>
          <li><img src="images/showdetail/ss4.jpg"
                    title="韩版简约百搭五分袖喇叭袖圆领打底短袖"/>
            <p>韩版简约百搭五分袖喇叭袖圆领打底短袖</p>
          </li>
          <li><img src="images/showdetail/ss5.jpg"
                    title="卡玛娅秋装新款女装 圆领纯棉上衣棉 T 恤" />
            <p>卡玛娅秋装新款女装 圆领纯棉上衣棉 T 恤</p>
          </li>
        </ul>
    <article>
  </div>
  <!-- 中间区 end -->
  <!-- 右侧热门推荐 start -->
  <aside class="right_nav">
    <h1 class="notice_title"> 热门推荐 </h1>
    <ul class="pic_list3">
      <ul>
        <li><a href="#"><img src="images/shopshow/s1.jpg" /></a>
          <p class="price2">¥56.00 元</p>
        </li>
        <li><a href="#"><img src="images/shopshow/s2.jpg" /></a>
          <p class="price2">¥97.00 元</p>
        </li>
        <li><a href="#"><img src="images/shopshow/s3.jpg" /></a>
          <p class="price2">¥89.00 元</p>
        </li>
```

```
        <li><a href="#"><img src="images/shopshow/s4.jpg" /></a>
          <p class="price2">¥69.00 元</p>
        </li>
        <li><a href="#"><img src="images/shopshow/s5.jpg" /></a>
          <p class="price2">¥89.00 元</p>
        </li>
        <li><a href="#"><img src="images/shopshow/s6.jpg" /></a>
          <p class="price2">¥93.00 元</p>
        </li>
        <li><a href="#"><img src="images/shopshow/s7.jpg" /></a>
          <p class="price2">¥58.00 元</p>
        </li>
        <li><a href="#"><img src="images/shopshow/s8.jpg" /></a>
          <p class="price2">¥69.00 元</p>
        </li>
        <li><a href="#"><img src="images/shopshow/s9.jpg" /></a>
          <p class="price2">¥78.00 元</p>
        </li>
      </ul>
    </ul>
  </aside>
 </div>
</section>
<!-- 右侧热门推荐 end -->
<!-- 中间部分 end -->
<footer>
 <div class="clear"></div>
 <div class="foot">
  <div class="foot_title">
    <ul class="foot_pic">
      <li><img src="images/gray1.jpg" ></li>
      <li><img src="images/gray2.jpg" ></li>
      <li><img src="images/gray3.jpg" ></li>
      <li><img src="images/gray4.jpg" ></li>
      <li><img src="images/gray5.jpg" ></li>
    </ul>
  </div>
  <ul class="foot_list">
    <li>
      <div class="floatl">
        <p class="red1"></p>
        <p class="line1"></p>
      </div>
      <ul class="floatl">
        <li class="font16 padding-bottom">新手指导</li>
        <li>用户注册</li>
        <li>电话下单</li>
        <li>购物流程</li>
        <li>购物保障</li>
        <li>服务协议</li>
      </ul>
    </li>
    <li>
```

```
<div class = "floatl">
  <p class = "red2"></p>
  <p class = "line1"></p>
</div>
<ul class = "floatl">
  <li class = "font16 padding - bottom">支付方式</li>
  <li>货到付款</li>
  <li>商城卡支付</li>
  <li>支付宝、网银支付</li>
  <li>优惠券抵用</li>
</ul>
</li>
<li>
  <div class = "floatl">
    <p class = "red3"></p>
    <p class = "line1"></p>
  </div>
  <ul class = "floatl">
    <li class = "font16 padding - bottom">配送方式</li>
    <li>闪电发货</li>
    <li>满百包邮</li>
    <li>配送范围及时间</li>
    <li>商品验收及签收</li>
    <li>服务协议</li>
  </ul>
</li>
<li>
  <div class = "floatl">
    <p class = "red3"></p>
    <p class = "line1"></p>
  </div>
  <ul class = "floatl">
    <li class = "font16 padding - bottom">售后服务</li>
    <li>退换货协议</li>
    <li>关于发票</li>
    <li>退换货流程</li>
    <li>退换货运费</li>
  </ul>
</li>
<li>
  <div class = "floatl">
    <p class = "red3"></p>
    <p class = "line1"></p>
  </div>
  <ul class = "floatl">
    <li class = "font16 padding - bottom">关于账号</li>
    <li>修改个人信息</li>
    <li>修改密码</li>
    <li>找回密码</li>
  </ul>
</li>
<li>
  <div class = "floatl">
```

```
            <p class = "red3"></p>
            <p class = "line1"></p>
          </div>
          <ul class = "floatl">
            <li class = "font16 padding - bottom">优惠活动</li>
            <li>竞拍须知</li>
            <li>抢购须知</li>
          </ul>
        </li>
      </ul>
      <div class = "clear"></div>
      <div class = "foot_line"></div>
      <p align = "center" class = "padding - top"> Copyright  2015 - 2020  Q-Walking
          Fashion E&S 漫步时尚广场(QST 教育)版权所有<br/>
          中国青岛 高新区河东路 8888 号  青软教育集团     咨询热线: 400 - 658 - 0166
          400 - 658 - 1022 </p>
      <p align = "center">< img src = "images/foot_pic.jpg"></p>
      <div class = "clear"></div>
    </div>
   </footer>
  </article>
</body>
</html>
```

"商品详情"页面所对应的CSS样式代码如下所示。

【任务9-2】 **detail.css**

```
@charset "utf - 8";
body{font - size:12px;font - family:microsoft yahei;margin:0;color: # 000;}
 * {padding:0;margin:0;}
li,ul{list - style:none;}
a{color: # 000;text - decoration:none;}
a:hover{color: # ce2626;text - decoration:none;}
img{border:none;}
.font14{font - size:14px;font - weight:700;}
.font16{font - size:16px;font - weight:700;}
.clear{clear:both;}
.floatl{float:left;}
.floatr{float:right;}
.main{margin:10px auto;width:1200px;}
/ * 头部 * /
.top_bg{border - bottom:1px solid # ccc;font - size:12px;font - family:"宋体";
    line - height:30px;background: # f7f7f7;height:30px;line - height:30px;}
.top_content{width:1200px;margin:0 auto;}
.logo{margin:5px auto;width:1200px;}
.nav_bg{background: # ce2626;width:100 % ;color: # fff;}
.nav_content{width:1200px;margin:0 auto;height:40px;line - height:40px;}
.menu_nav{width:700px;float:left;margin - left:200px;}
.menu_nav li{font - size:16px;font - weight:700;color: # fff;width:80px;float:left;
    text - align:center;margin - right:15px;}
.orange{font - weight:700;color: # f60;}
.nav_active{background: # b12121;}
a.white{color: # fff;text - decoration:none;}
```

```
a.white:hover{color:#ff0;text-decoration:none;}
.shopcart{background:url(../images/shoppingcart.png)
    no-repeat;width:16px;height:16px;display:inline-block;float:left;
    margin:5px 5px 0 0;}
/*左侧导航*/
.right_arrow{background:url(../images/arrow_r.jpg)
    no-repeat;width:20px;height:20px;display:inline-block;float:right;}
.menu{width:220px;float:left;border:1px solid #e5e4e1;}
.menu li{float:left;width:220px;border-bottom:1px solid #e5e4e1;height:33px;
    line-height:33px;background:#fafafa;font-size:14px;text-align:left;}
.menu li .title{height:33px;background:#e5e4e1;font-size:15px;
    text-indent:20px;text-align:left;width:100%;line-height:33px;
    display:inline-block;}
.red_dot{font-size:25px;margin-right:10px; width:8px;height:8px;
    display:inline-block;background:url(../images/red_dot.gif) no-repeat;
    margin-left:10px;}
/*中间部分*/
.middle{float:left;width:690px;}
.pic_title{background:#ff9c01;line-height:35px;font-size:14px;
    text-indent:20px;text-align:left;width:680px;float:left;color:#fff;
    margin:0 10px 10px;}
/*右侧公告*/
.right_nav{width:280px;border:1px solid #eee;float:right;}
.notice_title{background:#eee;line-height:35px;font-size:14px;
    text-indent:20px;text-align:left;}
/*foot*/
.foot{width:100%;background:#efefef;height:310px;margin-top:15px;}
.foot_title{background:#6a6665;width:100%;height:40px;padding-top:8px;}
.foot_pic{margin:0 auto;width:1200px;}
.foot_pic li{width:210px;float:left;text-align:center;}
.padding-bottom{padding-bottom:10px;}
.padding-top{padding-top:10px;}
.foot_line{border-bottom:1px solid #ccc;font-size:12px;margin-top:10px;}
.line1{background:url(../images/line1.jpg) no-repeat;
    width:20px;height:100px;display:inline-block;}
.red1{background:url(../images/red1.jpg) no-repeat;
    width:35px;height:31px;display:block;}
.red2{background:url(../images/red2.jpg) no-repeat;
    width:35px;height:31px;display:block;}
.red3{background:url(../images/red3.jpg) no-repeat;
    width:35px;height:31px;display:block;}
.foot_list>li{float:left;width:170px;}
.foot_list{width:1100px;margin:0 auto;padding-top:20px;}
.foot_list li ul{padding-left:10px;}
.pic_list3 li{margin:5px;float:left;width:83px;}
.pic_list3 li img{border:1px solid #ccc;}
.pic_list4{margin-left:18px;}
.pic_list4 li{margin:5px;float:left;width:123px;}
.pic_list4 li img{border:1px solid #ccc;}
.small_piclist li{float:left;margin-right:10px;}
.small_piclist li img{width:70px;height:70px;border:1px solid #ccc;}
.left_pic{margin-left:10px;float:left;}
.tab{margin:10px;border-bottom:1px solid #ccc;height:35px;line-height:35px;}
```

```
.tab li{width:90px;float:left;font-size:14px;text-align:center;}
.tab_active{border-top:3px solid red;width:100px;font-weight:700;
    background:#f2f2f2;height:33px;border-right:1px solid #ccc;
    border-left:1px solid #ccc;}
.none{display:none;}
.particulars li{display:inline;float:left;height:24px;line-height:24px;
    margin-right:20px;overflow:hidden;text-indent:5px;text-overflow:ellipsis;
    white-space:nowrap;width:206px;}
.price2{font-size:12px;font-weight:700;color:red;text-align:center;}
.tab_content3{width:670px;margin:0 auto;}
.tab_content3 table th{height:30px;background:#f2f2f2;text-align:center;}
.tab_content3 table td{text-align:center;height:40px;
    border-bottom:1px dashed #ccc;}
.right{float:left;}
article,footer,header,nav,section{display:block;}
.tab_content1 section{text-align:center;width:700px;}
.img_border{border:1px solid #ccc;margin-top:10px;}
```

9.5.3 实现【任务9-3】

本小节实现"Q-Walking E&S 漫步时尚广场"贯彻项目中的【任务9-3】"添加商品"页面,通过 HTML5 Form 表单对页面进行重构,如图 9-14 所示。

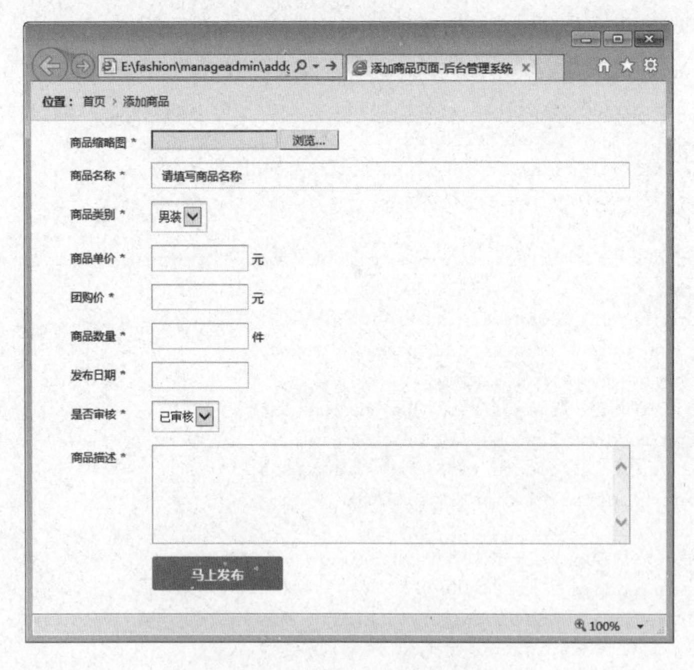

图 9-14 "添加商品"页面

"添加商品"页面对应的 HTML 部分,代码如下所示。

【任务9-3】 addgoods.html

```
<!doctype html>
<html>
```

```
<head>
<meta charset="utf-8">
<title>添加商品页面 - 后台管理系统</title>
<link href="css/layout.css" rel="stylesheet" type="text/css" />
<link href="css/add.css" rel="stylesheet" type="text/css" />
</head>
<body>
<div class="place"><span>位置：</span>
  <ul class="placeul">
    <li><a href="main.html" target="_parent">首页</a></li>
    <li><a href="#">添加商品</a></li>
  </ul>
</div>
<div class="formbody">
  <div  class="usual">
    <div class="tabson">
      <ul class="forminfo">
        <li>
          <label>商品缩略图<b>*</b></label>
          <input name="" type="file"  multiple="multiple"/>
        </li>
        <li>
          <label>商品名称<b>*</b></label>
          <input name="" type="text" class="dfinput" value="请填写商品名称"
                required="required" style="width:500px;"/>
        </li>
        <li>
          <label>商品类别<b>*</b></label>
          <div class="vocation">
            <select class="select3">
              <option>男装</option>
              <option>女装</option>
              <option>童装</option>
              <option>运动</option>
              <option>其他</option>
            </select>
          </div>
        </li>
        <li>
          <label>商品单价<b>*</b></label>
          <input name="price" class="dfinput" type="number"  required="required"
                style="width:100px;"/>
          元 </li>
        <li>
          <label>团购价<b>*</b></label>
          <input name="price" class="dfinput" type="number"  required="required"
                style="width:100px;"/>
          元 </li>
        <li>
          <label>商品数量<b>*</b></label>
          <input name="" type="number" class="dfinput"  required="required"
                style="width:100px;"/>
          件 </li>
```

```
        <li>
          <label>发布日期<b>*</b></label>
          <input name="date" type="date" class="dfinput"  required="required"
                 style="width:100px;"/>
        </li>
        <li>
          <label>是否审核<b>*</b></label>
          <div class="vocation">
            <select class="select3">
              <option>已审核</option>
              <option>未审核</option>
            </select>
          </div>
        </li>
        <li>
          <label>商品描述<b>*</b></label>
          <textarea name="content" rows="3" id="content"
                 style="width:500px;height:100px;"></textarea>
        </li>
        <li><label> </label>
          <input type="submit" class="btn" value="马上发布"/>
        </li>
      </ul>
    </div>
  </div>
</div>
</body>
</html>
```

在“添加商品”页面中，引入了后台公共样式文件 layout.css，代码如下。

【任务9-3】 layout.css

```
@charset "utf-8";
*{font-size:9pt;border:0;margin:0;padding:0;}
body{font-family:'微软雅黑'; margin:0 auto;}
ul,li{display:block;margin:0;padding:0;list-style:none;}
img{border:0;}
.date_text{font-size:12px; float:right;line-height:45px; padding-right:20px;}
dl,dt,dd{margin:0;padding:0;display:block;}
a,a:focus{text-decoration:none;color:#000;outline:none;}
a:hover{color:#00a4ac;text-decoration:none;}
table{border-collapse:collapse;border-spacing: 0;}
cite{font-style:normal;}
h2{font-weight:normal;}
.floatl{float:left;}
.floatr{float:right;}
input{font-family:Tahoma,'微软雅黑','宋体';}
.orange14{font-size:14px;font-weight:bold; color:orange;}
textarea{border:1px solid #a7b5bc;width:500px;height:60px;}
```

“添加商品”页面中，还引用了添加模块的样式文件 add.css，代码如下。

```
@charset "utf-8";
.place{height:40px; background:url(../images/righttop.gif) repeat-x;}
.place span{line-height:40px; font-weight:bold;float:left; margin-left:12px;}
```

```
.placeul li{float:left; line-height:40px; padding-left:7px; padding-right:12px;
    background:url(../images/rlist.gif) no-repeat right;}
.placeul li:last-child{background:none;}
.rightinfo{padding:8px;}
.tools{clear:both; height:35px; margin-bottom:8px;}
.toolbar{float:right;}
.toolbar li{background:url(../images/toolbg.gif) repeat-x; line-height:33px;
    height:33px; border:solid 1px #d3dbde; float:left; padding-right:10px;
     margin-right:5px;border-radius: 3px;  cursor:pointer;}
.toolbar li span{float:left; margin-left:10px; margin-right:5px;
    margin-top:5px;}
.toolbar1{float:right;}
.toolbar1 li{background:url(../images/toolbg.gif) repeat-x; line-height:33px;
    height:33px; border:solid 1px #d3dbde; float:left; padding-right:10px;
    margin-left:5px;border-radius: 3px; }
.toolbar1 li span{float:left; margin-left:10px; margin-right:5px;
    margin-top:5px;}
select{background:url(../images/inputbg.gif) repeat-x; height:32px;
    border-top:solid 1px #a7b5bc; border-left:solid 1px #a7b5bc;
    border-right:solid 1px #ced9df; border-bottom:solid 1px #ced9df;
    padding:5px;}
.sort{padding-left:3px;}
.table1 tr td{padding:3px;}
.table1 tr td b{ color:red;margin-left:5px;}
/*form*/
.formbody{padding:10px 18px;}
.formtitle{border-bottom:solid 1px #d0dee5; line-height:35px; position:relative;
    height:35px; margin-bottom:28px;}
.formtitle span{font-weight:bold;font-size:14px; border-bottom:solid 3px
    #66c9f3;float:left; position:absolute; z-index:100; bottom:-1px;
    padding:0 3px; height:30px; line-height:30px;}
.forminfo{padding-left:23px;}
.forminfo li{margin-bottom:13px; clear:both;}
.forminfo li label{width:86px;line-height:25px; display:block; float:left;}
.forminfo li i{color:#7f7f7f; padding-left:20px; font-style:normal;}
.forminfo li b{color:red;margin-left:5px;}
.forminfo li cite{display:block; padding-top:10px;}
.dfinput{width:345px; height:25px; line-height:25px; border-top:solid 1px
    #a7b5bc; border-left:solid 1px #a7b5bc; border-right:solid 1px #ced9df;
    border-bottom:solid 1px #ced9df;text-indent:10px;}
.textinput{border-top:solid 1px #a7b5bc; border-left:solid 1px #a7b5bc;
    border-right:solid 1px #ced9df; border-bottom:solid 1px #ced9df;
    background:url(../images/inputbg.gif) repeat-x; padding:10px; width:504px;
    height:135px; line-height:20px; overflow:hidden;}
.btn{width:137px;height:35px; background:url(../images/btnbg.png) no-repeat;
    font-size:14px;font-weight:bold;color:#fff; cursor:pointer;}
```

本章总结

小结

- HTML 5 能够充分发挥移动设备的优势；

- HTML 5 不仅仅是 HTML 规范的新版本，还是一系列用于页面设计的相关技术的总称，包括 HTML 5 核心规范、CSS 层叠样式表、JavaScript 脚本等技术；
- HTML 5 文件的扩展名与内容类型没有发生改变，仍然使用.html 或.htm 作为文件名的后缀，内容类型还是 text/html，但是在 DOCTYPE 声明和字符编码方面有所改变；
- HTML 5 中新增了许多文档结构方面的标签，能够更好地表达 HTML 文档的结构和语义；
- HTML 5 定义了一组新的语义化标签来描述元素的内容，可以简化页面设计，更有利于搜索引擎的检索与抓取；
- HTML 5 为<input>标签新增了许多类型，包括 email、url、range、datePickers 等；
- HTML 5 中提供了 checkValidity()和 setCustomValidity()方法，来实现用户自定义表单的验证。

Q&A

1. 问题：为了使页面元素可拖放，需将属性 draggable 设为 true，但图片为什么不需要设置该属性也可拖放？

回答：<img>标签默认是可拖动的，带有 href 属性的<a>标签默认也是可拖动的。IE 9+、Firefox、Opera 12、Chrome 以及 Safari 5 浏览器支持元素的拖放操作。

2. 问题：HTML 5 中新增的<input>标签，在有些浏览器显示时没有效果。

回答：HTML 5 是 HTML 的新版本，大多数浏览器从不支持到逐渐支持需要一个过程，浏览器厂商会在新版本中逐步支持，读者应及时更新浏览器版本来获得对 HTML 5 更好的支持。目前，新增的<input>标签在 Chrome 和 Opera 浏览器中支持较好，建议读者使用该浏览器最新版本查看页面效果。

章节练习

习题

1. HTML 5 中正确的 doctype 声明是________。

   A. <!DOCTYPE html>

   B. <!DOCTYPE HTML5>

   C. <!DOCTYPE html5>

   D. <!DOCTYPE HTML PUBLIC "-//W3C//DTD HTML 5.0//EN"
   "http://www.w3.org/TR/html5/strict.dtd">

2. 在 HTML 5 中，________元素用于组合标题元素。

   A. <header>　　　　B. <headers>

   C. <group>　　　　D. <hgroup>

3. 关于 HTML 5 的说法错误的是________。

   A. 标签不区分大小写

B. 所有属性的引号都可以省略

C. HTML 5 的内容类型还是 text/html 格式

D. 新增的语言标签可以简化页面设计,更有利于搜索引擎的检索与抓取

4. 下面不属于 HTML 5 文档的结构元素的是________。

A. <article>　　B. <section>

C. <datePickers>　　D. <aside>

5. 在 HTML 5 中,________输入类型用来定义数字滑动条。

A. slider　　B. search　　C. number　　D. range

6. 关于 datePickers 类型说法错误的是________。

A. date 类型可以选取年月日　　B. week 类型可以选取年月日周

C. month 类型可以选取年月　　D. datetime 可以选取年月日及时间

7. 关于 range 类型说法不正确的是________。

A. max 属性用于设置可输入的最大数值,默认为 100

B. min 属性用于设置可输入的最小数值,默认为 1

C. step 属性用于设置数值之间的合法间隔,默认步长为 1

D. value 属性用于设置文本框的默认值

8. ________属性用来说明表单元素与表单之间的关系。

A. form　　B. formtarget

C. formaction　　D. formmethod

上机

1. 训练目标:使用 HTML 5 页面元素实现"餐饮模块"页面。

培养能力	熟练使用 HTML 5+CSS 3 进行页面排版		
掌握程度	★★★★★	难度	较难
代码行数	300	实施方式	编码强化
结束条件	独立编写,不出错	涉及页面	foodDetail. html
参考训练内容			
(1) 使用<article>、<nav>、<section>和<footer>等元素实现页面全局排版,局部采用 DIV+UL+LI 等方式进行排版,效果如图 9-15 所示;			
(2) 使用 IE、FireFox 或 Chrome 浏览器查看页面效果			

2. 训练目标:对后台中的"添加餐饮"页面,通过 HTML 5 Form 进行重构。

培养能力	熟练使用 HTML 5 Form 表单元素		
掌握程度	★★★★★	难度	中
代码行数	150	实施方式	编码强化
结束条件	独立编写,不出错	涉及页面	addfood. html
参考训练内容			
(1) 使用 HTML 5 Form 表单元素对"添加餐饮"页面进行重构,如图 9-16 所示;			
(2) 使用 IE、FireFox 或 Chrome 浏览器查看页面效果			

图 9-15 “餐饮模块”页面

E:\fashion\manageadmin\addfc
添加餐饮页面-后台管理系统

位置： 首页 › 添加餐饮

美食缩略图 * 浏览...

美食名称 * 请填写美食名称

美食类别 * -选择美食类别- -选择子类别-

门店价 * 元

团购价 * 元

发布日期 *

是否审核 * 已审核

美食描述 *

马上发布

100%

图 9-16 “添加餐饮”页面

HTML 5进阶

本章任务是完成“Q-Walking E&S漫步时尚广场”的放大镜和购物车效果：

- 【任务10-1】实现“商品详情”页面中的商品切换效果。
- 【任务10-2】实现“商品详情”页面中的放大镜效果。
- 【任务10-3】实现购物列表中的购物车拖曳效果。

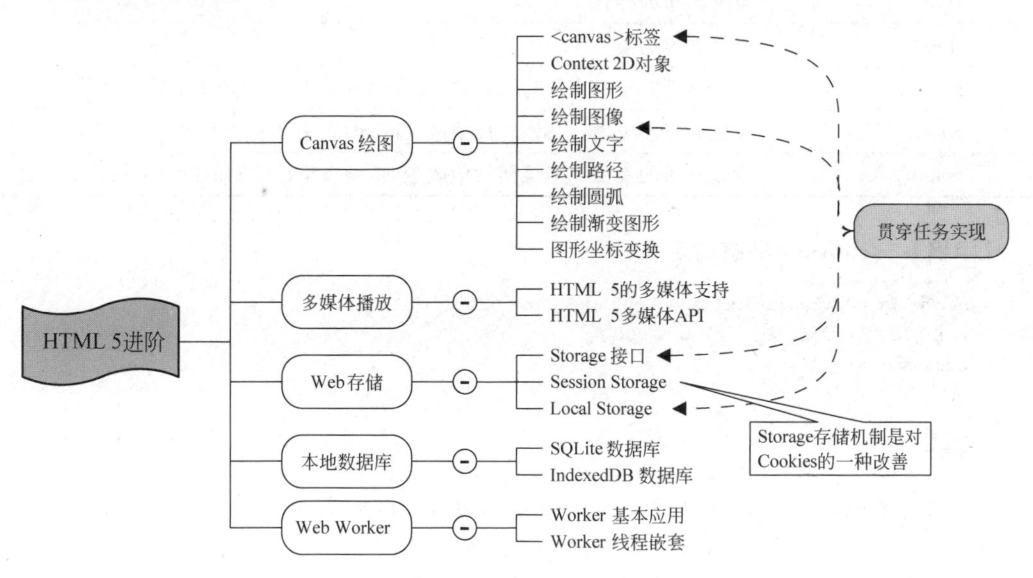

本章目标

知 识 点	Listen（听）	Know（懂）	Do（做）	Revise（复习）	Master（精通）
Canvas 绘图	★	★	★	★	★
多媒体播放	★	★	★	★	
Web 存储	★	★	★	★	★

续表

知　识　点	Listen(听)	Know(懂)	Do(做)	Revise(复习)	Master(精通)
本地数据库	★	★	★		
Web Worker	★	★	★		

10.1　Canvas 绘图

HTML 5 中新增了< canvas >标签,用于在页面中绘制图形。但< canvas >标签仅仅是一块空白的“画布”,并不会绘制图形,页面设计者需要通过 JavaScript 脚本对其进行绘制。

10.1.1　<canvas >标签

< canvas >标签与其他 HTML 标签并没有太大区别,其常用的属性如表 10-1 所示。

表 10-1　< canvas >标签常用的属性

属　性	描　述
id	设置画布的 ID 名
style	设置画布的样式
class	设置画布的类
hidden	设置是否隐藏。当值为 true 时,隐藏画布;为 false 则正常显示
width	设置画布的宽度。当该属性值改变时,画布中已绘制的图形会被擦除
height	设置画布的高度。当该属性值改变时,画布中已绘制的图形会被擦除

【示例】　<canvas >标签的定义

```
<canvas id = "myCanvas" width = "200" height = "200"
    style = "border:1px solid #000">
</canvas>
```

注意

改变< canvas >标签的 width 或 height 属性值,都会造成画布中已绘制的图形被擦除。

使用< canvas >标签进行绘图的步骤如下。

(1) 在页面中定义< canvas >标签,并为其添加 width 和 height 属性;

(2) 在 JavaScript 脚本中,通过 document. getElementById( ) 等方法获得该 canvas 对象;

(3) 调用 canvas 对象的 getContext( ) 方法,返回一个图形上下文对象(Graphics Context),Context 对象中提供了许多绘图方法,例如 getContext("2D") 方法返回一个 CanvasRenderingContext2D 对象,用于绘制二维图形;

(4) 调用 CanvasRenderingContext2D 对象中相应的绘制方法，实现绘图功能。

下述代码演示了如何在画布上绘制一个粉红色的矩形。

【代码 10-1】 drawCanvas.html

```
<!doctype html>
<html>
<head>
    <meta charset="utf-8">
    <title>Canvas 绘图示例</title>
</head>
<body>
    <canvas id="myCanvas" width="200" height="200"
        style="border:1px solid #000">
    </canvas>
    <script type="text/javascript">
        var canvas = document.getElementById("myCanvas");
        var context = canvas.getContext("2d");
        context.fillStyle = "#FF6688";
        context.fillRect(30,30,100,100);
    </script>
</body>
</html>
```

在上述代码中，fillStyle 属性用于设置绘图填充颜色，fillRect()方法用于绘制一个矩形区域。在 IE 浏览器中运行效果如图 10-1 所示。

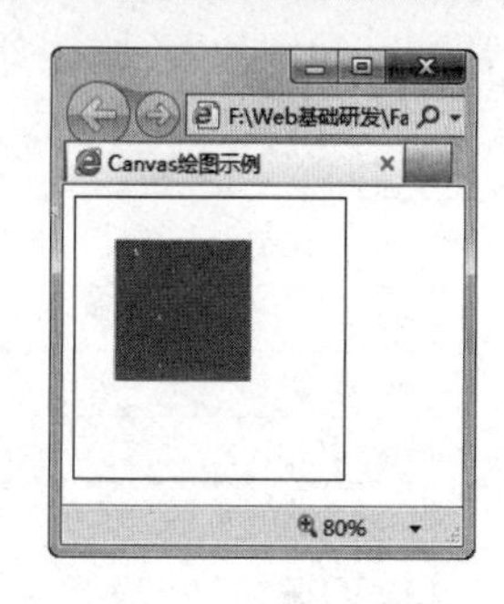

图 10-1 Canvas 绘图

10.1.2 CanvasRenderingContext2D 对象

通过 canvas.getContext(contextID)方法返回一个具有绘图功能的 context 对象，要为不同的绘制类型(二维、三维)提供不同的环境。目前，参数 contextID 只能为 2d，表示该方法返回一个 CanvasRenderingContext2D 对象，用于绘制二维图形。

注意

> 到目前为止，HTML 5 仅支持二维绘制。HTML 5 为将来的三维绘制预留了扩展空间，当< canvas >标签扩展到支持 3D 绘图时，getContext()方法可能允许传递一个"3d"字符串参数。

CanvasRenderingContext2D 对象是 HTML 5 绘图中的核心对象，通过其属性控制绘图的各种风格，如表 10-2 所示。

表 10-2 CanvasRenderingContext2D 对象的属性列表

属　性	描　述
fillStyle	用于设置填充的样式。可以是颜色或模式
strokeStyle	用于设置画笔的样式。可以是颜色或模式
globalCompositeOperation	设置全局的叠加效果

续表

属　性	描　述
globalAlpha	用于指定在画布上绘制内容的透明度。取值范围为 0.0(完全透明)～1.0(完全不透明),默认为 1.0
lineCap	用于设置线段端点的绘制形状。取值可以是 butt(默认,不绘制端点)、round(圆形端点)、square(方形端点)
lineJoin	用于设置线条连接点的风格。取值可以是 miter(锐角)、round(圆角)、bevel(切角)
lineWidth	用于设置画笔的线条宽度。该属性值必须大于 0.0,默认是 1.0
miterLimit	当 lineJoin 属性为 miter 时。该属性用于控制锐角箭头的长度
shadowBlur	设置阴影的模糊度。默认值为 0
shadowColor	设置阴影的颜色。默认值为 black
shadowOffsetX	设置阴影的水平偏移。默认值为 0
shadowOffsetY	设置阴影的垂直偏移。默认值为 0
font	用于设置绘制字符串时所用的字体
textAlign	设置绘制字符串的水平对齐方式。可以为 start、end、left、right、center 等
textBaseAlign	设置绘制字符串的垂直对齐方式。可以是 top、middle、bottom 等

CanvasRenderingContext2D 对象中还提供了许多绘图功能,例如绘制矩形、直线、曲线、文字和图片等功能,如表 10-3 所示。

表 10-3　CanvasRenderingContext2D 对象的方法列表

方　法	描　述
arc()	使用一个中心点和半径以及开始角度、结束角度来绘制一条弧
arcTo()	使用切点和半径来绘制一条圆弧
beginPath()	在一个画布中开始定义新的路径
closePath()	关闭当前定义的路径
createLinearGradient()	创建一个线性颜色渐变
createRadialGradient()	创建一个放射颜色渐变
createPattern()	创建一个图片平铺
fill()	使用 fillStyle 属性所指定的颜色或样式来填充当前路径
fillRect()	使用 fillStyle 属性所指定的颜色或样式来填充指定的矩形
fillText()	使用 fillStyle 属性所指定的颜色或样式来填充字符串
clearRect()	擦除指定矩形区域上绘制的图形
stroke()	绘制画布中的当前路径
strokeRect()	绘制一个矩形框(并不填充矩形的内部)
strokeText()	绘制字符串的边框
drawImage()	在画布中绘制一幅图像
lineTo()	绘制一条直线
moveTo()	将当前路径的结束点移动到指定的位置
rect()	向当前路径中添加一个矩形
clip()	从画布中截取一块区域
bezierCurveTo()	为当前路径添加一个三次贝塞尔曲线
quadraticCurveTo()	为当前路径添加一个二次贝塞尔曲线

续表

方　法	描　述
save()	保存当前的绘图状态
restore()	恢复之前保存的绘图状态
rotate()	旋转画布的坐标系统
scale()	缩放画布的用户坐标系统
translate()	平移画布的用户坐标系统

10.1.3 绘制图形

在 CanvasRenderingContext2D 对象提供的绘制方法中，常用的有绘制矩形、圆形和弧形等方法。

1. 绘制矩形

fillRect()方法用于填充一个矩形区域，其语法格式如下。

【语法】

```
fillRect(x,y,width,height)
```

其中：

- 参数 x、y 分别表示矩形左上角所对应的 x 和 y 坐标；
- 参数 width、height 分别表示矩形的宽度和高度。

当使用 fillRect()方法绘制矩形区域时，通过 fillStyle 属性设置矩形填充的颜色或样式。

【示例】

```
var canvas = document.getElementById("myCanvas");
var context = canvas.getContext("2d");
//设置填充颜色
context.fillStyle = "#FF6688";
//进行填充一个矩形
context.fillRect(30,30,100,100);
```

2. 绘制矩形边框

strokeRect()方法用于绘制一个矩形边框，中心区域并不进行填充，其语法格式如下。

【语法】

```
strokeRect(x,y,width,height)
```

其中：

- 参数 x、y 分别表示矩形左上角所对应的 x 和 y 坐标；
- 参数 width 和 height 分别表示矩形的宽度和高度。

当绘制矩形边框时，strokeStyle 属性用于设置边框的颜色或样式，lineWidth 属性用于设置边框的宽度，lineJoin 属性用于设置矩形边角的形状。

下述代码演示了使用 strokeRect()方法绘制不同的矩形边框。

【代码 10-2】 strokeRect.html

```
<!doctype html>
<html>
<head>
    <meta charset="utf-8">
    <title>Canvas绘制矩形框</title>
</head>
<body>
    <canvas id="myCanvas" width="350" height="150"
        style="border:1px solid #000"></canvas>
    <script type="text/javascript">
        var canvas=document.getElementById("myCanvas");
        var context=canvas.getContext("2d");
        context.strokeStyle="#000";
        context.lineWidth=15;
        //绘制圆角矩形框
        context.lineJoin="round";
        context.strokeRect(20,20,80,80);
        //绘制切角矩形框
        context.lineJoin="bevel";
        context.strokeRect(120,20,80,80);
        //绘制尖角矩形框
        context.lineJoin="miter";
        context.strokeRect(220,20,80,80);
    </script>
</body>
</html>
```

上述代码中，分别绘制了圆角(round)、切角(bevel)、锐角(miter)三种形式的矩形边框。代码在浏览器中的运行结果如图 10-2 所示。

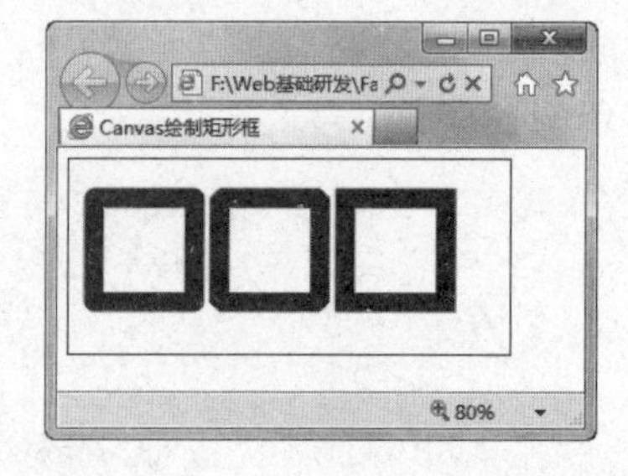

图 10-2　绘制矩形框

10.1.4　绘制图像

CanvasRenderingContext2D 对象中还提供了绘制图像的功能。当在画布中绘制图像时，允许对图像的绘制位置、缩放、裁剪、平铺以及图像的像素等进行处理。

1. 绘制图像

drawImage()方法用于在画布中绘制一幅图像，其语法格式如下。

【语法】

```
drawImage(image, x, y)
drawImage(image, x, y, width, height)
drawImage(image, sourceX, sourceY, sourceWidth, sourceHeight, destX, destY,
        destWidth, destHeight)
```

其中：

- 参数 image 表示所要绘制的图像；

- 参数 x、y 表示所绘制图像的左上角的画布坐标；
- 参数 width、height 表示所绘图像的宽度与高度，用于实现图片的缩放效果；
- 参数 sourceX、sourceY 表示在绘制图像时，从源图像的哪个位置开始绘制；
- 参数 sourceWidth、sourceHeight 表示在绘制图像时，需要绘制源图像的宽度和高度；
- 参数 destX、destY 表示所绘图像区域的左上角的画布坐标；
- 参数 destWidth、destHeight 表示所绘图像区域的宽度与高度。

下述代码演示了使用 drawImage()方法绘制图像。

【代码 10-3】 drawImage.html

```
<!doctype html>
<html>
<head>
    <meta charset="utf-8">
    <title>Canvas绘制图像</title>
</head>
<body>
    <canvas id="myCanvas" width="490" height="170"
        style="border:1px solid #000"></canvas>
    <script type="text/javascript">
        var width = 80;
        var height = 100;
        var canvas = document.getElementById("myCanvas");
        var context = canvas.getContext("2d");
        var img = new Image();
        img.src = "images/girl_little.jpg";
        //绘制一幅图像
        context.drawImage(img,10,10);
        //绘制一幅图像，并可以调整其宽度与高度
        context.drawImage(img,120,10,80,120);
        //从原图中进行裁剪，并进行绘制
        context.drawImage(img,10,10,width,height,210,10,width,height);
        //将裁剪的区域进行放大
        context.drawImage(img,10,10,width,height,310,10,width * 1.1,height * 1.1);
        //将裁剪的区域进行缩小
        context.drawImage(img,10,10,width,height,410,10,width * 0.8,height * 0.8);
    </script>
</body>
</html>
```

上述代码中，依次绘制了六幅图像，分别实现了原图绘制、图像缩小、图像裁剪、裁剪区域的放大和裁剪区域的缩小效果，如图 10-3 所示。

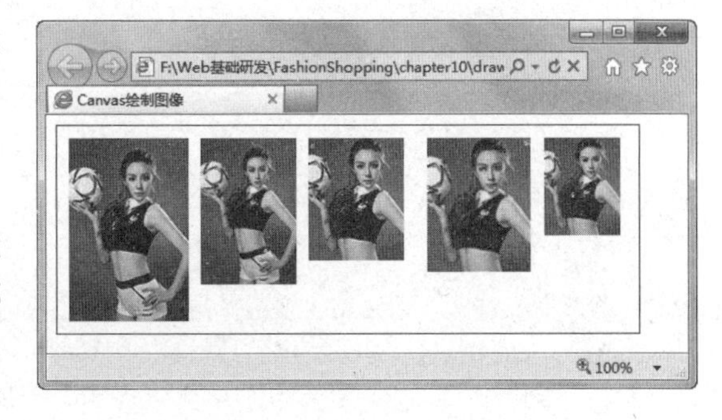

图 10-3 Canvas 绘制图像

当使用 drawImage()方式绘制图像时，经常因为网络上的图像比较大而导致不能立即显示，用户需要耐心等待直到图像全部加载完毕后才能显示出来。

针对上述问题，可以通过 Image 对象的 onload 事件来实现图像边加载边绘制的效

果，无须等待图像全部加载完。

【示例】 图像加载时绘制图像

```
image.onload = function(){
//绘制图像...
};
```

2. 图像平铺

图像平铺是一种比较重要的技术，用于将图像按照一定比例缩放后对画布进行平铺。实现图像平铺的方式有两种。

(1) 采用前面讲过的 drawImage()方法循环平铺；

(2) 通过 createPattern()方法来实现。

createPattern()方法用于创建一种图像平铺模式，返回一个 CanvasPattern 对象，该对象可用作为 strokeStyle 或 fillStyle 的属性值，其语法格式如下。

【语法】

```
var pattern = createPattern(image, repetitionStyle);
```

其中：

- 参数 image 表示所要绘制的图像；
- 参数 repetitionStyle 表示平铺方式，取值为 repeat(双向平铺)、repeat-x(x 方向平铺)、repeat-y(y 方向平铺)和 no-repeat(不平铺)。

下面演示了使用 createPattern()方法实现图像背景平铺和图像边框。

【代码 10-4】 **repetitionImage.html**

```
<!doctype html>
<html>
  <head>
    <meta charset = "utf-8">
    <title>Canvas 图像平铺</title>
  </head>
  <body>
    <canvas id = "myCanvas1" width = "300" height = "280"
        style = "border:1px solid #000"></canvas>
    <canvas id = "myCanvas2" width = "300" height = "280"
        style = "border:1px solid #000"></canvas>
    <script type = "text/javascript">
        //在画布中对图片进行平铺
        function fillImageContext(){
            var canvas = document.getElementById("myCanvas1");
            var context = canvas.getContext("2d");
            var img = new Image();
            img.src = "images/girl_little.jpg";
            img.onload = function(){
                var pattern = context.createPattern(img,"repeat");
                context.fillStyle = pattern;
                context.fillRect(0,0,400,300);
            };
```

```
        }
        //对绘制区域的边框使用图片进行填充
        function drawImageBorder(){
            var canvas = document.getElementById("myCanvas2");
            var context = canvas.getContext("2d");
            context.lineWidth = 40;
            context.fillStyle = "#eee";
            context.fillRect(0,0,300,280);
            varimg = new Image();
            img.src = "images/girl_little.jpg";
            img.onload = function(){
                var pattern = context.createPattern(img,"repeat");
                context.strokeStyle = pattern;
                context.strokeRect(35,45,230,200);
            };
        }
        fillImageContext();
        drawImageBorder();
    </script>
  </body>
</html>
```

上述代码中，在第一个画布中使用图像进行平铺效果，在第二个画布中仅对绘制区域的边框使用图像进行填充。在IE浏览器中运行结果如图10-4所示。

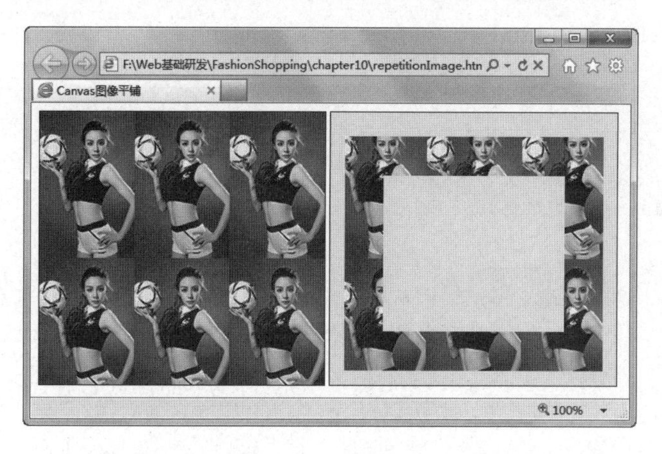

图10-4　图像平铺

3. 像素处理

HTML 5中的Canvas API中不仅提供了对图像进行裁剪、放大和缩小的功能，还提供了像素级的处理技术。在图像中，每个像素都是由红(R)、绿(G)、蓝(B)和透明度(A)四部分构成，通过对每个像素的RGBA处理来实现图像的颜色变换、透明度调整等效果。

通过getImageData()方法获得图像中的像素集合，其语法格式如下。

【语法】

```
var imgData = context.getImageData(sourceX,sourceY,width,height);
```

其中：

- 参数 sourceX、sourceY 分别表示所获取区域的左上角的 x、y 坐标；
- 参数 width、height 分别表示所获取区域的宽度和高度；
- 返回值 imgData 是一个 CanvasPixelArray 对象，具有 height、width、data 等属性；
- data 属性是一个保存像素集合的数组，数据格式为“[r1,g1,b1,a1,r2,g2,b2,a2,…]”的形式，r1、g1、b1、a1 分别代表第一个像素的红色值、绿色值、蓝色值、透明度，其他依次类推；
- 像素的个数为 data.length/4。

获得图像的像素后，允许对每个像素单独进行处理。当像素处理完毕后，再通过 putImageData()方法将处理过的像素集合绘制到画布中，其语法格式如下。

【语法】

```
context.putImageData(imgData,x,y,[dirtyX,dirtyY,dirtyWidth,dirtyHeight]);
```

其中：

- 参数 imgData 表示需要绘制的像素集合；
- 参数 x、y 分别表示所绘图像在画布上开始位置的 x、y 坐标；
- 参数 dirtyX、dirtyY(可选)，分别表示所绘制图像开始位置的 x、y 坐标；
- 参数 dirtyWidth、dirtyHeight(可选)分别表示所绘制图像的宽度和高度。

下述代码演示了图像的像素处理。

【代码 10-5】 pixelProcess.html

```
<!doctype html>
<html>
  <head>
    <meta charset="utf-8">
    <title>Canvas 像素处理</title>
  </head>
  <body>
    <canvas id="myCanvas" width="600" height="150"
        style="border:1px solid #000"></canvas><br/>
    <input type="button" value="原图" onClick="showNormalImage()"/>
    <input type="button" value="红色通道" onClick="showChannel('red')"/>
    <input type="button" value="绿色通道" onClick="showChannel('green')"/>
    <input type="button" value="蓝色通道" onClick="showChannel('blue')"/>
    <input type="button" value="反相显示" onClick="showChannel('reverse')"/>
    <input type="button" value="半透明" onClick="showChannel('transparent')"/>
    <input type="button" value="清空画布" onClick="clearCanvas()"/>
    <script type="text/javascript">
        function showNormalImage(){
            var canvas = document.getElementById("myCanvas");
            var context = canvas.getContext("2d");
            context.clearRect(0,0,350,150);
            var img = new Image();
            img.src = "images/girl_little.jpg";
            img.onload = function(){
                context.drawImage(img,0,0);
```

```
            };
        }
        function showChannel(channel){
            var canvas = document.getElementById("myCanvas");
            var context = canvas.getContext("2d");
            var x = 0, y = 0;                    //图像左上角在画布中的位置
            var img = new Image();
            img.src = "images/girl_little.jpg";
            img.onload = function(){
                context.drawImage(img,0,0);
                var imageData = context.getImageData(0,0,img.width,img.height);
                var num = imageData.data.length;
                for(var i = 0;i < num;i = i + 4){
                    if(channel == 'red'){
                        imageData.data[i + 0] = 255;
                        x = 100;
                    }else if(channel == 'green'){
                        imageData.data[i + 1] = 255;
                        x = 200;
                    }else if(channel == 'blue'){
                        imageData.data[i + 2] = 255;
                        x = 300;
                    }else if(channel == 'reverse'){
                        imageData.data[i + 0] = 255 - imageData.data[i + 0];
                        imageData.data[i + 1] = 255 - imageData.data[i + 1];
                        imageData.data[i + 2] = 255 - imageData.data[i + 2];
                        x = 400;
                    }else if(channel == 'transparent'){
                        imageData.data[i + 3] = 125;
                        x = 500;
                    }
                }
                context.putImageData(imageData,x,y);
            };
        }
        function clearCanvas(){
            var canvas = document.getElementById("myCanvas");
            var context = canvas.getContext("2d");
            context.clearRect(0,0,600,150);
        }
    </script>
  </body>
</html>
```

在上述代码中，通过 getImageData()方法获得整个图像的像素集合；data[i+0]、data[i+1]、data[i+2]和 data[i+3]代表某个像素的红色值、绿色值、蓝色值和透明度，通过调整像素的 RGBA 参数来完成图像处理；最后通过 putImageData()方法将处理过的像素集合绘制到画布的指定位置。clearRect()方法用于对画布的指定区域进行擦除。

代码在 IE 浏览器中运行结果如图 10-5 所示，依次单击相应按钮分别显示图像的原图、

红色通道、绿色通道、蓝色通道、反相效果、半透明效果以及清空画布。

图 10-5 像素处理

注意

Canvas 的高度与宽度需要使用 width 和 height 属性进行设置，而使用 CSS 样式(包含行内样式)设置宽度与高度时，绘制的图像比例会发生变化。

10.1.5 绘制文字

HTML 5 中，在 Canvas 画布中还可以绘制文字，并设置文字的样式、对齐方式和纹理填充等效果。绘制文字的方法有 fillText()和 strokeText()方法，fillText()方法用于填充方式绘制文字内容，而 strokeText()方法用于绘制文字轮廓。绘制文字的语法格式如下。

【语法】

```
fillText(text,x,y,[maxWidth]);
strokeText(text,x,y,[maxWidth]);
```

其中：

- 参数 text 表示所要绘制的文本；
- 参数 x、y 分别表示所绘制文本的 x 和 y 坐标；
- 参数 maxWidth(可选)，表示允许的最大文本宽度，单位为像素。

在绘制文本之前，可以使用 font、textAlign、textBaseline 属性设置绘制文本的字体、对齐方式以及文本的基线，而 shadowBlur、shadowColor、shadowOffsetX 和 shadowOffsetY 属性用来设置文字阴影效果。

textBaseline 属性的取值范围为 alphabetic(默认)、top、hanging、middle、ideographic 和 bottom，效果如图 10-6 所示。

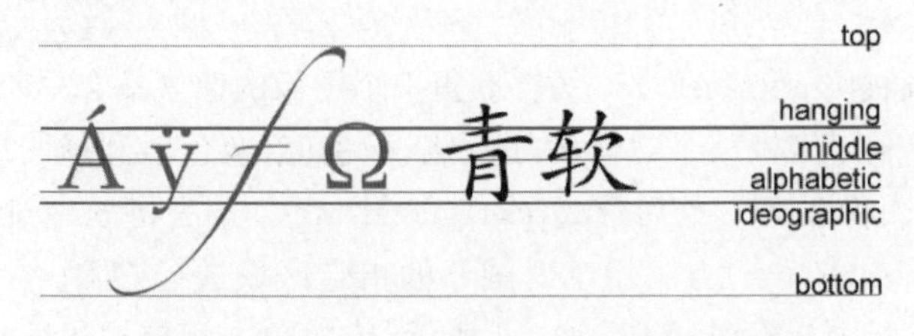

图 10-6　textBaseline 属性支持的各种基线

下述代码演示了 textBaseline 属性各种取值情况。

【示例】 textBaseline 属性各种取值情况

```
<canvas id="myCanvas" width="400" height="200" style="border:1px solid #d3d3d3;">
</canvas>
<script>
    var c = document.getElementById("myCanvas");
    var ctx = c.getContext("2d");
    ctx.strokeStyle = "blue";
    ctx.moveTo(5,100);
    ctx.lineTo(395,100);
    ctx.stroke();
    ctx.font = "20px Arial"
    ctx.textBaseline = "top";
    ctx.fillText("Top",5,100);
    ctx.textBaseline = "bottom";
    ctx.fillText("Bottom",50,100);
    ctx.textBaseline = "middle";
    ctx.fillText("Middle",120,100);
    ctx.textBaseline = "alphabetic";
    ctx.fillText("Alphabetic",190,100);
    ctx.textBaseline = "hanging";
    ctx.fillText("Hanging",290,100);
</script>
```

上述代码所产生的效果如图 10-7 所示。

Top Bottom Middle Alphabetic Hanging

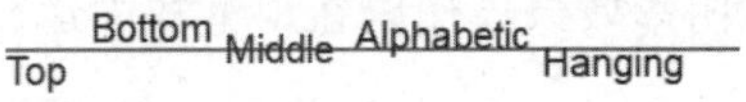

图 10-7　textBaseline 属性对应的效果

在绘制文本时，使用 fillStyle 或 strokeStyle 属性来设置绘制文本的颜色、渐变及图案等样式。下述代码演示了文本绘制和阴影效果。

【代码 10-6】 drawText.html

```
<!doctype html>
<html>
  <head>
    <meta charset="utf-8">
    <title>Canvas 绘制文字</title>
  </head>
  <body>
    <canvas id="myCanvas" width="580" height="220"
        style="border:1px solid #000"></canvas>
    <script type="text/javascript">
        var canvas = document.getElementById("myCanvas");
        var context = canvas.getContext("2d");
        //绘制文字
        var text = "青软实训 QST";
        //绘制原始样式
        context.fillText(text,10,30);
        //设置填充样式
        context.fillStyle = "red";
        context.font = "italic bold 20px 隶书";
        context.fillText(text,80,30);
        //设置文字轮廓样式及文字背景颜色
```

```
        context.strokeStyle = "black";
        context.fillStyle = "lightgrey";
        context.font = "80px 隶书";
        context.fillText(text,10,90);
        context.strokeText(text,10,90);
        //使用图片作为文字的边框
        var img = new Image();
        img.src = "images/text_bg.jpg";
        var pattern = context.createPattern(img,"repeat");
        context.strokeStyle = pattern;
        context.lineWidth = 4;
        context.font = "100px 宋体";
        //设置文字阴影效果
        context.shadowOffsetX = 5;
        context.shadowOffsetY = 5;
        context.shadowBlur = 5;
        context.shadowColor = "grey";
        context.strokeText(text,10,190);
    </script>
  </body>
</html>
```

在上述代码中,第一个字符串原样显示;第二个字符串采用红色、隶书、加粗和倾斜样式;第三个字符串采用灰底描边;第四个字符串使用指定的图像作为字体轮廓,并为其添加阴影效果。代码在浏览器中运行结果如图 10-8 所示。

图 10-8　Canvas 绘制文字

10.1.6　绘制路径

CanvasRenderingContext2D 对象中提供了一组方法,用于绘制一组独立的线条(又称子路径),这些线条组合到一起构成图形,即路径(Path)绘制图形。在绘制路径时,画布上的每一条子路径都是以上一条路径的终点作为起点。路径的绘制方法有 beginPath()、closePath()、isPointInPath()、lineTo()、moveTo()、fill()和 stroke()等,如表 10-3 所示。

在绘制路径时,首先获得图形上下文对象 Context,然后根据以下步骤进行绘制。

(1) 开始创建路径;

(2) 创建图形路径;

(3) 路径创建完成后,关闭路径;

（4）设定绘制样式，调用绘制方法，绘制路径。

下述代码演示了使用路径绘制图形。

【代码 10-7】 drawPath.html

```
<!doctype html>
<html>
  <head>
    <meta charset="utf-8">
    <title>Canvas 绘制路径</title>
  </head>
  <body>
    <canvas id="myCanvas" width="450" height="200"
        style="border:1px solid #000"></canvas>
    <script type="text/javascript">
        var canvas = document.getElementById("myCanvas");
        var context = canvas.getContext("2d");
        //开始创建路径
        context.beginPath();
        //设定起始点
        context.moveTo(30,30);
        //从(30,30)到(80,80)绘制直线
        context.lineTo(80,80);
        //从(80,80)到(60,150)绘制直线
        context.lineTo(60,150);
        //关闭路径
        context.closePath();
        //设定绘制样式
        context.fillStyle = "lightgrey";
        //进行填充
        context.fill();

        //开始创建路径
        context.beginPath();
        //设定起始点
        context.moveTo(100,30);
        //绘制折线
        context.lineTo(150,80);
        context.lineTo(200,60);
        context.lineTo(150,150);
        context.lineWidth = 4;
        context.strokeStyle = "black";
        //沿着当前路径绘制或画一条直线
        context.stroke();
        //进行填充
        context.fill();

        //开始创建路径
        context.beginPath();
        //设定起始点
```

```
        context.moveTo(230,30);
        //绘制折线
        context.lineTo(300,150);
        context.lineTo(350,60);
        context.closePath();
        //沿着当前路径绘制或画一条直线
        context.stroke();
        //绘制矩形路径
        context.beginPath();
        context.rect(400,30,50,120);
        context.stroke();
        context.fill();
    </script>
  </body>
</html>
```

上述代码绘制了四个图形。

(1) 在第一个图形中，绘制了两条直线，然后使用 closePath()方法关闭路径，最后使用 fill()方法进行填充。

(2) 在第二个图形中，绘制了三条子路径，但没有闭合图形，当使用 fill()和 stroke()方法进行填色时，填充色的绘制方式采用闭合方式进行，而边线仅会沿着已定义的子路径进行绘制。

(3) 在第三个图形中，虽然仅仅绘制两条直线，但是使用 closePath()方法关闭路径，所以绘制路径时会将终点与起点通过直线连接起来。

(4) 在第四个图形中，直接使用 rect()方法绘制了一个矩形路径，并进行填充。

代码运行效果如图 10-9 所示。

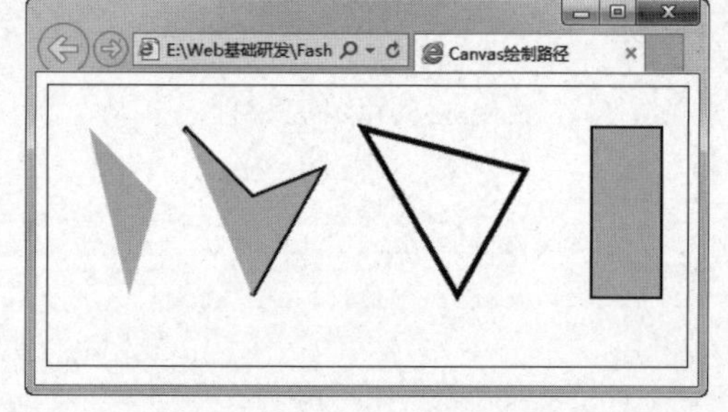

图 10-9 使用路径绘制图形

10.1.7 绘制圆弧

在 HTML 5 中提供了两个绘制圆弧的方法。

(1) arc()方法使用一个圆点和半径的方式绘制一条圆弧路径；

(2) arcTo()方法使用切点和半径的方式绘制一条圆弧路径。

arc()方法对应的语法格式如下：

【语法】

```
arc(x, y, radius, startAngle, endAngle, counterClockWise)
```

其中：

- 参数 x、y 分别表示所绘弧的圆心的 x 和 y 坐标；
- 参数 radius 表示圆弧的半径；
- 参数 startAngle 表示沿着圆指定弧的开始点的角度；

- 参数 endAngle 表示沿着圆指定弧的结束点的角度；
- 参数 counterClockWise 表示弧是沿着圆周的逆时针方向(true)还是顺时针方向(false)，如图 10-10 所示。

arcTo()方法对应的语法格式如下。

【语法】

```
arcTo(x1, y1, x2, y2, radius)
```

其中：

- 参数 arcTo()方法的绘图原理如图 10-11 所示，其中 P0 为起始点；

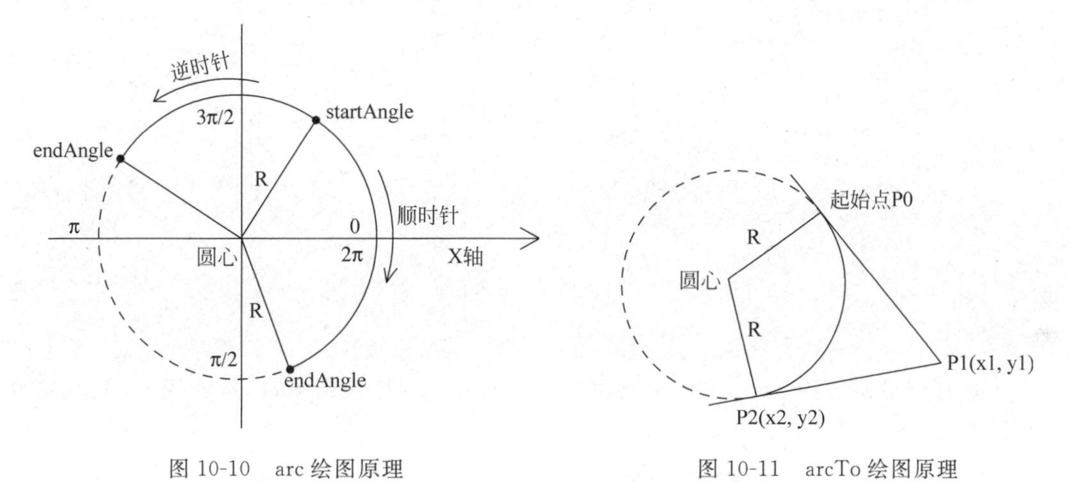

图 10-10　arc 绘图原理　　图 10-11　arcTo 绘图原理

- 参数 x1、y1 分别是点 P1 的 x、y 坐标，P0P1 为圆弧的切线，P0 为切点；
- 参数 x2、y2 分别是点 P2 的 x、y 坐标，P1P2 为圆弧的切线，P2 为切点；
- 参数 radius 表示圆弧的对应半径。

下述代码演示了使用 arc()和 arcTo()方法绘制圆弧。

【代码 10-8】 drawCurve.html

```
<!doctype html>
<html>
  <head>
    <meta charset="utf-8">
    <title>Canvas 绘制弧形</title>
  </head>
  <body>
    <canvas id="myCanvas" width="400" height="160"
        style="border:1px solid #000"></canvas>
    <script type="text/javascript">
        var canvas = document.getElementById("myCanvas");
        var context = canvas.getContext("2d");
        //设定绘制样式
        context.fillStyle = "lightgrey";
        context.lineWidth = 2;
        //0～π/2 逆时针绘制圆弧
        context.beginPath();
```

```
            context.arc(80,80,60,0,Math.PI * 1/2,true);
            context.stroke();
            context.fill();
            //0～π/2 顺时针绘制圆弧
            context.beginPath();
            context.arc(180,50,60,0,Math.PI * 1/2,false);
            context.stroke();
            context.fill();
            //π/2～3π/2 顺时针绘制扇形
            context.beginPath();
            context.moveTo(350,100);
            context.arc(350,100,60,Math.PI,Math.PI * 3/2,false);
            context.closePath();
            context.stroke();
            context.fill();
            //使用 arcTo()方法绘制圆弧
            context.beginPath();
            context.moveTo(400,10);
            context.arcTo(500,10,500,110,100);
            context.stroke();
            context.fill();
        </script>
    </body>
</html>
```

上述代码分别使用 arc()方法沿顺时针和逆时针方向绘制圆弧，以及使用 arcTo()方法绘制圆弧，如图 10-12 所示。

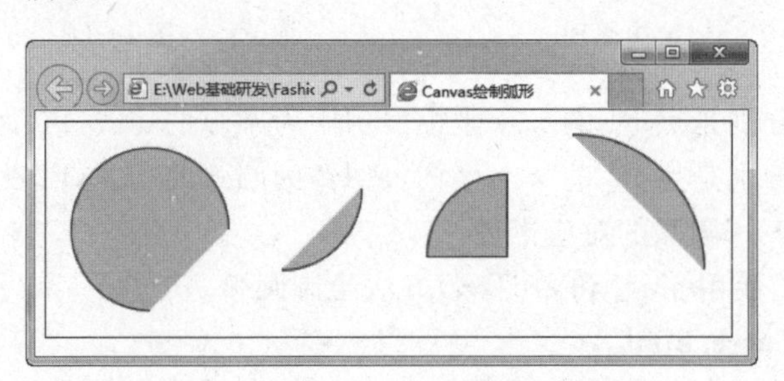

图 10-12　使用 arc()和 arcTo()方式绘图

下述代码演示了使用路径绘制圆饼图。

【代码 10-9】 drawPieChart.html

```
<!doctype html>
<html>
    <head>
        <meta charset="utf-8">
        <title>Canvas 绘制圆饼图</title>
    </head>
    <body>
        <canvas id="myCanvas" width="300" height="200"
            style="border:1px solid #000"></canvas>
        <script type="text/javascript">
            var canvas = document.getElementById("myCanvas");
```

```
        var context = canvas.getContext("2d");
        //设定各区域的填充颜色
        var color = ["#27255F","#77D1F6","#2F368F","#3666B0","#2CA8E0"];
        //设定个区域弧度所占比例,总数为 100
        var data = [15,30,15,20,20];
        //调用函数
        drawCircle();
        //函数的声明
        function drawCircle(){
            var startPoint = Math.PI * 3/2;
            for(var i = 0;i < data.length;i++){
                context.fillStyle = color[i];
                context.strokeStyle = color[i];
                //开始创建路径
                context.beginPath();
                //开始创建路径
                context.moveTo(150,100);
                //开始创建路径
                context.arc(150,100,90,startPoint,
                        startPoint - Math.PI * 2 * (data[i]/100),true);
                context.fill();
                context.stroke();
                //计算下一个扇形的开始角度
                startPoint -= Math.PI * 2 * (data[i]/100);
            }
        }
    </script>
  </body>
</html>
```

上述代码在 IE 浏览器中运行结果如图 10-13 所示。

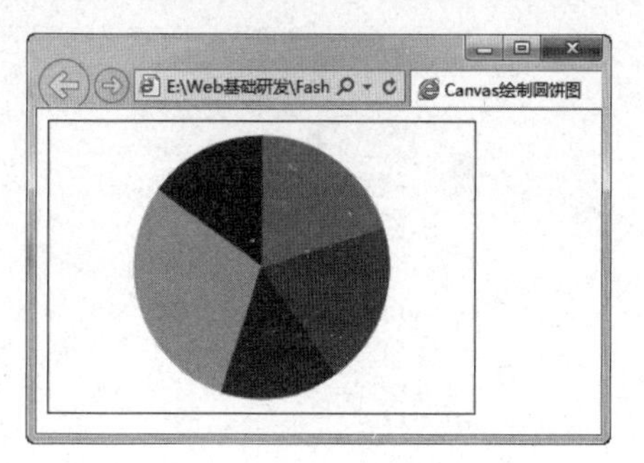

图 10-13　圆饼图

10.1.8　绘制渐变图形

在绘制图形时,不仅可以使用某一颜色作为填充色,还可以使用渐变颜色作为填充色。当使用渐变颜色作为填充色时,fillStyle 属性值为一个渐变的填充对象。

渐变是指在填充时从一种颜色慢慢过渡到另外一种颜色。渐变分为两种方式:线性渐变和径向渐变。

1. 线性渐变

线性渐变(Liner Gradient)是指沿着一条直线设定要用的若干颜色,颜色之间形成渐变色。在绘制线性渐变时,可以通过 createLinearGradient()方法来获得一个 LinearGradient 对象,其语法格式如下。

【语法】

```
var gradient = context.createLinearGradient(xStart, yStart, xEnd, yEnd)
```

其中：

- 参数 xStart 和 yStart 分别表示渐变的起始点的 x 和 y 坐标；
- 参数 xEnd 和 yEnd 分别表示渐变的结束点的 x 和 y 坐标。

在 LinearGradient 对象的基础上，使用 addColorStop()方法向渐变线添加各种渐变色。

【示例】 添加渐变色

```
gradient.addColorStop(0,"red");
gradient.addColorStop(0.5,"yellow");
gradient.addColorStop(1,"blue");
```

在上述代码中，第一个参数表示在渐变线上的相对位置，取值为[0～1]，第二个参数表示该位置设定的渐变颜色。

下述代码演示了线性渐变的用法。

【代码 10-10】 drawLinearGradient.html

```
<!doctype html>
<html>
  <head>
    <meta charset="utf-8">
    <title>渐变色绘制矩形</title>
  </head>
  <body>
    <canvas id="myCanvas" width="350" height="200"
        style="border:1px solid #000"></canvas>
    <script type="text/javascript">
        var canvas = document.getElementById("myCanvas");
        var context = canvas.getContext("2d");
        //创建 LinearGradient 对象
        var gradient = context.createLinearGradient(0,0,200,140);
        //设定渐变色
        gradient.addColorStop(0,"red");
        gradient.addColorStop(0.5,"yellow");
        gradient.addColorStop(0.7,"white");
        gradient.addColorStop(1,"blue");
        //指定填充样式为 LinearGradient 对象
        context.fillStyle = gradient;
        //使用渐变色填充矩形区域
        context.fillRect(20,20,300,150);
    </script>
  </body>
</html>
```

在上述代码中，首先创建一个 LinearGradient 对象，然后在 gradient 渐变线上设置相应的渐变点，再将上下文对象 context 的 fillStyle 属性设为 gradient 渐变样式，最后绘制矩形区域，效果如图 10-14 所示。

图 10-14 线性渐变

2. 径向渐变

径向渐变(radial gradient)是指沿着圆形的半径方向向外进行扩散的渐变方式。在绘制径向渐变时，可以通过 createRadialGradient()方法来获得一个

RadialGradient 对象，其语法格式如下。

【语法】

```
context.createRadialGradient(xStart,xStart,radiusStart,xEnd,yEnd,radiusEnd)
```

其中：

- 参数 xStart 和 xStart 表示起点圆的圆心的 x 和 y 坐标；
- 参数 radiusStart 表示起点圆的半径；
- 参数 xEnd 和 yEnd 表示终点圆的圆心的 x 和 y 坐标；
- 参数 radiusEnd 表示终点圆的半径。

createRadialGradient()方法中分别指定了两个圆的大小和位置，从第一个圆心处开始向外渐变扩散，直到第二个圆的外轮廓为止。

注意

> 当起点圆和终点圆不存在包含关系时，不同的浏览器对渐变的处理方式不一致，显示结果也有一定的差异。

设定颜色时，径向渐变与线性渐变相同，都是使用 addColorStop()方法进行添加。下述代码演示了径向渐变的用法。

【代码 10-11】 drawRadialGradient.html

```
<!doctype html>
<html>
  <head>
    <meta charset="utf-8">
    <title>径向渐变绘制矩形</title>
  </head>
  <body>
    <canvas id="myCanvas" width="420" height="190"
        style="border:1px solid #000"></canvas>
    <script type="text/javascript">
        var canvas = document.getElementById("myCanvas");
        var context = canvas.getContext("2d");
        //创建 RadialGradient 对象——绘制同心圆
        var gradient = context.createRadialGradient(100,100,10,100,100,70);
        //设定渐变色
        gradient.addColorStop(0,"red");
        gradient.addColorStop(0.5,"yellow");
        gradient.addColorStop(1,"gray");
        //指定填充样式为 RadialGradient 对象
        context.fillStyle = gradient;
        //使用渐变色填充矩形区域
        context.fillRect(20,20,170,150);

        //创建 RadialGradient 对象——绘制普通包含关系的圆
        gradient = context.createRadialGradient(250,100,10,300,100,70);
        gradient.addColorStop(0,"red");
        gradient.addColorStop(0.5,"yellow");
        gradient.addColorStop(1,"gray");
```

```
        //指定填充样式为 RadialGradient 对象
        context.fillStyle = gradient;
        //使用渐变色填充矩形区域
        context.fillRect(200,20,200,150);
    </script>
  </body>
</html>
```

上述代码通过径向渐变绘制了一个同心渐变圆和一个普通包含关系的渐变圆，并分别设置了3个渐变色。代码在IE浏览器中运行效果如图10-15所示。

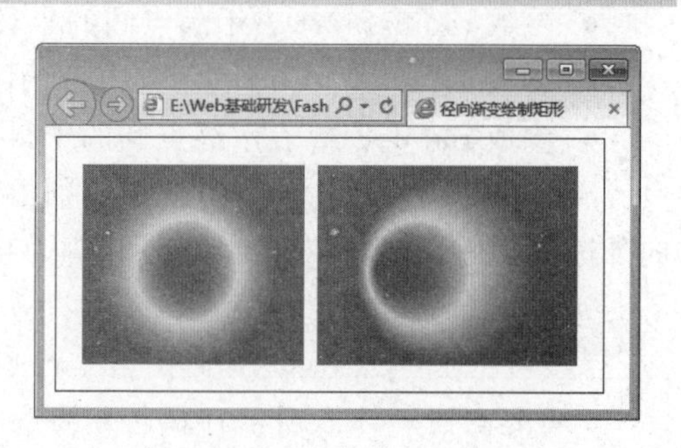

图10-15　径向渐变

10.1.9　图形坐标变换

默认情况下，Canvas绘图是以画布的左上角(0,0)作为原点，水平向右为x轴正方向，垂直向下为y轴正方向。前面所讲述的Canvas API所绘制出来的图形都是以画布的左上角为坐标轴原点，以一个像素为一个坐标单位进行绘制的。

在绘制图形时，经常会对图形进行旋转或变形处理。HTML 5 Canvas API中提供了坐标轴变换处理功能，通过平移、缩放和旋转的方式来实现这些效果。

1. 平移

在CanvasRenderingContext2D对象中，translate()方法用于实现坐标轴原点的移动，其语法格式如下。

【语法】

```
context.translate(tx, ty)
```

其中：

- 参数tx取正数时，表示将坐标原点向右移动tx个单位(默认为像素)；
- 参数ty取正数时，表示将坐标原点向下移动ty个单位；
- 参数tx、ty取负数时，分别表示坐标原点向左、向上移动相应的单位。

2. 缩放

在CanvasRenderingContext2D对象中，scale()方法用于将图形放大或缩小，其语法格式如下。

【语法】

```
context.scale(sx, sy)
```

其中：

- 参数sx取值大于1时，表示在水平方向上放大的倍数；

- 参数 sy 取值大于 1 时，表示在垂直方向上放大的倍数；
- 参数 sx、sy 取值 0～1 之间时，分别表示在水平方向、垂直方向上缩小的程度。

3. 旋转

在 CanvasRenderingContext2D 对象中，rotate()方法用于以坐标轴原点作为旋转中心对图形进行旋转，其语法格式如下。

【语法】

```
context.rotate(angle)
```

其中：

- 参数 angle 表示旋转的角度；
- 参数 angle 取正数时，表示顺时针方向旋转；
- 参数 angle 取负数时，表示逆时针方向旋转。

下述代码演示了坐标轴的平移、图形的缩放及旋转。

【代码 10-12】 drawTransformGraphics.html

```
<!doctype html>
<html>
  <head>
    <meta charset="utf-8">
    <title>图形的变换</title>
  </head>
  <body>
    <canvas id="canvas1" width="200" height="200"
        style="border:1px solid #000"></canvas>
    <canvas id="canvas2" width="200" height="200"
        style="border:1px solid #000"></canvas>
    <canvas id="canvas3" width="200" height="200"
        style="border:1px solid #000"></canvas>
    <canvas id="canvas4" width="200" height="200"
        style="border:1px solid #000"></canvas>
    <script type="text/javascript">
        var canvas = document.getElementById("canvas1");
        var context = canvas.getContext("2d");
        //1.平移
        //绘制参照图
        context.fillStyle = "#ececec";
        context.beginPath();
        context.arc(60,60,60,0,Math.PI * 2,true);
        context.stroke();
        context.fill();
        //设置圆的透明度为 0.6
        context.globalAlpha = 0.6;
        //将圆的坐标原点横向平移 60 个单位,纵向平移 30 个单位
        context.translate(60,30);
        context.fillStyle = "#ababab";
        context.beginPath();
        context.arc(60,60,60,0,Math.PI * 2,true);
```

```
        context.stroke();
        context.fill();
        //2.缩放
        var canvas2 = document.getElementById("canvas2");
        var context2 = canvas2.getContext("2d");
        //绘制参照图
        context2.fillStyle = "#ececec";
        context2.beginPath();
        context2.arc(60,60,60,0,Math.PI * 2,true);
        context2.stroke();
        context2.fill();
        //将图形进行缩放
        context2.globalAlpha = 0.6;
        context2.scale(0.6,0.4);
        context2.fillStyle = "#ababab";
        context2.beginPath();
        context2.arc(60,60,60,0,Math.PI * 2,true);
        context2.stroke();
        context2.fill();
        //3.旋转
        var canvas3 = document.getElementById("canvas3");
        var context3 = canvas3.getContext("2d");
        //绘制参照图
        context3.fillStyle = "#ececec";
        context3.fillRect(0,0,150,100);
        //将图形旋转 45°
        context3.rotate(Math.PI/4);
        context3.fillStyle = "#ababab";
        context3.fillRect(0,0,150,100);
        //4.综合效果
        var canvas4 = document.getElementById("canvas4");
        var context4 = canvas4.getContext("2d");
        //绘制参照图
        context4.fillStyle = "#ececec";
        context4.fillRect(0,0,150,100);
        //将图形同时平移、缩放、旋转
        context4.fillStyle = "#ababab";
        context4.translate(80,140);
        context4.scale(0.6,0.8);
        context4.rotate(-Math.PI/4);
        context4.fillRect(0,0,150,100);
    </script>
  </body>
</html>
```

上述代码中共有四个画布。

(1) 在第一个画布中通过 translate()方法对图形坐标轴进行平移；

(2) 在第二个画布中通过 scale()方法对图形进行缩放；

(3) 在第三个画布中通过 rotate()方法对图形进行旋转；

(4) 在第四个画布中综合演示了坐标轴的平移、图形的缩放及旋转效果。

代码在 IE 浏览器中运行结果如图 10-16 所示。

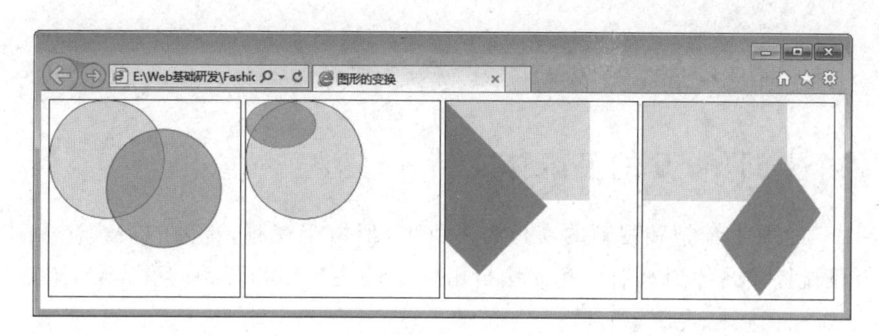

图 10-16 图形变换

10.2 多媒体播放

在 HTML 5 规范之前，当网页中播放视频、音频时通常需要借助第三方插件（比如 Flash 插件或自主研发的多媒体播放插件），而由于这些插件不是浏览器自身提供的，往往需要手动安装，不仅烦琐而且容易导致浏览器崩溃。

HTML 5 中提供了< video />和< audio />标签，可以直接在浏览器中播放视频和音频文件，无须事先在浏览器上安装任何插件，只要浏览器本身支持 HTML 5 规范即可。目前各种主流浏览器（如 IE 9＋、Firefox、Opera、Safari 和 Chrome 等）都支持使用< video />和< audio />标签来播放视频和音频。

< video />和< audio />标签的使用非常简单，只需要指定 src、controls 等属性即可，其相关属性如表 10-4 所示。

表 10-4 < video />和< audio />支持的属性

属 性	描 述
src	指定要播放的视频或音频的 URL 地址
autoplay	指定该属性时，视频或音频装载完成后会自动播放；属性值要么是 autoplay，要么完全省略
controls	指定该属性时，视频或音频播放时显示播放控制条；属性值要么是 controls，要么完全省略
loop	指定该属性时，视频或音频播放完后会再次重复播放；属性值要么是 loop，要么完全省略
preload	用于设置是否预加载视频或音频；取值为 auto（预加载）、meta（只载入元数据）、none（不执行加载）；设置 autoplay 属性时，proload 属性将被忽略
muted	指定该属性时，视频或音频输出应该被静音；属性值要么是 muted，要么完全省略
poster	该属性仅对< video/>标签有效，用于设置视频下载时显示的图像，或者在用户单击播放按钮前显示的图像
width	该属性仅对< video/>标签有效，用于设置视频播放器的宽度
height	该属性仅对< video/>标签有效，用于设置视频播放器的高度

下述代码演示了< video />和< audio />标签的使用。

【示例】 标签<video />和<audio />的用法

```
<video id = "myVideo" width = "600" height = "260"src = "video/journey.mp4"
    controls autoplay  preload = "meta" poster = "images/journey.jpg">
        您的浏览器不支持<video />标签
```

```
</video>
<audio src="audio/我只在乎你.mp3" autoplay controls></audio>
```

10.2.1 HTML 5的多媒体支持

HTML 5对原生音频和视频的支持潜力巨大，但由于视频、音频的格式众多，以及相关厂商的专利限制，导致各浏览器厂商无法自由使用这些视频和音频的解码器，浏览器能够支持的视频格式和音频格式比较有限。

到目前为止，HTML 5支持三种视频格式：WebM、Ogg、MP4。其中，WebM格式具有VP8视频编码和Vorbis音频编码的特点，Google对WebM格式提供大力支持并致力于将其作为一个无专利约束、免税版的格式；Ogg格式带有Theora视频编码和Vorbis音频编码格式，具有开放、免版税和无专利约束等特点；而MP4格式带有H.264视频编码和AAC音频编码格式，但涉及专利约束问题。HTML 5推荐使用VP8作为视频编码格式。

各种主流浏览器对WebM、Ogg、MP4视频格式的支持情况如表10-5所示。

表10-5　各浏览器的视频支持情况

视频格式	IE 9+	Firefox	Opera	Chrome	Safari
WebM	不支持	支持	支持	支持	不支持
Ogg/Theora	不支持	支持	支持	支持	不支持
MP4/H.264	支持	不支持	不支持	支持	支持

在音频方面，由于Ogg Vobis具有完全免费、没有专利限制等优点，非常便于各大浏览器厂商内置该格式的解码器，HTML 5也推荐使用Ogg Vobis音频格式。除此之外，使用较多的音频压缩格式还有MP3、Wav等格式。浏览器对音频格式的支持情况如表10-6所示。

表10-6　各浏览器的音频支持情况

音频格式	IE 9+	Firefox	Opera	Chrome	Safari
Ogg Vorbis	不支持	支持	支持	支持	不支持
MP3	支持	不支持	不支持	支持	支持
Wav	不支持	支持	支持	不支持	支持

为了解决浏览器对视频、音频格式的支持问题，可以使用<source />标签为视频或音频指定多个媒体源，浏览器可以选择适合自己播放的媒体源。<source />标签的属性如表10-7所示。

表10-7　<source />标签的属性列表

属　性	描　　述
media	用于设置媒体资源的类型。目前所有浏览器暂不支持该属性
src	用于指定要播放的视频或音频的URL地址
type	用于设置媒体资源的MIME类型。视频的MIME类型包括video/ogg、video/mp4、video/webm；音频的MIME类型包括audio/ogg、audio/mpeg、audio/x-wav

下述代码演示了< source />标签的用法。

【代码 10-13】 video&audio. html

```
<!doctype html>
<html>
  <head>
    <meta charset="utf-8">
    <title>播放视频和音频</title>
  </head>
  <body>
    <div id="videoDiv">
        <video poster="images/iceage3.jpg" controls>
            <source src="video/iceage4.mp4" type="video/mp4" />
            <source src="video/iceage4.webm" type="video/webm" />
            <source src="video/iceage4.ogv" type="video/ogg" />
            您的浏览器不支持<video />标签
        </video>
    </div>
    <div id="audioDiv">
        <audio controls>
            <source src="audio/我只在乎你.mp3" type="audio/mpeg" />
            <source src="audio/我只在乎你.ogg" type="audio/ogg" />
            <source src="audio/我只在乎你.wav" type="audio/x-wav" />
            您的浏览器不支持<audio />标签
    </audio>
    </div>
  </body>
</html>
```

上述代码中,< video />和< audio />提供了多个媒体源,浏览器可根据自身特点选择适合自己播放的媒体源,以保障各种浏览器都能够正常播放视频或音频。代码在浏览器中运行结果如图 10-17 所示。

图 10-17 播放视频和音频

注意

IE 8 及更早的版本不支持< video />、< audio />以及< source >标签。

10.2.2 HTML 5 多媒体 API

在页面中除了使用< video />、< audio />原始播放器播放视频(音频)外,还可以通过JavaScript 脚本控制视频(音频)的播放。

HTML 5 中提供了 Video 和 Audio 对象,用于控制视频或音频的回放及当前状态等。Video 和 Audio 对象的相似度非常高,唯一区别在于所占屏幕空间不同,但属性与方法基本相同,Video 和 Audio 对象常用的属性如表 10-8。

表 10-8 Video 和 Audio 对象常用的属性

属 性	描 述
autoplay	用于设置或返回是否在就绪(加载完成)后随即播放音频
controls	用于设置或返回视频(音频)是否应该显示控件(比如播放/暂停等)
currentSrc	返回当前视频或(音频)的 URL
currentTime	用于设置或返回视频(音频)中的当前播放位置(以秒计)
duration	返回视频(音频)的总长度(以秒计)
defaultMuted	用于设置或返回视频(音频)默认是否静音
muted	用于设置或返回是否关闭声音
ended	返回视频(音频)的播放是否已结束
readyState	返回视频(音频)当前的就绪状态
paused	用于设置或返回视频(音频)是否暂停
volume	用于设置或返回视频(音频)的音量
loop	用于设置或返回视频(音频)是否应在结束时再次播放
networkState	返回视频(音频)的当前网络状态
src	用于设置或返回视频(音频)src 属性的值

Video 和 Audio 对象常用的方法如表 10-9 所示。

表 10-9 Video 和 Audio 对象常用的方法

方 法	描 述
play()	开始播放视频(音频)
pause()	暂停当前播放的视频(音频)
load()	重新加载视频(音频)元素
canPlayType()	检查浏览器是否能够播放指定的视频(音频)类型
addTextTrack()	向视频(音频)添加新的文本轨道

下述代码演示了使用 Video 对象自定义视频播放器。

【代码 10-14】 videoPlayer.html

```
<!doctype html>
<html>
  <head>
    <meta charset="utf-8">
    <title>自定义视频播放器</title>
  </head>
  <body>
```

```
<div id = "videoDiv">
    <video id = "myVideo" poster = "images/iceage3.jpg" controls >
        <source src = "video/iceage4.mp4" type = "video/mp4" />
        <source src = "video/iceage4.webm" type = "video/webm" />
        <source src = "video/iceage4.ogv" type = "video/ogg" />
        您的浏览器不支持<video />标签
    </video>
</div>
<div id = "controlBar" >
    <input id = "videoPlayer" type = "button" value = "开始播放" />
    <input id = "videoRange" type = "range" width = "150px" value = "0" max = "100" />
    <input id = "videoInfo" type = "text" disabled style = "width:70px" />
    <input id = "videoVoice" type = "button" value = "静音" />
</div>
<script type = "text/javascript">
    var myVideo = document.getElementById("myVideo");
    var videoPlayer = document.getElementById("videoPlayer");
    var videoRange = document.getElementById("videoRange");
    var videoVoice = document.getElementById("videoVoice");
    var videoInfo = document.getElementById("videoInfo");
    //播放/暂停按钮
    videoPlayer.onclick = function(){
        if(myVideo.paused){
            myVideo.play();
            videoPlayer.value = "暂停播放";
        }else{
            myVideo.pause();
            videoPlayer.value = "开始播放";
        }
    };
    //视频播放时,滚动条同步
    myVideo.ontimeupdate = function(){
        var currentTime =
            Math.round(myVideo.currentTime * Math.pow(10,2))/Math.pow(10,2);
        var totalTime
             = Math.round(myVideo.duration * Math.pow(10,2))/Math.pow(10,2);
        videoInfo.value = currentTime + "/" + totalTime;
        videoRange.value = (currentTime/totalTime) * 100;
        if(myVideo.ended){
            videoRange.value = 0;
        }
    };
    //拖动滚动条时,视频进度同步
    videoRange.onmousedown = function(){
        myVideo.pause();
    };
    videoRange.onmouseup = function(){
        myVideo.currentTime
            = myVideo.duration * (videoRange.value/videoRange.max);
        myVideo.play();
    };
    //静音或取消静音
    videoVoice.onclick = function(){
```

```
                if(!myVideo.muted){
                    videoVoice.value = "取消静音";
                    myVideo.muted = true;
                }else{
                    videoVoice.value = "静音";
                    myVideo.muted = false;
                }
            };
        </script>
    </body>
</html>
```

在上述代码中，创建了一个自定义视频播放器，用于控制页面中的视频播放。视频播放器中包括播放按钮、静音控制按钮、进度控制条、播放时间和视频总时长。当单击“开始播放”时，视频开始播放，并且按钮变成“暂停播放”；单击“暂停播放”，视频暂停，按钮变成“开始播放”。当拖曳进度条时，视频播放进度与进度条保持一致。单击“静音”按钮时，视频改成静音状态，按钮变成“取消静音”；单击“取消静音”时，视频声音恢复正常状态。代码在IE浏览器中的运行效果如图10-18所示。

图 10-18　自定义视频播放器

由于Math.round()函数在四舍五入时不保留小数位数，而播放时间需要保留两位小数，因此可以通过Math.round(myVideo.currentTime * Math.pow(10,2))/Math.pow(10,2)方式先将myVideo.currentTime乘以100后再四舍五入，然后再除以100，即可获得保留两位小数的数值。

10.3　Web存储

在HTML 4中，浏览器的主要功能是负责呈现HTML内容，当客户端需要存储少量数据时，只能通过Cookie技术来实现。Cookie自身存在如下几个缺点。

(1) Cookie的大小被限制在4KB以内；

(2) Cookie会随HTTP请求一起向服务器发送，重复多次发送会导致带宽的浪费；

(3) Cookie信息在网络传输过程中并未进行加密，存在一定的安全隐患；

(4) Cookie 的操作相对比较复杂。

HTML 5 提供了两个与本地存储相关的技术：Web Storage 和本地数据库。Web Storage 存储机制是针对 HTML 4 中 Cookies 存储机制的一种改善；而本地数据库是 HTML 5 中一个新增的功能，用于在客户端本地创建一个数据库，将原来保存在服务器数据库中的数据直接保存在客户端本地，大大减轻了服务器端的压力，提高了数据访问速度。

Web Storage 用于在客户端本地保存数据，主要包含以下两种数据存储形式。

(1) Session Storage。将数据保存在 Session 对象中，Session 是指用户在浏览某个网站时，从进入网站到浏览器关闭所经历的时间，即用户浏览该网站所花费的时间。Session 对象用于保存用户浏览网站这段时间内所需要保存的任何数据，当用户会话失效时，Session Storage 保存的数据也随之丢失。

(2) Local Storage。将数据保存在客户端的硬件设备中，当浏览器关闭后，数据仍然存在。在下次打开浏览器访问页面时仍然可以继续使用，除非用户或程序显式地清除该数据，否则数据将一直存在。

10.3.1 Storage 接口

window 对象中提供了 sessionStorage 和 localStorage 两个子对象，分别用于 Session Storage 和 Local Storage 的数据存储。sessionStorage 和 localStorage 对象都是 Storage 接口的实例，两者对应的属性和方法基本相同，区别在于保存数据的生命周期不同。

W3C 组织制定了 Storage 接口，其语法格式如下。

【语法】

```
interface Storage {
    readonly attribute unsigned long length;
    DOMString? key(unsigned long index);
    getter DOMString? getItem(DOMString key);
    setter creator void setItem(DOMString key, DOMString value);
    deleter void removeItem(DOMString key);
    void clear();
};
```

其中：

- length 属性用于返回 Storage 中保存的 key/value 键值对的数量；
- key(index)方法用于返回 Storage 中第 index 个 key；
- getItem(key)方法用于返回 Storage 中指定 key 对应的 value 值；
- set(key,value)方法用于向 Storage 存入指定的 key/Value 键值对；
- removeItem(key)方法用于将 Storage 中删除指定 key 对应的 key/Value 键值对；
- clear()方法用于删除 Storage 中所有的 key/Value 键值对。

10.3.2 Session Storage

目前，Chrome、FireFox、Opera、Safari 等浏览器都已同时支持 Session Storage 和 Local Storage，而 IE 10＋虽然也提供了支持，但本地页面无法通过浏览器查看 Storage 中的数据，需上传至服务器后通过 URL 地址形式进行查看。为了方便测试,后续关于 Storage 的示例可采用 Chrome 浏览器进行测试。

下述代码演示了通过 Session Storage 实现商品录入系统。

【代码 10-15】 sessionStorage.html

```
<!doctype html>
<html>
  <head>
    <meta charset="utf-8">
    <title>商品库录入系统</title>
  </head>
  <body>
    <div id="inputDiv">
        商品名称:<input type="text" id="goodsName" />
        <input type="button" id="inputButton" value="录入" />
        <hr/>
        <input type="button" id="showButton" value="显示商品库中所有商品的名称" />
    </div>
    <div id="resultDiv"></div>
    <script type="text/javascript">
        var i = 1;
        var inputButton = document.getElementById("inputButton");
        var showButton = document.getElementById("showButton");
        //向 sessionStorage 录入商品名称
        inputButton.onclick = function(){
            var goodsName = document.getElementById("goodsName");
            if(goodsName.value == ""){
                alert("商品名称不能为空");
                return;
            }
            sessionStorage.setItem("goods" + i,goodsName.value);
            i++;
        };
        //将 sessionStorage 中的商品名称以列表形式显示
        showButton.onclick = function(){
            var result = "<table border='1'>";
            result = result + "<tr><td>商品名称</td></tr>";
            if(sessionStorage.length == 0){
                result = result + "<tr><td>暂无商品</td></tr>";
            }else{
                for(var j = 0;j < sessionStorage.length;j++){
                    var key = sessionStorage.key(j);
                    var currentName = sessionStorage.getItem(key);
                    result = result + "<tr><td>" + currentName + "</td></tr>";
                }
            }
            result = result + "</table>";
            var resultDiv = document.getElementById("resultDiv");
            resultDiv.innerHTML = result;
        };
    </script>
  </body>
</html>
```

在上述代码中，通过 sessionStorage 存储数据，当单击“录入”按钮时，将商品名称存入 sessionStorage；单击“显示商品库中所有商品的名称”按钮时，将读出 sessionStorage 中的数据并以表格的形式显示出来。代码在 Chrome 浏览器中运行结果如图 10-19 所示。

在 Session Storage 中存储的数据可以在 Chrome 开发者工具窗口（F12）中进行查看，如图 10-20 所示。其中，Elements 选项卡用于查看 HTML 标签和 CSS 样式，NetWork 选项卡用于查看页面时所发出的请求及响应，Resources 选项卡用于查看当前页面中的各种数据存储形式，包括 Cookie、Session Storage、Local Storage 和 IndexedDB 等形式的数据。

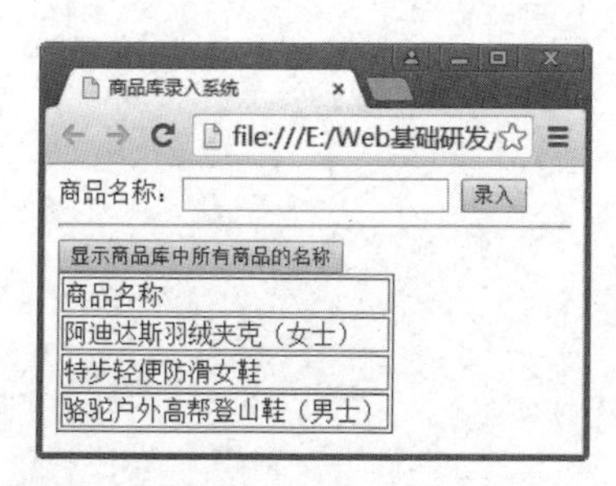

图 10-19　sessionStorage 实现商品库的录入

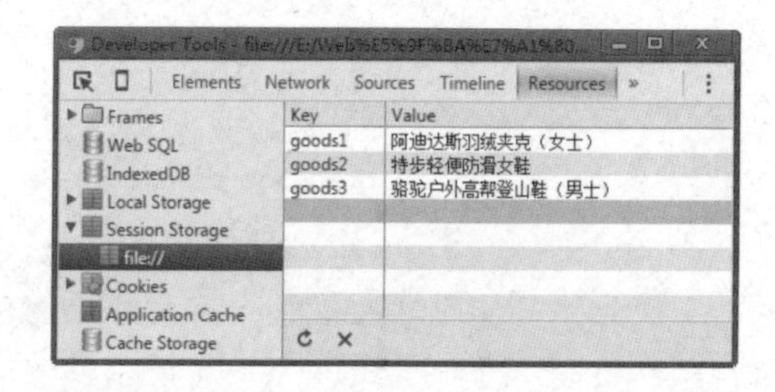

图 10-20　开发者工具查看 Session Storage 中的数据

10.3.3　Local Storage

Local Storage 与 Session Storage 的用法基本相同，都是以 key/value 键值对的方式来存放数据，区别在于 Local Storage 中的数据存放时间更加持久。

当需要存放更加复杂的数据时，可以借助 JSON 对数据进行封装，然后再进行存储。下述代码演示了使用 Local Storage 实现购物车。

【代码 10-16】　localStorage. html

```
<!doctype html>
<html>
  <head>
    <meta charset = "utf - 8">
    <title>购物车</title>
  </head>
  <body>
    <div id = "inputDiv">
        商品名称：<input type = "text" id = "goodsName" /><br/>
        商品数量：<input type = "text" id = "goodsNum" /><br/>
        商品价格：<input type = "text" id = "goodsPrice" /><br/>
        <input type = "button" id = "inputCart" value = "录入购物车" />
        <hr/>
        <input type = "button" id = "showCart" value = "显示购物车" />
        <input type = "button" id = "clearCart" value = "清空购物车" />
    </div>
    <div id = "resultDiv">
        <table border = "1" >
            <tr><td>商品名称</td><td>商品价格</td><td>数量</td></tr>
            <tbody id = "showBody">
            </tbody>
```

```
        </table>
    </div>
    <script type="text/javascript">
        var inputCart = document.getElementById("inputCart");
        var showCart = document.getElementById("showCart");
        var clearCart = document.getElementById("clearCart");
        //使用 localStorage 实现购物车
        inputCart.onclick = function(){
            var goodsName = document.getElementById("goodsName");
            var goodsNum = document.getElementById("goodsNum");
            var goodsPrice = document.getElementById("goodsPrice");
            var msg = {
                    name:goodsName.value,
                    num:goodsNum.value,
                    price:goodsPrice.value
            };
            var time = new Date().getTime();
            localStorage.setItem(time,JSON.stringify(msg));
            goodsName.value = "";
            goodsNum.value = "";
            goodsPrice.value = "";
            loadCart();
        };
        //将购物车中的商品显示出来
        showCart.onclick = loadCart;
        //loadCart()函数声明,用于加载数据,并在页面中显示
        function loadCart(){
            var showBody = document.getElementById("showBody");
            showBody.innerHTML = "";
            if(localStorage.length!= 0){
                for(var i = 0;i < localStorage.length;i++){
                    var key = localStorage.key(i);
                    var jsonStr = localStorage.getItem(key);
                    var json = JSON.parse(jsonStr);
                    var row = showBody.insertRow(i);
                    row.insertCell(0).innerHTML = json.name;
                    row.insertCell(1).innerHTML = json.num;
                    row.insertCell(2).innerHTML = json.price;
                }
            }
        };
        //清空购物车
        clearCart.onclick = function(){
            localStorage.clear();
            loadCart();
        };
    </script>
  </body>
</html>
```

上述代码中,使用 JavaScript 提供的 JSON.stringify()方法将 JSON 对象转成 JSON 字符串,然后将 JSON 字符串保存到 Local Storage 中;当读取数据时,再通过 JSON.parse()方法将 JSON 字符串转成 JSON 对象,然后在页面中进行显示。代码在 Chrome 浏览器中

运行结果如图 10-21 所示。

当使用 Chrome 浏览器的开发者工具查看 Local Storage 时，数据的存储形式如图 10-22 所示。

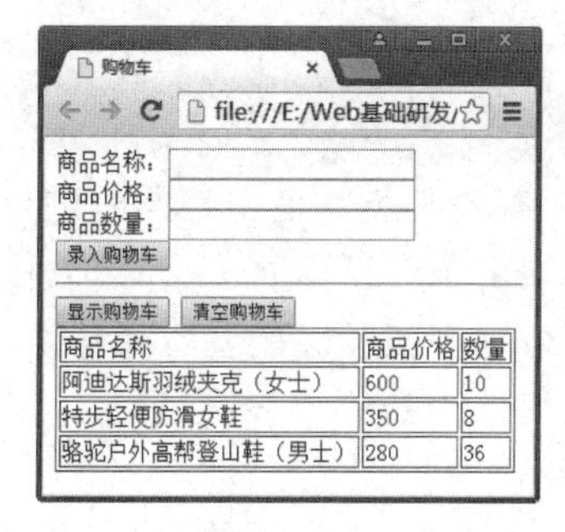

图 10-21 Local Storage 实现购物车

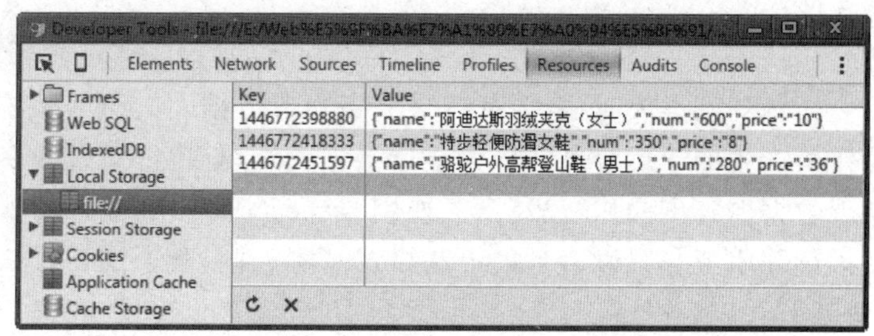

图 10-22 用开发者工具窗口查看 Local Storag 中的数据

10.4 本地数据库

在 HTML 4 中，数据库存放在服务器端，只能通过服务器来访问数据库。而 HTML 5 中提供了本地数据库技术，大大提高了 Web 应用程序的性能。

在 HTML 5 中内置了两种本地数据库：SQLite 和 IndexedDB。SQLite 数据库是一种通过 SQL 语言进行访问的文件型 SQL 数据库，IndexedDB 数据库是一种轻量级 NOSQL 数据库。

10.4.1 SQLite 数据库

SQLite 数据库是一个开源的嵌入式关系数据库，实现了自包容、零配置和支持事务的 SQL 数据库引擎。与其他数据库管理系统不同的是，SQLite 的安装和运行非常简单，占用资源也非常少，在嵌入式设备中只需要几百 KB 的内存。目前已经在很多嵌入式产品中得到应用，如 Android、IOS、HTML 5、AirBus、Skype 等。

在 HTML 5 中，通过 JavaScript 对 SQLite 数据库进行访问操作的具体步骤如下：

(1) 创建数据库访问对象；

(2) 使用事务处理。

在创建数据库访问对象时，需要用到 openDatabase()方法来创建一个数据库访问对象，其语法格式如下。

【语法】

```
var db = openDatabase(databaseName, version, description, size);
```

其中：

- 参数 databaseName 表示数据库的名称；
- 参数 version 表示数据库的版本号；
- 参数 description 表示数据库的描述；

- 参数 size 表示数据库的大小；
- 该方法返回一个数据库访问对象，当数据库不存在时，则创建一个新数据库并返回数据库访问对象。

【示例】 创建一个数据库访问对象

```
var db = openDatabase("goodsDB","1.0","Walking Fashion E&S Databse",2 * 1024 * 1024);
```

当访问数据库时，需要使用事务来完成数据库的访问操作，有效避免其他用户同时进行操作所产生的干扰。事务分为只读事务和读写事务，只读事务使用 readTransaction()方法实现数据的查询操作，读写事务使用 transaction()方法来实现数据更新及表的基本操作。

读写事务与只读事务的语法格式基本相同，其语法格式如下。

【语法】

```
db.transaction(function(tx){
    tx.executesql(sqlString,[params],
        function(tx,rs){
            //数据操作成功,数据处理
        },
        function(tx,error){
            //数据操作失败,提醒信息
        }
    );
});
```

其中：

- 对象 db 表示数据库访问对象；
- 参数 tx 表示事务处理对象；
- executesql()方法用于执行 SQL 语句。参数 sqlString 表示被执行的 SQL 语句；params 参数(可选)，表示执行 SQL 语句时所需的参数数组；第三个参数是一个回调函数，当成功执行 SQL 语句时调用；第四个参数是一个回调函数，当执行 SQL 语句出错时调用。

【示例】 执行数据查询语句

```
db.transaction(function(tx){
    tx.executesql("select * from goods");
});
```

下述代码演示了使用 SQLite 数据库实现商品销售系统。

【代码 10-17】 sqlite.html

```
<!doctype html>
<html>
  <head>
    <meta charset = "utf-8">
    <title>商品销售系统</title>
  </head>
  <body>
    <div id = "inputDiv">
        商品名称：<input type = "text" id = "goodsName" /><br/>
        商品价格：<input type = "text" id = "goodsPrice" /><br/>
```

```
    销售数量：<input type="text" id="saleNum" /><br/>
    <input type="button" id="inputButton" value="销售" onclick="saveData()"/>
    <input type="button" id="showButton" value="显示所有销售记录"
            onClick="showData()"/>
    <input type="button" id="clearButton" value="删除所有销售记录"
            onClick="deleteData()"/>
</div>
<div id="resultDiv">
<table border="1">
    <tr><td>商品名称</td><td>商品价格</td>
            <td>销售数量</td><td>销售时间</td></tr>
    <tbody id="showBody">
    </tbody>
</table>
</div>
<script type="text/javascript">
    //创建数据库访问对象
    var db = openDatabase("goodsDB","1.0","Walking Fashion E&S Databse",
            2 * 1024 * 1024);
    //调用初始化函数
    init();
    //定义初始化函数,如果表 saleDetail 不存在则创建该表
    function init(){
        db.transaction(function(tx){
            tx.executeSql("create table if not exists saleDetail("
                + "goodsName text not null,"
                + "goodsPrice real,"
                + "saleNum int,"
                + "time integer)",[]);
        });
    }
    //定义保存数据函数
    function saveData(){
        //获得表单数据及当前日期
        var goodsName = document.getElementById("goodsName");
        var goodsPrice = document.getElementById("goodsPrice");
        var saleNum = document.getElementById("saleNum");
        var time = new Date().getTime();
        //将数据保存到数据库中
        db.transaction(function(tx){
            tx.executeSql("insert into saleDetail
                    (goodsName,goodsPrice,saleNum,time) values(?,?,?,?)",
                [goodsName.value,goodsPrice.value,saleNum.value,time],
                function(tx,rs){     //保存成功进行提示,并调用显示数据函数
                    alert("数据保存成功");
                    showData();
                    goodsName.value = "";
                    goodsPrice.value = "";
                    saleNum.value = "";
                },
                function(tx,error){     //保存数据失败,进行提示
                    alert("数据保存失败: " + error.message);
                });
```

```
    });
}
//数据显示函数
function showData(){
    //清空数据表格
    var showBody = document.getElementById("showBody");
    showBody.innerHTML = "";
    //从数据库中查询数据
    db.readTransaction(function(tx){
        tx.executeSql("select goodsName,goodsPrice,saleNum,
                time as time from saleDetail",[],
            function(tx,rs){
              for(var i = 0;i < rs.rows.length;i++){
                var tableRow = showBody.insertRow(i);
                tableRow.insertCell(0).innerHTML = rs.rows[i].goodsName;
                tableRow.insertCell(1).innerHTML = rs.rows[i].goodsPrice;
                tableRow.insertCell(2).innerHTML = rs.rows[i].saleNum;
                tableRow.insertCell(3).innerHTML
                                    = getFormatTime(rs.rows[i].time);
              }
            },
            function(tx,error){
                alert("数据读取失败: " + error.message);
            });
    });
}
//清空数据库中表的数据
function deleteData(){
    db.transaction(function(tx){
        tx.executeSql("delete from saleDetail",[],
            function(tx,rs){
                alert("数据删除成功");
                showData();
            },
            function(tx,error){
                alert("数据删除失败: " + error.message);
            });
    });
}
//将长整型日期数据格式化显示
function getFormatTime(myDateTime){
    var myDate = new Date(myDateTime);
    var dateStr = "";
    var year = myDate.getFullYear();
    var month = myDate.getMonth() + 1;
    var date = myDate.getDate();
    var hour = myDate.getHours();
    var minute = myDate.getMinutes();
    var second = myDate.getSeconds();
    dateStr = dateStr + year + "年" + month + "月" + date + "日 " + hour
                + ":" + minute + ":" + second + "<br/>";
    return dateStr;
}
```

```
        </script>
    </body>
</html>
```

上述代码中，通过 SQLite 数据库实现商品销售系统，如图 10-23 所示。当单击“销售”按钮时，将输入的商品信息保存到 SQLite 数据库中并刷新显示列表；当单击“删除所有销售记录”按钮时，清空 SQLite 中相应表的数据。

使用 Chrome 开发者工具查看 SQLite 数据库中的数据时，goodsDB 为数据库名称，saleDetail 是保存销售记录的表，如图 10-24 所示。

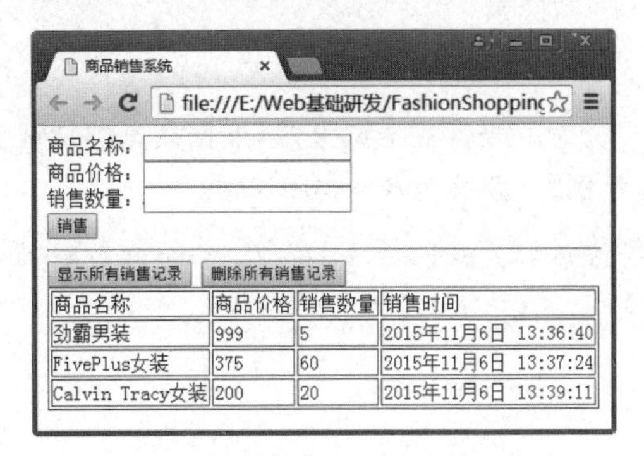

图 10-23 SQLite 实现商品销售系统

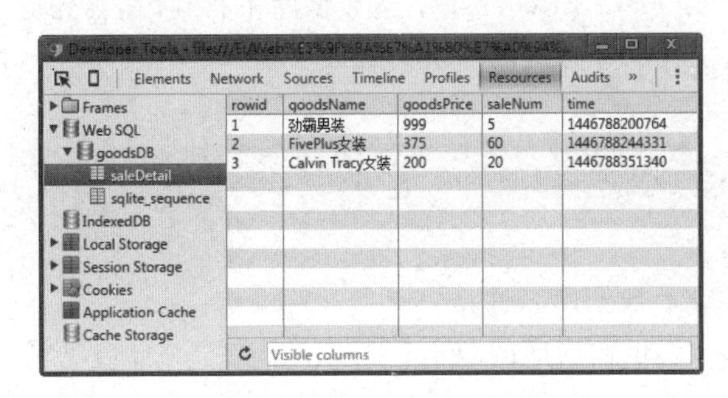

图 10-24 用开发者工具查看 SQLite 数据库中的数据

注意

到目前为止，Chrome 6+、Opera 10+、Safari 5+版本的浏览器对 SQLite 数据库提供支持，但 Firefox 和 IE 11 及以前版本均不支持 SQLite 数据库。

10.4.2 IndexedDB 数据库

SQLite 数据库尽管在一些浏览器中得到支持，但 2010 年 11 月 W3C 暂停对该规范的继续更新，继而重点对 Web Storage 和 IndexedDB 规范进行更新与维护。与 Web Storage 相比，IndexedDB 更具有优势，包括索引、事务处理以及更加健壮的查询功能。

IndexedDB 是一种轻量级 NoSQL 数据库，与传统的关系型数据库不同，它通过数据仓库实现对数据的存取。数据库中可以包含一个或多个对象仓库，每个对象仓库是一个记录集合。在对象仓库中，数据以 key/value 键值对的形式进行保存，每一个数据都有对应的键名，且键名不能重复。每条记录由键和值两部分构成。

在 HTML 5 中使用 IndexedDB 数据库的具体步骤如下。

- 打开 IndexedDB 数据库，并且开启一个事务(Transaction)；
- 创建一个对象仓库(Object Store)；

- 执行数据库的相关操作；
- 通过监听 DOM 事件等待操作完成；
- 根据操作结果进一步操作(如提示信息或在界面显示结果等)。

1. 代码初始化

为了兼容各个浏览器，根据浏览器特征获得相应的 IndexedDB 对象。

【示例】 获得 IndexedDB 对象

```
var indexedDB = window.indexedDB || window.webkitIndexedDB || window.mozIndexedDB
    || window.msIndexedDB;
```

2. 打开数据库

通过 IndexedDB 对象的 open()方法打开数据库。当数据库存在时，返回一个请求连接数据库的请求对象(IDBOpenDBRequest)；当数据库不存在时，会先创建一个数据库并返回该数据库的请求对象。open()方法的语法格式如下。

【语法】

```
var dbRequest = indexedDB.open(dbName,dbVersion);
```

其中：

- 参数 dbName 表示数据库名称；
- 参数 dbVersion 表示数据库的版本；
- 通过请求对象 dbRequest 的 onsuccess 事件(或 onerror 事件)来指定数据库连接成功(或失败)时所执行的事件处理函数。

【示例】 监听请求对象的事件，并进行处理

```
var dbRequest=indexedDB.open("MyDataBase",1);
//数据库连接成功，所执行的事件处理函数
dbRequest.onsuccess = function(e){
    var idb = e.target.result;//获取连接成功时的数据库对象
    alert("数据库连接成功.");
};
//数据库连接失败时所执行的错误处理函数
dbRequest.onerror = function(e){
    alert("数据库连接失败!");
};
//数据库版本更新时所执行的事件处理函数
dbRequest.onupgradeneeded = function(e){
    var tx = e.target.transaction;
    alert("数据库版本更新成功!版本" + e.oldVersion + " =>版本" + e.newVersion);
};
```

上述代码通过 open()方法获得一个数据库的请求连接对象，当请求成功时触发 onsuccess 事件，当请求失败时触发 onerror 事件；当请求的数据库版本高于数据库的当前版本时触发 onupgradeneeded(版本更新)事件，该事件用于对数据库版本进行更新；数据库版本号的类型为 unsigned long long，可以是一个非常大的整数，但不能是浮点数。

3. 创建对象仓库

与关系数据库不同的是，IndexedDB数据库使用对象仓库（又称对象存储空间）来存放数据，一个数据库中可以包含任意数量的对象仓库。创建对象仓库的语法格式如下。

【语法】

```
var store = idb.createObjectStore(storeName,optionalParameters);
```

其中：

- 对象idb表示某个已连接的数据库对象；
- 参数storeName表示对象仓库名称；
- 参数optionalParameters（可选），是JSON对象类型，用于设置记录中的主键信息。

【示例】 创建一个对象仓库

```
var storeName = "users";
var optionalParameters = {
        keyPath:"id",
        autoIncrement:true
};
var store = idb.createObjectStore(storeName,optionalParameters);
```

在上述代码中，optionalParameters是一个JSON对象，其中keyPath属性用于指定对象仓库中的记录使用哪个属性作为该记录的主键（相当于关系型数据库中表的主键）。当autoIncrement属性为true时，主键将自动增长；否则在添加数据时，需要指明主键的值。

4. 使用事务

在IndexedDB API中，数据操作只能在事务中被执行。当事务处理过程中出现异常时，整个事务操作都将取消。

事务分为以下三类：版本更新事务、只读事务（Readonly）和读写事务（Readwrite），其中版本更新事务（Onupgradeneeded）在前面已经讲到，此处主要讲解只读事务和读写事务。

开启一个事务的语法格式如下。

【语法】

```
var tx = idb.transaction(storeNames,[mode]);
```

其中：

- 对象idb表示某个已连接的数据库对象；
- 参数storeNames是一个数据仓库名，或者是由数据仓库名组成的字符串数组；
- 参数mode（可选），用于定义事务的读写模式，取值包括readonly和readwrite。

【示例】 事务开启及监听事务处理结果

```
//开启读写事务
var tx = idb.transaction('users','readwrite');
//事务结束时所要执行的处理(事务结束时触发)
tx.oncomplete = function(){
```

```
    alert("数据保存成功");
};
//事务终止时所要执行的处理(事务终止时触发)
tx.onabort = function(){
    alert("数据保存失败");
};
```

5. 数据保存

在数据仓库中保存数据时,首先获得数据库访问对象 IndexedDB,然后使用该对象的 transaction()方法开启一个读写事务,并使用事务对象的 objectStore()方法获得对象仓库。获取数据仓库的语法格式如下。

【语法】

```
var objectStore = tx.objectStore(storeName);
```

其中:

- 对象 tx 表示具有读写属性的事务对象;
- 参数 storeName 表示某个数据仓库。

最后,调用对象仓库的 add()或 put()方法实现数据的保存。当使用 put()方法保存数据时,如果主键在对象仓库中已存在,则将主键对应的数据进行更新;如果主键不存在,则将数据保存到对象仓库中。当使用 add()方法保存数据时,如果主键在数据仓库中存在数据,则保存将失败,并返回错误信息。

【示例】 数据保存

```
var user = {
    userName:'guoqy',
    age:20,
};
var tx = idb.transaction('users','readwrite');
var objectStore = tx.objectStore('users');
objectStore.add(user);
```

6. 数据遍历

当遍历数据时,使用对象仓库的 openCursor()方法获取游标对象,然后通过游标的移动来实现数据的遍历。

【示例】 数据遍历过程

```
var request=objectStore.openCursor();
request.onsuccess=function(e){                  //检索数据的请求执行成功时触发
    var cursor = e.target.result;
    if(cursor){
        alert(cursor.value.userName);           //获取游标中的内容
        cursor.continue();                      //继续检索
    else{
        console.log("检索结束!");
    }
```

```
};
request.onerror = function(e){              //检索数据的请求执行失败时触发
    console.log("检索失败!");
};
```

在上述代码中,数据仓库对象的 openCursor()方法返回一个 IDBRequest 对象,用于向数据库发出检索数据的请求;当数据检索请求成功时,在 onsuccess 事件处理中使用游标对数据进行检索;检索请求失败时将触发 onerror 事件。

下述代码演示了如何使用 IndexedDB 数据库实现商品评价系统。

【代码 10-18】 indexedDB.html

```
<!doctype html>
<html>
  <head>
    <meta charset = "utf - 8">
    <title>商品评价系统</title>
  </head>
  <body>
    <div id = "inputDiv">
        商品名称:<input type = "text" id = "goodsName" style = "width:200px;"/><br/>
        商品评价:<textarea id = "goodsComment"
                    style = "width:200px;heigth:50px;" ></textarea><br/>
        商品星级:<select id = "goodsGrade">
                    <option value = "5">5</option>
                    <option value = "4">4</option>
                    <option value = "3">3</option>
                    <option value = "2">2</option>
                    <option value = "1">1</option>
                  </select>☆<br/>
        <input type = "button" id = "inputButton" value = "提交评价"
               onclick = "saveData()"/><hr/>
        <input type = "button" id = "showButton" value = "显示所有评价"
               onClick = "showData()"/>
        <input type = "button" id = "clearButton" value = "删除所有数据"
               onClick = "deleteData('goodsDB')"/>
    </div>
    <div id = "resultDiv">
     <table border = "1" >
          <tr><td>商品名称</td><td>商品评价</td>
              <td>评价星级</td><td>销售时间</td></tr>
        <tbody id = "showBody">
        </tbody>
      </table>
    </div>
    <script type = "text/javascript">
        var indexedDB = window.indexedDB || window.webkitIndexedDB
              || window.mozIndexedDB || window.msIndexedDB;
        var dbName = "goodsDB";//数据库名
        var dbVersion = 1;//版本号
        var storeName = "commentStore";//数据仓库名称
        var idb = null;
        init();
```

```
//代码初始化
function init(){
    var dbRequest = indexedDB.open(dbName,dbVersion);
    dbRequest.onsuccess = function(e){
        idb = e.target.result;//获取连接成功时的数据库对象
        alert("数据库连接成功.");
    };
    dbRequest.onerror = function(e){
        alert('数据库连接失败!');
    };
    dbRequest.onupgradeneeded = function(e){
        idb = e.target.result;
        if(!idb.objectStoreNames.contains(storeName)){
            var optionalParameters = {
                keyPath:"id",
               autoIncrement:true
            };
            var objectStore = idb
                .createObjectStore(storeName,optionalParameters);
            alert("对象仓库创建成功!");
        }
        var tx = e.target.transaction;
        alert("数据库版本更新成功!版本"
                + e.oldVersion + " = >版本" + e.newVersion);
    };
}
//定义保存数据函数
function saveData(){
    //获得表单数据及当前日期
    var goodsName = document.getElementById("goodsName");
    var goodsComment = document.getElementById("goodsComment");
    var goodsGrade = document.getElementById("goodsGrade");
    var time = new Date().getTime();
    var comment = {
        goodsName:goodsName.value,
        goodsComment:goodsComment.value,
        goodsGrade:goodsGrade.value,
        time:time
    };
    var tx = idb.transaction(storeName,'readwrite');
    tx.oncomplete = function(){
        alert("数据保存成功");
    };
    tx.onabort  =  function() {
        alert("数据保存失败");
    };
    var objectStore  =  tx.objectStore(storeName);
    objectStore.add(comment);
}
function showData(){
    //清空数据表格
    var showBody = document.getElementById("showBody");
    showBody.innerHTML = "";
```

```
            var tx = idb.transaction(storeName,'readonly');
            var objectStore = tx.objectStore(storeName);
            var request = objectStore.openCursor();
            request.onsuccess = function(e){
                var cursor = e.target.result;
                if(cursor){
                    var tableRow = showBody.insertRow(0);
                    tableRow.insertCell(0).innerHTML = cursor.value.goodsName;
                    tableRow.insertCell(1).innerHTML = cursor.value.goodsComment;
                    tableRow.insertCell(2).innerHTML
                          = createStar(cursor.value.goodsGrade);
                    tableRow.insertCell(3).innerHTML
                          = getFormatTime(cursor.value.time);
                    cursor.continue();
                }else{
                     console.log("检索结束!");
                }
            };
            request.onerror = function(e){
                console.log("检索失败!");
            };
        }
        function deleteData(databaseName){
            var request = indexedDB.deleteDatabase(databaseName);
            //清空数据表格
            var showBody = document.getElementById("showBody");
            showBody.innerHTML = "";
        }
        function createStar(goodsGrade){
            var stars = "";
            for(var i = 0;i < goodsGrade;i++){
                stars += "☆";
            };
            return stars;
        }
        //将长整型日期数据格式化显示
        function getFormatTime(myDateTime){
            //此处省略
        }
    </script>
  </body>
</html>
```

上述代码综合演示了 IndexedDB 数据库的使用，包括数据库的开启、版本更新、数据保存、数据遍历以及数据库的删除等功能。代码在 Chrome 浏览器中运行结果如图 10-25 所示，单击提交“评价”按钮时，将用户输入的评价信息保存到数据库中；单击“显示所有评价”时，将数据库中的评价信息以表格的形式显示出来；单击“删除所有评价”时，将数据从本地数据库中移除。

使用 Chrome 浏览器的开发者工具查看 IndexedDB 数据库中的数据时，数据的存储形式如图 10-26 所示。记录的主键采用自增方式，value 值使用 JSON 字符串的方式进行存储。

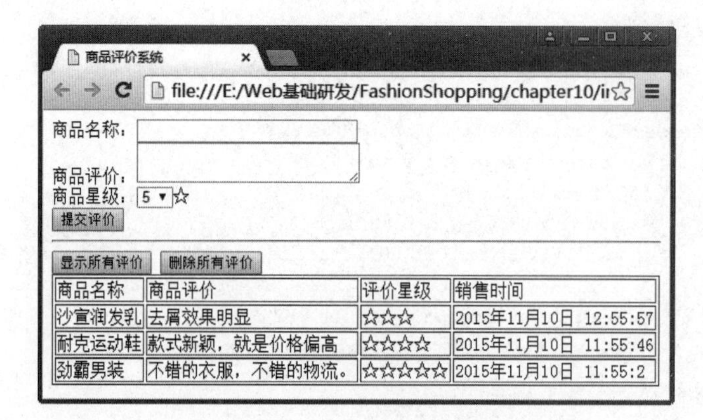

图 10-25　商品评价系统

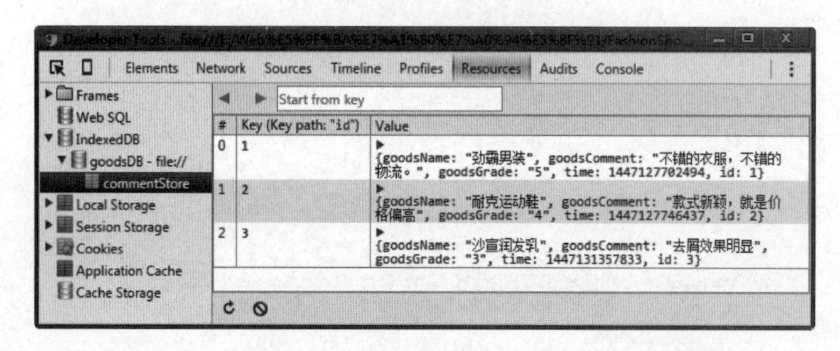

图 10-26　用开发者工具窗口查看 IndexedDB 中的数据

注意

IE 10+版本支持 IndexedDB 数据库，本地页面无法查看数据库中的数据，需将页面上传至服务器后才能对 IndexedDB 数据库进行操作。IE 开发者工具暂不提供 IndexedDB 查看功能。

10.5　Web Worker

使用 HTML 4 和 JavaScript 所创建的 Web 程序中，所有的处理都是在单线程中执行。当执行过程比较长时，页面便会处于长时间无响应的状态，直至脚本完成。

【代码 10-19】　withoutWorker.html

```
<!doctype html>
<html>
  <head>
    <meta charset="utf-8">
    <title>未使用 Worker 多线程</title>
  </head>
  <body>
    <div id="inputDiv">
        请输入一个整数 n: <input type="text" id="num" /><br/>
```

```
            <input type="button" value="计算(0-N)的和" onClick="sum()"/>
            结果为:<input type="text" id="result" />
        </div>
        <script type="text/javascript">
            function sum(){
                var num=parseInt(document.getElementById("num").value);
                var sum=0;
                for(var i=0;i<num;i++){
                    sum+=i;
                }
                document.getElementById("result").value=sum;
            }
        </script>
    </body>
</html>
```

上述代码使用JavaScript实现计算求和功能。当输入数字过大时(例如100亿),计算时间比较长,界面处于未响应状态,如图10-27所示。

HTML 5新增了Web Worker技术,通过多线程的方式将执行时间较长的程序段交由后台线程处理,从而不影响用户在前台的页面操作。

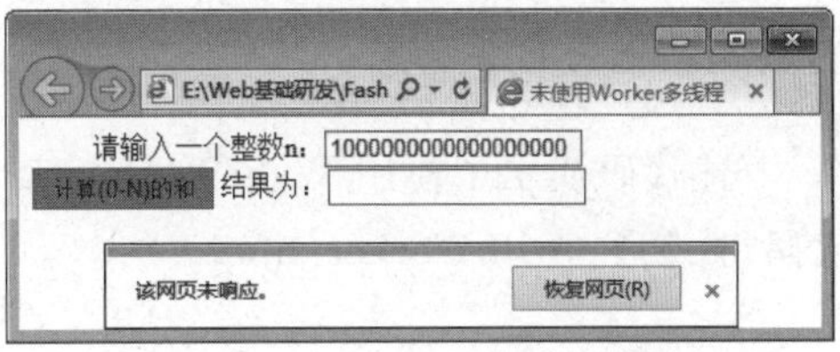

图10-27 未使用Worker多线程

Web Worker技术多用于以下场合:

(1) 预先抓取数据缓存本地,以供后期使用;

(2) 后台I/O处理;

(3) 大数据分析或计算处理;

(4) Canvas绘图中的图形数据运算及生成处理;

(5) 本地数据库中的数据存取及计算处理。

10.5.1 Worker基本应用

使用Worker类的构造函数创建一个Worker对象(即后台线程),其语法格式如下。

【语法】

```
var worker=new Worker(URL);
```

其中,参数URL表示需要在后台线程中执行的脚本文件的URL地址。

通过worker对象的postMessage()方法向后台线程发送消息,其语法格式如下。

【语法】

```
worker.postMessage(message);
```

通过监听worker对象的onmessage事件接收后台线程回传的数据并进行处理,其语法格式如下。

【语法】

```
worker.onmessage = function(e){
    alert(e.data);              //从后台线程接收到的数据
};
```

监听到worker对象onmessage事件后，在事件处理函数中对回传的数据进行处理。当onmessage事件处理完并且其他外部脚本也执行完毕后，浏览器仍然继续监听worker对象，直到被终止为止。

终止Web Worker对象的语法格式如下。

【语法】

```
worker.terminate();
```

注意

> 由于后台线程代码位于外部独立的JS文件中，所以无法访问当前页面中的window、document和parent等对象。当需要输出测试信息时，可以使用console.log()方法向控制台输出信息。

下述代码演示了使用Web Worker实现界面与后台之间的数据交互过程。

【代码10-20】 withWorker.html

```
<!doctype html>
<html>
  <head>
    <meta charset="utf-8">
    <title>使用Worker多线程</title>
  </head>
  <body>
    <div id="inputDiv">
        请输入一个整数n: <input type="text" id="num" /><br/>
        <input type="button" value="计算(0-N)的和" onClick="sum()"/>
        结果为: <input type="text" id="result" /><br/>
        <input type="button" value="停止Worker计算" onClick="stopWorker()"/>
    </div>
    <script type="text/javascript">
        var worker = new Worker("js/worker.js");
        function sum(){
            var num = parseInt(document.getElementById("num").value);
            //向后台发送信息
            worker.postMessage(num);
        }
        //用于接收后台回传的数据
        worker.onmessage = function(e){
            var result = e.data;
            document.getElementById("result").value = result;
        };
        function stopWorker(){
            worker.terminate();
        }
    </script>
```

```
    </body>
</html>
```

上述代码中，使用 new Worker()创建一个后台线程后，单击"计算(0-N)的和"按钮将需要计算的数据传给后台线程，然后等待处理结果的回传。

在后台线程中通过 onmessage 事件监听页面(或其他线程)传入的数据，当接收到数据后对数据进行处理，最后将处理结果回传到页面并进行显示。

此处，后台线程用于求和计算，并以独立文件的形式进行存放，代码如下所示。

【代码 10-21】 js/worker.js

```
//接收前台发送的数据
onmessage = function(e){
    var num = e.data;
    console.log(num);
    var sum = 0;
    for(var i = 0;i < num;i++){
        sum += i;
    }
    //将计算结果回传给前台
    postMessage(sum);
};
```

上述代码在浏览器中运行结果如图 10-28 所示。在运算过程中，页面仍然允许进行其他操作，不会出现等待状态。当单击"停止 Worker 计算"按钮时将终止 worker 线程，后台线程不再接收前台界面传递过来的数据。

图 10-28 使用 Web Worker 多线程

目前 IE 11、Firefox、Chrome 等浏览器均支持 Web Worker 技术。当使用 Chrome 浏览器访问时，需要将 HTML 和 JS 文件都发布到服务器后才能正常访问；而 Firefox 与 IE 11 浏览器可以在本地直接预览页面的运行效果。

10.5.2 Worker 线程嵌套

在 HTML 5 中，Worker 线程中允许嵌套子线程。通过线程的嵌套将一个较大的后台线程切分成多个子线程，每个子线程各自完成相对独立的一部分工作。

下述代码演示了 Worker 线程嵌套及线程之间的数据传递。

【代码 10-22】 nestWorker.html

```
<!doctype html>
<html>
```

```
  <head>
    <meta charset="utf-8">
    <title>使用 Worker 线程嵌套</title>
  </head>
  <body>
    <div id="resultDiv">
        <table border="1" >
            <tr><th colspan="6">本次获取的幸运数字是</th></tr>
            <tbody id="showBody">
            </tbody>
        </table>
    </div>
    <script type="text/javascript">
        var size=6;     //界面显示幸运数字时,表格的列数
        var worker=new Worker("js/randomCreator.js");
        //向后台发送信息
        worker.postMessage("");
        //用于接收后台回传的数据
        worker.onmessage=function(e){
            var showBody=document.getElementById("showBody");
            var luckyNums=e.data;
            var intArray=luckyNums.split(";");
            var dataRow="";
            for(var i=0;i<intArray.length;i++){
                if(i%size==0){
                    dataRow+="<tr>";
                }
                dataRow+="<td width='40px'>"+intArray[i]+"</td>";
                if(i%size==size-1){
                    dataRow+="</tr>";
                }
            }
            showBody.innerHTML=dataRow;
        };
    </script>
  </body>
</html>
```

上述代码中,页面向后台线程发送和接收数据,并将最终结果以表格的方式显示出来。在后台多线程中随机生成一个整数数组,并筛选其中的幸运数字。

在父线程(randomCreator.js)中随机生成 100 个整数,并传递给子线程,代码如下所示。

【代码 10-23】 randomCreator.js

```
//接收前台发送的数据
onmessage=function(e){
    var intArray=new Array(100);
    for(var i=0;i<intArray.length;i++){
        intArray[i]=parseInt(Math.random()*100);
    }
    console.log(JSON.stringify(intArray));
    var worker=new Worker("luckyNum.js");
    //将数组传递给嵌套 Worker 线程
```

```
        worker.postMessage(JSON.stringify(intArray));
        //从嵌套 Worker 线程接收处理结果
        worker.onmessage = function(e){
            //将嵌套 Worker 处理后的幸运数字回传给前台
            postMessage(e.data);
        };
    };
```

在子线程(luckyNum.js)中,从传入的数组中筛选幸运数字(能够同时被 2 和 3 整除的数字),再将数据回传到父线程。脚本文件 luckyNum.js 与 randomCreator.js 位于同一目录下,代码如下所示。

【代码 10-24】 luckyNum.js

```
//接收父线程传递的数据
onmessage = function(e){
    //将数据还原成整数数组
    var intArray = JSON.parse(e.data);
    console.log(e.data);
    //幸运数字
    var luckyNums = "";
    for(var i = 0;i < intArray.length;i++){
        if(intArray[i] % 2 == 0 && intArray[i] % 3 == 0 && intArray[i]!= 0){
            if(luckyNums!= ""){
                luckyNums += ";";
            }
            luckyNums += intArray[i];
        }
    }
    //将挑选后的幸运数字回传给父线程
    postMessage(luckyNums);
};
```

最后,父线程将子线程回传的数据再传递给前台界面显示出来。整个幸运数字生成的结果如图 10-29 所示。

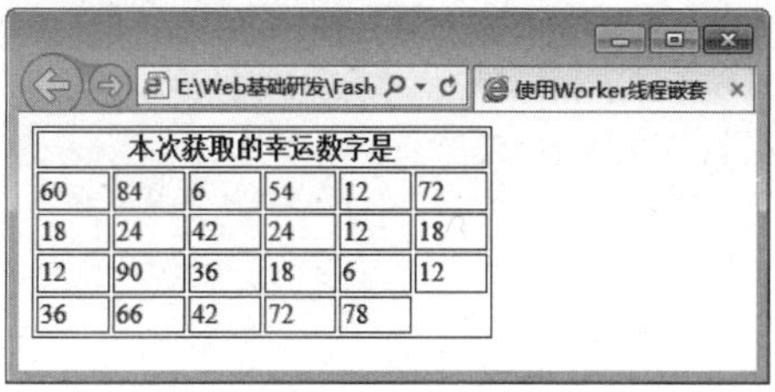

本次获取的幸运数字是					
60	84	6	54	12	72
18	24	42	24	12	18
12	90	36	18	6	12
36	66	42	72	78	

图 10-29 幸运数字

10.6 贯穿任务实现

10.6.1 实现【任务10-1】

本小节实现"Q-Walking E&S 漫步时尚广场"贯彻项目中的【任务10-1】"商品详情"页

面中的商品图片切换效果和商品信息切换效果，如图 10-30 所示。单击商品缩略图时，在商品展示区显示对应的商品大图像；单击商品缩略图下方的 Tab 标签，相应地显示商品的详情、评价或成交记录。

图 10-30　商品切换效果

在“商品详情”页面，须对 HTML 部分进行局部调整，关键代码如下所示。

【任务10-1】　shoppingDetail.html

```
<head>
  <meta charset = "utf - 8">
  <title>漫步时尚广场 - 商品详情</title>
  <link href = "css/detail.css" rel = "stylesheet" type = "text/css">
  <script type = "text/javascript" src = "js/goodsOperator.js"></script>
</head>
...此处省略部分代码...
<!-- 中间区 start -->
<div class = "middle">
<h1 class = "pic_title">商品详情</h1>
<div class = "left_pic">
  <div id = "box">
    <img src = "images/showdetail/dd1.jpg" width = "400" height = "400"
          id = "showGoodsPicture">
    <div id = "shade"></div>
  </div>
  <ul class = "small_piclist" id = "goodsList">
    <li><img src = "images/showdetail/dd1.jpg"
```

```
                onclick = "changeGoodsImage(this)"></li>
    <li><img src = "images/showdetail/dd2.jpg"
                onclick = "changeGoodsImage(this)"></li>
    <li><img src = "images/showdetail/dd3.jpg"
                onclick = "changeGoodsImage(this)"></li>
    <li><img src = "images/showdetail/dd4.jpg"
                onclick = "changeGoodsImage(this)"></li>
    <li><img src = "images/showdetail/dd5.jpg"
                onclick = "changeGoodsImage(this)"></li>
  </ul>
</div>
<div class = "right">
  <h1 class = "font16">冬季新款牛仔外套女中长款加厚<br/>
    女冬装连帽毛领加绒牛仔棉衣女风衣</h1>
  <img src = "images/showdetail/pic_mess.jpg">
</div>
<div class = "clear"></div>
<ul class = "tab"id = "goodsTabs">
  <li  class = "tab_active" onClick = "changeGoodsInfo(this)">商品详情</li>
  <li onClick = "changeGoodsInfo(this)">商品评价</li>
  <li onClick = "changeGoodsInfo(this)">成交记录</li>
</ul>
…此处省略部分代码…
<!-- 中间区 end -->
```

然后，在“商品详情”页面引入的脚本文件 goodsOperator.js 中，实现商品图片切换和商品信息切换效果，代码如下所示。

【任务10-1】 goodsOperator.js

```
//切换商品展示区中的图像
function changeGoodsImage(thumb){
    //设置当前缩略图在商品展示区显示对应的大图
    var showGoodsPicture = document.getElementById("showGoodsPicture");
    showGoodsPicture.src = thumb.src;
    //获取商品缩略图对应的 li 元素集合
    var goodsList = document.getElementById("goodsList");
    var items = goodsList.getElementsByTagName("li");
    //遍历 li 元素集合，将所有的图像边框颜色改为默认样式
    for(var i = 0; i < items.length; i++){
        var thumbImages = items[i].getElementsByTagName("img");
        thumbImages[0].style.borderColor = "";
    }
    //设置当前缩略图为选中状态
    thumb.style.borderColor = "red";
}
//Tab 标签的切换
function changeGoodsInfo(obj){
    var currentSelect = 0;
    var goodsTabs = document.getElementById("goodsTabs");
    //获得商品的信息标签(商品详情、商品评价、成交记录)
    var goodsTitles = goodsTabs.getElementsByTagName("li");
    for(var i = 0;i < goodsTitles.length;i++){
```

```
            goodsTitles[i].className = "";
            //判断当前元素对应的位置
            if(obj == goodsTitles[i]){
                currentSelect = i;
            }
        }
        //当前标签处于激活状态
        obj.className = "tab_active";
        //设置标签对应的内容部分
        var middleDiv = document.getElementsByClassName("middle");
        var tabCotents = middleDiv[0].getElementsByTagName("article");
        for(var j = 0;j < tabCotents.length;j++){
            if(currentSelect == j){
                tabCotents[j].className = "tab_content" + (j);
            }else{
                tabCotents[j].className = "none tab_content" + (j);
            }
            console.log(tabCotents[j].className);
        }
    }
    //在商品详情页面加载时进行事件绑定
    window.onload = function(){
        //默认第一个缩略图为选中状态
        var goodsList = document.getElementById("goodsList");
        var thumb_images = goodsList.getElementsByTagName("li")[0]
                .getElementsByTagName("img");
        changeGoodsImage(thumb_images[0]);
    };
```

10.6.2 实现【任务10-2】

本小节实现“Q-Walking E&S 漫步时尚广场”贯彻项目中的【任务10-2】“商品详情”页面中的放大镜效果，如图10-31所示。当鼠标在商品展示区移动时，展示区中的遮罩区域随着鼠标移动而移动，并且在展示区右侧显示放大后的效果。

图10-31 放大镜效果

遮罩区域的位置跟外层容器 box 以及鼠标的当前位置的关系如图 10-32 所示，其中 boxX 表示容器 box 左侧到 body 左边界之间的水平距离，mouse. pageX 表示鼠标到 body 左边界的水平距离，shadeWidth 表示遮罩区域的宽度，shadeX 表示遮罩区域到容器 box 的左边界的水平距离，所以 shadeX=mouse. pageX－boxX－shadeWidth/2；同理，在纵向可以计算出遮罩区域到容器 box 的上边界的垂直距离 shadeY=mouse. pageY－boxY－shadeHeight/2。

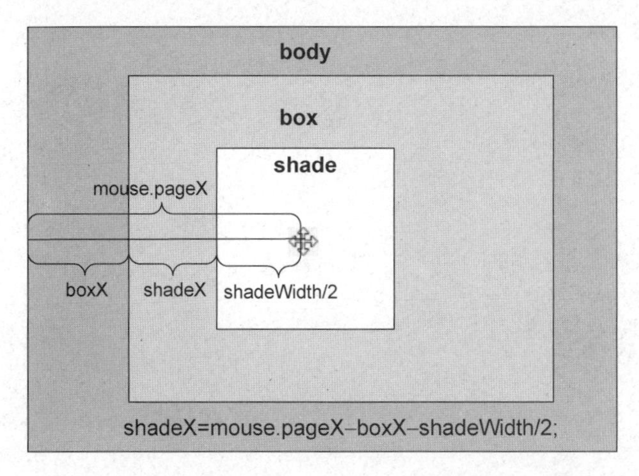

图 10-32　阴影区域 x 坐标计算方式

在“商品详情”页面中，添加一个遮罩层和一个用于放大显示的 Canvas 画布，代码如下所示。

【任务10-2】 shoppingDetail. html

```
…此处代码省略…
<!-- 中间区 start -->
<div class = "middle">
<h1 class = "pic_title">商品详情</h1 >
<div class = "left_pic">
  <div id = "box">
    <img src = "images/showdetail/dd1.jpg" width = "400" height = "400"
          id = "showGoodsPicture">
    <!-- 遮罩层 -->
    <div id = "shade"> </div>
  </div>
  <ul class = "small_piclist" id = "goodsList">
    <li>< img src = "images/showdetail/dd1.jpg"
              onclick = "changeGoodsImage(this)"></li>
    <li>< img src = "images/showdetail/dd2.jpg"
              onclick = "changeGoodsImage(this)"></li>
    <li>< img src = "images/showdetail/dd3.jpg"
              onclick = "changeGoodsImage(this)"></li>
    <li>< img src = "images/showdetail/dd4.jpg"
              onclick = "changeGoodsImage(this)"></li>
    <li>< img src = "images/showdetail/dd5.jpg"
              onclick = "changeGoodsImage(this)"></li>
  </ul>
  <!-- canvas 不能通过样式设置大小，只能通过属性设置 -->
```

```
  <canvas id="canvas" width="400px" height="400px"></canvas>
</div>
...此处代码省略...
```

然后，在“商品详情”页面所引用的样式文件 detail.css 中，添加遮罩层、展示区等部分的样式，代码如下所示。

【任务10-2】 detail.css

```
/* 放大镜部分 */
.left_pic{
    position:relative;
    margin-left:10px;
    float:left
}
#box{
    position: relative;
    margin-bottom: 10px;
    width: 400px;
    height: 400px;
}
#shade{
    position: absolute;
    top: 0px;
    z-index: 1000;
    width: 200px;
    height: 200px;
    filter: alpha(Opacity=70);          /* IE 设置透明度 */
    -moz-opacity: 0.7;                  /* 火狐设置透明度 */
    opacity: 0.7;                       /* chrome 设置透明度 */
    background-color: #FFC;
    display: none;
}
#canvas{
    position: absolute;
    left: 410px;
    top: 0px;
    display: none;
    background-color:wheat;
    display: none;
}
```

最后，在脚本文件 goodsOperator.js 中添加放大镜效果，代码如下所示。

【任务10-2】 goodsOperator.js

```
/* 放大镜效果部分 */
//获取元素的纵坐标(相对于 body)
function getTop(e){
    var offset = e.offsetTop;
    if (e.offsetParent!= null){
        offset += getTop(e.offsetParent);
    }
    return offset;
```

```
}
//获取元素的横坐标(相对于 body)
function getLeft(e){
    var offset = e.offsetLeft;
    if(e.offsetParent!= null){
        offset += getLeft(e.offsetParent);
    }
    return offset;
}
//图像放大效果
function zoomPicture() {
    var box = document.getElementById("box");
    var showGoodsPicture = document.getElementById("showGoodsPicture");
    var canvas = document.getElementById("canvas");
    var shade = document.getElementById("shade");
    if(showGoodsPicture == null) {
        return false;
    }
    //绑定鼠标移出所触发的事件
    box.onmouseout = function(){
        shade.style.display = "none";
        canvas.style.display = "none";
        document.body.style.cursor = "default";
    };
    //绑定鼠标移动所触发的事件
    box.onmousemove  = function(ev){
        //设定鼠标的样式
        document.body.style.cursor = "move";
        var box = document.getElementById("box");
        var shadeX, shadeY;
        //获取 box 对象的左侧到浏览器窗口左侧的距离
        var boxX = getLeft(box);
        //获取 box 对象的顶部到浏览器窗口顶部的距离
        var boxY = getTop(box);
        //计算阴影区域的左上角的 x 坐标
        shadeX = ev.pageX - boxX - 100;
        //计算阴影区域的左上角的 y 坐标
        shadeY = ev.pageY - boxY - 100;
        //防止阴影区域移到图片之外
        if(shadeX < 0){
            shadeX = 0;
        }
        else if(shadeX > 200){
            shadeX = 200;
        }
        if(shadeY < 0){
            shadeY = 0;
        }
        else if(shadeY > 200){
            shadeY = 200;
        }
        //使用 Canvas 绘制遮罩区域,并进行放大
        var context = canvas.getContext("2d");
```

```
            shade.style.display = "block";
            shade.style.left = shadeX + "px";
            shade.style.top = shadeY + "px";
            canvas.style.display = "inline";
            context.clearRect(0, 0, 400, 400);
            var image = new Image();
            image.src = showGoodsPicture.src;
            context.drawImage(image, (shade.offsetLeft) * 2,(shade.offsetTop) * 2,
                    400, 400, 0, 0, 400, 400);
        }
    }

    //在 onload 事件中调用 zoomPicture()函数
    window.onload = function(){
        //默认第一个缩略图为选中状态
        var goodsList = document.getElementById("goodsList");
        var thumb_images = goodsList.getElementsByTagName("li")[0]
            .getElementsByTagName("img");
        changeGoodsImage(thumb_images[0]);
        zoomPicture();
    };
```

在上述代码中，offsetParent 属性用于返回当前元素最近采用定位（position 属性值为 fixed、relative 或者 absolute）的父级元素。当父级元素中没有采用定位的元素时，则返回 body 对象；当采用定位的父级元素的 display 属性值为 none 时，则返回 null。

10.6.3 实现【任务10-3】

本小节实现“Q-Walking E&S 漫步时尚广场”贯彻项目中的【任务10-3】购物列表中的购物车拖曳效果，如图 10-33 所示。把“最新上架”的商品拖曳到购物车时，如果购物车中没

图 10-33 向购物车中拖曳商品

有该商品，则在购物车中新增该商品，否则仅仅改变该商品对应的数量。在购物车中单击删除某一商品时，如果商品数量为1，则直接删除该商品，否则将商品的数量减1。

首先，在“购物列表”页中修改购物车模块的代码，并引入购物车脚本文件，关键代码如下所示。

【任务10-3】 shoppingShow.html

```
<!DOCTYPE html PUBLIC "-//W3C//DTD XHTML 1.0 Transitional//EN"
    "http://www.w3.org/TR/xhtml1/DTD/xhtml1-transitional.dtd">
<html xmlns="http://www.w3.org/1999/xhtml">
  <head>
    <meta http-equiv="Content-Type" content="text/html; charset=utf-8" />
    <title>漫步时尚广场-购物列表</title>
    <link href="css/show.css" rel="stylesheet" type="text/css">
    <script type="text/javascript" src="js/shoppingCart.js"></script>
  </head>
  <body>
    <!-- 顶部区域 start -->
    <div class="top_bg">
        <div class="top_content">
            <div class="floatl"><img src="images/star.jpg">收藏 | HI,欢迎来订购！
                <a href="../manageadmin/login.html" class="orange">[请登录]</a>
                <a href="../register/register.html" class="orange">[免费注册]
                </a></div>
            <div class="floatr">客户服务<img src="images/arrow.gif">网站导航
                <img src="images/arrow.gif"> 
            <div class="xl">
            <!-- 购物车 -->
            <div class="droparrow" onclick="showCar()">
                <span class="shopcart"></span>我的购物车
                <span class="orange">0</span>件<img src="images/arrow.gif"/>
            </div>
            <!-- 下拉菜单 -->
                <div class="dropdown" id="dropdown" style="display: none"
                        ondrop="drop(event)" ondragover="allowDrop(event)">
                    <ul class="shop_pic"></ul>
                </div>
            </div>
    ...以下代码省略...
  </body>
</html>
```

然后，修改“购物列表”页面对应的样式文件，关键代码如下所示。

【任务10-3】 show.css

```
...以下代码省略...
/*下拉菜单*/
.xl{display:inline-block;position:relative}
/*修改 width: 120px->130px */
.droparrow{position:relative;border:1px solid transparent;width:130px;
    height:30px;display:inline-block;padding-left:5px;z-index:1000}
/*去掉购物车的 hover 效果*
/*.droparrow:hover{background:#fff;width:120px;height:30px;
```

```
    display:inline-block;border:1px solid #ccc;border-bottom:none;
    padding-left:5px;cursor:pointer} */
.xl>.dropdown{background:#fff;width:285px;height:225px;border:1px solid #ccc;
    padding:5px;position:absolute;right:0;top:30px;z-index:999;
    overflow-y:auto;overflow-x:hidden;display:none}
/*去掉购物车的hover效果*/
/*.xl:hover>.dropdown{display:block}*/
...以下代码省略...
```

最后，在脚本文件shoppingCart.js中，完成购物车的显示与隐藏、向购物车中拖曳商品、删除购物车中的商品等功能，代码如下所示。

【任务10-3】 shoppingCart.js

```
//购物车的显示与隐藏
function showCar(){
    var shopCar = document.getElementsByClassName("dropdown")[0];
    var rightNav = document.getElementsByClassName("right_nav")[0];
    switch(shopCar.style.display){
        case "":
        case "none":
            shopCar.style.display = "block";
            rightNav.style.position = "relative";
            //下移热门推荐模块
            //rightNav.style.top = "100px";
            shopCar.innerHTML = loadCar();
            break;
        case "block":
            shopCar.style.display = "none";
            rightNav.style.position = "static";
            break;
    }
}

//定义一个商品对象
var goods = {goodsSrc: null, goodsNum: 1};

//设置拖曳效果
function drag(e){
    e = e || event;
    e.dataTransfer.effectAllowed = "copy";
    //IE只能通过服务器方式进行访问，而FF、chrome支持服务器和本地两种方式进行访问
    //e.dataTransfer.setData("text", e.target.src);              //IE兼容写法
    e.dataTransfer.setData("text/plain", e.target.src);        //标准写法
}
//拖曳释放效果
function drop(e){
    //阻止拖曳事件的传播
    allowDrop(e);
    //从拖曳事件中获取数据
    var data = e.dataTransfer.getData("text");
    //e.target.id == "dropdown",表示目标对象是div(dropdown)
    //e.target.parentNode.id == "dropdown"表示目标对象是dropdown的直接子元素UL
```

```
    //e.target.parentNode.parentNode.id == "dropdown" 表示目标对象是 UL 中的 LI
    //e.target.parentNode.parentNode.parentNode.id == "dropdown"表示目标对象
    //是<a>元素
    //e.target.parentNode.parentNode.parentNode.parentNode.id == "dropdown"表示
    //目标对象是<img>元素
    if(e.target.id == "dropdown" || e.target.parentNode.id == "dropdown"
        || e.target.parentNode.parentNode.id == "dropdown"
        || e.target.parentNode.parentNode.parentNode.id == "dropdown"
        || e.target.parentNode.parentNode.parentNode
            .parentNode.id == "dropdown"){
        //从 localStorage 中尝试根据 Src 读取数据
        var newGoods = readFromStorage(data);
        //如果 localStorage 中存在当前商品,则在原基础上加 1
        if(newGoods!= null){
            for(var i = 0; i < localStorage.length; i++){
                if(data == newGoods.goodsSrc){
                    newGoods.goodsNum += 1;
                    goods = newGoods;
                    break;
                }
            }
        }else{
            //如果 localStorage 中没有该商品,则创建一个新对象,且商品数量为 1
            goods.goodsSrc = data;
            goods.goodsNum = 1;
        }
        //把处理后的商品信息存储到 localStorage
        localStorage.setItem(data, JSON.stringify(goods));
        //重新加载并刷新页面中的购物车
        document.getElementsByClassName("dropdown")[0].innerHTML = loadCar();
    }
}
//阻止被拖曳的图片在新窗口打开
function allowDrop(e){
    e.preventDefault();//通知浏览器不再执行事件相关的默认动作
    e.stopPropagation();//阻止事件冒泡
}
//根据 key 读取 localStorage 的值并封装成 JSON
function readFromStorage(key){
    var jsonStr = localStorage.getItem(key);
    var newGoods = JSON.parse(jsonStr);
    return newGoods;
}

//加载购物车
function loadCar(){
    //localStorage 不为空时,将购物车中的信息读出来并显示到页面中
    if(localStorage.length!= 0){
        var ulObject = document.createElement("ul");
        ulObject.className = "shop_pic";
        for(var i = 0; i < localStorage.length; i++){
            var key = localStorage.key(i);
            goods = readFromStorage(key);
            if(goods!= null) {
                var liObject = document.createElement("li");
```

```
                liObject.innerHTML = '<a href="#"><img src="' + goods.goodsSrc
                    + '" width="80px" height="96px"/></a><p>' + goods.goodsNum
                    + '件<a href="javascript:void(0)" onclick="delStorage(this)">
                        <span class="orange floatr">删除</span></a></p>';
            }
            ulObject.appendChild(liObject);
        }
        return ulObject.outerHTML;
    }
    return "购物车还是空的,赶快加点东西吧～";
}

//从 localStorage 中删除某个元素
function delStorage(element){
    //获得被单击的<a>元素对应的 img 标签的 src 属性
    var targetSrc = element.parentNode.parentNode.childNodes[0]
                    .childNodes[0].src;
    //根据 src 属性读取 localStorage 中的商品
    var delGoods = readFromStorage(targetSrc);
    delGoods.goodsNum -= 1;
    //如果商品数量等于 0,则移除该商品
    if(delGoods.goodsNum == 0){
        localStorage.removeItem(targetSrc);
    }else{
        //如果商品数量大于 0,则将修改后的信息保存到 localStorage 中
        localStorage.setItem(targetSrc,JSON.stringify(delGoods));
    }
    //删除成功后,重新加载并更新页面中的购物车
    document.getElementsByClassName("dropdown")[0].innerHTML = loadCar();
}

//窗口加载时,为允许拖曳的图片添加 draggable 属性和 ondragstart 事件
window.onload = function(){
    var pic_list = document.getElementsByClassName("pic_list")[0];
    var pic_list_div = pic_list.getElementsByTagName("div");
    for(var i = 0;i < pic_list_div.length;i++){
        var image = pic_list_div[i].getElementsByTagName("img")[0];
        image.setAttribute("draggable",true);
        image.ondragstart = drag;
    }
}
```

当使用 IE 浏览器测试时,需要将 drag()方法中的数据传输方式换成 e.dataTransfer.setData("text",e.target.src),然后将代码部署到服务器后方可通过 URL 地址进行访问。

本章总结

小结

- HTML 5 中新增的<canvas>标签用于在页面中绘制图形;
- CanvasRenderingContext2D 对象是 HTML 5 绘图中的核心对象,可以通过其属性

控制各种绘制风格，还提供了许多绘制图形的方法，包括矩形、圆形、弧形等；

- 在画布中绘制图像时，可以设置图像的绘制位置、缩放、裁剪、平铺，以及对图像的像素进行处理等；
- 绘制文字时，可以使用 fillText()和 strokeText()方法，同时可以设置文字的样式、对齐方式、纹理填充等；
- 在绘制路径时，画布上的每一条子路径都以上一条路径的终点作为起点，路径绘制方法有 beginPath()、closePath()、isPointInPath()、lineTo()、moveTo()、fill()、stroke()等方法；
- HTML 5 中绘制圆弧有两种方式：使用 arc()和 arcTo()方法，但绘制的原理有所不同；
- 渐变是指在填充时从一种颜色慢慢过渡到另外一种颜色，渐变分为两种方式：线性渐变和径向渐变；
- HTML 5 Canvas API 提供了坐标轴变换处理功能，通过平移、缩放、旋转可以实现这些效果；
- HTML 5 提供了< video />和< audio />新标签，可以直接在浏览器中播放视频和音频文件，无须事先在浏览器上安装任何插件，只需浏览器本身支持 HTML 5 规范即可；
- HTML 5 中提供了 Video 和 Audio 对象，来控制视频或音频的回放及当前状态等；
- Web Storage 用于在客户端本地保存数据，主要包含以下两种数据存储形式：Session Storage 和 Local Storage；
- 在 HTML 5 中内置了两种本地数据库：SQLite 和 IndexedDB，SQLite 数据库是一种通过 SQL 语言来访问的文件型 SQL 数据库，IndexedDB 数据库是一种轻量级 NOSQL 数据库；
- 在 HTML 5 中新增了 Web Worker 技术，通过多线程的方式将执行时间较长的程序段交由后台线程处理，从而不影响用户在前台的页面操作。

Q&A

1. 问题：Web Storage 中存储数据时，数据以 key/Value 的方式进行存储，如果存储更加复杂的数据该怎么办？

回答：JSON. stringify()方法可以将 JSON 对象转成 JSON 字符串，然后将 JSON 字符串保存到 Local Storage 中。当读取数据时，再使用 JSON. parse()方法，可以将 JSON 字符串转成 JSON 对象，然后在页面中进行处理。

2. 问题：本地数据库分为 SQLite 和 IndexedDB 两种，在使用时应注意哪些？

回答：SQLite 数据库是一种通过 SQL 语言来访问的文件型 SQL 数据库，IndexedDB 数据库是一种轻量级 NOSQL 数据库。使用时应关注主流浏览器对该技术的支持情况，SQLite 数据库尽管在一些浏览器中得到支持，但在 2010 年 11 月后 W3C 暂停对该规范的继续更新，继而重点对 Web Storage 和 IndexedDB 数据存储的规范进行更新与维护，推荐采用 IndexedDB 保存数据。

章节练习

习题

1. 图像平铺是一种比较重要的技术，可以使用________方法创建一种图像平铺模式。

   A. createTile()　　B. createPattern()

   C. createLay()　　D. createRepeat()

2. 在 HTML 5 Canvas API 中，通过________方法可以实现坐标缩放效果。

   A. scale()　　B. rotate()　　C. zoom()　　D. translate()

3. 在 HTML 5 中所支持的视频格式有________。

   A. WebM　　B. Ogg　　C. MP4　　D. AVI

4. 下列关于 Web Storage 说法错误的是________。

   A. 用户 Session 失效时，Session Storage 保存的数据也随之丢失

   B. 将数据保存在客户端的硬件设备中，关闭浏览器后，数据仍然存在

   C. sessionStorage 的生命周期比 localStorage 要长

   D. sessionStorage 和 localStorage 对象都是 Storage 接口的实例，功能和用法基本相同

5. 在 HTML 5 中绘制圆弧时，可以使用________方法。

   A. circle()　　B. arc()　　C. arcTo()　　D. bow()

6. 通过视频 Video 对象的________属性可以获取视频的总长度。

   A. currentTime　　B. totalTime　　C. overallTime　　D. duration

7. 下列不属于 localStorage 对象的方法是________。

   A. clearItem()　　B. removeItem()　　C. setItem()　　D. getItem()

8. 在 IndexedDB 数据库中的事务不包含________。

   A. 只读事务　　B. 只写事务

   C. 读写事务　　D. 版本更新事务

上机

1. 训练目标：在“餐饮列表”页面中，实现购物车效果。

培养能力	熟练使用 localStorage 存储数据		
掌握程度	★★★★★	难度	较难
代码行数	200	实施方式	编码强化
结束条件	独立编写，不出错	涉及页面	foodShow. html
参考训练内容 (1) 单击“我的购物车”，隐藏或显示购物车； (2) 将美食商品拖曳到购物车中，或从购物车中删除指定的美食； (3) 使用 IE、FireFox 或 Chrome 浏览器查看页面效果，如图 10-34 所示			

图 10-34　购物列表中的购物车

2. 训练目标：在“餐饮详情”页面中，实现美食商品的切换以及放大镜效果。

培养能力	熟练使用 Canvas 进行绘制		
掌握程度	★★★★★	难度	难
代码行数	150	实施方式	编码强化
结束条件	独立编写，不出错	涉及页面	foodDetail. html

参考训练内容

(1) 单击美食缩略图时，在展示区显示对应美食的大图；
(2) 鼠标在展示区滑动时，在展示区右侧展示该区域的放大效果；
(3) 单击美食缩略图下方的 Tab 标签，切换商品对应的商家位置、购买须知、本单详情和商家介绍等信息；
(4) 使用 IE、FireFox 或 Chrome 浏览器查看页面效果，如图 10-35 所示

图 10-35　美食商品的切换以及放大镜效果

第11章 jQuery基础

任务驱动

本章任务是完成“Q-Walking E&S 漫步时尚广场”的后台模块中的页面效果：

- 【任务11-1】实现后台模块中左侧树形菜单的折叠效果。
- 【任务11-2】实现后台模块中“添加商品”页面的表单验证功能。
- 【任务11-3】实现后台模块中“商品列表”页面的全选和反选效果。

学习路线

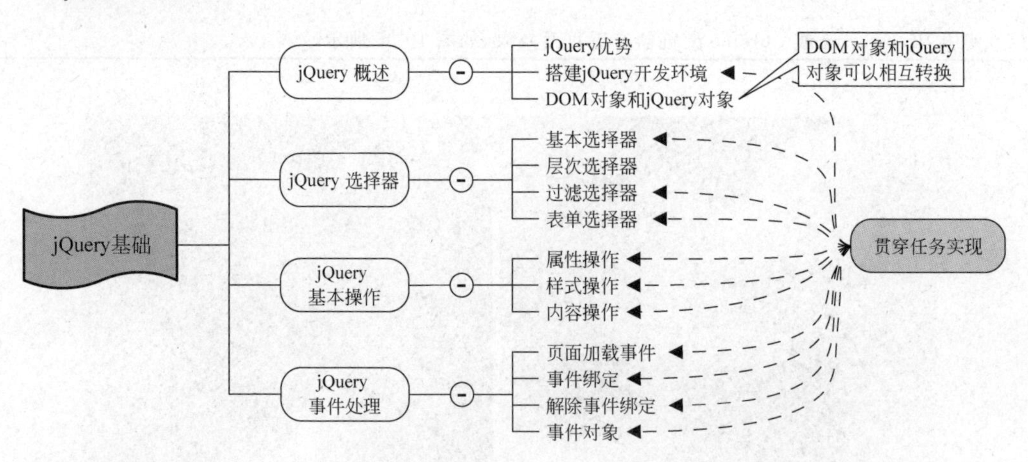

本章目标

知　识　点	Listen(听)	Know(懂)	Do(做)	Revise(复习)	Master(精通)
jQuery 概述	★	★	★	★	
jQuery 基本选择器	★	★	★	★	★
jQuery 过滤选择器	★	★	★	★	★
jQuery 表单选择器	★	★	★	★	★
jQuery 基本操作	★	★	★	★	
jQuery 事件处理	★	★	★		

11.1 jQuery 概述

JavaScript 语言是 NetScape 公司开发的一种脚本语言,其功能强大,交互性强,是 Web 前端语言发展过程中的一个重要里程碑。JavaScript 的实时性、跨平台、使用简单且安全性较高等特点决定了其在 Web 前端设计中的重要地位。

但随着浏览器种类的推陈出新,JavaScript 对浏览器的兼容性受到了极大挑战,网页前端设计者往往因浏览器的不兼容而导致工作量大增。2006 年 1 月,美国 John Resing 创建了一个基于 JavaScript 的开源框架——jQuery。与 JavaScript 相比,jQuery 具有代码更高效、浏览器兼容性更好等特征,极大地简化了对 DOM 对象、事件处理、动画效果以及 AJAX 等操作。

11.1.1 jQuery 优势

jQuery 的设计理念是"少写多做"(write less, do more),是一种将 JavaScript、CSS、DOM、Ajax 等特征集于一体的强大框架,通过简单的代码来实现各种页面特效。

jQuery 主要提供了以下功能。

(1) 访问和操作 DOM 元素:jQuery 中封装了大量的 DOM 操作,可以非常方便地获取或修改页面中的某个元素,包括元素的移动、复制、删除等操作。

(2) 强大的选择器:jQuery 允许开发人员使用 CSS 1～CSS 3 所有的选择器,方便快捷地控制元素的 CSS 样式,并很好地兼容各种浏览器。

(3) 可靠的事件处理机制:使用 jQuery 将表现层与功能分离,可靠的事件处理机制让开发者更多专注于程序的逻辑设计;在预留退路(Graceful Degradation)、循序渐进以及非入侵式(Unobtrusive)方面,jQuery 表现得非常优秀。

(4) 完善的 Ajax 操作:Ajax 异步交互技术极大方便了程序的开发,提高了浏览者的体验度。在 jQuery 库中将 Ajax 操作封装到函数 $. ajax()中,开发者只需专心实现业务逻辑处理,无须关注浏览器的兼容性问题。

(5) 链式操作方式:在某一个对象上产生一系列动作时,jQuery 允许在现有对象上连续多次操作,链式操作是 jQuery 的特色之一。

(6) 完善的文档:jQuery 是一个开源产品,提供了丰富的文档。

11.1.2 搭建 jQuery 开发环境

在 jQuery 的官方网站 http://jquery.com/下载最新的 jQuery 库。在下载界面可以直接下载 jQuery 1. x 和 jQuery 2. x 两种版本。其中 jQuery 1. x 版本在原来的基础上继续支持 IE 6、7、8 版本的浏览器;而 jQuery 2. x 不再支持 IE 8 及更早版本,但因其具有更小、更快等特点,得到广大开发者的一致好评。

jQuery 1. x 与 jQuery 2. x 对浏览器的支持情况如表 11-1 所示。

表 11-1　jQuery 1. x 与 jQuery 2. x 对浏览器的支持情况

版本	IE	Chrome	Firefox	Safari	Opera	iOS	Android
jQuery 1. x	6+	支持	支持	5.1+	12.1+	6.1+	2.3,4.0+
jQuery2. x	9+						

每个版本又分为以下两种：开发版(Development Version)和生产版(Production Version)，区别如表 11-2 所示。

表 11-2　开发版和生产版的区别

版　本	大小/KB	描　述
jquery-1. x. js	约 288	开发版，完整无压缩，多用于学习、开发和测试
jquery-2. x. js	约 251	
jquery-1. x. min. js	约 94	生产版，经过压缩工具压缩，体积相对比较小，主要用于产品和项目中
jquery-2. x. min. js	约 83	

注意

即将发布的 jQuery 3. x 中采用 ECMAScript 2015(即 ES 6)新规范，并彻底放弃对 IE 8 的支持。由于 IE 8 目前仍然是国内最流行的浏览器之一，对国内的开发者来说，短期(甚至中期)内还不得不停留在 jQuery 1. x 版本。为帮助用户平滑升级，jQuery 为 3.0 版本提供了迁移插件(jQuery Migrate Plugin)，通过该插件可确保基于 jQuery 1. x 或 2. x 的既有业务代码正常运行。

在页面中使用 jQuery 分为两步：首先引入 jQuery 库，然后使用 jQuery 实现界面操作。

1. 引入 jQuery 库

jQuery 不需要安装，只需将下载的 jQuery 库放到站点的一个公共目录中，然后在页面中通过< script />标签引入即可。

【示例】　在页面中引入 jQuery 库

```
<script type = "text/javascript" src = "js/jquery - 1.x.js"> </script>
```

2. jQuery 简单测试

在页面中引入 jQuery 库后，通过 $()函数来获取页面中的元素，并对元素进行定位或效果处理。在没有特别说明的情况下，$ 符号即为 jQuery 对象的缩写形式，例如，$("myDiv")与 jQuery("myDiv")完全等价。

下述代码演示 jQuery 的环境搭建及使用。

【代码 11-1】　jQuery-helloWorld. html

```
<!doctype html>
<html>
```

```
  <head>
    <meta charset="utf-8">
    <title>jQuery测试示例</title>
    <script type="text/javascript" src="js/jquery-1.x.js"></script>
  </head>
  <body>
    <div id="myDiv">Hello jQuery,欢迎光临漫步时尚广场!</div>
    <script type="text/javascript">
        $(document).ready(function(e) {
            //alert(jQuery("#myDiv").html());
            alert($("#myDiv").html());
        });
    </script>
  </body>
</html>
```

上述代码中,通过 jQuery 读取<div>标签中的内容。$(document).ready()方法的作用类似于 JavaScript 中 window.onload 事件,但也有一定的区别,具体如表 11-3 所示。

表 11-3 window.onload 与 $(document).ready()的区别

区别项	window.onload	$(document).ready()
执行时间	必须在页面全部加载完毕(包含图片下载)后才能执行	在页面中所有 DOM 结构下载完毕后执行,此时可能 DOM 元素关联的内容并没有加载完毕
执行次数	一个页面只能有一个,当页面中存在多个 window.onload 时,仅输出最后一个的结果,无法完成多个结果同时输出	一个页面可以有多个,结果可以相继输出
简化写法	无	可以简写成$()

11.1.3 DOM 对象和 jQuery 对象

在 JavaScript 中,通过 getElementById()、getElementsByClassName()和 querySelector()等方法来获取页面中的 HTML 元素。

【示例】 获取 DOM 对象

```
var menuDiv = document.getElementById("menuDiv");
var baseSpan = menuDiv.getElementsByClassName("baseClass");
var span = document.querySelector("#menuDiv");
```

jQuery 对象是指通过 jQuery 库中提供的方法来获取的元素对象;jQuery 对象本身不能直接调用 DOM 对象的方法,而是通过将 jQuery 对象转换成 DOM 对象后再调用 DOM 对象的方法。

1. DOM 对象转成 jQuery 对象

使用 jQuery 库中的$()方法将 DOM 对象封装起来,并返回一个 jQuery 对象。

【示例】 DOM 对象转成 jQuery 对象

```
//获得 DOM 对象
var domObject = document.getElementById("myDiv");
//获得 DOM 对象中的 innerHTML 属性值
alert(domObject.innerHTML);
//将 DOM 对象转换成 jQuery 对象
var jQueryObject = $ (domObject);
//调用 jQuery 对象的 html()方法
alert(jQueryObject.html());
```

上述代码中,通过$()方法将DOM对象转换成jQuery对象,然后调用jQuery对象的方法。

2. jQuery 对象转成 DOM 对象

将jQuery对象转换成DOM对象时,可以把jQuery对象看作一个数组,通过索引[index]或get(index)方法来获得DOM对象。

【示例】 jQuery 对象转成 DOM 对象

```
//获得 jQuery 对象(由页面中所有的 DIV 构成)
var jQueryObject = $ ("div");
//1. 通过下标获取 DOM 对象
var domObject1 = jQueryObject[0];
//2. 通过 get()方法获取 DOM 对象
var domObject2 = jQueryObject.get(1);
//获得 DOM 对象中的 innerHTML 属性值
alert("第一个 DIV 内容是: " + domObject1.innerHTML
    + "\n 第二个 DIV 内容是: " + domObject2.innerHTML);
```

11.2 jQuery 选择器

通过jQuery选择器可以方便快捷地获得页面中的元素,然后为其添加相应行为,无须担心浏览器的兼容性问题。jQuery选择器完全继承了CSS选择器的风格,将jQuery选择器分为四类:基本选择器、层次选择器、过滤选择器和表单选择器。

11.2.1 基本选择器

基本选择器是jQuery中最常用的选择器,通过元素的id、className或tagName来查找页面中的元素,如表11-4所示。

表 11-4 基本选择器

选 择 器	描 述	返 回
#ID	根据元素的ID属性进行匹配	单个jQuery对象
.class	根据元素的class属性进行匹配	jQuery对象数组
element	根据元素的标签名进行匹配	jQuery对象数组
selector1,selector2,…,selectorN	将每个选择器匹配的结果合并后一起返回	jQuery对象数组
*	匹配页面的所有元素,包括html、head、body等	jQuery对象数组

由于ID是元素的唯一标识，不能重复，所以ID选择器返回单个jQuery对象；而class属性用于设定元素的样式，允许多个元素使用同一样式，所以class选择器返回一个jQuery对象类型的数组。

下述代码演示了使用jQuery基本选择器为页面元素添加样式。

【代码11-2】 basicSelector.html

```
<!doctype html>
<html>
  <head>
    <meta charset="utf-8">
    <title>jQuery基本选择器</title>
    <script type="text/javascript" src="js/jquery-1.x.js"></script>
  </head>
  <body>
    <div id="idDiv">DOM对象与jQuery对象的相互转化</div>
    <div class="classDiv">jQuery对象不能直接使用DOM对象的方法,</div>
    <div class="classDiv">但可以通过将jQuery对象转换成DOM对象后再调用其方法。</div>
    <span class="classSpan">基本选择器是jQuery中最常用的选择器</span>
    <script type="text/javascript">
         $(function(e){
              $("#idDiv").css("color","blue");
              $(".classDiv").css("background-color","#dddddd");
              $("span").css("background-color","gray").css("color","white");
              $("*").css("font-size","20px");
              $("#idDiv,.classSpan").css("font-style","italic");
         });
    </script>
  </body>
</html>
```

上述代码中，分别使用ID选择器、类选择器、标签选择器、多元素选择器和通用选择器对元素进行选取，并通过css()方法设置元素的背景样式、字体颜色以及字体样式。代码在浏览器中运行结果如图11-1所示。

图11-1 基本选择器的用法

11.2.2 层次选择器

jQuery层次选择器是通过DOM对象的层次关系来获取特定的元素，如同辈元素、后代元素、子元素和相邻元素等。层次选择器的用法与基本选择器相似，也是使用$()函数来实现，返回结果均为jQuery对象数组，如表11-5所示。

表11-5 层次选择器

选 择 器	描 述	返 回
$("ancestor descendant")	选取ancestor元素中的所有的子元素	jQuery对象数组
$("parent>child")	选取parent元素中的直接子元素	jQuery对象数组
$("prev+next")	选取紧邻prev元素之后的next元素	jQuery对象数组
$("prev~siblings")	选取prev元素之后的siblings兄弟元素	jQuery对象数组

$("prev+next")用于选取紧随 prev 元素之后的 next 元素，且 prev 元素和 next 元素有共同的父元素，功能与$("prev").next("next")相同。而$("prev～siblings")用于选取 prev 元素之后的 siblings 元素，两者有共同的父元素而不必紧邻，功能与$("prev").nextAll("siblings")相同。

下述代码演示了 jQuery 层次选择器的用法。

【代码 11-3】 cascadeSelector.html

```
<!doctype html>
<html>
  <head>
    <meta charset="utf-8">
    <title>jQuery层次选择器</title>
    <script type="text/javascript" src="js/jquery-1.x.js"></script>
  </head>
  <body>
    <div>
        搜索条件<input name="search" />
        <form>
            <label>用户名:</label>
            <input name="useName" />
            <fieldset>
                <label>密  码:</label>
                <input name="password" />
            </fieldset>
        </form>
        <hr/>
        身份证号:<input name="none" /><br/>
        联系电话:<input name="none" />
    </div>
    <script type="text/javascript">
        $(function(e){
            $("form input").css("width","200px");
            $("form > input").css("background","pink");
            $("label + input").css("border-color","blue");
            //$("label").next("input").css("border-color","blue");
            $("form ~ input").css("border-bottom-width","4px");
            //$("form").nextAll("input").css("border-bottom-width","4px");
            $("*").css("padding-top","3px");
        });
    </script>
  </body>
</html>
```

在上述代码中，通过层次样式选择器分别对子元素、直接子元素、相邻兄弟元素和普通兄弟元素进行选取并对其设置样式，效果如图 11-2 所示。第一个文本框采用浏览器的默认样式显示，第二个文本框使用粉色作为背景颜色，第二、三文本框边框设为蓝色，最后两个文本框的边框宽度设为 4 像素。

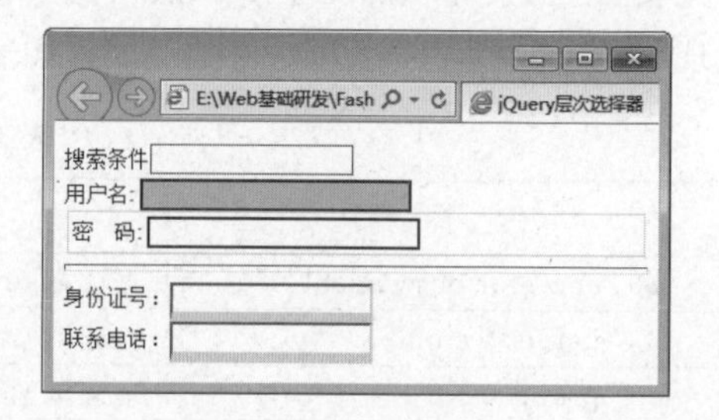

图 11-2 层次选择器的用法

11.2.3 过滤选择器

基本选择器和层次选择器可以满足大部分页面元素的选取需求。在 jQuery 中还提供了功能更加强大的过滤选择器，根据特定的过滤规则来筛选出所需要的页面元素。过滤选择器又分为简单过滤选择器、内容过滤选择器、可见性过滤选择器、属性过滤选择器、子元素过滤选择器和表单对象属性过滤选择器。

1. 简单过滤选择器

简单过滤选择器是过滤选择器中用得最多的一种，过滤规则主要体现在元素的位置上或一些特定的元素上，书写时均以冒号(：)开头，如表 11-6 所示。

表 11-6 简单过滤选择器

选　择　器	描　　述	返　　回
:first	选取第一个元素	单个 jQuery 对象
:last	选取最后一个元素	单个 jQuery 对象
:even	选取所有索引值为偶数的元素，索引从 0 开始	jQuery 对象数组
:odd	选取所有索引值为奇数的元素，索引从 0 开始	jQuery 对象数组
:header	选取所有标题元素，如 h1、h2、h3 等	jQuery 对象数组
:foucs	选取当前获取焦点的元素(1.6＋版本)	jQuery 对象数组
:root	获取文档的根元素(1.9＋版本)	单个 jQuery 对象
:animated	选取所有正在执行动画效果的元素	jQuery 对象数组
:eq(index)	选取索引等于 index 的元素，索引从 0 开始	单个 jQuery 对象
:gt(index)	选取索引大于 index 的元素，索引从 0 开始	jQuery 对象数组
:lt(index)	选取索引小于 index 的元素，索引从 0 开始	jQuery 对象数组
:not(selector)	选取 selector 以外的元素	jQuery 对象数组

下述代码演示了使用简单过滤选择器来设置表格的样式。

【代码 11-4】 simpleFilterSelector.html

```
<!doctype html>
<html>
  <head>
    <meta charset = "utf - 8">
    <title>jQuery简单过滤选择器</title>
    <script type = "text/javascript" src = "js/jquery - 1.x.js"></script>
  </head>
  <body>
    <div>
        <table>
            <tr><td>商品名</td><td>商品价格</td><td>商品数量</td></tr>
            <tr><td>海俪恩太阳眼镜</td><td>299</td><td>50</td></tr>
            <tr><td>田玉平安扣</td><td>1280</td><td>30</td></tr>
            <tr><td>汤美男士皮带</td><td>198</td><td>36</td></tr>
            <tr><td>上海故事围巾</td><td>159</td><td>67</td></tr>
            <tr><td>布奴迈基滑雪服</td><td>1298</td><td>10</td></tr>
            <tr><td>YIBOYO发饰</td><td>89</td><td>100</td></tr>
```

```
            <tr><td colspan="3">共计 6 种商品</td></tr>
        </table>
    </div>
    <script type="text/javascript">
        $(function(e){
            $("table tr:first").css("background-color","gray");
            $("table tr:last").css("text-align","right");
            $("table tr:eq(2)").css("color","red");
            $("table tr:lt(1)").css("font-weight","bold");
            $("table tr:odd").css("background-color","#dddddd");
            $(":root").css("background-color","#EFEFEF");
            $("table tr:not(:first)").css("font-size","11pt");
        });
    </script>
  </body>
</html>
```

在上述代码中，使用简单过滤选择器中的:first、:last、:odd、:eq()、:lt()和:not()选择器对表格中的元素进行选取并对样式进行设置，效果如图 11-3 所示。

网页的背景颜色为#EFEFEF，表格首行的背景为灰色，字体为粗体，表格尾行的文字靠右对齐，第二行字体颜色为红色，表格的奇数行背景色为浅灰色。

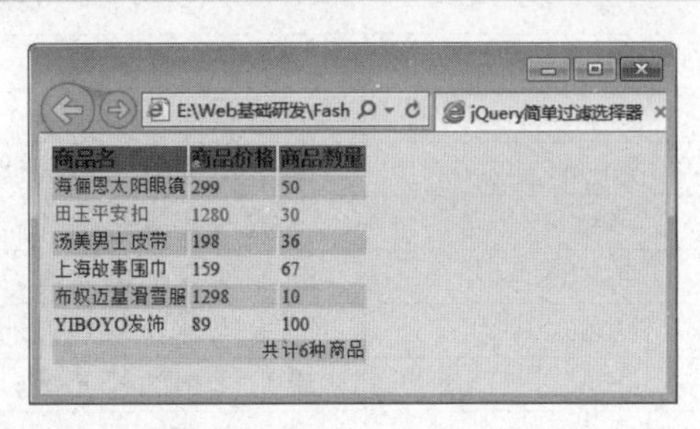

图 11-3 简单过滤选择器

2. 内容过滤选择器

内容过滤选择器是指根据元素的文字内容或所包含的子元素的特征进行过滤的选择器，如表 11-7 所示。

表 11-7 内容过滤选择器

选 择 器	描 述	返 回
:contains(text)	选取包含 text 内容的元素	jQuery 对象数组
:has(selector)	选取含有 selector 所匹配的元素	jQuery 对象数组
:empty	选取所有不包含文本或者子元素的空元素	jQuery 对象数组
:parent	选取含有子元素或文本的元素	jQuery 对象数组

下述代码演示了使用内容过滤选择器对单元格的样式进行设置。

【代码 11-5】 contentFilterSelector.html

```
<!doctype html>
<html>
  <head>
    <meta charset="utf-8">
    <title>jQuery内容过滤选择器</title>
    <script type="text/javascript" src="js/jquery-1.x.js"></script>
  </head>
```

```
    <body>
      <div>
          <table>
              <tr><td>商品名</td><td>商品价格</td><td>商品数量</td></tr>
              <tr><td class="myClass">海俪恩太阳眼镜</td><td>299</td>
                  <td>50</td></tr>
              <tr><td>田玉平安扣</td><td>1280</td><td>30</td></tr>
              <tr><td>汤美男士皮带</td><td><span>198</span></td><td>36</td></tr>
              <tr><td>POLISI 滑雪眼镜</td><td>149</td><td></td></tr>
              <tr><td>布奴迈基滑雪服</td><td>1298</td><td></td></tr>
              <tr><td>YIBOYO 发饰</td><td><span>89</span></td><td></td></tr>
              <tr><td colspan="3">共计 6 种商品</td></tr>
          </table>
      </div>
      <script type="text/javascript">
          $(function(e){
              $("td:contains('滑雪')").css("font-weight","bold");
              $("td:parent").css("background-color","#dddddd");
              $("td:empty").css("background-color","white");
              $("td:has('span')").css("background-color","gray")
             //$("td").has('span').css("background-color","gray")
          });
      </script>
    </body>
  </html>
```

上述代码注意以下几点。

(1) 使用:contains()选择器能对包含“滑雪”内容的单元格进行筛选,将筛选后的单元格中的字体加粗显示;

(2) 使用:parent 选择器能对单元格进行筛选,将有内容的单元格的背景颜色统一设为灰色;

(3) 使用:empty 选择器筛选内容为空的单元格,背景色设为白色;

(4) 使用:has()过滤器筛选包含<span>标签的单元格,将背景颜色设为灰色。

代码在浏览器中运行结果如图 11-4 所示。

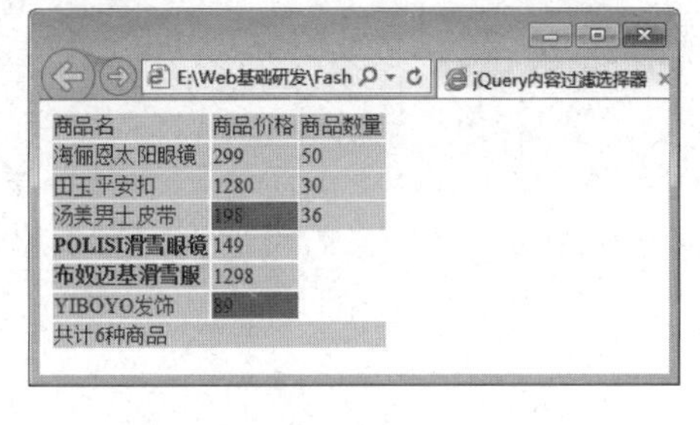

图 11-4　内容过滤选择器

3. 可见性过滤选择器

可见性过滤选择器是指根据元素的可见性来筛选元素的选择器,如表 11-8 所示。

表 11-8　可见性过滤选择器

选　择　器	描　　述	返　　回
:hidden	选取所有的不可见元素,或者 type 为 hidden 的元素	jQuery 对象数组
:visible	选取所有的可见元素	jQuery 对象数组

其中，:hidden 选择器用于选取所有不可见元素，包括<input type="hidden" />、<div style="display:none;">等形式的不可见元素。

下述代码演示了使用可见性过滤选择器显示与隐藏页面元素。

【代码 11-6】 visibilityFilterSelector.html

```
<!doctype html>
<html>
  <head>
    <meta charset = "utf - 8">
    <title>jQuery 内容过滤选择器</title>
    <script type = "text/javascript" src = "js/jquery - 1.x.js"> </script>
    <style type = "text/css">
        div{
            width:300px;
            height:30px;
            margin:3px;
            background - color:#CCC;
        }
    </style>
  </head>
  <body>
    <div id = "topDiv">页面顶部</div>
    <div id = "menuDiv" style = "display:none;">菜单栏</div>
    <div id = "mainDiv" style = "height:60px;">
        用户 ID:<input type = "hidden" value = "用户 ID" /><br/>
        用户名: <input type = "text" name = "userName" value = "请输入用户名" />
    </div>
    <img src = "images/showHidden.jpg" width = "120" id = "showHidden"
            onClick = "showHiddenElement()"/>
    <script type = "text/javascript">
        $(function(e){
            $("div:visible").css("background - color","#dddddd");
            $("input:visible").css("border","2px solid blue");
            $(":visible").css("font - size","18px");
        });
        function showHiddenElement(){
            $("div:hidden").show(1000);
            $("input:hidden").attr("type","text");
        }
    </script>
  </body>
</html>
```

在上述代码注意以下几点。

(1) 通过$("div:visible")选取页面中可见的<div>标签，并修改其背景样式；

(2) 通过$("input:visible")选取页面中可见的<input>标签，并修改其边框样式；

(3) 通过$(":visible")选取页面中所有可见元素，将字体统一调整为 18px；

(4) 使用$("div:hidden")选取页面中隐藏的<div>标签，并调用 show()方法将其显示出来；

(5) 使用$("input:hidden")选取页面中隐藏的<input>标签，并使用 attr()方法修改元素的 type 属性,将元素显示出来。

代码在浏览器中运行结果如图 11-5 所示。

单击图片按钮,将页面中隐藏的内容显示出来,如图 11-6 所示。

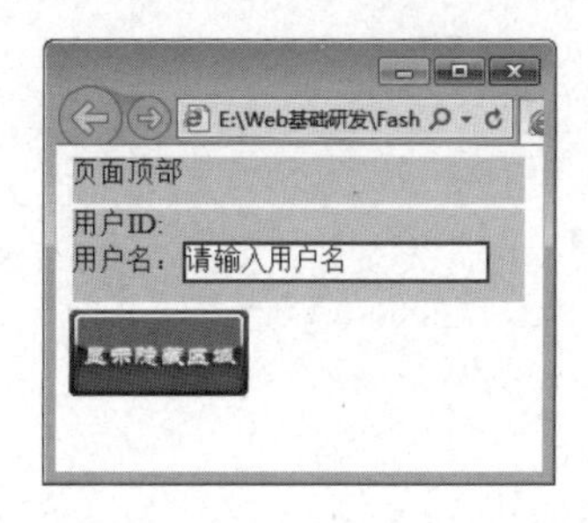

图 11-5 可见性过滤选择器

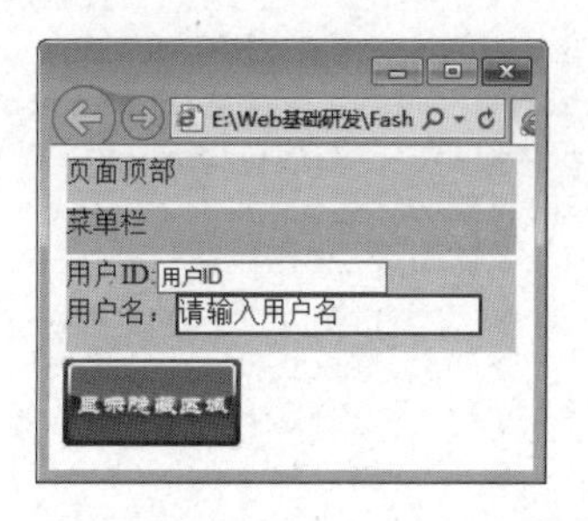

图 11-6 单击按钮后的显示效果

注意

在 jQuery 中,因为 visibility:hidden 和 opacity:0 修饰的元素在页面中占据一定的物理空间,所以都被视为可见的。

4. 属性过滤选择器

属性过滤选择器是指根据元素的属性来筛选元素的选择器,在属性匹配时以"["开始、以"]"结束,具体如表 11-9 所示。

表 11-9 属性过滤选择器

选 择 器	描 述	返 回
[attribute]	选取包含给定属性的元素	jQuery 对象数组
[attribute=value]	选取属性等于某个特定值的元素	jQuery 对象数组
[attribute!=value]	选取属性不等于或不包含某个特定值的元素	jQuery 对象数组
[attribute ^=value]	选取属性以某个值开始的元素	jQuery 对象数组
[attribute $ =value]	选取属性以某个值结尾的元素	jQuery 对象数组
[attribute * =value]	选取属性中包含某个值的元素	jQuery 对象数组
[attribute1][attribute2][attribute3]	复合属性选择器,需要同时满足多个条件时使用	jQuery 对象数组

下述代码演示了使用属性过滤选择器对列表的样式进行设置。

【代码 11-7】 attributeFilterSelector.html

```
<!doctype html>
<html>
  <head>
    <meta charset="utf-8">
    <title>jQuery 属性过滤选择器</title>
    <script type="text/javascript" src="js/jquery-1.x.js"></script>
  </head>
  <body>
    <div id="topDiv" title="top" desc="页面顶部">页面顶部</div>
```

```
    <div id = "menuDiv" title = "menu">菜单栏</div>
    <div id = "mainDiv" >主题区</div>
    <div id = "leftDiv" title = "mainLeft">左侧栏</div>
    <div id = "rightDiv" title = "mainRight">右侧栏</div>
    <div id = "bottomDiv" title = "bottom" desc = "页面底部">底部栏</div>
    <div id = "advDiv" title = "advbottom">广告栏</div>
    <script type = "text/javascript">
        $ (function(e){
            $ ("div[title]").css({width:"300px",height:"30px",margin:"3px"});
            $ ("div[title = menu]").css("border","2px solid #AAA");
            $ ("div[title!= menu]").css({backgroundColor:"#DDD"});
            $ ("div[title ^ = main]").css("margin - left","20px");
            $ ("div[title $ = bottom]").css("padding - left","15px");
            $ ("div[title * = o]").css("font - style","italic");
            $ ("div[title * = o][desc]").css("font - weight","bold");
        });
    </script>
  </body>
</html>
```

上述代码中，通过$("div[title]")选取具有 title 属性的< div >标签，并统一指定宽度、高度和外边距；通过$("div[title=menu]")选取 title 属性为"menu"的< div >标签，并设置其边框样式；通过$("div[title!=menu]")选取 title 属性中不包含"menu"的< div >标签，并设置其背景色。

通过$("div[title^=main]")选取 title 属性以"main"开始的< div >标签，设置左侧外边距为 20px；通过$("div[title$=bottom]")选取 title 属性以"bottom"结尾的< div >标签，设置左侧内边距为 15px。

通过$("div[title*=o]")选取 title 属性中包含字符"o"的< div >标签，将字体设为倾斜样式；通过$("div[title*=o][desc]")选取 title 属性中包含字符"o"并且具有 desc 属性的< div >标签，将字体设为加粗样式。代码在浏览器中运行结果如图 11-7 所示。

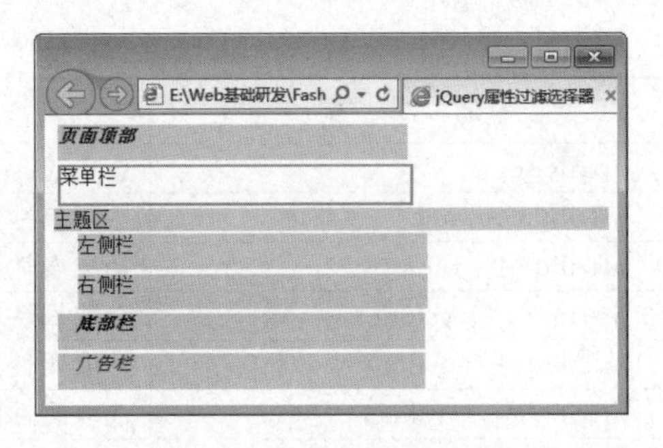

图 11-7 属性过滤选择器

注意

> css()方法用于设置元素的样式。在设置单个样式时，格式如下：css("font-style","italic")；当同时设置多个样式时，需要用到 properties 格式的数据作为参数，例如，css({fontStyle:"italic",fontWeight:"bold"})。当font-style 属性在 jQuery 中以变量形式出现时，格式应写成 fontStyle 格式，其他样式属性依此类推。

5. 子元素过滤选择器

在页面设计过程中需要突出某些行时，可以通过基本过滤选择器中的:eq()来实现单表中行的凸显，但不能同时让多个表具有相同的效果。在 jQuery 中，子元素过滤选择器可以轻松地选取所有父元素中的指定元素，并进行处理，如表 11-10 所示。

表 11-10 子元素过滤选择器

选 择 器	描 述	返 回
:first-child	选取每个父元素中的第 1 个元素	jQuery 对象数组
:last-child	选取每个父元素中的最后一个元素	jQuery 对象数组
:only-child	当父元素只有一个子元素时，进行匹配，否则不匹配	jQuery 对象数组
:nth-child(N|odd|even)	选取每个父元素中的第 N 个子元素或奇偶元素	jQuery 对象数组
:first-of-type	选取每个父元素中的第 1 个元素(1.9+版本)	jQuery 对象数组
:last-of-type	选取每个父元素中的最后一个元素(1.9+版本)	jQuery 对象数组
:only-of-type	当父元素只有一个子元素时匹配，否则不匹配(1.9+版本)	jQuery 对象数组

其中，在:nth-child(N|odd|even)选择器中，元素的下标从 1 开始。当参数 N 为整数时，表示选取集合中的第 N 元素；当参数为 odd 时，表示选取集合中所有下标为奇数的元素；当参数为 even 时，表示选取集合中所有下标为偶数的元素；当参数为 an+b 形式时，表示从第 b 个开始，每隔 a 个选取一个，例如，3n+2 表示从第 2 个开始每隔 3 个选取一个。

:first-child 选择器用于选取父元素中的第 1 个元素，且该元素在结构上处于第 1 个位置。在 jQuery 1.9+中，新增了相应的:first-of-type 选择器，也是从父元素中选取第 1 个元素，但该元素在相同类型中位于第 1 即可，在结构位置上没有要求。同理，:last-of-type、:only-of-type 和:first-of-type 选择器相似，仅在相同类型中符合要求即可，不需要考虑元素的具体位置。

下述代码演示了子元素过滤选择器的用法。

【代码 11-8】 subElementFilterSelector.html

```
<!doctype html>
<html>
  <head>
    <meta charset = "utf-8">
    <title>jQuery 子元素过滤选择器</title>
    <script type = "text/javascript" src = "js/jquery-1.x.js"></script>
  </head>
  <body>
    <table id = "dataTable">
        <tr><td>序号</td><td>商品名称</td><td>价格</td><td>库存数量</td>
            <td>上架数量</td><td>保质期</td></tr>
        <tr><td>1</td><td>大宝护肤霜</td><td>25</td><td>100</td>
            <td>40</td><td>2017-3-6</td></tr>
        <tr><td>2</td><td>海飞丝洗发露</td><td>19</td><td>60</td>
            <td>20</td><td>2016-7-20</td></tr>
        <tr><td>3</td><td>迪奥漾淡香氛</td><td>180</td><td>30</td>
            <td>15</td><td>2018-11-16</td></tr>
        <tr><td>4</td><td>飞利浦剃须刀</td><td>560</td><td>200</td>
            <td>60</td><td>2020-5-14</td></tr>
        <tr><td colspan = "6">共计: 4 种商品</td></tr>
    </table>
```

```
    <ul>
        <span>商品名称</span>
        <li>大宝护肤霜</li>
        <li>海飞丝洗发露</li>
        <li>迪奥漾淡香氛</li>
        <li>飞利浦剃须刀</li>
        <span>共计: 4 种商品</span>
    </ul>
    <ul>
        <span>商品名称</span>
        <li>飞利浦剃须刀</li>
        <span>共计: 4 种商品</span>
    </ul>
    <script type = "text/javascript">
     $(function(e){
        $("#dataTable tr td:first - child").css("background - color","#CCC");
        $("#dataTable tr td:last - child").css("background - color","#AAA");
        $("#dataTable tr td:only - child").css("border","2px solid #666");
        $("#dataTable tr td:nth - child(even)")
                    .css({fontStyle:"italic",fontWeight:"bold"});
        //从第 2 个开始,每隔 3 个选取一个
        //$("#dataTable td:nth - child(3n + 2)").css("background - color","#AAA");
        $("li:first - child").css("background - color","#CCC");    //无效果
        $("li:last - child").css("background - color","#DDD");        //无效果
        $("li:nth - child(odd)").css({fontStyle:"italic",fontWeight:"bold"});
        $("li:first - of - type").css({backgroundColor:"#DDD",color:"blue"});
        $("li:last - of - type").css({backgroundColor:"#DDD",color:"red"});
        //first - of - type、last - of - type、only - of - type 均起作用,后面设置覆盖前面的设置
        $("li:only - of - type").css("color","green");
    });
    </script>
  </body>
</html>
```

上述代码分别使用:first-child、:last-child、:only-child 和:nth-child(even)选择器对表中的单元格进行过滤,并相应地设置样式。

在表格中,第 1 列的背景颜色为#CCC,最后一列背景颜色为#AAA,最后一行是同时设置了边框和背景样式,并对表格中偶数列的字体进行加粗倾斜显示。

在列表中,由于第 1 个元素和最后一个元素不是<li>标签,当使用 li:first-child 选择器获取第 1 个元素时发现并不是<li>标签类型,所以没有取到符合条件的元素;而使用:first-of-type 选择器获取元素时,是在<li>标签类型的集合中选取第 1 个,无须关注所选取的元素对应的 DOM 结构位置。同样,:last-of-type、:only-of-type 选择器和:first-of-type 原理基本相同。代码在浏览器中运行结果如图 11-8 所示。

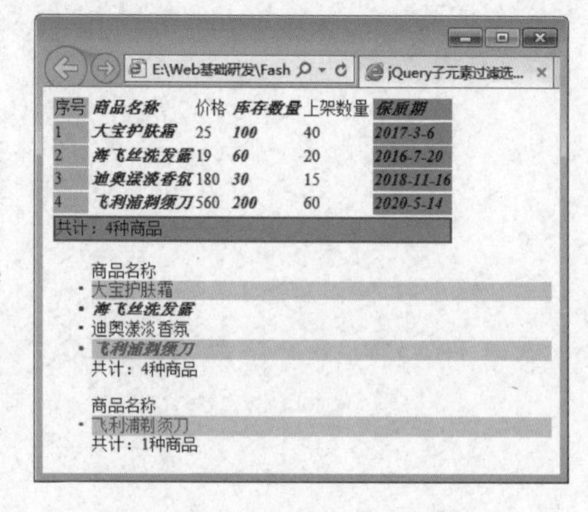

图 11-8　子元素过滤选择器

注意

eq(index)只匹配一个元素,下标从0开始;而nth-child()用于匹配1～n个符合条件的元素,下标是从1开始的。

6. 表单对象属性过滤选择器

表单对象属性过滤选择器是指通过表单对象的属性特征进行筛选的选择器,如表11-11所示,分别介绍了:enabled、:disabled、:checked和:selected选择器。

表11-11　表单对象属性过滤选择器

选择器	描述	返回
:enabled	选取表单中属性为可用的元素	jQuery对象数组
:disabled	选取表单中属性为不可用的元素	jQuery对象数组
:checked	选取表单中被选中的元素(单选按钮、复选框)	jQuery对象数组
:selected	选取表单中被选中的选项元素(下列列表)	jQuery对象数组

下述代码演示了使用表单属性过滤选择器对表单元素进行操作。

【代码11-9】 formAttributeFilterSelector.html

```
<!doctype html>
<html>
  <head>
    <meta charset="utf-8">
    <title>jQuery表单对象属性过滤选择器</title>
    <script type="text/javascript" src="js/jquery-1.x.js"></script>
  </head>
  <body>
    <form id="myform" action="#">
     用户ID:<input type="text" value="U0001" disabled /><br />
     用户名:<input type="tel" name="userName" value="请输入用户名"/><br />
     密　码:<input type="password" name="userPwd" value="请输入密码"/><br />
     验证码:<input type="text" name="validateCode" disabled /><br />
     销售类型:<input type="checkbox" name="goodsType" value="红酒" checked />红酒
     <input type="checkbox" name="goodsType" value="饮料" />饮料
     <input type="checkbox" name="goodsType" value="运动装" checked />运动装
     <input type="checkbox" name="goodsType" value="太阳伞" />太阳伞
     <br/>
     销售区域:<select name="province" multiple>
        <option value="北京">北京</option>
        <option value="山东" selected>山东</option>
        <option value="重庆">重庆</option>
        <option value="长三角" selected>长三角</option>
        <option value="内蒙古">内蒙古</option>
      </select>
    <hr/>用户信息如下:<br/><span id="result"></span>
   </form>
   <script type="text/javascript">
       $(function(e){
```

```
            //设置复选框以外的 input 样式
            $("input:not([type='checkbox'])")
                    .css({marginTop:"3px",width:"200px"});
            $("#myform input:disabled")
                    .css({backgroundColor:"#CCC",borderColor:"#999"});
            $("#myform input:enabled").css({color:"#f66"});
            var goodsType = $("#myform input:checked");
            var province = $("#myform option:selected").text();
            $("#result").html("销售区域：" + province + "<br/>销售类型有：" 
                    + goodsType.length + "个");
        });
    </script>
  </body>
</html>
```

在上述代码中，使用:disabled筛选表单中禁用的输入文本框，并添加背景颜色和边框颜色；使用:enabled筛选表单中可用的输入文本框，设置输入文本的颜色为#F66；使用:checked筛选复选框中被选中的元素；使用:selected选取下拉列表中被选择的项。

代码在浏览器中运行结果如图 11-9 所示。

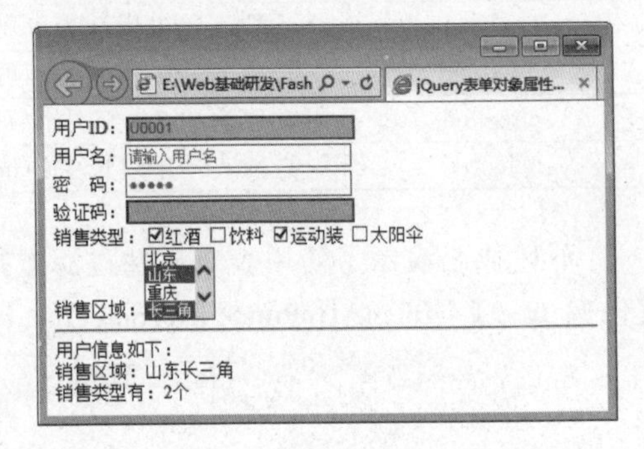

图 11-9　表单对象属性过滤选择器

在 jQuery 对象中，text()方法用于设置或显示元素的文本内容，html()方法用于设置或显示元素的 HTML 内容，length 属性表示所选取的元素集合的数量。

11.2.4　表单选择器

表单在 Web 前端开发中占据重要的地位，在 jQuery 中引入的表单选择器能够让用户更加方便地处理表单数据。通过表单选择器可以快速定位到某类表单对象，如表 11-12 所示。

表 11-12　表单选择器

选择器	描述	返回
:input	选取所有的<input>、<textarea>、<select>和<button>元素	jQuery 对象数组
:text	选取所有的单行文本框	jQuery 对象数组
:password	选取所有的密码框	jQuery 对象数组
:radio	选取所有的单选框	jQuery 对象数组
:checkbox	选取所有的多选框	jQuery 对象数组
:submit	选取所有的提交按钮	jQuery 对象数组
:image	选取所有的图片按钮	jQuery 对象数组
:button	选取所有的按钮	jQuery 对象数组
:file	选取所有的文件域	jQuery 对象数组
:hidden	选取所有的不可见元素	jQuery 对象数组

下述代码演示了使用表单选择器统计各个表单元素的数量。

【代码 11-10】 formSelector.html

```
<!doctype html>
<html>
  <head>
    <meta charset="utf-8">
    <title>jQuery表单选择器</title>
    <script type="text/javascript" src="js/jquery-1.x.js"></script>
    <style type="text/css">
        *{margin-top:5px;}
        div{height:320px;}
        #formDiv{float:left;padding:4px; width:480px;border:1px solid #666;}
        #showResult{float:right;padding:4px;width:200px;border:1px solid #666;}
    </style>
  </head>
  <body>
    <div id="formDiv">
      <form id="myform" action="#">
        用户ID:<input type="text" value="U0001" disabled /><br />
        用户名:<input type="tel" name="userName" value="请输入用户名"/><br />
        密　码:<input type="password" name="userPwd" value="请输入密码"/><br />
        部　门:<input type="radio" name="userDept" value="华北销售部"/>华北销售部
        <input type="radio" name="userDept" value="华东销售部"/>华东销售部
        <input type="radio" name="userDept" value="东北销售部"/>东北销售部
        <input type="radio" name="userDept" value="港澳销售部"/>港澳销售部<br />
        验证码:<input type="text" name="validateCode" disabled/>
        <img src="images/validteCode.png" height="20px"/>
        <input type="button" value="刷新验证码" /><br />
        个人照片:<input type="file" /><br />
        销售类型:<input type="checkbox" name="goodsType" value="红酒" />红酒
        <input type="checkbox" name="goodsType" value="饮料" />饮料
        <input type="checkbox" name="goodsType" value="运动装" checked/>运动装
        <input type="checkbox" name="goodsType" value="太阳伞" />太阳伞<br/>
        <input type="submit" value="提交" />
        <input type="button" value="重置" /><br />
        <input type="image" src="images/return.png" width="150px" />
      </form>
    </div>
    <div id="showResult"></div>
    <script type="text/javascript">
        $(function(e){
            var result = "统计结果如下:<hr/>";
            result += "<br />&lt;input&gt;标签的数量为:" + $(":input").length;
            result += "<br />单行文本框的数量为:" + $(":text").length;
            result += "<br />密码框的数量为:" + $(":password").length;
            result += "<br />单选按钮的数量为:" + $(":radio").length;
            result += "<br />上传文本域的数量为:" + $(":file").length;
            result += "<br />复选框的数量为:" + $(":checkbox").length;
            result += "<br />图片按钮的数量为:" + $(":image").length;
            result += "<br />提交按钮的数量为:" + $(":submit").length;
            result += "<br />普通按钮的数量为:" + $(":button").length;
            $("#showResult").html(result);
        });
    </script>
```

```
  </body>
</html>
```

在上述代码中,使用:input、:text、:password、:radio、:file、:checkbox 和:image 表单选择器分别统计< input >标签、单行文本框、密码框、单选按钮、文件域和图片按钮的数量,统计结果如图 11-10 所示。其中,:image 选择器仅选取图片按钮,而忽略普通的图片,所以图片按钮数量为 1 个。

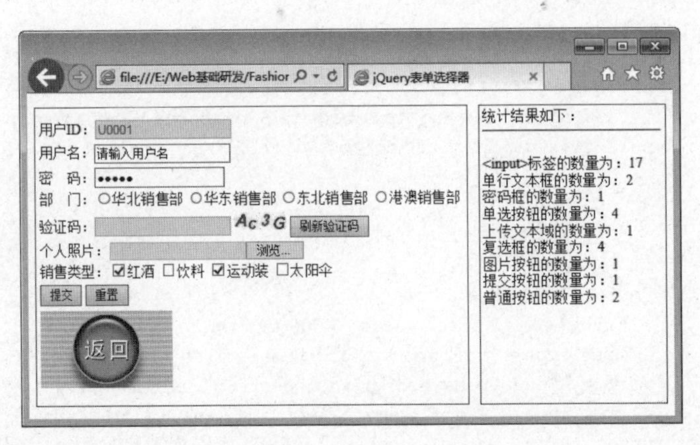

图 11-10 表单选择器

11.3 jQuery 基本操作

通过 jQuery 提供的选择器快速定位到页面的每个元素后,可以对元素进行各种操作,例如属性操作、样式操作和内容操作等。

11.3.1 属性操作

在 jQuery 中提供了一系列方法用于操作对象的属性,如表 11-13 所示。

表 11-13 属性操作函数

方 法	描 述
attr(name|pro|key,val|fn)	获取或设置元素的属性
removeAttr(name)	删除元素的某一个属性
prop(name|pro|key,val|fn)	获取或设置元素的一个或多个属性
removeProp(name)	删除由 prop()方法设置的属性集

当元素属性(如 checked、selected 和 disabled 等)取值为 true 或 false 时,通过 prop()方法对属性进行操作,而其他普通属性通过 attr()方法操作。

1. attr()方法

attr()方法用于获取所匹配元素的集合中第 1 个元素的属性,或设置所匹配元素的一个或多个属性,其语法格式如下。

【语法】

```
attr(name)
attr(properties)
attr(key,value)
attr(key,function(index, oldAttr))
```

其中：

- 参数 name 表示元素的属性名；
- 参数 properties 是一个由 key/value 键值对构成的集合，用于设置元素中的 1～n 个属性；
- 参数 key 表示需要设置的属性名；
- 参数 value 表示需要设置的属性值；
- 参数 function(index,oldAttr)表示使用函数的返回值作为属性的值，index 表示当前元素在集合中的索引位置，oldAttr 表示当前元素在修改之前的属性值。

【示例】 **attr()方法的使用**

```
$("img").attr("src")                //用于返回<img>集合中第一个图像的 src 属性值
$("#myImage").attr("src")           //返回 ID 为 myImage 图像的 src 属性值
$("#myImage").attr("src","images/flower2.png")      //设置 myImage 的 src 属性
//通过 properties(名/值对)的方式设置图像的属性
$("#myImage").attr({src:"images/flower2.png",title:"鲜花之王－玫瑰花"});
//使用函数的返回值作为属性值
$("#myImage").attr("title", function(){ return this.src });
```

2. removeAttr()方法

removeAttr()方法用于删除匹配元素的指定属性，其语法格式如下。

【语法】

```
removeAttr(name)
```

其中，参数 name 表示需要删除的属性名。

【示例】 **removeAttr()方法的使用**

```
$("img").removeAttr("title")              //删除所有的 img 的 title 属性
```

3. prop()方法

prop()方法用于获取所匹配元素的集合中第 1 个元素的属性，或设置所匹配元素的一个或多个属性。prop()方法多用于 boolean 类型属性操作，例如 checked、selected 和 disabled 等，其语法格式如下。

【语法】

```
prop(name)
prop(properties)
prop(key,value)
prop(key,function(index, oldAttr))
```

其中：

- 参数 name 表示元素的属性名；
- 参数 properties 是一个由 key/value 键值对构成的集合，用于设置元素中的 1～n 个属性；
- 参数 key 表示需要设置的属性名；
- 参数 value 表示需要设置的属性值；
- 参数 function(index,oldAttr)表示使用函数的返回值作为属性的值，index 表示当前元素在集合中的索引位置，oldAttr 表示当前元素在修改之前的属性值。

【示例】 **prop()方法的使用**

```
$("input[type='checkbox']").prop("checked")           //返回第一个复选框的状态
$("input[type='checkbox']").prop("checked",true);   //将所有复选框选中
//通过 properties(名/值对)的方式，将所有复选框设为禁用、选中状态
$("input[type='checkbox']").prop({disabled: true,checked:true});
//使用函数的返回值作为属性值，对所有复选框进行反选
$("input[type='checkbox']").prop("checked",
    function(index,oldValue) { return !oldValue; }
);
```

4. removeProp()方法

removeProp()方法用于删除由 prop()方法设置的属性集，其语法格式如下。

【语法】

```
removeProp(name)
```

参数 name 表示需要被删除的属性名。

【示例】 **removeProp()方法的使用**

```
$("input[type='checkbox']").removeProp("disabled");     //所有复选框置为可用状态
```

下述代码演示了使用 jQuery 修改页面元素的属性。

【代码 11-11】 **attributeOperator.html**

```
<!doctype html>
<html>
  <head>
    <meta charset="utf-8">
    <title>jQuery 基本操作 - 属性操作</title>
    <script type="text/javascript" src="js/jquery-1.x.js"></script>
  </head>
  <body>
    <img id="flower1" src="images/flower1.png" height="200px"/>
    <img id="flower2" src="images/flower2.png" height="200px"/><hr/>
    <input type="button" value="交互鲜花" onClick="changeFlower()"/><hr/>
    <input type="checkbox" name="goodsType" value="玫瑰" checked />玫瑰
    <input type="checkbox" name="goodsType" value="百合" />百合
    <input type="checkbox" name="goodsType" value="康乃馨" checked/>康乃馨
    <input type="checkbox" name="goodsType" value="马蹄莲" />马蹄莲<br/><hr/>
```

```
    < input type = "button" value = "全选" onClick = "changeSelect()"/>
    < input type = "button" value = "反选" onClick = "reverseSelect()"/>
    < input type = "button" value = "全选并禁用" onClick = "disabledSelect()"/>
    < input type = "button" value = "取消禁用" onClick = "enabledSelect()"/>
    < script type = "text/javascript">
        function changeFlower(){
            var flowerSrc =  $ ("#flower1").attr("src");
            $ ("#flower1").attr("src",
                    function(){ return $ ("#flower2").attr("src")}
            );
            $ ("#flower2").attr("src",flowerSrc);
        }
        function changeSelect(){
            $ ("input[type = 'checkbox']").prop("checked",true);
        }
        function reverseSelect(){
            $ ("input[type = 'checkbox']").prop("checked",
                    function(index, oldValue){return !oldValue;});
        }
        function disabledSelect(){
            $ ("input[type = 'checkbox']").prop({checked: true, :disabled true});
        }
        function enabledSelect(){
            $ ("input[type = 'checkbox']").removeProp("disabled");
        }
    </script>
  </body>
</html>
```

在上述代码中，通过attr()和prop()方法来设置元素的属性，removeAttr()和removeProp()方法用来删除元素指定的属性。在浏览器中运行结果如图11-11所示，单击"交互鲜花"时，两幅图像前后交互位置；单击"全选"时，复选框全部被选中；单击"反选"将复选框进行反选；"全部禁用"则先将复选框全部选中后，再置为禁用状态；单击"取消禁用"，所有复选框都恢复到正常状态。

图11-11 属性操作

11.3.2 样式操作

在 HTML 代码中，通过 class 属性指定 HTML 标签的样式名；在 jQuery 中，可以使用 attr()方法操作元素的 class 属性，以获取或改变元素的样式。

【示例】 attr()方法的使用

```
$("#myDiv").attr("class")                  //返回 myDiv 的 class 属性值
$("#myDiv").attr("class","newClass")       //设置 myDiv 的 class 属性值，如果存在则替换
```

除此之外，jQuery 还提供了 addClass()、removeClass()和 toggleClass()方法，实现对页面元素的样式追加、移除和替换等操作。

1. addClass()方法

addClass()方法用于对一个或多个匹配元素追加样式，其语法格式如下。

【语法】

```
addClass(className)
addClass(className1 className2 … classNameN)
addClass(function(index, oldClassName))
```

其中：

- 参数 className 表示需要追加的样式名；
- 参数 className1，className2，…，classNameN 表示可以同时追加多个样式，样式名之间使用空格隔开；
- 参数 function(index, oldClassName)表示使用函数的返回值作为当前位置的样式，index 表示当前元素在集合中的索引值，oldClassName 表示当前元素在修改之前的样式名。

【示例】 addClass()方法的使用

```
//追加 baseClass 样式
$("p[title='desc']").addClass("baseClass");
//追加 baseClass 和 fontColor 样式
$("p[title='desc']").addClass("baseClass fontColor");
```

2. removeClass()方法

removeClass()方法用于移除匹配元素的一个或多个样式，也可以一次性移除元素的所有样式，其语法格式如下。

【语法】

```
removeClass()
removeClass(className)
removeClass(className1 className2 … classNameN)
```

其中：

- 无参方法用于移除匹配元素的所有样式；

- 参数 className 表示需要移除的样式名；
- 参数 className1,className2,…,classNameN 表示可以同时移除多个样式,样式名之间使用空格隔开。

【示例】 removeClass()方法的使用

```
$("p").removeClass();                              //移除所有的样式
$("p").removeClass("baseClass");                   //移除 baseClass 样式
$("p").removeClass("baseClass fontColor");         //移除 baseClass 和 fontColor 样式
```

下述代码演示了 addClass()和 removeClass()方法的使用。

【代码 11-12】 classOperator.html

```
<!doctype html>
<html>
  <head>
    <meta charset="utf-8">
    <title>jQuery基本操作-样式操作</title>
    <script type="text/javascript" src="js/jquery-1.x.js"></script>
    <style type="text/css">
        .titleClass{font-size:20px;font-weight:bold;}
        .baseClass{padding-left:20px;background-color:#EEE;    }
        .fontSize{font-size:16px;}
        .fontColor{color:#363;}
        .p0{color:red;}
        .p1{color:blue;}
        .p2{color:green;}
    </style>
  </head>
  <body>
    <p id="articleTitle">jQuery操作元素样式</p><hr />
    <p title="desc">可以使用 attr()方法操作元素的 class 属性,以获取或改变标签的样式。</p>
    <p title="desc">除此之外,jQuery 还提供了 addClass()、removeClass()方法。</p>
    <p title="desc" id="lastContent">使用 addClass()为页面元素追加样式。</p>
    <input type="button" value="移除样式" onClick="removeClass()"/>
    <script type="text/javascript">
        $(function(e){
            $("#articleTitle").addClass("titleClass");//添加某种样式
            $("p[title='desc']").addClass("baseClass fontColor");//添加多种样式
            //根据位置的不同,添加不同的样式,index 为索引,oldClass 为原来样式
            $("p[title='desc']").addClass(function(index,oldClass) {
                console.log(index+oldClass);
                return 'p'+index;
            });
        });
        function removeClass(){
            //$("p").removeClass("fontSize");//移除指定的样式
            $("p").removeClass();//移除所有的样式
        }
    </script>
  </body>
</html>
```

在上述代码中，使用 addClass()方法可以一次性添加单个或多个样式，也可以根据元素的位置选择性添加样式；使用 removeClass()方法可以移除元素的指定样式或所有样式。

代码在 IE 浏览器中运行结果如图 11-12 所示，单击“移除样式”按钮，页面中< p >标签的样式都清除了。通过 F12 键打开开发人员工具窗口，在控制台中可以查看 console.log()所输出的信息。

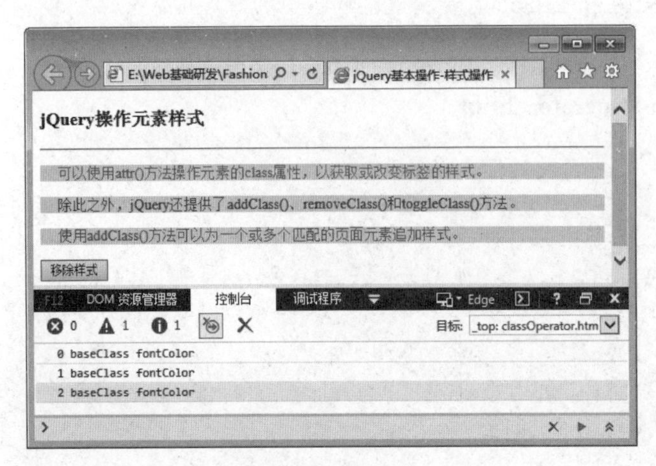

图 11-12　样式操作

3. toggleClass ()方法

toggleClass()方法用于元素样式之间的重复切换，当元素的指定样式存在时，将该样式移除，否则添加该样式。toggleClass()方法的语法格式如下。

【语法】

```
toggleClass(className)
toggleClass(className, switch)
```

其中：

- 参数 className 表示需要切换的样式名；
- 参数 switch 表示切换样式开关，默认为 true，当 switch 为 true 时允许样式切换，否则不切换。

【示例】　toggleClass()方法的使用

```
//ID 为 userName 的元素添加样式,如果存在 foucsClass 样式则移除,没有则添加该样式
$("#userName").toggleClass("focusClass");
//第二个参数为真,样式切换为 inverseColor
$("#saleDept").toggleClass("inverseColor",true);
```

4. css()方法

在 jQuery 1.9＋中新增了 css()方法，用于返回第 1 个匹配元素的 CSS 样式，或设置所有匹配元素的样式。css()方法的语法格式如下。

【语法】

```
css(attrName)
css(key,value)
css(properties)
css(attrName, function(index,oldValue))
```

其中：

- 参数 attrName 表示要访问的属性名称；
- 参数 key、value 用于设置元素的某一样式，key 表示属性名，value 表示属性值；
- 参数 properties 用于设置元素的某些样式，为 Map 类型的键值对所构成的集合；
- 参数 function(index，oldValue)表示使用函数的返回值作为当前元素的属性值，index 表示当前元素在集合中的索引位置，oldValue 表示当前元素在修改之前的属性值。

【示例】 **css()方法的使用**

```
//一个参数时,用于返回第一个匹配元素的样式; 例如: 返回第一幅图片的宽度
$("img").css("width");
//多个参数时,用于设置匹配元素的样式; 例如: 设置图片的宽度为 200 像素
$("img").css("width","200px");
//使用 properties(键值对)的方式一次设置多个样式
$("img").css({backgroundColor:"#CCC",borderColor:"#999"});
//使用函数的返回值作为 css()方法的 value 值
$("img").css({
    width:function(index, value){
        return parseFloat(value) * 0.9;
    }
});
```

下述代码演示了使用 toggleClass()和 css()方法切换元素的样式。

【代码 11-13】 **classReplaceOperator.html**

```
<!doctype html>
<html>
  <head>
    <meta charset="utf-8">
    <title>jQuery 基本操作 - 样式操作</title>
    <script type="text/javascript" src="js/jquery-1.x.js"></script>
    <style type="text/css">
        .baseClass{background-color:#DDD;}
        .focusClass{background-color:#FFF; border:2px dotted #FF0000;}
        .inverseColor{color:#FFF;background-color:#000;}
    </style>
  </head>
  <body>
    销售人员:<input type="text" value="请输入销售人员名称" id="userName"
            class="baseClass" onFocus="userNameOnFocus()"/><br/>
    销售部门:<input type="text" value="请输入销售部门" id="saleDept"/><br/>
    <input type="button" value="更换销售部门样式(单击 3 次)" onClick="changeDept()"/>
    <hr/>
    <img src="images/flower2.png" width="300px" /><br />
```

```
    <input type="button" value="放大图片" onClick="enlargeImage()"/>
    <input type="button" value="缩小大图片" onClick="lessenImage()"/>
    <script type="text/javascript">
        var count = 0;//计数功能
        function userNameOnFocus(){
            $("#userName").toggleClass("focusClass");
        }
        function changeDept(){
            $("#saleDept").toggleClass("inverseColor", ++count % 3 == 0);
        }
        //图片放大
        function enlargeImage(){
            $("img").css({
                width:function(index, value){
                    return parseFloat(value) * 1.1;
                },
                height:function(index, value){
                    return parseFloat(value) * 1.1;
                }
            });
        }
        //图片缩小
        function lessenImage(){
            $("img").css({
                width:function(index, value){
                    return parseFloat(value) * 0.9;
                },
                height:function(index, value){
                    return parseFloat(value) * 0.9;
                }
            });
        }
    </script>
  </body>
</html>
```

在上述代码中，toggleClass()方法用于更换输入文本框的样式，css()方法用于调整图片的大小。代码在浏览器中运行结果如图 11-13 所示，当第 1 个文本框获取焦点时，文本框的样式进行切换；当连续单击“更换销售部门样式”3 次之后，第 2 个文本框的样式发生改变；单击“放大图片”，图片在原来基础上等比例放大；单击“缩小图片”，图片将等比例缩小。

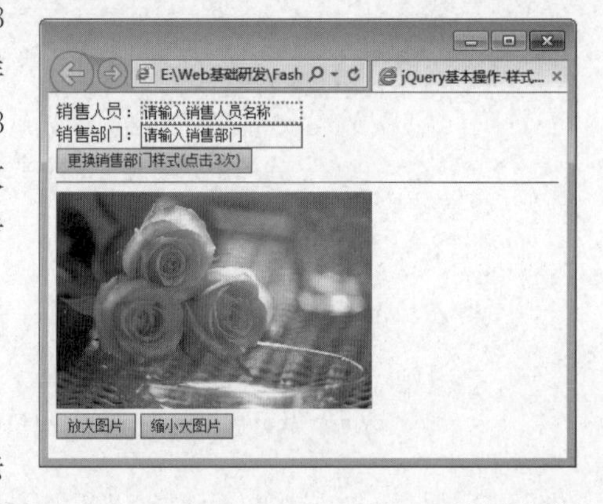

图 11-13　toggleClass()和 css()的样式操作

11.3.3　内容操作

在 jQuery 中，提供了 html()和 text()方法用于操作页面元素的内容，val()方法用于操作表单元素的值。以上方法的使用方式基本相同，当方法没有提供参数时，表示获取匹配元素的内容或值；当方法携带参数时，表示对匹配元素的内容或值进行修改。

1. html()方法

html()方法用于获取第1个匹配元素的HTML内容或修改匹配元素的HTML内容，该方法仅对XHTML文档有效，不能用于XML文档。html()方法的语法格式如下。

【语法】

```
html()
html(htmlCode)
html(function(index, oldHtmlCode))
```

其中：

- 无参方法用于返回第1个匹配元素的HTML内容；
- 有参方法用于设定匹配元素的文本内容；
- 参数htmlCode表示将所匹配元素的HTML内容设置为htmlCode；
- 参数function(index,oldHtmlCode)表示将函数的返回值作为当前元素的HTML内容，index表示当前元素在集合中的索引位置，oldHtmlCode表示当前元素在修改之前的HTML内容。

【示例】 html()方法的使用

```
//返回#mainContentDiv标签的HTML内容
$("#mainContentDiv").html();
//设置#mainContentDiv标签的HTML内容为红色标题格式的"漫步时尚广场"
$("#mainContentDiv").html("<h1><font color='red'>漫步时尚广场</font><h1/>");
//根据元素在集合中的不同位置,设定不同的HTML内容
$("p").html(function(index,htmlCode){
    switch(index){
        case 0:
            return "<h1>" + htmlCode + "<h1/>";
        case 1:
            return "<h2>" + htmlCode + "<h2/>";
    }
});
```

上述代码中，当使用匿名函数作为参数时，对所匹配的元素集合进行遍历，根据元素在集合中的位置对元素的HTML内容进行修改。

2. text()方法

text()方法用于读取或设置匹配元素的文本内容。与html()方法区别在于，text()方法返回纯文本内容，适用于XHTML和XML文档。text()方法的语法格式如下。

【语法】

```
text()
text(textContent)
text(function(index, oldTextContent))
```

其中：

- 无参方法用于返回第 1 个匹配元素的文本内容；
- 有参方法用于设定匹配元素的文本内容；
- 参数 textContent 表示将匹配元素的文本内容设置为 textContent；
- 参数 function(index,oldTextContent)表示将函数的返回值作为当前元素的文本内容，index 表示当前元素在集合中的索引位置，oldTextContent 表示当前元素在修改之前的文本内容。

【示例】 text()方法的使用

```
//返回#mainContentDiv 标签的文本内容，即使该标签包含 HTML 标签，返回的内容也仅仅是纯文本内容
$("#mainContentDiv").text();
//将 InputDiscuss 输入内容作为 newsDiscuss 的文本内容
$("#newsDiscuss").text("<hr/>评论如下: " + $("#inputDiscuss").val() + "<hr/>");
```

上述代码中，使用 text()方法获取文本内容时，如果元素内容中包含 HTML 标签，则对标签进行清理后返回纯文本内容；使用 text()方法设置的文本内容时，如果所设置内容中包含 HTML 标签，将不会被页面所解析，而是直接在页面中原样显示。

下述代码演示了使用 html()和 text()方法修改页面的内容。

【代码 11-14】 contentOperator.html

```
<!doctype html>
<html>
  <head>
    <meta charset="utf-8">
    <title>jQuery 基本操作 - 内容操作</title>
    <script type="text/javascript" src="js/jquery-1.x.js"></script>
  </head>
  <body>
    <div id="newsContent">
        <p>中国的商业正处于一场正在进行时态的变革。</p>
        <p>MALL 新闻频道拥有中国购物,城市综合体,商业街区最全的商业信息。</p>
    </div>
    <div id="newsDiscuss"></div>
    <hr/>
    <input type="button" value="获得 HTML 内容" onClick="getHTMLContent()"/>
    <input type="button" value="获得 Text 内容" onClick="getTextcontent()"/>
    <input type="button" value="改变正文内容" onClick="changeContent()"/>
    <input type="button" value="显示 HTML 内容" onClick="setHTMLContent()"/>
    <input type="button" value="显示 Text 内容" onClick="setTextContent()"/>
    <script type="text/javascript">
        //获取元素的 HTML 内容
        function getHTMLContent(){
            console.log("<div>中的 HTML 内容如下: " + $("#newsContent").html());
        }
        //获取元素的文本内容
        function getTextcontent(){
            console.log("<div>中的 text 内容如下: " + $("#newsContent").text());
        }
```

```
        //根据元素在集合中的位置不同,所赋的值也不同
        function changeContent(){
            $("p").html(function(index,htmlCode){
                switch(index){
                    case 0:
                        return "<h1>" + htmlCode + "<h1/>";
                    case 1:
                        return "<h2>" + htmlCode + "<h2/>";
                }
            });
        }
        //设置元素的 HTML 内容
        function setHTMLContent(){
            $("#newsDiscuss").html("<hr/>补充如下:
                Mall 全称 Shopping Mall(大型购物中心),属于一种新型的复合型商业。");
        }
        //设置元素的文本内容
        function setTextContent(){
            $("#newsDiscuss").text("<hr/>补充如下:
                Mall 全称 Shopping Mall(大型购物中心),属于一种新型的复合型商业。");
        }
    </script>
  </body>
</html>
```

上述代码在浏览器中运行结果如图 11-14 所示。当单击“获得 HTML 内容”和“获得 Text 内容”按钮时,在控制台分别打印所匹配元素的内容。当单击“改变正文内容”时,根据<p>标签的位置将两个段落分别设为<h1>、<h2>标题样式;单击“显示 HTML 内容”时,通过 html()方法在指定的<div>标签中显示文字内容和水平线;而单击“显示 Text 内容”时,通过 text()方法在指定的<div>标签中显示文字内容和<hr />标签。

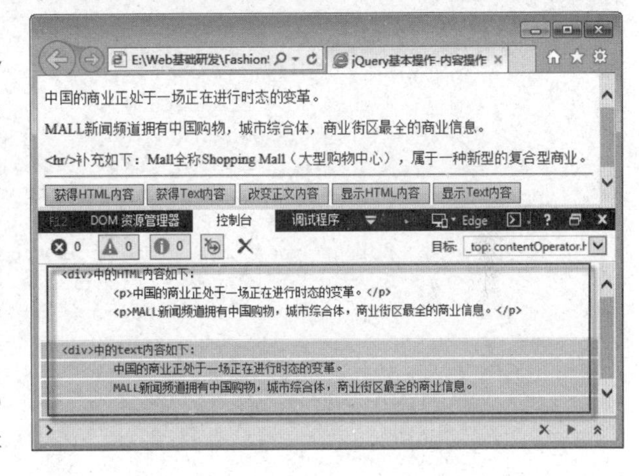

图 11-14 html()和 text()方法的使用

3. val()方法

val()方法用于设置或获取表单元素的值,包括文本框、下列列表、单选框和复选框等元素。当元素允许多选时,返回一个包含被选项的数组。val()方法的语法格式如下。

【语法】

```
val()
val(newValue)
val(arrayValue)
val(function(index, oldValue))
```

其中：

- 无参方法用于返回所匹配的表单元素的 value 值；
- 有参方法用于设定所匹配的表单元素的 value 值；
- 参数 newValue 表示将匹配的表单元素的 value 值设置为 newValue；
- 参数 arrayValue 用于设置多选表单元素(如 check 和 select 等)的选中状态；
- 参数 function(index,oldValue)表示将函数的返回值赋给当前匹配的表单元素，index 表示当前元素在匹配集合中的索引位置，oldValue 表示当前元素在修改之前的 value 值。

下述代码演示了使用 html()和 val()方法修改页面元素及表单元素。

【代码 11-15】 formElementOperator. html

```
<!doctype html>
<html>
  <head>
    <meta charset = "utf - 8">
    <title>jQuery基本操作 - 内容操作</title>
    <script type = "text/javascript" src = "js/jquery - 1.x.js"></script>
  </head>
  <body>
    <div id = "newsContent">
        <p>中国的商业正处于一场正在进行时态的变革。</p>
        <p>MALL时代新闻频道拥有中国购物,城市综合体,商业街区最全的商业信息。</p>
    </div>
    <div id = "newsDiscuss">
    </div>
    <div><hr/>评论:<input type = "text" value = "请输入新闻评论" id = "inputDiscuss"/>
        颜色:<select id = "discussColor">
                    <option value = "black">黑色</option>
                    <option value = "red" selected>红色</option>
                    <option value = "green">绿色</option>
                </select>
         大小:<input type = "radio" name = "discussSize" value = "9pt">较小
         <input type = "radio" name = "discussSize" value = "12pt" checked>正常
         <input type = "radio" name = "discussSize" value = "16pt">较大
    </div>
    <hr/>
    <input type = "button" value = "提交评论信息" onClick = "submitNewsDiscuss()"/>
    <script type = "text/javascript">
        function submitNewsDiscuss(){
            var inputDiscuss = $("#inputDiscuss").val();
            //链式操作方式
            $("#newsDiscuss").html("<hr/>评论如下: " + inputDiscuss)
                    .css("color", $("#discussColor").val())
                    .css("font - size", $("[name = discussSize]:checked").val());
        }
    </script>
  </body>
</html>
```

上述代码中，使用 val()方法可以获取单行文本框、单选框和下拉列表等表单元素的值。代码运行结果如图 11-15 所示，在输入评论信息并选择评论样式后单击“提交评论信息”，页面中将显示评论结果。

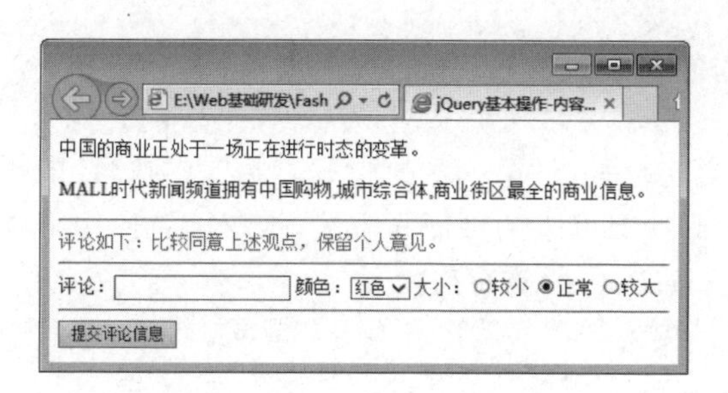

图 11-15　val()方法获取表单元素的值

注意

> 所谓链式操作方式，是指在同一个jQuery对象上的一系列动作，通过直接连写形式无须重复获取该对象。采用链式操作时，jQuery会自动缓存每一步操作的结果，比非链式方式（手动缓存）要快。

11.4 jQuery 事件处理

当页面或某些元素发生变化或被操作时，浏览器会自动触发一个事件，例如：文档加载完毕和单击按钮等情况下都会触发事件。

事件处理是指在某一时刻页面元素对某种操作的响应处理。jQuery中的事件处理是在JavaScript事件处理机制基础上的进一步扩展与增强，极大地增强了事件处理能力。

11.4.1 页面加载事件

当用户浏览一个网站时，需要从服务器端请求数据，并载入本地显示。对页面而言，整个页面可以看成一棵DOM树，在树还没有成形之前，对其操作是没有任何意义的。当页面加载完毕后，会立即触发window.onload事件，即当DOM载入就绪时触发onload属性所绑定的事件函数。在jQuery中$(document).ready()方法用于处理页面加载完毕时的事件，极大地提高了Web应用程序的响应速度。

当访问一个包含有大量图片的网站时，使用window.onload方式需要等待所有幅图片加载完毕后才能进行操作；而使用$(document).ready()方式处理时，当DOM元素就绪时便会进行事件处理，无须等到所有的图片下载完毕。

使用window.onload方式多次绑定事件处理函数时，只保留最后一个，执行结果也只有一个；而$(document).ready()允许多次设置处理事件，事件执行结果会相继输出。

【示例】 $(document).ready()的使用

```
//第一次设置页面加载事件处理
$(document).ready(function(){
    alert("第一次执行");
});
//第二次设置页面加载事件处理
$(document).ready(function(){
```

```
    alert("第二次执行");
});
```

上述代码运行时，会连续弹出“第一次执行”和“第二次执行”的提示信息。

$(document).ready()有以下两种简写方式，推荐读者使用第一种方式。

【示例】 $(document).ready()的简写形式

```
//第一种简写形式
$(function(){
    //jQuery 处理代码
});
//第二种简写形式
$().ready(function(){
    //jQuery 处理代码
});
```

11.4.2 事件绑定

所谓事件绑定，是指将页面元素的事件类型与事件处理函数关联到一起，当事件触发时调用事先绑定的事件处理函数。在 jQuery 中，提供了强大的 API 来执行事件的绑定操作，如 bind()、one()、toggle()、live()、delegate()、on()和 hover()等。

1. bind()方法

bind()方法用于对匹配元素的特定事件绑定的事件处理函数，其语法格式如下。

【语法】

```
bind(types,[data],fn))
```

其中：

- 参数 types 表示事件类型，是一个或多个事件类型构成的字符串，类型之间由空格隔开，事件类型包括鼠标事件或键盘事件，鼠标事件包括 click、submit、mouseover 和 mouseup 等，键盘事件包括 keydown 和 keyup 等；
- 参数 data(可选)表示传递给函数的额外数据，在事件处理函数中通过 event.data 来获得所传入的额外数据；
- 参数 fn 是指所绑定的事件处理函数。

【示例】 bind()方法绑定事件

```
//绑定 click 事件
$("p").bind("click", function(){
    alert($(this).text());
});
//为一个对象同时绑定 mouseenter 和 mouseleave 事件
$("p").bind("mouseenter mouseleave",function(){
    $(this).toggleClass("entered");
});
//为一个对象同时绑定多个事件,且每个事件具有单独的处理函数
$("button").bind({
    click:function(){ $("p").slideToggle();},
```

```
    mouseover:function(){ $("body").css("background-color","red");},
    mouseout:function(){ $("body").css("background-color","#FFFFFF");}
});
//事件处理之前传递一些附加的数据
function handler(event){
    alert(event.data.foo);
}
$("p").bind("click", {foo: "bar"}, handler);
```

jQuery 为常用的事件(如 click、mouseover 和 mouseout 等)提供了一种简写方式,与 bind()方法实现的效果完全相同。

【示例】　事件绑定简写方法

```
$("input[type=button]").click(function(){
    $(this).toggleClass("entered");
});
```

注意

> this 是执行上下文(Execution Context)的一个重要对象,用于指明触发事件的对象本身；$(this)是 jQuery 对 this 对象的封装,用于在事件处理中收集事件触发者的信息。

2. one()方法

one()方法用于对匹配元素的特定事件绑定一个一次性的事件处理函数,事件处理函数只会被执行一次。one()方法的语法格式与 bind()方法基本相同,具体格式如下。

【语法】

```
one(types,[data],fn))
```

其中:

- 参数 types 表示事件类型,是一个或多个事件类型构成的字符串,类型之间由空格隔开;
- 参数 data(可选)表示传递给函数的额外数据,在事件处理函数中通过 event.data 来获得所传入的额外数据;
- 参数 fn 是指所绑定的事件处理函数。

【示例】　one()方法绑定事件

```
//绑定 click 事件
$("p").one("click",function(){
    alert($(this).text());
});
```

上述代码中,对所有的<p>标签绑定 click 事件。当第 1 次单击时会有事件响应,再次单击不再响应。

3. toggle()方法

toggle()方法用于模拟鼠标连续单击事件,其语法格式如下。

【语法】

```
toggle(([speed],[easing],[fn1,fn2,fn3,…,fnN]))
```

其中：

- 参数 speed 用于设置元素的隐藏（或显示）速度，默认是 0ms，取值范围是 slow、normal、fast 或毫秒数。
- 参数 easing 用于指定动画的切换效果，取值是 swing（默认）和 linear；其中，linear 是指一个稳定的动画，动画的动作比较均匀；而 swing 则更加动态一些，随着动画的开始逐渐加快，然后再逐步慢下来。
- 参数 fn1,fn2,fn3，…，fnN 表示 1～n 个事件处理函数。fn1 表示第 1 次单击时所执行的事件处理函数；fn2 表示第 2 次单击时所执行的事件处理函数。当有更多函数时依次进行触发，直到最后一个，然后再从开始位置循环调用。
- 同时具有参数 speed、fn 时，表示以 speed 速度显示或隐藏，在动画完成后再执行 fn 事件处理函数。

注意

toggle()方法在 jQuery 1.9+版本中已删除，如果想继续使用，需要 jQuery Migrate（迁移）插件恢复该功能。

下述代码演示了使用 bind()、one()和 toggle()方法绑定事件。

【代码 11-16】 bindEvent.html

```
<!doctype html>
<html>
  <head>
    <meta charset="utf-8">
    <title>jQuery基本操作事件绑定</title>
    <script type="text/javascript" src="js/jquery-1.x.js"></script>
    <script type="text/javascript" src="js/jquery-migrate-1.2.1.js"></script>
    <style type="text/css">
        div{width:200px;height:200px;border:1px solid #666;}
        #leftDiv{float:left; margin:0 auto;}
        #rightDiv{float:right;}
        .entered{background-color:#66F;}
    </style>
  </head>
  <body>
    <div id="leftDiv">
        <input type="button" value="bind事件绑定" id="bindBtn"/>
        <input type="button" value="一次绑定两个事件" id="bindBtn2"/>
        <input type="button" value="多事件绑定" id="manyBindBtn"/>
        <input type="button" value="事件绑定缩写方式" id="shortBindBtn"/>
        <input type="button" value="toggle()多形式事件" id="toggleBtn"/>
        <input type="button" value="toggle()动画事件" id="toggleAnimateBtn"/>
    </div>
    <div id="rightDiv">右侧展示区</div>
    <script type="text/javascript">
```

```
        $(function(){
            //绑定事件
            $("#bindBtn").bind("click", function(){
                $("#rightDiv").text("使用 bind()方法绑定事件处理");
            });
            //为一个对象同时绑定 mouseenter 和 mouseleave 事件
            $("#bindBtn2").bind("mouseenter mouseleave",function(){
                $(this).toggleClass("entered");
            });
            //为一个对象同时绑定多个事件,且每个事件具有单独的处理函数
            $("#manyBindBtn").bind({
                click:function(){$("#rightDiv").slideToggle();},
                mouseover:function(){
                    $("#rightDiv").css("background-color","red");},
                mouseout:function(){
                    $("#rightDiv").css("background-color","yellow");}
            });
            //事件绑定的缩写形式
            $("#shortBindBtn").click(function(){
                $("#rightDiv").text("事件绑定缩写方式实现");
            });
            //one()方式绑定一次性事件
            $("#rightDiv").one("click", function(){
                alert($(this).text());
            });
            //模拟连续多次单击事件
            $("#toggleBtn").toggle(function(){
                    $(this).css("background-color","red");
                },function(){
                    $(this).css("background-color","green");
                },function(){
                    $(this).css("background-color","yellow");
                },function(){
                    $(this).css("background-color","white");
                }
            );
            //动画效果结束后,再调用事件处理函数
            $("#toggleAnimateBtn").click(function(){
                //$("#newsContent").toggle(10000);
                $("#rightDiv").toggle("slow","swing",function(){
                    $("#toggleAnimateBtn").css("background-color","red");
                });
            });
        });
    </script>
  </body>
</html>
```

上述代码中,使用 bind()、toggle()和 one()方法来绑定事件处理函数。由于 toggle()方法在 jQuery 1.9+版本中被移除,需要使用 jQuery Migrate(迁移)插件恢复该功能,此处使用了 Migrate 1.2.1 版本。代码运行结果如图 11-16 所示,单击不同的按钮会触发不同的事件处理,读者可自行测试。

4. live()方法

使用 bind()方式绑定事件时，只能针对页面中存在的元素进行绑定，而 bind()绑定后新增的元素上没有事件响应。使用 live()方法能够对页面所有匹配元素绑定事件，包含存在的元素和将来新增的元素，其语法格式如下。

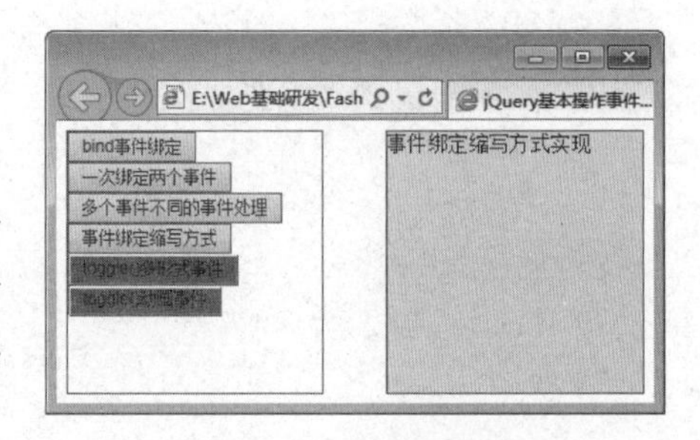

图 11-16　事件绑定

【语法】

```
live(types,fn)
```

其中：

- 参数 types 表示事件类型，是一个或多个事件类型构成的字符串，类型之间由空格隔开；
- 参数 fn 是指所绑定的事件处理函数。

【示例】　live()方法绑定事件

```
$("div").live("click", function(){
    alert($(this).html());
});
```

注意

> 不建议在 jQuery 1.7+版本中使用 live()方法，推荐使用 on()方法替代。当用户使用 jQuery 1.7-版本时，优先使用 delegate()替代 live()方法，如果想继续使用 live()方法，需要 jQuery Migrate(迁移)插件恢复该功能。

5. delegate()方法

delegate()方法可以在匹配元素的基础上，对其内部符合条件的元素绑定事件处理函数，其语法格式如下。

【语法】

```
delegate(childSelector,[types],[data],fn)
```

其中：

- 参数 childSelector 是一个选择器字符串，用于筛选触发事件的元素；
- 参数 types 表示事件类型，是一个或多个事件类型构成的字符串，类型之间由空格隔开；
- 参数 data(可选)表示传递给函数的额外数据，在事件处理函数中通过 event.data 来获得所传入的额外数据；
- 参数 fn 是指所绑定的事件处理函数。

【示例】 delegate()方法绑定事件

```
$("div").delegate("button","click",function(){
    $("p").slideToggle();
});
$("div").delegate("#DataBindBtn","click",{msg: "传递额外数据"},function(e){
    alert(e.data.msg);
});
```

上述代码中，第1部分将<div>标签中的所有button按钮添加一个click事件；第2部分将<div>标签中id为DataBindBtn的元素绑定click事件，并在事件触发时传入额外的数据。

注意

> delegate()事件处理程序适用于当前存在的元素或未来新增的元素，可在更精确的小范围使用事件代理，性能优于live()方法。但在jQuery 1.7+版本中应优先使用on()方法替代该方法。

下述代码演示了使用live()和delegate()方法绑定事件。

【代码11-17】 bindEvent2.html

```
<!doctype html>
<html>
  <head>
    <meta charset="utf-8">
    <title>jQuery基本操作事件绑定</title>
    <script type="text/javascript" src="js/jquery-1.x.js"></script>
    <script type="text/javascript" src="js/jquery-migrate-1.2.1.js"></script>
    <style type="text/css">
        div{width:150px;height:100px;border:1px solid #666;}
        #leftDiv{background-color:#CCC; display:inline-block;}
        #rightDiv{ background-color:#999; display:inline-block;}
        button{margin-right:10px;}
    </style>
  </head>
  <body>
    <span><button>div显示与隐藏</button></span><button>普通按钮</button><hr/>
    <div id="leftDiv">已存在的Div</div>
    <script type="text/javascript">
        $(function(){
            //绑定事件
            $("div").live("click", function(){
                alert($(this).html());
            });
            //通过代码新增的Div
            $("body").append("<div id='rightDiv'>通过代码新增的Div</div>");
            //对span元素中button按钮绑定click事件处理
            $("span").delegate("button","click",function(){
                $("div").slideToggle();        //div的显示与隐藏
            });
        });
```

```
    </script>
  </body>
</html>
```

上述代码中，通过 live()方法为所有的< div >标签绑定了 click 事件，包括使用 append()方法新增的< div >标签；通过 delegate()方法对< span >标签中所有的< button >按钮绑定了 click 事件，而< span >标签之外的< button >按钮没有绑定事件。

delegate()方法能够更简单、精准地实现事件的绑定。slideToggle()方法用于通过高度变化来实现元素的显示与隐藏。代码运行结果如图 11-17 所示，对页面中的< div >标签和"div 显示与隐藏"按钮绑定了 click 事件，而"普通按钮"没有绑定事件。

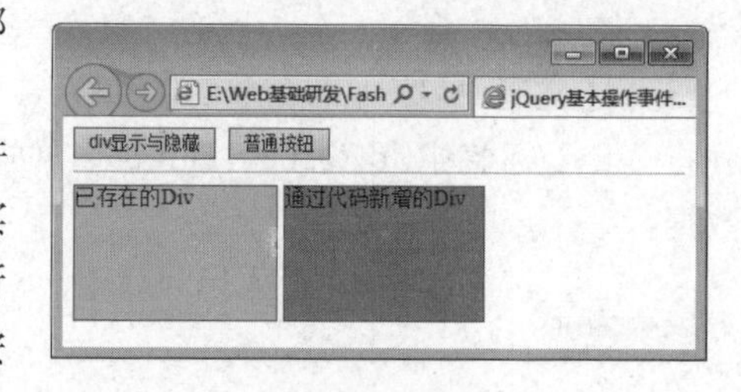

图 11-17　使用 live()和 delegate()绑定事件

6. on()方法

在 jQuery 1.7+中新增了 on()方法，用于绑定事件所需的处理函数，实现从低版本向高版本的转换，替代之前版本中的 bind()、live()和 delegate()等方法，其语法格式如下。

【语法】

```
on(types,[childSelector],[data],fn)
```

其中：

- 参数 types 表示事件类型，是一个或多个事件类型构成的字符串，类型之间由空格隔开；
- 参数 childSelector 是一个选择器字符串，用于筛选触发事件的元素；
- 参数 data(可选)表示传递给函数的额外数据，在事件处理函数中通过 event.data 来获得所传入的额外数据；
- 参数 fn 是指所绑定的事件处理函数。

【示例】　使用 on()方法替代 live()和 delegate()方法

```
//使用 live()方法绑定事件
$("div[id!= leftDiv]").live("click",function(){
    //事件处理代码
});
//使用 on()方法替代 live()方法
$(document).on("click","div[id!= leftDiv]",function(){
    //事件处理代码
});
//使用 delegate()方法绑定事件
$("div").delegate("#DataBindBtn","click",{msg:"传递额外数据"},function(e){
    alert(e.data.msg);
});
//使用 on()方法替代 delegate()方法
$("div").on("click","#DataBindBtn",{msg:"传递额外数据"},function(e){
    alert(e.data.msg);
});
```

注意

> 使用 on()方法代替 live()和 delegate()方法时，需要注意之前参数的顺序和位置有所不同。

7. hover()方法

hover()方法用于模拟鼠标悬停事件。当鼠标悬停在某元素上时触发第 1 个函数，鼠标移出时触发第 2 个函数，其语法格式如下。

【语法】

```
hover(overFn,[outFn])
```

其中：

- 参数 overFn 表示鼠标悬停时所触发的事件处理函数；
- 参数 outFn(可选)表示鼠标移出时所触发的事件处理函数；
- 当函数提供一个参数时，鼠标悬停和移出都会触发该事件处理函数。

【示例】 hover()方法的使用

```
//使用 hover()方法设置单元格悬停特效
$("td").hover(
    function(){
        $(this).addClass("hover");
    },function(){
        $(this).removeClass("hover");
    }
);
```

下述代码演示了使用 on()和 hover()方法绑定事件处理函数。

【代码 11-18】 onEvent.html

```
<!doctype html>
<html>
  <head>
    <meta charset="utf-8">
    <title>jQuery基本操作事件绑定</title>
    <script type="text/javascript" src="js/jquery-1.x.js"></script>
    <style type="text/css">
        div{width:200px;height:200px;border:1px solid #666;}
        #leftDiv{float:left; margin:0 auto;}
        #rightDiv{float:right;}
    </style>
  </head>
  <body>
    <div id="leftDiv">
        <input type="button" value="bind事件绑定" id="bindBtn"/>
        <input type="button" value="事件传输数据" id="dataBindBtn"/>
    </div>
    <div id="rightDiv">右侧展示区</div>
    <script type="text/javascript">
```

```
        $(function(){
          //绑定事件(替代 bind()方法)
          $("#leftDiv").on("click","#bindBtn",function(){
              alert("使用 bind()方法绑定事件处理");
          });
          //事件绑定,并传递额外数据(替代 delegate()方法)
          $("div").on("click","#dataBindBtn",{msg:"传递额外数据"},function(e){
              alert(e.data.msg);
          });
          //绑定事件(替代 live()方法)
          $(document).on("click","div[id!=leftDiv]",function(){
              alert($(this).html());
          });
          //hover()绑定事件
          $("#rightDiv").hover(function(){
              var r = parseInt(Math.random() * 255);
              var g = parseInt(Math.random() * 255);
              var b = parseInt(Math.random() * 255);
              var rgb = "rgb(" + r + "," + g + "," + b + ")";
              $(this).css("background-color",rgb);
          },function(){
              $(this).css("background-color","white");
          });
        });
      </script>
    </body>
  </html>
```

上述代码在浏览器中运行结果如图 11-18 所示，当鼠标移到"右侧展示区"时都会随机改变展示区的背景颜色，鼠标移出时背景变为白色。

单击"bind 事件绑定"时弹出提示信息；单击"事件传输数据"，获得所传入的额外数据并提示。

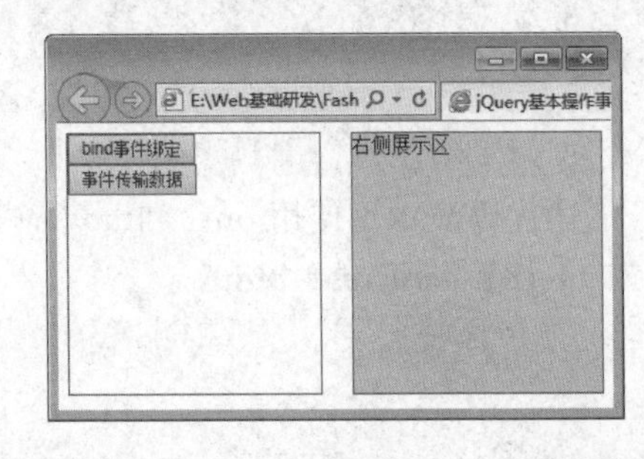

图 11-18　使用 on()和 hover()方法绑定事件

11.4.3　解除事件绑定

在元素绑定事件之后，当在某个时刻不再需要该事件处理时，可以解除所绑定的事件。在 jQuery 中提供了 unbind()和 undelegate()方法，分别用于解除由 bind()和 delegate()方法所绑定的事件，通过参数指明需要解除的绑定事件即可。当方法没有提供参数时，表示解除该元素所有的事件绑定。

在 jQuery 1.7+版本中提供了 off()方法，用于解除由 on()、bind()和 delegate()方法所绑定的事件。off()方法的参数与 on()方法完全相同，此处不再赘述。

【示例】　解除事件绑定

```
  //使用 bind()方法绑定事件
  $("#bindBtn").bind("click", function(){
      $("#rightDiv").text("使用 bind()方法绑定事件处理");
```

```
});
//使用 unbind()方法解除元素的 click 事件绑定
$("#bindBtn").unbind("click");
//$("#bindBtn").unbind();          //解除元素的所有事件绑定
//使用 delegate()方法绑定事件
$("span").delegate("button","click",function(){
    $("div").slideToggle();
});
//使用 undelegate()方法解除元素的 click 事件绑定
$("span").undelegate("button","click");
//使用 on()方法绑定事件
$("#leftDiv").on("click","#bindBtn", function(){
    alert("使用 bind()方法绑定事件处理");
});
//使用 off()方法解除元素的 click 事件绑定
$("#leftDiv").off("click","#bindBtn");
```

下述代码综合演示了解除事件绑定。

【代码 11-19】 unBindEvent.html

```
<!doctype html>
<html>
  <head>
    <meta charset="utf-8">
    <title>jQuery 基本操作事件绑定</title>
    <script type="text/javascript" src="js/jquery-1.x.js"></script>
    <style type="text/css">
        div{width:200px;height:200px;border:1px solid #666;}
        #leftDiv{float:left; margin:0 auto;}
        #rightDiv{float:right;}
    </style>
  </head>
  <body>
    <div id="leftDiv">
        <input type="button" value="bind 事件绑定" id="bindBtn"/>
        <input type="button" value="多事件绑定" id="manyBindBtn"/>
        <input type="button" value="delegate 事件绑定" id="delegateBindBtn"/>
        <input type="button" value="解除事件绑定" id="removeBindBtn"/>
    </div>
    <div id="rightDiv">右侧展示区</div>
    <script type="text/javascript">
        $(function(){
            //使用 bind()方法绑定事件
            $("#manyBindBtn").bind({
                click:function(){$("#rightDiv").slideToggle();},
                mouseover:function(){
                    $("#rightDiv").css("background-color","red");},
                mouseout:function(){
                    $("#rightDiv").css("background-color","yellow");}
            });
            //使用 delegate()方法绑定事件
```

```
            $(document).delegate("#delegateBindBtn","click",function(){
                $("#rightDiv").slideToggle();
            });
            //使用 hover()方法绑定事件
            $("#rightDiv").hover(function(){
                $(this).css("background-color","gray");
            },function(){
                $(this).css("background-color","white");
            });
            //使用 on()方法绑定事件
            $("#leftDiv").on("click","#bindBtn", function(){
                alert("使用 bind()方法绑定事件处理");
            });
            //解除事件绑定
            $("#removeBindBtn").on("click",function(){
                //1. 使用 unbind()解除 click 事件绑定
                //$("#manyBindBtn").unbind("click");
                //2. 使用 unbind()解除该元素上的所有事件绑定
                //$("#manyBindBtn").unbind();
                //3. 使用 off()方法解除 bind()方法的 click 事件绑定
                $("#manyBindBtn").off("click");
                //$(document).off("click","#manyBindBtn");
                //4. 使用 off()方法解除该元素上的所有事件绑定
                //$("#manyBindBtn").off();
                //5. 使用 undelegate()方法解除 delegate()方法绑定事件
                //$(document).undelegate("#delegateBindBtn","click");
                //6. 使用 off()方法解除 delegate()方法绑定事件
                $(document).off("click","#delegateBindBtn");
                //7. 使用 off()方法解除 on()方法的 click 事件绑定
                $("#leftDiv").off("click","#bindBtn");
                //8. 使用 off()方法解除所有按钮上所有的事件绑定
                $("input[type=button]").off();
            });
        });
    </script>
  </body>
</html>
```

上述代码中，通过 unbind()方法解除由 bind()所绑定的事件，undelegate()方法解除由 delegate()方法所绑定的事件，以及使用 off()方法解除由 bind()、delegate()和 on()方法所绑定的事件。

11.4.4 事件对象

由于标准 DOM 和 IE-DOM 所提供的事件对象的方法有所不同，导致使用 JavaScript 在不同的浏览器中获取事件对象比较烦琐。jQuery 针对该问题进行了必要的封装与扩展，以解决浏览器兼容性问题，使得在任意浏览器中都可以轻松获取事件处理对象。

jQuery 事件对象的常见属性如表 11-14 所示。

表 11-14 事件对象常见的属性列表

属　　性	描　　述
pageX	鼠标指针相对于文档的左边缘的位置
pageY	鼠标指针相对于文档的上边缘的位置
target	返回触发事件的元素
type	返回事件的类型
which	返回在鼠标或键盘事件中被按下的键
data	用于传递事件之外的额外数据

jQuery 事件对象的常见方法如表 11-15 所示。

表 11-15 事件对象常用的方法列表

方　　法	描　　述
preventDefault()	阻止元素发生默认的行为(例如,当单击提交按钮时阻止对表单的提交)
stopPropagation()	阻止事件的冒泡
isDefaultPrevented()	根据事件对象中是否调用过 preventDefault()方法来返回一个布尔值
isPropagationStopped()	根据事件对象中是否调用过 stopPropagation()方法来返回一个布尔值

下述代码演示了 jQuery 事件对象的属性和方法的使用。

【代码 11-20】 eventObject.html

```
<!doctype html>
<html>
  <head>
    <meta charset = "utf - 8">
    <title>jQuery 基本操作事件对象</title>
    <script type = "text/javascript" src = "js/jquery - 1.x.js"></script>
    <style type = "text/css">
        div{margin - top:4px;}
        #middleDiv, #rightDiv{width:200px;height:100px; background - color: #CCC;}
    </style>
  </head>
  <body>
    <div id = "leftDiv">
      <form action = "http://www.itshixun.com">
        用户名: <input type = "text" id = "userName"/>
        <div id = "innerDiv">
            <input type = "submit" value = "普通提交按钮" id = "submitBtn"/>
            <input type = "submit" value = "阻止默认按钮" id = "stopSubmitBtn"/>
            <input type = "button" value = "普通按钮" id = "normalBtn"/>
            <input type = "button" value = "阻止冒泡按钮" id = "stopPropagateBtn"/>
        </div>
      </form>
    </div>
    <div id = "middleDiv"></div>
    <div id = "rightDiv"></div>
    <script type = "text/javascript">
        $(function(){
            //提交按钮,默认提交表单
            $("#submitBtn").on("click",function(event){
                console.log("单击'普通提交按钮'");
```

```
            });
            //使用 preventDefault()方法阻止元素的默认行为(如表单提交、超链接等)
            //但事件会继续向外传递
            $("#stopSubmitBtn").on("click",function(event){
                console.log("单击'阻止默认按钮',阻止默认元素的默认行为(如表单提交等)");
                event.preventDefault();
            });
            //普通按钮,具有事件冒泡行为
            $("#normalBtn").on("click",function(event){
                console.log("单击'普通按钮'");
            });
            //普通按钮,并阻止冒泡行为
            $("#stopPropagateBtn").on("click",function(event){
                console.log("单击'阻止冒泡按钮',阻止事件的冒泡行为");
                event.stopPropagation();
            });
            //用于接收内部按钮传递来的冒泡事件
            $("#innerDiv").on("click",printEvent);
            //鼠标移动时,获取鼠标在事件源中的相对坐标
            $("#middleDiv").on("mousemove",function(event){
                var x = parseInt(event.pageX - $(this).offset().left);
                var y = parseInt(event.pageY - $(this).offset().top);
                $(this).html("鼠标位置:" + x + "," + y);
            });
            //鼠标单击判断处理
            $("#rightDiv").on("mousedown",{user:'jCuckoo'},function(event){
                if(event.which == 1){
                    $("#rightDiv").html(event.data.user + "单击了鼠标左键")
                        .css("background-color","#FFC");
                }else if(event.which == 2){
                    $("#rightDiv").html(event.data.user + "单击了鼠标中键")
                        .css("background-color","#FF6");
                }else if(event.which == 3){
                    $("#rightDiv").html(event.data.user + "单击了鼠标右键")
                        .css("background-color","#FC0");
                }
            });
        });
        //定义一个处理事件的函数
        function printEvent(event){
            var result = "事件源:" + event.target.value;
            result += " 事件类型:" + event.type;
            result += " 当前标签类型:" + $(this).get(0).tagName;
            console.log(result);
        }
    </script>
  </body>
</html>
```

上述代码中,event.pageX 表示鼠标指针相对于文档的左边缘的位置,$(this).offset().left 表示当前对象的相对偏移,event.pageX-$(this).offset().left 表示鼠标到当前对象左边距的距离,event.pageY-$(this).offset().top 表示鼠标到当前对象上边距的距离。代码运行结果如图 11-19 所示。

单击"普通提交按钮",在控制台输出提示信息并提交表单。由于使用 event.

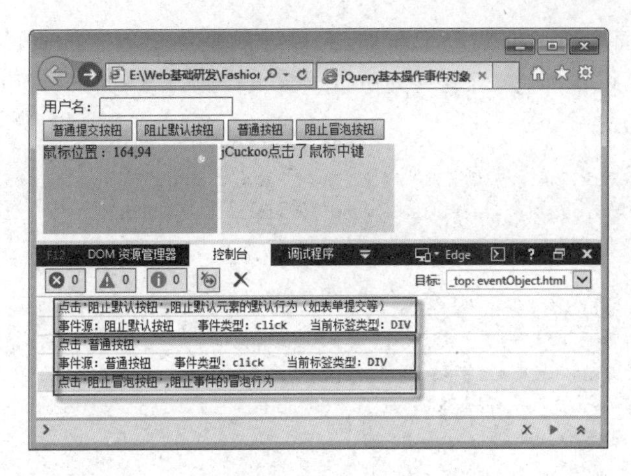

图 11-19　事件对象

preventDefault()方法阻止了元素的默认行为，所以单击“阻止默认按钮”在控制台输出提示信息后并不提交表单。

单击“普通按钮”在控制台输出提示信息后，事件会继续向外传递，在外层元素 innerDiv 中捕获到鼠标单击事件并继续事件处理。由于使用 event. stopPropagation()方法阻止了事件冒泡传递，所以单击“阻止冒泡按钮”，在控制台输出提示信息后在外层元素 innerDiv 中没有捕获到鼠标单击事件。

当在左侧 div 中移动鼠标，可以实时获取当前鼠标的坐标位置；在右侧 div 中点击某个鼠标按键，获得所点击的鼠标按键，并显示相应的提示信息。

11.5　贯穿任务实现

11.5.1　实现【任务11-1】

本小节实现“Q-Walking E&S 漫步时尚广场”贯彻项目中的【任务11-1】后台模块中的左侧树形菜单的折叠效果，如图 11-20 所示。

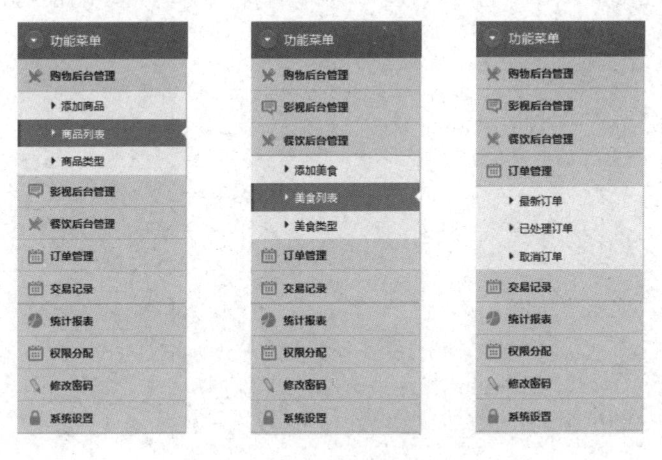

图 11-20　树形菜单折叠效果

在后台管理页面中通过框架进行布局，左侧导航是一个单独的页面 left. html，在该页面中首先引入 jQuery. js 库，然后编写菜单折叠效果代码，代码如下所示。

【任务11-1】 left. html

```
<!DOCTYPE html PUBLIC "-//W3C//DTD XHTML 1.0 Transitional//EN"
    "http://www.w3.org/TR/xhtml1/DTD/xhtml1-transitional.dtd">
<html xmlns="http://www.w3.org/1999/xhtml">
  <head>
    <meta http-equiv="Content-Type" content="text/html; charset=utf-8" />
    <title>无标题文档</title>
    <link href="css/left.css" rel="stylesheet" type="text/css" />
    <script language="JavaScript" src="js/jquery-1.x.js"></script>
    <script type="text/javascript">
        $(function(){
            //导航切换
            $('.menuson li').click(function(){
                $('.menuson li.active').removeClass('active')
                $(this).addClass("active");
            });
            $('.title').click(function(){
                var $ul = $(this).next('ul');
                $('dd').find('ul').slideUp();
                if($ul.is(':visible')){
                    $(this).next('ul').slideUp();
                }else{
                    $(this).next('ul').slideDown();
                }
            });
        })
    </script>
  </head>
  <body style="background:#f0f9fd;">
    <div class="lefttop"><span></span>功能菜单</div>
    <dl class="leftmenu">
        <dd>
            <div class="title"><span><img src="images/leftico05.png" />
                </span>购物后台管理 </div>
            <ul class="menuson">
                <li><cite></cite><a href="addgoods.html"
                    target="rightFrame">添加商品</a><i></i></li>
                <li class="active"><cite></cite><a href="shoplist.html"
                    target="rightFrame">商品列表</a><i></i></li>
                <li><cite></cite>商品类型<i></i></li>
            </ul>
        </dd>
        <dd>
            <div class="title"><span><img src="images/leftico02.png" />
                </span>影视后台管理 </div>
            <ul class="menuson">
```

```
                <li><cite></cite><a href = "addmovie.html"
                    target = "rightFrame">添加影片</a><i></i></li>
                <li class = "active"><cite></cite><a href = "movielist.html"
                    target = "rightFrame">影片列表</a><i></i></li>
                <li><cite></cite>影片类型<i></i></li>
            </ul>
        </dd>
        <dd>
            <div class = "title"><span><img src = "images/leftico05.png" />
                </span>餐饮后台管理</div>
            <ul class = "menuson">
                <li><cite></cite><a href = "addfood.html"
                    target = "rightFrame">添加美食</a><i></i></li>
                <li class = "active"><cite></cite><a href = "foodlist.html"
                    target = "rightFrame">美食列表</a><i></i></li>
                <li><cite></cite>美食类型<i></i></li>
            </ul>
        </dd>
        <dd>
            <div class = "title"><span><img src = "images/leftico04.png" />
                </span>订单管理</div>
            <ul class = "menuson">
                <li><cite></cite><a href = "#">最新订单</a><i></i></li>
                <li><cite></cite><a href = "#">已处理订单</a><i></i></li>
                <li><cite></cite><a href = "#">取消订单</a><i></i></li>
            </ul>
        </dd>
        <dd>
            <div class = "title"><span><img src = "images/leftico04.png" />
                </span>交易记录</div>
        </dd>
        <dd>
            <div class = "title"><a href = "jqueryChart.html" target = "rightFrame">
                <span><img src = "images/leftico06.png" />
                </span>统计报表</a></div>
        </dd>
        <dd>
            <div class = "title"><span><img src = "images/leftico04.png" />
                </span>权限分配</div>
        </dd>
        <dd>
            <div class = "title"><span><img src = "images/leftico08.png" />
                </span>修改密码</div>
        </dd>
        <dd>
            <div class = "title"><span><img src = "images/leftico07.png" />
                </span>系统设置</div>
        </dd>
    </dl>
</body>
</html>
```

左侧页面中所引用的样式文件 left.css，代码如下所示。

【任务11-1】 left.css

```
@charset "utf-8";
*{font-size:9pt;border:0;margin:0;padding:0;}
body{font-family:'微软雅黑'; margin:0 auto;min-width:980px;}
ul{display:block;margin:0;padding:0;list-style:none;}
li{display:block;margin:0;padding:0;list-style: none;}
dl,dt,dd{margin:0;padding:0;display:block;}
a,a:focus{text-decoration:none;color:#000;outline:none;}
a:hover{color:#00a4ac;text-decoration:none;}
/* left.html */
.lefttop{background:url(../images/lefttop.gif)
    repeat-x;height:40px;color:#fff;font-size:14px;line-height:40px;}
.lefttop span{margin-left:8px; margin-top:10px;margin-right:8px;
    background:url(../images/leftico.png) no-repeat; width:20px; height:21px;
    float:left;}
.leftmenu{width:187px;padding-bottom: 9999px;margin-bottom: -9999px;
    overflow:hidden; background:url(../images/leftline.gif) repeat-y right;}
.leftmenu dd{background:url(../images/leftmenubg.gif) repeat-x;
    line-height:35px;font-weight:bold;font-size:14px;
    border-right:solid 1px #b7d5df;}
.leftmenu dd span{float:left;margin:10px 8px 0 12px;}
.leftmenu dd .menuson{display:none;}
.leftmenu dd:first-child .menuson{display:block;}
.menuson {line-height:30px; font-weight:normal; }
.menuson li a{cursor:pointer;}
.menuson li.active{position:relative; background:url(../images/libg.png)
    repeat-x; line-height:30px; color:#fff;}
.menuson li cite{display:block; float:left; margin-left:32px;
    background:url(../images/list.gif) no-repeat; width:16px; height:16px;
    margin-top:7px;}
.menuson li.active cite{background:url(../images/list1.gif) no-repeat;}
.menuson li.active i{display:block; background:url(../images/sj.png) no-repeat;
    width:6px; height:11px; position:absolute; right:0;z-index:10000; top:9px;
    right:-1px;}
.menuson li a{ display:block; *display:inline; *padding-top:5px;}
.menuson li.active a{color:#fff;}
.title{cursor:pointer;}
```

11.5.2 实现【任务11-2】

本小节实现“Q-Walking E&S漫步时尚广场”贯彻项目中的【任务11-2】后台模块中的“添加商品”页面的表单验证功能，如图11-21所示。当商品名称输入框获得焦点时，如果输入框的内容为“请填写商品名称”，则清空文本框并修改文本框的样式，否则仅修改文本框的样式。

当“商品单价”和“团购价”文本框获得焦点时，改变文本框的字体颜色和大小；当“商品数量”文本框失去焦点时，验证输入值是否小于0，如果输入值小于0，则弹出提示信息“数量不能小于0”；当发布日期文本框失去焦点时，验证日期格式是否是yyyy-MM-dd或yyyy/MM/dd格式。代码如下所示。

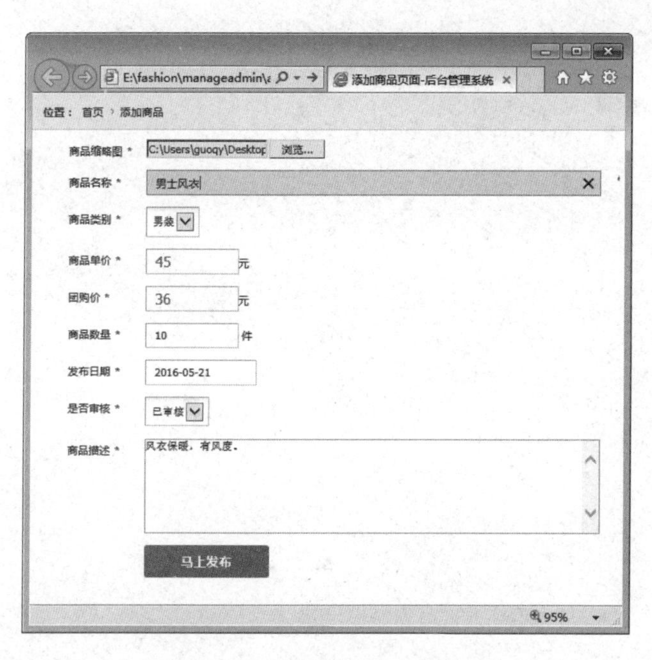

图 11-21 “添加商品”表单验证

【任务11-2】 addgoods.html

```
<!doctype html>
<html>
<head>
<meta charset="utf-8">
<title>添加商品页面-后台管理系统</title>
<link href="css/layout.css" rel="stylesheet" type="text/css" />
<link href="css/add.css" rel="stylesheet" type="text/css" />
<script type="text/javascript" src="js/jquery-1.x.js"></script>
<script type="text/javascript">
    $(function(){
        //为商品名称输入框绑定获得焦点和失去焦点时的处理函数
        $("#goodsName").on("focus",function(){
            $(this).css({backgroundColor:"#FFEC8B",borderColor:"#999"
                        ,color:"#000000"});
            if($(this).val()=="请填写商品名称"){
                $(this).val("");
            }
        }).on("blur",function(){
            $(this).css({backgroundColor:"#FFFFFF",borderColor:""
                        ,color:"#000000"});
            if($(this).val()==""){
                $(this).val("请填写商品名称");
            }
        });
        //为单价和团购价绑定获得焦点时的处理函数
        $("input[id$='Price']").on("focus",function(){
            $(this).css({fontSize:"16px",color:"red"});
        });
```

```
            //为数量文本框绑定失去焦点时的处理函数
            $("input[type='number']:last").on("blur",function(){
                if($(this).val()<0){
                    alert("数量不能小于0");
                    $(this).select();
                }
            });
            //判断日期格式是否有效
            $("input[type='date']").on("blur",function(){
                //日期格式验证2016-10-03或2016/10/03
                var dateReg=/(\d{4})[-\/](\d{1,2})[-\/](\d{1,2})/;
                if(!dateReg.test($(this).val())){
                    alert("日期格式不正确,请输入yyyy-MM-dd或yyyy/MM/dd格式的日期");
                    $(this).select();
                }
            });
            //为发布按钮绑定处理函数
            $("input[type='submit']").on("click",function(){
                if($("#thumbImage").val()==""){
                    alert("请选择商品缩略图!");
                    return false;
                }
                if($("#goodsName").val()==""
                        || $("#goodsName").val()=="请填写商品名称"){
                    alert("请填写商品名称!");
                    return false;
                }
                if($(".tabson textarea").val()==""){
                    alert("请完善商品的详细信息!");
                    return false;
                }
                $(".tabson form").submit();
            });
        });
</script>
</head>
<body>
<div class="place"><span>位置:</span>
  <ul class="placeul">
    <li><a href="main.html" target="_parent">首页</a></li>
    <li><a href="#">添加商品</a></li>
  </ul>
</div>
<div class="formbody">
  <div  class="usual">
    <div class="tabson">
        <form id="addgoodsForm" method="post" action="http://www.itshixun.com">
          <ul class="forminfo">
            <li>
              <label>商品缩略图<b>*</b></label>
              <input name="thumbImage" id="thumbImage" type="file"
                  multiple="multiple"/>
            </li>
```

```
<li>
  <label>商品名称<b>*</b></label>
  <input name="goodsName" id="goodsName" type="text" class="dfinput"
     value="请填写商品名称" required="required" style="width:500px;"/>
</li>
<li>
  <label>商品类别<b>*</b></label>
  <div class="vocation">
    <select class="select3" name="goodsType" id="goodsType">
      <option>男装</option>
      <option>女装</option>
      <option>童装</option>
      <option>运动</option>
      <option>其他</option>
    </select>
  </div>
</li>
<li>
  <label>商品单价<b>*</b></label>
  <input name="unitPrice" id="unitPrice" class="dfinput" type="number"
     required="required"  style="width:100px;"/>元 </li>
<li>
  <label>团购价<b>*</b></label>
  <input name="groupPrice" id="groupPrice" class="dfinput"
     type="number" required="required" style="width:100px;"/>元 </li>
<li>
  <label>商品数量<b>*</b></label>
  <input name="goodsNumber" id="goodsNumber" type="number"
     class="dfinput" required="required" style="width:100px;"/> 件
</li>
<li>
  <label>发布日期<b>*</b></label>
  <input name="publishDate" id="publishDate" type="date"
      class="dfinput" required="required" style="width:120px;"/>
</li>
<li>
  <label>是否审核<b>*</b></label>
  <div class="vocation">
    <select class="select3" name="isChecked" id="isChecked">
      <option>已审核</option>
      <option>未审核</option>
    </select>
  </div>
</li>
<li>
  <label>商品描述<b>*</b></label>
  <textarea name="goodsDescription" rows="3" id="content"
      style="width:500px;height:100px;"></textarea>
</li>
<li><label> </label>
```

```
                    <input type="submit" class="btn" id="btnPublish" value="马上发布"/>
                </li>
            </ul>
        </form>
    </div>
  </div>
</div>
</body>
</html>
```

11.5.3 实现【任务11-3】

本小节实现“Q-Walking E&S 漫步时尚广场”贯彻项目中的【任务11-3】后台模块中的“商品列表”页面的全选和反选效果。在商品列表页面 shoplist.html 中，使用 jQuery 脚本替换原有的 JavaScript 脚本，相关代码如下所示。

【任务11-3】 shoplist.html

```
...此处代码省略...
<script type="text/javascript" src="js/jquery-1.x.js"></script>
<script type="text/javascript">
function selectAll(){
    var items = $("[name='checkItem']");
    var checkAll = $("#checkAll");
    $("#checkOther").prop("checked",false);
    for(var i=0;i<items.length;i++){
        $(items[i]).prop("checked",checkAll.prop("checked"));
    }
}
function selectOther(){
    var items = $("[name='checkItem']");
    $("#checkAll").prop("checked",false);
    for(var i=0;i<items.length;i++){
        $(items[i]).prop("checked",!$(items[i]).prop("checked"));
    }
}
</script>
...此处代码省略...
```

本章总结

小结

- jQuery 的设计理念是“少写多做”(write less, do more)，是一种将 JavaScript、CSS、DOM、Ajax 等特征集于一体的强大框架，通过简单的代码来实现各种页面特效；
- jQuery 中主要提供的功能包括访问和操作 DOM 元素、强大的选择器、可靠的事件处理机制、完善的 Ajax 操作等；

- jQuery 对象不能直接使用 DOM 对象中的方法，但可以将 jQuery 对象转换成 DOM 对象后再调用其方法；
- 根据页面元素的不同，jQuery 选择器可分为基本选择器、层次选择器、过滤选择器、表单选择器四大类；
- jQuery 还提供了功能更加强大的过滤选择器，可以根据特定的过滤规则来筛选出所需要的页面元素，主要包括单过滤选择器、内容过滤选择器、可见性过滤选择器、属性过滤选择器、子元素过滤选择器、表单对象属性过滤选择器；
- 通过 jQuery 提供的选择器可以快速定位到页面的每个元素，然后对元素进行各种操作，如属性操作、样式操作和内容操作等；
- jQuery 还提供了 addClass()、removeClass() 和 toggleClass() 方法，实现对页面元素的样式追加、移除和替换等操作；
- jQuery 提供了 html() 和 text() 方法用于操作页面元素的内容，val() 方法用于操作表单元素的值；
- jQuery 中，提供了强大的 API 来执行事件的绑定操作，允许对事件进行多次绑定或一次性绑定。常见的事件绑定方法有 bind()、one()、toggle()、live()、delegate()、on()、hover() 等。

Q&A

1. 问题：使用 attr() 方法操作元素的属性时，有些效果无法实现。

回答：元素的普通属性操作可以使用 attr() 方法来实现；当元素的属性取值为 true 或 false 时(如 checked、selected 或者 disabled)，需要使用 prop() 方法对属性进行操作。

2. 问题：使用 toggle()、live() 以及 delegate() 方法时，为什么在页面中没有事件处理效果？

回答：在使用 toggle()、live() 以及 delegate() 时，需要注意 jQuery 的版本号。当用户使用 jQuery 1.7－版本时，优先使用 delegate() 替代 live() 方法；在 jQuery 1.7＋版本中不再建议使用 live()、delegate() 方法，推荐使用新增的 on() 方法进行替换；如果想继续使用 live()、delegate() 方法，需要 jQuery Migrate(迁移)插件来恢复该功能。

章节练习

习题

1. jQuery 的简写是________。

   A. ? 符号　　B. $ 符号　　C. % 符号　　D. # 符号

2. 将页面中所有 p 元素的背景色设置为红色，代码正确的是________。

   A. $("p").attr("background-color","red");

   B. $("p").addClass("background-color","red");

   C. $("p").style("background-color","red");

D. $("p").css("background-color","red");

3. jQuery是通过________脚本语言编写的。

A. VBScript　　B. C#　　C. JavaScript　　D. Java

4. 在jQuery中，下列________方法不能实现对元素的样式进行操作。

A. addClass()　　B. style()　　C. toggleClass()　　D. css()

5. ________方法用于模拟鼠标悬停事件，当鼠标移动到元素上时触发第一个函数，鼠标移出时触发第二个函数。

A. hover()　　B. bind()　　C. delegate()　　D. live()

6. 在jQuery中，下列关于文档就绪函数的写法错误的是________。

A. $(document).ready(function(){ });

B. $(function(){ });

C. $(document).(function(){ });

D. $().ready(function(){ });

7. 现有HTML如下：

```
<form>
    <label>Name:</label>
    <input name="name" />
    <fieldset>
        <label>Newsletter:</label>
        <input name="newsletter" />
    </fieldset>
</form>
<input name="none" />
```

jQuery的代码$("form > input")运行结果是________。

A. [<input name="name" />]

B. [<input name="newsletter" />]

C. [<input name="none" />]

D. [<input name="name" /><input name="newsletter" /><input name="none" />]

8. 现有HTML如下：

```
<table>
    <tr><td>Header 1</td></tr>
    <tr><td>Value 1</td></tr>
    <tr><td>Value 2</td></tr>
</table>.
```

jQuery的代码$("tr:odd")运行结果是________。

A. [<tr><td>Value 2</td></tr>]

B. [<td>Value 1</td>]

C. [<tr><td>Header 1</td></tr>]

D. [<tr><td>Value 1</td></tr>]

上机

训练目标：在后台管理模块中，实现“添加餐饮”页面的表单验证。

培养能力	熟练使用 jQuery 和正则表达式进行表单验证		
掌握程度	★★★★★	难度	中
代码行数	150	实施方式	编码强化
结束条件	独立编写，不出错	涉及页面	addfood.html

参考训练内容

(1) “美食名称”输入框获得焦点时，如果输入框中的内容为“请填写美食名称”则清空输入框并改变输入框的样式，否则只改变输入框的样式；

(2) “门店价”和“团购价”输入框获得焦点时，改变输入框的字体大小和颜色；

(3) “发布日期”失去焦点时，验证日期格式是否是 yyyy-MM-dd 或 yyyy/MM/dd 格式；

(4) 在表单提交时，对整个表单进行验证，例如，“美食缩略图”不能为空、“美食描述”不能为空等；

(5) 使用 IE、FireFox 或 Chrome 浏览器查看页面效果，如图 11-22 所示

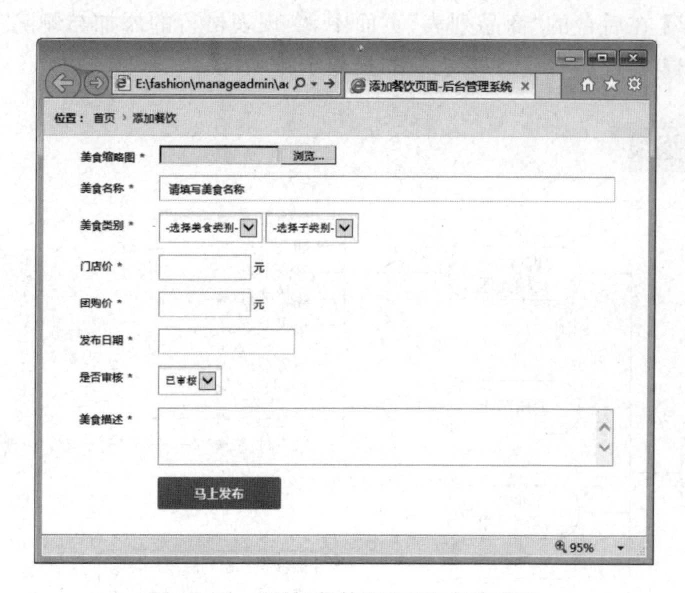

图 11-22 “添加餐饮”页面的表单验证

第12章 jQuery进阶

本章任务是完成“Q-Walking E&S漫步时尚广场”的后台管理模块中的菜单级联和表格操作：

- 【任务12-1】通过自定义插件实现商品类型的二级级联效果。
- 【任务12-2】在后台的“商品列表”页面中，实现表格行的添加与删除效果。
- 【任务12-3】实现后台管理模块中的报表统计功能。

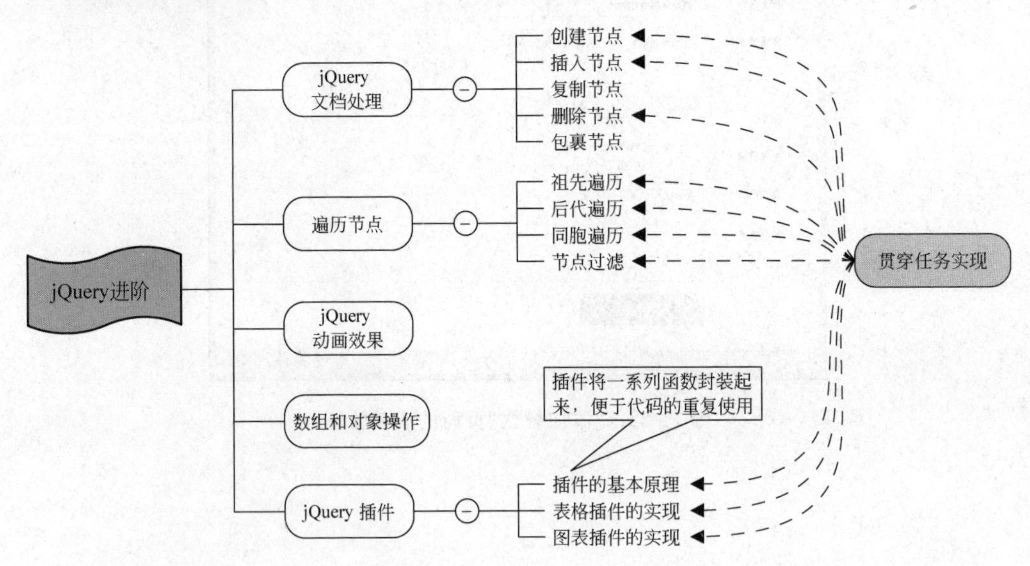

知　识　点	Listen(听)	Know(懂)	Do(做)	Revise(复习)	Master(精通)
jQuery 文档处理	★	★	★	★	★
遍历节点	★	★	★	★	★

续表

知识点	Listen(听)	Know(懂)	Do(做)	Revise(复习)	Master(精通)
jQuery 动画效果	★	★	★	★	
数组和对象操作	★	★	★	★	
jQuery 插件	★	★	★		

12.1 jQuery 文档处理

上一章已经介绍了 jQuery 选择器,以及通过 jQuery 选择器来操作元素的属性、样式和内容等,这些都是相对较简单的 DOM 操作。本章在此基础上进一步对 DOM 操作深入介绍,包括元素的创建、插入、删除、替换和复制等操作。

12.1.1 创建节点

根据 W3C 中的 HTML DOM 标准,HTML 文档的所有内容都是节点,包括文档节点、元素节点、文本节点、属性节点和注释节点。各种节点相互关联,共同形成了 DOM 树。

在页面中添加元素时,首先需要找到该元素的上一级节点,再通过函数 \$()完成节点的创建,然后完成节点的添加操作。\$()函数用于动态创建元素节点,其语法格式如下。

【语法】

```
$(htmlCode)
```

其中:

- 参数 htmlCode 表示动态创建 DOM 元素的 HTML 字符串;
- 函数根据 htmlCode 参数创建一个 DOM 元素,并返回由该元素封装后的 jQuery 对象。

在页面中创建<span>标签的元素节点、文本节点和属性节点,代码如下所示。

【示例】 创建 3 个<span>元素节点

```
var span1 = $("<span></span>");                  //创建一个元素节点
var span2 = $("<span>具有文本内容的节点</span>");  //创建一个文本节点
var span3 = $("<span title='属性节点'></span>");   //创建一个属性节点
```

创建节点时,尽量使用双标签或闭合标签,例如 \$("<span></span>")或 \$("<span/>")形式。节点动态创建之后并不会自动添加到文档中,需使用 append()等方法将所创建的节点插入到文档的指定位置。

【示例】 将<span>节点添加到父节点中

```
$("#containerDiv").append(span1);          //将 span1 节点添加到父节点中
$("#containerDiv").append(span2);          //将 span2 节点添加到父节点中
$("#containerDiv").append(span3);          //将 span3 节点添加到父节点中
alert($("#containerDiv span").length);     //显示父节点中 span 元素的个数
```

使用浏览器的源代码查看工具,发现在第 2 个<span>标签中包含一个文本节点,第 3

个< span >标签包含一个属性节点，如图 12-1 所示，通过 jQuery 动态创建的元素节点、文本节点和属性节点都被添加到页面中。

图 12-1　创建节点

12.1.2　插入节点

在动态创建 HTML 元素节点后，还需将节点插入到文档中才有用。根据元素的插入位置不同，插入方法分为内部插入和外部插入，如表 12-1 所示。

表 12-1　插入节点的方法列表

类　　型	方　　法	描　　述
内部插入	append()	向每个匹配的元素内部追加由参数指定的内容
	appendTo()	把所有匹配的元素追加到指定的元素中
	prepend()	向每个匹配的元素内部前置内容
	prependTo()	把所有匹配的元素前置到指定的元素中
外部插入	after()	在每个匹配的元素之后插入内容
	before()	在每个匹配的元素之前插入内容
	insertAfter()	把所有匹配的元素插入到指定的元素的后面
	insertBefore()	把所有匹配的元素插入到指定的元素的前面

1. append()方法

append()方法用于向匹配元素的尾部追加指定的内容，其语法格式如下。

【语法】

```
$(selector).append(content)
$(selector).append(function(index, oldHtmlCode))
```

其中：

- $(selector)表示要追加内容的元素；
- 参数 content 表示要追加的内容；
- 参数 function(index,oldHtmlCode)表示将函数的返回值作为追加的内容，index 表示当前元素在集合中的索引位置，oldHtmlCode 表示当前元素在修改前的 HTML 内容。

【示例】 **append()方法的使用**

```
//在 appendDiv 尾部追加一幅图像
$("#appendDiv").append($("<img src='images/pic1.jpg' />"));
//根据 ID 进行匹配,将 ID 以"append"开头的 div 元素内容及索引在控制台中打印出来
$("div[id^=append]").append(function(index,oldHtmlCode){
    //将匹配元素的 index 和原有内容打印到控制台
    console.log(index + " " + oldHtmlCode);
});
```

2. appendTo()方法

appendTo()方法用于将匹配元素追加到指定元素的尾部，该方法与 append()方法的区别是：被追加的内容和匹配元素的位置不同。appendTo()方法的语法格式如下。

【语法】

```
$(content).appendTo(selector)
```

其中：

- $(content)表示追加的内容；
- 参数 selector 表示要追加内容的元素。

【示例】 **appendTo()方法的使用**

```
//创建一个图像节点,并追加到 appendToDiv 尾部
$("<img src='images/pic3.jpg' />").appendTo($("#appendToDiv"));
//使用选择器选取匹配的元素,然后将其追加到 appendToDiv 尾部
$("div~img").appendTo($("#appendToDiv"));
```

3. prepend()方法

prepend()方法用于向匹配元素的头部插入指定的内容，其语法格式如下。

【语法】

```
$(selector).prepend(content)
$(selector).prepend(function(index, oldHtmlCode))
```

其中：

- $(selector)表示要插入内容的元素；
- 参数 content 表示要插入的内容；
- 参数 function(index,oldHtmlCode)表示将函数的返回值作为插入的内容，index 表示当前元素在集合中的索引位置，oldHtmlCode 表示当前元素在修改前的 HTML 内容。

【示例】 **prepend()方法的使用**

```
//在 prependDiv 的头部追加一幅图像
$("#prependDiv").prepend($("<img src='images/pic3.jpg' />"));
//根据 ID 进行匹配,将 ID 以"append"开头的 div 元素内容及索引在控制台中打印出来
$("div[id^=prepend]").prepend(function(index,oldHtmlCode){
```

```
    //将匹配元素的 index 和原有内容打印到控制台
    console.log("prepend()方法: 下标" + index + ",原有内容: " + oldHtmlCode);
});
```

4. prependTo()方法

prependTo()方法用于将匹配元素插入指定元素的头部，该方法与 prepend()方法的区别是：被插入的内容和匹配元素的位置不同。prependTo()方法的语法格式如下。

【语法】

```
$(content).prependTo(selector)
```

其中：

- $(content)表示插入的内容；
- 参数 selector 表示要插入内容的元素。

【示例】 prependTo()方法的使用

```
//创建一个图像节点,并插入到 prependToDiv 头部
$("<img src = 'images/pic5.jpg' />").prependTo($("#prependToDiv"));
//使用选择器选取插入的元素,然后将其插入到 appendToDiv 头部
$("div~img").appendTo($("#prependToDiv"));
```

下述代码演示在元素的头部和尾部插入图像元素。

【代码 12-1】 innerInsertNode.html

```
<!doctype html>
<html>
  <head>
    <meta charset = "utf-8">
    <title>jQuery 在元素内部插入内容</title>
    <script type = "text/javascript" src = "js/jquery-1.x.js"></script>
    <style type = "text/css">
        div{width:300px;height:60px;border:1px solid #666;}
        img{height:50px;}
    </style>
  </head>
  <body>
    <div id = "appendDiv">append()</div>
    <div id = "appendToDiv">appendTo()</div>
    <div id = "prependDiv">prepend()</div>
    <div id = "prependToDiv">prependTo()</div><hr/>
    <img src = 'images/pic8.jpg' id = "image8"/>
    <img src = 'images/pic9.jpg' id = "image9"/>
    <script type = "text/javascript">
        $(function(e){
            //在 appendDiv 尾部追加一幅图像
            $("#appendDiv").append($("<img src = 'images/pic1.jpg' />"));
            //根据 ID 进行匹配,在 index 为 0 的 div 尾部追加一幅图像
            $("div[id^ = append]").append(function(index,oldHtmlCode){
                //将匹配元素的 index 和原有内容打印到控制台
                console.log("append()方法: 下标" + index + ",原有内容: " + oldHtmlCode);
                if(index == 0){
```

```
                return "<img src='images/pic2.jpg' />";
            }
        });

        //创建一个节点,并添加到appendToDiv尾部
        $("<img src='images/pic3.jpg' />").appendTo($("#appendToDiv"));
        //将id为image8的图像,追加到appendToDiv尾部(相当于元素的移动操作)
        $("#image8").appendTo($("#appendToDiv"));

        //在prependDiv的头部插入一幅图像
        $("#prependDiv").prepend($("<img src='images/pic3.jpg' />"));
        //根据ID进行匹配,在index为0的div头部插入一幅图像
        $("div[id^=prepend]").prepend(function(index,oldHtmlCode){
            //将匹配元素的index和原有内容打印到控制台
            console.log("prepend()方法：下标"+index+",原有内容："+oldHtmlCode);
            if(index==0){
                return "<img src='images/pic4.jpg' />";
            }
        });
        //创建一个节点,并插入到prependToDiv头部
        $("<img src='images/pic5.jpg' />").prependTo($("#prependToDiv"));
        //将id为image9的图像,插入到prependToDiv头部(相当于元素的移动操作)
        $("#image9").prependTo($("#prependToDiv"));
    });
    </script>
  </body>
</html>
```

在上述代码中,使用append()方法在appendDiv元素的尾部连续添加两幅图像,appendTo()方法在appendToDiv元素的尾部添加两幅图像。使用prepend()方法在prependDiv元素的头部插入两幅图像,prependTo()方法在prependToDiv元素的头部插入两幅图像。代码在浏览器中运行结果如图12-2所示。

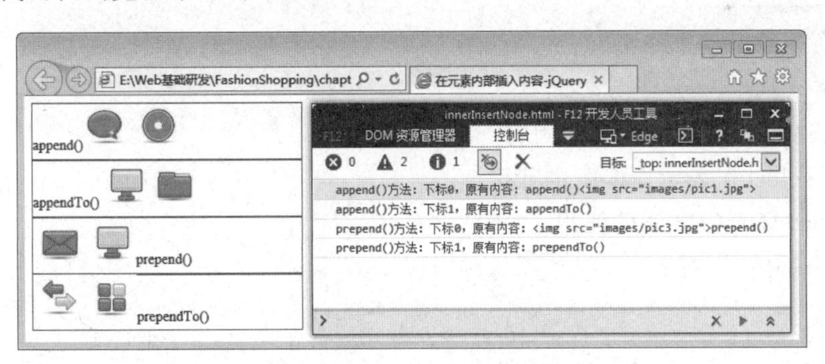

图12-2　在元素内容中插入内容

注意

在追加或插入内容时,插入的内容可以是html字符串、DOM元素(或DOM数组)、jQuery对象、函数(返回值)。当操作内容是页面中的DOM元素时,该元素将从原位置上消失,即该操作属于元素的移动操作,而非复制操作。

5. after()方法

after()方法用于在所匹配的元素之后插入内容,其语法格式如下。

【语法】

```
$(selector).after(content)
$(selector).after(function(index [,htmlCode]))
```

其中:

- $(selector)表示所匹配的元素;
- 参数 content 表示被插入的内容;
- 参数 function(index,htmlCode)表示将函数的返回值作为要插入的内容,index 表示当前元素在集合中的索引位置,htmlCode(可选)表示当前元素的 HTML 内容,当插入内容时不会改变该元素的 HTML 内容。

【示例】 **after()方法的使用**

```
//在 afterDiv 元素的后面插入一幅图像
$("#afterDiv").after($("<img src='images/pic1.jpg' />"));
//根据 ID 进行匹配,在控制台输出元素的下标和内容
$("div[id*=after]").after(function(index,htmlCode){
    console.log("after()方法: 下标"+index+",元素的内容: "+htmlCode);
});
```

6. insertAfter()方法

insertAfter()方法用于在所匹配元素之后插入内容,该方法与 after()方法的区别是:插入内容与匹配元素的位置不同。insertAfter()方法的语法格式如下。

【语法】

```
$(content).insertAfter(selector)
```

其中:

- $(content)表示被插入的内容;
- 参数 selector 表示所匹配的元素。

【示例】 **insertAfter()方法的使用**

```
//创建一个节点,并在 insertAfterDiv 元素之后插入该节点
$("<img src='images/pic3.jpg' />").insertAfter($("#insertAfterDiv"));
//使用选择器选取需要插入的页面元素,并插入到 insertAfterDiv 元素的后面
$("div~img").insertAfter($("#insertAfterDiv"));
```

7. before()方法

before()方法用于在所匹配的元素之前插入内容,其语法格式如下。

【语法】

```
$(selector).before(content)
$(selector).before(function(index [,htmlCode])))
```

其中：

- $(selector)表示所匹配的元素；
- 参数 content 表示被插入的内容；
- 参数 function(index,htmlCode)表示将函数的返回值作为插入的内容，index 表示当前元素在集合中的索引位置，htmlCode(可选)表示当前元素的 HTML 内容，插入内容时不会改变该元素的 HTML 内容。

【示例】 before()方法的使用

```
//在 beforeDiv 元素之前插入一幅图片
$("#beforeDiv").before($("<img src='images/pic4.jpg' />"));
//根据 ID 进行匹配，在控制台输出元素的下标和内容
$("div[id*=before]").before(function(index,htmlCode){
    console.log("before()方法：下标"+index+",元素的内容："+htmlCode);
});
```

8. insertBefore()方法

insertBefore()方法用于在所匹配的元素之前插入内容，该方法与 before()方法的区别是：插入内容与匹配元素之间的位置不同。insertBefore()方法语法格式如下：

【语法】

```
$(content).insertBefore(selector)
```

其中：

- $(content)表示被插入的内容；
- 参数 selector 表示所匹配的元素。

【示例】 insertBefore()方法的使用

```
//创建一个节点，并在 insertBeforeDiv 元素之前插入该节点
$("<img src='images/pic6.jpg' />").insertBefore($("#insertBeforeDiv"));
//使用选择器选取需要插入的页面元素，插入到 insertBeforeDiv 元素的前面
$("div~img").insertBefore($("#insertBeforeDiv"));
```

下述代码演示了在元素之前和元素之后分别插入图像元素。

【代码 12-2】 outerInsertNode.html

```
<!doctype html>
<html>
  <head>
    <meta charset="utf-8">
    <title>在元素外部插入内容-jQuery</title>
    <script type="text/javascript" src="js/jquery-1.x.js"></script>
    <style type="text/css">
        div{width:300px;height:60px;border:1px solid #666; display:inline;
                line-height:30px; padding:5px 5px;}
        img{height:50px;}
    </style>
  </head>
  <body>
```

```
    <div id="afterDiv">after()</div><br/>
    <div id="insertAfterDiv">insertAfter()</div><br/>
    <div id="beforeDiv">before()</div><br/>
    <div id="insertBeforeDiv">insertBefore()</div><br/>
    <img src='images/pic8.jpg' id="image8"/>
    <img src='images/pic9.jpg' id="image9"/>
    <script type="text/javascript">
      $(function(e){
        //在 afterDiv 元素的后面插入一幅图像
        $("#afterDiv").after($("<img src='images/pic1.jpg' />"));
        //根据 ID 进行匹配,在 index 为 0 的 div 元素的后面
        $("#afterDiv,#insertAfterDiv").after(function(index,htmlCode){
            //将匹配元素的 index 和原有内容打印到控制台
            console.log("after()方法: 下标"+index+",元素的内容: "+htmlCode);
            if(index==0){
                return $("<img src='images/pic2.jpg' />");
            }
        });
        //创建一个节点,并在 insertAfterDiv 元素之后插入该节点
        $("<img src='images/pic3.jpg' />").insertAfter($("#insertAfterDiv"));
        //将 id 为 image8 的图像插入到 insertAfterDiv 元素的后面(相当于元素的移动操作)
        $("#image8").insertAfter($("#insertAfterDiv"));

        //在 beforeDiv 元素之前插入一幅图片
        $("#beforeDiv").before($("<img src='images/pic4.jpg' />"));
        //根据 ID 进行匹配,在 index 为 0 的 div 元素的前面
        $("#beforeDiv,#insertBeforeDiv").before(function(index,htmlCode){
            //将匹配元素的 index 和原有内容打印到控制台
            console.log("before()方法: 下标"+index+",元素的内容: "+htmlCode);
            if(index==0){
                return $("<img src='images/pic5.jpg' />");
            }
        });
        //创建一个节点,并在 insertBeforeDiv 元素之前插入该节点
        $("<img src='images/pic6.jpg' />").insertBefore($("#insertBeforeDiv"));
        //将 id 为 image9 的图像插入到 insertBeforeDiv 元素的前面(相当于元素的移动操作)
        $("#image9").insertBefore($("#insertBeforeDiv"));
      });
    </script>
  </body>
</html>
```

上述代码中,使用 after()方法在 afterDiv 元素之后连续插入两幅图像,使用 insertAfter()方法在 insertAfterDiv 元素之后插入两幅图像;使用 before()方法在 beforeDiv 元素之前插入两幅图像,使用 insertBefore()方法在 insertBeforeDiv 元素之前插入两幅图像。

代码在浏览器中运行结果如图 12-3 所示。

12.1.3 复制节点

节点的复制也是常见的 DOM 操作,例如,在实现购物车时使用鼠标将商品拖曳到购物车中,商品的拖曳功能就可以使用节点的复制来实现。

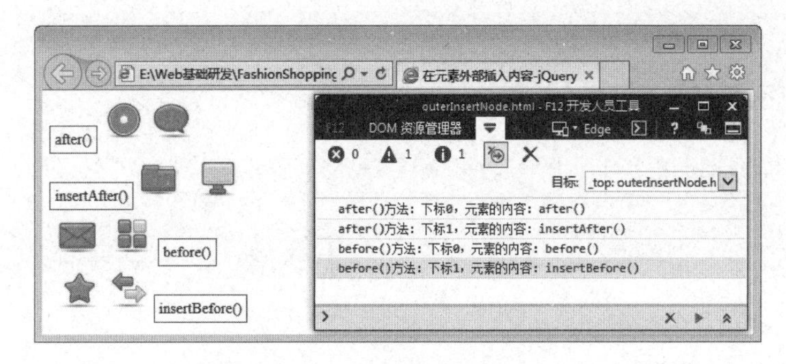

图 12-3 元素外部插入内容

在 jQuery 中提供了 clone()方法，用于复制 DOM 节点(包含节点中的子节点、文本节点和属性节点)，其语法格式如下。

【语法】

```
$(selector).clone(includeEvents [,deepEvents])
```

其中：

- $(selector)表示需要复制的节点元素；
- 参数 includeEvents(可选、布尔类型)表示是否同时复制元素的附加数据和绑定事件，默认为 false；
- 参数 deepEvents(可选、布尔类型)表示是否同时复制元素中的所有子元素的附加数据和绑定事件，参数 deepEvents 默认与 includeEvents 一致。

【示例】 节点的复制

```
$("#shirtDiv").clone(false)              //与 clone()效果相同
$("#shirtDiv").clone(true)
$("#shirtDiv").clone(true, false)
$("#shirtDiv").clone(false, false)       //与 clone(false)效果相同
$("#shirtDiv").clone(true, true)         //与 clone(true)效果相同
```

下述代码演示了节点及事件的复制。

【代码 12-3】 cloneNode.html

```
<!doctype html>
<html>
<head>
    <meta charset="utf-8">
    <title>元素及事件的复制 - jQuery</title>
    <script type="text/javascript" src="js/jquery-1.x.js">
    </script>
    <style type="text/css">
        #cloneDiv div{display:inline-block; margin:0 3px;}
    </style>
</head>
<body>
    <div id="containerDiv">
        <div id="shirtDiv">
```

```
            <img src="images/shirt.jpg" width="150px" title="喷绘T恤" /><br/>
            <span>设计喷绘T恤</span>
        </div>
    <div>
        <input type="button" value="普通复制" id="normalClone" />
        <input type="button" value="复制事件" id="normalEventClone" />
        <input type="button" value="复制元素及子元素" id="deepClone" />
        <input type="button" value="复制子元素及事件" id="deepEventClone" />
    </div><hr/>
        <div id="cloneDiv"></div>
    </div>
    <script type="text/javascript">
    $(function(e){
        //为 shirtDiv 中的 span 标签附加数据
        $("#shirtDiv span").data("msg", "漫步时尚广场-大卖场");
        //为 shirtDiv 添加单击事件,在事件中获取 div 中的 span 标签的附加数据
        $("#shirtDiv").click(function (){
            alert("shirtDiv 被单击"+",附加数据:"+
                        $(this).find("span").data("msg"));
        });
        //为 shirtDiv 中的 img 添加单击事件
        $("#shirtDiv img").click(function(){
            alert($(this).attr("title"));
        });
        //普通复制
        $("#normalClone").click(function(){
            //清空 cloneDiv 中的内容
            $("#cloneDiv").empty();
            //仅复制元素的内容,不对元素的事件处理和子元素的附加数据进行复制
            $("#cloneDiv").append($("#shirtDiv").clone(false));
        });
        //元素、事件处理、子元素的事件处理和附加数据同时复制
        $("#normalEventClone").click(function(){
            $("#cloneDiv").append($("#shirtDiv").clone(true));
        });
        //复制元素及事件处理,但不复制子元素事件处理和附加数据
        $("#deepClone").click(function(){
            $("#cloneDiv").append($("#shirtDiv").clone(true, false));
        });
        //元素、事件处理、子元素的事件处理和附加数据同时复制
        $("#deepEventClone").click(function(){
            $("#cloneDiv").append($("#shirtDiv").clone(true, true));
        });
    });
    </script>
</body>
</html>
```

上述代码中,通过4个按钮分别对 shirtDiv 元素进行复制。单击“普通复制”通过 clone(false)方法仅复制 shirtDiv 元素和子元素,而没有复制元素的附加数据和绑定事件;“复制事件”和“复制子元素及事件”按钮对应的效果相同,在复制 shirtDiv 元素时还复制了该元素和子元素中的附加数据和绑定事件;单击“复制元素及子元素”按钮,使用 clone (true, false)方法仅复制外层元素的绑定事件,而子元素中的附加数据和绑定事件并没有被复制。

代码运行结果如图12-4所示。

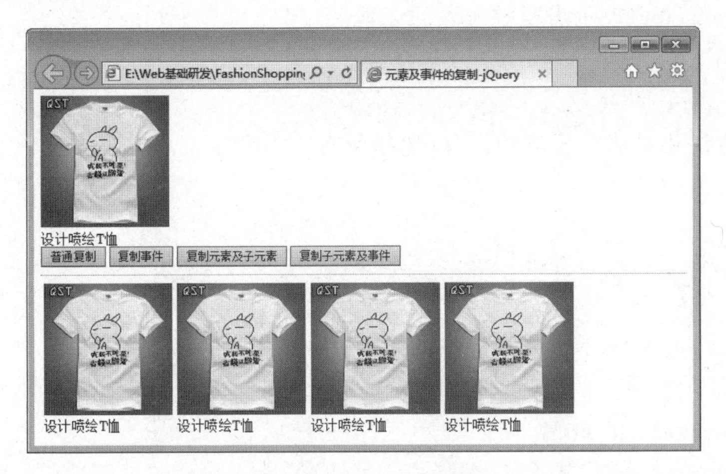

图12-4　节点的复制

注意

data()方法用于设置或返回元素的附加数据,find()方法用于在某一个匹配结果的基础上进一步对元素进行查找,empty()方法用于清空元素中的所有内容。相关知识点将在后续小节中进行介绍。

12.1.4　删除节点

在jQuery中提供了remove()和detach()方法,用于删除元素节点;empty()方法用于清空当前元素中的内容,而元素的标签部分仍被保留。

1. remove()方法

remove()方法用于删除所匹配的元素,包括该元素的文本节点和子节点。该方法将返回一个jQuery对象或数组,其中包含被删除元素的基本内容,但不包含所绑定的事件和附加数据等信息。remove()方法的语法格式如下。

【语法】

```
var jQueryObject = $(selector).remove();
```

其中,$(selector)表示需要被删除的元素。

2. detach()方法

detach()方法用于删除所匹配的元素,包括该元素的文本节点和子节点。该方法将返回一个jQuery对象或数组,其中包含被删除元素的基本内容、绑定事件以及附加数据等信息。detach()方法的语法格式如下。

【语法】

```
var jQueryObject = $(selector).detach();
```

其中，$(selector)表示需要被删除的元素。

3. empty()方法

empty()方法用于清空元素的内容(包括所有文本和子节点)，但不删除该元素，其语法格式如下。

【语法】

```
$(selector).empty()
```

其中，$(selector)表示需要被清空的元素。

下述代码演示了节点的删除与恢复操作。

【代码 12-4】 deleteNode.html

```
<!doctype html>
<html>
<head>
    <meta charset="utf-8">
    <title>删除节点 - jQuery</title>
    <script type="text/javascript" src="js/jquery-1.x.js">
    </script>
    <style type="text/css">
        img{height:250px;width:240px;}
        table{border:0px; text-align:center;}
        table td{width:240px;}
    </style>
</head>
<body>
    <table  border="1">
      <tr>
        <td id="firstCell"><img src="images/clothe1.jpg" /></td>
        <td id="secondCell"><img src="images/clothes.jpg" /></td>
        <td id="thirdCell"><img src="images/clothes.jpg" /></td>
      </tr>
      <tr>
        <td>
            <input type="button" value="remove" id="removeBtn"/>
            <input type="button" value="recovery" id="recoveryRemoveBtn"/>
        </td>
        <td>
            <input type="button" value="detach" id="detachBtn"/>
            <input type="button" value="recovery" id="recoveryDetachBtn"/>
        </td>
        <td>
            <input type="button" value="empty" id="emptyBtn"/>
        </td>
      </tr>
    </table>
```

```
    <script type="text/javascript">
    $(function(e){
        var firstImage;
        var secondImage;
        //为每幅图像附加数据
        $("img:first").data("msg", "皮草大卖场 - 漫步时尚广场");
        $("img:eq(1)").data("msg", "电子产品专卖 - 漫步时尚广场");
        $("img:last").data("msg", "西装个人定制 - 漫步时尚广场");
        //为图像绑定 click 事件
        $("img").click(function(){
            alert($(this).data("msg"));
        });
        //removeBtn 按钮绑定 click 事件
        $("#removeBtn").click(function(){
            if(($("#firstCell img").length)>0){
                firstImage = $("#firstCell img").remove();
            }
        });
        //恢复 removeBtn 按钮删除的图像
        $("#recoveryRemoveBtn").click(function(){
            $("#firstCell").append(firstImage);
        });
        //detachBtn 按钮绑定 click 事件
        $("#detachBtn").click(function(){
            if(($("#secondCell img").length)>0){
                secondImage = $("#secondCell img").detach();
            }
        });
        //恢复 detachBtn 按钮删除的图像
        $("#recoveryDetachBtn").click(function(){
            $("#secondCell").append(secondImage);
        });
        //emptyBtn 按钮绑定 click 事件
        $("#emptyBtn").click(function(){
            $("#thirdCell").empty();
        });
    });
    </script>
</body>
</html>
```

上述代码运行结果如图 12-5 所示，单击 remove 按钮，使用 firstImage 变量接收 remove()方法所删除的元素；单击第 1 个图的 recovery 按钮恢复被删除的图像，恢复后的图像不再具有原来的附加数据和 click 事件。单击 detach 按钮，使用 secondImage 变量接收 detach()方法所删除的元素；单击第 2 个图的 recovery 按钮恢复被删除的图像，恢复后的图像仍然保留原来的附加数据和 click 事件。单击 empty 按钮清空 thirdCell 单元格中的内容，而单元格本身并没有被删除。

12.1.5 包裹节点

所谓包裹节点，是指在现有节点的外围包裹一层其他元素标签，使当前节点成为新元素

图 12-5　节点的删除与恢复

的子节点。jQuery 提供了 wrap()和 wrapAll()等方法用于实现节点的包裹。

1. wrap()方法

wrap()方法用于将所匹配的元素通过指定的 HTML 标签包裹起来,其语法格式如下。

【语法】

```
$(selector).wrap(html)
$(selector).wrap(element)
```

其中:

- $(selector)表示被包裹的匹配元素;
- 参数 html 表示用于包裹的 html 标签;
- 参数 element 表示用于包裹的 DOM 元素。

【示例】　wrap()方法的使用

```
$("#headerDiv").wrap("<b></b>");
$("#headerDiv").wrap($("span"));
$("#headerDiv").wrap(document.getElementById("mySpan"));
```

2. wrapAll()方法

wrapAll()方法用于将所匹配的元素使用 HTML 标签整体包裹起来,其语法格式如下。

【语法】

```
$(selector).wrapAll(html)
$(selector).wrapAll(element)
```

- $(selector)表示被包裹的匹配元素;
- 参数 html 表示用于包裹的 html 标签;
- 参数 element 表示元素包裹的 DOM 元素。

3. wrapInner()方法

wrapInner()方法用于将所匹配元素的子内容(包含文本节点)使用 HTML 标签包裹起来。

【语法】

```
$(selector).wrapInner(html)
$(selector).wrapInner(element)
```

- $(selector)表示被包裹的匹配元素；
- 参数 html 表示用于包裹的 html 标签；
- 参数 element 表示用于包裹的 DOM 元素。

下述代码演示了 wrap()、wrapAll()和 wrapInner()方法的区别。

【示例】 包裹节点

```
<div id="headerDiv">
    <a href="#">影视</a>
    <a href="#">购物</a>
</div>
<div id="menuDiv">
    <a href="#">喜好推荐</a>
    <a href="#">热门推荐</a>
</div>
<div id="footerDiv">
    <a href="#">影视频道</a>
    <a href="#">购物频道</a>
</div>
<script type="text/javascript">
    $(function(e){
        $("#headerDiv a").wrap("<b></b>");
        $("#menuDiv a").wrapAll("<b></b>");
        $("#footerDiv a").wrapInner("<b></b>");
    });
</script>
```

上述代码中，分别对<div>中的<a>标签进行包裹，运行代码所产生的结果如下所示。

```
<div id="headerDiv">
    <b><a href="#">影视</a></b>
    <b><a href="#">购物</a></b>
</div>
<div id="menuDiv">
    <b>
        <a href="#">喜好推荐</a>
        <a href="#">热门推荐</a>
    </b>
</div>
<div id="footerDiv">
    <a href="#"><b>影视频道</b></a>
    <a href="#"><b>购物频道</b></a>
</div>
```

4. unwrap()方法

unwrap()方法用于删除所匹配元素的父元素，能够快速取消 wrap()方法所产生的效果。

【示例】 取消节点包裹

```
<div id="advDiv">
    <a href="#"><b>影视频道</b></a>
    <a href="#"><b>购物频道</b></a>
</div>
<script type="text/javascript">
    $(function(e){
        $("#advDiv b").unwrap();
    });
</script>
```

上述代码中,使用 unwrap()方法取消了节点的包裹,运行代码所产生的结果如下所示。

```
<div id="advDiv">
    <b>影视频道</b>
    <b>购物频道</b>
</div>
```

12.2 遍历节点

在 DOM 模型中,提供了 parentNode、childNodes、firstChild、lastChild、previousSibling 和 nextSibling 等原生属性,用于实现 DOM 树的遍历。而在 jQuery 中进一步对 DOM 操作封装和扩展,常见的 jQuery 遍历方式有以下 4 种:祖先遍历、后代遍历、同胞遍历和筛选遍历。

12.2.1 祖先遍历

祖先遍历又称向上遍历,常用的方法有 parent()、parents()和 parentsUntil(),通过向上遍历 DOM 树的方式来查找元素的祖先元素。

1. parent()方法

parent()方法用于返回所匹配元素的直接父元素,并允许使用选择器进行筛选,其语法格式如下。

【语法】

```
$(selector).parent([childSelector])
```

其中:

- $(selector)表示所匹配的元素;
- 参数 childSelector(可选)表示指定的选择器;
- 当 parent()方法提供 childSelector 参数时,表示返回所匹配元素的父元素,并使用 childSelector 选择器进行筛选,否则返回所有匹配元素的父元素。

2. parents()方法

parents()方法用于返回所匹配元素的所有的祖先元素，并允许使用选择器进行筛选，其语法格式如下。

【语法】

```
$(selector).parents([childSelector])
```

其中：

- $(selector)表示所匹配的元素；
- 参数 childSelector(可选)表示指定的选择器；
- 当 parents()方法提供 childSelector 参数时，表示返回匹配元素所有的祖先元素，并使用 childSelector 选择器进行筛选，否则返回匹配元素所有的祖先元素。

3. parentsUntil()方法

parentsUntil()方法用于返回两个给定元素之间的所有祖先元素，并允许使用选择器进行筛选，其语法格式如下。

【语法】

```
$(selector).parentsUntil([childSelector | element])
```

其中：

- $(selector)表示所匹配的元素；
- 当 parentsUntil()方法没有参数时，将返回所匹配元素的所有祖先元素；
- 当方法提供参数 childSelector 时，将返回所匹配元素到 childSelector 选择器之间的所有祖先元素；
- 当方法提供参数 element，将返回所匹配元素到 element 元素之间的所有祖先元素。

下述代码演示了使用 parent()、parents()和 parentsUntil()方法实现对祖先元素的遍历。

【代码 12-5】 parentNode.html

```
<!doctype html>
<html>
  <head>
    <meta charset="utf-8">
    <title>祖先元素 - jQuery 遍历</title>
    <script type="text/javascript" src="js/jquery-1.x.js">
    </script>
    <style type="text/css">
        .imageDiv img{ width:100px;}
    </style>
  </head>
  <body>
    <div class="containerDiv">
        <p>
            <span>T恤大全</span>
```

```
        </p>
        <hr/>
        <div class = "imageDiv">
            <span><img src = "images/shirt.jpg" /></span>
        </div>
        <div>
            <span>顾客的需求是我们创意的源泉.</span>
        </div>
        <span></span>
    </div>
    <script type = "text/javascript">
        $ (function(e){
            //showParentNode();
            //showParentsNode();
            showParentsUntilNode();
        });
        function showParentNode(){
            //返回 span 标签的直接父元素
            //var parentNode = $ ("span").parent();
            //返回 span 标签的具有 imageDiv 样式的直接父元素
            var parentNode = $ ("span").parent(".imageDiv");
            for(var p = 0;p < parentNode.length;p++){
                console.log("---------------------------------------");
                console.log(parentNode[p].outerHTML);
            }
        }
        function showParentsNode(){
            //返回 span 标签的所有的父元素
            //var parentsNode = $ ("span").parents();
            //返回 span 标签的具有 imageDiv 样式的直接或间接父元素
            var parentsNode = $ ("span").parents(".imageDiv");
            for(var p = 0;p < parentsNode.length;p++){
                console.log("---------------------------------------");
                console.log(parentsNode[p].outerHTML);
            }
        }
        function showParentsUntilNode(){
            //返回 span 标签的所有的父元素
            //var parentsNode = $ ("span").parentsUntil();
            //返回 span 标签到 body 元素之间的直接或间接父元素
            //var parentsNode = $ ("span").parentsUntil("body");
            //返回 span 标签到 containerDiv 选择器之间的直接或间接父元素
            var parentsNode = $ ("span").parentsUntil(".containerDiv");
            for(var p = 0;p < parentsNode.length;p++){
                console.log("---------------------------------------");
                console.log(parentsNode[p].outerHTML);
            }
        }
    </script>
  </body>
</html>
```

上述代码中，通过 parent()、parents()和 parentsUntil()方法获取元素的祖先元素，并在控制台打印出来。在 IE 浏览器的开发者工具(或 Firefox 等浏览器的调试窗口)的控制台中，可以查看打印结果，读者可自行测试，此处不再演示。

注意

DOM 元素有两个属性：innerHTML 和 outerHTML。其中，innerHTML 表示当前元素中 HTML 内容(不包括元素的标签部分)，而 outerHTML 表示当前元素的所有内容(包括元素的 HTML 内容和元素的标签两部分)。

12.2.2 后代遍历

后代遍历又称向下遍历，常用的方法有 children()、find()和 contents()方法，通过向下遍历 DOM 树的方式来查找元素的后代元素。

1. children()方法

children()方法用于返回所匹配元素的直接子元素，并允许使用选择器进行筛选，其语法格式如下。

【语法】

```
$(selector).children([childSelector])
```

其中：

- $(selector)表示所匹配的元素；
- 参数 childSelector(可选)表示指定的选择器；
- 当方法提供 childSelector 参数时，表示返回所匹配元素的子元素，并使用 childSelector 选择器进行筛选，否则返回所有匹配元素的直接子元素。

2. find()方法

find()方法用于返回所匹配元素的后代元素，并允许使用指定的选择器进行筛选，其语法格式如下。

【语法】

```
$(selector).find(expression|jQueryOjbect|element)
```

其中：

- $(selector)表示所匹配的元素；
- 该方法的参数是一个表达式、jQuery 对象或 DOM 对象，表示使用其中一种方式对元素的所有后代元素进行筛选。

3. contents()方法

contents()方法用于返回所匹配元素的子元素(包括文本节点和注释节点)，还可以用于查找 iframe 页面中的子元素，其语法格式如下。

【语法】

```
$(selector).contents()
```

下述代码演示了使用 children()、find()和 contents()方法实现对后代元素的遍历，包括对 iframe 子页面的遍历。

【代码 12-6】 **childrenNode_iframe.html**

```
<!doctype html>
<html>
  <head>
    <meta charset="utf-8">
    <title>后代元素 - iframe - jQuery 遍历</title>
  </head>
  <body>
    <div class="iframeDiv">
        <span>iframe 子页面.</span>
    </div>
  </body>
</html>
```

【代码 12-7】 **childrenNode.html**

```
<!doctype html>
<html>
  <head>
    <meta charset="utf-8">
    <title>后代元素 - jQuery 遍历</title>
    <script type="text/javascript" src="js/jquery-1.x.js">
    </script>
    <style type="text/css">
        .imageDiv img{ width:100px;}
    </style>
  </head>
  <body>
    <div class="containerDiv">
        <p>
            <span>T 恤大全</span>
        </p>
        <hr/>
        <div class="imageDiv">
            <span><img src="images/shirt.jpg" /></span>
        </div>
        <div>
            <span>顾客的需求是我们创意的源泉.</span>
        </div>
        <span></span>
        <iframe src="childrenNode_iframe.html"></iframe>
    </div>
    <script type="text/javascript">
        $(function(e){
            //showChildrenNode();
            //showFindNode();
```

```
            showContentsNode();
        });
        function showChildrenNode(){
            //返回匹配元素所有的直接子元素
            //var childrenNode = $(".containerDiv").children();
            //返回匹配元素所有直接子元素,并使用.imageDiv选择器进行筛选
            //var childrenNode = $(".containerDiv").children(".imageDiv");
            //返回匹配元素所有直接子元素中的span标签
            var childrenNode = $(".containerDiv").children("span");
            //返回匹配元素中的直接div子元素
            for(var c = 0;c < childrenNode.length;c++){
                console.log("----------------------------------------");
                console.log(childrenNode[c].outerHTML);
            }
        }
        function showFindNode(){
            //查找匹配元素中的直接或间接span子元素(所有的后代元素)
            var findNode = $(".containerDiv").find("span");
            for(var f = 0;f < findNode.length;f++){
            console.log("----------------------------------------");
            console.log(findNode[f].outerHTML);
            }
        }
        function showContentsNode(){
            //查找匹配元素的所有后代元素(包括文本元素和注释元素)
            var contentsNode = $(".containerDiv").contents();
            for(var c = 0;c < contentsNode.length;c++){
                console.log("----------------------------------------");
                switch(contentsNode[c].nodeType){
                    case 1:    //元素节点
                        console.log(contentsNode[c].outerHTML);
                        break;
                    case 3:    //文本节点
                        console.log($(contentsNode[c]).context);
                        break;
                    case 8:    //注释节点
                        console.log($(contentsNode[c]).context);
                        break;
                }
            }
            //获取iframe子页面中的所有的div元素
            console.log("在iframe页面中查找的节点:"
                + $(".containerDiv iframe").contents().find("div").html());
        }
    </script>
  </body>
</html>
```

上述代码中,通过children()、find()和contents()方法来获取元素的子元素,并在控制台打印出来。在IE浏览器的开发者工具(或Firefox等浏览器的调试窗口)的控制台中,可以查看打印结果,读者可自行测试,此处不再演示。

12.2.3 同胞遍历

所谓同胞节点，是指拥有相同父元素的节点。在 jQuery 中提供了多种同胞节点遍历的方法，如 siblings()、next()、nextAll()、nextUntil()、prev()、prevAll() 和 prevUntil() 等方法。

1. siblings()方法

siblings()方法用于返回所匹配元素的同胞元素(但不包括匹配元素)，并允许使用选择器进行筛选，其语法格式如下。

【语法】

```
$(selector).siblings([childSelector])
```

其中：

- $(selector)表示所匹配的元素；
- 参数 childSelector(可选)表示指定的选择器；
- 当 siblings()方法提供 childSelector 参数时，将返回所匹配元素的同胞元素，并使用 childSelector 选择器进行筛选，否则返回匹配元素的所有同胞元素。

2. next()方法

next()方法用于返回所匹配元素的紧邻的同胞元素，并允许使用选择器进行筛选，其语法格式如下。

【语法】

```
$(selector).next([childSelector])
```

其中：

- $(selector)表示所匹配的元素；
- 参数 childSelector(可选)表示指定的选择器；
- 当 next()方法提供 childSelector 参数时，将返回所匹配元素的紧邻的同胞元素，并使用 childSelector 选择器进行筛选，否则返回匹配元素的所有紧邻的同胞元素。

3. nextAll()方法

nextAll()方法用于返回所匹配元素的所有紧随的同胞元素，并允许使用选择器进行筛选，其语法格式如下。

【语法】

```
$(selector).nextAll([childSelector])
```

其中：

- $(selector)表示所匹配的元素；
- 参数 childSelector(可选)表示指定的选择器；
- 当 nextAll()方法提供 childSelector 参数时，将返回所匹配元素的紧随的同胞元素，并使用 childSelector 选择器进行筛选，否则返回匹配元素的所有紧随的同胞元素。

4. nextUntil()方法

nextUnitl()方法用于返回两个给定元素之间的所有同胞元素，其语法格式如下。

【语法】

```
$(selector).nextUntil([expression | element])
```

其中：

- $(selector)表示所匹配的元素；
- 参数类型是表达式或 DOM 对象，表示将返回从 $(selector)到表达式选择器（或 DOM 对象）之间的所有的同胞元素；
- 当 nextUnitl()方法没有提供参数时，将返回匹配元素的所有同胞元素。

下述代码演示了使用 next()、nextAll()、nextUntil()和 siblings()方法来筛选同胞节点。

【代码 12-8】 siblingNode.html

```
<!doctype html>
<html>
  <head>
    <meta charset="utf-8">
    <title>同胞元素 - jQuery 遍历</title>
    <script type="text/javascript" src="js/jquery-1.x.js">
    </script>
  </head>
  <body>
    <div>div(父节点)
      <h1>在 DOM 树中水平遍历</h1>
      <p>有许多有用的方法让我们在 DOM 树进行水平遍历</p>
      <span>匹配元素中所有的 span 同胞元素</span>
      <h2>jQuery 遍历 - 同胞</h2>
      <p>$("h2").siblings("p");</p>
      <h3>同胞拥有相同的父元素.</h3>
      <p>通过 jQuery,您能够在 DOM 树中遍历元素的同胞元素</p>
    </div>
    <div>div(父节点)
      <h2>jQuery next()方法</h2>
      <p>$("h2").next();</p>
      <span>next()方法返回被选元素的下一个同胞元素</span>
      <p>该方法只返回一个元素</p>
      <h3>亲自试一试</h3>
    </div>
    <script type="text/javascript">
        $(function(e){
            //匹配元素所有的同胞元素(不包括同胞元素)
            $("h2").siblings().css({"border":"1px solid red"});
            //匹配元素中所有的 span 同胞元素
            $("h2").siblings("span").css({"font-size":"18pt"});
            //匹配元素紧邻的同胞元素
```

```
            $("h2").next().css({"color":"blue"});
            //匹配元素紧邻同胞元素,且该元素是p元素(进一步筛选)
            $("h2").next("p").css({"font-size":"20pt"});
            //匹配元素之后所有紧随的同胞元素
            $("h2").nextAll().css({"color":"red"});
            //匹配元素之后紧随的同胞元素,且是h3元素(进一步筛选)
            $("h2").nextAll("h3").css({"color":"yellow"});
            //从h2到h3之间的所有同胞元素
            $("h2").nextUntil("h3").css({"color":"gray"});
        });
    </script>
  </body>
</html>
```

上述代码中,使用siblings()、next()、nextAll()及nextUntil()方法实现同胞元素筛选,并对筛选的结果设置指定的CSS样式。建议读者在测试时,对jQuery语句逐条运行,以便更清晰地查看代码的执行结果。

prev()、prevAll()和prevUntil()方法的功能与next()、nextAll()和nextUntil()方法类似,只不过操作方向相反,从当前元素向前检索,返回所匹配元素之前的同胞元素,此处不再逐一赘述。

12.2.4 节点过滤

在查找元素时,可以使用:first-child、:last-child和:eq()过滤选择器来选择一个特定的元素,还可以使用first()、last()和eq()方法对元素进行查找,功能与过滤器基本相同。

first()方法用于返回所匹配元素中的第1个元素,last()方法用于返回所匹配元素中的最后1个元素,eq()方法用于返回所匹配元素中指定索引位置的元素。

【示例】 first()等方法的使用

```
$("table tr").first().css("background-color","gray");
//$("table tr:first").css("background-color","gray");
$("table tr").last().css("text-align","right");
//$("table tr:last").css("text-align","right");
$("table tr").eq(2).css("color","red");
//$("table tr:eq(2)").css("color","red");
```

除此之外,jQuery还提供了filter()和not()方法,用于匹配或不匹配某一规则的元素。

1. filter()方法

filter()方法用于返回符合筛选规则的元素集合,其语法格式如下:

【语法】

```
$(selector).filter(expression | jQueryOjbect | element | function(index))
```

其中:

- $(selector)表示所匹配的元素;
- 方法的参数是一个表达式、jQuery对象、DOM对象或函数;

- 参数 expression 表示对匹配的元素使用 expression 选择器进行筛选；
- 参数 jQueryObject 表示在匹配的元素中筛选 jQueryObject 类型的元素；
- 参数 element 表示在匹配的元素中筛选 element 类型的元素；
- 参数 function(index)表示使用函数来筛选元素，index 表示当前元素在集合中的位置，当函数返回值为 true 时说明当前元素符合筛选条件，否则不符合筛选条件。

【示例】 filter()方法的使用

```
//使用表达式作为过滤参数
$("div").children().filter("p,h3,.mySpan")
$("div").children().filter(":odd")
//使用 jQueryObject 作为过滤参数
$("div").children().filter($("span"))
//使用 element 作为过滤参数
$("div").children().filter(document.getElementsByTagName("span"))
//使用函数作为选择器
$("div").children().filter(function(index){
    //将 div 中所有的子元素下标及 html 内容输出到控制台
    console.log("下标：" + index + "  内容：" + this.innerHTML);
    //当前元素中包含一个 span 标签时，符合筛选条件
    return $("span",this).length == 1;
})
```

注意

代码中的$("span",this)表示在当前元素中查找<span>元素，$("span",this).length 表示当前元素中拥有<span>元素的个数。

2. not()方法

not()方法用于返回指定规则之外的其他元素，其功能与 filter()方法恰好相反。not()方法的语法格式与 filter()方法完全相同，此处不再赘述。

【示例】 not()方法的使用

```
//使用表达式作为过滤参数
$("div").children().not("p,h3,.mySpan")
$("div").children().not(":odd")
//使用 jQueryObject 作为过滤参数
$("div").children().not($("span"))
//使用 element 作为过滤参数
$("div").children().not(document.getElementsByTagName("span"))
//使用函数作为选择器
$("div").children().not(function(index){
    //将 div 中所有的子元素下标及 html 内容输出到控制台
    console.log("下标：" + index + "  内容：" + this.innerHTML);
    //当元素中包含的 span 标签的数量不是 1 时，符合筛选条件
    return $("span",this).length == 1;
})
```

12.3 jQuery 动画效果

在 jQuery 中,提供了许多动画和特效方法,可以轻松地为页面添加绚丽的视觉效果,给用户一种全新的体验,例如元素的飞动、淡入淡出等,如表 12-2 所示。

表 12-2 动画及特效方法

方 法	描 述
show()	显示出被隐藏的元素
hide()	隐藏可见的元素
slideUp()	以滑动的方式隐藏可见的元素
slideDown()	以滑动的方式显示隐藏的元素
slideToggle()	使用滑动效果,在显示和隐藏状态之间进行切换
fadeIn()	使用淡入效果来显示一个隐藏的元素
fadeTo()	使用淡出效果来隐藏一个显示的元素
fadeToggle()	在 fadeIn()和 fadeOut()方法之间切换
animate()	创建自定义动画的函数
stop()	停止当前正在运行的动画
delay()	将队列中的函数延时执行
finish()	停止当前正在运行的动画,删除所有排队的动画,并完成匹配元素所有的动画

其中:

- show()和 hidden()方法用于显示或隐藏页面元素;
- slideUp()、slideDown()和 slideToggle()方法用于使用滑下、滑上的方式来显示或隐藏页面元素;
- fadeIn()、fadeTo()和 fadeToggle()方法用于以淡入淡出的方式来显示或隐藏页面元素;
- animate()方法用于创建一个自定义动画。

1. 显示和隐藏

show()方法用于显示页面中隐藏的元素,按照指定的显示速度,逐渐改变元素高度、宽度、外边距、内边距以及透明度,使其从隐藏状态切换到完全可见状态。show()方法语法格式如下。

【语法】

```
$(selector).show([speed], [fn])
```

其中:

- $(selector)表示所匹配的元素;
- 参数 speed(可选),用于设置元素从隐藏到完全可见的速度,取值可以是 slow、normal、fast 或毫秒数,默认值为 0;
- 参数 fn(可选)表示每个匹配元素在动画完成时所执行的函数。

【示例】 show()方法的使用

```
$("p").show();
$("p").show("slow");
$("p").show("1000",function(){ });
```

hide()方法用于隐藏页面中可见的元素，按照指定的隐藏速度，逐渐改变元素高度、宽度、外边距、内边距以及透明度，使其从可见状态切换到隐藏状态。hide()方法的语法格式如下。

【语法】

```
$(selector).hide([speed], [fn])
```

其中：

- $(selector)表示所匹配的元素；
- 参数 speed(可选)，用于设置元素从可见到完全隐藏的速度，取值可以是 slow、normal、fast 或毫秒数，默认值为 0；
- 参数 fn(可选)表示每个匹配元素在动画完成时所执行的函数。

【示例】 hide()方法的使用

```
$("p").hide();
$("p").hide("normal");
$("p").hide("1000",function(){ });
```

下述代码演示了 show()和 hide()方法显示与隐藏页面中的元素。

【代码 12-9】 show&hide.html

```
<!doctype html>
<html>
  <head>
    <meta charset="utf-8">
    <title>显示与隐藏 - jQuery 动画效果</title>
    <script type="text/javascript" src="js/jquery-1.x.js"></script>
    <style type="text/css">
        #showDiv{background-color:#FFF38F; border:1px solid #333;
            width:200px;height:200px; }
    </style>
  </head>
  <body>
    <div>
        <input type="button" value="显示 DIV" id="showDefaultBtn"/>
        <input type="button" value="隐藏 DIV" id="hideDefaultBtn"/>
        <input type="button" value="显示 DIV(Slow)" id="showSlowBtn"/>
        <input type="button" value="隐藏 DIV(Slow)" id="hideSlowBtn"/>
        <input type="button" value="显示 DIV(CallBack)" id="showCallBackBtn"/>
        <input type="button" value="隐藏 DIV(CallBack)" id="hideCallBackBtn"/>
    </div>
    <div id="showDiv"></div>
    <script type="text/javascript">
        $(function(e){
            $("#showDefaultBtn").click(function(){
```

```
                $("#showDiv").show();
            });
            $("#hideDefaultBtn").click(function(){
                $("#showDiv").hide();
            });
            $("#showSlowBtn").click(function(){
                $("#showDiv").show("slow");
            });
            $("#hideSlowBtn").click(function(){
                $("#showDiv").hide("slow");
            });
            $("#showCallBackBtn").click(function(){
                //动画结束后,调用指定的函数
                $("#showDiv").show("slow",function(){
                    //动画结束后,将背景颜色恢复到原来的样式
                    $(this).css("background-color","#FFF38F");
                });
                //动画效果时,元素的背景颜色为gray
                $("#showDiv").css("background-color","gray");
            });
            $("#hideCallBackBtn").click(function(){
                $("#showDiv").hide("slow",function(){
                    alert("元素暂时被隐藏,单击显示恢复可见状态");
                });
            });
        });
    </script>
  </body>
</html>
```

上述代码中,show()方法用于直接隐藏或渐变隐藏页面中的元素,hide()方法用于直接显示或渐变显示页面中的元素。

代码在浏览器中运行结果如图 12-6 所示。

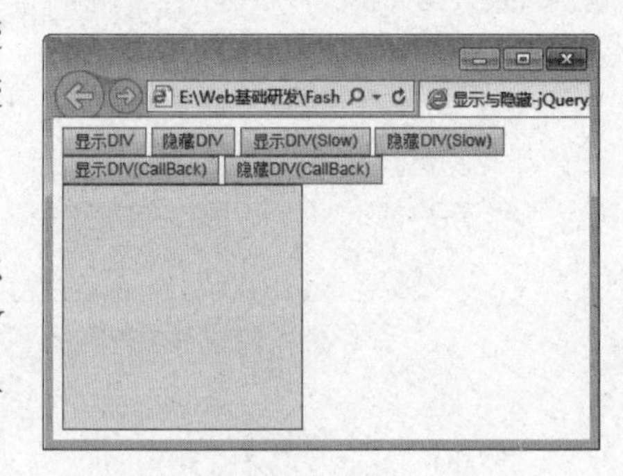

图 12-6　show()和 hide()方法

单击"显示 DIV"时直接显示 DIV 元素,单击"隐藏 DIV"直接将 DIV 元素隐藏;单击"显示 DIV(Slow)",DIV 元素从左上角向右下角逐渐展开;单击"隐藏 DIV(Slow)",DIV 元素从右下角向左上角逐渐缩小。单击"显示 DIV(CallBack)",DIV 元素从左上角向右下角展开的同时,以灰色作为背景,当 DIV 完全显示后,调用指定的函数将背景颜色设为最终的浅黄色;单击"隐藏 DIV(CallBack)",DIV 元素向左上角逐渐缩小,当 DIV 完全隐藏后调用指定的函数,弹出提示信息"元素暂时被隐藏,单击显示恢复可见状态"。

2. 滑上和滑下

jQuery 中提供了 slideDown()、slideUp()和 slideToggle()方法,通过滑动效果改变元素的高度,又称"拉窗帘"效果。

slideDown()方法用于通过高度的变化(向下增大)来动态地显示所有匹配的元素,在显示元素后触发一个回调函数。slideDown()方法的语法格式如下。

【语法】

```
$(selector).slideDown([speed], [easing], [fn])
```

其中:

- $(selector)表示所匹配的元素;
- 参数 speed(可选),用于设置元素从隐藏到完全可见的速度,取值可以是 slow、normal、fast 或毫秒数,默认为 normal;
- 参数 easing(可选),取值为 swing(默认值)和 linear;
- 参数 fn(可选)表示每个匹配元素在动画完成时所执行的函数。

slideUp()方法用于通过高度变化(向上减小)来动态地隐藏所有匹配的元素,slideToggle()方法用于通过滑动效果(高度变化)来切换元素的可见状态。slideUp()和slideToggle()的语法格式与 slideDown()完全一致,此处不再赘述。

下述代码演示了使用滑动效果实现元素的显示与隐藏。

【代码 12-10】 slideUp&Down.html

```
<!doctype html>
<html>
  <head>
    <meta charset="utf-8">
    <title>滑上与滑下 - jQuery 动画效果</title>
    <script type="text/javascript" src="js/jquery-1.x.js"></script>
    <style type="text/css">
        img{border:10px solid #eee;width:220px; margin-top:10px;}
    </style>
  </head>
  <body>
    <div>
        <input type="button" value="显示 DIV" id="slideDownBtn"/>
        <input type="button" value="隐藏 DIV" id="slideUpBtn"/>
        <input type="button" value="显示/隐藏 DIV" id="slideToggleBtn"/>
    </div>
    <img src="images/girl1.jpg" id="showImage"/>
    <script type="text/javascript">
        $(function(e){
            $("#slideDownBtn").click(function(){
                $("#showImage").slideDown("fast");
            });
            $("#slideUpBtn").click(function(){
                $("#showImage").slideUp("slow");
            });
            $("#slideToggleBtn").click(function(){
                //动画结束后,调用指定的函数
                $("#showImage").slideToggle("slow",function(){
                    //动画结束后,将背景颜色恢复到原来的样式
                    $("#showImage").css("border","10px solid #eee");
```

```
                    });
                    //动画效果时,元素的背景颜色为#aaa
                    $("#showImage").css("border","10px solid #aaa");
                });
            });
        </script>
    </body>
</html>
```

上述代码的运行结果如图 12-7 所示,单击"显示 DIV",图像从上往下逐渐展开;单击"隐藏 DIV",图像从下往上逐渐折叠。单击"显示/隐藏 DIV",将图像显示或隐藏,在切换过程中图像的边框颜色加深,完成切换后边框颜色恢复原来样式。

图 12-7　上下滑动效果

3. 淡入和淡出

fadeIn()方法用于通过淡入的方式来显示被隐藏的元素,其语法格式如下。

【语法】

```
$(selector).fadeIn([speed], [easing], [fn])
```

- $(selector)表示所匹配的元素;
- 参数 speed(可选),用于设置元素从隐藏到完全可见的速度,取值可以是 slow、normal、fast 或毫秒数,默认为 normal;
- 参数 easing(可选),取值可以是 swing(默认值)和 linear;
- 参数 fn(可选)表示每个匹配元素在动画完成时所执行的函数。

fadeOut()方法用于通过淡出的方式来隐藏页面中可见的元素,fadeToggle()方法用于通过调整元素的不透明度来实现元素的淡入或淡出效果。fadeOut()和 fadeToggle()方法的语法格式与 fadeIn()方法基本相同,此处不再赘述。

fadeTo()方法也是通过调整元素的不透明度来实现元素的淡入或淡出效果的,与 fadeToggle()的区别是:fadeToggle()方法将元素隐藏后元素不再占据页面空间,而 fadeTo()方法隐藏后的元素仍然占据页面位置。

fadeTo()方法的语法格式如下。

【语法】

```
$(selector).fadeTo([speed], opacity, [easing], [fn])
```

- $(selector)表示所匹配的元素;
- 参数 speed(可选),用于设置元素从当前透明度到指定透明度变化的速度,取值可以是 slow、normal、fast 或毫秒数,默认为 normal;
- 参数 opacity,表示透明度的数字,取值为 0~1;
- 参数 easing(可选),取值是 swing(默认值)或 linear;
- 参数 fn(可选)表示每个匹配元素在动画完成时所执行的函数。

下述代码演示了使用淡入淡出效果实现元素的显示与隐藏。

【代码 12-11】 fadeIn&Out.html

```
<!doctype html>
<html>
  <head>
    <meta charset="utf-8">
    <title>淡入与淡出-jQuery动画效果</title>
    <script type="text/javascript" src="js/jquery-1.x.js"></script>
    <script type="text/javascript" src="js/jquery-migrate-1.2.1.js"></script>
    <style type="text/css">
        img{border:10px solid #eee;width:140px;height:150px; margin-top:10px;}
    </style>
  </head>
  <body>
    <div>
        <input type="button" value="显示DIV" id="fadeInBtn"/>
        <input type="button" value="隐藏DIV" id="fadeOutBtn"/>
        <input type="button" value="显示/隐藏(faceToggle)" id="faceToggleBtn"/>
        <input type="button" value="显示/隐藏(faceTo)" id="faceToBtn"/>
    </div>
    <img src="images/clothes1.jpg" id="showImage1"/>
    <img src="images/clothes2.jpg" id="showImage2"/>
    <img src="images/clothes3.jpg" id="showImage3"/>
    <img src="images/poster.jpg" id="showImage4"/>
    <script type="text/javascript">
        $(function(e){
            $("#fadeInBtn").click(function(){
                // showImage3、showImage2、showImage1依次淡入
                $("#showImage3").fadeIn(4000,function(){
                    $("#showImage2").fadeIn("slow",function(){
                        $("#showImage1").fadeIn("fast");
                    });
                });
            });
            $("#fadeOutBtn").click(function(){
                // showImage3、showImage2、showImage1同时淡出,但速度不同
                $("#showImage1").fadeOut("fast");
                $("#showImage2").fadeOut("slow");
                $("#showImage3").fadeOut(4000);
            });
            $("#fadeToggleBtn").click(function(){
                // showImage3、showImage2、showImage1依次淡入或淡出
                $("#showImage1").fadeToggle("fast",function(){
                    $("#showImage2").fadeToggle("slow",function(){
                        $("#showImage3").fadeToggle(4000);
                    });
                });
            });
            // 偶数次单击,调用第一个函数; 奇数次单击,调用第二个函数
            $("#fadeToBtn").toggle(function(){
                $("#showImage1").fadeTo("slow",0.15);
                $("#showImage2").fadeTo("fast",0);
                $("#showImage3").fadeTo(2000,0.3);
```

```
            },function(){
                $("#showImage1").fadeTo("slow",1);
                $("#showImage2").fadeTo("fast",1);
                $("#showImage3").fadeTo(2000,1);
            });
        });
    </script>
  </body>
</html>
```

上述代码的运行结果如图 12-8 所示，单击“隐藏 DIV”按钮时，将依次隐藏前 3 幅图像，每隐藏一幅图像时其后面的图像统一向前移动一个位置；单击“显示 DIV”，将隐藏的 3 幅图像依次显示出来，先显示的图像会被后显示的图像向后推动一个位置；单击“显示/隐藏(fadeToggle)”，如果图像显示，则使用 fadeOut()对其隐藏，如果图像隐藏，则通过 fadeIn()进行显示；单击“显示/隐藏(fadeTo)”时，只会改变图像的透明度，图像所占据的空间仍然保留。

图 12-8　淡入淡出效果

4. 自定义动画

animate()方法用于创建一个自定义动画，将元素从当前样式过渡到指定的 CSS 样式，其语法格式如下。

【语法】

```
$(selector).animate({params},[speed],[fn]);
```

其中：

- $(selector)表示所匹配的元素；
- 参数 params(必选)，用于定义形成动画的 CSS 属性；
- 参数 speed(可选)，用于设置动画效果的时长；
- 参数 fn(可选)，表示动画完成后所执行的函数。

注意

params 参数列表中的 CSS 样式是使用 DOM 名称来设置的，而非 CSS 属性名。DOM 名称与 CSS 属性名有所不同，采用骆驼命名法，如 borderWidth、borderLeftWidth、marginLeft、paddingRight、fontSize、wordSpacing、lineHeight 和 textIndent 等。

【示例】 animate()方法的使用

```
$("div").animate({
    left:'450px',
    opacity:'0.8',
    width:'+=200px',
    height:'+=150px'
},"slow",function(){
    //动画完成后所执行的处理
});
```

上述代码中，将样式属性设置为数值形式，如 left：'450px'；样式属性也可以采用百分比的方式，如 width：'120%'；还可以对样式属性进行累加或累减，如 width：'+=200px'。

注意

只有当元素的 CSS 样式属性 position 为 relative 或 absolute 时，元素的 top、left、bottom 和 right 样式属性才能够起作用。

下述代码演示了使用 animate()方法创建一个自定义动画。

【代码 12-12】 animate.html

```
<!doctype html>
<html>
  <head>
    <meta charset="utf-8">
    <title>自定义动画 - jQuery 动画效果</title>
    <script type="text/javascript" src="js/jquery-1.x.js"></script>
    <style type="text/css">
        img{width:200px;height:150px; }
        #showImage{background:#9b2;height:150px;width:200px;
                position:absolute;border:10px solid #eee;}
    </style>
  </head>
  <body>
    <div>
        <input type="button" value="图像右漂" id="animateToRightBtn"/>
        <input type="button" value="图像下移" id="animateToBottomBtn"/>
        <input type="button" value="图像隐藏与显示" id="animateToHideBtn"/>
        <input type="button" value="系列动画" id="animateToContinueBtn"/>
    </div>
    <div id="showImage"><img src="images/car.jpg" /></div>
    <script type="text/javascript">
        $(function(e){
            //图像右漂按钮事件绑定
            $("#animateToRightBtn").click(function(){
                //div 动画
                $("#showImage").animate({
                    left:'450px',
                    width:'+=200px',
                    height:'+=150px'
                },"fast");
                //图像动画
```

```
                $("#showImage img").animate({
                    left:'450px',
                    opacity:'0.8',
                    width:'+=200px',
                    height:'+=150px'
                },"slow"
                ,function(){
                    alert("图像右漂完毕");
                });
            });
            //图像下移按钮事件绑定
            $("#animateToBottomBtn").click(function(){
                $("#showImage").animate({
                    top:'+=100px',
                });
            });
            //图像显示与隐藏按钮事件绑定
            $("#animateToHideBtn").click(function(){
                $("#showImage").animate({
                    height:'toggle',
                    opacity:'toggle'
                });
            });
            //系列动画
          $("#animateToContinueBtn").click(function(){
             $("#showImage").animate({height:'+=200px',opacity:'0.4'},"slow");
             $("#showImage").animate({width:'+=200px',opacity:'0.4'},"slow");
             $("#showImage").animate({height:'150px',opacity:'1'},"slow");
             $("#showImage").animate({width:'200px',opacity:'1'},"slow");
          });
        });
    </script>
  </body>
</html>
```

上述代码中，使用 animate()方法实现了 showImage 元素的自定义动画。单击"图像右漂"按钮，DIV 与图像同时往右移动，并且将宽度和高度等比例放大；当图像动画完成后，弹出提示信息"图像右漂完毕"。

单击"图像下移"按钮，图像下移 100 像素；单击"图像隐藏与显示"按钮，图像以滑上（滑下）的方式显示（隐藏）图像；单击"系列动画"按钮，对 DIV 的透明度、宽度以及高度依次进行改变。代码在浏览器中运行的结果如图 12-9 所示。

图 12-9　animate()方法

5. 动画停止和延时

在页面中，对某一元素连续进行多次动画操作而形成一系列的动画，又称动画队列。在 jQuery 中，delay()方法用于设置动画队列中两次动画之间的间隔时间；stop()方法用于停止当前正在运行的动画，执行动画队列中的下一个动画；finish()方法用于停止当前正在运行的动画，并删除动画队列中的所有动画，然后将CSS所指定的样式作为最终的目标样式。

下述代码演示了使用stop()和finish()方法停止当前运行的动画。

【代码12-13】 delay&stop.html

```
<!doctype html>
<html>
  <head>
    <meta charset="utf-8">
    <title>动画停止和延时 - jQuery动画效果</title>
    <script type="text/javascript" src="js/jquery-1.x.js"></script>
    <style type="text/css">
        img{width:100px;height:150px;margin-top:20px;position:relative; }
    </style>
  </head>
  <body>
    <div>
        <input type="button" value="delay动画" id="delayBtn"/>
        <input type="button" value="stop停止动画" id="stopBtn"/>
        <input type="button" value="finishOne" id="finishOneBtn"/>
        <input type="button" value="finishTwo" id="finishTwoBtn"/>
    </div>
    <div id="showImage">
        <img src="images/girl1.jpg" />
        <img src="images/girl2.jpg" />
    </div>
    <script type="text/javascript">
        $(function(e){
            //delay动画
            $("#delayBtn").click(function(){
                //动画队列
                $("#showImage img").animate({left:'200px',width:'+=100px'
                        ,height:'+=150px'})
                    .delay(2000).animate({top:'200px'}).delay(2000)
                    .animate({left:'0px',width:'-=100px',height:'-=150px'})
                    .delay(2000).animate({top:'0px'})
                    .delay(1000).slideUp("slow")
                    .delay(1000).slideDown("fast");
            });
            //stop停止当前正在运行的动画,执行队列中下一个动画
            $("#stopBtn").click(function(){
                $("#showImage img").stop();
            });
            //finish停止当前动画,并清空动画队列
            $("#finishOneBtn").click(function(){
                //第一幅图像动画停止后,并没有完全回到原始位置,是由于第二幅图像过大所致
                $("#showImage img:first").finish();
            });
            //finish停止当前动画,并清空动画队列
            $("#finishTwoBtn").click(function(){
                $("#showImage img").finish();
            });
```

```
        });
    </script>
  </body>
</html>
```

上述代码中，通过 animate()方法对两幅图像分别创建了一个动画队列，delay()方法设置动画之间的时间间隔。

代码运行结果如图 12-10 所示，单击“delay 动画”，两幅图像同时开始动画效果；单击“stop 停止动画”，停止两幅图像正在进行的动画，然后执行动画队列中的下一个动画；单击 finishOne 按钮，终止第 1 幅图像的所有动画效果，并将 CSS 样式置为最终状态；单击 finishTwo 按钮，同时终止两幅图像的所有动画效果，并将 CSS 样式置为最终状态。

图 12-10　动画的停止和延时

12.4　数组和对象操作

在前面章节中，讲述了通过选择器来获取一个 jQuery 对象数组。数组的操作包括对数组的遍历、合并和删除重复项等。在 jQuery 中，提供了一些系列的数组操作，如 each()、extend()、merge()、unique()和 parseJSON()等方法。

1. each()方法

each()方法用于实现对数组的遍历，其语法格式如下。

【语法】

```
$(selector).each(function(index,element))
$.each(object, function(index,element))
```

其中：

- $(selector)和 object 表示需要遍历的对象或数组；
- 参数 function()表示回调函数，用于对数组中的元素进行遍历；
- $().each()方法多用于 DOM 对象数组的遍历，而 $.each()方法多用于 Array 数组或 JSON 对象的遍历。

【示例】 each()方法的使用

```
//遍历 DOM 对象集合
$ ("li").each(function(index, element) {
    $ (this).on("click",function(){
        alert( $ (this).html());
    });
    console.log(index + " " + element.innerHTML);
});
//遍历 Array 数组
$ .each([0,1,2],function(index, element){
    alert("Item ＃" + index + ": " + element);
});
```

下述代码演示了 each()方法对集合的遍历。

【代码 12-14】 each.html

```
<!doctype html>
<html>
  <head>
    <meta charset = "utf - 8">
    <title>each()方法 - jQuery</title>
    <script type = "text/javascript" src = "js/jquery - 1.x.js"></script>
    <style type = "text/css">
        ul{list - style:none;margin:0px;}
        li{font - size:16px;height:80px;float:left;margin - right:20px;}
        li img{vertical - align:middle;}
        hr{clear:both;}
    </style>
  </head>
  <body>
    <ul id = "container">
        <li title = "icon1.jpg">推荐商品</li>
        <li title = "icon2.jpg">最新商品</li>
        <li title = "icon3.jpg">热门商品</li>
        <li title = "icon4.jpg">商品推广</li>
    </ul>
    <hr/>
    <div id = "footer"></div>
    <script type = "text/javascript">
        $ (function(e){
            $ ("＃container li").each(function(index, element) {
                var title = $ (this).attr("title");
                $ (this).prepend(index + ": ").append("<img src = 'icon/" + title + "'/>");
                console.log(index + " " + element.innerHTML);
                $ (this).on("click",function(){
                    alert( $ (this).html());
                });
            });
            var imageArray = [12,5,13,6,7,4,11,18,20,16];
            $ .each(imageArray,function(index, element){
                if(index % 5 == 0){
                    $ ("＃footer").append("<br />");
```

```
                    }
                    $("#footer").append("<img src='icon/icon"+(index+1)+".jpg'/>");
                    console.log("Item #"+index+": "+element);
                });
            });
        </script>
    </body>
</html>
```

上述代码中，使用 each()方法实现对 DOM 对象集合的遍历，在每个< li >元素的前面插入该元素的索引值，并在元素之后添加一幅由 title 属性所指定的图像。

使用 each()方法实现对数组的遍历，将数组指定的图像循环显示到页面中，代码运行结果如图 12-11 所示。

图 12-11　each()遍历

2. extend()方法

extend()方法用于通过一个或多个对象来扩展目标对象，并返回扩展后的目标对象，其语法格式如下。

【语法】

```
$.extend(target, object1, [objectN])
$.extend({propertyName:propertyValue})
$.extend({functionName:function(){}})
```

其中：

- 参数 target 表示扩展的目标对象；
- 参数 object1，object2，…，objectN 表示扩展参照对象，该方法将 object1，object2，…，objectN 对象中的属性扩展到 target 目标对象中；
- 参数 propertyName 表示扩展 jQuery 对象本身的属性，用于在 jQuery 命名空间上增加一个新属性；
- 参数 functionName 表示扩展 jQuery 对象本身的方法，用于在 jQuery 命名空间上增加一个新方法。

【示例】　extend()方法的使用

```
var userBaseInfo = {'name':'guoqy','address':'QingDao'};
var userBuyInfo = {'goodsName':'韩国蜜炼果味茶','amount':20};
//1.将 userBaseInfo 作为 target 目标,用来存放合并后的内容(userBaseInfo 内容被修改)
//var target = $.extend(userBaseInfo,userBuyInfo);
//2.用一个空对象作为 target 目标,用来存放合并后的内容(userBaseInfo 内容没有修改)
var target = $.extend({},userBaseInfo,userBuyInfo);
console.log(target);
//3.为 jQuery 添加 myFunction()方法
```

```
$.extend({"myFunction":function(){alert("我的新增方法");}});
//调用$.myFunction()方法
$.myFunction();
//4.为jQuery添加myProperty属性
$.extend({"myProperty":"我的新增属性"});
//使用myProperty属性
alert($.myProperty);
```

3. merge()方法

merge()方法用于将两个数组进行合并,把第2个数组中的内容合并到第1个数组中并返回,其语法格式如下。

【语法】

```
$.merge(firstArray, secondArray)
```

4. unique()方法

unique()方法用于根据元素在文档中出现的先后顺序对DOM元素数组进行排序,并移除重复的元素。当对数值或字符串数组进行过滤时,需对数组排序后再进行过滤,否则没有效果。

下述代码演示了使用merge()和unique()方法对数组进行合并和过滤。

【代码12-15】 merge&unique.html

```
<!doctype html>
<html>
  <head>
    <meta charset="utf-8">
    <title>merge()和unique方法-jQuery</title>
    <script type="text/javascript" src="js/jquery-1.x.js"></script>
  </head>
  <body>
    <ul id="container">
        <li title="icon1.jpg">推荐商品</li>
        <li title="icon2.jpg">最新商品</li>
        <li title="icon3.jpg">热门商品</li>
        <li title="icon4.jpg">商品推广</li>
    </ul>
    <script type="text/javascript">
        $(function(e){
            var fristArray=[13,20,18,17];
            var secondArray=[35,26,18,80,13];
            //1.数组的合并
            var target= $.merge(fristArray,secondArray);
            //向控制台打印合并后的数组
            console.log("合并后的数组: "+ $.unique(target));

            //2.数组排序后,再使用unique()方法
            target.sort();
            var result= $.unique(target);
```

```
            console.log("筛选后的数组：" + result);

            //3.获取 DOM 对象数组
            var domArray1 = $("#container li:even");
            var domArray2 = $("#container li:gt(1)");
            //合并后进行过滤
            var array = $.unique($.merge(domArray1,domArray2));
            //处理过滤的结果
            var targetArray = new Array();
            array.each(function(){
                targetArray.push($(this).html());
                $(this).css("font-weight","bold");
            });
            console.log("筛选后的数组：" + targetArray);
        });
    </script>
  </body>
</html>
```

上述代码在 IE 和 FireFox 浏览器中运行时，重复的数据在合并后的数组中继续存在。需要通过 sort()方法对数组排序后，再使用 unique()进行过滤，将重复的数据移除，代码运行结果如图 12-12 所示。在 Chrome 浏览器中的运行结果略有不同，重复的数据在合并时仅保留其一。

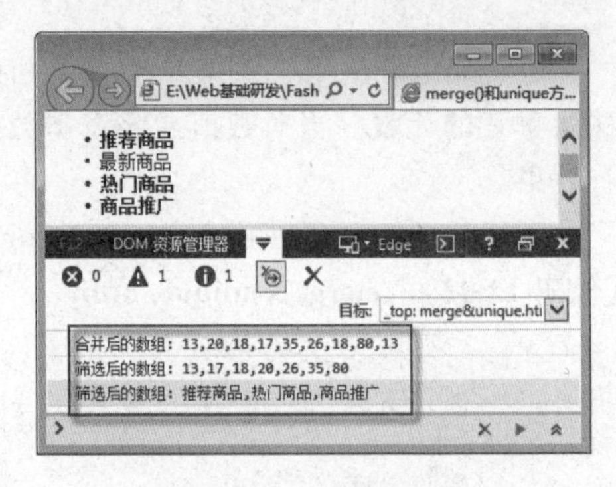

图 12-12　unique()和 merge()方法

5. parseJSON()方法

jQuery 还提供了 parseJSON()方法，用于将 JSON 字符串转成 JSON 对象。当参数为空、空字符串、null 或 undefined 时，方法将返回 null。

【示例】 parseJSON()方法的使用

```
$(function(e){
    var data = '{"name":"guoqy","password":"guoquanyou","authority":"admin"}';
    var dataJSON = $.parseJSON(data);
    $.each(dataJSON,function(key,value){
        console.log(key + ": " + value);
    });
});
```

12.5　jQuery 插件

jQuery 的易扩展性吸引了全球众多开发者为其开发插件(Plugin)，目前已有几千种成熟的 jQuery 插件在各个领域中广泛应用。通过插件将一系列方法或函数封装起来，便于代码的重复使用，提高了开发的效率，方便后期的维护。

12.5.1 插件的基本原理

开发的jQuery插件常见的有3种：封装全局函数的插件、封装对象方法的插件和自定义选择器插件。

1. 封装全局函数的插件

封装全局函数的插件是指将独立的函数追加到jQuery命名空间之下，通过jQuery或$符号进行访问，如jQuery.each()或$.each()形式。

【示例】 全局函数的封装及调用

```
<script type="text/javascript">
    //1.封装全局函数的插件
    $.extend({
        sayHello: function(name){
            console.log("Hello," + (name?name:"QST青软实训") + "!");
        }
    });
    //2.调用已定义的全局函数
    $.sayHello(); //调用
    $.sayHello("guoqy"); //带参调用
    jQuery.sayHello("jCuckoo");
</script>
```

上述代码运行后，在浏览器的控制台中显示结果如下。

```
Hello,QST青软实训!
Hello,guoqy!
Hello,jCuckoo!
```

2. 封装对象方法的插件

封装对象方法的插件是指将对象方法封装起来，用于对选择器所获取的jQuery对象进行操作。通过$.fn向jQuery添加新的方法后，该方式的使用方式与jQuery中的parent()、append()等方法的使用方式完全相同。

封装对象方法的插件使用比较广泛，目前90%以上的插件都是通过封装对象方法的形式实现的。

下述代码演示了封装对象方法插件的编写及使用。

【代码12-16】 jquery.myPlugin.js

```
//通过$.fn封装一个对象方法的插件
//参数options中包含指定的CSS样式
$.fn.myPlugin = function(options){
    //默认的CSS样式
    var defaults = {
        'color':'red',
        'fontSize':'12px'
    };
    //defaults默认参数将被改变
```

```
        //var settings = $.extend(defaults,options);
        //defaults 默认参数不会被改变
        var settings = $.extend({},defaults,options);
        //返回一个 jQuery 对象,以便后面进行链式操作
        return this.css({
            'color':settings.color,
            'fontSize':settings.fontSize
        });
    }
```

上述代码中，$.extend(defaults,options)与$.extend({},defaults,options)的区别是：前者将options中的数据合并到defaults中，当再次使用插件时默认数据是被修改后的数据；而后者使用一个新的空对象来存放合并后的数据，不会对插件中的默认数据进行修改。

【代码12-17】 myPlugin.html

```
<!doctype html>
<html>
  <head>
    <meta charset="utf-8">
    <title>自定义插件</title>
    <script type="text/javascript" src="js/jquery-1.x.js"></script>
    <script type="text/javascript" src="plugins/jquery.myPlugin.js"></script>
  </head>
  <body>
    <ul>
        <li><a href="http://www.baidu.com">我的微博</a></li>
        <li><a href="http://www.163.com">我的博客</a></li>
        <li><a href="http://www.google.com">我的小站</a></li>
    </ul>
    <p>这是p标签不是a标签,我不会受影响</p>
    <script type="text/javascript">
        $(function(){
            //使用参数的插件
            var options = {'color':'#2c9929'};
            $('a').myPlugin(options);
            //调用无参方法,将使用插件的默认值
            //由于插件中返回了 jQuery 对象,因此允许进行链式操作
            //$('a').myPlugin().fadeOut("slow").delay(1000).slideDown("slow");
        })
    </script>
  </body>
</html>
```

上述代码中，当myPlugin插件没有提供参数时，将使用插件所提供的默认参数；当为myPlugin插件提供options实参时，将通过options来设定元素的样式。

当插件与其他插件混合使用时，可能会因为同时使用相同的全局变量而产生冲突。在开发jQuery插件时，尽量使用自调用匿名函数将代码包裹起来，以保证插件在任何位置使用都不会产生冲突。

【示例】 包裹后的插件

```
;(function( $ ,window,document,undefined) {
    //插件部分的代码
})(jQuery,window,document);
```

当多个插件混合使用时，开始部分的分号（；）可以有效避免因前面插件没有以分号结束而产生的解析错误。将系统变量 jQuery、window 和 document 以形参的方式传递到插件内部，可以有效地提高系统的性能。

由于没有提供 undefinded 参数，从函数的第 4 个参数所获取的数据是一个真实的 undefinded。如果函数不提供 undefinded 参数，插件内部将有可能抛出“Uncaught TypeError：undefinded is not a function”错误。

3. 自定义选择器插件

虽然 jQuery 中提供了许多选择器，但并不能满足所有开发者的需求。通过自定义选择器能够让开发者更加灵活地对元素进行选取，其语法格式如下。

【语法】

```
$.expr[":"][selectorName] = function(obj, index, meta){};
$.expr[":"].selectorName = function(obj, index, meta){};
```

其中：

- 参数 selectorName 表示自定义选择器的名称；
- 参数 obj 表示当前遍历的 DOM 元素；
- 参数 index 表示当前元素对应的索引位置；
- 参数 meta 是一个数组，用于存放选择器提供的信息，其中 meta[3]比较关键，用于接收自定义选择器传入的数据。

下述代码创建了两个自定义选择器，分别用来设置元素的颜色和凸显效果。

【代码 12-18】 **jquery. customPlugIn. js**

```
//自定义选择器
;(function( $ ){
    $.expr[":"]["color"] = function(obj,index,meta){
        console.log(meta);
        return $(obj).css("color",meta[3]);
    };
    $.expr[":"].search = function(obj,index,meta) {
        return $(obj).text().toUpperCase().indexOf(meta[3].toUpperCase()) >= 0;
    };
})(jQuery);
```

【代码 12-19】 **customPlugIn. html**

```
<!doctype html>
<html>
<head>
  <meta charset="utf-8">
  <title>自定义插件</title>
```

```
    <script type="text/javascript" src="js/jquery-1.x.js"></script>
    <script type="text/javascript" src="plugins/jquery.customPlugIn.js"></script>
    </head>
    <body>
      <table>
          <tr>
              <td><input type="checkbox" /></td><td>绿树<span>苹果</span>
              脆苹果干</td><td>40</td><td>2016-5-20</td><td>3年</td>
          </tr>
          <tr>
              <td><input type="checkbox" /></td><td>台湾零食<span>核桃仁</span>
              枣核恋</td><td>120</td><td>2015-8-15</td><td>4年</td>
          </tr>
          <tr>
              <td><input type="checkbox" /></td>
              <td>韩国蜜炼果味茶</td><td>50</td><td>2015-10-18</td><td>6年</td>
          </tr>
      </table>
      <script type="text/javascript">
          //使用选择器
          $(function(e){
              $("td:search('果')").css({"background-color":"#5FF"});
              $("td span:color(blue)").css("font-weight","bold");
          });
      </script>
  </body>
  </html>
```

上述代码中，使用:search()选择器来筛选包含“果”字的单元格，并将背景设为#5FF。使用层次选择器选取单元格中的span元素，然后再使用:color()选择器对其过滤，将包含蓝色字体的文本内容加粗显示。代码运行结果如图12-13所示。

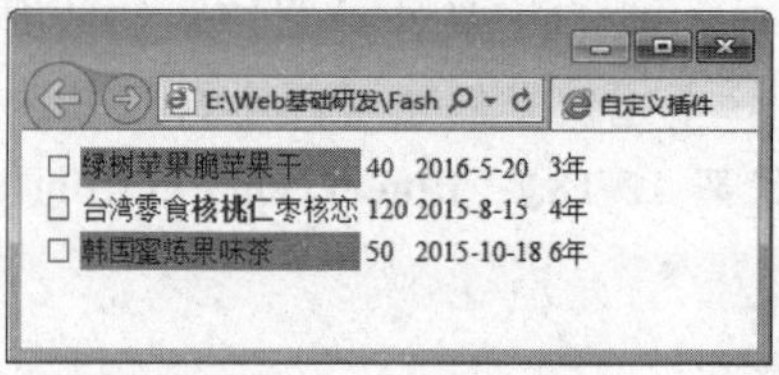

图12-13　自定义选择器

在开发jQuery插件时，需要注意以下几点。

(1) jQuery插件的文件名格式推荐使用jquery.[插件名].js形式，避免与其他JavaScript库插件冲突；

(2) 所有的对象方法都应附加到jQuery.fn对象上，而所有的全局函数都应附加到jQuery对象本身；

(3) 在插件内部，通过this获取当前选择器选取的jQuery对象，而在普通的事件处理函数中，this表示触发事件的当前DOM元素；

(4) 所有的方法及函数插件都应以分号(;)结束，否则在代码压缩时可能出现问题；

(5) 插件应该返回一个jQuery对象，以保证插件可以进行链式操作。

12.5.2　表格插件的实现

在Web开发时，常常使用JSON格式作为客户端与服务器交互的数据格式。客户端取到JSON数据后通过表格插件将数据显示出来。

下述代码综合演示了表格插件的创建以及通过该插件将JSON数据在页面中显示出来；单击表格头部，对表格中的数据进行相应排序，表头位置的图标变成升序（或降序）图标。每行数据都拥有hover事件，当鼠标移入或移出时，行的背景颜色将发生改变；单击数据行，该行中的复选框被选中或取消，背景颜色也会发生改变。

【代码12-20】 jquery.table.js

```
//自定义表格插件
// @author guoqy
// @company QST
;(function( $ ,window,document,undefined){
    //构造方法
    function DataList(element,data){
        this.$element = element;
        this.tableTitle = data.tableTitle;
        this.tableData = data.tableData;
    };
    //添加属性或方法
    DataList.prototype = {
        sortMode:'default',                        //默认排序方式
        imageSrc:'../point/point0.jpg',            //默认标题图标 src
        lastClick:'',                              //上次单击的位置
        currentImageSrc:'',                        //当前单击的图标 src
        //初始化表格(清空表格)
        initTable:function(){
            this.$element.empty();
        },
        //显示表格表头
        showTableTitle:function(){
            var that = this;                       //内部遍历时,确保使用的是当前对象
            var tableTitleStart = "<thead><tr><th></th>";
            var tableTitleEnd = "</tr></thead>";
            var titleRow = tableTitleStart;
            $.each(this.tableTitle,function(key,value){
                titleRow += "<th title = '" + key + "'>" + value
                        + "<img src = '" + that.imageSrc + "' id = " + key + "></th>";
            });
            titleRow += tableTitleEnd;
            this.$element.append(titleRow);
        },
        //显示表格 body 数据
        showTableBody:function(){
            var rowStart = "<tr><td><input type = 'checkbox'/></td>";
            var rowEnd = "</tr>";
            var tableRow;
            $.each(this.tableData,function(index,rowData){
                tableRow += rowStart;
                $.each(rowData,function(key,value){
                    tableRow += "<td>" + value + "</td>";
                });
                tableRow += rowEnd;
            });
            this.$element.append(tableRow);
```

```
},
//显示样式
showStyle:function(){
    //设置标题之外的偶数行的样式
    this.$element.find("tr:even:gt(1)").addClass("evenClass");
    //设置奇数行的样式
    this.$element.find("tr:odd").addClass("oddClass");
    //设置表格样式
    this.$element.addClass("tableClass");
},
//绑定事件
bindEvent:function(){
    var that = this;
    //为每个数据行添加单击事件
    this.$element.find("tr:gt(0)").click(function(){
        if($(this).hasClass("selectedClass")){
            $(this).removeClass("selectedClass").find(":checkbox")
                    .prop("checked",false);
        }else{
            $(this).addClass("selectedClass").find(":checkbox")
                    .prop("checked",true);
        }
    });
    //为每个数据行添加 hover 事件
    this.$element.find("tr:gt(0)").hover(function(){
        $(this).addClass("hoverClass");
    },function(){
        $(this).removeClass("hoverClass");
    });
    //为表头行添加事件(排序)
    this.$element.find("thead th").click(function(){
        //排序列的名字
        var sortName = $(this).attr("title");
        //保存当前单击的列
        var thisClick = sortName;
        //根据当前列进行排序,并对数据进行重绘
        that.dataSort(sortName,thisClick);
        //保存当前单击列,以便与下次单击进行比较
        that.lastClick = thisClick;
        //console.log($("#" + sortName).attr("src"));
        //修改单击列的标题中所包含的图标
        $("#" + sortName).attr("src",that.currentImageSrc);
        //console.log($("#" + sortName).attr("src"));
    });
},
//数据排序
dataSort:function(sortName,thisClick){
    //该列第 1 次被单击时,按照升序排序
    if(this.lastClick!= thisClick){
        this.tableData.sort(function(prev,next){
            //根据不同的类型,提供不同的处理排序方式,此处省略
            return (prev[sortName]< next[sortName])? - 1
                        :((prev[sortName]> next[sortName])?1:0);
```

```
            });
            this.sortMode = "desc";
            //改变当前列的图片的 src
            this.currentImageSrc = "../point/point3.jpg";
        }else if(this.sortMode == "asc"){
            this.tableData.sort(function(prev,next){
                //根据不同的类型,提供不同的处理排序方式,此处省略
                return (prev[sortName]< next[sortName])? - 1
                            :((prev[sortName]> next[sortName])?1:0);
            });
            this.sortMode = "desc";
            this.currentImageSrc = "../point/point3.jpg";
        }else if(this.sortMode == "desc"){
            this.tableData.sort(function(prev,next){
                //根据不同的类型,提供不同的处理排序方式,此处省略
                return (prev[sortName]> next[sortName])? - 1
                            :((prev[sortName]< next[sortName])?1:0);
            });
            this.sortMode = "asc";
            this.currentImageSrc = "../point/point4.jpg";
        }
        //数据重绘及事件绑定
        this.show();
    },
    //汇总调用
    show:function(){
        this.initTable();
        this.showTableTitle();
        this.showTableBody();
        this.showStyle();
        this.bindEvent();
    }
};
//在插件中使用 DataList 对象
$.fn.dataListPlugin = function(data) {
    //创建 DataList 的实体
    var dataList = new DataList(this, data);
    //调用其方法
    return dataList.show();
}
})(jQuery,window,document);
```

下述代码演示了自定义表格插件的使用。

【代码 12-21】 jqueryTable.html

```
<!doctype html>
<html>
  <head>
    <meta charset = "utf - 8">
    <title>表格插件的实现</title>
    <script type = "text/javascript" src = "../js/jquery - 1.x.js"> </script>
    <script type = "text/javascript" src = "jquery.table.js"></script>
    <style type = "text/css">
```

```
        .tableClass{border:3px solid #063; box-shadow:3px 5px 5px 5px #0C6}
        .evenClass{background-color:#FDDFFF; }
        .oddClass{background-color:#F3AFFF; }
        .selectedClass{background-color:#F3838F; }
        .hoverClass{background-color:#FFF38F; }
        img{width:20px;}
    </style>
  </head>
<body>
    <div id="container">
        <table id="dataList"></table>
    </div>
    <script type="text/javascript">
        var data={
            tableTitle:{
                name: "商品名称",
                price: "商品价格",
                upTime: "上架时间",
                qualityTime: "保质期"
            },tableData:[{name:"绿树苹果脆苹果干",price:40,upTime:"2016-05-20",
                qualityTime:"3 年"},
            {name:"亚洲渔港至 Q 虾球",price:120,upTime:"2015-08-15",
                qualityTime:"4 年"},
            {name:"台湾零食核桃仁枣核恋",price:50,upTime:"2015-10-18",
                qualityTime:"6 年"},
            {name:"韩国蜜炼果味茶",price:35,upTime:"2017-03-15",
                qualityTime:"1 年"},
            {name:"乌拉圭进口牛腱肉",price:128,upTime:"2015-07-13",
                qualityTime:"0.5 年"}]
        };
        $("#dataList").dataListPlugin(data);
    </script>
</body>
</html>
```

上述代码在浏览器中运行结果如图 12-14 所示，表格的操作效果读者可自行测试。

12.5.3 图表插件的实现

通过图表将数据图形化，使数据特征一目了然，更准确直观地表达信息和观点具有重要意义。常见的图表有圆饼图、圆柱图、折线图等形式。

下面通过 jQuery 和 HTML 5 Canvas 绘图实现图表插件，用于绘制圆饼图、柱状图和折线图。

图 12-14 自定义表格插件

首先，实现图表插件的定义，代码如下所示。

【表 12-1】 jquery.chart.js

```
//自定义图表插件
// @author guoqy
```

```
// @company QST
;(function( $ ,window,document,undefined) {
    var defaults = {bgColor:[{drawColor:"red"},
            {drawColor:"green"},
            {drawColor:"yellow"},
            {drawColor:"blue"},
            {drawColor:"gray"}],
            frontColor:{
                font:"12px 宋体",
                color:"black"
            }
        };
    //构造方法
    function DataDrawer(element,data,options){
        this. $ element  =  element;
        this.drawType = data.drawType;     //绘制类型
        this.drawData = data.drawData;     //绘制数据
        this.setting = $ .extend({}, defaults, options);
    };
    //添加属性或方法
    DataDrawer.prototype = {
        //绘制圆饼图
        drawPieChart:function(){
            var startPoint = 1.5 * Math.PI;     //开始位置
            var endPoint = 0;
            var context = this. $ element.get(0).getContext("2d");
            for(var i = 0;i < this.drawData.length;i++){
                context.fillStyle  =  this.setting.bgColor[i].drawColor;
                context.strokeStyle  =  this.setting.bgColor[i].drawColor;
                //开始创建路径
                context.beginPath();
                //开始创建路径(圆心)
                context.moveTo(150,150);
                //计算弧形结束位置的角度
                endPoint = startPoint
                        - Math.PI * 2 * (this.drawData[i].amount/this.allData);
                //开始创建路径 (弧形圆心)
                context.arc(150,150,90,startPoint,endPoint,true);
                context.fill();
                context.stroke();
                //保存状态
                context.save();
                //计算文本角度
                var textAngle = (startPoint + endPoint)/2;
                //每部分所占比重
                var textScale = this.drawData[i].amount/this.allData;

                //将坐标原点移动到绘制文本处(根据圆心进行计算)
                context.translate(150 + 110 * Math.cos(textAngle),
                            150 + 110 * Math.sin(textAngle));
                //旋转文本
                context.rotate(textAngle + Math.PI * 1/2);
                context.fillStyle = this.setting.frontColor.color;
```

```
            context.font = this.setting.frontColor.font;
            context.fillText(this.drawData[i].name, -20,0);

            //恢复到保存点
            context.restore();
            startPoint -= Math.PI * 2 * (this.drawData[i].amount/this.allData);
        }
    }
    ,drawColumnar:function(){      //绘制柱状图标
        var context = this.$element.get(0).getContext("2d");
        //绘制坐标系
        this.drawCoordinateSystem(context);
        var width = 20;
        var margin = 20;
        for(var i = 0;i < this.drawData.length;i++){
            context.fillStyle = this.setting.bgColor[i].drawColor;
            context.strokeStyle = this.setting.bgColor[i].drawColor;
            //计算绘制的矩形的左上角的x,y坐标(以绘制的x坐标轴为参考基准)
            var x = 40 + (width + margin) * i;
            var y = 260 - 260 * (this.drawData[i].amount/this.allData);
            //绘制圆柱
            context.fillRect(x,y,width,
                    260 * (this.drawData[i].amount/this.allData));
            //绘制文本内容
            context.fillStyle = this.setting.frontColor.color;
            context.font = this.setting.frontColor.font;
            context.fillText(this.drawData[i].name,x,280);
        }
    }
    ,drawFoldLine:function(){                //绘制折线
        var padding = 50;
        var context = this.$element.get(0).getContext("2d");
        //绘制坐标系
        this.drawCoordinateSystem(context);
        context.beginPath();
        context.moveTo(20,260);
        for(var i = 0;i < this.drawData.length;i++){
            //计算折线点的坐标
            var x = 40 + padding * i;
            var y = 260 - 260 * (this.drawData[i].amount/this.allData);
            context.setLineDash([5, 5]);    //设置绘制线段的样式为虚线
            context.lineTo(x,y);
            context.stroke();
            context.fillStyle = "gray";
            context.fillRect(x,y,
                    1,260 * (this.drawData[i].amount/this.allData));
            context.fillStyle = this.setting.frontColor.color;
            context.font = this.setting.frontColor.font;
            context.fillText(this.drawData[i].name,x - 10,280);
        }
    }
    ,drawCoordinateSystem:function(context){     //绘制坐标系
        context.moveTo(20,20);
```

```
                context.lineTo(20,260);
                context.lineTo(260,260);
                context.strokeStyle = "black";
                context.lineWidth = 2;
                context.stroke();
            }
            ,countData:function(){      //统计数据的总量
                var allData = 0;
                for(var i = 0;i < this.drawData.length;i++){
                    allData += this.drawData[i].amount;
                }
                this.allData = allData;
            }
        };
        //在插件中使用 DataList 对象
        $.fn.drawChart = function(data,options,drawType){
            //创建 DataList 的实体
            var dataDrawer = new DataDrawer(this, data,options);
            console.log(dataDrawer.drawData);
            //调用其方法
            dataDrawer.countData();
            if("PieChart" == drawType){
                return dataDrawer.drawPieChart();
            }else if("Columnar" == drawType){
                return dataDrawer.drawColumnar();
            }else if("FoldLine" == drawType){
                return dataDrawer.drawFoldLine();
            }
        }
})(jQuery,window,document);
```

然后，在页面中提供 JSON 数据及数据的展示形式，通过调用自定义的图表插件，将数据以图表形式展示出来，代码如下所示。

【表 12-2】 jqueryChart.html

```
<!doctype html>
<html>
  <head>
    <meta charset = "utf-8">
    <title>图表插件的实现</title>
    <script type = "text/javascript" src = "../js/jquery-1.x.js"></script>
    <script type = "text/javascript" src = "jquery.chart.js"></script>
  </head>
  <body>
    <canvas id = "myCanvas1" width = "300" height = "300"
        style = "border:1px solid #000"></canvas>
    <canvas id = "myCanvas2" width = "300" height = "300"
        style = "border:1px solid #000"></canvas>
    <canvas id = "myCanvas3" width = "300" height = "300"
        style = "border:1px solid #000"></canvas>
    <script type = "text/javascript">
    var data = {drawData:[{name:"服装",amount:40},
            {name:"饰品",amount:80},
            {name:"影视",amount:50},
```

```
            {name:"儿童",amount:35},
            {name:"餐饮",amount:60}]
        };
        var options = {bgColor:[{drawColor:"#27255F"},
                    {drawColor:"#77D1F6"},
                    {drawColor:"#2F368F"},
                    {drawColor:"#3666B0"},
                    {drawColor:"#2CA8E0"}]
                ,frontColor:{
                    font:"bold 16px 宋体",
                    color:"black"
                }

        };
        //为插件指定一个自定义样式来绘制图表
        $("#myCanvas1").drawChart(data,options,"PieChart");
        $("#myCanvas2").drawChart(data,options,"Columnar");
        $("#myCanvas3").drawChart(data,options,"FoldLine");
        //使用插件中的默认样式进行绘制图表
        /*$("#myCanvas1").drawChart(data,null,"PieChart");
        $("#myCanvas2").drawChart(data,null,"Columnar");
        $("#myCanvas3").drawChart(data,null,"FoldLine");*/
    </script>
  </body>
</html>
```

上述代码中，通过提供的 options 选项为图表插件指定了图表的显示样式，如图 12-15 所示。而使用 $("#myCanvas1").drawChart(data,null,"PieChart")时，由于没有提供 options 选项，将采用插件中的 defaults 默认样式进行显示。

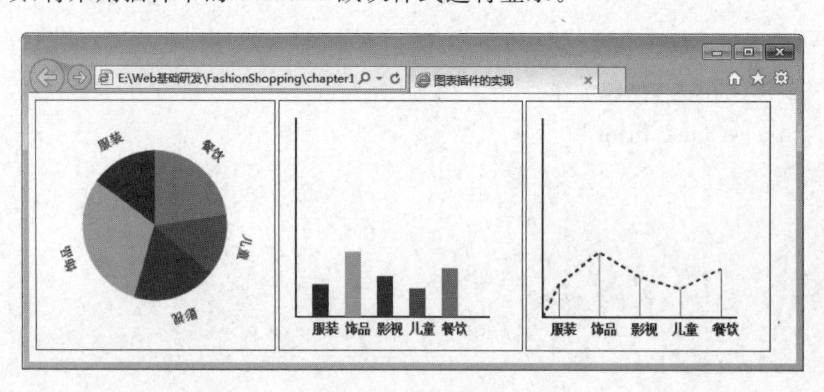

图 12-15　图表插件

12.6　贯穿任务实现

12.6.1　实现【任务12-1】

本小节实现“Q-Walking E&S 漫步时尚广场”贯彻项目中的【任务12-1】通过自定义插件实现商品类型的二级级联效果。

首先，创建一个自定义菜单级联插件 cascadingMenu.js，代码如下所示。

【任务12-1】 cascadingMenu.js

```
// Created by guoqy
;(function( $ ,window,document,undefined){
    //默认参数
    var defaults = [{
            "text":"男装",
            "value":"男装",
            "subType":[{"value":"西装","text":"西装"},
                {"value":"风衣","text":"风衣"},
                {"value":"夹克","text":"夹克"}]
        },{
            "text":"女装",
            "value":"女装",
            "subType":[{"value":"女士上衣","text":"女士上衣"},
                {"value":"女士裙装","text":"女士裙装"},
                {"value":"蕾丝外衣","text":"蕾丝外衣"}]
        },{
            "text": "童装",
            "value": "童装",
            "subType": [{"value":"卡通系列","text":"卡通系列"},
                {"value":"卡哇伊系列","text":"卡哇伊系列"},
                {"value":"运动系列","text":"运动系列"}]
        }];
    //构造方法
    function CascadingMenu(element,options){
        this. $ element = element;
        this. settings = $ .extend(defaults,options);
        this. firstMenu = null;
        this. secondMenu = null;
    }
    //添加属性或方法
    CascadingMenu. prototype = {
        initMenu:function(){
            this. initFirstMenu();
            this. bindSelectChangeEvent();
            //将 firstMenu 和 secondMenu 添加到指定的标签中
            return $ (this. $ element).append(this. firstMenu)
                    .append(this. secondMenu);
        },
        initFirstMenu:function(){
            this. firstMenu = $ ("<select></select>");//创建级联菜单的第一项
            this. firstMenu. append( $ ("<option value = '请选择'> - 请选择 - </option>"))
            //为 select 添加 option 项
            for(var i = 0;i < this. settings. length;i++){
                var option = $ ("<option></option>");
                option. append(this. settings[ i]. text);        //设置 option 的显示内容
                option. val(this. settings[ i]. value);         //设置 option 的 value 值
                this. firstMenu. append(option);               //将 option 添加到 firstMenu 中
            }
            return this. firstMenu;
        },
        bindSelectChangeEvent:function(){
            var that = this;             //保存 this 对象
```

```
            that.secondMenu = $ ("<select></select>");
            that.secondMenu.append( $ ("<option value = '请选择'>
                        - 请选择 -</option>"));
            //设置一级菜单的 onChange 事件处理函数
            that.firstMenu.on("change",function(){
                //一级菜单发生改变时,二级菜单进行清空
                that.secondMenu.empty();
                //为二级菜单添加第一项"请选择"
                that.secondMenu.append( $ ("<option value = '请选择'>
                        - 请选择 -</option>"));
                //获得一级菜单被选项的索引
                //因下标从 1 开始,而数组下标从 0 开始,数组一致故需要减 1
                var index = this.selectedIndex - 1;
                //一级菜单对应的子菜单类型
                var subType = that.settings[index].subType;
                for(var i = 0;i < subType.length;i++){
                    var option = $ ("<option></option>");
                    option.append(subType[i].text);          //设置 option 的显示内容
                    option.val(subType[i].value);            //设置 option 的 value 值
                    that.secondMenu.append(option);          //将 option 添加到 secondMenu 中
                }
            });
            return that.secondMenu;
        }
    };
    //在自定义插件 cascadingMenuPlugins 中创建 cascadingMenu 对象
    $ .fn.cascadingMenuPlugins = function(opts){
        console.log(opts);
        var cascadingMenu = new CascadingMenu(this,opts);
        return cascadingMenu.initMenu();
    }
})(jQuery,window,document);
```

然后,在"商品添加"页面使用 cascadingMenuPlugins 插件,相关代码如下所示。

【任务12-1】 addgoods.html

```
<!doctype html>
<html>
 <head>
  <meta charset = "utf - 8">
  <title>添加商品页面 - 后台管理系统</title>
  <link href = "css/layout.css" rel = "stylesheet" type = "text/css" />
  <link href = "css/add.css" rel = "stylesheet" type = "text/css" />
  <script type = "text/javascript" src = "js/jquery - 1.x.js"></script>
  <script type = "text/javascript" src = "js/cascadingMenu.js"></script>
  <script type = "text/javascript">
   $ (function(){
    //自定义商品种类
    var opts = [{
            "text":"男装",
            "value":"男装",
            "subType":[{"value":"男士外套","text":"男士外套"},
                {"value":"男士内搭","text":"男士内搭"},
                {"value":"特色服装","text":"特色服装"}]
        },{
```

```
            "text":"女装",
            "value":"女装",
            "subType":[{"value":"开衫毛衣","text":"开衫毛衣"},
                {"value":"印花连衣裙","text":"印花连衣裙"},
                {"value":"时尚外套","text":"时尚外套"},
                {"value":"休闲套装","text":"休闲套装"}]
        },{
            "text": "腕表",
            "value": "腕表",
            "subType": [{"value":"瑞士品牌","text":"瑞士品牌"},
                {"value":"欧美品牌","text":"欧美品牌"},
                {"value":"德国品牌","text":"德国品牌"},
                {"value":"国产品牌","text":"国产品牌"}]
        }];
    //首先清空指定的元素,然后通过自定义的商品类型实现二级菜单级联
    $(".vocation:first").empty().cascadingMenuPlugins(opts);
    //首先清空指定的元素,然后通过默认的商品类型实现二级菜单级联
    //$(".vocation:first").empty().cascadingMenuPlugins();
   });
   ...此处省略代码...
  </script>
</head>
...此处省略代码...
```

12.6.2 实现【任务12-2】

本小节实现“Q-Walking E&S 漫步时尚广场”贯彻项目中的【任务12-2】,在后台的“商品列表”页面中,实现表格行的添加与删除效果,如图 12-16 所示。

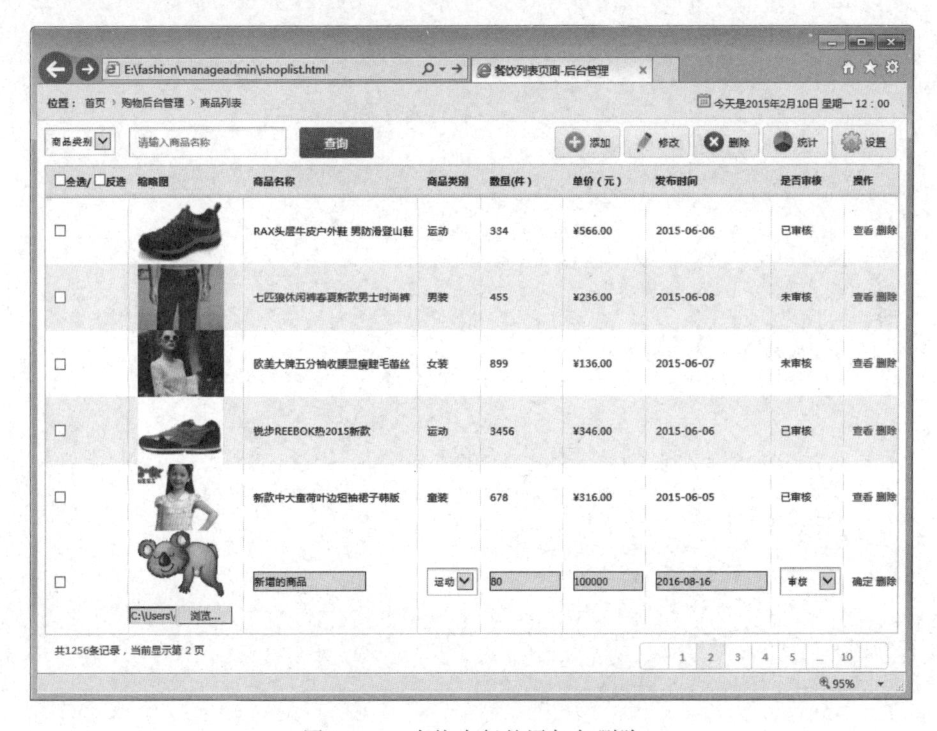

图 12-16 表格中行的添加与删除

单击“添加”按钮，在表格的末尾追加一行，用户可以输入商品的名称、类型、数量、单价、发布时间和审核状态等；用户单击“确定”按钮，当前行从编辑状态变成只读状态。

首先，定义一个表格插件，用于实现表格的行添加等操作，代码如下所示。

【任务12-2】 tableOperator.js

```
// author by guoqy
$(function(){
    //为所有的行中的删除链接添加事件处理(此方式可以在新增元素上绑定事件)
    $(".tablelist").on("click",".tablelink:contains('删除')",function(e){
        $(this).parent().parent().remove();
    });
    //单击"添加"按钮,为表格添加一行
    $(".toolbar>li:first").on("click",function(e){
        var tableList = $(".tablelist").append('<tr><td><input name="goods"
                type="checkbox" value=""/></td><td class="imgtd">
                <img src="images/nopic.gif" height="75px" width="100px" /><br/>
                <input type="file"/></td><td><input type="text"
                    value="请输入商品名"/></td><td>
                <select></select></td><td><input type="text" value="请输入数量"/>
                </td><td><input type="text" value="请输入单价"/></td><td>
                <input type="date"/></td><td><select></select></td><td>
                <a href="#" class="tablelink">确定</a>
                <a href="#" class="tablelink">删除</a></td></tr>');
        //设定新添加元素的样式
        tableList.find("input[type='file']")
                .css({margin:"10px 10px 10px 0px",width:"120px"});
        tableList.find("input[type='text']")
                .css({border:"1px solid black",height:"20px",
                    backgroundColor:"#FF9"});
        tableList.find("input[type='text']:gt(0)").css({width:"80px"});
        tableList.find("input[type='date']").css({border:"1px solid black",
                height:"20px",backgroundColor:"#FF9"});
        //为日期赋予初始值
        tableList.find("input[type='date']").val(getNowTime());
        //对下拉列表进行初始化
        initSelect(tableList.find("select:first"),[{text:"运动",value:"运动"},
                {text:"男装",value:"男装"},{text:"女装",value:"女装"},
                {text:"童装",value:"童装"}]);
        initSelect(tableList.find("select:last"),
                [{text:"审核",value:"审核"},{text:"未审核",value:"未审核"}]);
    });
    //为文本框添加 focus 焦点事件,获得焦点时清空文本框内容
    $(".tablelist").on("focus","input[type='text']",function(e){
        $(this).val("");
    });
    //选取文件时,显示本地文件(使用 HTML5 中的 FileAPI,读者可以自行查阅相关文档)
    $(".tablelist").on("change","input[type='file']",function(e){
        var that = this;
        var file = $(".tablelist input[type='file']")[0];
        if(window.FileReader){
            var fr = new FileReader();
            fr.onloadend = function(e){
                $(that).prev().prev().attr("src",e.target.result);
            };
```

```
                fr.readAsDataURL(file.files[0]);
            }
        });
        //单击新增行的"确定"按钮时触发的事件
        $(".tablelist").on("click",".tablelink:contains('确定')",function(e){
            var tableRow = $('<tr><td><input name="foods" type="checkbox"
                    value=""/></td></tr>');
            var goodsImage = $(".tablelist input[type='file']")[0];
            //FireFox、Chrome 等浏览器浏览器安全性要求相对比较高,
            //返回的路径实际为 C:\fakepath\xx.jpg
            if(goodsImage.value!= ""&&goodsImage.value.indexOf("fakepath") == -1){
                //浏览器安全性方面要求不允许直接读取本地文件
                //此处仅作演示(IE11 支持,其他浏览器不支持)
                //具体在实际情况下,需要使用 Ajax 结合服务器来实现
                tableRow.append("<td><img src='" + goodsImage.value + "' /></td>'");
            }else{
                tableRow.append("<td><img src='images/nopic.gif' /></td>'");
            }
            var currentRowInput = $(this).parent().parent()
                    .find("input[type='text']");
            tableRow.append("<td>" + currentRowInput[0].value + "</td>'");
            var goodsType = $(this).parent().parent().find("select:first")[0];
            tableRow.append("<td>" + goodsType.value + "</td>'");
            var goodsNum = 0;
            if(currentRowInput[1].value!= "请输入数量"){
                goodsNum = currentRowInput[1].value;
            }
            tableRow.append("<td>" + goodsNum + "</td>'");
            var price = 0;
            if(currentRowInput[2].value!= "请输入单价"){
                price = currentRowInput[2].value;
            }
            tableRow.append("<td>¥" + price + "</td>'");
            var publishTime = $(this).parent().parent().find("input[type='date']");
            tableRow.append("<td>" + publishTime[0].value + "</td>");
            var isChecked = $(this).parent().parent().find("select:last").val();
            tableRow.append("<td>" + isChecked + "</td>");
            tableRow.append('<td><a href="#" class="tablelink">查看</a>
                    <a href="#" class="tablelink">删除</a></td>');
            //移除编辑行
            var tr = $(this).parent().parent().remove();
            $(".tablelist tbody").append(tableRow);
            $(".tablelist td img").css({width:"80px",height:"60px"});
        });
    });
    //获取系统当前时间(年月日)
    function getNowTime(){
        var now = new Date();
        return now.getFullYear() + '-' + fixedNumber(now.getMonth()) + "-"
            + fixedNumber(now.getDate());
    }
    //对数字进行修正
    function fixedNumber(num){
        if(num < 10){
            return "0" + num;
```

```
        }
        return num;
    }
    //对下拉列表添加下拉选项
    function initSelect(element,data){
        //为 select 添加 option 项
        for(var i = 0;i < data.length;i++){
            var option = $ ("< option ></option >");
            option.append(data[i].text);            //设置 option 的显示内容
            option.val(data[i].value);              //设置 option 的 value 值
             $ (element).append(option);            //将 option 添加到 firstMenu 中
        }
        return $ (element);
    }
```

然后，在后台模块中的"商品列表"页面 shoplist. html 中引入 tableOperator. js，代码如下所示。

【任务12-2】 shoplist. html

```
<! DOCTYPE html PUBLIC " - //W3C//DTD XHTML 1.0 Transitional//EN"
        "http://www.w3.org/TR/xhtml1/DTD/xhtml1 - transitional.dtd">
< html xmlns = "http://www.w3.org/1999/xhtml">
  < head >
    < meta http - equiv = "Content - Type" content = "text/html; charset = utf - 8" />
    < title>餐饮列表页面 - 后台管理</title>
    < link href = "css/layout.css" rel = "stylesheet" type = "text/css" />
    < link href = "css/list.css" rel = "stylesheet" type = "text/css" />
    < script type = "text/javascript" src = "js/jquery - 1.x.js"></script >
    < script type = "text/javascript" src = "js/tableOperator.js"></script >
  </head >
...此处代码省略...
```

12.6.3 实现【任务12-3】

本小节实现"Q-Walking E&S 漫步时尚广场"贯彻项目中的【任务12-3】在后台管理模块中图表插件的使用，如图 12-17 所示。

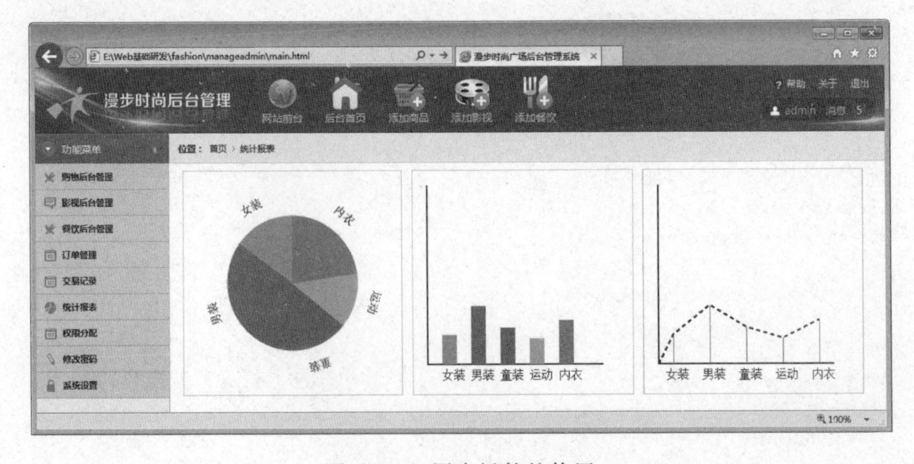

图 12-17 图表插件的使用

首先，将前面实现的图表插件 jquery.chart.js 放到项目的 manageadmin/js 目录下，此次代码不再演示。然后，通过图表插件来实现图表页面 jqueryChart.html，代码如下所示。

【任务12-3】 jqueryChart.html

```
<!doctype html>
<html>
  <head>
    <meta charset="utf-8">
    <title>统计报表</title>
    <script type="text/javascript" src="js/jquery-1.x.js"></script>
    <script type="text/javascript" src="js/jquery.chart.js"></script>
    <link href="css/layout.css" rel="stylesheet" type="text/css" />
    <link href="css/add.css" rel="stylesheet" type="text/css" />
  </head>
<body>
<div class="place"><span>位置: </span>
  <ul class="placeul">
    <li><a href="#">首页</a></li>
    <li><a href="#">统计报表</a></li>
  </ul>
</div>
<div class="formbody">
  <div class="usual">
    <canvas id="myCanvas1" width="300" height="300"
        style="border:1px solid #ccc;margin-right:10px;"></canvas>
    <canvas id="myCanvas2" width="300" height="300"
        style="border:1px solid #ccc;margin-right:10px;"></canvas>
    <canvas id="myCanvas3" width="300" height="300"
        style="border:1px solid #ccc"></canvas>
  </div>
</div>
<script type="text/javascript">
    var data = {drawData:[{name:"女装",amount:40},
        {name:"男装",amount:80},
        {name:"童装",amount:50},
        {name:"运动",amount:35},
        {name:"内衣",amount:60}]
    };
    var options = {bgColor:[{drawColor:"#9cc507"},
            {drawColor:"#8b86ca"},
            {drawColor:"#ff4400"},
            {drawColor:"#ffb81d"},
            {drawColor:"#00b3e3"}]
        ,frontColor:{
            font:" 16px microsoft",
            color:"black"
        }
    };
    //使用自定义样式
    $("#myCanvas1").drawChart(data,options,"PieChart");
    $("#myCanvas2").drawChart(data,options,"Columnar");
    $("#myCanvas3").drawChart(data,options,"FoldLine");
    //使用图标插件默认的样式
```

```
    /*
        $("#myCanvas1").drawChart(data,null,"PieChart");
        $("#myCanvas2").drawChart(data,null,"Columnar");
        $("#myCanvas3").drawChart(data,null,"FoldLine");
    */
    </script>
</body>
</html>
```

最后,在左侧导航页面 left.html 添加相应的超链接,相关代码如下所示。

【任务12-3】 left.html

```
<dd>
    <div class="title"><a href="jqueryChart.html" target="rightFrame">
        <span><img src="images/leftico06.png" /></span>统计报表</a>
    </div>
</dd>
```

本章总结

小结

- 在页面中添加元素时,需要找到该元素的上一级节点,然后通过函数 $()完成节点的创建,并添加到该节点中;
- 根据元素的插入位置不同,插入方法分为内部插入和外部插入;
- 内部插入方法包括 append()、appendTo()、prepend()和 prependTo();
- 外部插入方法包括 after()、before()、insertAfter()和 insertBefore();
- 在 jQuery 中提供了 clone()方法,用于复制 DOM 节点,包含节点中的子节点、文本节点以及属性节点;
- remove()和 detach()方法用于删除元素节点;
- empty()方法用于清空元素中的内容,但元素的标签仍被保留;
- 所谓包裹节点是指在现有节点的外围加上一层其他元素标签,使当前节点成为新元素的子节点;
- 祖先遍历又称向上遍历,常用的方法有 parent()、parents()和 parentsUntil(),通过向上遍历 DOM 树的方式,来查找元素的祖先;
- 后代遍历又称向下遍历,常用的方法有 children()、find()和 contents()方法,通过向下遍历 DOM 树的方式,来查找元素的后代;
- 所谓同胞节点是指拥有相同父元素的节点,常用的通过节点遍历方法有 siblings()、next()、nextAll()、nextUntil()、prev()、prevAll()和 prevUntil();
- show()和 hidden()方法用于显示或隐藏页面元素;
- slideUp()、slideDown()和 slideToggle()方法用于以滑下滑上的方式显示或隐藏页面元素;

- fadeIn()、fadeTo()和 fadeToggle()方法用于以淡入淡出的方式显示或隐藏页面元素；
- animate()方法用于创建一个自定义动画；
- 数组操作包括对数组的遍历、合并、删除重复项等操作。常见的数组操作有：each()方法用于实现数组的遍历操作；extend()方法可以通过一个或多个对象来扩展一个对象；merge()用于对数组进行合并；unique()方法用于删除数组中重复的元素；parseJSON()方法用于将一个 JSON 字符串转换成 JSON 对象；
- 开发 jQuery 插件时，常见的开发方式有封装全局函数的插件、封装对象方法的插件和选择器插件 3 种。

Q&A

1. 问题：在使用滑上滑下时，动画不是上下拉帘效果。

回答：jQuery 中提供了 slideDown()、slideUp()和 slideToggle() 3 个方法，可以通过滑动效果改变元素的高度，又称"拉窗帘"效果。在使用时，可以指定元素的宽度，但是不能指定元素的高度。当为元素指定高度时，以上 3 个方法的显示效果不再是拉帘效果，而是从左上角到右下角之间的宽度和高度渐变效果。

2. 问题：在自定义 jQuery 插件时，为什么需要对插件进行包裹？

回答：当插件与其他插件混合使用时，可能会因为同时使用相同的全局变量而产生冲突。在开发 jQuery 插件时，尽量使用自调用匿名函数将代码包裹起来，以保证插件在任何位置使用都不会产生冲突。

章节练习

习题

1. ________方法可以在匹配元素之后插入内容。

   A. append()　　B. appendTo()　　C. insertAfter()　　D. after()

2. ________方法用于清空元素的内容(包括所有文本和子节点)，但不删除该元素。

   A. empty()　　B. remove()　　C. detach()　　D. delete()

3. ________方法可以将所匹配的元素用 HTML 标签整体包裹起来。

   A. unwrap()　　B. wrapAll()　　C. wrapInner()　　D. wrap()

4. 下列________方法不是后代遍历的方法。

   A. children()　　B. find()　　C. filter()　　D. contents()

5. 下列________方法不能实现淡入淡出动画效果。

   A. fadeIn()　　B. fadeToggle()　　C. fadeOut()　　D. fadeOver()

6. ________方法可以停止当前正在运行的动画，并删除队列中的所有动画。

   A. finish()　　B. delay()　　C. stop()　　D. clear()

7. ________方法用于根据元素在文档中出现的先后顺序对 DOM 元素数组进行排序，并移除重复的元素。

A. repeat()　　B. distinct()　　C. unique()　　D. duplicate()

8. 下列方法中，________方法不属于节点的遍历方法。

A. find()　　B. slideDown()　　C. parents()　　D. next()

上机

训练目标：在后台管理模块的"美食列表"页中，实现表格的增删改操作。

培养能力	熟练自定义插件		
掌握程度	★★★★★	难度	较难
代码行数	300	实施方式	编码强化
结束条件	独立编写，不出错	涉及页面	foodlist. html

参考训练内容

(1) 单击表格上方的"添加"按钮，在表格的尾部追加一行；单击新增行中的"确定"按钮，该行从编辑状态改为不可编辑状态；单击"删除"按钮，则将该行进行删除；

(2) 在表格左侧选中某行(某几行)的复选框后，单击表格上方的"编辑"按钮，被选中的行进入编辑状态；单击行中的"取消"按钮，该行从编辑状态恢复到不可编辑状态，且该行中的内容不发生改变；单击"编辑"按钮，完成编辑功能，并切换到不可编辑状态；

(3) 使用 IE、FireFox 或 Chrome 浏览器查看页面效果，如图 12-18 所示

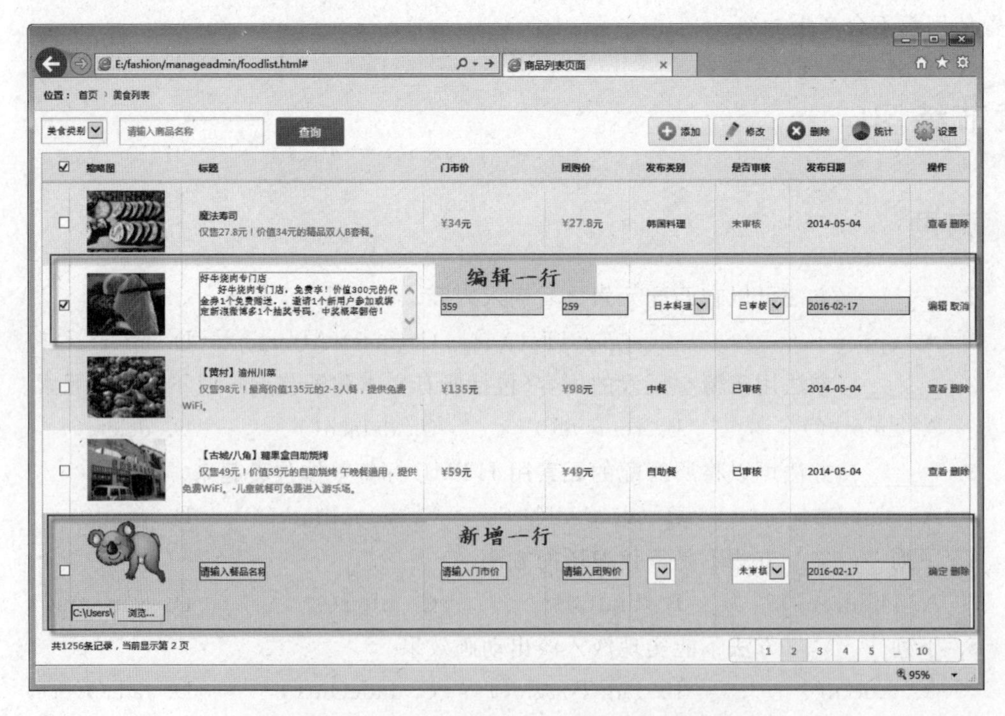

图 12-18 "美食列表"页面中的表格的增删改操作

附录A HTML 5新增和弃用标签

A.1 HTML 5 新增的标签

表 A-1 HTML 5 新增的标签

标签类型	标签名	描 述
结构标签	section	用于对文章的内容进行分块，如章节、页眉、页脚或其他部分
	article	文档、页面或应用程序中独立的、完整的、可以独自被外部引用的内容，内容可以是一篇文章、一篇短文、一个帖子或一个评论等
	aside	专门用于定义当前页面或当前文章的附属信息，可以包括当前页面或当前文章的相关引用、侧边栏、广告、导航等有别于主要内容的部分
	header	用于定义文章的页眉信息，可以包含多个标题、导航部分和普通内容
	hgroup	用于对标题进行分组
	footer	用于为文章定义脚注部分，包括文章的版权信息、作者授权信息等
	nav	用于定义页面上的各种导航
	figure	用于定义图像、图表、照片、代码等内容
	figcaption	用于定义 figure 元素的标题(caption)
多媒体标签	audio	用于定义音频，如音乐或其他音频流
	video	用于定义视频，如电影片段或其他视频流
	source	为媒介元素(如< video >或< audio >)定义媒介资源
	track	用于规定字幕文件或其他包含文本的文件，当媒介播放时显示文件的内容
	embed	嵌入内容(包括各种媒体、插件等)
输入标签	input:email	用于输入 Email 地址的文本框
	input:url	用于输入 URL 地址的文本框
	input:number	用于输入数值的文本框
	input:range	用于生成一个数字滑动条
	input:color	用于生成一个颜色选择器
	input:search	用于搜索的文本框
	input:date	用于选取年月日
	input:month	用于选取年月
	input:week	用于选取年周
	input:time	用于选取时间(小时和分钟)
	input:datetime	用于选取年月日时分秒

续表

标签类型	标签名	描　　述
其他页面标签	mark	用于定义突出显示或高亮显示的文字
	progress	用于定义任何类型的任务的进度
	meter	用来度量给定范围(gauge)内的数据
	time	定义一个公历时间,搜索引擎根据< time >标签可以更智能地搜索
	datalist	用于定义选项列表,与 input 元素配合使用
	datagrid	用于定义可选数据的列表,作为树列表来显示
	ruby	用于定义 ruby 注释(中文注音或字符)
	rt	用于定义字符(中文注音或字符)的解释或发音,与< ruby >一起使用
	rp	用于定义不支持< ruby >的浏览器所显示的内容
	wbr	用于规定在文本中的何处适合添加换行符
	details	用于描述文档或文档某个部分的细节
	summary	用于包含< details >的标题部分
	menu	用于定义命令的列表或菜单
	output	用于定义不同类型的输出,例如脚本的输出
	canvas	用于定义图形画布
	dialog	用于定义对话框或窗口
	command	用于定义命令按钮,比如单选按钮、复选框或按钮
	keygen	用于表单的密钥对生成器字段。当提交表单时,私钥存储在本地,公钥发送到服务器

A.2　HTML 5 弃用标签

表 A-2　HTML 5 弃用标签

标签类型	标签名	描　　述
框架标签	frameset	用于定义框架集
	frame	用于定义框架集的窗口或框架
	noframes	用于定义针对不支持框架的用户的替代内容
样式标签	basefont	用于定义页面中文本的默认字体、颜色或尺寸
	big	用于定义大号文本
	center	用于定义居中文本
	font	用于定义文字的字体、尺寸和颜色
	s	用于定义加删除线的文本,与 strike 功能相同,是其缩写形式
	strike	用于定义加删除线的文本
	tt	用于定义打字机文本
	u	用于定义下划线文本
其他页面标签	acronym	用于定义首字母缩写,可使用< abbr >标签代替
	applet	用于定义嵌入的 applet,使用< embed >或< object >标签代替
	bgsound	用于设置页面背景音乐,可使用< audio >标签代替
	blink	用于设置文本闪烁效果
	dir	用于定义目录列表,可用< ul >标签替代
	marquee	用于页面的自动滚动效果,可由 JavaScript 编程实现
	isindex	用于定义与文档相关的可搜索索引
	listing	用于以固定字体渲染文本,可使用< pre >标签代替
	xmp	用于定义预格式文本,可使用< code >标签代替

附录B HTML 5浏览器支持情况

标签类型	标签或特征	IE11+	FireFox	Chorme	Opera	Safari	Android	iOS
结构标签	section	√	√	√	√	√	√	√
	nav	√	√	√	√	√	√	√
	article	√	√	√	√	√	√	√
	aside	√	√	√	√	√	√	√
	header	√	√	√	√	√	√	√
	footer	√	√	√	√	√	√	√
分组标签	main	×	√	√	√	√	√	√
	figure	√	√	√	√	√	√	√
	figcaption	√	√	√	√	√	√	√
文本标签	mark	√	√	√	√	√	√	√
	ruby、rt、rp	×	√	√	√	√	√	√
	time	×	√	×	×	×	×	×
	wbr	√	√	√	√	√	√	√
交互标签	details	×	×	√	√	√	√	√
	summary	×	×	√	√	√	√	√
	dialog	×	×	√	√	×	√	×
输入字段	input:search	√	√	√	√	√	√	√
	input:tel	√	√	√	√	√	√	√
	input:url	√	√	√	√	√	√	√
	input:email	√	√	√	√	√	√	√
	input:date	×	×	√	√	×	√	√
	input:month	×	×	√	√	×	√	√
	input:week	×	×	√	√	×	√	√
	input:time	×	×	√	√	×	√	√
	input:datetime	×	×	×	×	×	×	×
	input:number	√	√	√	√	√	√	√
	input:range	√	√	√	√	√	√	√
	input:color	×	√	√	√	×	√	×
	datalist	√	√	√	√	×	√	×
	keygen	×	×	√	√	√	√	√
	output	×	√	√	√	√	√	√
	progress	√	√	√	√	√	√	√
	meter	×	√	√	√	√	√	×

续表

标签类型	标签或特征	IE11+	FireFox	Chorme	Opera	Safari	Android	iOS
表单验证	checkValidity	√	√	√	√	√	√	√
	noValidate	√	√	√	√	√	√	√
微数据	Microdata	×	√	×	×	×	×	×
视频支持	Video	√	√	√	√	√	√	√
	Subtitles	√	√	√	√	√	√	√
	Audio track	√	×	×	×	√	×	√
	Video track	×	×	×	×	√	×	√
	Poster images	√	√	√	√	√	√	√
	Codec detection	√	√	√	√	√	√	√
	DRM support	×	√	√	√	√	√	×
	MPEG-4	×	×	×	×	√	×	√
	H.264	√	√	√	√	√	√	√
	OGG	×	√	√	√	×	×	×
	WebM VP8	×	√	√	√	×	√	×
	WebM VP9	×	√	√	√	×	√	×
音频支持	Audio	√	√	√	√	√	√	√
	Loop audio	√	√	√	√	√	√	√
	Preload audio	√	√	√	√	√	√	√
	Web Audio API	×	√	√	√	√	√	√
	PCM	×	√	√	√	×	√	×
	AAC	√	√	√	√	√	√	√
	MP3	√	√	√	√	√	√	√
	OGG	×	√	√	√	×	√	×
二维图形	Canvas 2D	√	√	√	√	√	√	√
	Text Support	√	√	√	√	√	√	√
	Path Support	×	√	√	√	√	√	√
	EllipseSupport	×	×	√	√	√	√	√
	Dashed line	√	√	√	√	√	√	√
	Focus ring	×	×	×	×	×	×	×
	Hit testing	×	×	×	×	×	×	×
	Blending modes	×	√	√	√	√	√	√
三维图形	WebGL 3D	√	√	√	√	√	×	√
异步通信	XHR Level 2	√	√	√	√	√	√	√
	UploadFiles	√	√	√	√	√	√	√
	WebSocket	√	√	√	√	√	√	√
用户交互	Drag& drop	√	√	√	√	√	×	×
	HTML editing	√	√	√	√	√	√	√
	Clipboard	×	√	√	√	×	×	×
	Spellcheck	√	√	√	√	√	√	√
Workers	Web Workers	√	√	√	√	√	√	√
	Shared Workers	×	√	√	√	×	×	×

续表

标签类型	标签或特征	IE11+	FireFox	Chorme	Opera	Safari	Android	iOS
数据存储	Session Storage	√	√	√	√	√	√	√
	Local Storage	√	√	√	√	√	×	√
	IndexedDB	√	√	√	√	√	√	√
	SQLite	×	×	√	√	√	×	√
文件系统	ReadingFiles	√	√	√	√	√	√	√
	FileSystem API	×	×	×	×	×	×	×
	File API	×	×	√	√	×	×	×
iframe	Sandboxed	√	√	√	√	√	√	√
	Seamless	×	×	×	×	×	×	×
	Inline	×	√	√	√	√	√	√
历史和导航	History	√	√	√	√	√	√	√
	Navigation	√	√	√	√	√	√	√
输入设备	webcam	×	√	√	√	×	√	×
	Gamepad	×	√	√	√	×	√	×
	Pointer Events	×	×	√	√	×	√	×
	Pointer Lock	×	√	√	√	×	√	×
输出设备	Full screen	√	√	√	√	√	√	×
	Notifications	×	√	√	√	√	×	×
位置与方向	Geolocation	√	√	√	√	√	√	√
	Orientation	×	√	√	√	×	√	√
	Device Motion	×	√	√	√	×	√	√
Security	Cryptography	√	√	√	√	×	√	×
	Security Policy	×	√	√	√	√	√	√
	Cross-Origin	√	√	√	√	√	√	√
	Cross-document	√	√	√	√	√	√	√
网络应用	App Cache	√	√	√	√	√	√	√
	Service Workers	×	×	√	√	×	×	×
	scheme handlers	×	√	√	√	×	×	×
	content handlers	×	√	×	×	×	×	×
	search providers	√	√	√	×	×	×	×
Streams	readable streams	×	×	√	√	×	×	×
	writable streams	×	×	×	×	×	×	×

说明：有关浏览器的最新支持情况，读者可以通过 http://html5test.com 网站获取。

JSON语法

C.1 JSON 简介

XML 虽然具有跨平台和跨语言的优势，但在服务器端生成 XML 以及客户端解析 XML 时，往往会导致代码复杂，开发效率极低。JSON 为 Web 应用开发者提供了另一种数据交换格式。

JSON(JavaScript Object Notation)是一种轻量级数据交换格式，是存储和交换文本信息的语法规范。JSON 采用完全独立于语言的文本格式，比 XML 更小、更快，易于解析，是一种理想的数据交换语言。

JSON 具有以下优点：

(1) JSON 是一种纯文本格式、具有层级结构的数据，允许在值中嵌套一些其他值；

(2) JSON 可通过 JavaScript 进行解析，可使用 AJAX 进行传输；

(3) 比 XML 更加简洁，读写速度更快。

C.2 JSON 基本结构

JSON 是由对象和数组两种结构构成：

(1) 对象是由 key/value 键值对所构成的集合；

(2) 数组是值的有序集合。

JSON 中没有变量和程序结构控制部分，多用于数据传输。

1. 数据类型

JSON 的数据格式种类非常丰富，常见的类型有数字、字符串、布尔类型、null、数组和对象，具体如下。

- 数字：包括整数和浮点数，与绝大多数编程语言的表示方法相同，例如，12345(整数)，-3.9e10(浮点数)。
- 字符串：需要使用单引号(')或双引号(")括起来；一些特殊的字符需要使用 JavaScript 转义序列来表示，例如引号(")、空格(b)、换行符(n)、回车符(r)、水平定位(t)、反斜杠(\)、正斜杠(/)可以使用转义符\"、\b、\n、\r、\t、\\、\/形式来替代。
- 布尔类型有两种：true 和 false。

2. JSON 对象

在 JavaScript 中,使用对象构造函数或对象字面量定义一个 JavaScript 对象,示例如下所示。

【示例】 创建一个 JavaScript 对象

```
var person = new Object();
person.name = "jCuckoo";
person.sex = "男";
```

而 JSON 对象创建时,不能使用构造函数,只能使用字面量,其语法格式如下。

【语法】

```
{
    key1:value1,
    key2:value2,
    ...
}
```

其中:

- JSON 对象以“{”大括号开始,以“}”大括号结束;
- 数据以 key/value 的方式进行存储,且 key 和 value 使用冒号(:)隔开;
- 多条数据之间使用逗号(,)分开。

【示例】 创建一个简单的 JSON 对象

```
var person = {
    name:"郭全友",
    sex:"男"
};
```

C.3 JSON 复杂结构

JSON 对象的数据可以是基本的数据类型(数字、字符串、布尔、null 等),还可以是 JSON 对象和数组类型。

1. JSON 对象类型的数据

JSON 对象中的数据可以是另一个 JSON 对象,例如,在 person 对象中包括姓名、性别、年龄和家庭住址。其中,家庭住址是另外一个 JSON 对象。

【示例】 创建一个复杂的 JSON 对象

```
var person = {
    name:"guoqy",
    sex:"男",
    age:"35",
    address:{
        province:"山东省",
        city:"青岛市",
```

```
        district:"高新区"
    }
};
```

2. 数组类型的数据

JSON 对象中的数据还可以是数组类型，包括基本数据类型的数组、JSON 对象类型的数组，例如，在 manamger 对象中，包括姓名、部门、联系方式以及部门员工等信息。其中，一个部门可以有多个联系方式，可以使用字符串数组进行存储；一个部门允许有多名员工，可以通过 JSON 对象数组进行存储。

【示例】 创建一个 manager 对象

```
var manager = {
    name:"admin",
    department:"销售部",
    contact:["13766668888","18966668888","13566668888"],
    employee:[{name:"张叁",age:26},{name:"李斯",age:30}]
};
alert(manager.contact[0]);
```

在一个公司中包含多个部门，也可以通过 JSON 数组来存放，代码如下所示。

【示例】 创建一个 company 对象

```
var company = [{
        name:"郭靖",
        department:"销售部",
        contact:["13766668888","18966668888","13566668888"],
        employee:[{name:"张叁",age:26},{name:"李斯",age:30}]
    },{
        name:"黄蓉",
        department:"研发部",
        contact:["13755558888","18955558888","13555558888"],
        employee:[{name:"王武",age:35},{name:"麻柳",age:28}]
    },{
        name:"洪七公",
        department:"董事会",
        contact:["13799998888","18999998888","13599998888"],
        employee:[{name:"黄药师",age:90},{name:"欧阳峰",age:86}]
    }];
alert(company[2].employee[0].name);
```

C.4 JSON 解析方法

在服务器与客户端之间进行数据交换时，通常采用 JSON 字符串的方式传递数据。当客户端获得 JSON 字符串时，需要将字符串转换成 JSON 对象，然后再进行处理。

【示例】 JSON 字符串和 JSON 对象

```
//JSON 字符串
var jsonStr = '{name:"guoqy",sex:"男"}';
//JSON 对象
var jsonObject = {name:"guoqy",sex:"男"};
```

在 JavaScript 中，提供了 eval()方法将字符串强制转换成 JSON 对象或作为命令运行(参见教材第 7 章)；而 JSON. parse()方法只将字符串转成 JSON 对象，当涉及安全时，建议使用 parse()方法。

【示例】 使用 eval()方法将 JSON 字符串转成 JSON 对象

```
var jsonStr = '{"name":"guoqy","sex":"男"}';
var jsonObject = eval("(" + jsonStr + ")");
alert(jsonObject.name);
```

【示例】 使用 parse()方法将 JSON 字符串转成 JSON 对象

```
var jsonStr = '{"name":"guoqy","sex":"男"}';
var jsonObject = JSON.parse(jsonStr);
alert(jsonObject.name);
```

在 JavaScript 中，可以使用 JSON. stringify()将 JSON 对象转成 JSON 字符串。

【示例】 使用 stringify()方法将 JSON 对象转成 JSON 字符串

```
var jsonObject = {name:"guoqy",sex:"男"};
var jsonStr = JSON.stringify(jsonObject);
alert(jsonStr);
```

在 jQuery 中，也提供了 parseJSON()方法，用于将 JSON 字符串转成 JSON 对象的方法。

【示例】 使用 parseJSON()方法将 JSON 字符串转成 JSON 对象

```
var jsonStr = '{"name":"guoqy","sex":"男"}';
var jsonObject = $.parseJSON(jsonStr);
alert(jsonObject.name);
```

常用的校验正则表达式

<table>
<tr><th>类　型</th><th>正则表达式</th><th>描　述</th></tr>
<tr><td rowspan="9">数字校验</td><td>^[0-9]*$</td><td>0～n个数字</td></tr>
<tr><td>^\d{n}$</td><td>n位整数</td></tr>
<tr><td>^\d{n,}$</td><td>至少n位的数字</td></tr>
<tr><td>^\d{m,n}$</td><td>m－n位的数字</td></tr>
<tr><td>^([1-9][0-9]*)+(.[0-9]{1,2})?$</td><td>非零开头，且最多带两位小数的数字</td></tr>
<tr><td>^(\-)?\d+(\.\d{1,2})?$</td><td>带1～2位小数的正数或负数</td></tr>
<tr><td>^[1-9]\d*$</td><td>非零正整数</td></tr>
<tr><td>^\-[1-9]\d*$</td><td>非零负整数</td></tr>
<tr><td>^(-?\d+)(\.\d+)?$</td><td>浮点数</td></tr>
<tr><td rowspan="9">字符串校验</td><td>^[\u4e00-\u9fa5]{0,}$</td><td>汉字</td></tr>
<tr><td>^[A-Za-z0-9]+$</td><td>数字和字母组成的字符串</td></tr>
<tr><td>^.{6,30}$</td><td>长度为6～30的所有字符</td></tr>
<tr><td>^[A-Za-z]+$</td><td>英文字母组成的字符串，不区分大小写</td></tr>
<tr><td>^[A-Z]+$</td><td>大写英文字母组成的字符串</td></tr>
<tr><td>^[a-z]+$</td><td>小写英文字母组成的字符串</td></tr>
<tr><td>^\w+$</td><td>由数字、英文字母或者下画线组成的字符串</td></tr>
<tr><td>^[\u4E00-\u9FA5A-Za-z0-9_]+$</td><td>由中文、英文字母、数字或下画线组成的字符串</td></tr>
<tr><td>^[\u4E00-\u9FA5A-Za-z0-9]+</td><td>由中文、英文字母、数字组成的字符串</td></tr>
<tr><td rowspan="10">特殊校验</td><td>/^#?([a-f0-9]{6}|[a-f0-9]{3})$/</td><td>十六进制值</td></tr>
<tr><td>\d{3}-\d{8}|\d{4}-\d{7}</td><td>国内电话号码</td></tr>
<tr><td>/(^\d{15}$)|(^\d{17}([0-9]|X)$</td><td>身份证号</td></tr>
<tr><td>^\d{4}-\d{1,2}-\d{1,2}</td><td>日期格式</td></tr>
<tr><td>[1-9][0-9]{4,}</td><td>QQ号，从10000开始</td></tr>
<tr><td>\n\s*\r</td><td>可以用来删除空白行</td></tr>
<tr><td>[1-9]\d{5}(?!\d)</td><td>邮政编码，其中(?!\d)表示自身位置的后面不能匹配\d</td></tr>
<tr><td>/^[+]{0,1}(d){1,3}[ ]?([-]?((d)|[ ]){1,12})+$</td><td>手机号码</td></tr>
<tr><td>/^([a-z0-9_\.-]+)@([\da-z\.-]+)\.([a-z\.]{2,6})$/</td><td>Email邮箱</td></tr>
<tr><td>((?:(?:25[0-5]|2[0-4]\d|((1\d{2})|([1-9]?\d)))\.){3}(?:25[0-5]|2[0-4]\d|((1\d{2})|([1-9]?\d))))</td><td>IP地址</td></tr>
</table>

IE 11开发人员工具

E.1 开发人员工具简介

在 IE 11 版本的浏览器中，微软重新设计了开发人员工具并进一步增强了其性能，开发人员工具采用全新的 UI 界面，并正式命名为“F12 开发人员工具”。与之前版本不同的是，F12 可以模拟多种设备对网站进行构建、诊断和优化，并提供可操作的数据，以帮助开发人员快速找到问题并进行解决。

E.2 使用 F12 工具

在 IE 浏览器窗口中，单击“工具→开发人员工具”菜单选项，或直接按键盘 F12 键可以快速打开“F12 开发人员工具”。默认情况下，开发人员工具在页面的底部打开，用户可以通过右上角的窗口切换按钮 ，将开发人员工具从浏览器中分离出来，如图 E-1 所示。

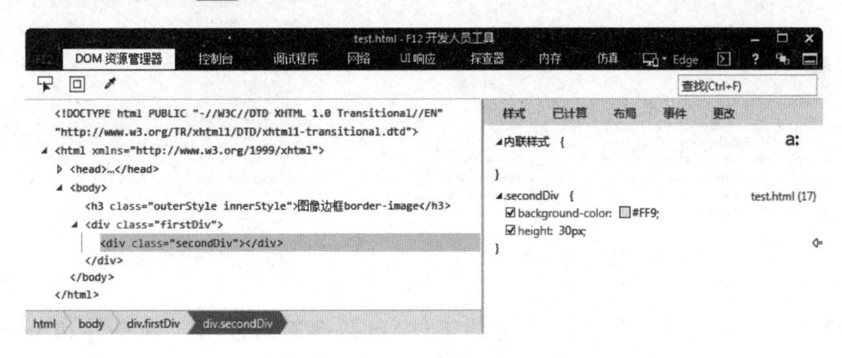

图 E-1 开发者工具初始界面

开发人员工具主要由 DOM 资源管理器、控制台、调试程序、网络、UI 响应、探查器、内存和仿真八部分构成。

1. DOM 资源管理器

DOM 资源管理器由左右两部分组成，如图 E-2 所示。左侧窗口包含网页的 HTML 结构和 DOM 状态，右侧窗口显示当前元素的 CSS 样式。开发者可以在 DOM 资源管理器中移动元素、更改元素的样式或属性，并及时查看修改后的效果。

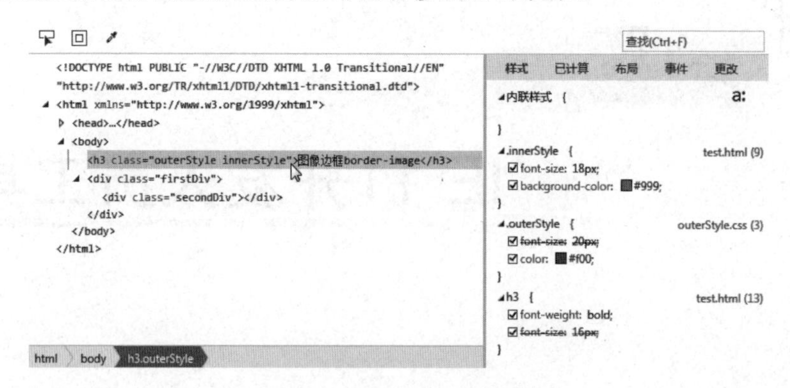

图 E-2 DOM 资源管理器

左侧窗口的内容对应网页的 DOM 树，使用选取工具 可以快速定位到页面某元素对应的 DOM 节点。当凸显按钮回被选中时，被选取的元素将以高亮方式显示。

选择元素后，右侧窗口将显示被选取元素的 CSS 样式、布局和事件等信息，具体如下。

（1）样式。显示被选取元素的所有 CSS 样式，先加载的样式靠下，后加载的靠上；同一样式属性根据先后加载顺序进行覆盖，被覆盖的属性会添加一条删除线。通过勾选或取消 CSS 样式中的左侧复选框，来启用或禁用相应样式，操作结果将在页面中立即生效。

（2）已计算。显示选定元素的所有 CSS 样式，并按属性对样式进行分组。当查看元素的某个特定 CSS 属性时，可以通过展开图标查看该属性的所有样式的列表，如图 E-3 所示。

（3）布局。提供元素的盒子模型信息，包括元素的偏移量、边框宽度、高度、内边距和外边距，如图 E-4 所示。

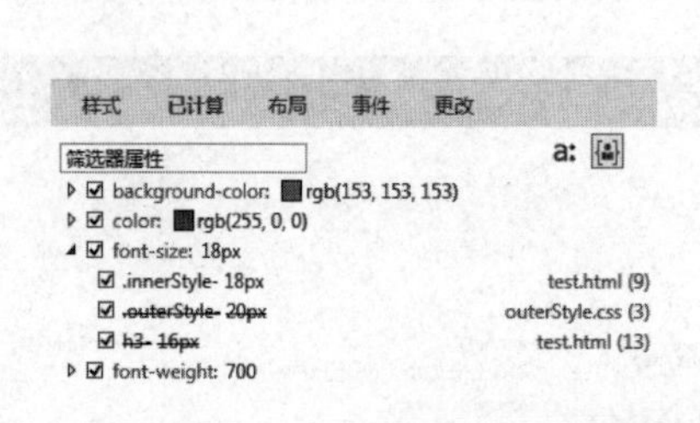

图 E-3 样式的计算

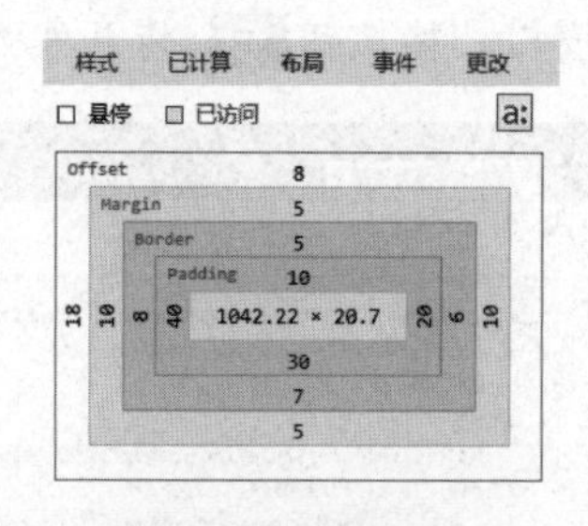

图 E-4 元素的布局

（4）事件。显示当前元素中所绑定的事件，包括标签属性绑定的事件和 JavaScript 代码绑定的事件，如图 E-5 所示，click 和 focus 是通过 JavaScript 动态绑定的事件，mouseover 和 mouseout 是由标签的 onmouseover 和 onmouseout 属性绑定的事件。

（5）更改。在更改面板中，可以查看当前元素修改前后的 CSS 样式，原始值和修改后的值使用不同的颜色区分显示，如图 E-6 所示。例如，font-size：18px 为原始值，背景为浅红色；font-size：20px 为修改后的值，背景为浅绿色。

2. 控制台

在执行 JavaScript 脚本时，通过控制台开发人员可以与浏览器进行交互；开发人员可以在运行的网页中调试程序、查看 JavaScript 变量的值和向运行的代码添加函数；浏览器可以通过控制台输出 JavaScript 脚本执行过程中的调试、错误等信息，如图 E-7 所示。

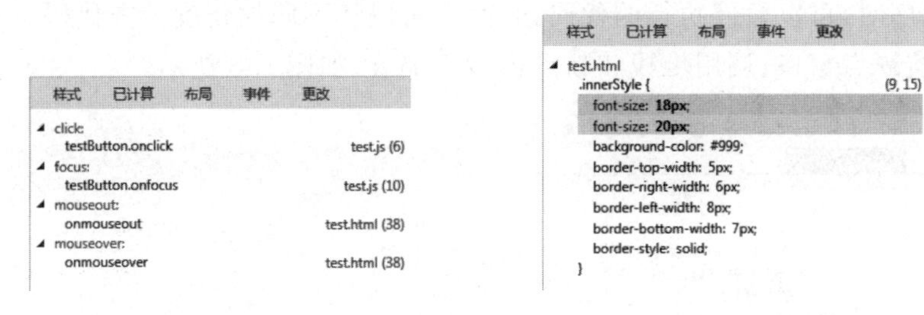

图 E-5 事件面板　　　　图 E-6 更改面板

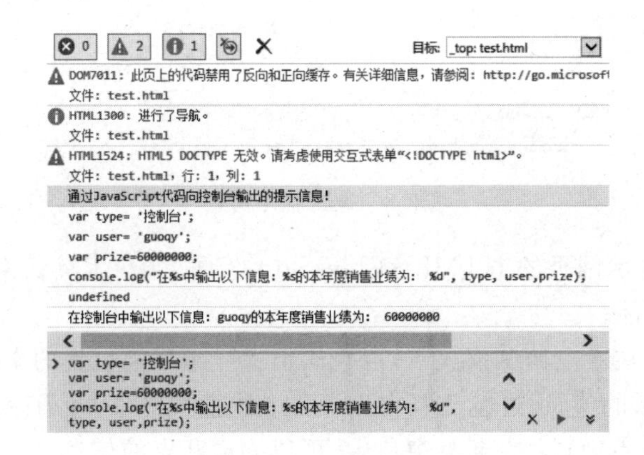

图 E-7 控制台

在控制台的头部显示各类信息的个数，主窗体中输出信息及其详细描述。通过单击详细信息中标示的文件可以追踪到此消息的发生位置。控制台输出的信息主要包含以下三种类型。

- 错误信息：代码无法运行所产生的严重错误。
- 警告信息：可能存在错误，但不一定中断脚本的执行。
- 提示信息：开发者所需要的调试信息。

在开发过程中，经常使用到的控制台命令如下。

- console.info()：在控制台中输出提示信息。
- console.warn()：在控制台中输出警告信息。
- console.error()：在控制台中输出错误信息。
- console.log()：以纯文本的方式输出内容。
- console.dir()：将可检查的 JavaScript 对象发送到控制台。
- console.dirxml()：将可检查的 DOM 对象发送到控制台。
- console.time()：在代码的任意位置使用 console.time()启动一个以参数命名计时器，使用带有相同参数 console.timeEnd()结束计时器并将结果发送到控制台，当不传递参数时，默认参数为 default。
- console.clear()将删除当前显示在控制台中的所有消息。

3. 调试程序

在调试程序时，可以暂停执行的代码，开发者可以从不同的角度检查代码。调试面板分为脚本窗口、监视点窗口、调用堆栈和断点窗口三部分，如图 E-8 所示。

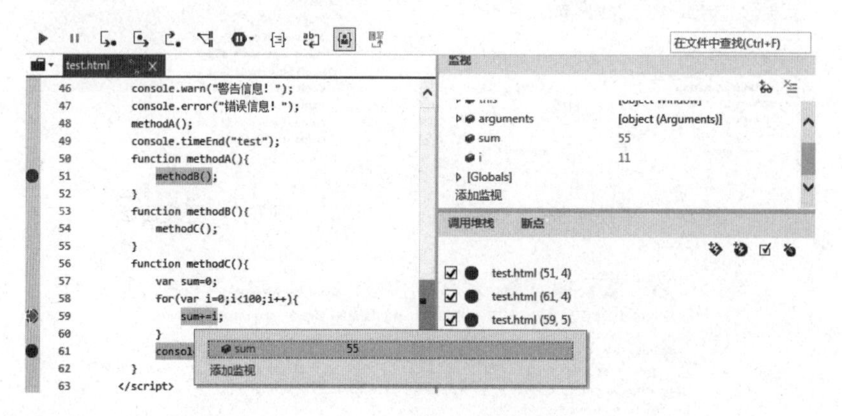

图 E-8　调试程序窗口

- 脚本窗口：显示网页的 HTML 和 JavaScript，通过工具切换至当前页面所引用的 JS 外部文件。
- 监视点窗口：在断点调试模式下，以代码形式显示当前位置的本地变量的值，以及跟踪的特定变量的值，通过工具可以添加一个监视对象，使得变量监视更加简单。
- 调用堆栈和断点窗口：在断点窗口中，可以查看断点的信息，包括断点所在页面和具体位置，如图 E-9 所示，实心圆表示当前页中的断点，空心圆表示其他页面中的断点。在调用堆栈窗口中，可以查看当前执行点的函数调用链，例如，如果函数 methodA()调用了函数 methodB()，然后调用函数 methodC()，当在函数 methodC()中断执行时，可以在调用堆栈窗口显示从 methodA()到 methodB()再到 methodC()的路径，如图 E-10 所示。

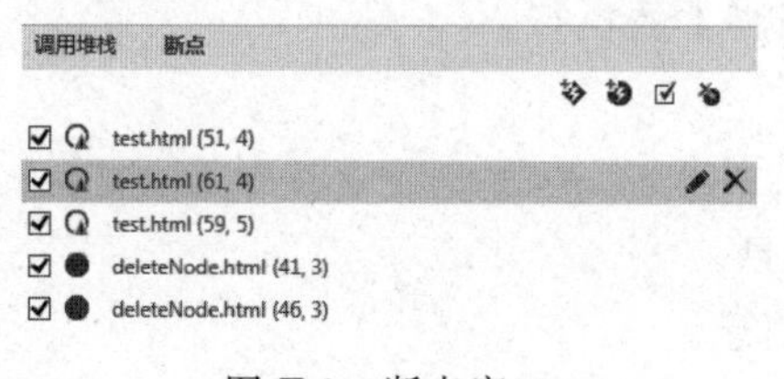

图 E-9　断点窗口

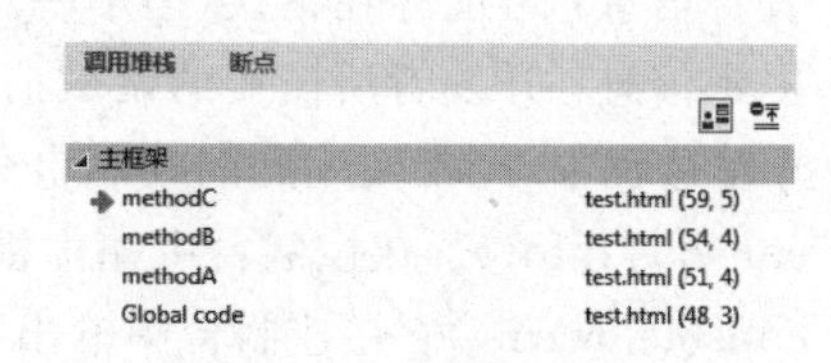

图 E-10　调用堆栈窗口

在程序中断的情况下，可以通过调试功能按钮控制程序的继续执行、单步执行、逐过程执行及线程中断等操作，如图 E-11 所示。

图 E-11　调试功能按钮

- 继续执行：取消断开模式，继续执行到下一个断点或程序结束。
- 断开：在下一个运行的语句处断开。
- 单步执行：单步执行调用的函数，如果不是函数，则单步执行下一个语句。
- 逐过程执行：逐过程执行调用的函数，如果不是函数，则逐过程执行下一个语句。

- 跳出：跳出当前函数，并单步执行调用的函数。
- 线程中断：在创建新的 Web Worker 时断开。

4. 其他功能介绍

由于网络、UI 响应、探查器、内存、仿真功能多用于服务器开发调试过程，此处仅进行简单介绍。

- 网络：用于查看浏览器和服务器之间的通信、检查请求和回复标头、查看响应代码以及调试 AJAX 等信息。
- UI 响应：在页面加载时，分析 DOM 元素的绘制时间、消耗内存的多少以及对 CPU 的需求情况；通过页面加载与解析、脚本的执行、垃圾回收(GC)、样式的呈现和图像解码等方面表现出 UI 响应的能力。
- 探查器：显示网页在分析会话期间运行的 JavaScript 函数，包括关于每个函数的运行次数、运行时长、父函数与子函数之间的关系等详细信息。
- 内存：诊断可影响网页速度和稳定性的内存问题。
- 仿真：模拟测试网页与其他不同文档模式、用户代理、屏幕大小和分辨率以及 GPS 位置坐标兼容的方式。

注意

> 读者可以根据需要查看微软官方网站提供的“IE 11 示例和教程”中的“使用 F12 开发人员工具”操作指南，参考网址如下：
> https://msdn.microsoft.com/zh-cn/library/bg182326(v=vs.85).aspx。

教学资源支持

敬爱的教师：

感谢您一直以来对清华版计算机教材的支持和爱护。为了配合本课程的教学需要，本教材配有配套的电子教案（素材），有需求的教师请到清华大学出版社主页（http://www.tup.com.cn）上查询和下载，也可以拨打电话或发送电子邮件咨询。

如果您在使用本教材的过程中遇到了什么问题，或者有相关教材出版计划，也请您发邮件告诉我们，以便我们更好地为您服务。

我们的联系方式：

地　　址：北京海淀区双清路学研大厦 A 座 707

邮　　编：100084

电　　话：010－62770175－4604

课件下载：http://www.tup.com.cn

电子邮件：weijj@tup.tsinghua.edu.cn

教师交流 QQ 群：136490705

教师服务微信：itbook8

教师服务 QQ：883604

（申请加入时，请写明您的学校名称和姓名）

用微信扫一扫右边的二维码，即可关注计算机教材公众号。

扫一扫

课件下载、样书申请

教材推荐、技术交流